科学出版社"十三五"普通高等教育本科规划教材

植物保护学
（第二版）

张世泽　主编

科学出版社

北　京

内 容 简 介

本教材分为植物保护学基础理论和主要农作物病虫害两大部分，系统介绍了小麦、水稻、杂粮、薯类、棉花、油料、烟草等作物病虫害的鉴定诊断、发生规律、预测技术与综合治理等内容，并附有病虫形态、危害状插图。章末附有复习思考题，书末列有主要参考文献。

本教材是高等农业院校非植物保护专业"植物保护学"课程的统编教材，也可作为相关专业该课程教学的选用教材，同时也是农业科技工作者及基层农业技术人员的重要参考书。

图书在版编目（CIP）数据

植物保护学 / 张世泽主编. — 2版. — 北京：科学出版社，2020.6
科学出版社"十三五"普通高等教育本科规划教材
ISBN 978-7-03-064512-8

Ⅰ. ①植… Ⅱ. ①张… Ⅲ. ①植物保护 Ⅳ. ①S4

中国版本图书馆 CIP 数据核字（2020）第030627号

责任编辑：王玉时 / 责任校对：严 娜
责任印制：吴兆东 / 封面设计：迷底书装

科 学 出 版 社 出版
北京东黄城根北街 16 号
邮政编码：100717
http://www.sciencep.com

北京中科印刷有限公司印刷
科学出版社发行　各地新华书店经销
*
2009年1月第 一 版　开本：787×1092　1/16
2020年6月第 二 版　印张：26 1/4
2025年1月第八次印刷　字数：622 000

定价：89.00 元
（如有印装质量问题，我社负责调换）

《植物保护学》（第二版）编写委员会

主　编　张世泽

副主编　商文静　靖湘峰

编　者　（以姓氏笔画为序）

于金凤（山东农业大学）	马　敏（山西农业大学）
马德英（新疆农业大学）	王晓东（石河子大学）
王森山（甘肃农业大学）	王勤英（河北农业大学）
王新谱（宁夏大学）	史　娟（宁夏大学）
白庆荣（吉林农业大学）	许永玉（山东农业大学）
辛　明（宁夏大学）	张　皓（西北农林科技大学）
张世泽（西北农林科技大学）	陈　斌（云南农业大学）
武丽娟（西北农林科技大学）	周洪旭（青岛农业大学）
孟昭军（东北林业大学）	赵洪海（青岛农业大学）
姚艳平（山西农业大学）	顾沛雯（宁夏大学）
郭　军（西北农林科技大学）	商文静（西北农林科技大学）
景　岚（内蒙古农业大学）	靖湘峰（西北农林科技大学）

审　稿　花蕾（西北农林科技大学）

第二版前言

"植物保护学"是高等农业院校非植物保护专业的一门主干专业课程,本教材内容包括植物保护学基础理论和重要农作物病虫害两大部分。第一版自2009年1月由科学出版社出版以来,已印刷8次。近10年来,科学技术飞速发展,特别是农业产业结构和人才培养需求发生了巨大变化,我们要坚持为党育人、为国育才,全面提高人才自主培养质量,因此对教材进行适时修订非常重要。根据国家"十三五"教材建设和人才培养的需要,本教材编委会组织了全国13所农林院校和综合性大学的24位长期在教学一线从事植物保护学教学的专家、教授对教材进行了修订,丰富了教材内容。参与本教材修订的人员及分工如下:张世泽(绪论、第二十二章及全书统稿),顾沛雯、武丽娟(第一章),赵洪海(第二章),姚艳平(第三章),靖湘峰(第四章及害虫部分初审),许永玉(第五章),马敏(第六章),郭军(第七章),周洪旭(第八章),张皓(第九章),商文静(第十章及病害部分初审),白庆荣(第十一章),景岚(第十二章),史娟(第十三章),于金凤(第十四章),景岚、武丽娟(第十五章),王晓东(第十六章),王勤英(第十七章),孟昭军(第十八章),辛明(第十九章),王新谱(第二十章),马德英(第二十一章),陈斌(第二十三章),王森山(第二十四章)。

第二版的修订以突出教材的科学性、时代性、创新性和精练性为目标,反映当代课程建设与学科发展的新成果、新知识和新技术。本次修订的主要内容包括:①删除了不合适的陈旧内容,补充了新的研究成果;②增加了薯类作物、油料作物和烟草病虫害的内容;③去除了仓储害虫的内容;④增加了一些新的害虫的内容,如草地贪夜蛾;⑤更换了部分形态特征图。

本教材力求做到重点突出、内容先进、文字简练、图文并茂,旨在提高学生自主学习的主观能动性及分析问题和解决问题的能力。本教材可供农林院校和综合性院校的农学、种子科学与技术、植物科学与技术、草业科学、生物学、制药工程等相关学科和专业教学使用,也可供有关专业的教师和科技工作者参考。

本教材的编写、出版是在多方努力下取得的结果。在此感谢在百忙之中编写稿件的编者们，感谢西北农林科技大学花蕾教授对全书的认真审定，感谢西北农林科技大学教务处和科学出版社对出版此书提供的大力支持。

在本教材的编写过程中，编委们虽然尽了最大努力提高编写质量，但因编者水平所限，书中难免存在疏漏和不足之处，诚请读者不吝赐教，以便再版时修正。

《植物保护学》（第二版）教材编委会

2019 年 12 月

第一版前言

"植物保护学"是高等农业院校非植物保护专业的一门主干专业课程，但多年来该课程缺少系统性教材，而采用农业昆虫学、植物病理学、杂草学、鼠害学等几本书，造成了不必要的重复和浪费，增加了学生的负担。为了教学需要和实现培养"厚基础、宽口径、高素质、强能力、广适应"的高等学校人才培养目标，由西北农林科技大学、宁夏大学、山东农业大学、山西农业大学、吉林农业大学、河北农业大学、甘肃农业大学、新疆农业大学、青岛农业大学、塔里木大学长期执教该门课程的17名专家、教授共同承担了普通高等教育"十一五"规划教材《植物保护学》的编写任务。在广泛征求广大教学工作者意见的基础上，编委会将拟定的编写大纲分发给各个参编单位，反复对教材内容进行了修订和补充，形成了这本教材的编写模式。

本教材根据"植物保护学"课程教学的基本规律和特点，在编排方面既加强了基本理论和基础知识，又兼顾了农作物生态系统中有害物的完整性，对所选的有害物种类打破了地域界限，力求做到南北兼顾、重点突出、内容先进、文字简练、图文并茂，旨在提高学生自主学习的主观能动性及分析问题和解决问题的能力。

全教材共分五篇十九章。第一篇、第二篇分别介绍植物病理学和昆虫学基础知识，第三篇论述农作物病虫害的发生（流行）预测及防治策略，第四篇、第五篇分述粮食作物、经济作物等的病害、虫害及其综合防治。参与本教材编写的人员及分工如下：花蕾、李友莲（第四章、全书插图修饰制作及统稿）；贺达汉（第九章及全书初审）；张世泽（绪论、第六章及害虫部分初审）；商文静（第七章、第十章、第十一章及病害部分初审）；许永玉（第五章）；周洪旭（第八章）；白庆荣（第三章、第十二章）；于金凤、曹玉（第一章、第十三章）；赵洪海（第二章）；王勤英（第十四章）；孟昭军（第十五章、第十六章）；于江南（第十七章）；王森山、杨宝生（第十八章）；成为宁（第十九章）。

本书编写期间得到了科学出版社及各编委所在单位教务处及植保学院的大力支持。承蒙西北农林科技大学商鸿生教授对全书进行了认真审定。本教材参考了大量的有关著作和文献，将其列于书后，以供参考。在此向所有提供帮助的单位和个人一并表示衷心的谢忱。

限于编者水平，书中存在的疏漏和不足之处在所难免，真诚希望同行和读者不吝赐教，以便今后修订和不断完善。

《植物保护学》教材编委会

2008 年 6 月

目　　录

第二版前言

第一版前言

绪论 1
　　一、植物保护学的概念 1
　　二、植物保护学的研究内容 1
　　三、植物保护与人类的关系 2
　　四、植物保护技术的发展和趋势 3

第一章　植物病害的概念 5

第一节　植物病害的定义 5
　　一、植物病害 5
　　二、病原 5

第二节　植物病害的症状 6
　　一、植物病害的症状 6
　　二、症状变化 9
　　三、植物病害对植物的影响 10

第三节　植物病害的两种类型 10
　　一、非侵染性病害 10
　　二、侵染性病害 11

第二章　植物侵染性病害的病原 ... 12

第一节　植物病原真菌 12
　　一、病原真菌的一般形态 12
　　二、病原真菌的生长 14
　　三、真菌的生活史 15
　　四、病原真菌的分类 15
　　五、植物病原真菌的主要类群 16

第二节　植物病原原核生物 25
　　一、植物病原原核生物的一般性状 ... 25
　　二、重要的植物病原原核生物 26
　　三、病原原核生物所致病害特点 28

第三节　植物病原病毒 28
　　一、植物病毒的一般性状 29
　　二、植物病毒的侵入、复制和传播 ... 29
　　三、植物病毒的主要类群 30
　　四、植物病毒所致病害特点 32

第四节　植物病原线虫 33
　　一、植物线虫的形态结构 33
　　二、植物线虫的生物学特性 34
　　三、植物线虫的重要类群 34
　　四、植物线虫所致病害特点 35

第五节　寄生性种子植物 36
　　一、寄生性种子植物的特点 36
　　二、寄生性种子植物所致病害特点 ... 36

第三章　植物病害的发生发展规律 38

第一节　侵染过程 38
　　一、接触期 38
　　二、侵入期 39
　　三、潜育期 40
　　四、发病期 41

第二节　病害循环 41
　　一、病原物的越冬或越夏 42
　　二、病原物的传播 43
　　三、初侵染和再侵染 44

第三节　植物病害的流行 44
　　一、影响植物病害流行的因子 44
　　二、植物病害的流行学类型 45

三、植物病害流行的变化 46

第四章 昆虫的形态结构与功能 ... 48

第一节 昆虫的头部 48
一、头部的构造与分区 48
二、昆虫的触角 49
三、昆虫的眼 49
四、昆虫的口器 50
五、昆虫的头式 50

第二节 昆虫的胸部 52
一、胸部的基本构造 52
二、胸足的构造和类型 52
三、翅的构造和变异 52

第三节 昆虫的腹部 53
一、腹部的基本构造 53
二、昆虫的外生殖器 53

第四节 昆虫的体壁 54
一、体壁的构造与功能 55
二、体壁的衍生物与颜色 56
三、体壁的构造与化学防治的关系 ... 56

第五节 昆虫的内部器官与功能 ... 57
一、消化系统 57
二、排泄系统 57
三、循环系统 58
四、呼吸系统 58
五、神经系统 58
六、生殖系统 58

第六节 昆虫的激素 58
一、内激素 59
二、外激素 59

第五章 昆虫的发育和行为 61

第一节 昆虫的生殖方式 61
一、两性生殖 61
二、孤雌生殖 61
三、卵胎生和幼体生殖 62
四、多胚生殖 62

第二节 昆虫的发育和变态 62
一、昆虫个体发育的不同阶段 62
二、昆虫的变态类型 66
三、昆虫激素对生长发育和变态的调控机制及应用 67

第三节 昆虫的世代和年生活史 68
一、世代 68
二、年生活史 69
三、研究昆虫年生活史的方法 69

第四节 昆虫的休眠和滞育 70
一、休眠 70
二、滞育 70

第五节 昆虫的行为 71
一、趋性 72
二、食性 72
三、群集性 72
四、迁移性 73
五、假死性 73
六、拟态和保护色 73

第六章 昆虫的分类 75

第一节 昆虫分类的基本原理 75
一、物种 75
二、分类阶元 75
三、命名法 76

第二节 农业昆虫及螨类重要目、科概述 76
一、直翅目 76
二、缨翅目 78
三、半翅目 80
四、鞘翅目 85
五、脉翅目 89
六、鳞翅目 90
七、双翅目 96
八、膜翅目 99

九、蜱螨目 101

第七章　植物病害的预测预报 ... 104
第一节　植物病害的田间诊断技术 ... 104
　　一、植物病害调查 104
　　二、植物病害的诊断 108
第二节　植物病害的预测 112
　　一、预测的种类 113
　　二、预测的依据 113
　　三、预测方法 114
　　四、预测模型的建立 116

第八章　昆虫种群动态与预测 ... 120
第一节　昆虫的种群动态 120
　　一、种群的概念 120
　　二、种群基数估测方法 121
　　三、种群的生态对策 122
第二节　农业昆虫的调查统计 124
　　一、昆虫田间分布型和取样方法 124
　　二、田间虫情的表示方法 126
第三节　农业害虫的预测预报 126
　　一、预测预报的意义 126
　　二、预测预报的类型 127
　　三、预测预报举例 127

第九章　农业有害生物防治技术与策略 132
第一节　植物检疫 132
　　一、植物检疫的范围 132
　　二、确定植物检疫对象的原则 132
第二节　农业防治法 134
　　一、农业防治法的具体措施 134
　　二、农业防治法的优缺点 136
第三节　生物防治法 136
　　一、生物防治的途径 137
　　二、生物防治法的优点及局限性 ... 139
第四节　物理防治法 139
第五节　化学防治法 140
　　一、农药的主要类别 141
　　二、农药的主要剂型 143
　　三、农药的施用方法 144
　　四、农药的合理使用 145
　　五、化学防治法的优缺点 146
第六节　有害生物综合治理 146
　　一、有害生物综合治理的概念 146
　　二、综合治理的特点 147
　　三、经济损害水平 148
　　四、制定综合防治规划的原则和方法 149
　　五、IPM 的发展趋势 149

第十章　麦类病害 151
第一节　小麦锈病 151
　　一、危害与诊断 151
　　二、发生规律 153
　　三、防治方法 154
第二节　麦类全蚀病 156
　　一、危害与诊断 156
　　二、发生规律 157
　　三、防治方法 158
第三节　小麦白粉病 159
　　一、危害与诊断 159
　　二、发生规律 159
　　三、防治方法 160
第四节　麦类赤霉病 161
　　一、危害与诊断 161
　　二、发生规律 162
　　三、防治方法 163
第五节　麦类纹枯病 163
　　一、危害与诊断 163

二、发生规律 164
　　三、防治方法 165
第六节　麦类病毒病 **165**
　　一、麦类黄矮病 165
　　二、小麦丛矮病 167
第七节　小麦孢囊线虫病 **168**
　　一、危害与诊断 169
　　二、发生规律 169
　　三、防治方法 169

第十一章　水稻病害 171
第一节　稻瘟病 **171**
　　一、危害与诊断 171
　　二、发生规律 173
　　三、防治方法 173
第二节　水稻纹枯病 **174**
　　一、危害与诊断 175
　　二、发生规律 175
　　三、防治方法 176
第三节　水稻白叶枯病 **177**
　　一、危害与诊断 177
　　二、发生规律 178
　　三、防治方法 178
第四节　稻曲病 **178**
　　一、危害与诊断 179
　　二、发生规律 179
　　三、防治方法 180
第五节　水稻病毒病 **180**
　　一、水稻条纹叶枯病 180
　　二、水稻普通矮缩病 181

第十二章　杂粮作物病害 184
第一节　玉米病害 **184**
　　一、玉米大斑病 184
　　二、玉米小斑病 187

　　三、玉米丝黑穗病 189
　　四、玉米灰斑病 191
　　五、玉米茎基腐病 193
第二节　高粱病害 **194**
　　一、高粱散黑穗病 195
　　二、高粱炭疽病 196
第三节　谷子病害 **197**
　　一、谷子白发病 197
　　二、粟粒黑穗病 199

第十三章　薯类病害 201
第一节　马铃薯晚疫病 **201**
　　一、危害与诊断 201
　　二、发生规律 202
　　三、防治方法 202
第二节　马铃薯病毒病 **203**
　　一、危害与诊断 204
　　二、发生规律 204
　　三、防治方法 205
第三节　甘薯黑斑病 **205**
　　一、危害与诊断 205
　　二、发病规律 206
　　三、防治方法 207
第四节　甘薯根腐病 **207**
　　一、危害与诊断 208
　　二、发生规律 208
　　三、防治方法 208
第五节　甘薯茎线虫病 **209**
　　一、危害与诊断 209
　　二、发生规律 209
　　三、防治方法 210
第六节　薯类其他病害 **210**
　　一、马铃薯黑胫病 210
　　二、马铃薯青枯病 212

第十四章 棉花病害 214
第一节 棉花枯萎病 214
　　一、危害与诊断 214
　　二、发生规律 215
　　三、防治方法 216
第二节 棉花黄萎病 216
　　一、危害与诊断 217
　　二、发生规律 217
　　三、防治方法 218
第三节 棉花其他病害 219
　　一、棉花苗期病害 219
　　二、棉铃病害 221

第十五章 油料作物病害 224
第一节 大豆疫霉根腐病 224
　　一、危害与诊断 224
　　二、发生规律 225
　　三、防治方法 225
第二节 大豆霜霉病 226
　　一、危害与诊断 226
　　二、发生规律 226
　　三、防治方法 227
第三节 大豆孢囊线虫病 227
　　一、危害与诊断 228
　　二、发生规律 228
　　三、防治方法 229
第四节 油菜菌核病 229
　　一、危害与诊断 230
　　二、发生规律 230
　　三、防治方法 231
第五节 油菜霜霉病 232
　　一、危害与诊断 232
　　二、发生规律 232
　　三、防治方法 233

第十六章 烟草病害 234
第一节 烟草黑胫病 234
　　一、危害与诊断 234
　　二、发生规律 235
　　三、防治方法 236
第二节 烟草赤星病 236
　　一、危害与诊断 237
　　二、发生规律 237
　　三、防治方法 238
第三节 烟草青枯病 238
　　一、危害与诊断 239
　　二、发生规律 239
　　三、防治方法 240
第四节 烟草病毒病 241
　　一、危害与诊断 241
　　二、发生规律 242
　　三、防治方法 243
第五节 烟草炭疽病 244
　　一、危害与诊断 244
　　二、发生规律 245
　　三、防治方法 245
第六节 烟草根结线虫病 246
　　一、危害与诊断 246
　　二、发生规律 247
　　三、防治方法 247

第十七章 小麦害虫 249
第一节 麦蚜 249
　　一、形态特征 249
　　二、生活史与习性 250
　　三、发生与环境的关系 251
　　四、虫情调查与测报 252
　　五、防治方法 253
第二节 小麦吸浆虫 253
　　一、形态特征 254

二、生活史与习性 254
三、发生与环境的关系 255
四、虫情调查与测报 257
五、防治方法 258

第三节　小麦害螨 258
一、形态特征 259
二、发生规律 259
三、发生与环境关系 260
四、防治方法 260

第四节　其他小麦害虫 261
一、麦叶蜂 261
二、麦秆蝇 262
三、其他常见小麦害虫 263

第五节　小麦害虫综合防治 264
一、播种期和苗期 264
二、拔节期到成熟前 264

第十八章　水稻害虫 266

第一节　稻蛀螟 266
一、形态特征 266
二、生活史与习性 268
三、发生与环境的关系 269
四、虫情调查方法 269
五、防治方法 270

第二节　稻飞虱 271
一、形态特征 272
二、生活史与习性 273
三、发生与环境的关系 274
四、虫情调查方法 275
五、防治方法 276

第三节　稻叶蝉 277
一、形态特征 277
二、生活史与习性 277
三、发生与环境的关系 278
四、虫情调查方法 279

五、防治方法 279

第四节　其他水稻害虫 280
一、直纹稻弄蝶 280
二、稻纵卷叶螟 281
三、中华稻蝗 282

第五节　水稻害虫综合治理 283
一、明确当地水稻的主要靶标害虫 ... 283
二、创造不利于害虫滋生的环境 284
三、诱杀害虫和人工防治 284
四、协调生物防治和化学防治的关系 284

第十九章　杂粮作物害虫 286

第一节　玉米螟 286
一、形态特征 287
二、生活史与习性 287
三、发生与环境的关系 288
四、虫情调查方法 289
五、防治方法 289

第二节　黏虫 291
一、形态特征 291
二、生活史与习性 291
三、发生与环境的关系 293
四、虫情调查与测报 294
五、防治方法 294

第三节　草地贪夜蛾 295
一、形态特征 295
二、生活史与习性 296
三、发生与环境的关系 297
四、防治方法 297

第四节　高粱条螟 298
一、形态特征 298
二、生活史与习性 299
三、发生与环境的关系 299
四、防治方法 300

第五节　其他常见杂谷类害虫.........300
　　一、玉米蚜............................300
　　二、粟茎跳甲........................301

第六节　杂谷类害虫综合防控技术...303
　　一、玉米、高粱害虫综合防控技术...303
　　二、谷子害虫综合防控技术..........304

第二十章　薯类害虫...............306

第一节　马铃薯块茎蛾.............306
　　一、形态特征........................307
　　二、生活史与习性..................307
　　三、发生与环境的关系.............308
　　四、防治方法........................308

第二节　马铃薯瓢虫.................309
　　一、形态特征........................309
　　二、生活史与习性..................309
　　三、发生与环境的关系.............310
　　四、防治方法........................310

第三节　甘薯麦蛾.....................311
　　一、形态特征........................311
　　二、生活史与习性..................312
　　三、发生与环境的关系.............312
　　四、防治方法........................312

第四节　甘薯蚁象.....................313
　　一、形态特征........................313
　　二、生活史与习性..................314
　　三、发生与环境的关系.............314
　　四、防治方法........................314

第五节　其他常见薯类害虫..........315
　　一、甘薯天蛾........................315
　　二、甘薯叶甲........................316
　　三、甘薯长足象....................318

第六节　薯类害虫综合防控技术.....319

第二十一章　棉花害虫............321

第一节　棉花蚜虫.....................321
　　一、形态特征........................321
　　二、生活史与习性..................322
　　三、发生与环境的关系.............323
　　四、虫情调查与测报.............323
　　五、防治方法........................324

第二节　棉铃实夜蛾.................325
　　一、形态特征........................325
　　二、生活史与习性..................325
　　三、发生与环境的关系.............326
　　四、虫情调查与测报.............326
　　五、防治方法........................327

第三节　棉叶螨.........................328
　　一、形态特征........................328
　　二、生活史与习性..................329
　　三、发生与环境的关系.............329
　　四、虫情调查与测报.............329
　　五、防治方法........................330

第四节　棉盲蝽.........................330
　　一、形态特征........................331
　　二、生活史与习性..................331
　　三、发生与环境的关系.............332
　　四、虫情调查与测报.............332
　　五、防治方法........................332

第五节　烟粉虱.........................333
　　一、形态特征........................333
　　二、生活史与习性..................333
　　三、发生与环境的关系.............334
　　四、虫情调查与测报.............334
　　五、防治方法........................334

第六节　其他棉花害虫..............336
　　一、棉红铃虫........................336

二、棉蓟马 337
三、棉金刚钻 338
四、棉大卷叶螟 340

第七节 棉花害虫综合防治 341
一、综合防治策略 341
二、防治方案设计 341
三、综合防治技术 341

第二十二章 油料作物害虫 343

第一节 大豆食心虫 343
一、形态特征 343
二、生活史与习性 344
三、发生与环境的关系 344
四、虫情调查方法 345
五、防治方法 346

第二节 豆荚斑螟 347
一、形态特征 347
二、生活史与习性 348
三、发生与环境的关系 349
四、防治方法 349

第三节 小菜蛾 350
一、形态特征 350
二、生活史与习性 351
三、发生与环境的关系 351
四、防治方法 352

第四节 菜粉蝶 352
一、形态特征 353
二、生活史与习性 353
三、发生与环境的关系 354
四、防治方法 354

第五节 花生蚜 355
一、形态特征 355
二、生活史与习性 355
三、发生与环境的关系 356

四、防治方法 356

第六节 其他常见油料作物害虫 357
一、豆秆黑潜蝇 357
二、黄曲条跳甲 359
三、向日葵螟 360

第二十三章 烟草害虫 363

第一节 烟蚜 363
一、形态特征 363
二、生活史与习性 364
三、发生与环境的关系 365
四、防治方法 365

第二节 烟夜蛾 365
一、形态特征 366
二、生活史与习性 366
三、发生与环境的关系 367
四、防治方法 368

第三节 烟蛀茎蛾 368
一、形态特征 368
二、生活史与习性 369
三、发生与环境的关系 369
四、防治方法 370

第四节 斑须蝽 370
一、形态特征 371
二、生活史与习性 371
三、发生与环境的关系 372
四、防治方法 372

第五节 烟草害虫综合防控技术 372
一、消灭越冬虫源，减少虫口基数 372
二、创造不利于害虫滋生的环境条件 372
三、烟草不同生育期害虫的综合防治方法 373

第二十四章 地下害虫 ………… 374

第一节 蛴螬类 ……………………374
- 一、种类、分布与为害 ……… 374
- 二、形态特征 ………………… 375
- 三、生活史与习性 …………… 377

第二节 金针虫类 …………………378
- 一、种类、分布与为害 ……… 378
- 二、形态特征 ………………… 378
- 三、生活史与习性 …………… 380

第三节 蝼蛄类 ……………………380
- 一、种类、分布与为害 ……… 380
- 二、形态特征 ………………… 381
- 三、生活史与习性 …………… 381

第四节 种蝇类 ……………………382
- 一、种类、分布与为害 ……… 382
- 二、形态特征 ………………… 383
- 三、生活史与习性 …………… 384

第五节 地老虎类 …………………384
- 一、种类、分布与为害 ……… 384
- 二、形态特征 ………………… 385
- 三、生活史与习性 …………… 387

第六节 地下害虫的发生与环境的关系 ……………………388
- 一、寄主植被 ………………… 388
- 二、气候条件 ………………… 388
- 三、土壤因素 ………………… 389
- 四、栽培管理和农田环境 …… 389
- 五、天敌因素 ………………… 389

第七节 地下害虫的调查与测报 …… 390
- 一、调查内容和方法 ………… 390
- 二、地下害虫的预测预报 …… 390

第八节 地下害虫综合防治 ………… 391
- 一、防治原则 ………………… 391
- 二、防治指标 ………………… 391
- 三、综合防治措施 …………… 391

主要参考文献 ……………………… 393

绪　　论

一、植物保护学的概念

植物在生长发育过程中经常遭受到不利因子的危害，造成植物产量、品质下降，严重者导致植物枯萎和死亡。影响植物生长的不利因子包括非生物因子和生物因子两类。非生物因子主要指气候、土壤、水肥等，对植物造成诸如干旱、涝害、冻害和缺肥等伤害；生物因子包括各种有害生物（动物、植物、微生物等），即病、虫、草、鼠。植物病害由各种病原微生物造成，包括真菌、细菌、病毒、线虫和寄生性种子植物等；植物虫害主要指昆虫和螨类；草害主要指农田杂草；鼠害指啮齿类动物。以植物为寄主和食物的生物，数量巨大，种类繁多，它们都可能给植物造成伤害，并在适宜条件下大量繁殖，对人类目标植物的生产、运输和贮藏造成经济上的损失。为了避免植物灾害，实现植物生产的高回报，人类在长期的农林生产实践中，不断总结经验，创造和发展了植物保护学。

植物保护学是指综合利用多学科知识，以人类目标植物为保护对象，应用综合防治的方法和技术，将有害生物的危害控制在经济损害水平（economic injury level，EIL）之下，确保植物生产的安全和可持续发展的理论和应用科学。

2020年3月26日，国务院公布《农作物病虫害防治条例》，自2020年5月1日起施行。该条例对病虫害防治中的防治原则、政府部门组织领导、监测与防治工作环节、经费保障、植保机构队伍建设、规范专业化服务以及防治责任归属等方面进行了明确规定，建立了合理决策、精准施策、联防联控、科学防控的病虫害防治工作全链条制度，为提升病虫害治理能力、推进科学防疫开辟了法制化道路。该条例的公布实施，是我国植物保护发展史上的重要里程碑，开启了依法植保的新纪元。

二、植物保护学的研究内容

植物保护学作为一门应用科学，主要内容包括基础理论、应用技术、植保器械和技术推广4个方面。

植物保护基础理论研究涉及有害生物的形态特征、系统分类、生物生态学及生理生化等方面，其与相关学科相互渗透和结合，形成了植物病理学、农业昆虫学、农业螨类学、杂草学和农业鼠害学等分支学科。现代生物化学和分子生物学的发展为研究有害生物的生理生化、遗传变异机制提供了有力的技术支撑。有害生物的分子生物学和分子毒理学迅速崛起，成为现代农药分子设计和植物保护高新技术发展的重要组成部分。

根据有害生物的发生特点和规律，研究其防治策略及技术是植物保护应用技术的核心内容。影响有害生物大发生的因子很多，包括食物、寄主、天敌等生物因子，以及气候、土壤、肥料等非生物因子，因此植物保护研究还涉及气象学、生态学、作物学、土壤肥料学等学科。现代信息技术和计算机的应用，为环境信息的采集和处理提供了有力手段。数据库、专家系统、决策支持系统在植保上已有较广泛的应用，以"3S"系统［遥感（remote sensing，RS）；全球定位系统（global position system，GPS）；地理信息系统（geographic information system，GIS）］为基础的植物灾害预测正在崛起。近年来，随着"绿色植保"理念的深入和贯彻，研发以减少农药化肥施用为目的的环境友好型植保技术逐渐成为主流趋势。

研究植保器械的目的是提高有害生物的防治效果、减少环境污染、提高投入产出比。新型高效低毒低残留农药、生物源农药、性诱剂、拒食或驱避剂等开发与利用是当前植保器械研究的核心，与之配套的喷雾、喷粉、注射、诱集等器械则是实施防治的保障。

植保技术推广是将植物保护新理论、新技术和新器材运用于生产的过程。植保技术有其自身的复杂性和推广上的特殊性。复杂性表现在生物因子的多样性、有害生物发生的时空跨度和农业技术的变革以及气候的影响等方面；特殊性表现在植保工作的风险性和防灾性、长期性和反复性、整体性和公益性以及社会性和法规性等方面。因而，植物保护工作是一项十分复杂的系统工程，既需要植保技术的支撑，又需要政府和必要的法律支持。

三、植物保护与人类的关系

农业生产为人类的基本生存提供了保障，而植物保护则是农业生产过程中一个非常重要的环节。

自人类开始从事农业生产活动以来，就面临着各种病、虫、草、鼠害问题，与有害生物的斗争时刻伴随着人类的农业生产活动。历史上有许多关于植物病虫害大发生危及人类生活的记载。1845年，马铃薯晚疫病在欧洲大流行，导致了举世震惊的爱尔兰饥荒；19世纪，葡萄根瘤蚜在法国暴发成灾，几乎摧毁了法国的葡萄种植业和酿酒业；1888年以前，柑橘吹绵蚧在美国加利福尼亚州柑橘园为害严重，导致其柑橘产业几乎毁于一旦；非洲历年遭受沙漠蝗灾而"赤地千里，饥民载道"。公元前707~1935年，我国共记载蝗灾796次，平均每3年成灾1次，人们将蝗灾、旱灾和黄河水患并列为制约中华民族发展的三大自然灾害。

随着人类农业生产活动的发展，种植的作物种类和品种日益多样化，农产品贸易也日渐增多，同时也导致现代农业生产中有害生物暴发频率提高，造成的绝对经济损失也更大。据联合国粮食及农业组织（Food and Agriculture Organization of the United Nations，FAO）估计，全世界每年由病虫草害造成的损失占粮食总产量的30%左右，其中因虫害常年损失18%，因病害损失16%，因草害损失11%；农作物每年受病虫草害经济损失为700亿~900亿美元，其中虫害占40%、病害占33%、杂草占27%。我国地域辽阔，气候复杂，病、虫、草、鼠种类繁多，危害极大。据统计，我国为害农作物的有害生物种类多达3238种，其中病害599种，害虫1929种，杂草644种，害鼠66种。每一种农作物从播种、出苗、开花、结果直至收获、贮藏、运输，都有可能遭受病、虫、草、鼠危害，使其产量和质量受到损失。我国农作物每年因病虫为害：粮食损失5%~10%，棉花损失约20%，蔬菜、水果损失为20%~30%；平均每年损失粮食约5000万t，棉花超过100万t。草原和森林每年发生病虫鼠害面积分别为2000万hm^2和800万hm^2。2014年，我国草原鼠害危害面积约3481万hm^2，部分地区草地因害鼠破坏而出现不同程度的退化和沙化，导致牧草产量下降，畜牧业生产损失严重，进而造成部分地区牧民失去生存环境，形成生态移民。从总体来看，世界发达国家由病虫鼠害造成的农产品损失至今仍占总产量的25%左右。有害生物除造成农作物的直接损失外，还会降低其品质，食用后引起人畜中毒。例如，甜菜受害，含糖量降低；棉花受害，纤维变劣；感染小麦赤霉病的麦粒加工成面粉，人食用后会导致恶心、呕吐、惊厥甚至死亡；甘薯黑斑病病薯被牲畜食用后能诱发气喘病，严重时也会死亡；粮食和油料种子在贮藏期如感染黄曲霉，食用后有致癌作用等。

近年来随着经济全球化、国际旅游业与现代交通的快速发展,外来入侵生物在各国之间不断传入扩散,给世界各国造成了严重的经济损失和生态灾难,也对人类健康和社会稳定产生巨大影响。外来入侵物种是指生物由原来的生存地,经过自然的或者人为的途径侵入到另一个新环境,并对入侵地的生物多样性、农林牧渔业生产、人类健康造成损失或者生态灾难的物种。我国是世界上遭受生物入侵最严重的国家之一,目前我国外来入侵物种已达630余种,每年造成的直接经济损失超过2000亿元。常见重要的种类有薇甘菊、水葫芦、飞机草、大米草、紫茎泽兰、松材线虫、湿地松粉蚧、美国白蛾、稻水象甲、美洲斑潜蝇等。外来有害生物侵入适宜新区后,其种群会迅速繁殖,并逐渐发展成为当地新的"优势种",严重破坏当地的生态系统。虽然我国采取了一系列防治措施并取得了不同程度的效果,但由于目前国家针对外来入侵物种没有制定具体的预防、控制和管理条例,各地在防治这些入侵物种时缺乏必要的技术指导和统一协调,虽然投入了大量的人力和资金,但有的防效并不理想。已传入的入侵物种继续扩散危害,新的危险性入侵物种不断出现并构成潜在威胁。

总之,植物保护的功能就是保护植物免受病、虫、草、鼠等有害生物的危害,保证食品供应和人类营养健康。相关资料表明,在现有的科技成果中,优良品种可以使农作物产量提高8%~12%,增施化肥并改进施肥方法可提高农作物产量约16%,耕作方法和栽培技术的革新可使农作物增产4%~8%,而对农作物实施病、虫、草、鼠害等综合防治技术可挽回产量损失10%~20%。进入21世纪以来,全球气候、耕作制度和栽培品种的变化等导致有害生物的发生呈现出流行性种类连年猖獗发生、区域性种类加重发生、抗药性种类不断出现等特点。棉铃实夜蛾、小麦条锈病、赤霉病、稻瘟病、稻飞虱、棉花黄萎病等频繁大发生;小麦吸浆虫、麦蚜、水稻纹枯病、稻螟、玉米大(小)斑病、大豆孢囊线虫病及农田鼠害等都有明显加重的趋势;暴发性害虫草地螟、黏虫和蝗虫等在一些地区再度猖獗发生。2017年全国农作物病虫草鼠害发生面积4.37亿公顷次,防治面积5.39亿公顷次,挽回粮食损失8877万t(《中国农业年鉴2018》)。显然,植物保护对挽回农作物产量损失,改进农作物品质,减少环境污染和农产品中的有害物质残留,提高经济、社会和生态效益,实现农业可持续发展等都有不可替代的作用。因此,为了确保农业生产的高产、优质、高效,促进农业生产的可持续发展,及时发现农业有害生物并对其进行有效控制,把握好农业生产中有害生物防治的关键环节,促进国民经济健康发展,就成了植物保护学及其工作者的主要任务和目的。

四、植物保护技术的发展和趋势

近年来随着科学技术的发展,许多新技术、新措施都在植物保护中得到了应用。例如,借助计算机模拟模型预测有害生物暴发,确定其最佳防治时间;应用生物技术选育抗病虫品种,鉴定有害生物,评价防治效果;将全球定位系统(GPS)、地理信息系统(GIS)、遥感(RS)系统、决策支持系统(decision support system,DSS)和信息管理系统(IP multimedia subsystem,IMS)相结合,处理和分析有关数据,绘制区域性有害生物发生危害图、害虫迁移路线图,指导防治等。显然,21世纪的植物保护将是以现代科学技术装备起来的崭新产业,必将发生一系列重要的变革。

1. **植物基因工程技术在植物保护中的应用** 选育和栽培抗性品种是控制农作物有害生物最根本的有效方法之一。使用基因工程手段培育抗病、抗虫作物品种是农业发展的一个方向,将抗病、抗虫基因引入农作物的细胞中并使其在细胞内稳定地遗传表达,从而形成抗病、抗虫新品系。自1983年世界首例转基因植物问世以来,植物基因工程技术受到世界各国的关注并得以飞速发展,培育出了一大批抗虫、抗病和耐除草剂的高产、优质农作物新品种和植物材料,并开始在农业生产中大面积推广应用。2018年,全世界转基因作物的种植面积达1.917亿hm²,其中转基因大豆、玉米、棉花和油菜的种植面积占全球总种植面积的98%左右(国际农业生物技术应用服务组织,International Service for the Acquisition of Agri-biotech Applications,ISAAA)。由于产量提高、化学制剂使用量减少、节约劳力,转基因作物的产业化带来了巨大的经济效益和社会效益。Klumper和Qaim(2014)对过去20年发表的147项转基因作物研究成果分析表明,转基因作物的应用使全球化学农药的施用减少了37%,作物产量增加了22%,农民利润增加了68%。除了获得转基因抗病、抗虫植物以外,利用基因工程技术在改良作物品质、提高作物抗逆性、调节植物次生代谢和生物固氮方面也取得了可喜成绩。

2. 生物工程技术在植物保护中的应用　　非化学合成的且具有杀虫、防病作用的各类有益微生物因对人畜和生态环境安全,已成为植物保护利用的重要方向。近年来,生物技术特别是微生物基因重组技术带来了传统生产技术的重大突破和革命。高毒广谱抗逆性强的工程菌的构建和速效无公害生物农药的研制显示出强劲的生命力。例如,采用质粒修饰与交换技术开发的新型苏云金芽孢杆菌(*Bacillus thuringiensis*,*Bt*)杀虫剂Foil、Condor和Cutlass,利用基因体外重组技术开发的新型*Bt*杀虫剂Raven OF和Crymux WDG,利用基因转移与生物微囊技术开发的杀虫荧光假单胞菌剂MVP、M-Trak和M-Peril等均已显示出良好的控制效果。通过酶切将放射性土壤杆菌(*Agrobacterium radiobacter*)菌株重组构建的工程菌株,其生物防治效果的稳定性大大增强,已在澳大利亚和美国获准登记。*Bt*菌剂WG-001是我国第一个获准商品化生产的基因工程微生物农药,迄今我国已构建了10余种基因工程微生物农药产品,它们将在病虫草害防治中占有越来越重要的地位。另外,植物疫苗的研发和应用也取得了明显效果,BTH、Bion和Messenger等产品已经在生产中应用,法国国家科学研究中心和戈埃马公司联合研发的IODUS40产品具有生物降解功能,是一种通过提高植物自身免疫力防治病害的疫苗,对小麦病害具有很好的防治作用。

3. 信息技术在植物保护中的应用　　信息技术是研究信息的产生、采集、存储、变换、传递、处理过程及广泛利用的新兴科技领域。植保信息技术是信息技术在植保领域的应用。近年来,植保信息技术的发展取得了显著进步,计算机人工智能技术、物联网技术、云通信、云计算、"3S"技术、数据库等现代信息与通信技术在植保工作中广泛应用,实现了作物生产全过程病虫害实时监测、及时预警、科学防控、病虫害信息查询检索、病虫害诊断与识别、病虫害动态分析和研究等,为实现合理使用农业资源、降低生产成本、改善生态环境、提高农产品产量和品质奠定了基础。随着大数据时代的到来,以信息传感设备、传感网、互联网和智能信息处理为核心的新一代信息技术必将在农业植保领域得到广泛应用,为植保技术的跨越式发展带来新契机。

4. 网络技术将成为植保信息咨询服务的重要手段　　由于计算机网络具有传播信息快速、价廉、方便等优点,为农作物有害生物等发生危害的实时监测、预测预报和防治决策提供了强有力的信息收集、传送和信息发布的手段。包括中国在内的许多国家的大专院校、科研机构及政府部门均设立了自己的Web站点,在互联网上进行信息发布。随着信息技术的网络化,以及网络化的生物信息采集、实时传送技术、网络化的自动预测决策与信息反馈技术和智能化的咨询应答技术的深入研究,21世纪的植保信息咨询服务将朝着产品商品化、服务社会化、手段现代化、经营企业化的趋势发展。植保信息技术在植物保护学科发展中,将与生物技术一并发挥重大作用,成为21世纪植物保护的重要手段之一。

第一章　植物病害的概念

人类的生存与植物的关系密不可分。植物除了供给人类和动物食物以外，也是微生物的食物来源。当植物受到不良环境条件或有害生物的侵袭而超出它的耐受能力时，其局部或整体的生长发育或生理活动就会出现异常，这种表现异常的植物称为"有病植物"或植物发生了"病害"，引起植物发生病害的因素称为"病因"。导致植物发生病害的因素十分复杂，各种病害的发生发展过程也不尽相同，且不同病害造成的损失及控制病害的措施和策略差异很大。研究植物发生病害的原因、病害发生发展的规律、植物与有害生物间的互作机制及如何控制病害等的学科，称为植物病理学。植物病理学是在医学微生物学的基础上发展起来的，它与真菌学、细菌学、病毒学、植物学、动物学，以及植物生理学、生物化学、遗传学、气象学和分子生物学等学科都有密切的联系。

第一节　植物病害的定义

一、植物病害

植物在受到不良环境的胁迫或病原物的侵染后，细胞和组织出现功能失调，正常的生理过程和生长发育受到干扰，表现出组织和形态的变化，进而导致植物产品与产量降低，品质变劣，这种现象称为植物病害。

该定义包含了两个方面的含义。第一，植物病害的发生发展有一定的病理程序，植物发病后，首先表现为新陈代谢作用的改变，即生理和生化的改变，随后发展到细胞和组织结构的变化，最后在植物的外部和内部表现出不正常状态（病态）。第二，认识病害，必须从经济观点和生产观点加以考虑，有些植物由于人为或外界因素的作用，可以发生某些变态或畸形。例如，黑粉菌侵染茭草后，刺激其嫩茎细胞增生，膨大形成肉质的菌瘿，成为鲜嫩可食的蔬菜，称为茭白；又如，郁金香在感染碎色病毒后，花冠色彩斑斓，增加了观赏价值；再如，在遮光埋藏下栽培的韭黄，提高了其食用价值。植物的这些变化给人们的生活和经济带来了好处，故不称为病害或不作为病害来对待。总之，病害一定会给农业生产带来损失，并且有一系列的病理变化过程。

二、病原

引起植物偏离正常生长发育状态而表现病变的因素，统称为"病原"。导致植物发生病害的原因大体上可以分为三种：①植物自身的遗传因子，由植物自身的遗传因子异常所造成的遗传性疾病，如白化苗、先天不孕等，常与外界环境无关，也没有外来生物的参与；②不良的环境因素；③病原物。其他生物因素中，某些也会影响植物的正常生长发育，进而引病害，这种引起植物发生病害的生物，统称为病原物。

植物病害的发生需要病原、寄主和一定的环境条件，三者配合才能发生病害。三者共存于病害系统中，相互依存，缺一不可。任何一方的变化均会影响另外两方。这三者称为"病害三角"或"病害三要素"（图1-1）。

图1-1　病害三角

病害三角在植物病理学中占有十分重要的位置，在分析病因、侵染过程、流行及制定防治对策时都离不开对病害三角的分析。

第二节　植物病害的症状

植物发生病害均有一定的病理变化过程。无论是非侵染性的还是侵染性的病害，先是在受害部位发生一些外部观察不到的生理变化，随后在受害部位的细胞和组织内部发生变化，最后发展到从外部可以观察到的病变。因此，植物病害表现的症状是植物内部发生了一系列复杂病理变化的结果。

一、植物病害的症状

症状（symptom）是植物生病后的不正常表现，其中寄主植物本身的不正常表现称为病状，病原物在植物发病部位的特征性表现称为病征。

（一）病状

植物病害的病状主要分为变色、坏死、腐烂、萎蔫和畸形五大类型（图1-2）。

1. 变色　　植物生病后局部或全株失去正常的颜色称为变色（discolor）。变色主要是由叶绿素（体）受到抑制或破坏，色素比例失调造成的。

变色病状有两种主要表现形式。一种形式是整株植物、叶片或其一部分均匀地变色，主要表现为褪绿（chlorosis）和黄化（yellowing）。褪绿是由于叶绿素的减少而使叶片表现为浅绿色，当叶绿素的量减少到一定程度就表现为黄化。属于这种类型的变色，还有整个或部分叶片变为紫色或红色。另一种形式不是均匀地变色，如常见的花叶（mosaic），是由形状不规则的深绿、浅绿、黄绿或黄色部位相间而形成不规则的杂色，不同颜色部位的轮廓是清楚的。有时，变色部位的轮廓不很清楚，就称为斑驳（mottle）。斑驳症状在叶片、果实上常见。典型的花叶症状，叶上杂色的分布不规则：有的局限在一定部位，如主脉间褪色的称为脉间花叶；沿着叶脉变色的称为脉带或沿脉变色（vein banding）；主脉和次脉变为半透明状的称为明脉（vein clearing）。花叶症状在单子叶植物上常表现为平行叶脉间出现细线状变色，称为条纹（stripe），若有梭状长条形斑则称为条斑（streak），相间出现则称为条点（striate）。植物病毒病和有些非侵染性病害（尤其是缺素症）常常表现以上两种形式的变色症状。有些由植原体引起的病害往往表现出黄化症状。此外，田间还可偶尔发现叶片不形成叶绿素的白苗，这多是遗传性的。

变色发生在花朵上称为碎色（color break），大多是病毒侵染造成的，病害提高了花卉的观赏价值，如碎色的郁金香、虞美人、香石竹。但这种观赏价值的提高是在牺牲植物的寿命、承担病毒传播风险的前提下实现的。还有一类花变绿色的症状，大都是由植原体侵染造成的，如绿花月季、绿花矮牵牛，但这种症状大多带有畸形，不是单纯的变色。

2. 坏死　　坏死（necrosis）是指植物细胞和组织的死亡。通常是由病原物杀死或毒害植物，或是寄主植物的保护性局部坏死造成的。

坏死在叶片上常表现为坏死斑（lesion）和叶枯。坏死斑的形状、大小和颜色因病害而不同，但轮廓都比较清楚。有的坏死斑周围有一圈变色环，称为晕环。大部分病斑发生在叶片上，早期表现为褪绿或变色，后期逐渐坏死。坏死若发生在花朵上，则直接降低花卉的观赏和商品价值。病斑的坏死组织有时可以脱落而形成穿孔（holospot），有的坏死斑上有轮状纹，称为轮斑或环斑（ring spot）。环斑由几层同心圆组成，各层颜色可

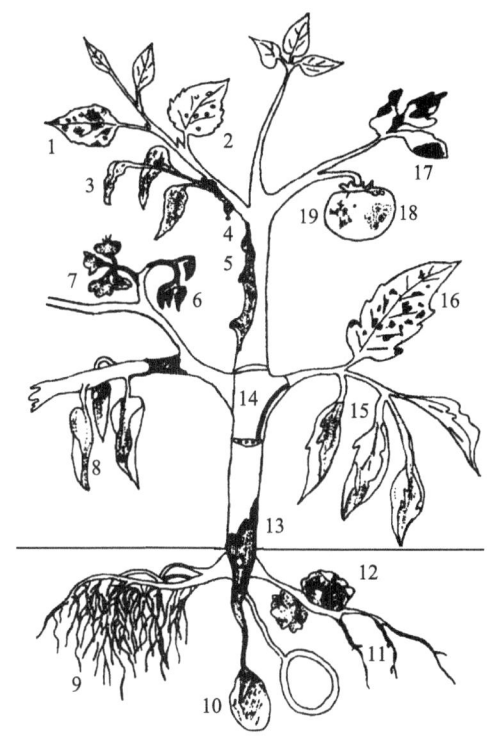

图 1-2　植物病害症状示意图（仿许志刚，2009）
1. 花叶；2. 穿孔；3. 梢枯；4. 流胶；5. 溃疡；6. 芽枯；7. 花腐；8. 枝枯；9. 发根；10. 软腐；11. 根腐；12. 肿瘤；13. 黑胫；14. 维管束褐变；15. 萎蔫；16. 角斑；17. 叶烧；18. 果腐；19. 疮痂

以不同。某些叶片上可形成单线或双线的环纹（ring line）或线纹（ring pattern），形成的线纹若似橡树叶的轮廓则称为橡叶纹（oak leaf）；若表皮组织坏死的则表现为蚀纹。许多植物病毒病表现环斑、坏死环斑和各种环纹或蚀纹症状。叶枯（leaf blight）是指叶片上有较大面积的枯死，通常枯死的轮廓不像叶斑那样明显。叶尖和叶缘的大块枯死，一般称为叶烧（leaf firing）。

植物叶片、果实和枝条上还有一种被称为疮痂（scab）的症状，病部较浅且是局部的，斑点的表面粗糙，有的还会形成木栓化组织而稍微突起。植物根茎可以发生各种形状的坏死斑。幼苗茎基部组织的坏死，可引起猝倒（幼苗在坏死处倒伏，damping off）和立枯（幼苗枯死但不倒伏，seedling blight）。木本植物茎的坏死还伴有梢枯症状，即枝条从顶端向下枯死，一直扩展到主茎或主干。果树和树木的枝干上有一种溃疡（canker）症状，坏死的主要是木质部，病部稍微凹陷，周围的寄主细胞有时增生和木栓化，限制病斑进一步扩展。

3. 腐烂　　病原物产生的水解酶分解、破坏植物组织，造成植物组织较大面积的分解和破坏，称为腐烂（rot）。

植物的根、茎、花、果都可发生腐烂，幼嫩或多汁的组织更容易发生。腐烂与坏死有时很难区别。一般来说，腐烂是整个组织和细胞受到破坏和消解，而坏死则多少还保持原有组织和细胞的轮廓。腐烂可以分干腐（dry rot）、湿腐（wet rot）和软腐（soft rot）。组织腐烂时，随着细胞的消解而流出水分和其他物质。例如，如果细胞的消解较慢，腐烂组织中的水

分能及时蒸发而形成干腐；相反，如果细胞的消解很快，腐烂组织不能及时失水则形成湿腐。软腐则主要先是中胶层受到破坏，腐烂组织的细胞离析，以后再发生细胞的消解。根据腐烂的部位，分别称为根腐、基腐、茎腐、果腐、花腐等。流胶（gummosis）的性质与腐烂相似，是从受害部位流出的细胞和组织的分解产物。

4.萎蔫　　病原毒素的毒害作用或对导管堵塞物的诱导作用，使植物根部受害，进而导致水分吸收和运输困难，造成植物的整株或局部脱水而表现出枝叶下垂的现象，称为萎蔫（wilt）。

病原物侵染引起的凋萎一般是不能恢复的。受害部位有局部性的，如一个枝条的凋萎；但更常见的是全株性的凋萎，萎蔫的后果是植株的变色干枯。萎蔫期间失水迅速、植株仍保持绿色的称为青枯，不能保持绿色的又分为枯萎和黄萎。

5.畸形　　畸形（malformation）是指植物受害部位的细胞分裂和生长发生促进性或抑制性的病变，致使植物整株或局部的形态发生异常。畸形主要是由病原物分泌激素或干扰寄主激素代谢造成的。

矮化（stunt）和矮缩（dwarf）是最常见的畸形。矮化是植株各个器官的生长成比例地受到抑制，病株比健株矮小得多。矮缩则是指植株不成比例地变小，主要是节间的缩短。例如，枝条不正常地增多，形成成簇枝条的称为丛枝（witches' broom）。叶片的畸形也很多，如叶片变小和叶缺深裂等，但较常见的有叶面高低不平的皱缩（crinkle）、叶片沿主脉平行方向向上或向下卷的卷叶（leaf roll）、卷向与主脉大致垂直的曲叶（leaf curl）等。

此外，植物的根、茎、叶上可以形成瘤（knot）、瘿（gall）、癌（tumor）等，如细菌侵染形成的根癌、冠瘿，线虫侵染造成的根结等。茎和叶脉可形成突起的增生组织，如耳状的耳突。有些病害可表现花变叶（phyllody）症状，即构成花的各部分如花瓣等变为绿色的叶片状。各类病原物引起的病害大多能产生畸形症状，但多数表现畸形症状的病害是由植物病毒或植原体的侵染所引起的。

（二）病征

病原物在病部形成的特征性表现主要有5种类型。

1.粉状物　　粉状物直接产生于植物表面、表皮下或组织中，以后破裂而散出。包括锈粉、白粉、黑粉和白锈。

（1）锈粉　　也称锈状物，是初期在病部表皮下形成的黄色、褐色或棕色病斑，破裂后散出的铁锈状粉末。为锈症特有的表现，如菜豆锈病等。

（2）白粉　　是在病株叶片正面形生的大量白色粉末状物；后期颜色加深，产生细小黑点。为白粉菌所致病害的特征，如黄瓜白粉病、黄芦白粉病等。

（3）黑粉　　是在病部形成菌瘿，瘿内产生的大量黑色粉末状物。为黑粉菌所致病害的病征，如禾谷类植物的黑粉病和黑穗病。

（4）白锈　　是在病部表皮下形成的白色疱状斑（多在叶片背面），破裂后散出的灰白色粉末状物。为白锈菌所致病害的病征，如十字花科植物的白锈病。

2.霉状物　　霉状物是真菌的菌丝、各种孢子梗和孢子在植物表面构成的特征，其着生部位、颜色、质地、结构常因真菌种类不同而异。可分为三种类型。

（1）霜霉　　多生于病叶背面，多为由气孔伸出的白色至紫灰色霉状物。为霜霉菌所致病害的特征，如黄瓜霜霉病、月季霜霉病等。

（2）绵霉　　是在病部产生的大量的白色、疏松、棉絮状霉状物。为水霉菌、腐霉菌、疫霉菌和根霉菌等所致病害的特征，如茄绵疫病、瓜果腐烂病等。

（3）霉层　　是指除霜霉和绵霉以外，产生在任何病部的霉状物。按照色泽的不同，分为灰霉、绿霉、黑霉和赤霉等。许多半知菌所致病害具有这类特征，如柑橘青霉病、番茄灰霉病等。

3. 点状物　　点状物是在病部产生的形状、大小、色泽和排列方式各不相同的小颗粒状物，它们大多暗褐色至褐色，针尖至米粒大小。为真菌的子囊壳、分生孢子器、分生孢子盘等形成的特征，如苹果树腐烂病、各种植物的炭疽病等。

4. 颗粒状物　　颗粒状物是真菌菌丝体变态形成的一种特殊结构，其形态大小差别较大，有的像鼠粪，有的像菜籽，多数黑褐色，生于植株受害部位，如十字花科蔬菜菌核病、莴苣菌核病等。

5. 脓状物　　脓状物是细菌性病害在病部溢出的含有细菌菌体的脓状黏液，一般呈露珠状，或散布为菌液层；在气候干燥时，会形成菌膜或菌胶粒，如黄瓜细菌性角斑病。

二、症状变化

植物病害的病状和病征是症状统一体的两个方面，二者相互联系，又有区别。有些病害只有病状而没有可见的病征或病征不明显，如所有非侵染性病害、病毒病害、变色、畸形和大部分病害发生的早期。有些病害病征非常明显，病状却不明显，如白粉类、霉污类病征，早期难以看到寄主的特征性变化。

植物病害的病状和病征是进行病害类别识别、种类诊断的重要依据。对于植物的常见病和多发病，一般可以依据其特征性的病状和病征进行识别，指导生产防治。但是对于非常见病，由于其症状具有多变的特点，则需要分析、对照文献资料或者结合病原检查进行诊断。而对于新病害，则要结合病原鉴定和侵染性测定进行诊断。

植物病害症状的变化主要表现在异病同症、同病异症、症状潜隐等几个方面。

不同的病原物侵染可以引起相似的症状，如叶斑病状可以由分类关系上很远的病原物侵染引起，如病毒、细菌、真菌等。对这类病害的识别相对容易一些，对于不同的真菌病害，则需要借助病原形态的显微观察。

植物病害症状的复杂性还表现在它有多种变化。多数情况下，一种植物在特定条件下发生一种病害后就出现一种症状，称为典型症状，如斑点、腐烂、萎蔫或癌肿等，但大多数病害的症状并非固定不变或只有一种症状，而是可以在不同阶段或不同抗性的品种上或者在不同环境条件下出现不同类型的症状。例如，烟草花叶病毒侵染多种植物后都表现为典型的花叶症状，但它在心叶烟或苋色藜上却表现为枯斑；交链孢属真菌侵染不同花色的菊花品种，在花朵上产生不同颜色的病斑。

有些病原物在寄主植物上只引起轻微的症状，有的甚至是侵染后也不表现明显症状，称为潜伏侵染（latent infection）。被潜伏侵染的病株，病原物在其体内能正常地繁殖和蔓延，病株的生理活动也有所改变，但是外面不表现明显的症状。有些病害的症状在一定的条件下可以消失，特别是许多病毒病的症状往往因高温而消失，这种现象称为症状潜隐。

病害症状本身也是发展的，如白粉病在发病初期主要在叶面上出现白色粉状物，后来变为粉红色、褐色，最后出现黑色小粒点。而花叶病毒病害，往往随植株各器官生理年龄的不同而出现严重度不同的症状，在老叶片上没有明显症状，在成熟叶片上出现斑驳和花叶，而在顶端幼嫩叶片上出现畸形。因此，在田间进行症状观察时，要注意系统和全面比较。

当两种或多种病害同时在一株植物上发生时，可以出现多种不同类型的症状，称为并发症。当两种病害在同一株植物上发生时，可以出现各自的症状而互不影响；有时这两种症状在同一部位或同一器官上出现，就可能出现彼此干扰发生拮抗现象，即只出现一种症状或症状减轻；也可能出现互相促进加重症状的协生现象，甚至出现完全不同于原有各自症状的第三种类型的症状。总之，拮抗现象和协生现象都是指两种病害在同一株植物上发生时出现症状变化的现象。

对于复杂的症状变化，首先需要对症状进行全面的了解，对病害的发生过程进行分析（包括症状发展的过程、典型的和非典型的症状，以及寄主植物反应和不同环境条件对症状的影响等），结合查阅资料，甚至进一步鉴定其病原物，才能做出正确的诊断。

三、植物病害对植物的影响

植物病害对植物生理活动的干扰和破坏是多方面的，从受害的部位可以分析其最主要的影响。根部生病后引起死苗或幼苗生长衰弱，如小麦根腐病、稻烂秧病等。有些根部肿大形成瘤状物，影响根的吸收能力，有些引起运输储藏器官的腐烂等。叶部生病造成褪绿、黄化、变红、花叶、枯斑、皱缩等，均影响光合作用。维管束受害导致萎蔫、死亡或腐烂等，影响水分、养分的运输。花和果实受害则直接影响作物的产量和品质。植物是一个整体，部分组织受害也必将影响其他部分的生理活动，导致植物不能正常完成其生长发育过程。

植物病害对经济和社会发展的影响是重大的，也是多方面的。1845 年，爱尔兰暴发马铃薯晚疫病，导致 100 多万人死于饥饿，近 200 万人背井离乡。1943 年，印度孟加拉邦发生水稻胡麻斑病，导致 200 多万人因饥饿而死。1880 年，法国波尔多地区葡萄种植业因遭受霜霉病的危害而使酿酒业濒临破产。1910 年，美国南部佛罗里达州的柑橘园因溃疡病的流行而被迫大面积销毁病树，损失了近 1700 万美元。2014 年，我国长江中下游稻区稻瘟病暴发流行，发病面积超过 513.6 万 hm^2，虽经防治但仍造成稻谷损失约 55.8 万 t。某些植物病害能引起人畜中毒，如食用了麦角菌感染的黑麦、燕麦和牧草后能引起人畜中毒和流产。植物病害的发生还会限制某些地区的作物栽培。例如，19 世纪后期咖啡锈病几乎摧毁了当时斯里兰卡广泛栽培的咖啡树，导致人们改种茶树。

第三节 植物病害的两种类型

一、非侵染性病害

植物的非侵染性病害是由植物自身的生理缺陷或遗传性疾病，或由在生长环境中有不适宜的物理、化学等因素直接或间接引起的一类病害。它和侵染性病害的区别在于没有病原物的侵染，在植物不同个体间不能互相传染，所以又称为非传染性病害或生理病害。

环境中的不适宜因素主要可以分为化学因素和物理因素两大类，植物自身遗传因子或先天性缺陷引起的遗传性病害虽然不属于环境因子，但由于其所引起的遗传性病害没有侵染性，也属于非侵染性病害。不适宜的物理因素主要包括温度、湿度和光照等气象因素的异常；不适宜的化学因素主要包括土壤中的养分失调、空气污染和农药等化学物质的毒害等。这些因素有的单独起作用，但常常是配合起来共同引起病害。化学因素大多与人类生产、生活密切相关，随着科学的发展，人类对物理和化学因素的控制能力将越来越强，许多非侵染性病害将逐渐被控制。随着我国种植结构的调整，农业栽培制度和措施发生了很大变化，如保护地栽培面积的扩大，以及将获取单位面积产量和质量作为单一追求目标而造成的化肥、农药的大量使用，使植物生长的环境恶化，植物营养的不均衡更加突出，导致非侵染性病害种类增多，发病面积扩大。

非侵染性病害和侵染性病害的关系密切，非侵染性病害使植物抗病性降低，利于侵染性病原的侵入和发病。例如，冻害不仅可以使细胞和组织死亡，还往往导致植物的生长势衰弱，使许多病原物更易于侵入。同样，侵染性病害有时也会削弱植物对非侵染性病害的抵抗力。例如，某些叶斑病害不仅引起木本植物提早落叶，还使植株更容易遭受冻害和霜害。

二、侵染性病害

植物的侵染性病害是由生物因素的侵染而引起的，主要是病原物的侵染。病害能够在植物不同个体间互相传染，所以又称为传染性病害。这类病害的发生往往首先在田间出现一定的发病中心，之后逐渐向四周扩展蔓延，严重时可以导致全田发病，甚至向周围田块蔓延。

引起侵染性病害的病原称为病原物或病原生物。病原物的种类很多，有动物界的线虫（nematode），植物界的寄生性种子植物（parasitic plant），菌物界的真菌（fungi），原核生物界的细菌（bacteria）、植原体（phyoplasma）、病毒（virus）和类病毒（viroid）等。

植物侵染性病害的发生是由多种因素决定的，病原物是其中一个方面。每一种病原物都有一定的寄主范围，同一寄主的不同品种、品系对相同病原物也会有不同的反应，有的是感病的，容易受到病原物的侵染和破坏；有的是抗病的，能抵抗病原物的侵染和破坏。因此，一种病原物虽然能够诱发病害，但病害是否发生和发生的轻重与它所侵染的寄主植物的抗感性有密切的关系。此外，无论是病原物的生长、繁殖、传播及对寄主植物的侵染，还是寄主植物对病原物侵染的反应，都受到环境条件的影响。由此可见，侵染性病害的发生是由病原物、寄主和环境条件三方面的因素决定的。

★ **复习思考题** ★

1. 何谓植物病害？如何理解植物病害的含义？
2. 什么是病害三角？病害三角在病害研究中的意义如何？
3. 如何理解病害的病状及病征？病状及病征类型分别有几种？
4. 什么是侵染性病害？什么是非侵染性病害？它们的特点分别是什么？

第二章 植物侵染性病害的病原

第一节 植物病原真菌

真菌是真核微生物,营养体通常为丝状体,细胞壁主要成分为几丁质或纤维素,无叶绿素,营养方式为异养,大多通过产生各种类型孢子进行繁殖。真菌种类繁多,已描述的有10万余种,广泛存在于水、土壤、空气及各种物体上。植物病原真菌是指能够寄生在植物上并引起植物病害的真菌,是植物病害中最重要的生物性病原之一,所引起的植物病害占已报道植物病害的80%以上。

一、病原真菌的一般形态

(一)真菌的营养体

真菌营养生长阶段所形成的结构,称为营养体。真菌典型的营养体是细小的具分枝的丝状体,单根丝状体称为菌丝,交织成团则称为菌丝体。菌丝通常呈圆管状,有分枝,直径一般为2~30μm。多数菌丝无色透明,有些菌丝,特别是一些老龄菌丝呈现一定颜色。细胞壁主要成分多数为几丁质,少数(如卵菌)为纤维素。低等真菌的菌丝一般无隔膜,常被认为是一个多核的大细胞,称为无隔菌丝;高等真菌的菌丝有隔膜,将菌丝分隔成多个细胞,称为有隔菌丝(图2-1)。此外,极少数真菌的营养体不是丝状体,如酵母菌和部分壶菌的营养体为具有细胞壁的卵圆形单细胞;根肿菌的营养体为无细胞壁的多核原质团。

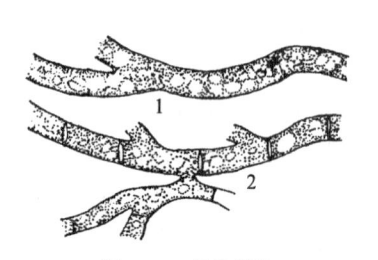

图2-1 真菌菌丝
1.无隔菌丝;2.有隔菌丝

真菌的菌丝体一般是分散的,但有时也密集形成菌组织。菌组织有两种,即由菌丝体组成的结构比较疏松的疏丝组织和比较紧密的拟薄壁组织。有些真菌的菌组织还可以形成菌核、子座和菌索等变态类型。

菌核是由菌丝紧密交织而成的休眠体,其内层为疏丝组织,外层是拟薄壁组织。菌核形状有鼠粪状、油菜籽状或不规则形,初期为白色或浅色,成熟后呈褐色或黑色。菌核的功能主要是抵抗不良环境,也是真菌的营养储藏器官。当条件适宜时,菌核便萌发,产生新的营养菌丝或繁殖器官。

子座是由菌丝在寄主表面或表皮下交织形成的一种垫状、柱状或头状结构,也有由菌丝与寄主组织结合而成的(假子座)。子座上可形成产孢结构,可以抵御不良环境。

菌索是由菌丝体平行交织构成的长条形绳索状结构,外形与高等植物根系相似,故也称为根状菌索。菌索不仅能抵抗不良环境,还有扩展蔓延和侵染寄主的作用。

此外,有些真菌菌丝的某些细胞膨大变圆,原生质浓缩,细胞壁加厚,形成厚垣孢子。

厚垣孢子能抵抗不良环境，待条件适宜时再萌发成菌丝。

（二）真菌的繁殖体

真菌在经过营养生长阶段后，即进入繁殖阶段，形成各种繁殖体，即子实体。真菌的繁殖方式分为无性繁殖和有性生殖，分别产生无性孢子和有性孢子。

1. 无性繁殖及无性孢子类型　　无性繁殖是指真菌不经过性细胞或性器官的结合，而从营养体上直接产生孢子的繁殖方式，所产生的孢子为无性孢子。常见的无性孢子有4种类型（图2-2）。

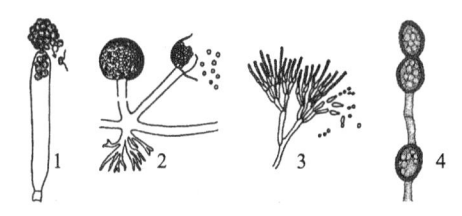

图2-2　真菌的无性孢子
1.游动孢子；2.孢囊孢子；3.分生孢子；4.厚垣孢子

（1）游动孢子　　产生于游动孢子囊中的内生孢子。游动孢子囊由菌丝或孢囊梗顶端膨大而成。游动孢子无细胞壁，呈球形或肾形，具1或2根鞭毛，释放后能在水中游动。游动孢子是卵菌、根肿菌和壶菌的无性孢子。

（2）孢囊孢子　　产生于孢子囊中的单细胞内生孢子。孢子囊由孢囊梗的顶端膨大而成，成熟后孢子囊壁破裂释放出孢囊孢子。孢囊孢子有细胞壁、无鞭毛，不能游动，可随风飞散。孢囊孢子是接合菌的无性孢子。

（3）分生孢子　　产生于由菌丝分化形成的分生孢子梗上，成熟后从孢子梗上脱落。分生孢子种类很多，它们在形状、大小、色泽、形成和着生方式上存在差异。不同真菌的分生孢子梗的分化程度不同，有散生的，也有丛生的。有些真菌的分生孢子梗着生在特化的分生孢子果内（上）。孢子果主要有两种类型，即近球形的具孔口的分生孢子器和杯状或盘状的分生孢子盘。分生孢子是子囊菌、担子菌和半知菌类真菌的无性孢子。

（4）厚垣孢子　　由菌丝中个别细胞膨大、细胞壁增厚、原生质浓缩而形成，是一种休眠孢子，能抵抗不良环境，条件适宜时可萌发产生菌丝。镰刀菌等多种真菌可产生厚垣孢子。

2. 有性生殖及有性孢子类型　　有性生殖是指真菌通过性细胞或性器官的结合而产生孢子的繁殖方式，产生的孢子称为有性孢子。多数真菌是在菌丝体分化出的性器官内进行交配，真菌的性细胞称为配子，性器官称为配子囊。真菌有性生殖过程可分为质配、核配和减数分裂3个阶段：质配，即经过2个性细胞的融合，两者的细胞质和细胞核（n）合并在同一个细胞中，形成双核期（$n+n$）；核配，即在融合的细胞内2个单倍体的细胞核结合成1个二倍体的核（$2n$）；减数分裂，即二倍体细胞核经过2次连续的分裂，形成4个单倍体的核（n），从而变成单倍体。有性孢子对不良环境有较强的抵抗能力，往往1年只产生1次，数量也较少，是真菌度过不良环境的休眠体，也是各种植物病害每年初侵染的重要来源（图2-3）。常见的有性孢子有5种类型。

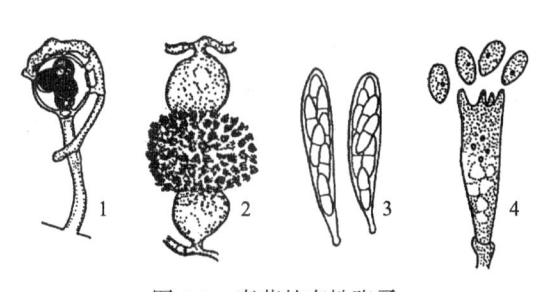

图2-3　真菌的有性孢子
1.卵孢子；2.接合孢子；3.子囊孢子；4.担孢子

（1）休眠孢子囊　　通常由2个游动配子配合形成，壁厚，为双核体或二倍体，萌发时经减数分裂释放出单倍体的游动孢子，如根肿菌、壶菌的有性孢子。根肿菌的休眠孢子囊萌发时通常仅释放出 1 个游动孢子，故其休眠孢子囊也称为休眠孢子。

（2）卵孢子　　由 2 个异型配子囊——雄器和藏卵器结合而成。雄器的细胞质和细胞核经授精管进入藏卵器，经质配和核配后发育成厚壁的二倍体卵孢子。卵孢子萌发产生的芽管直接形成菌丝或在芽管顶端形成游动孢子囊，如鞭毛菌亚门中卵菌的有性孢子。

（3）接合孢子　　接合菌亚门真菌的有性孢子。由 2 个同型配子囊顶端融合成 1 个细胞，经质配和核配后形成厚壁的二倍体孢子。

（4）子囊孢子　　子囊菌亚门真菌的有性孢子。通常是由 2 个异型配子囊——雄器和产囊体相结合，经质配、核配和减数分裂而形成的单倍体孢子。子囊孢子大多着生在无色透明的棒状或卵圆形的囊状结构即子囊内。每个子囊中一般形成 8 个子囊孢子。子囊通常产生在有包被的子囊果内，子囊果一般有 4 种类型，即球状而无孔口的闭囊壳，瓶状或球状而有真正壳壁和固定孔口的子囊壳，由子座溶解而成的瓶状或球状、有或无孔口的子囊腔，以及盘状或杯状的子囊盘。

（5）担孢子　　担子菌亚门真菌的有性孢子。通常直接由性别不同（"＋"和"－"）的菌丝结合形成双核菌丝后，顶端细胞膨大成棒状的担子，或细胞壁加厚形成冬孢子。担子或冬孢子经过核配和减数分裂，最后产生 4 个外生的单倍体担孢子。

真菌的有性生殖存在性分化现象。有些真菌单个菌株就能完成有性生殖，称为同宗配合，而多数真菌需要 2 个性亲和的菌株生长在一起才能完成有性生殖，称为异宗配合。异宗配合真菌的有性生殖需要不同菌株间的配对或杂交，因此有性后代比同宗配合真菌具有更大的变异性，这有助于增强其适应性与生活能力。

二、病原真菌的生长

真菌的生长一般由孢子萌发产生芽管，再向各个方向均等生长而发育成一个球形菌落。菌丝体的生长点是菌丝的顶端，在顶端区域产生大量含有细胞质的泡囊，这些泡囊源于高尔基体。正是菌丝顶端泡囊的聚集，导致了菌丝顶端的延长生长。当生长停止时，这些泡囊便从顶端消失，分布在整个细胞的周围表面；当它们再聚集在顶端时，生长才重新开始。菌丝顶端生长的驱动力来自细胞质的流动，细胞质的流动驱使和带动泡囊移向顶端。在正常情况下，菌丝中的原生质流动很快，菌丝逐渐硬化的细胞壁和逐渐扩大的液泡压力，使菌丝内的原生质从衰老的部位向顶端移动，同时也满足了菌丝顶端生长对营养物质的需求。菌丝体在生长过程中，可以不断产生分枝和再分枝。分枝的产生也源于泡囊的聚集，即大量的泡囊聚集在菌丝的任何部位，都将引起一个新分枝的产生。

真菌的生长需要营养，而菌丝体正是真菌获得养分的结构。病原真菌侵入寄主植物后，菌丝在寄主细胞间或细胞内生长蔓延。当菌丝与寄主细胞壁或原生质接触后，营养物质和水分通过渗透作用和离子交换作用进入菌丝体内。有些真菌侵入寄主后，菌丝在细胞间蔓延，从菌丝上可形成吸收养分的特殊结构——吸器，伸入寄主细胞内吸收养分和水分。吸器形状不一，有掌状（白粉菌）、丝状（霜霉菌）、指状（锈菌）和球状（白锈菌）（图 2-4）。

菌丝生长的长度是无限的，而且除衰老部分不能生长外，菌丝的每一部分都有生长的潜能。

三、真菌的生活史

从孢子萌发开始,经过一定的营养生长和繁殖阶段,最后又产生同一种孢子的过程,称为真菌的生活史。真菌的典型生活史包括无性和有性两个阶段(图2-5)。

无性阶段是指菌丝体进行无性繁殖,产生无性孢子,无性孢子萌发形成菌丝体,菌丝体可多次产生无性孢子。无性阶段往往在一个生长季节可以连续循环多次,产生大量的无性孢子,对病害的传播和流行起重要作用。

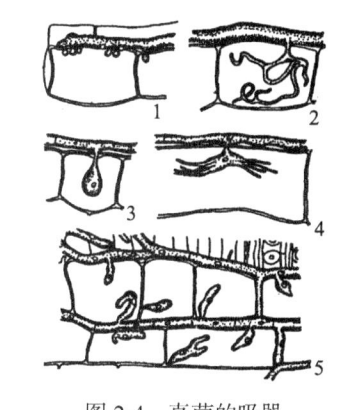

图2-4 真菌的吸器
1.白锈菌;2.霜霉菌;3,4.白粉菌;5.锈菌

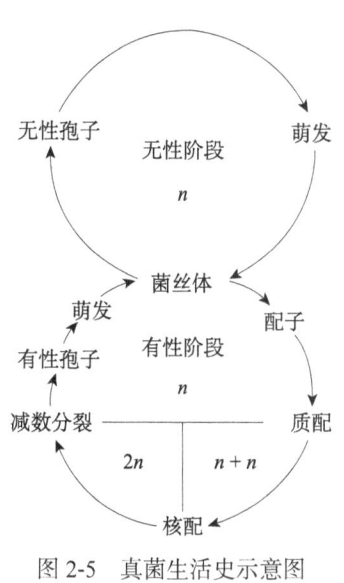

真菌的菌丝体一般在植物生长后期或病菌侵染的后期,进入有性阶段,产生配子囊和配子,进行有性生殖,产生有性孢子。在条件适宜时,有性孢子萌发,形成菌丝体。真菌在有性阶段通常只产生1次有性孢子,其作用除了繁衍后代外,主要是度过不良环境,并成为翌年病害的初侵染源。

从真菌生活史中细胞核的变化来看,一个完整的生活史由单倍体和二倍体两个阶段组成。二倍体阶段始于核配,终于减数分裂。大多数真菌的营养体为单倍体,它们的二倍体阶段在整个生活史中历时很短;而卵菌的营养体为二倍体,它的二倍体阶段在生活史中历时很长;有的真菌在质配后并不立即进行核配,而是形成双核的单倍体细胞。有的双核细胞还可以通过分裂形成双核菌丝体,并单独生活,在生活史中出现相当长的双核阶段,如许多锈菌、黑粉菌。

图2-5 真菌生活史示意图

四、病原真菌的分类

(一)真菌的分类地位和分类系统

生物曾被分为动物界和植物界,真菌被归为植物界。Whittaker于1969年建立了生物五界分类系统,将真菌从植物界中独立出来成为真菌界。Ainsworth于1971年在《真菌词典》第六版中采用生物五界分类系统,将真菌界分为黏菌门(Myxomycota)和真菌门(Eumycophyta),真菌门又分为鞭毛菌亚门(Mastigomycotina)、接合菌亚门(Zygomycotina)、子囊菌亚门(Ascomycotina)、担子菌亚门(Basidiomycotina)和半知菌亚门(Deuteromycotina)。Cavalier-Smith于1988~1989年提出生物八界分类系统。Ainsworth体系的《真菌词典》第八版(1995年)和第九版(2001年)真菌分类系统基本接受生物八界分类系统,将原"真菌界"分为三个界,即原生动物界(Protozoa)、假菌界(Chromista)和真菌界(Fungi)。其中,原"真菌界"中无细胞壁的黏菌和根肿菌被划归为原生动物界,细胞壁主要成分为纤维素;而营养体为二倍体的卵菌被划归为假菌界;其他真菌则被划归为真菌界。真菌界分为壶菌门（Chytridiomycota）、接合菌门（Zygomycota）、子囊菌门（Ascomycota）和担子菌门（Basidiomycota）4个门。将无有性生殖阶段的半知菌归为有丝分裂孢子真菌（mitosporic fungus），又称无性菌类（anamorphic fungi），它们不属于正式的分类单元。为便于与其他教材衔接，本书使用"半知菌类"一名。

（二）真菌的分类单元和命名

真菌的分类单元基本上是界、门（-mycota）、纲（-mycetes）、目（-ales）、科（-aceae）、属、种。必要时，在2个分类单元之间还增加一个亚单元，如亚门、亚纲等。种是最基本的分类单元，但根据需要有时在种下又分为亚种（subsp.）、变种（var.）、专化型（f. sp.）和生理小种。

真菌的命名采用林奈创立的"双名制命名法"。双名制的名称以拉丁语命名，拉丁学名由2个词组成，第一个词是属名，属名的第一个字母必须大写；第二个词是种加词，一律小写。书写时拉丁学名要求斜体印刷。命名人的姓氏或其缩写加在种加词之后，但可以省略。例如，灰葡萄孢菌的拉丁学名为 *Botrytis cinerea* Pers. & Fr.。如果种下分变种或专化型，则在种后附加相应的变种或专化型名称，如小麦条锈病菌的学名为 *Puccinia striiformis* West. f. sp. *tritici* Erikss. & Henn.。如果一种真菌的生活史包括有性和无性2个阶段，使用有性阶段所起的名称是合法的。对于那些在整个生活史中以无性阶段为主，有性阶段罕见或不重要的半知菌类，通常用其无性阶段的名称。因此，一种真菌可能有2个学名，分别是其有性态和无性态的名称。例如，葡萄黑痘病菌有性态学名为 *Elsinoe ampelina*，无性态学名为 *Sphaceloma ampelinum*。

五、植物病原真菌的主要类群

（一）根肿菌门

根肿菌门（Plasmodiophoromycota）属原生动物界，营养体为多核、不具细胞壁的原生质团，无性繁殖产生游动孢子囊，有性生殖产生休眠孢子（囊）。重要的植物病原属为根肿菌属（*Plasmodiophora*），该属的休眠孢子分散在寄主细胞内，不联合形成休眠孢子堆（图2-6）。为害植物根部，引起手指状或块状肿大。芸薹根肿菌（*Plasmodiophora brassicae*）是重要的植物病原菌，可诱发十字花科蔬菜根肿病。

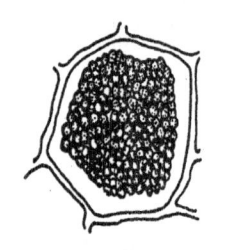

图2-6 根肿菌属的休眠孢子囊

（二）卵菌门

卵菌门（Oomycota）属假菌界，营养体为单细胞至发达的菌丝体，细胞壁多含纤维素。无性繁殖产生具鞭毛的游动孢子，有性生殖则以雄器和藏卵器交配产生卵孢子。与植物病害关系较密切的有腐霉属（*Pythium*）、疫霉属（*Phytophthora*）和霜霉菌。

1. **腐霉属和疫霉属** 孢子囊在孢囊梗上形成，产生游动孢子；有性生殖在藏卵器内形成卵孢子。两属的区别为，腐霉属孢囊梗丝状，孢子囊成熟后一般不脱落，萌发时产生泡囊，原生质转入泡囊内形成游动孢子；疫霉属孢囊梗分化不显著到显著，孢子囊成熟后脱落，萌发时不形成泡囊，在孢子囊内产生游动孢子或直接萌发长出芽管（图2-7）。腐霉菌多生于潮湿肥沃的土壤中，如引起多种植物幼苗根腐病、猝倒病及瓜果腐烂的瓜果腐霉（*Pythium aphanidermatum*）等。疫霉菌的寄生性较强，多为两栖生或陆生，引起的重要病害有马铃薯和番茄的晚疫病、辣椒和瓜类的疫病、茄子绵疫病、大豆疫霉根腐病、苹果和梨疫腐病等。

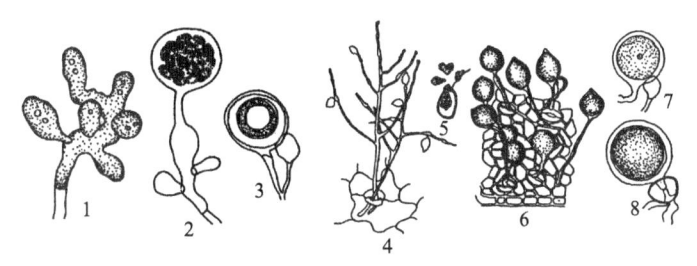

图2-7 腐霉属和疫霉属
腐霉属：1. 孢囊梗；2. 孢子囊萌发形成泡囊；3. 雄器和藏卵器
疫霉属：4，6. 孢囊梗和孢子囊；5. 孢子囊和游动孢子；7，8. 雄器和藏卵器

2. 霜霉菌 霜霉菌主要包括霜霉属（*Peronospora*）、假霜霉属（*Pseudoperonospora*）、单轴霉属（*Plasmopara*）、指梗霉属（*Sclerospora*）和盘梗霉属（*Bremia*）（图2-8），均是植物上的专性寄生菌，其菌丝蔓延到寄主细胞间，以吸器伸入寄主细胞内吸收养分。这些属在形态上的区别主要是孢囊梗的分枝形式及其尖端的形态。霜霉属的孢囊梗为二叉状分枝，末端尖锐，其中寄生霜霉（*Peronospora parasitica*）可引起十字花科蔬菜发生霜霉病。假霜霉属的孢囊梗主干呈单轴分枝，然后作2或3回不完全对称的二叉状锐角分枝，末端尖细，其中古巴假霜霉（*Pseudoperonospora cubensis*）可引起黄瓜霜霉病。单轴霉属的孢囊梗为单轴直角分枝，末端平钝，其中葡萄生单轴霉（*Plasmopara viticola*）可引起葡萄霜霉病。指梗霉属的孢囊梗主轴粗短，顶端为不规则二叉状分枝，其中禾生指梗霉（*Sclerospora graminicola*）可引起谷子白发病。盘梗霉属的孢囊梗为二叉状锐角分枝，末端膨大呈盘状，其中莴苣盘梗霉（*Bremia lactucae*）可引起莴苣及某些菊科植物霜霉病。霜霉菌引起病害的病部表面产生大量霜霉状物，即其孢囊梗和孢子囊，因此所致病害统称为霜霉病。

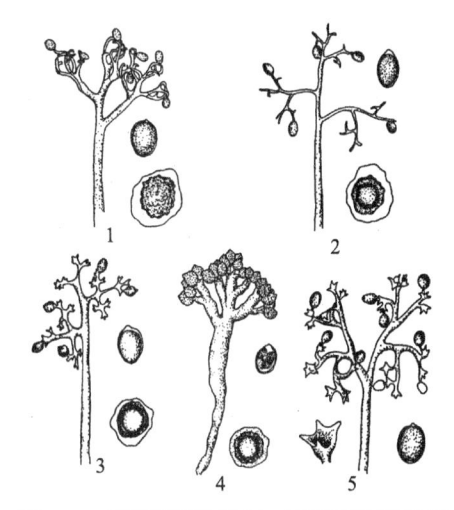

图2-8 霜霉菌的孢囊梗、孢子囊和卵孢子
1. 霜霉属；2. 假霜霉属；3. 单轴霉属；
4. 指梗霉属；5. 盘梗霉属

（三）接合菌门

接合菌门（Zygomycota）属真菌界，营养体为无隔菌丝体，无性繁殖形成孢子囊，产生孢囊孢子，有性生殖产生接合孢子。大多数接合菌为腐生菌，少数为弱寄生菌。与植物病害相关的主要是根霉属（*Rhizopus*）。根霉属的菌丝分化出匍匐菌丝和假根；孢囊梗从匍匐菌丝上长出，与假根对生，顶端形成孢子囊，内生孢囊孢子；有性生殖形成接合孢子，但

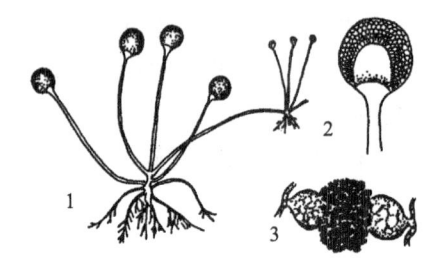

图 2-9 根霉属
1. 孢囊梗、孢子囊、假根和匍匐枝；2. 孢子囊；
3. 接合孢子

不常见（图 2-9）。该属可侵染植物的花、果实、块根和块茎，引起软腐病，如匍枝根霉（*Rhizopus stolonifer*）引起桃、葡萄、甘薯等的根霉软腐病。

（四）子囊菌门

子囊菌门（Ascomycota）真菌是真菌界中种类最多的一个类群。营养体多为发达的有隔菌丝体，菌丝体可交织在一起形成子座和菌核等变态结构；无性生殖产生分生孢子，有性生殖产生子囊和子囊孢子。大多数子囊菌的子囊产生在子囊果内，少数裸生。引起植物病害的子囊菌主要有以下几类。

1. **外囊菌属** 外囊菌属（*Taphrina*）属半子囊菌纲，为低等子囊菌，不形成子囊果，子囊外露，呈栅栏状平行排列在寄主表面。为害多种核果类果树，引起叶片、枝梢和果实的畸形，如畸形外囊菌（*Taphrina deformans*）引起桃缩叶病（图 2-10）。

2. **白粉菌** 白粉菌目真菌一般称为白粉菌，是高等植物的专性寄生菌。菌丝体在寄主表面生长，以吸器伸入表皮细胞内吸取养分，在寄主表面形成由菌丝体、分生孢子梗及分生孢子组成的白色粉状物，故称这类病害为白粉病。后期有性生殖产生黑色无孔口的球形或近球形子囊果，即闭囊壳，在病部表现为黑色小粒点。闭囊壳外部有不同形状的附属丝，内生 1 个或多个子囊（图 2-11）。闭囊壳内子囊的数目及外部附属丝的形态是主要分属依据。白粉菌有 20 余属，以下 6 属是重要的植物病原菌。①白粉菌属（*Erysiphe*），闭囊壳内子囊多个，附属丝菌丝状，如葫芦科白粉菌（*Erysiphe cucurbitacearum*）可引起瓜类等发生白粉病。②布氏白粉菌属（*Blumeria*），闭囊壳内有多个子囊，附属丝不发达，呈短菌丝状，如禾布氏白粉菌（*Blumeria graminis*）可引起小麦等禾本科植物发生白粉病。③单丝壳属（*Sphaerotheca*），闭囊壳内只有 1 个子囊，附属丝菌丝状，可引起瓜类、菜豆、桃等多种植物发生白粉病。④钩丝壳属（*Uncinula*），闭囊壳内有多个子囊，附属丝顶端卷曲成钩状，如葡萄钩丝壳（*Uncinula necator*）可引起葡萄发生白粉病。⑤球针壳属（*Phyllactinia*），闭囊壳内有多个子囊，附属丝刚直，长针状，基部呈球形膨大，如梨球针壳（*Phyllactinia pyri*）可引起梨树发生白粉病。⑥叉丝单囊壳属（*Podosphaera*），闭囊壳内只有 1 个子囊，附属丝刚直，顶端为 1 次或数次整齐的二叉状分枝，如白叉丝单囊壳（*Podosphaera leucotricha*）可

图 2-10 畸形外囊菌

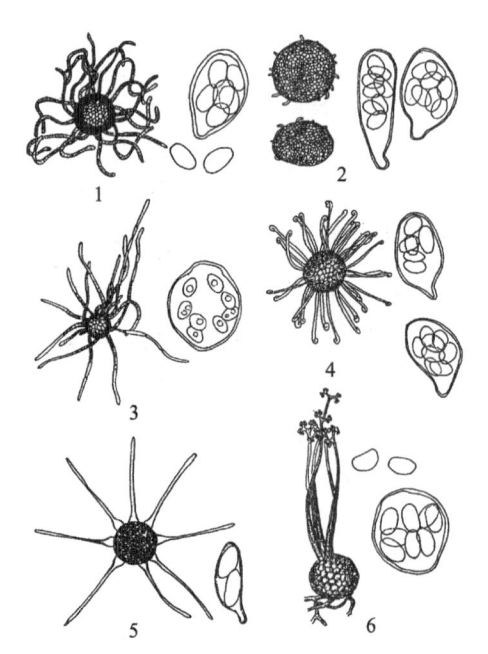

图 2-11 白粉菌的闭囊壳、附属丝、子囊和子囊孢子
1. 白粉菌属；2. 布氏白粉菌属；3. 单丝壳；
4. 钩丝壳属；5. 球针壳属；6. 叉丝单囊壳属

引起苹果树发生白粉病。

3. 球壳菌　球壳菌为球壳目真菌，属核菌纲。子囊果为球形、半球形或瓶状的有孔口的子囊壳；子囊单囊壁，多为棍棒状，通常在子囊壳基部有规律地排列成子实层，子囊间大多有侧丝；子囊孢子单胞或多胞，无色或有色，圆形至长形。球壳菌的无性阶段较常见，可产生大量的分生孢子（图2-12）。引起植物病害的重要属有以下5个。①小丛壳属（*Glomerella*），子囊壳产生在菌丝层上或半埋于子座内，无侧丝，子囊孢子长圆形、单胞、无色，如围小丛壳（*Glomerella cingulata*）可引起苹果、葡萄

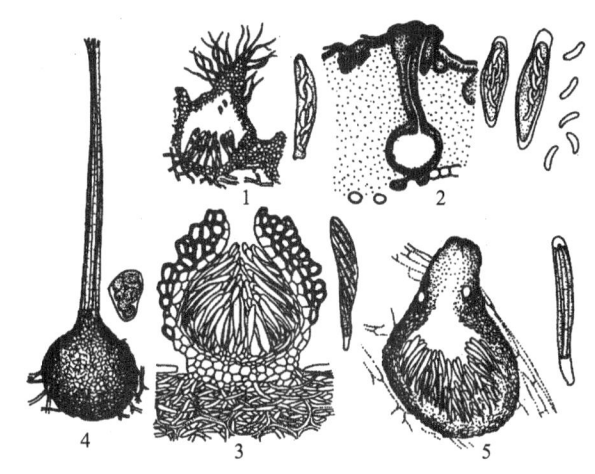

图2-12　球壳菌的子囊壳、子囊和子囊孢子
1. 小丛壳属；2. 黑腐皮壳属；3. 赤霉属；4. 长喙壳属；5. 顶囊壳属

等多种果树发生炭疽病。②黑腐皮壳属（*Valsa*），子囊壳具长颈，群生于子座内，子囊孢子腊肠形、单胞、无色，如苹果黑腐皮壳（*Valsa mali*）可引起苹果树发生腐烂病。③赤霉属（*Gibberella*），子囊壳单生或群生于子座上，壳壁为蓝色或紫色，子囊孢子梭形，有2或3个隔膜，无色，如玉蜀黍赤霉（*Gibberella zeae*）可引起玉米、麦类等多种禾本科植物发生赤霉病，藤仓赤霉（*Gibberella fujikuroi*）可引起水稻发生恶苗病。④长喙壳属（*Ceratocystis*），子囊壳具长颈呈烧瓶形，颈顶端裂为须状，子囊壁早期溶解，子囊孢子单胞无色，多椭圆形或蚕豆形，如甘薯长喙壳（*Ceratocystis fimbriata*）可引起甘薯发生黑斑病。⑤顶囊壳属（*Gaeumannomyces*），子囊壳壁厚、色深，埋于基质内，顶端有短的喙状突起，子囊孢子线形，多细胞，如禾顶囊壳（*Gaeumannomyces graminis*）可引起小麦发生全蚀病。

4. 腔菌　腔菌为腔菌纲真菌，子囊果为子囊腔，即子囊着生在子座消解形成的腔室中，而这种内生子囊的子座称为子囊座。有的子囊腔周围菌组织被挤压得很像子囊壳的壳壁，因而有人称其为假囊壳。腔菌的另一个特征是子囊具有双层壁（图2-13）。腔菌的无性阶段很发达，形成各种分生孢子，是为害植物的主要阶段。引起植物病害的重要属有以下4种。①痂囊腔菌属（*Elsinoe*），子囊不规则地散生在子座内，每个子囊腔内只有1个球形的子囊，子囊孢子大多长圆筒形，无色，具3个横隔，如痂囊腔菌（*Elsinoe ampelina*）可引起葡萄发生黑痘病。不过有性阶段并不常见，植物受害主要在其无性阶段，致病菌

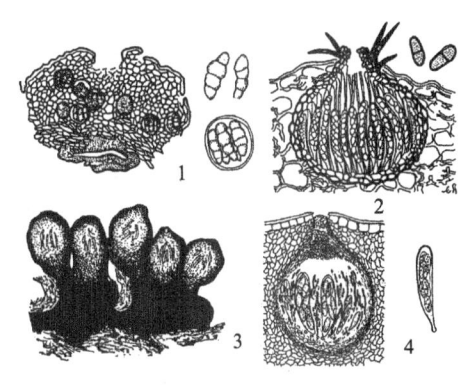

图2-13　腔菌的子囊腔、子囊和子囊孢子
1. 痂囊腔菌属；2. 黑星菌属；3. 葡萄座腔菌属；4. 旋孢腔菌属

如痂圆孢属（*Sphaceloma*）。②黑星菌属（*Venturia*），假囊壳大多在病残组织表皮下形成，子囊棍棒形，平行排列，子囊孢子椭圆形，2个细胞大小不等，如梨黑星菌（*Venturia pyrina*）和苹果黑星菌（*Venturia inaequalis*）可分别引起梨树和苹果树发生黑星病。③葡萄座腔菌属（*Botryosphaeria*），子囊座较大，呈葡萄状丛生在暗色、垫状的子座中，子囊长筒形，有短柄，子囊孢子椭圆形，单胞无色，如贝伦格葡萄座腔菌（*Botryosphaeria berengeriana*）可引起苹果树和梨树发生干腐病和轮纹病。④旋孢腔菌属（*Cochliobolus*），子囊孢子丝状、多胞，表面光滑，在子囊中呈螺旋状排列，如禾旋孢腔菌（*Cochliobolus sativus*）可引起小麦发生根腐病和叶枯病，异旋孢腔菌（*Cochliobolus heterostrophus*）可引起玉米发生小斑病。

5. 盘菌　盘菌为盘菌纲真菌，子囊果为子囊盘，多呈盘状或杯状，有柄或无柄，子囊在其上排列成整齐的子实层。无性阶段很多不产生分生孢子。多为腐生，少数寄生于植物，与植物病害关系密切的属有核盘菌属（*Sclerotinia*）和链核盘菌属（*Monilinia*）。核盘菌属的子囊盘具长柄，产生在菌核上，子囊孢子椭圆形或纺锤形，单胞无色（图2-14），如核盘菌（*Sclerotinia sclerotiorum*）可引起多种植物发生菌核病。链核盘菌子囊盘呈漏斗形或盘状，由假菌核产生，子囊孢子椭圆形，单胞无色，无性阶段为丛梗孢属（*Monilia*），如果生链核盘菌（*Monilia fructicola*）可引起桃树等发生褐腐病。

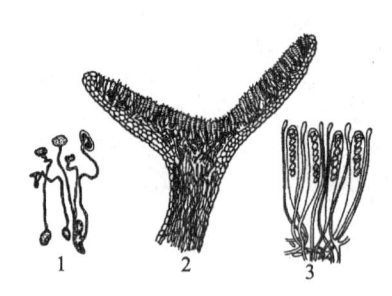

图2-14　核盘菌
1.菌核萌发形成子囊盘；2.子囊盘；3.子囊

（五）担子菌门

担子菌门真菌一般称为担子菌，是真菌中最高等的类群。营养体为发达的有隔菌丝体，可以进行锁状联合形成双核菌丝体。无性繁殖不发达，除少数种类外，大多数担子菌在自然条件下没有无性阶段。有性生殖除锈菌外，通常不形成分化明显的性器官，而是由双核菌丝体的细胞直接产生担子和担孢子。担子棍棒状，每个担子上一般着生4个小梗和4个担孢子。引起植物病害的主要有锈菌和黑粉菌。

1. 锈菌　冬孢菌纲锈菌目真菌称为锈菌。锈菌不形成担子果，为活体寄生菌，菌丝在寄主细胞间隙扩展，以吸器伸入寄主细胞内吸取养分。锈菌的生活史复杂，许多锈菌有多型和转主寄生现象。多型现象是指锈菌在其生活史中可产生多种类型的孢子，典型的有性孢子、锈孢子、夏孢子、冬孢子和担孢子5种孢子（图2-15）。冬孢子产生在寄主表皮下的冬孢子堆中，主要起休眠越冬的作用，其形态是锈菌分属的主要依据。冬孢子萌发产生担孢子，常为病害的初次侵染源。夏孢子产生在夏孢子堆中，单胞，鲜黄色或黄褐色，可不断重复产生，对病害流行起重要作用。有些锈菌在一种寄主植物上生活就可以完成生活史，称为单主寄生，如引起玫瑰锈病的玫瑰多胞锈菌（*Phragmidium rosae-rugosae*）；有些锈

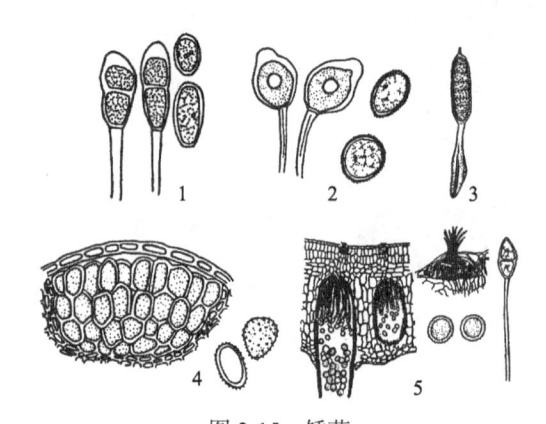

图2-15　锈菌
1.柄锈菌属冬孢子和夏孢子；2.单胞锈菌属夏孢子和冬孢子；3.多胞锈菌属冬孢子；4.层锈菌属冬孢子堆和夏孢子；5.胶锈菌属锈孢子器、性孢子器、锈孢子和冬孢子

菌需要在两种不同的寄主上生活才能完成生活史，称为转主寄生，如引起梨锈病的梨胶锈菌（*Gymnosporangium asiaticum*）。锈菌可为害植物的叶、果、枝干等，使受害部位出现鲜黄或铁锈色的粉堆、疱斑等病征，通称锈病。与植物病害有关的重要属有以下5种。①柄锈菌属（*Puccinia*），冬孢子有柄、双胞、深褐色，夏孢子黄褐色、单胞、近球形，壁上有小刺，单主或转主寄生，可引起小麦发生3种锈病，即条锈病（由 *Puccinia striiformis* f. sp. *tritici* 引起）、叶锈病（由 *Puccinia recondite* f. sp. *tritici* 引起）和秆锈病（由 *Puccinia graminis* f. sp. *tritici* 引起）。②单胞锈菌属（*Uromyces*），冬孢子单胞、有柄，顶端较厚，单主或转主寄生，如瘤顶单胞锈菌（*Uromyces appendiculatus*）可引起菜豆发生锈病。③多胞锈菌属（*Phragmidium*），冬孢子具3至多个细胞、壁厚、柄长且基部膨大，单主寄生，可引起玫瑰、月季锈病（由 *Phragmidium rosae-multiflorae*、*Phragmidium rosae-rugosae* 引起）等。④层锈菌属（*Phakopsora*），冬孢子单胞、无柄，不整齐地排列成数层，如枣层锈菌（*Phakopsora ziziphi-vulgaris*）可引起枣树发生锈病。⑤胶锈菌属（*Gymnosporangium*），冬孢子双胞，具可胶化的长柄，冬孢子堆舌状或垫状，遇水常胶化膨大，浅黄色至深褐色；锈孢子器丛生在寄主下表皮以下，后突破表皮外露，呈长管状；锈孢子串生，近球形，黄褐色，表面有细瘤。无夏孢子阶段。转主寄生，冬孢子阶段多数寄生在圆柏属植物上，如山田胶锈菌（*Gymnosporangium yamadai*）和梨胶锈菌（*Gymnosporangium asiaticum*）可分别引起苹果树和梨树发生锈病。

2. 黑粉菌 黑粉菌纲黑粉菌目真菌一般称为黑粉菌，其特征是形成黑色粉状的冬孢子，萌发形成先菌丝和担孢子（图2-16）。黑粉菌都是植物寄生菌，主要寄主为禾本科植物，引起局部或全株性侵染。植物受害部位出现黑色粉堆或粉团，称为黑粉病或黑穗病。主要属有以下4种。①黑粉菌属（*Ustilago*），孢子堆外面无膜包围，冬孢子散生，表面光滑或有纹饰，萌发时产生具横隔的担子；担子侧生担孢子，有的萌发直接产生芽管。例如，裸黑粉菌（*Ustilago nuda*）可引起小麦发生散黑穗病，玉蜀黍黑粉菌（*Ustilago maydis*）可引起玉米发生瘤黑粉病。②孢堆黑粉菌属（*Sporisorium*），冬孢子堆主要生于寄主植物的花序和子房，孢子堆被菌丝薄膜包围，孢子堆中有一由充满菌丝的寄主组织构成的中轴，菌丝产生孢子及不育细胞。例如，丝孢堆黑粉菌（*Sporisorium reilianum*）可引起玉米和高粱发生丝黑穗病。③腥黑粉菌属（*Tilletia*），粉状孢子堆通常产生于子房内，常有腥味；冬孢子萌发时，产生无隔膜的先菌丝，顶端产生成束的担孢子。引起的重要作物病害有小麦网腥黑穗病（由 *Tilletia caries* 引起）和光腥黑穗病（由 *Tilletia foetida* 引起）。④条黑粉菌属（*Urocystis*），冬孢子结合成孢子球，外有不孕细胞，冬孢子褐色，不孕细胞无色，如引起小麦秆黑粉病的小麦条黑粉菌（*Urocystis tritici*）。

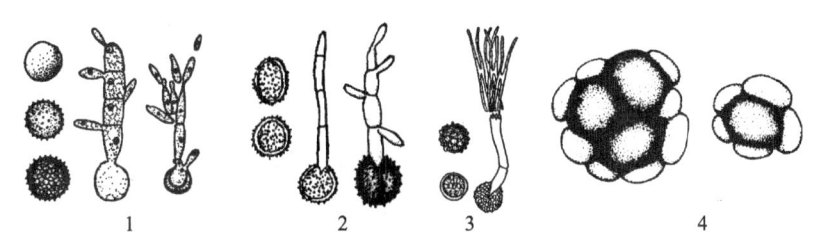

图2-16 黑粉菌的冬孢子和冬孢子萌发
1. 黑粉菌属；2. 孢堆黑粉菌属；3. 腥黑粉菌属；4. 条黑粉菌属

3. 高等担子菌 担子菌纲真菌为高等担子菌，一般有发达的高度组织化的子实体，即大型担子果，包括蘑菇、木耳、银耳、灵芝等具有食用和药用价值的大型真菌。有许多高等担子菌可以引起木材腐朽，少数可以为害植物，如桑卷担菌（*Helicobasidium mompa*）可为害苹果等多种作物，引起紫纹羽病；发光假蜜环菌（*Armillariella tabescens*）为害多种果树和林木花卉，引起根朽病等。

（六）半知菌类

半知菌又称有丝分裂孢子真菌或无性菌类真菌，营养体为分枝繁茂的有隔菌丝体；无性繁殖是从菌丝体上形成分化程度不同的分生孢子梗，梗上产生分生孢子；有性阶段尚未发现；有少数种类不产生分生孢子。分生孢子梗的着生方式多种多样，可单生、束生，也可产生在由菌丝特化的产孢结构——载孢体上（中）。载孢体主要有分生孢子座、盘状的分生孢子盘、近球形而具孔口的分生孢子器等类型。载孢体类型、分生孢子形态及生成方式是半知菌分类的主要依据。

1. 无孢菌 无孢菌为丝孢纲无孢目真菌，无性繁殖不产生分生孢子，菌丝体发达，有些可形成厚垣孢子、菌核等（图 2-17）。丝核菌属（*Rhizoctonia*）和小核菌属（*Sclerotium*）为重要的植物病原菌，可引起立枯、腐烂等症状。丝核菌属的菌丝为褐色，多为近直角分枝，分枝处有缢缩；形成的菌核结构疏松，褐色或黑色，表里颜色相似，菌核间有丝状体相连，最常见的为立枯丝核菌（*Rhizoctonia solani*），可引起多种作物发生纹枯病和立枯病。小核菌属的菌丝无色或浅色，产生的菌核结构紧密，表面色深而内部色浅，如齐整小核菌（*Sclerotium rolfsii*）可引起花生、苹果等 200 多种植物的白绢病。

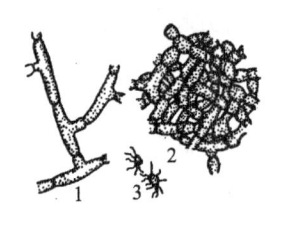

图 2-17 无孢菌
丝核菌属：1. 菌丝；2. 菌核纠结的菌组织；3. 菌核；
小核菌属：4. 菌核；5. 菌核剖面

2. 丝孢菌 丝孢菌为丝孢纲丝孢目真菌，分生孢子直接从菌丝上产生或从散生的分生孢子梗上产生（图 2-18），有许多是重要的植物病原菌，引起病部表面常形成各种颜色的霉层。主要有以下几个重要的属。①粉孢属（*Oidium*），菌丝体表生，直立的分生孢子梗顶端串生单胞无色的分生孢子。引起白粉病，为大多数白粉菌的无性阶段。②丛梗孢属（*Monilia*），分生孢子梗二叉状或不规则分枝，无色；分生孢子串生、单胞，孢子链呈念珠状。例如，仁果丛梗孢（*Monilia fructigena*）可引起苹果树、梨树等发生褐腐病。③葡萄孢属（*Botrytis*），分生孢子梗粗大，有分枝，顶端膨大成球状体，上生许多小梗，分生孢子着生在小梗上聚集成葡萄穗状；分生孢子单胞，椭圆形或球形，无色或浅色。最常见种是灰葡萄孢（*Botrytis cinerea*），可引起多种植物发生灰霉病。④青霉属（*Penicillium*），分生孢子梗直立，顶端一至多次分枝，形成扫帚状，分枝顶端产生瓶状小梗，小梗顶端串生分生孢子；分生孢子单胞、无色、球形，聚集时多呈青色或绿色，如意大利青霉（*Penicillium italicum*）可引起柑橘发生青霉病。⑤梨孢属（*Pyricularia*），分生孢子梗淡褐色或无色，细长，多不分枝，呈屈膝状；分生孢子梨形至椭圆形，有 2 或 3 个细胞，如灰梨孢（*Pyricularia grisea*）可引发稻瘟病。⑥轮枝孢属（*Verticillium*），分生孢子梗呈轮状分枝，产孢细胞基部膨大，分生孢子单胞，椭圆形，无色或淡色，单生或聚生。例如，大丽轮枝孢（*Verticillium dahliae*）可引起棉花和茄子发生黄萎病。⑦平脐蠕孢属（*Bipolaris*），也称双极蠕孢属，分生孢子梗褐色，直或膝状弯曲；分生孢子常呈长梭形，直或弯曲，多细胞，深褐色，脐点位于基细胞内。例如，玉蜀黍平脐蠕孢（*Bipolaris maydis*）可引起玉米发生小斑病，稻平脐蠕孢（*Bipolaris oryzae*）可引起水稻发生胡麻斑病。⑧凸脐蠕孢属（*Exserohilum*），分生孢子梗橄榄色，柱状直立或上端膝状弯曲；分生孢子梭形至圆筒形或倒棍棒形，直或弯曲，多细胞，深褐色，脐点明显突出基细胞。例如，大斑病凸脐蠕孢（*Exserohilum turcicum*）可引起玉米发生大斑病。⑨尾孢属（*Cercospora*），分生孢子梗黑褐色，不分枝，呈屈膝状，孢痕明显加厚；分生孢子线形、鞭形或倒棒形，多细胞，无色至淡褐色。例如，花生尾孢（*Cercospora arachidicola*）可引起花生发生褐斑病。⑩链格孢属（*Alternaria*），分生孢子梗淡褐色至褐色，直或弯曲；分生孢子单生或串生，褐色，倒棍棒形或卵圆形，有纵横隔膜。引起的重要病害有番茄早疫病（由 *Alternaria solani* 引起）、白菜黑斑病（由 *Alternaria brassicae* 引起）、苹果斑点落叶病（由 *Alternaria mali* 引起）、梨黑斑病（由 *Alternaria gaisen* 引起）等。⑪黑星孢属（*Fusicladium*），分生孢子梗黑褐色，顶端产生的分生孢子脱落后有明显的孢子痕；分生孢子长梭形或葵花籽状，基部平截，1或2个细胞，深褐色。例如，梨黑星孢（*Fusicladium pyrinum*）可引起梨树发生黑星病。⑫枝孢属（*Cladosporium*），分生孢子梗黑色，顶端或中部形成分枝；分生孢子单生或短串生，黑褐色，形状变化大，多单胞或双胞。例如，瓜枝孢（*Cladosporium cucumerinum*）可引起黄瓜发生黑星病，嗜果枝孢（*Cladosporium carpophilum*）可引起桃树、杏树发生黑星病。

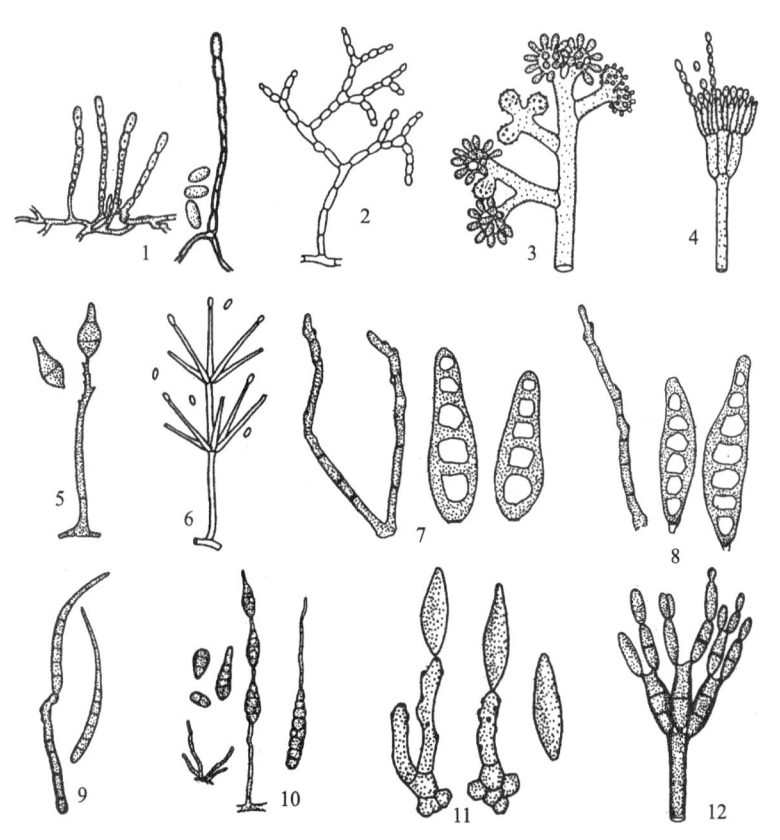

图 2-18 丝孢菌的分生孢子梗和分生孢子
1. 粉孢属；2. 丛梗孢属；3. 葡萄孢属；4. 青霉属；5. 梨孢属；6. 轮枝孢属；
7. 平脐蠕孢属；8. 凸脐蠕孢属；9. 尾孢属；10. 链格孢属；11. 黑星孢属；12. 枝孢属

图 2-19 镰孢菌属
1. 分生孢子梗及大型分生孢子；
2. 分生孢子梗及小型分生孢子

3. **瘤座孢菌**　瘤座孢菌为丝孢纲瘤座菌目真菌，分生孢子梗短，着生在垫状的分生孢子座上。引起病害的重要属为镰孢菌属（*Fusarium*）。镰孢菌属有大型和小型 2 种分生孢子，大型分生孢子多胞、无色、镰刀形，小型分生孢子单胞、无色、椭圆形或卵圆形（图 2-19）。引起的重要病害有小麦赤霉病和玉米茎基腐病（由 *Fusarium graminearum* 引起），棉花和瓜类等枯萎病（由 *Fusarium oxysporium* 引起）。

4. **黑盘孢菌**　黑盘孢菌为腔孢纲黑盘孢目真菌，分生孢子着生在分生孢子盘上。引起植物病害的重要属有以下几种。①炭疽菌属（*Collectotrichum*），分生孢子盘生在寄主表皮下，黑褐色，有时生有有隔膜的褐色刚毛；分生孢子梗无色至褐色，短而不分枝；分生孢子单胞、无色，长椭圆形或新月形（图 2-20）；侵染棉花、苹果、葡萄、瓜类、辣椒等，引起炭疽病。②痂圆孢属（*Sphaceloma*），分生孢子梗极短，不分枝，紧密排列在分生孢子盘上；分生孢子单胞、无色，卵圆形或椭圆形；重要病原物有葡萄痂圆孢菌（*Sphaceloma ampelinum*），可引起葡萄发生黑痘病。③盘二孢属（*Marssonina*），分生孢子盘暗褐色至黑色，极小；分生孢子卵圆形、无色、双胞，上胞大而圆，下胞狭而尖，分隔处缢缩；重要病原物有苹果盘二孢（*Marssonina coronaria*），可引起苹果发生褐斑病。

图 2-20　黑盘孢菌的分生孢子盘和分生孢子
1. 炭疽菌属；2. 痂圆孢属；3. 盘二孢属

5. **球壳孢菌**　球壳孢菌为腔孢纲球壳孢目真菌，分生孢子着生在分生孢子器内（图 2-21），多数是植物病原菌，所致病害病部可见小黑点病征。引起植物病害的重要属有以下几种。①茎点霉属（*Phoma*），分生孢子器埋生或半埋生，分生孢子梗极短，分生孢子很小、单胞。本属有多种植物病原菌，常引起叶枯、茎枯、根腐等症状，如甜菜蛇眼病（由 *Phoma betae* 引起）、花生网斑病（由 *Phoma arachidicola* 引起）、水稻颖枯病（由 *Phoma sorghina* 引起）等。②大茎点霉属（*Macrophoma*），形态与茎点霉属相似，但分生孢子较大，一般超过 15μm。例如，轮纹大茎点霉（*M. kuwatsukai*）可引起苹果树、梨树发生轮纹病。③拟茎点霉属（*Phomopsis*），分生孢子有 2 种类型：一种为椭圆形至纺锤形，单胞、无色，含 2 个油球，能萌发；另一种为线形，一端有时弯曲成钩状，单胞、无色，不含油球，不能萌发。例如，茄褐纹拟茎点霉（*Phomopsis vexans*）可引起茄子发生褐纹病。④叶点霉属（*Phyllosticata*），形态与茎点霉属相似，但寄生性较强，主要为害叶片，引起叶斑病，如棉花褐斑病（由 *Phyllosticata gossypina* 引起）。⑤壳针孢属（*Septoria*），分生孢子器黑色，分生孢子多细胞，细长筒形、针形或线形，无色。引起的重要病害有小麦叶枯病（由 *Septoria tritici* 引起）和芹菜斑枯病（由 *Septoria apiicola* 引起）。⑥壳囊孢属（*Cytospora*），分生孢子器着生在子座组织内，分生孢子器腔不规则地分为数室，有 1 个共同的长喙状孔口；分生孢子单胞、腊肠形、无色。主要为害树木，引起枝干腐烂或溃疡，如苹果树和梨树的腐烂病。⑦色二孢属（*Diplodia*），分生孢子初生时为单细胞，无色，成熟后转变为双细胞，深褐色至黑色；引起茎枯和穗腐症状，如花生茎腐病和棉铃黑果病（由 *Diplodia gossypina* 引起）。⑧壳二孢属（*Ascochyta*），分生孢子卵圆形至圆筒形，双细胞，无色。为害植物，常引起叶斑、茎枯、果腐等症状，如黄瓜蔓枯病（由 *Ascochyta cucumis* 引起）。⑨垫壳孢属（*Coniella*），分生孢子器基部具垫状凸起的产孢区；分生孢子卵圆形，暗褐色，单胞，顶端稍尖或钝圆，基部平截；如白腐垫壳孢（*Coniella diplodiella*）可引起葡萄发生白腐病。

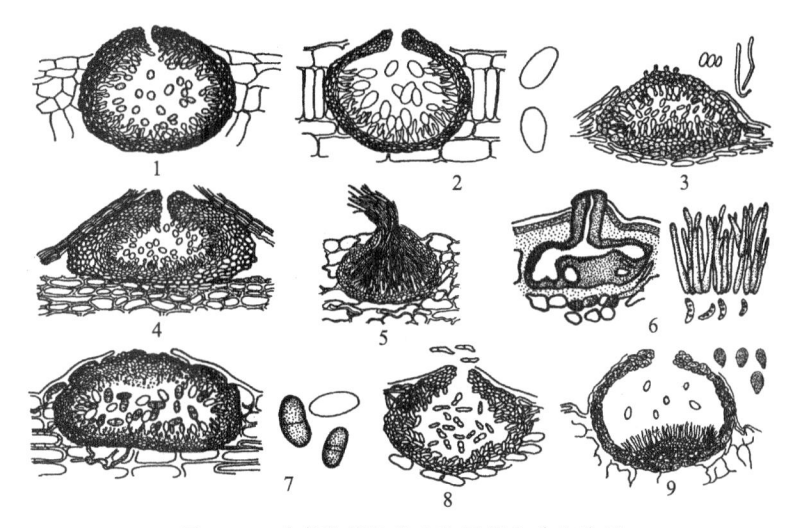

图 2-21　球壳孢菌的分生孢子器和分生孢子
1.茎点霉属；2.大茎点霉属；3.拟茎点霉属；4.叶点霉属；
5.壳针孢属；6.壳囊孢属；7.色二孢属；8.壳二孢属；9.垫壳孢属

第二节　植物病原原核生物

原核生物是一类没有真正的细胞核、遗传物质分散在细胞质中的单细胞微生物。除了不具有核膜、核仁外，原核生物也没有由单位膜隔开的细胞器，核糖体为 70S 型，与真核生物的 80S 型不同。原核生物包括细菌、放线菌、菌原体（螺原体与植原体）、蓝细菌等，已报道 5000 余种，有 60 余种为植物病原物，引起植物病害的种类在侵染性病原物中仅次于真菌和病毒。

一、植物病原原核生物的一般性状

（一）细菌

植物病原细菌大多为杆状，少数为球形、螺旋状或丝状（图 2-22）。杆状细菌的大小一般为（0.5~0.8）μm×（1~3）μm，球状细菌的直径一般为 0.6~1.0μm。细菌细胞的基本结构包括细胞壁、细胞膜、细胞质、核区和核糖体。细胞壁由肽聚糖、脂类、蛋白质组成，外被厚薄不同的黏质层。较厚而形状轮廓固定的黏质层称为荚膜，但植

图 2-22　细菌形态
1.球菌；2.杆菌；3.棒杆菌；4.链丝菌；
5.单鞭毛；6.多鞭毛极生；7，8.周生鞭毛

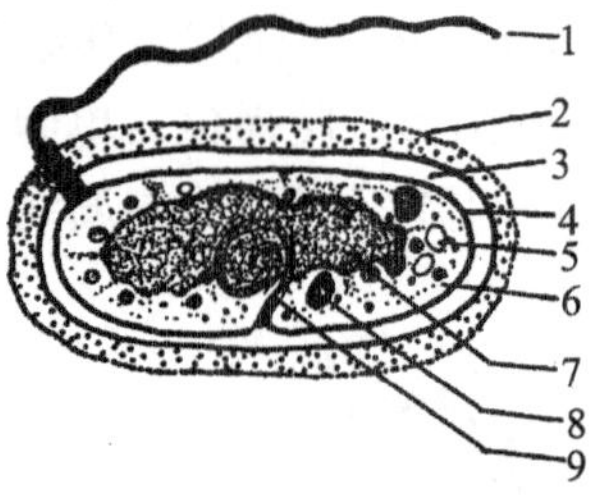

图 2-23 细菌菌体结构示意图
1. 鞭毛；2. 荚膜；3. 细菌壁；4. 细胞膜；5. 气泡；
6. 核糖体；7. 核质；8. 内含体；9. 中心体

物病原细菌一般没有荚膜，只有薄而形状轮廓不定的黏质层。细胞膜上有鞭毛基体，是产生鞭毛的结构（图 2-23）。细菌没有固定的细胞核，其染色体 DNA 集中在细胞质中央，形成近圆形的核区。在有些细菌中，还有独立于核质之外的呈环状结构的遗传因子，称为质粒。细胞质中有异染体、中心体、气泡、液泡和核糖体等。植物病原细菌大多有鞭毛，为着生在细胞表面的细长、波浪形的丝状结构，着生在菌体一端或两端的鞭毛称为极鞭，着生在菌体四周的称为周鞭。鞭毛是细菌的"运动器官"，其着生位置和数目是细菌分类的重要依据。除鞭毛外，有些细菌的细胞表面还着生有比鞭毛更细、更短、中空的丝状结构，叫纤毛或伞毛。

细菌的繁殖方式为裂殖，即一分为二（二分裂方式），遗传物质先通过无丝分裂进行复制，再均等地分配到 2 个子细胞中，子细胞又重复相同的过程。细菌的繁殖速度很快，适宜条件下最快 20 min 就可以分裂 1 次。

大多数植物病原细菌为非专性寄生菌，对营养条件要求不严格，可在人工培养基上生长，形成白色、灰白色或黄色的菌落。大多数是好氧的，只有少数为兼性厌氧菌。一般植物病原细菌最适生长温度为 25~28℃，致死温度为 48~53℃，适宜 pH 为微碱性至中性。革兰氏染色反应是细菌非常重要的性状，即对涂片固定的细菌先用结晶紫初染，再用碘液媒染，之后用乙醇冲洗以脱色，最后用番红复染，如果菌体呈紫色，则为革兰氏阳性反应（G^+），如果菌体呈红色，则为阴性反应（G^-）。革兰氏染色呈阳性或阴性反应与细菌细胞壁中肽聚糖的含量有关。

（二）菌原体

菌原体是一类没有细胞壁的原核生物，只由一层称为单位膜的原生质膜包围，没有肽聚糖成分。菌体的形状主要有球形、椭圆形和螺旋形，但形状多变而不固定，也有丝状、杆状、哑铃状或出现分枝。繁殖方式包括芽殖、裂殖或二分裂繁殖。没有鞭毛，大多数不能运动，少数可滑行或旋转。对营养要求苛刻，有的不能人工培养，有的能在含有胆固醇和长链脂肪酸的复合培养基上生长，形成"煎蛋"状菌落。对四环素类药物敏感。

二、重要的植物病原原核生物

原核生物的"种"是分类学上最基础的单位，是由模式菌株和具有相同性状的菌系群共同组成的群体。在细菌"种"之下，又可以根据寄主范围、致病性等进一步区分为亚种（subsp.）、致病变种（pv.）等。原核生物的命名，也采用拉丁双名制命名法。

（一）有细菌壁的革兰氏阴性菌

有细菌壁的革兰氏阴性菌的细胞壁薄，壁中肽聚糖层相对薄而疏松，革兰氏染色反应通常为阴性。大概有 20 余属可引起植物病害，重要的植物病原细菌有以下 6 属。

1. **土壤杆菌属（*Agrobacterium*）** 菌体杆状，1~4 根周生鞭毛，好气性，属于根围和土壤习居菌，可引起瘤肿、发根等畸形症状。大多数植物病原细菌带有染色体之外的遗传物质，即大分子的质粒，控制细菌的致病性和抗药性等，如引起肿瘤症状的质粒称为致瘤质粒（即 Ti 质粒），引起寄主产生不定根的称为致发根质粒（即 Ri 质粒）。代表种为根癌土壤杆菌（*Agrobacterium tumefaciens*），又称根癌农杆菌或冠瘿病菌，寄主范围广，可侵害 90 多科 300 余种双子叶植物，引起桃、李、苹果、梨、葡萄、月季等植物的根癌病。

2. 黄单胞菌属（***Xanthomonas***） 菌体短杆状，极生单鞭毛，严格好气性，营养琼脂上的菌落呈圆形、隆起、蜜黄色。其成员均为植物病原细菌，引起叶斑、叶枯等症状。引起的重要病害有水稻白叶枯病（*Xanthomonas oryzae* pv. *oryzae*）、十字花科蔬菜黑腐病（*Xanthomonas campestris* pv. *campestris*）、桃细菌性穿孔病（*Xanthomonas arboricola* pv. *pruni*）。

3. 欧文氏菌属（***Erwinia***） 菌体直杆状，具多根周生鞭毛，兼性厌气，营养琼脂上的菌落呈圆形、隆起、灰白色。主要引起植物的腐烂、萎蔫、坏死等。引起的重要病害有十字花科蔬菜的软腐病（*Erwinia carotovora* subsp. *carotovora*）、梨火疫病（*Erwinia amylovora*）等。

4. 假单胞菌属（***Pseudomonas***） 菌体杆状，直或略弯，具 1 至多根鞭毛，严格好气性，营养琼脂上的菌落呈圆形、隆起、灰白色，多数有荧光反应。主要引起叶斑、坏死、溃疡等症状。引起的重要病害有黄瓜细菌性角斑病（*Pseudomonas syringae* pv. *lachrymans*）、烟草野火病（*Pseudomonas syringae* pv. *tabaci*）等。

5. 劳尔氏菌属（***Ralstonia***） 由假单胞菌属中独立出来。菌体短杆状，极生鞭毛 1~4 根，好氧性，在组合培养基上形成光滑、湿润、隆起、灰白色的菌落。重要病原菌为青枯雷尔氏菌（*Ralstonia solanacearum*），寄主范围广，可为害 30 科 100 余种植物，典型症状是全株急性凋萎（青枯），如花生、烟草、番茄、姜的青枯病（姜的青枯病即姜瘟病）。

6. 候选韧皮部杆菌属（***Candidatus* Liberibacter**） 目前为待定属。菌体短杆状或梭形，无鞭毛。寄生在植物韧皮部，能够人工培养，过去称为类细菌或韧皮部难养菌，对青霉素和磺胺嘧啶敏感。在我国引起的重要病害为柑橘黄龙病（*Candidatus* Liberibacter *asiaticus*），其传播介体为柑橘木虱。

（二）有细菌壁的革兰氏阳性菌

有细菌壁的革兰氏阳性菌的细胞壁通常厚，富含肽聚糖，肽聚糖层相对致密，革兰氏染色除少数种有可能呈阴性外，通常呈阳性反应。引起植物病害的重要属有棒形杆菌属（*Clavibacter*）和链霉菌属（*Streptomyces*）。棒形杆菌属菌体为杆状，直或微弯，无鞭毛或具 1 或 2 根极鞭，革兰氏染色阳性，严格好气，引起的重要病害有番茄溃疡病（*Clavibacter michiganense* subsp. *michiganense*）、马铃薯环腐病（*Clavibacter michiganense* subsp. *sepedonicum*）。链霉菌属为放线菌中唯一能引起植物病害的类群，菌体丝状体无鞭毛，菌落呈放射状；气生菌丝上可产生孢子丝链和孢子，孢子圆形、椭圆形或杆状；多为土壤习居菌，少数可侵害植物，如疮痂链霉菌（*Streptomyces scabies*）可引起马铃薯发生疮痂病。

（三）无细胞壁的菌原体

菌原体无细胞壁，只有一层原生质膜包围在菌体四周，无肽聚糖成分，形状多变，无鞭毛，革兰氏染色呈阴性反应。引起植物病害的称为植物菌原体，主要包括植原体属

(*Phytoplasma*) 和螺原体属（*Spiroplasma*）。植原体属病原体称为类菌原体（Mycoplasma-like organism，MLO），菌体由原生质膜包围，膜厚 7~8μm，菌体基本形态为球形或椭圆形，但易变形，可穿过比菌体小的空隙，至今还不能人工培养。已报道有 300 余种植物病害是由植原体引起的，多由叶蝉、飞虱等昆虫介体传播。我国常见的植原体病害有枣疯病、桑树萎缩病、泡桐丛枝病、水稻黄矮病、翠菊黄化病等，主要症状为黄化、丛枝、矮缩、花变叶及花叶变小。螺原体属菌体在主要时期呈螺旋形，繁殖时可产生分枝，分枝也呈螺旋形，培养生长需要甾醇。侵染植物可引起矮化、丛生及畸形等症状，引起的植物病害有柑橘僵化病（*Spiroplasma citri*）和玉米矮缩病（*Spiroplasma kunkellii*），由叶蝉传播。

三、病原原核生物所致病害特点

（一）细菌病害

细菌病害的症状主要有坏死、萎蔫、腐烂和畸形等，有的还有菌脓溢出。在田间，细菌病害还有如下特征：一是受害组织表面常为水渍状或油渍状；二是潮湿条件下，病部溢出淡黄色或乳白色、胶黏、似水珠状的菌脓；三是腐烂型病害往往有恶臭味。

细菌一般通过伤口和自然孔口侵入寄主植物。在田间，病原细菌主要通过雨水、灌溉水等进行传播。由于暴风雨会造成寄主植物出现大量伤口，从而有利于细菌的侵入和病害的传播。

对于细菌病害的诊断，更为可靠的方法是观察喷菌现象。因为由细菌侵染引起的植物病害，无论是维管束组织受害还是薄壁组织受害，病原细菌都大量存在于病组织内，所以在显微镜下观察时，病组织内的大量细菌会呈水雾状从病部喷出。喷菌现象为细菌病害所特有，是区分细菌病害与真菌病害、病毒病害的最简便手段之一。

（二）植物菌原体病害

植物菌原体病害的症状主要是变色和畸形，包括黄化、矮化和矮缩、枝叶丛生、叶片变小及花变叶等。植物菌原体病害在症状表现上往往与某些病毒病害难以区分，目前诊断主要依据电子显微镜形态观察、血清学反应，以及对四环素、青霉素的敏感性测定等。

第三节 植物病原病毒

病毒（virus），由只能在适合的寄主细胞内完成自身复制的含有一个或多个基因组的核酸分子和包被在其外的蛋白质或脂蛋白性外壳组成，又称分子寄生物。病毒区别于其他生物的主要特征是：形体微小，结构简单，主要由核酸和蛋白质组成；病毒是严格寄生性的专性寄生物，其核酸复制和蛋白质合成需要寄主提供原材料和场所。根据寄主的不同，病毒分为植物病毒、动物病毒、细菌病毒（噬菌体）和真菌病毒。

植物病毒是仅次于真菌的一类重要植物病原物。绝大多数植物都会受到一种或几种病毒的危害，而且一种病毒可侵染多种植物，如烟草花叶病毒可侵染 36 科 236 种植物。据估计，植物病毒病害每年给全世界造成的损失达 600 亿美元。

一、植物病毒的一般性状

（一）植物病毒的形态和组成

植物病毒的基本形态为粒体，大部分病毒粒体为球状、杆状和线状，少数为弹状、杆菌状和双联体状（图2-24）。球状病毒直径大多为20～35nm，由正三角形规则地排列组合成二十面体或多面体，又称多面体病毒。杆状病毒大小多为（20～80）nm×（100～250）nm，两端平齐。线状病毒大小多为（11～13）nm×（700～750）nm，个别长度达2000 nm以上，两端平齐。少数病毒粒体由2个球状病毒联合在一起，称为双联病毒（或双生病毒）。

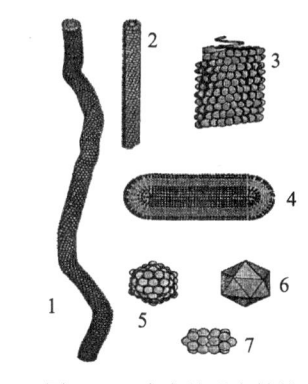

图2-24 病毒的形态结构
1.线状；2.刚直杆状；3.线状和杆状病毒的螺旋结构；4.短杆菌状；5,6.球状或多面状；7.双联体状

完整的病毒粒体由一个或多个核酸分子包被在蛋白质或脂蛋白衣壳内构成，即内部是核酸内芯，外部为蛋白质衣壳。不同植物病毒核酸和蛋白质的占比有差异，一般核酸占5%～40%，蛋白质占60%～95%。植物病毒的核酸绝大多数是RNA，少数是DNA，并且正链居多、负链较少；多数病毒的核酸为单链，少数为双链。常见的引起重要植物病害的病毒都是正单链RNA病毒，如烟草花叶病毒、黄瓜花叶病毒、马铃薯X病毒和Y病毒，其单链RNA可以直接翻译成蛋白质，起mRNA的作用。正单链RNA病毒存在多分体现象，即病毒的基因组分布在不同的核酸链上，分别包装在不同的病毒粒体里。由于遗传信息被分开，所以单独一个病毒粒体不能引起侵染，必须几个同时侵染才能全部表达遗传特性。这种分段的基因组称为多组分基因组，含多组分基因组的病毒称为多分体病毒。由此正单链RNA病毒可分为单分体病毒（如烟草花叶病毒属、马铃薯X病毒属、马铃薯Y病毒属）、双分体病毒（如烟草脆裂病毒属、螨传病毒属）和三分体病毒（如黄瓜花叶病毒属）。

植物病毒的蛋白质可分为结构蛋白和非结构蛋白两种。结构蛋白是构成一个完整的病毒粒体所需要的蛋白质，主要是衣壳蛋白和囊膜蛋白。非结构蛋白是指病毒核酸编码的非结构必需的蛋白质，包括病毒复制所需的酶，病毒传播、运动所需的功能蛋白等。除核酸和蛋白质外，病毒中还可能含有水分、脂类、糖蛋白、多胺、金属离子等。

（二）植物病毒的理化特性

植物病毒的理化特性主要包括稀释限点、钝化温度和体外存活期等，主要反映病毒对外界条件的稳定性。稀释限点，也称稀释终点，是病毒能保持侵染力的最高稀释浓度（常用10^{-1}、10^{-2}、10^{-3}⋯表示），反映病毒的体外稳定性和侵染能力。钝化温度是指恒温处理10min后，使病毒丧失活性的最低温度。大多数植物病毒的钝化温度为55～70℃。体外存活期，也称体外保毒期，是指病毒汁液在离体条件和室温下，保持侵染能力的最长时间。大多数植物病毒的体外存活期为数天至几个月。

二、植物病毒的侵入、复制和传播

植物病毒的侵入是被动的，且主要通过由传播介体或机械摩擦造成的微伤口进入寄主植物细胞。有些植物病毒，可以通过嫁接或授粉过程进入健康组织。

植物病毒作为一种分子寄生物，其繁殖方式称为复制增殖，即在寄主活细胞内分别合成核酸和蛋白质，再组装成子代粒体。植物病毒的复制增殖，一般需要经过脱壳、核酸复制和基因表达、病毒粒体组装与扩散移动等过程。正单链 RNA 病毒复制增殖的一般过程如下：①植物病毒进入寄主植物活细胞后，释放核酸的过程称为脱壳；②脱壳后的病毒核酸直接作为 mRNA，利用寄主提供的核糖体、tRNA、氨基酸等原料和能量，翻译形成病毒专化的 RNA 依赖性 RNA 聚合酶；③在聚合酶作用下，以正链 RNA 为模板，复制出负链 RNA，再以负链 RNA 为模板，复制出大量正链 RNA，同时复制出一些亚基因组核酸，亚基因组核酸翻译出衣壳蛋白；④正链 RNA 与衣壳蛋白进行装配，成为完整的子代病毒粒体。子代病毒粒体可不断增殖并通过胞间连丝进行扩散转移。

植物病毒在寄主组织中的移动是被动的，可以分为细胞间移动和长距离转移。前者速度很慢，后者通过维管束输导系统进行，速度较快。植物病毒的扩展始终受到寄主的抵抗，故其在植物体内的分布是不均匀的。一般来讲，植物旺盛生长的分生组织很少含有病毒，如茎尖、根尖，这便为通过分生组织培养获得无毒植株提供了依据。

病毒的传播是指病毒从一个植株转移或扩散到其他植株的过程。植物病毒的近距离传播，主要由活体接触摩擦引起，而远距离则依靠寄主繁殖材料和传毒介体的传带。传播可以分为非介体传播和介体传播两类。非介体传播包括汁液摩擦传播（或机械传播）、无性繁殖材料传播、嫁接传播、种子和花粉传播等，而介体传播是指病毒依附在其他生物（主要包括蚜虫、叶蝉、飞虱、叶甲、粉虱、蓟马等昆虫，一些线虫，个别螨类和真菌，以及菟丝子）上（内），借其活动而进行的传播。介体传毒过程可分为：①获毒期，是指介体获得病毒所需的取食时间；②循回期，是指介体从获得病毒到能够传播病毒所需的时间；③接毒期，是指介体传毒所需的取食时间；④持毒期，是指介体能保持传毒能力的时间。根据介体持毒时间的长短可将传毒方式分为非持久性传毒、半持久性传毒和持久性传毒。非持久性传毒即获毒后即可传播病毒，病毒在虫体内没有循回期，获毒期也很短（15~60s）；半持久性传毒的特征是获毒取食需数分钟，获毒后不能马上传毒，经过较短循回期后可传毒，病毒可在虫体内保持 1~3d，但病毒不能在虫体内增殖；持久性传毒的特征是获毒取食时间较长（10~60min），有较长循回期，获毒后介体可保持传毒能力至少一周以上，有时介体可终身带毒，病毒可在虫体内增殖。蚜虫传毒大多属于非持久性传毒，叶蝉和飞虱传毒多为持久性传毒，少数为半持久性传毒。

三、植物病毒的主要类群

（一）植物病毒的分类和命名

病毒分类和命名是在国际病毒分类委员会（International Committee on Taxonomy of Viruses，ICTV）统一领导下进行的。国际病毒分类系统采用目（-virales）、科（-viridae）、属（-virus）、种分类单元，但并非所有单元都必须使用，如病毒科不必都归入目中，在没有合适的目时，科就是最高的分类单元，同样，不是所有的属都能归入一定的科中。在不能确定一个新的病毒种的分类地位时，可将其作为暂定种列在适宜的属和科中。设立一个新的病毒属时必须有一个同时被承认的典型种（type species）。病毒种以下可再分为株系。

植物病毒种的命名一般由"寄主名＋症状类型＋virus"构成，如烟草花叶病毒为"*Tobacco mosaic virus*"，缩写为 TMV。在病毒分类系统中所采用的科、属和正式种名书写时采用斜体，第一个字母须大写。属内暂定种的书写不用斜体，第一个词的首字母要大写。

植物病毒分类的主要特征有：①构成病毒基因的核酸类型（DNA 或 RNA）；②核酸是单链还是双链；③病毒粒体是否有脂蛋白包膜；④病毒形态；⑤核酸分段状况（即有无多分体现象）等。据此，可将植物病毒划分为单链 DNA 病毒（ssDNA）、双链 RNA 病毒（dsRNA）、负单链 RNA 病毒（−ssRNA）、正单链 RNA 病毒（+ssRNA）、dsDNA−RT 病毒和 ssRNA−RT 病毒。根据 ICTV 网站上公布的病毒分类系统（2017 版），植物病毒有 28 科 121 属 1440 种。自然界还存在一些与病毒近似、结构更简单的类群，称为亚病毒，包括类病毒、卫星病毒、卫星核酸等。类病毒（viroid）没有蛋白质衣壳，只有核酸，RNA 为环状单链结构，依赖寄主的 RNA 聚合酶进行复制。卫星病毒（satellite virus）和卫星核酸（satellite nucleic acid）统称病毒卫星（virus satellite），均依赖于辅助病毒进行复制。

（二）植物病毒的主要类群

1. 烟草花叶病毒属（*Tobamovirus*）　　病毒粒体为刚直杆状，核酸为单分体正单链 RNA。该属中大多数病毒寄主范围较广，属于世界性分布。自然传播不需要介体生物，主要靠汁液接触传播，有时可通过种子传播。典型种为烟草花叶病毒（*Tobacco mosaic virus*，TMV），对外界环境抗逆性强，可侵染 150 余属植物，引起烟草、番茄、马铃薯等多种作物的病毒病，呈现花叶、斑驳症状。另一个重要种类为黄瓜绿斑驳花叶病毒（*Cucumber green mottle mosaic virus*，CGMMV），侵害西瓜、甜瓜、黄瓜等瓜类。

2. 马铃薯 Y 病毒属（*Potyvirus*）　　该属是植物病毒中最大的属之一，病毒粒体为弯曲线状，核酸为单分体正单链 RNA，主要以蚜虫进行非持久性传播，绝大多数可以通过机械传播，个别可以种传。典型种为马铃薯 Y 病毒（*Potato virus Y*，PVY），其他重要的种有甘蔗花叶病毒（*Sugarcane mosaic virus*，SCMV，引起玉米矮花叶病）、大豆花叶病毒（*Soybean mosaic virus*，SMV）、芜菁花叶病毒（*Turnip mosaic virus*，TuMV，十字花科蔬菜病毒病的主要病原）等。

3. 黄瓜花叶病毒属（*Cucumovirus*）　　病毒粒体为等轴对称二十面体，核酸为三分体正单链 RNA。典型种为黄瓜花叶病毒（*Cucumber mosaic virus*，CMV），主要以蚜虫进行非持久性传播，也可机械传播，可侵染 1000 余种双子叶和单子叶植物，引起斑驳、花叶等症状，是十字花科、茄科、葫芦科蔬菜病毒病的重要病原之一。此外，该属的花生矮化病毒（*Peanut stunt virus*，PnSV）可引起花生矮化病毒病。

4. 黄症病毒属（*Luteovirus*）　　病毒粒体为等轴对称二十面体，核酸为正单链 RNA，可由多种蚜虫以持久性但非增殖方式传播，不能通过汁液摩擦传播。典型种为大麦黄矮病毒（*Barley yellow dwarf virus*，BYDV），可侵染 100 多种禾本科植物，引起矮化及褪绿症状。由 BYDV 引起的小麦和大麦等黄矮病，是世界麦类生产上最重要的病毒病害。

5. 真菌传杆状病毒属（*Furovirus*）　　病毒粒体为刚直的短杆状，核酸为 2 条正单链 RNA，由禾谷多黏菌（*Polymyxa graminis*）等真菌传播，也可经汁液摩擦传播，但不种传。典型种为小麦土传花叶病毒（*Soil-borne wheat mosaic virus*，SBWMV），在我国，中国小麦花叶病毒（*Chinese wheat mosaic virus*，CWMV）可引起小麦土传花叶病。

6. 纤细病毒属（*Tenuivirus*）　　病毒粒体为细丝状体，核酸为 4～6 条负单链 RNA，由飞虱以持久性和增殖性方式传播。典型种为水稻条纹病毒（*Rice stripe virus*，RSV），可引起水稻条纹叶枯病。

7. 斐济病毒属（*Fijivirus*）　病毒粒体球状，基因组为 10 条线性的双链 RNA，由飞虱科的昆虫以持久性和增殖性方式传播，介体可终生传毒，汁液摩擦不能传毒。最具经济重要性的种为水稻黑条矮缩病毒（Rice black streaked dwarf virus，RBSDV），可引起玉米粗缩病、水稻黑条矮缩病。

8. 菜豆金花叶病毒属（*Begomovirus*）　病毒粒体为双联体结构，核酸为单链 DNA。重要种类是番茄黄化曲叶病毒（Tomato yellow leaf curl virus，TYLCV），由烟粉虱传播，引起番茄顶叶褪绿黄化、叶片皱缩变小、叶缘卷曲。

9. 番茄斑萎病毒属（*Tospovirus*）　病毒粒体球状，核酸为三分体负单链 RNA。寄主范围广泛，可侵染 1000 多种单子叶和双子叶植物，由蓟马以持久性和增殖性方式传播。典型种为番茄斑萎病毒（Tomato spotted wilt virus，TSWV），可引起植株矮化萎垂、叶片褪绿坏死等。

10. 马铃薯纺锤块茎类病毒属（*Pospiviroid*）　类病毒呈梯形，核酸是裸露的闭合环状单链 RNA，无衣壳蛋白。典型种为马铃薯纺锤块茎类病毒（Potato spindle tuber viroid，PSTVd），可经种子、种薯、切刀、嫁接传播，也可经咀嚼式口器昆虫（如马铃薯甲虫）传播。

11. 苹果锈果类病毒属（*Apscaviroid*）　基因组为一条环状的单链 RNA，无衣壳蛋白。典型种为苹果锈果类病毒（Apple scar skin viroid，ASSVd），可通过嫁接、修剪工具传染，也可种传，引起锈果和花脸症状。

四、植物病毒所致病害特点

病毒病害的症状主要包括变色（如花叶、斑驳、脉明、黄化等）、坏死（如环斑、环纹、蚀纹等）和畸形（如矮缩、矮化、丛枝、蕨叶、耳突等），有的还表现为顶梢、叶片萎垂。

植物病毒病害与其他侵染性病害的主要区别是：①病毒病害只有病状，始终不出现病征，而其他侵染性病害通常存在病征，如真菌的子实体、细菌菌脓和线虫虫体及卵块等；②系统侵染病毒病害的症状在新生幼叶上更重，而其他病害则大多在老叶上症状更明显。

在症状上，病毒病害易与生理性病害（特别是缺素症）相混淆。其主要区别是：①病毒病害有发病中心或中心病株，早期病株呈点片分布，而生理性病害大多同时大面积发生；②发生病毒病害的植株上症状分布不均一，新叶、新梢上症状最明显，而生理性病害大多比较均一；③病毒病害有传染性，而生理性病害无传染扩散的过程。

此外，病毒病害多为系统侵染，全株性发病。随着气温的变化，特别是在高温条件下，植物病毒病害时常发生隐症现象。而昆虫介体传播的病毒病害，在昆虫介体数量多、气候条件有利于昆虫发生和活动（如干旱少雨）时发生较重。使用杀菌剂，通常对病毒病害无效。病毒病害的病原鉴定比真菌和细菌病害要复杂得多，通常需要运用鉴别寄主反应、电子显微镜观察、血清学反应和分子生物学等技术与手段。

第四节 植物病原线虫

线虫又称蠕虫，是一类两侧对称的原体腔无脊椎动物，通常生活在土壤、淡水和海水中，有些可寄生在人、动物和植物体内，引起病害。为害植物的称为植物病原线虫或植物寄生线虫，简称植物线虫，如小麦粒线虫、根结线虫、大豆孢囊线虫、甘薯茎线虫等。全球每年因线虫造成的产量损失约10%，货币损失约1570亿美元。

一、植物线虫的形态结构

植物线虫虫体通常呈圆筒形，两端略尖细，横切面呈圆形，虫体不分节。大多数种类雌雄同形，均为线形。少数种类雌雄异形，如根结线虫和孢囊线虫的雌成虫为柠檬形或梨形，而雄虫为线形；球孢囊线虫的雌成虫为球形，肾形肾状线虫的雌成虫为肾形或袋状（图2-25）。

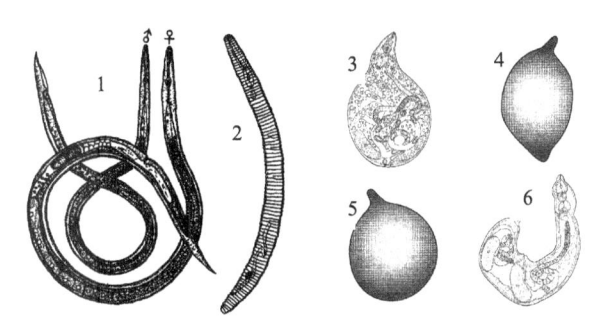

图2-25 植物线虫虫体形态
1.雌雄同为线形；2.体环纹明显的环线虫雌成虫；3.根结线虫雌成虫；4.孢囊线虫雌成虫；
5.球孢囊线虫雌成虫；6.肾形肾状线虫雌成虫

植物线虫虫体细小，虫体长度通常为0.4～2.0mm，有的达4mm，个别的甚至超过10mm。线状线虫体宽通常为15～35μm，少数达200μm。

植物线虫的虫体可分为头部、体（躯干）部和尾部，三者紧密连接成一个整体。

线虫的虫体结构比较简单，外有体壁，内有体腔。体壁由角质层、下皮层和肌肉层构成。角质层是体壁最外面的一层非透水性的表皮层，大多数植物线虫角质层表面有细横纹，称为体环纹。有些在虫体侧面有纵纹，称为侧线。线虫每蜕皮一次，老的角质层脱落，同时形成新的角质层。线虫的体腔是原体腔，也称假体腔，是胚胎发育时囊胚腔残留在体壁中胚层和肠壁内胚层间的空腔，无体腔膜，其中充满体腔液，而线虫的内部器官和系统便浸浴在体腔液中。线虫具有消化、生殖、神经和排泄系统，而缺少循环和呼吸系统。

线虫的消化系统非常发达，它始于口腔、终于肛门，由口腔、口针、食道、肠、直肠和肛门组成。植物线虫的口腔内有一个针刺状器官，称为口针，垫刃型线虫的口针由锥体、基杆和基部球3部分组成。口针能穿刺植物细胞和组织，并向植物内分泌消化酶，消化植物细胞中的物质，然后吸入食道，因此，口针是植物线虫最主要的标志，而植物线虫属于体外消化类型。口腔下面是食道，一般由食道前体部、中食道球、峡部和食道腺4部分组成。植物线虫主要有3种食道类型，即垫刃型食道、滑刃型食道和矛线型食道。垫刃型食道分为以上4部分，背食道腺开口在口针基部球后，口针基部球明显；滑刃型食道也分为以上4部分，背食道腺开口在中食道球里面，中食道球发达，但口针基部球退化；矛线型食道分为 2 部分——细窄的前部和膨大的后部，具有前部细长、后部膨大的齿针或向腹面弯的瘤针。环形食道是垫刃型食道的一种变态，其特点是食道前体部与中食道球融合，后食道腺退化。线虫的食道类型是线虫分类和种类鉴定的重要依据。

线虫的生殖系统一般非常发达。雌虫通常具有前后两条生殖腺，由卵巢、输卵管、受精囊、子宫、阴道和阴门组成，阴门和肛门是分开的；有的种类后生殖腺退化为后阴子宫囊。雄虫一般只有 1 个生殖腺，由精巢、贮精囊、输精管、射精囊组成，末端与直肠末端共处一室（称为泄殖腔），生殖孔和肛门为同一孔口；雄虫还具有交合刺、引带、交合伞等次生性器官。

线虫的神经系统比较简单，由数百个神经细胞组成。中枢神经是位于中食道球后方的神经环。神经环向前向后发出 6 条神经，通到唇区、尾部的感觉器官上。

线虫的排泄系统简单，即排泄细胞经 1 根排泄管伸至虫体腹面，开口于排泄孔。

二、植物线虫的生物学特性

线虫的生活史是指从卵开始到再产生卵的全过程。多数植物线虫的生活史是相似的，包括 6 个发育时期：卵（胚胎发育）期、4 个幼虫期和成虫期。在适宜条件下，卵发育为 1 龄幼虫；1 龄幼虫在卵壳内发育，并进行第一次蜕皮，然后从卵内孵出，成为 2 龄幼虫；2 龄幼虫再经 3 次蜕皮，发育为成虫；雌成虫和雄成虫交配后产卵。

线虫的生活离不开水，只有在土壤水中、土壤颗粒表面的水膜和寄主植物活细胞内才能正常活动和存活。在干燥空气中长时间暴露，线虫将会死亡。线虫在 15～30℃均能发育，在超过 50℃水中处理 10 min 即可被杀死。

植物线虫在其生活史中，有一段时间生活在土壤中。因此，土壤是线虫最重要的生态环境。线虫大都分布在土壤的耕作层，15cm 处的土层中数量最多。线虫在土壤中可作短距离的蠕动转移，但移动速度慢、距离短（在一个生长季节，线虫在土壤中移动的距离很少超过 100cm）。因此线虫主要靠灌溉、耕作、土壤携带、种苗调运等方式进行被动传播。

植物线虫都是专性寄生物，一般只能在寄主植物活的组织和细胞内寄生，很难在人工培养基上培养。线虫的寄生方式有外寄生和内寄生两种。外寄生线虫的虫体大部分留在植物体外，仅以虫体的一小部分（口针、头部）刺入寄主组织内取食，类似蚜虫的取食。内寄生线虫只有整个虫体或虫体的绝大部分进入寄主组织内，才能成功取食。农业生产上重要的植物病原线虫，如根结线虫、孢囊线虫、茎线虫等，均为内寄生线虫。

植物线虫侵染植物，损害植物或抑制其生长，甚至使植物死亡。植物线虫对植物的破坏作用主要表现在对植物造成机械损伤、消耗植物养分、分泌物对植物造成毒害，以及诱发其他病原物对植物的侵染。其中最大的破坏作用是植物线虫食道腺分泌物对植物的毒害作用。食道腺分泌物含有多种诱病物质，如酶类、植物生长调节物质和植物细胞毒性物质等，可引起植物细胞过度发育，产生巨型细胞、合胞体等营养细胞；能破坏植物的细胞结构，使植物细胞坏死、组织崩溃；能刺激或抑制寄主细胞分裂，形成肿瘤或导致植株矮化和锉短根。

三、植物线虫的重要类群

据估计，全世界有 50 多万种线虫，其种类和数量在动物界中仅次于昆虫。线虫隶属线虫门（Nematoda），下设侧尾腺纲（Secernentea）和无侧尾腺纲（Adenophorea），植物线虫分布在侧尾腺纲的垫刃目（Tylenchida）和滑刃目（Aphelenchida）以及无侧尾腺纲的矛线目（Dorylaimida）和三矛目（Triplonchida）中，农业上重要的植物病原线虫大多数为垫刃目线虫。

1. 根结线虫属（*Meloidogyne*）　属于垫刃目垫刃总科（Tylenchoidea）异皮科（Heteroderidae）。根结线虫是固着性内寄生线虫，雌雄异形。雌虫的阴门和肛门位于尾端，围绕肛阴区形成特征性的会阴花纹。雌虫的卵全部排出体外，储存在胶质卵囊（块）中。雄虫线形，无交合伞，热杀死后尾部通常扭曲90º。根结线虫为害植物，诱发形成巨型细胞，并引起根部肿大而形成瘤状根结。根结线虫是世界上危害最大的一类植物病原线虫，可侵害2000多种植物，包括许多重要的粮食作物、经济作物、蔬菜果树、园林植物和树木。该属中分布最广、危害最严重的是南方根结线虫（*Meloidogyne incognita*）、爪哇根结线虫（*Meloidogyne javanica*）、花生根结线虫（*Meloidogyne arenaria*）和北方根结线虫（*Meloidogyne hapla*）。

2. 孢囊线虫属（*Heterodera*）　属于垫刃目垫刃总科异皮科。又称异皮线虫属，为固着性内寄生线虫，雌雄异形。成熟雌虫呈柠檬形，阴门和肛门位于尾端，有突出的阴门锥，具双半膜孔。雌虫的颜色随着生长发育由白色变为淡黄色、浅褐色以至黑褐色而死亡，最后形成孢囊，内部含卵。雄虫细长，尾端无交合伞。在我国引起植物病害的重要种类有大豆孢囊线虫（*Heterodera glycines*）和燕麦孢囊线虫（*Heterodera avenae*）。

3. 茎线虫属（*Ditylenchus*）　属于垫刃目垫刃总科粒科（Anguinidae）。茎线虫为迁徙性内寄生线虫，雌雄同形，虫体纤细，垫刃型食道。主要寄生于植物地上部的茎叶和地下部的块根、块茎、球茎及鳞茎内，引起寄主组织坏死和腐烂。在我国发生和危害严重的种类为腐烂茎线虫（*Ditylenchus destructor*）。

此外，垫刃目中还有一些重要的植物病原线虫，如粒线虫属（*Anguina*）线虫可引起小麦粒线虫病（*Anguina tritici*），在20世纪70年代以前，在我国小麦产区发生普遍而严重；短体线虫属（*Pratylenchus*）线虫可引起多种植物的根腐；球孢囊属（*Globodera*）中的马铃薯金线虫（*Globodera rostochiensis*）和马铃薯白线虫（*Globodera pallida*）是欧洲马铃薯的重要病原线虫，为我国重要的检疫对象。

滑刃目中也有一些重要的植物病原线虫，如滑刃线虫属（*Aphelenchoides*）线虫可引起水稻干尖线虫病（*Aphelenchoides besseyi*）和草莓、菊花的叶、芽枯死，伞滑刃属（*Bursaphelenchus*）中的松材线虫（*Bursaphelenchus xylophilus*）可引起松树萎蔫病。松材线虫是松树上最具毁灭性的病原物之一，也是我国的重要检疫对象。

矛线目中比较重要的植物病原线虫有长针线虫属（*Longidorus*）和剑线虫属（*Xiphinema*）线虫，三矛目中有毛刺属（*Trichodorus*）和拟毛刺属（*Paratrichodorus*）线虫等。它们均为矛线型食道，雌雄同为线形。虽为外寄生线虫，但对根系特别是根尖危害很大，而且各有一些种群可传播植物病毒。

四、植物线虫所致病害特点

线虫对植物的危害，除以口针对寄主植物造成机械损伤外，主要是穿刺时分泌各种酶和毒素，引起植物的各种病变，包括生长缓慢、衰弱矮小、黄化萎蔫，叶芽干枯、扭曲、坏死，根部出现根结、须根丛生、腐烂等。根据这些症状，可以做出初步诊断。需要注意的是，不同线虫种类引起的植物病害田间表现差别很大，如根结线虫引起根结和地上部植株瘦小萎蔫，孢囊线虫在特定时期根上出现白色雌虫，粒线虫致使小麦籽粒变为虫瘿，松材线虫引起松树快速萎蔫等；同时，线虫在田间的分布一般是不均匀的，常呈"补丁状"分布，因此线虫病常表现为块状、片状发生。

诊断线虫病害和鉴定线虫时，一般可在植物受害部位，特别是根结、种瘿、叶片、枝干中分离出线虫，然后进行镜检。

第五节　寄生性种子植物

植物大多数是自养的，但少数植物由于根系或叶片退化，或缺少叶绿素而营寄生生活，称为寄生性植物。寄生性植物大都是高等植物中的双子叶植物，能开花结籽，故又称寄生性种子植物。

一、寄生性种子植物的特点

根据对寄主的依赖程度，寄生性种子植物可分为半寄生和全寄生两种类型。半寄生者有叶绿素，能进行正常的光合作用，但根系退化，只能依靠导管与寄主植物的导管相连，从中吸收水分和无机盐，俗称水寄生，如桑寄生和槲寄生；全寄生者叶片退化，叶绿素消失，根系也蜕变成吸根，只能借助吸根中的导管和筛管分别与寄主植物的导管和筛管相连，从中获取其所需的所有生活物质，如列当和菟丝子。按寄生部位，还可将寄生性种子植物分为根寄生和茎寄生，前者如列当和独脚金，寄生在寄主的根部，在地上部与寄主彼此分离；后者如菟丝子和槲寄生，寄生在寄主的茎枝上。

寄生性种子植物都以种子进行繁殖，其传播方式多样，包括风力和鸟类传播、随寄主种子调运传播及成熟时靠种子弹射传播等。

营寄生生活的植物有 2500 多种，分属于被子植物门的 12 个科，重要的有菟丝子科、樟科、桑寄生科、列当科、玄参科和檀香科，其中以桑寄生科为最多，约占一半。在我国发生和危害较重的寄生性种子植物有菟丝子属（*Cuscuta*）和列当属（*Orobanche*），前者以中国菟丝子（*Cuscuta chinensis*）和日本菟丝子（*Cuscuta japonica*）最为常见，后者以埃及列当（*Orobanche aegyptiaca*）和向日葵列当（*Orobanche cumana*）危害严重。

二、寄生性种子植物所致病害特点

寄生性种子植物的寄主大多数是野生木本植物，少数是农作物或果树，受害较重的作物有大豆、向日葵、烟草等。寄生性种子植物对寄主植物的影响主要是抑制生长。草本植物受害时，主要表现为植株矮小、黄化，严重时全株枯死。木本植物受害时，生长受到一定抑制，引起树叶早落，翌年发芽迟缓等。

寄生性种子植物所致病害易于识别，其植株本身即为其病征。常用的防治方法包括使用洁净种子、手工拔除、喷洒除草剂及轮作等。

★ **复习思考题** ★

1. 什么是植物病原物？有哪些类群？
2. 什么是真菌？真菌与菌物的关系是什么？
3. 真菌的无性繁殖和有性生殖有什么特点？它们所产生的孢子类型有哪些？
4. 植物病原真菌的典型生活史包括几个阶段？它们在植物病害发生流行中的作用是什么？
5. 为什么同一种真菌可能具有2个学名？
6. 卵菌门有哪些主要特征？重要的植物病原物有哪些？
7. 白粉菌有什么特点？重要的植物病原物有哪些？
8. 锈菌有哪些特征？锈菌与黑粉菌有哪些异同？
9. 半知菌类为什么叫"半知菌"？有哪些主要类型？
10. 真菌引起的植物病害有什么特点？
11. 植物病原原核生物有哪些特征？主要包括哪些类群？
12. 植物病原原核生物引起的病害有何特点？
13. 病毒有什么特征？其命名方式与其他生物有什么不同？
14. 植物病毒在为害症状、传播侵染上与其他植物病原物有何异同？
15. 为何将植物线虫列为植物病原物？
16. 植物线虫分类和种类鉴定的主要依据是什么？
17. 植物线虫所致病害有哪些特点？
18. 什么是寄生性种子植物？有哪些主要类型？

第三章 植物病害的发生发展规律

植物病害是在一定环境条件下，寄主与病原物相互作用的结果。病害的发展是在适宜的环境条件下病原物大量繁殖和侵染，并造成植物减产或品质下降的过程。植物从遭受病原物的侵染到发病，从植物个体发病到群体发病，以及一种病害从一个生长季节发病到下一个生长季节再度发病，都需要一定的过程，并且受到许多条件的影响而不断发生变化。了解植物侵染性病害发生、发展及其流行规律，是制定适宜的防治策略和方法的重要依据。

第一节 侵染过程

侵染过程（infection process）是病原物与寄主植物的可侵染部位接触，由该部位侵入寄主植物后在其体内繁殖和扩展，产生致病作用，显示出病害症状的过程。病原物侵染过程也是植物个体遭受病原物侵染后，从生理上到组织上的发病过程，简称病程（pathogenesis）。病原物的侵染过程不仅是病原物侵染活动的过程，同时受侵染的寄主植物也产生相应的抗病或感病反应，在生理、组织和形态上产生一系列变化，逐渐由健康植物变为患病植物，甚至死亡。病原物的侵染是一个连续的过程，受病原物、寄主植物和环境因素的影响，而环境因素又包括物理、化学和生物等因素。侵染过程一般分为4个时期，即接触期、侵入期、潜育期和发病期，各时期之间并无绝对的界限。

一、接触期

接触是指病原物在侵入寄主之前与寄主可侵染部位的初次直接接触。接触期（contact period）又称侵入前期（prepenetration period），是从病原物与寄主接触，或到达能受到寄主外渗物质影响的根围或叶围后，开始向侵入部位生长或运动，并形成各种侵入结构的一段时间。此时病原物从休眠状态转变为活跃的侵染状态，或者从休眠场所向寄主生长的场所移动以准备侵染寄主。

大多数病原物的接种体都是被动地由风、雨和昆虫等随机传播到寄主上或其周围，仅少数能与寄主的感病部位直接接触。病原物在接触期间与寄主的相互关系直接影响以后的侵染。在这一期间，病原物处于寄主体外复杂的环境中，受到各种生物因素的影响，它们必须克服各种对其不利的因素才能进一步侵染，这一时期也是防止病原物侵入的有利时机。许多土壤中的病原物并未与寄主的可侵染部位直接接触，但是因受到植物根部分泌的氨基酸和二氧化碳等物质的刺激，而大量地积聚在植物的根围。有些根的分泌物可以刺激或诱发土壤中的某些病原真菌、细菌和线虫等休眠体的萌发，有利于产生侵染结构从而进一步侵染。病原物与寄主接触以前，除受寄主分泌物的影响以外，还受到根围土壤中微生物的影响。有些非致病的根围微生物能产生抗菌物质，可以抑制或杀死病原物。将具有拮抗作用的微生物施入土壤，或创造有利于这些微生物生长的条件，可以防治一些土传病害。土壤中还有一些腐生菌或不致病的病原物变异株，能够占据病原物的侵染点，使病原物不能在侵入部位立足和侵入，利用这种微生物也可以达到防治病害的目的。土壤与根围中的病原物在侵入寄主前也可对寄主植物产生一定的影响。有些病原物在侵入前分泌一些有毒物质，造成植物发育不良或部分寄主细胞死亡，从而有利于病原物的进一步侵入。

病原物与寄主接触以后并不马上侵入寄主，而是发生一系列的识别活动，包括物理识别和生化识别等。寄主表皮水和电荷的作用，以及叶片表面的分泌物质都可能对病原物的侵入产生一定的影响。从一定程度上来讲，接触期是病原物和寄主在特定的环境条件下相互作用的过程。病原物受环境条件的影响也较大，其中湿度和温度对接触期病原物的影响最大。许多真菌的孢子只有在水滴中萌发率才高。对于土壤传播的真菌，除鞭毛菌外，土壤湿度高，不利于孢子的萌发和侵入。湿度过高不仅影响病原物的正常呼吸，还能促进对病原物有拮抗作用的微生物的生长，不利于病原物的侵入。在接触期，病原物的活动还受到温度的影响。温度除影响寄主植物外，还主要影响病原物的萌发和侵入速度。真菌孢子萌发的最适温度一般为 20~25℃，不同真菌孢子萌发的最适温度存在一定差异。霜霉目真菌孢子萌发的最适温度要低一些，担子菌中的多数锈菌和黑粉菌孢子的萌发需要较低的温度。子囊孢子和分生孢子萌发的最适温度则要高一些。在适宜温度下，不仅孢子的萌发率升高，萌发所需要的时间也缩短。温度对寄主植物的影响主要表现为影响植物的生理特性，改变分泌产物或分泌营养物的数量，从而影响病原物的侵染。光照条件对多数真菌孢子的萌发影响不大，但对某些真菌的萌发有刺激或抑制作用。例如，禾柄锈菌（*Puccinia graminis*）的夏孢子在无光照条件下萌发较好，而引发小麦矮腥黑穗病的冬孢子在有光照的条件下才能萌发。

二、侵入期

侵入期（penetration period）是指从病原物侵入寄主到与寄主建立寄生关系为止的一段时间。所谓建立寄生关系即病原物开始利用寄主的物质或能量进行各种生命活动，如病毒增殖、细菌分裂、真菌菌丝生长、线虫生长及寄生性种子植物发育等。植物病原物大多是内寄生，只有少数是真正的外寄生，故大多数病原物都涉及侵入的问题。

1. 病原物的侵入方式和途径　　病原物的侵入方式分为主动侵入和被动侵入。真菌大多具有主动性，以孢子萌发形成的芽管或者以菌丝从伤口、自然孔口或直接穿过表皮侵入，高等担子菌还能以侵入能力很强的根状菌索侵入。植物病原线虫和寄生性种子植物侵入时的主动性更加明显，线虫可穿刺进入完整的植物细胞和组织，寄生性种子植物可直接通过吸根穿过寄主细胞和组织吸收营养。被动侵入相当于自然孔口侵入或伤口侵入，如植物病原细菌大都是随着水滴或植物表面的水膜从伤口或自然孔口侵入。植物病毒通过介体造成的伤口和由工具或其他方式造成的微伤口侵入寄主等都属于被动侵入。

各种病原物的侵入途径不尽相同，总体上可分为直接侵入、自然孔口侵入和伤口侵入三种途径。

（1）直接侵入　　病原物直接穿透寄主的保护组织（角质层、蜡质层、表皮及表皮细胞）和细胞壁而侵入寄主。许多病原真菌、线虫及寄生性种子植物都具有这种侵染能力。真菌大多数以孢子萌发后形成的芽管或者以菌丝侵入。真菌孢子萌发形成芽管，芽管延着寄主的表皮生长,其顶端膨大形成附着胞,固着在寄主表皮上,然后从附着胞下方生出较细的侵染丝,以其很强的压力及分泌软化细胞壁的酶类而穿透植物的角质层和细胞壁,完成侵入过程。侵染丝恢复成原来的菌丝状。寄生性种子植物通过种子萌发或者在与寄主接触处形成吸盘或吸根,以类似于真菌的方式侵入寄主。线虫的直接侵入是以口针不断地穿刺,最后在细胞壁上产生小孔,将口针伸到细胞内或整个虫体进入细胞。

(2) 自然孔口侵入　　许多真菌和细菌都是从自然孔口侵入的。植物的自然孔口包括气孔、水孔、皮孔、柱头、蜜腺等,都可以成为病原物侵入的通道。在自然孔口中,气孔是最为重要的侵入通道,如多种锈菌的夏孢子、霜霉病菌的游动孢子囊或游动孢子,以及许多引起叶斑病类的细菌都是通过气孔侵入的;梨火疫病菌通过柱头或蜜腺侵入;水稻白叶枯病菌主要通过水孔侵入。有些真菌萌发产生芽管从气孔侵入,或芽管形成附着胞和侵染丝从气孔侵入。病原细菌能在水中游动,可以随水滴或植物表面的水膜侵入自然孔口。

(3) 伤口侵入　　所有植物病原原核生物、大部分的植物病原真菌、病毒、类病毒都可以通过因不同原因造成的伤口侵入寄主。伤口既可作为侵入途径,也能为提供病原物必要的营养物质,有些病原物则先在伤口附近的死亡组织中生活,然后再进一步侵入健全组织。

2. 病原物的侵入时间和接种体的数量　　病原物侵入所需要的时间一般很短,如部分植物病毒和病原细菌,一旦与寄主的适当部位接触即可侵入,真菌孢子侵入所需时间较长,但很少超过24h。

病原物成功侵染所需的最低接种体数量称为侵染剂量(infection dosage),也叫侵染数限。侵染剂量因病原物的种类、接种体的活性、寄主品种的抗性和侵入部位不同而异。有些真菌、细菌、线虫等可以借助单个接种体侵染,如将锈菌的单个夏孢子接种于感病寄主的叶片即可侵染成功。有些病原物需要一定数量的接种体才能侵染成功,如烟草花叶病毒的接种需要 $10^4 \sim 10^5$ 个粒体才能在新叶烟上产生一个局部枯斑。病原物侵入之所以需要一定的侵染剂量,可能与病原物侵入后突破寄主的防御体系有关。

3. 环境条件对病原物侵入的影响　　病原物能否成功侵入寄主,还受侵入时的环境条件影响,其中以温度和湿度影响最大。

在一定范围内,湿度的高低和持续时间的长短决定孢子能否萌发和侵入,多数病原物要求较高的湿度才能保证侵入成功,高湿条件的长短又影响侵入率,也有例外的情况。例如,白粉菌的分生孢子可以在湿度较低的条件下萌发,在水滴中萌发率反而不高。十字花科蔬菜根肿菌的休眠孢子囊萌发时需要足够的氧气供应,如含水量为100%时,孢子囊不萌发。

温度主要影响病原物萌发和侵入的速度。在适温条件下,病原物侵入时间最短。不同病原物的侵入适温也不同。例如,小麦条锈菌侵入的最适温度是9~13℃,最高为22℃,最低为1.4℃;而小麦秆锈菌侵入的最适温度是18~22℃,最高为31℃,最低为3℃。

此外,光照对侵入也有一定的影响。禾本科植物在黑暗条件下气孔完全关闭,不利于病菌的侵入。

三、潜育期

潜育期(incubation period)是指从病原物侵入后并与寄主建立寄生关系到出现明显症状的阶段。潜育期是病原物在寄主体内夺取营养进行繁殖和扩展的时期,也是病原物与寄主植物进行激烈竞争和相互适应的时期。病原物只有克服了寄主的抗病反应,才能与之建立起稳定的寄生关系，症状才能逐渐表现出来。在病原物与寄主建立的寄生关系中，营养关系是最基本的。病原物从寄主获得营养的方式大致有两种：一种为活体营养型（biotroph），病原物直接从寄活的细胞中吸取养分，通常以菌丝在细胞间发育蔓延，以吸器伸入细胞内吸收营养，如锈菌、白粉菌、霜霉菌等专性寄生菌；另一种为死体营养型（necrotroph），病原物先杀死寄主的细胞和组织，然后从死亡的细胞中吸收养分，这类病原物大多是非专性寄生的，它们能够产生酶或毒素，对植物破坏力很大，虽然可以寄生在植物上，但是获得营养的方式是腐生的。

病原物在植物体内的扩展，有的局限在侵染点附近，称为局部侵染（local infection），如各种叶斑病；有的则从侵染点向各个部位蔓延，甚至引起全株感染，称为系统侵染（systemic infection），如黄瓜花叶病毒病。

植物病害潜育期的长短因病害类型、温度、寄主植物特性及病原物致病性的不同而异，短的只有几天，长的可达一年。有些果树和树木的病害，病原物侵入后要经过几年才发病。一般来说，局部侵染的病害潜育期短，而系统侵染的病害潜育期较长。如果寄主生长势旺盛，病害潜育期相应延长。环境因子中温度对病害潜育期的影响较大。温度越接近病原物发生的最适温度，则其潜育期越短。例如，葡萄霜霉病的潜育期在23℃下为4d，21℃下为13d，29℃下为8d。病害潜育期的长短与病害流行的关系密切。在一个生长季节，潜育期越短，则再侵染次数就越多，很容易造成病害流行。

有些病害具有潜伏侵染（latent infection）的现象，即病原物侵入寄主后，长期处于潜育阶段，寄主不表现或暂时不表现症状，而成为带菌或带毒者。引起潜伏侵染的原因很多，通常是因为病原物在寄主体内发展受到限制，或是因为环境条件不适宜发病等。

四、发病期

发病期（symptom appearance period）即显症期，指症状出现后，病害进一步发展直到生长季节结束或寄主植物死亡的时期。在这一时期，局部侵染的病害在侵染点周围先出现小斑，继而扩展成典型病斑；系统侵染的病害则出现全株性症状。发病期是病原物由营养生长转入生殖生长的阶段。对于真菌病害而言，这一时期是产生各种孢子或其他繁殖体的时期，也称产孢期。细菌病害则在病部出现黏稠的菌脓，其中含有大量的细菌个体。新生的病原物繁殖体为病害的再次侵染提供了条件。温度和湿度是影响病原物新个体产生的主要环境因素。例如，真菌孢子产生的最适温度一般在25℃。较高的湿度能促进孢子的产生，如霜霉菌只在相对湿度或接近饱和时才能产生孢子，形成霉层。如果外界环境高温干燥，虽有病状显现，但并无孢子形成，只有遇到高湿后才产生孢子。

第二节　病害循环

病害循环（disease cycle）是指病害从前一生长季节开始发病，到下一生长季节再度发病的过程，也称为侵染循环（infection cycle）。病害循环主要包括三个环节：病原物的越冬或越夏、病原物的传播、初侵染与再侵染。

一、病原物的越冬或越夏

病原物的越冬（over wintering）或越夏（over summering）是指寄主植物收获或休眠以后，病原物的存活方式和存活场所以及如何成为下一生长季节的初侵染源等问题。病原物的越冬和越夏与寄主的生长季节关系密切。如果寄主休眠是在冬季，称为越冬，如果是在夏季，则称为越夏。但是大部分病原物是在冬季休眠的。冬季气温低，不利于病原物的生长发育，因此病原物的越冬问题尤为突出。在热带和亚热带地区，各种植物可以全年正常生长，所以病害不断发生，病原物基本没有越冬或越夏的问题。

1. 病原物越冬或越夏的方式和形态　　病原物越冬或越夏的方式分为寄生（parasite）、腐生（saprophyte）和休眠（dormancy）。专性寄生物只能在活的寄主上以寄生或休眠的方式越冬和越夏，如病毒、类病毒、类菌原体等。非专性寄生物，特别是腐生能力较强的病原物，可以在病株残体上或土壤、粪肥中以腐生的方式度过病害的休止期，如腐霉菌、镰孢菌和丝核菌等可以在土壤中腐生越冬；还有一些非专性寄生菌可以产生各种休眠结构如菌核、厚壁孢子等进行越冬或越夏。

病原物的种类不同，越冬或越夏的形态也不同。病原细菌多以个体或个体的变形体如芽孢等越冬；病毒以粒体越冬或越夏；真菌则比较复杂，它可以菌丝体的变态——菌核越冬，也可以各种有性或无性孢子越冬，还可以形成各种子实体如分生孢子器、子囊果等越冬。

2. 病原物的越冬或越夏场所　　病原物越冬或越夏的场所一般也是初次侵染的来源，大致有以下几种。

（1）田间病株　　各种病原物都可以不同的方式在田间病株的体内或体外越冬或越夏。例如，黄瓜霜霉病菌在我国北方地区以连续侵染的方式，夏季在田间、冬季在温室等保护地进行传播和危害；大白菜软腐病细菌可以在田间生长的芸薹属寄主上越夏，冬季在窖藏的白菜上越冬；大麦黄矮病毒在小麦生长后期由介体蚜虫传播到玉米等禾本科植物寄主上越夏，秋季再由蚜虫传播到小麦秋苗上越冬。

（2）种子、苗木和其他繁殖材料　　种子、苗木和其他繁殖材料是多种病原物越冬或越夏场所。真菌和细菌可附着在种子表面或潜伏在内部成为苗期病害的侵染源。其中虫瘿、寄生性植物种子和菌核等可以混杂在种子中，腥黑穗病菌等可以附着在种子表面，病毒和类菌原体可在苗木、块根、鳞茎、球茎、接穗和砧木上越冬。

（3）土壤　　病株的残体或在病株上的病原物都很容易脱落到土壤里。因此土壤也是多种病原物越冬或越夏的场所。许多病原物的休眠体可在土壤中长期存活。由于病原物对土壤的适应力不同，在土壤中的存活时间也不同，又可以分为土壤寄居菌（soil invader）和土壤习居菌（soil inhabitant）。土壤寄居菌是指病原物只能在土壤中的病残体上腐生或休眠越冬，当病株残体腐烂分解后，就不能在土壤中继续存活。大部分病原物属于此类，如水稻白叶枯病菌、白菜细菌性软腐病菌等。土壤习居菌是指病原物在土壤中的适应能力较强，在病组织腐烂分解后仍然可以长期存活，能够在土壤有机质上繁殖，如腐霉菌、丝核菌、镰孢菌等。

对土传病害来说，土壤是最重要的或唯一的侵染源，病原物可以厚垣孢子、菌核等形式在土壤中越冬。

（4）病株残体　　绝大部分非专性寄生的真菌和细菌都能在病株残体中存活，或以腐生的方式生活一段时间。因此，这类病原物可以在各种病残体（如根、茎、叶、穗、果实等部位）腐生或潜伏越冬。例如，稻瘟病菌、玉米大（小）斑病菌、水稻白叶枯病菌等都以病株残体作为主要的越冬场所。当这些残体用作积肥或翻入土中分解腐烂后,多数病原物也随之死亡。专性寄生的病毒,有的也能在病株残体中存活一段时间。

（5）粪肥　　用混有病原物的牲畜粪便或病株残体堆制的肥料,如谷子白发病菌的卵孢子和小麦腥黑穗病菌的冬孢子在随病残体被牲畜食用后,经消化道后并未死亡,可随牲畜粪便混入粪肥中,未经充分腐熟施用即可成为下年此病的初侵染源。

（6）介体昆虫　　许多靠介体昆虫传播的持久性病毒,传毒介体往往就是这些病毒的越冬场所。例如,水稻黄矮病毒和普通矮缩病毒在传毒介体黑尾叶蝉体内越冬,玉米细菌性萎蔫病菌在玉米啮叶甲体内越冬等。此外,也有在其他介体上越夏或越冬的,如土传小麦花叶病毒可在禾谷多黏菌休眠孢子中越夏等。

二、病原物的传播

越冬或越夏后的病原物,必须从其越冬、越夏的场所传播到可以侵染的植物上,才能引起植物病害。病原物从越冬、越夏场所向寄主植物感病点（间隙传播）或从寄主的一个感病点向另一个感病点的空间移动（连续传播）,称为病原物的传播（dissemination）。

病原物的传播方式和途径不尽相同。有的是主动传播,如有鞭毛的细菌或者真菌的游动孢子可以通过在水里游动而进行传播；线虫可以通过在土壤中的蠕动进行传播；有些真菌的孢子可以通过向空中弹射的方式（如小麦赤霉病的子囊孢子）进行传播。显然这类能主动传播的病原物的传播距离和范围是有限的,大多数病原物的传播方式是依靠外界动力的被动传播,其主要传播途径有以下几种。

1. 气流（风力）传播　　由于多数真菌的孢子体积小、质量轻,便于气流传播。细菌和病毒不能靠风力直接传播,但是细菌的疮痂和病株残体可以被风吹走；易携带病毒的昆虫可以靠风力进行远距离传播。风的传播速度快,传播距离远,涉及面广。例如,小麦锈病菌的夏孢子,可随风传到1000km以外,造成病害的大范围流行。附在尘土或病组织碎片内的细菌、病毒、线虫的卵囊或者孢囊也可以随风传播。此外,风引起的植物各个部分或临近植株间的相互摩擦,有助于植物与细菌、真菌、病毒和类病毒或线虫的接触而传播。

2. 雨水传播　　多数病原细菌和部分病原真菌的孢子,是随雨水或者水滴的飞溅而传播的。因细菌的细胞壁外有黏性物质,许多细菌可以黏成一团紧贴在寄主上；真菌中的黑盘孢目和球壳孢目的分生孢子,多数黏聚在胶质物中。以这两种形式存在的病原物,在干燥的条件下不易传播,而雨水能把胶质物质溶解,使分生孢子散入水中,随水流或雨滴飞溅传播。风雨结合,尤其是暴风雨,更可以使病原物在田间作较大范围的传播。土壤中的病原物往往可以通过雨滴的反溅作用被带到寄主植物底叶的背部。田间的灌溉水和雨后流水,可以把病原物带到较广的范围。与风力传播相比,雨水传播距离一般较近,只要消灭当地菌源或者防止它们的侵染,避免灌溉水从病田流入无病田,就能有效控制雨水传播的病害。

3. 生物介体传播　　昆虫（主要为蚜虫、叶蝉、飞虱类）、螨类和线虫是植物病毒病害的主要生物介体。昆虫还能传播病原细菌和真菌。例如,甲虫可以传播榆树疫病,松褐天牛可以传播松材线虫,鸟类可以传播桑寄生、槲寄生的种子、梨火疫等,有些鸟类可以携带真菌的孢子。此外,动物可能通过摩擦与真菌孢子接触,从而携带孢子进行传播。

4. 人为传播　　各种病原物都可以多种方式人为传播,其中以带病的种子、苗木和其他无性繁殖材料的流动最为重要。农产品和包装材料的流动与病原物的传播关系很大,常导致病区扩大或者新病区的形成。这些方式都能导致病害的远距离传播（检疫）。农事操作，如施肥、灌水、播种、移栽、修剪、嫁接、整枝、脱粒等活动都能传播病害。例如，烟草花叶病毒可以在整枝打杈过程中，经过人手接触病株后再接触健株而传播；马铃薯环腐病可以在播前通过切刀将病菌从病薯传至健薯。这些情况属于病害的近距离传播。

三、初侵染和再侵染

越冬或越夏的病原物在生长季节中首次引起寄主发病的过程称为初侵染（primary infection）。受到初侵染的植物发病以后，由产生的孢子或其他繁殖体传播后引起的侵染为再侵染（secondary infection）。许多植物病害在一个生长季节可能发生若干次再侵染，病害潜育期短，再侵染的可能性就较大。如果环境条件有利于病害发生，使潜育期缩短，就可以增加再侵染的次数。例如，马铃薯晚疫病、葡萄霜霉病、禾谷类锈病和水稻白叶枯病等，潜育期都较短，再侵染可以重复发生，导致病害迅速发展而造成病害流行。有些病害潜育期较长，甚至长达数月到一年，这些病害除少数例外，多数只有初侵染而无再侵染，在植物的生长季节一般不会传播蔓延。此外，还有些病害虽然潜育期并不长，很可能由于寄主组织感病的时间很短而不能发生再侵染，如桃缩叶病等。有些病害虽然可以发生再侵染，但危害并不很严重，再侵染对病害流行作用不大，如粟白发病。

一种病害是否有再侵染，涉及这种病害的防治方法和防治效率。对于只有初侵染没有再侵染或者再侵染在病害循环中不重要的病害，只要防止初侵染就能控制病害的发生，如麦类黑穗病、玉米丝黑穗病等；对于在寄主植物生长季节中再侵染频繁的病害，在防治措施上不仅要防止初侵染的发生，还要控制再侵染的发生，才能提高病害防治效率，如黄瓜霜霉病、稻瘟病等。

由于环境条件、植物本身和病原物每年都在不断变化演替，因此每一种病害在不同的年份，侵染规律可能会有差异。只有掌握了病害的侵染循环，找出它的薄弱环节，采取相应措施，才能达到更好的防治效果。

第三节　植物病害的流行

植物病害的流行（plant disease epidemic）是植物群体发病的现象。通常把某种植物病害在一定地区、一段时间内普遍而严重地发生，对农业生产造成严重损失的过程和现象称为病害流行；而在定量流行学里，则把植物群体的病害数量在时间和空间中的增长泛称为病害流行。

病原物群体在环境因子和人类活动的干预下，与植物群体相互作用导致植物病害流行，因而植物病害的流行是一个非常复杂的生物学过程，需要采用定性和定量相结合的方法进行研究，即定性描述病害群体性质，并通过定量观测建立群体动态的数学模型。

一、影响植物病害流行的因子

农业生态系统中植物病害的消长受到各种因素的制约。植物病害的流行受到寄主植物群体、病原物群体、环境条件和人类活动诸方面多因素的影响,这些因子的相互作用决定了病害流行的强度和广度。

1. **感病寄主植物**　存在感病寄主植物是病害流行的先决条件。在感病品种中,病害潜育期短,并能够形成大量的病原物繁殖体,为病害流行提供了菌源中心,使病害在一定时间内大量增殖,导致流行。大面积单一种植抗病寄主植物,会造成遗传基础狭窄,易出现新的毒性小种,使抗病品种"丧失"抗病性,沦为感病品种,从而造成病害的流行。

2. **强致病性病原物大量存在**　许多病原物群体内部都有明显的致病力分化现象,具有强致病性的小种或菌株占据优势,有利于病害流行。有些病原物能够大量繁殖和有效传播,短期内能积累巨大菌量;有些病原物抗逆性强,越冬或越夏存活率高,初侵染菌源数量较多,这些都是重要的流行因子。

3. **适宜的环境条件**　影响病害流行的环境条件包括气象、土壤、栽培条件等。有利于病害流行的环境条件如能持续足够长的时间,且出现在病原物繁殖和侵染的关键时期,病害就可能发生大的流行。这些环境条件不但影响病原物的繁殖、传播和侵染,而且影响寄主植物的抗病性。气象条件能够影响病害在广大地区的流行,其中以温度、水分和光照对流行的影响最大。土壤条件中以土壤理化性质、土壤肥力和土壤微生物区系对病害流行影响较大,但往往只影响病害在局部地区的流行。

4. **人为因素**　人类的活动对植物病害的流行有着直接或间接的作用。种植带病的繁殖材料、连年大面积种植单一作物品种、过多施用氮肥、免耕栽培、深灌、不良的田间卫生状况、对某种药剂的过度依赖和人为引种带入危险性病害等,都会增加病害流行的可能性和严重程度。

对于任何一种病害来说,在一定的地区和时间内,当其他因素已经基本具备并相对稳定,而某一个因素最缺乏或者波动变化最大时,对病害流行起决定作用的因素就称为当时当地病害流行的主导因素(key factor for disease epidemic)。例如,当寄主、病原物条件具备时,环境因素便成为主导因素;而当病原物存在,环境条件又有利于发病时,寄主抗性便成为主导因素。正确确定病害流行的主导因子,对于分析病害流行、病害预测和设计防治方案具有重要意义。

二、植物病害的流行学类型

植物病害流行需要足够数量的初始菌量积累,根据病害发生过程中菌量积累所需时间的长短及度量病害流行时间的尺度,将植物病害分为单年流行病害和积年流行病害。

1. **单年流行病害**　病原物能够在一个生长季节中连续繁殖多代,发生多次再侵染,进而完成菌量积累,使得病害在一个生长季节就能由轻到重达到流行程度,即为单年流行病害(monoetic disease),也称为多循环病害(polycyclic disease),绝大多数是局部侵染的,寄主的感病时期长、潜育期短。病原物的增殖率高,但其寿命不长,对环境条件敏感,在不利条件下会迅速死亡。病原物越冬率低而不稳定,越冬后存活的菌量(初始菌量)不高,在有利的环境条件下增长率很高,病害数量增幅大。例如,马铃薯晚疫病在最适天气条件下潜育期仅3~4d,在一个生长季节内可再侵染10代以上,病斑面积约增长10亿倍。一个田间调查实例表明,马铃薯晚疫病菌初侵染产生的中心病株很少,在所调查的4669m²地块内只发现了1株中心病株,10d后在其四周约1000m²面积内出现了1万余个病斑,病害数量增长极为迅速。但是，由于各年气象条件或其他条件的变化，不同年份流行程度波动很大，相邻两年的流行程度无相关性，第一年大流行，第二年可能发病轻微。

2. 积年流行病害　　积年流行病害（polyetic disease）是指在一个生长季节只有初侵染，没有再侵染，或虽有再侵染，但在当年病害的发生过程中所起作用不大。病害流行程度取决于初侵染的菌源量，此类病害在一个生长季节中菌量增长幅度虽然不大，但能够逐年积累，稳定增长，若干年后将导致较大的流行。这种流行类型的病害常为单循环病害（monocyclic disease）。病害多为种传或土传的全株性或系统性病害，其自然传播距离较近，传播效能较小。病原物可通过产生抗逆性强的休眠体越冬，越冬率较高且较稳定。寄主的感病期较短，在病原物侵入阶段易受环境条件影响，一旦侵入成功，则当年的病害数量基本已成定局，受环境条件的影响较小。许多作物病害，如小麦散黑穗病、小麦腥黑穗病、小麦线虫病、水稻恶苗病、稻曲病、大麦条纹病、玉米丝黑穗病、麦类全蚀病、棉花枯萎病和黄萎病及多种果树病毒病害等都是积年流行病害。小麦散黑穗病病穗率每年增长4~10倍，如第一年病穗率仅为0.1%，而第四年病穗率将达到30%左右，造成严重减产。

积年流行病害与单年流行病害的流行特点不同，防治策略也不相同。防治积年流行病害，消灭初始菌源很重要，除选用抗病品种外，田园卫生、土壤消毒、种子消毒、拔除病株等措施都有良好防效。即使当年发病很少，也应采取措施抑制菌量的逐年积累。防治单年流行病害主要应种植抗病品种，采用药剂防治和农业防治措施，降低病害的当年增长率。

三、植物病害流行的变化

植物病害的流行是一个发生、发展和衰退的过程。由于地理位置、环境条件和生态特点的不同，同一种病害在不同地区、不同年份的流行情况也不同，形成病害流行的季节变化、年际变化和地区差异。

1. 季节变化　　季节变化是指病害在一个生长季节中的消长变化。植物病害流行常常具有季节性，有的病害在生长初期流行，如立枯病；有的在生长中期流行，如锈病；有的在生长后期流行，如水稻白叶枯病；也有的在整个生长期均可流行，如稻瘟病。影响病害流行季节变化的因素是多方面的。单循环病害一般没有多大的季节变化，而多循环病害则有很强的季节性变化特点。多循环病害的流行过程可划分为始发期、盛发期和衰退期。其病情可绘制成随时间变化的曲线，得到病害的季节流行曲线。不同病害或同一种病害在不同条件下，有不同形式的季节流行曲线。很多病害在一个生长季节只有一次发病高峰，如马铃薯晚疫病；也有的病害发展呈波浪式，在一年可以出现几次高峰，在两个高峰之间，病情可以相对下降，如稻瘟病从分蘖期到抽穗期可以有两次发病高峰。

2. 年际变化　　年际变化是指一种病害流行在不同年份发生程度的变化。

多循环病害在不同年份是否流行和流行程度，主要取决于气候条件的变化。因为除了耕作制度、种植的作物和品种及病原物的毒性有变化外，气候条件在年份间也有较大变化，尤其是湿度变化，降雨期、降雨日、降雨量的分布与流行均有密切的联系。另外，许多由昆虫传播的病毒病害，在气象条件有利于媒介昆虫活动的情况下发生较重。因此雨水较少的年份，各种作物病毒病害发生较为突出。

3. 地区差异　　一种病害在不同地区的流行程度、流行进程和流行频率是不同的，因而形成病害流行的地区性特点。按照病害流行程度和流行频率的差异可划分为病害常发区、易发区和偶发区三种类型。病害常发区是病害流行的最适宜区，易发区是病害流行的次适宜区，而偶发区为不适宜区，仅个别年份有一定程度的流行。造成病害流行地区差异的原因与不同地区的气候条件、病原物的致病性和传播、耕作制度和栽培方法及作物品种等有关。

★ 复习思考题 ★

1. 什么是侵染过程？具体分为哪几个时期？
2. 病原物的侵入途径有哪些？
3. 什么是病害循环？包括哪几个环节？
4. 病原物的越冬或越夏场所有哪些？
5. 病原物的传播途径有哪些？
6. 影响病原物侵入的途径有哪些？
7. 什么是单年流行病害？什么是多年流行病害？两者有什么区别？
8. 影响植物病害流行的因子有哪些？
9. 名词解释：侵染过程、侵染剂量、局部侵染、系统侵染、病害循环、初侵染、再侵染、土壤寄居菌、土壤习居菌、单年流行病害、积年流行病害。

第四章 昆虫的形态结构与功能

昆虫属于节肢动物门（Arthropoda）昆虫纲（Insecta）。昆虫种类繁多，已知有100多万种，占动物界的2/3左右。不同昆虫种类的身体构造差别很大，但也有共同特征，即昆虫纲的特征：①躯体分为头、胸、腹3个体段；②头部有1对触角和1对复眼，有的还有1~3个单眼；③胸部6足4翅；④腹部多由10或11节组成，末端有外生殖器，如蝴蝶、蜜蜂、蝗虫、瓢虫等都符合上述特征，所以都是昆虫（图4-1）。了解昆虫体躯构造及其生理功能，对于掌握昆虫的生活习性和进行害虫防治，都具有重要的意义。

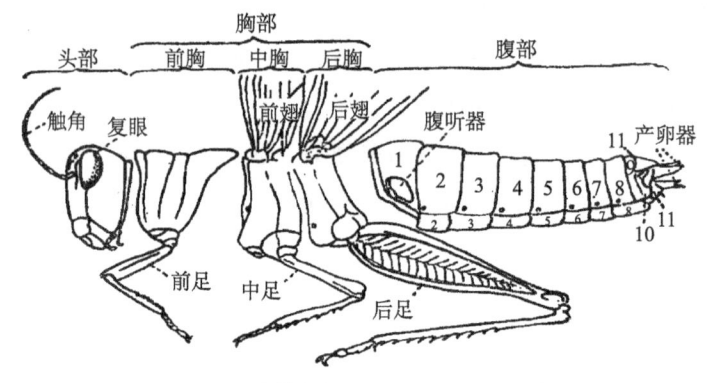

图4-1 昆虫体躯构造（以雌性蝗虫为例）

第一节 昆虫的头部

头部是昆虫体躯的第一体段，以可收缩的颈与胸部相连。头部生有触角、眼和口器等器官，是昆虫的感觉和取食中心。

一、头部的构造与分区

昆虫的头壳外壁坚硬，多呈半球形。头壳上有沟和蜕裂线，把头部分为若干区。沟是头壳向内折陷而成的，蜕裂线是幼虫蜕皮时头壳裂开的地方。

昆虫头部通常可分头顶、额、唇基、颊和后头。头的前上方是头顶，头顶前下方是额。头顶和额的中间以"人"字形的头颅缝为界。额的下方是唇基，额和唇基中间以额唇基沟为界。唇基下连上唇，其间以唇基上唇沟为界。颊在头部两侧，其前方以额颊沟与额为界。头的后方连接一条狭窄拱形的骨片，即后头，其前方以后头沟与颊为界。如果把头部取下，还可看到一个孔洞，即后头孔，消化道、神经等器官从这里通向身体内部（图4-2）。

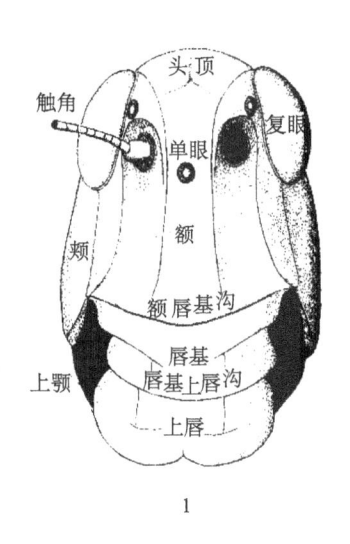

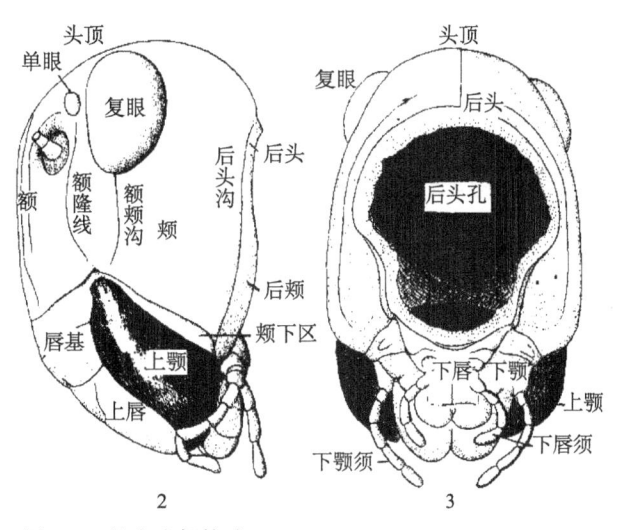

图 4-2 蝗虫头部构造
1. 正面；2. 侧面；3. 后面

二、昆虫的触角

昆虫一般都有 1 对触角，着生于额的两侧。触角的形状因昆虫种类而异，但其基本构造都可分为柄节、梗节和鞭节三个部分。通常柄节最粗，梗节上感觉器官最丰富，鞭节由多节组成。昆虫的触角类型多样，有线状（蝗虫）、锤状（长角蛉）、锯齿状（叩头甲）、鳃叶状（金龟子）和羽毛状（小地老虎雄虫）等（图 4-3）。触角上着生的感觉器官，有触觉和嗅觉的功能，能感知气味、温度和气压等外界环境的变化，蚊类的触角还有听觉的功能。

三、昆虫的眼

昆虫的眼分为复眼（compound eye）和单眼（ocelli）。复眼由许多小眼（ommatidia）组成，每个小眼只能成一部分像，多个小眼共同作用才能形成一个完整的像。昆虫的单眼分为背单眼和侧单眼，背单眼多见于昆虫成虫；侧单眼多见于昆虫幼虫。单眼只能辨别光线的强弱和方向。

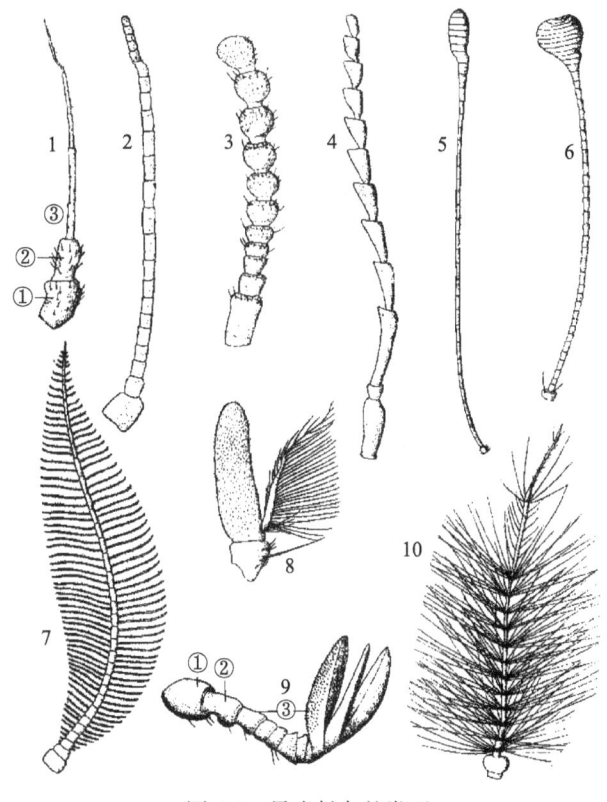

图 4-3 昆虫触角的类型
1. 刚毛状（海蜻蜓）；2. 线状（蝗虫）；3. 念珠状（白蚁）；4. 锯齿状（锯天牛）；5. 棍棒状（白粉蝶）；6. 锤状（长角蛉）；7. 双栉状（樟蚕蛾）；8. 具芒状（绿蝇）；9. 鳃叶状（鳃金龟）；10. 环毛状（库蚊）；①柄节；②梗节；③鞭节

四、昆虫的口器

口器是昆虫取食的重要器官。咀嚼式口器（如蝗虫、蟋蟀的口器）由上唇、上颚、下颚、下唇和舌组成（图4-4）。昆虫利用上颚可切咬和磨碎固体食物。刺吸式口器（如蚜虫、粉虱、飞虱、叶蝉的口器）中的上颚和下颚演化成了4根口针，插入寄主后可形成食物道和唾液道，通过唾液道将唾液注入寄主体内并通过寄主的膨压（turgor pressure）将寄主汁液压入食物道（图4-5）。

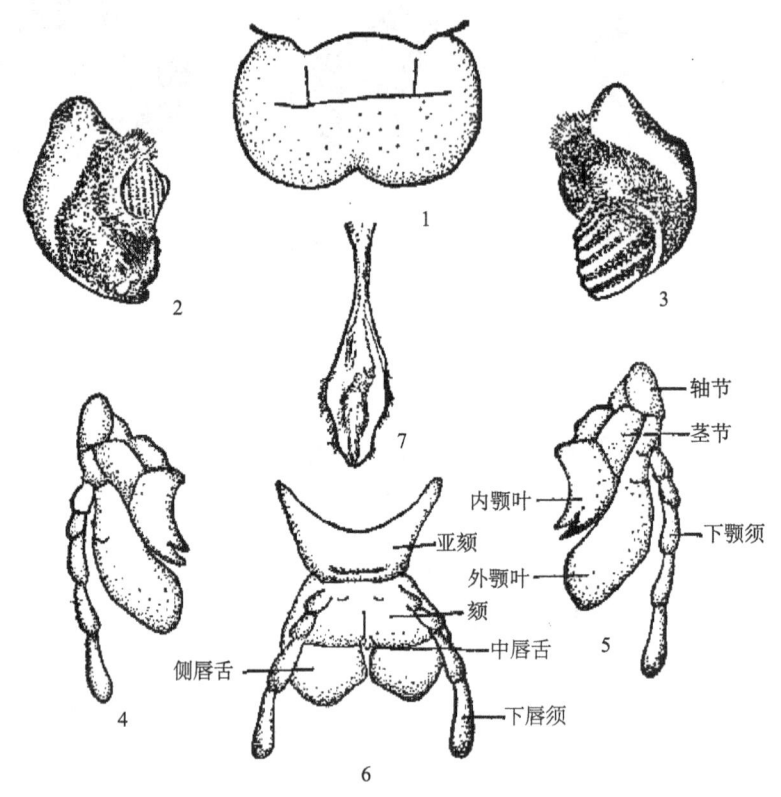

图4-4 昆虫的咀嚼式口器
1.上唇；2，3.上颚；4，5.下颚；6.下唇；7.舌

另外，昆虫还有其他类型的口器，如蝶蛾类成虫的虹吸式口器（图4-6）、蝇类昆虫的舐吸式口器（图4-7）、蓟马的锉吸式口器等。

五、昆虫的头式

昆虫的头部根据口器着生的位置不同，可分为三种头式（图4-8）：①下口式，口器着生在头部的下方，头部的纵轴与身体的纵轴近垂直，适于取食植物茎叶，如直翅目昆虫和鳞翅目的幼虫等；②前口式，口器着生在头部的前方，头部的纵轴与身体的纵轴成钝角或几乎平行，适于捕食昆虫或动物，如步甲、虎甲等；③后口式，口器向后倾斜，头部的纵轴与身体的纵轴成锐角，不用时贴在身体的腹面，适于刺吸动植物的汁液，如蝽象、蚜虫、叶蝉、蚊子等。

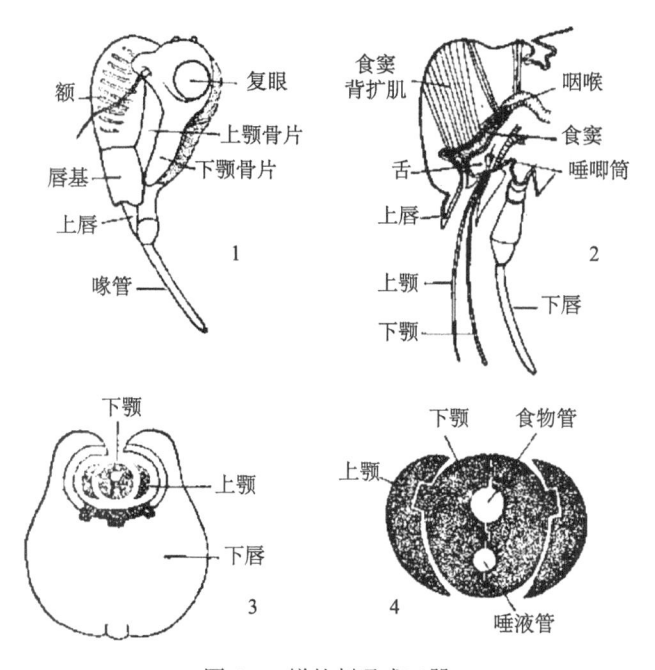

图 4-5 蝉的刺吸式口器
1.头部侧面观；2.头部纵切面；3.喙横切面；4.上下颚口针横切面

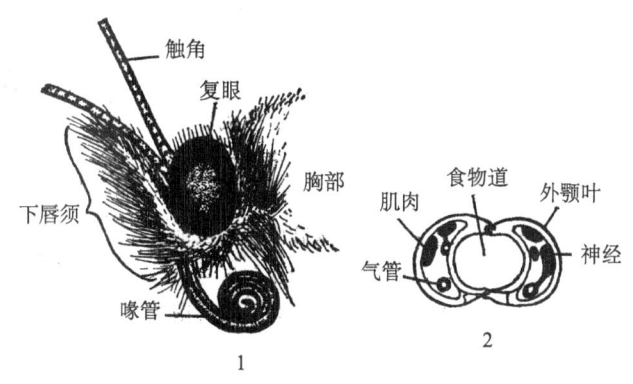

图 4-6 蝶的虹吸式口器
1.侧面观；2.喙的横切面

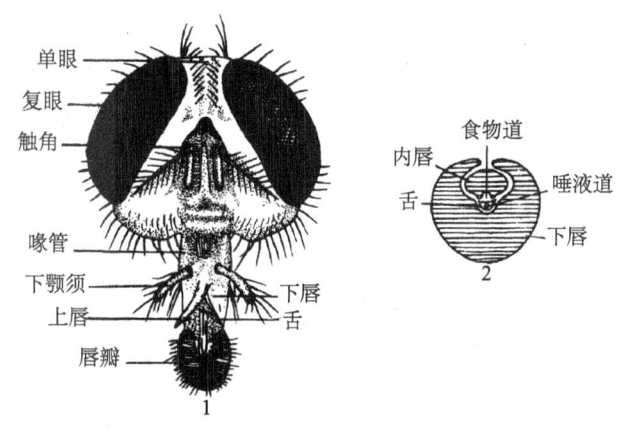

图 4-7 家蝇的舐吸式口器
1.家蝇的头部与舐吸式口器；2.喙的横断面示意图

下口式　　　　　前口式　　　　　后口式

图 4-8　昆虫的头式

第二节　昆虫的胸部

一、胸部的基本构造

昆虫的胸部由前胸、中胸和后胸 3 个体节组成。每一胸节都由 4 块骨板组成，即背面的背板，两侧的侧板和腹面的腹板。各胸节的侧板上着生有 1 对足，分别称前足、中足和后足。大多数有翅亚纲（Pterygota）昆虫的中、后胸上各有 1 对翅，分别叫前翅和后翅。飞行肌驱动翅飞行的模式有两种：一是直接相连牵引；二是通过作用于胸部进行间接牵引。

二、胸足的构造和类型

胸足是昆虫体躯上最典型的附肢，由基节、转节、腿节、胫节、跗节和前跗节 6 节组成（图 4-9）。

在长期的演化过程中，不同昆虫的足发生了很大的变化。蝼蛄的前足演化为开掘足，适合在地下挖土凿道；螳螂的前足演化为捕捉足，胫节形似折刀，方便于捕捉猎物；蝗虫的后足演化为跳跃足；蜜蜂的后足演化为携粉足；龙虱的后足特化成游泳足等（图 4-9）。

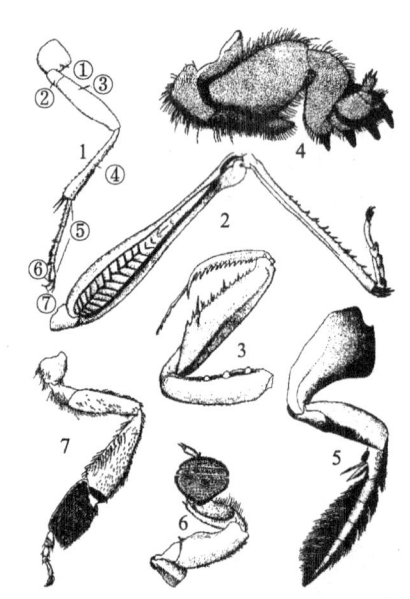

图 4-9　昆虫足的类型及构造
1.步行足（步行虫：①基节，②转节，③腿节，④胫节，⑤跗节，⑥前跗节，⑦爪）；2.跳跃足（蝗虫的后足）；3.捕捉足（螳螂的前足）；4.开掘足（蝼蛄的前足）；5.游泳足（龙虱的后足）；6.抱握足（雄龙虱的前足）；7.携粉足（蜜蜂的后足）

三、翅的构造和变异

昆虫的翅一般为三角形，具有 3 条边和 3 个角。翅的前方边称为前缘，后方边称为后缘，外方的边称为外缘。前缘和外缘形成的角称为顶角，外缘和后缘形成的角称为臀角，前缘和后缘形成的角称为肩角或基角（图 4-10）。

翅的功能主要是飞行，它为昆虫觅食、求偶和避敌提供了方便，扩大了昆虫的活动范围，对昆虫的生活有重要意义。翅的构造与质地因昆虫种类而异。一般以后翅为主要飞行器官的昆虫其后翅较大，前翅常硬化，起保护作用，如金

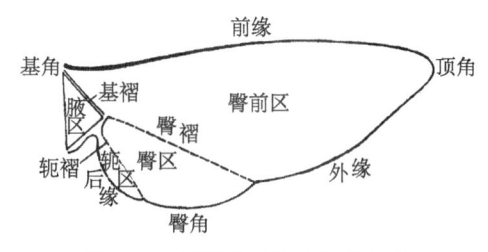

图 4-10 翅的分区及各部位名称

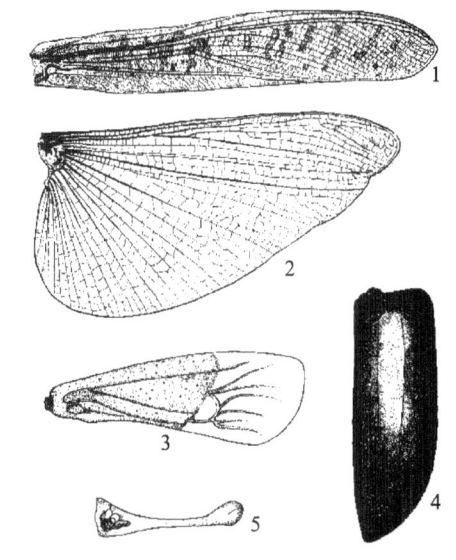

图 4-11 昆虫翅的类型
1.覆翅（飞蝗的前翅）；2.扇状翅（飞蝗的后翅）；
3.半鞘翅（椿象的前翅）；4.鞘翅（叩头甲的前翅）；
5.平衡棒（蝇的后翅）

龟子、天牛的前翅为鞘翅；蝗虫、螽斯的革质化前翅覆盖在后翅上，为覆翅；蝽象的前翅基部革质，端部仍为膜质，为半鞘翅；蝶、蛾的前后翅膜质的翅面上覆盖着鳞毛，为鳞翅；蚊、蝇的后翅退化为平衡棒，除在飞行时起平衡作用外，还具有感应声波的功能。翅的构造与质地是昆虫分类的重要依据（图 4-11）。

昆虫翅上生有许多具支撑作用的翅脉，翅脉排列方式在各类昆虫中差别很大，也是鉴别昆虫的依据之一。从翅基部延伸至翅边缘的翅脉为纵脉，纵脉之间有横脉相连，起辅助支撑作用。翅脉中有气管、血液和神经纤维。模式脉相如图 4-12 所示，不同种类昆虫的翅脉会发生许多变化。

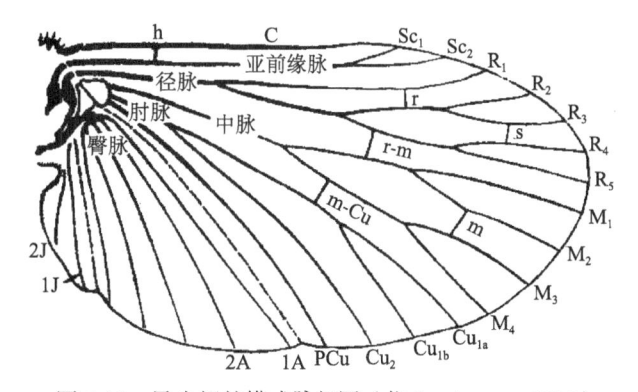

图 4-12 昆虫翅的模式脉相图（仿 Snodgrass，1935）
h. 肩横脉；C. 前缘脉；Sc. 亚前缘脉；R. 径脉；M. 中脉；
Cu. 肘脉；PCu. 后肘脉；A. 臀脉；J. 轭脉；r. 径横脉；
r-m. 径中横脉；s. 分横脉；m. 中横脉；m-Cu. 中肘横脉

第三节　昆虫的腹部

一、腹部的基本构造

腹部是昆虫的第三体段，通常由 10 或 11 节组成，是内脏活动和生殖的中心。腹部只有背板和腹板，无侧板，但有柔软且富有弹性的侧膜。各腹节之间有柔软的节间膜相连，因此整个腹部的伸缩性很大，这对昆虫的呼吸和循环很有帮助；同时对体内容纳大量的卵、卵的发育和产卵也有极大的作用。腹部末端有尾须和外生殖器。

二、昆虫的外生殖器

昆虫的外生殖器是交配和产卵的器官，常着生于腹部第 8 节和第 9 节。雌虫的外生殖器称为产卵器，由产卵瓣构成（图4-13）。产卵器的构造、形状和功用常因昆虫的种类而不同，如螽斯的产卵瓣呈刀状；蝗虫的内产卵瓣退化为小突起，背腹两产卵瓣粗短，闭合成锥状，产卵时借2对瓣的张合动作，把腹部逐渐插入土中产卵。蜜蜂的毒刺（螫针）由腹产卵瓣和内产卵瓣特化而成，内连毒腺，成为御敌的工具，已经失去产卵的功能。有些昆虫如蝉、叶蝉和飞虱等在产卵时，产卵器可刺破植物组织并将卵产于其中，给植物造成很大的伤害。

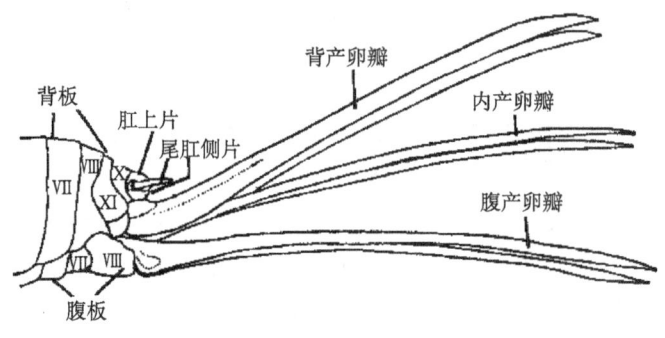

图4-13 螽斯的产卵器

雄虫的外生殖器称交配器（图4-14），主要包括阳具和抱握器。阳具由阳茎及其辅助构造组成，着生于第9腹节腹板后方的节间膜上。此膜内陷为生殖腔，阳具藏于其内。阳茎多为管状，射精管开口在阳茎的顶端。交配时借血液的压力和肌肉活动，使阳茎伸入雌性外生殖器内并将精液排入。抱握器由第9腹节附肢形成，用于在交配时雄虫抱握雌虫；其形状、大小变化很大，有叶状、钩状和弯臂状等。了解雌雄虫外生殖器的不同构造，一方面可用以鉴别昆虫的性别，另一方面可以用外生殖器，特别是雄虫的外生殖器，鉴别近缘种类。

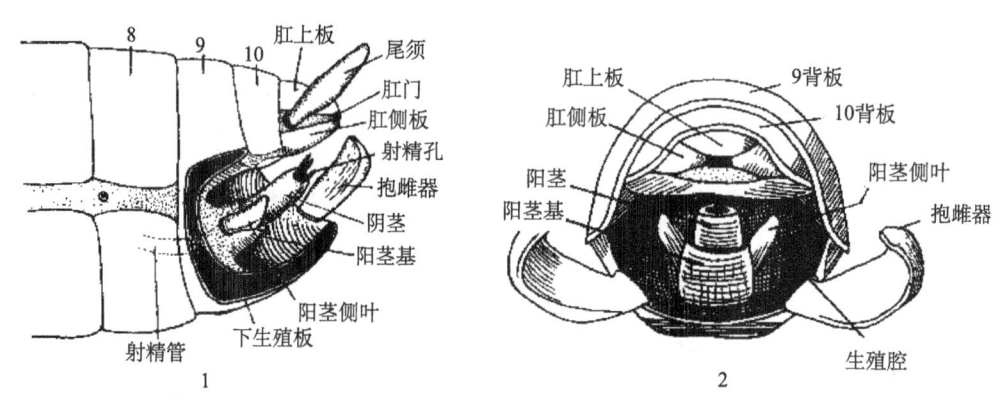

图4-14 雄性外生殖器的基本构造
1.侧面观（示内部构造）；2.后面观

第四节　昆虫的体壁

昆虫及其他节肢动物的骨骼长在身体的外面，而肌肉却着生在骨骼的里面，所以昆虫的骨骼系统称为外骨骼，也叫体壁（integument）。体壁源自外胚层，是覆盖于整个体躯及附肢的表面组织，其功能是构成昆虫的躯壳、着生肌肉、保护内脏、防止体内水分蒸发和防止外来物如病原体及有害物侵入等。体壁是昆虫能够适应各种复杂环境的关键因素。体壁直接与气管、各种腺体及前肠和后肠相连。此外，体壁上具有各种感觉器，并含有信息素，可与外界环境进行广泛的联系交流。体壁形态各异，有的坚如盾甲，有的柔软细滑。同种昆虫不同发育阶段，甚至同一发育阶段的不同部位，体壁差异巨大。

一、体壁的构造与功能

昆虫体壁由外向内依次为表皮层、皮细胞层和底膜（图 4-15）。

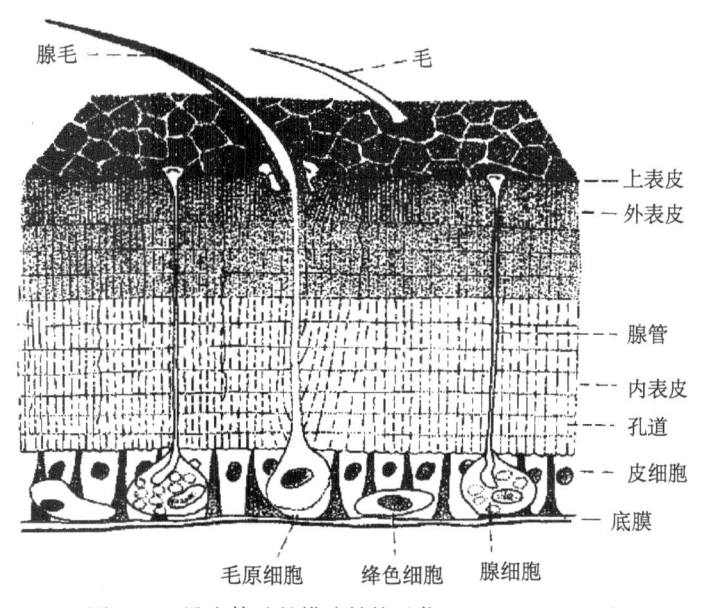

图 4-15　昆虫体壁的模式结构（仿 Hackman，1971）

表皮层是体壁的最外层，结构复杂，由外向内可分为上表皮、外表皮和内表皮。上表皮是表皮最外面也是最薄的一层，结构成分和性质复杂，主要由脂类和蛋白质交联形成，不含几丁质。上表皮是通透性的屏障，具有保水的重要功能；昆虫所具有的色泽正是由于各种色素在上表皮的沉积而形成的。上表皮的层次因昆虫种类不同而有差异，一般可分为4层，即由内向外依次为内上表皮、外上表皮、蜡层和护蜡层。外表皮位于内表皮外方，主要成分是几丁质和蛋白质，但其蛋白质已鞣化为骨蛋白，因而失去亲水性，色深而坚硬，性质更加稳定。昆虫体壁外骨骼的作用主要是由外表皮表现出来的。昆虫在脱皮时脱下来的"蜕"，就是体壁中外表皮以外的层次。内表皮位于外表皮内侧，是表皮中最厚的一层，一般无色、柔软，主要含有几丁质和蛋白质的复合体。内表皮可使表皮层具有特殊的弯曲和伸展性能，并表现出一定的亲水能力。上表皮无延展性，相反，内表皮和外表皮的几丁质是昆虫外骨骼中重要的支撑元素，体壁的韧性来源于相邻几丁质链间的氢键。

皮细胞层由单层细胞连续排列组成，是体壁中的活细胞组织，具有向外分生表皮和修补体壁伤口的功能。昆虫体表的刚毛、鳞片、各种分泌腺体都是由皮细胞特化而来。部分皮细胞还可特化成腺细胞、绛色细胞、毛原细胞、膜原细胞和感觉细胞等。

底膜是皮细胞层下的一层薄膜，将体壁与血淋巴隔离，是由一类血细胞分泌的中性黏多糖层，源自于中胚层。它具有选择通透性，能使血淋巴中的部分化学物质和激素进入皮细胞。

二、体壁的衍生物与颜色

昆虫由于适应各种特殊需要，体壁常向外突出或向内凹陷，形成各种衍生物。常见体壁上的突起主要有4种：①由3个特化细胞特化组成的刚毛，分别负责刚毛的生长、刚毛窝的形成和感知外界环境变化，如鳞翅目昆虫的鳞片便是由刚毛结构特化而成；②由未分化的多个表皮细胞形成的刺；③由单个细胞形成的棘；④属于亚细胞结构的微刺（图4-16）。

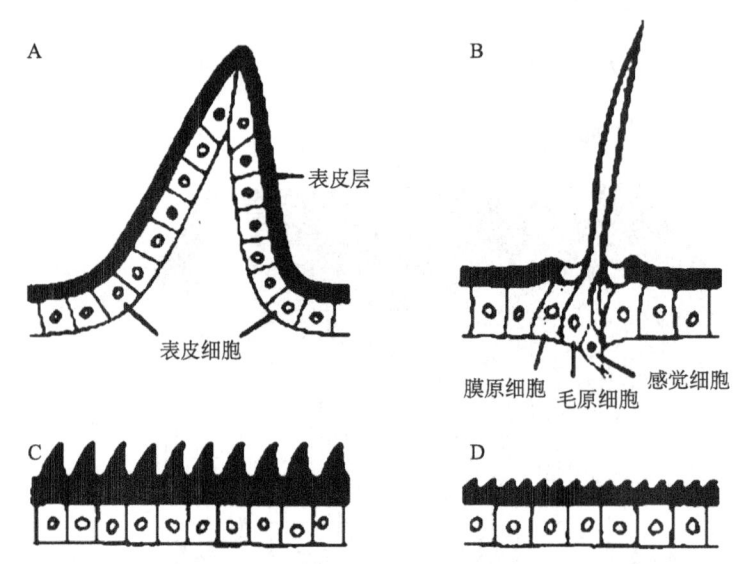

图4-16　4种常见表皮突起的模式图（仿Richards and Davies，1977）
A.刺；B.刚毛；C.棘；D.微刺

昆虫的体壁常具有不同颜色和花纹，这些都是外界的光波与昆虫体壁相互作用的结果。根据体色的性质可分为色素色、结构色和混合色3种：①色素色（pigmentary color），又称化学色，是由色素化合物形成的颜色，这些物质可以吸收某种光波，而反射其他光波，从而形成各种颜色，它们多半是代谢的产物或副产物，如黑色素、类胡萝卜素等，易受外界环境因素的影响而变化；②结构色（structural color），也称物理色，是由体表的特殊结构对光的反射或折射及干扰而形成的，一般具有金属光泽；③混合色（combination color），由上述两种因素综合形成，昆虫的体色大都属于此类。

三、体壁的构造与化学防治的关系

许多化学杀虫剂必须接触虫体并透过体壁进入体内，才能起到杀虫作用。但昆虫体壁具有刺、棘、鳞片、刚毛等结构，使药液不能接触虫体，特别是体壁表皮层有一层蜡质，使药液更不易黏附于虫体，从而降低其杀虫作用。此外，昆虫的种类和龄期也与化学防治具有密切关系。一般体壁坚厚、蜡层特别发达的昆虫，药剂难以附着和穿透虫体。就同一种昆虫而言，幼龄比老龄幼虫体壁薄，容易触药致死。此外，同一昆虫身体各部分的体壁厚薄也不一样，如膜区比骨片部分薄，感觉器官最薄，昆虫的口器、触角、翅、跗节、节间膜和气孔等，都是药剂容易透过的部位。了解昆虫体壁的构造和特性，对于用药防治害虫具有指导意义。

第五节　昆虫的内部器官与功能

昆虫的体壁包被着整个体躯，形成了一个连通的腔，叫体腔。体腔内充满血淋巴，所以也叫血腔。所有内脏器官都浸浴在血淋巴中（图 4-17）。

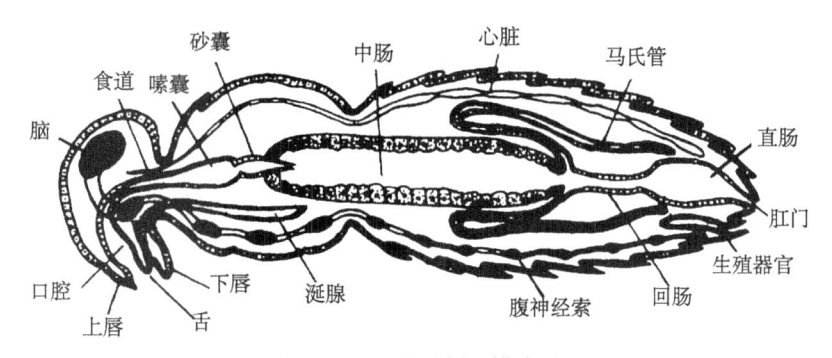

图 4-17　昆虫纵剖面模式图

一、消化系统

昆虫的消化系统是一条自口至肛门、纵贯于血腔中央的消化道，其主要功能是摄取、运送、消化食物和吸收营养物质。咀嚼式口器昆虫的消化道分为前肠（stomodeum）、中肠（mesenteron）和后肠（proctodeum）3部分：前肠具有摄食、磨碎和暂时储存食物的功能；中肠是分泌消化液、消化食物和吸收营养物质的场所，在这里，消化液中的各种酶能将食物中的糖、脂肪、蛋白质等营养物质分解成小分子物质，然后再由肠壁细胞吸收到血淋巴中；后肠除能排出食物残渣和代谢废物外，还有吸回水分和无机盐类、调节血淋巴渗透压和离子平衡的功能。

昆虫食性极为广泛，从木质部汁液、动物血液到微生物均可作为食物被不同种类的昆虫取食。昆虫的消化道因食性和种类的不同常有较大变异。咀嚼式口器的昆虫通常取食固体食物，其消化道一般比较粗短，而取食液体食物的刺吸式口器昆虫，其消化道比较细长。在全变态昆虫中，同种昆虫的不同发育阶段消化道的构造变化也很大。

二、排泄系统

昆虫的排泄系统主要是马氏管（Malpighian tubu）。它是一些浸浴在血淋巴中的细长盲管，其基部开口于中肠与后肠交界处，与肠道相通，端部游离。它能从血淋巴中吸收含氮代谢废物，再经肠道与食物残渣一同排出体外。多数昆虫的排泄物主要是尿酸，失水量少，有利于维持虫体内的水分平衡。马氏管的数目在各类昆虫中差异很大，少的只有几条（如蚧壳虫），多的可达数百条（如蝗虫）。

排泄系统还与昆虫的解毒机制密切相关，是害虫产生抗药性的重要原因。多数昆虫能将进入体内的有毒物质降解并排出。水溶性有毒物质通常会被代谢并进入昆虫的基本代谢途径中；而脂溶性有毒物质一般先转化为水溶性的，然后排出或隔离。不同物种代谢毒素的能力不同导致了昆虫对食物选择的不同。例如，烟草天蛾幼虫可以取食烟草，主要是因为其中肠细胞能够吸收尼古丁，然后通过微粒体氧化酶降解，后经由血淋巴、马氏管和后肠排出体外。有些有毒物质还可被隔离储存到表皮、腺体或血淋巴等组织，用于防御天敌。

三、循环系统

昆虫的循环系统是开放式的，即血液从背血管（由心脏和大动脉组成）流出后即充满整个体腔，所有内部器官都浸浴在血淋巴中，可以从中得到养料、激素等，而新陈代谢产生的废物又可通过血液传递给马氏管等排泄系统。

四、呼吸系统

昆虫的呼吸系统由气门和气管组成。气门是体壁内陷形成气管时留在体节两侧的孔口，一般为10对，多为8对，分布于胸部和腹部。气管主干通常有2条、4条或6条，纵贯体内两侧，主干间有横气管相连。由主干再分出许多分枝，最终分成许多微气管，分布到各组织的细胞间或细胞内，把氧气直接运输到身体各部分，同时把细胞活动产生的二氧化碳通过气门排出体外。

五、神经系统

昆虫的神经系统联系着体表和体内的各种感受器和反应器，由感受器接受外界的各种刺激，经过神经系统的协调，支配各反应器做出反应。昆虫的神经系统由中枢神经系统、周缘神经系统和交感神经系统组成。中枢神经系统由脑、咽下神经节和腹神经索组成，中枢神经系统向外延伸形成周缘神经系统，并与肌肉、体壁的感觉神经元等终端神经系统相连。交感神经系统位于前肠背面，主要负责前肠、中肠和背血管的功能反应，同时对心侧体、咽侧体的分泌活动进行调控。

六、生殖系统

昆虫的生殖系统包括外生殖器和内生殖器两部分。外生殖器用以完成两性的交配和受精。内生殖器官主要由生殖腺和与其相连的管道、附腺等组成，如雌性内生殖器包括1对卵巢（由数条卵巢管组成）、2条侧输卵管、中输卵管、生殖腔、附腺和受精囊，而雄性内生殖器包括1对睾丸、2条输精管、射精管、阳茎、贮精囊和生殖附腺等。

内生殖器的作用是产生成熟的性细胞（卵子或精子）。当雌雄交配时，雄虫排出的精子储存在雌虫的受精囊中，成熟的卵子在排出后，精子从卵的受精孔进入卵内，完成受精过程，受精卵一般在母体外发育成幼体。

第六节 昆虫的激素

昆虫的激素是昆虫体内腺体分泌的一种微量化学物质，具有支配昆虫生长发育和行为活动的作用。按激素的生理作用和作用范围可分为内激素（endohormone）和外激素（ectohormone）。

一、内激素

内激素分泌于体内，调节内部生理活动，如位于昆虫脑中的脑神经分泌细胞能分泌脑激素。这种激素流入体液，能刺激位于前胸气门内侧气管上的前胸腺，促其分泌出能促使昆虫蜕皮的蜕皮激素（moulting hormone）。脑激素也能活化位于咽喉附近的咽侧体，促其分泌保幼激素（juvenile hormone），使昆虫保持幼龄生理状态，抑制蜕皮和变态。在正常情况下，保幼激素和蜕皮激素受脑神经分泌细胞的生理协调，幼虫期得以正常发育和蜕皮，但到老熟幼虫，体内保幼激素停止分泌，在蜕皮激素单独作用下，体内潜藏的成虫器官就开始发育，蜕皮后即变为成虫。此外，神经肽类的蜕皮触发激素（ecdysis-triggering hormone）和羽化激素（eclosion hormone）可引起昆虫行为的变化，以配合昆虫的蜕皮、化蛹及羽化过程。

二、外激素

外激素是腺体分泌物挥发于体外，作为种内个体间传递信息之用的物质，故又称为信息素。昆虫的外激素种类很多，已知有性外激素、示踪外激素、警戒外激素和群集外激素等。此外，有的信息激素会作为信号因子，通过级联反应影响种群中其他个体的生理变化。例如，性成熟的沙漠蝗雄虫可释放信息素加速种群内其他个体的性成熟；蜂后可产生信息激素以抑制工蜂的卵巢发育等。

1. 性外激素与抑性欲素　　昆虫在性成熟后能分泌性外激素，引诱同种异性个体前来交配。在空气中只要微量存在，就可引诱同种异性个体。蛾类性外激素的分泌腺通常在第8、第9腹节的节间膜背面，腺体是上表皮内陷而成的囊状体。雌虫的性外激素是用来引诱雄虫的，有的雄虫也能分泌性外激素来引诱雌虫，并能激发雌虫接受交尾，其分泌腺多位于翅上、后足或腹部末端，如蝶类和甲虫等。此外，在昆虫表皮还存在有非挥发性的性信息素，用于同种昆虫雌雄个体的接触识别。

抑性欲素是由雄性成虫产生的，在交配过程中传递给雌性成虫的信息素。这类信息素具有降低已交配雌成虫再次交配的作用。从进化角度上，抑性欲素可以大大提高雄性交配的成功率，使其遗传信息得以传递下去。

2. 示踪外激素　　示踪外激素也称标迹信息素，常见于膜翅目的蜜蜂和蚂蚁及等翅目的白蚁。例如，家白蚁工蚁的腹腺能分泌这种激素，并在它觅到食源的路中每隔一定距离排出，其他工蚁就能沿着这种信息找到食源。蜜蜂工蜂用上颚分泌示踪外激素，按一定距离滴于蜂巢与蜜源植物之间的叶上或小枝上，其他工蜂也能随迹找到食源。

3. 警戒外激素　　警戒外激素也称报警激素。蚂蚁受到外界侵害时即可释放这种激素，其他蚂蚁嗅到这种激素就会前来参加防御。蚜虫受到天敌攻击时，腹管排出报警激素，其他蚜虫感受到这种激素后就纷纷逃生。

4. 群集外激素与反群集外激素　　群集外激素是指能够促进同种个体群集的化学物质。群集常常能够改变昆虫种群的生存环境，增加防御力，故有利于整个种群的生存。例如，谷斑皮蠹可分泌这类激素招引其同类群集在一处共同取食，以降低植物树脂对种群的影响。当种群达到饱和后，寄主植物已经基本失去抗性，此时谷斑皮蠹又可分泌反群集信息素，通知新来的个体转移降落到邻近寄主植物上，以避免同种昆虫个体间的过度竞争。

昆虫群集在一起后，个体间的交配自然更加频繁，因此某些情况下群集信息素与性信息素的区分并不明显。但是，蝽象1龄若虫聚集取食、蜜蜂蜂后上颚分泌信息素吸引工蜂飞集到蜂后周围等则是群集外激素特有的现象。

★ 复习思考题 ★

1. 昆虫的触角有哪些类型？触角的功能是什么？
2. 昆虫咀嚼式口器的基本构造与取食特点是什么？刺吸式口器发生了哪些变化？取食特点是什么？
3. 昆虫足的构造如何？适应不同的生活环境，发生了哪些变化？
4. 昆虫翅模式脉相有哪些主要纵脉和横脉？
5. 简易识别昆虫雌雄的特征是什么？
6. 昆虫体壁有哪些功能和特性？这些特性的形成与哪些层次及化学成分有关？
7. 昆虫消化系统分为哪几个部分？各部分的主要功能是什么？
8. 什么是激素？昆虫有哪些主要激素，功能是什么？

第五章 昆虫的发育和行为

昆虫的发育和行为是昆虫个体发育中的生命特性，是昆虫生物学的重要研究内容。本章主要介绍昆虫的生殖、生长发育、生命周期、各发育阶段的习性及行为等。不同种类昆虫所具有的不同发育方式与行为特点，是它们在漫长的进化过程中形成的重要生态对策。了解昆虫的发育和行为，对昆虫的管理和环境保护等具有重要的意义。

第一节 昆虫的生殖方式

在自然界，昆虫个体有雌性、雄性和雌雄同体 3 种性别类型。在复杂的生态环境中，昆虫经过长期的适应呈现出了多样的生殖方式。

一、两性生殖

两性生殖（sexual reproduction）是昆虫中最常见的生殖方式，即必须经过雌、雄两性交配，精子与卵子结合（即受精）后，由雌虫将受精卵产出体外并发育成一个新个体的生殖方式，因此又称为两性卵生。两性生殖与其他特殊生殖方式的本质区别是，卵子只有在接受精子后，卵核才能进行成熟分裂（减数分裂）；而雄虫排精时，精子已经是进行过减数分裂的单倍体细胞。

二、孤雌生殖

孤雌生殖（parthenogenesis）又称单性生殖，是指卵不经过受精就能发育成新个体的生殖方式。一般可分为偶发性孤雌生殖、经常性孤雌生殖和周期性孤雌生殖 3 种类型。偶发性孤雌生殖是指在大多数情况下行两性生殖，但偶尔会出现未受精卵发育成新个体的现象，常见于膜翅目、鳞翅目、缨翅目和半翅目等类群，如家蚕、一些毒蛾和枯叶蛾等；经常性孤雌生殖的特点是，在正常情况下雌虫产下的卵有受精卵和未受精卵，前者发育成雌虫，后者发育成雄虫，常见于膜翅目、鳞翅目、缨翅目、半翅目、鞘翅目和食毛目等种类；周期性孤雌生殖是指两性生殖和孤雌生殖随季节变迁交替进行的现象，又称异态交替，此类生殖方式主要存在于蚜虫和瘿蜂中，如许多种蚜虫从春季到秋末，没有雄蚜出现，行孤雌生殖，到秋末冬初则出现雌、雄两性个体，此时进行两性生殖并产下受精卵越冬。

孤雌生殖是某些昆虫对恶劣环境和扩大分布的一种有效适应。具有此种生殖方式的昆虫，在遇到不适宜的环境条件而造成大量死亡时更容易保留其种群；或者即使只有 1 个雌虫被偶然带到新的地区，也有可能在此地区繁殖和蔓延起来。

三、卵胎生和幼体生殖

卵胎生（ovo viviparity）是昆虫中较为常见的一种生殖方式，即昆虫的胚胎发育是在母体内完成的，由母体产出的是后代的幼体。这种生殖方式在进化程度较高的双翅目昆虫中较为普遍。

幼体生殖（paedogenesis）常与孤雌生殖及胎生相关，是指昆虫母体尚未发育到成虫阶段，卵巢就已经发育成熟，并能进行生殖的方式，常见于双翅目、鞘翅目与半翅目昆虫。例如，一些瘿蚊在老熟幼虫或蛹期时，卵母细胞即可在母体的血腔中发育，在母体内完成胚胎发育而孵化的幼体取食母体组织，并在母体组织消耗殆尽时，破母体外出，行自由生活。

四、多胚生殖

多胚生殖（polyembryony）是指1个卵在发育过程中能分裂成2个以上胚胎，每个胚胎均能发育成1个子代个体的生殖方式。后代的性别以所产的卵是否受精而定，受精卵发育为雌虫，未受精卵发育为雄虫。多胚生殖多见于膜翅目中部分寄生性种类。

多胚生殖是昆虫对活体寄生的一种适应，通常情况下寄生性昆虫并非都能很容易找到合适的寄主，而此种生殖方式能够使其一旦找到理想的寄主便可产生较多的后代。

第二节　昆虫的发育和变态

一、昆虫个体发育的不同阶段

昆虫的个体发育可分为3个连续的阶段，即胚前发育（preembryonic development）——生殖细胞在亲代体内发生与形成的过程；胚胎发育（embryonic development）——从受精卵开始卵裂到发育成幼体的过程；胚后发育（postembryonic development）——从幼体孵化开始发育到成虫性成熟的过程。

（一）卵期

卵是绝大多数卵生昆虫个体发育的第一个虫态。卵期的发育即个体发育的胚胎发育阶段。卵自母体产出到幼体孵化所经历的时期称为卵期（egg stage）。

昆虫的卵（egg或ovum）是一个大型细胞，最外面是起保护作用的卵壳，表面常有特殊的花纹；在卵壳之内紧贴一层很薄的卵黄膜，膜内为原生质、卵黄和卵核。卵有基部和端部之分，其端部常有贯通卵壳的卵孔，是受精时精子进入卵的通道。

卵的大小一般与虫体的大小及产卵量有关，大多数长度在1.5～2.5mm，但也有大小差异较大的。昆虫卵的形状变化很大（图5-1）。大部分昆虫的卵初产时呈乳白色或淡黄色，以后随着发育颜色逐渐加深，到近孵化时变得更深。

昆虫的产卵方式多种多样。有的单粒或几粒散产，有的多粒聚产在一起形成卵块，有的将卵产在植物叶片表面，有的产在植物组织中。

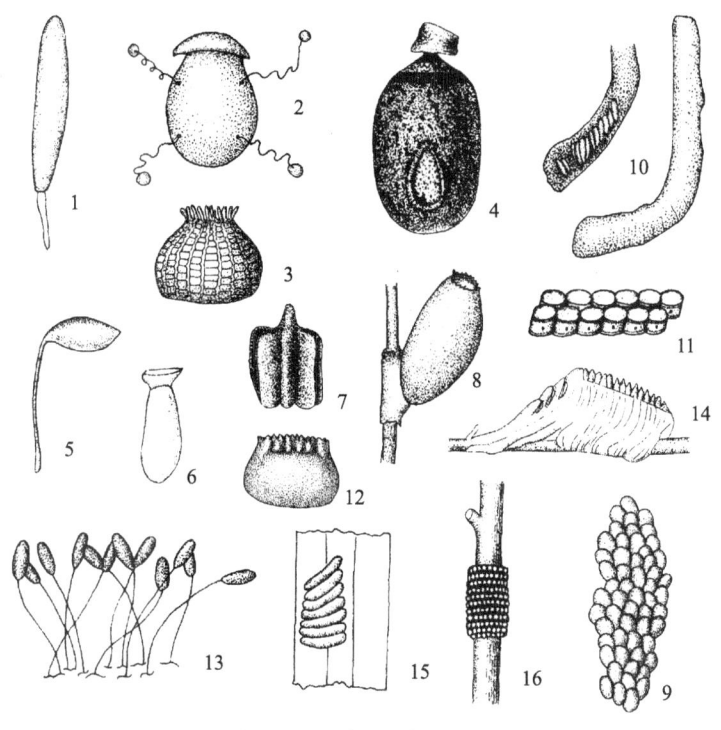

图 5-1 不同昆虫卵的形状

1.高粱瘿蚊；2.蜉蝣；3.鼎点金刚钻；4.一种螳目昆虫；5.一种小蜂；6.米象；7.木叶蝶；8.头虱；9.玉米螟；10.东亚飞蝗；11.一种菜蝽；12.蕈蠓；13.草蛉；14.螳螂；15.灰飞虱；16.天幕毛虫

（二）幼虫期

昆虫的幼体从卵内孵出到发育为蛹（全变态类）或成虫（不全变态类）所经历的时间，称为幼虫期（larval stage）或若虫期（nymph stage）。幼虫期或若虫期是昆虫个体发育过程中最主要的一个时期，主要表现为昆虫通过大量取食获得营养，完成虫体的不断长大，因此大多数植物害虫的危害期多在幼虫期。

1. 孵化　　昆虫在卵内完成胚胎发育后破卵壳而出的现象称为孵化（hatching）。一批卵（卵块）从开始孵化到全部孵化结束所经历的时间，称为孵化期。

昆虫破卵壳的方式多样，大多靠内部张力和肌肉活动产生的压力，然后借助一些特殊的破卵器如刺、骨化板等突破卵壳。例如，蝽类的卵具有卵盖，孵化时可借幼体头部压力顶开卵盖；鳞翅目幼虫孵化时多用上颚咬破卵壳而出。自卵内孵出后尚未取食的幼虫称为初孵幼虫。初孵幼虫体壁柔软、色淡，抗逆能力差。

2. 生长与脱皮　　昆虫自卵中孵出后随着虫体的生长，重新形成新表皮而脱去旧表皮的过程称为脱皮（moulting）。脱下的旧表皮称为蜕或者蜕皮（exuvia）。通常情况下，幼体每生长到一定时期就要脱一次皮，虫体的大小或生长进程可用虫龄（instar）来表示。从孵化至第 1 次脱皮以前的幼虫（或若虫）称为 1 龄幼虫（或若虫），第 1 次脱皮后的幼虫（或若虫）称为 2 龄幼虫（或若虫），余类推。相邻两次脱皮所经历的时间称为龄期（stadium）。昆虫的脱皮次数因种类而异。

在昆虫的胚后发育中，虫体的生长主要在幼期进行，其生长发育的速率很高。昆虫的生长和蜕皮交替进行，掌握其特点对害虫的预测预报和防治具有重要意义。

3. **幼虫的类型** 全变态类昆虫种类多,生境、食性和习性等差别很大,其幼虫的形态也因种类而异。根据幼虫足的多少及发育情况的不同可分为以下几种类型(图5-2)。

(1)原足型幼虫(protopod larvae) 在胚胎发育的原足期孵化,腹部尚未完成分节,胸足仅为突起状芽体,行寄生性生活,浸浴在寄主体液或卵黄中,通过体壁吸收营养,如许多寄生蜂类的低龄幼虫。

(2)多足型幼虫(polypod larvae) 除胸足外,还具有数对腹足,如鳞翅目等的幼虫。根据腹部的构造,又分为蛃型幼虫和蠋型幼虫两类。

(3)寡足型幼虫(oligopod larvae) 具有发达的胸足,无腹足,如鞘翅目及部分脉翅目的幼虫。根据其体型和胸足的发达程度,又分为步甲型幼虫、蛴螬型幼虫、叩甲型幼虫和扁型幼虫等。

(4)无足型幼虫(apodous larvae) 胸部和腹部都无足,如双翅目、蚤目、部分膜翅目和鞘翅目等的幼虫。根据其头部的发达程度,又分为全头无足型幼虫、半头无足型幼虫和无头无足型幼虫3类。

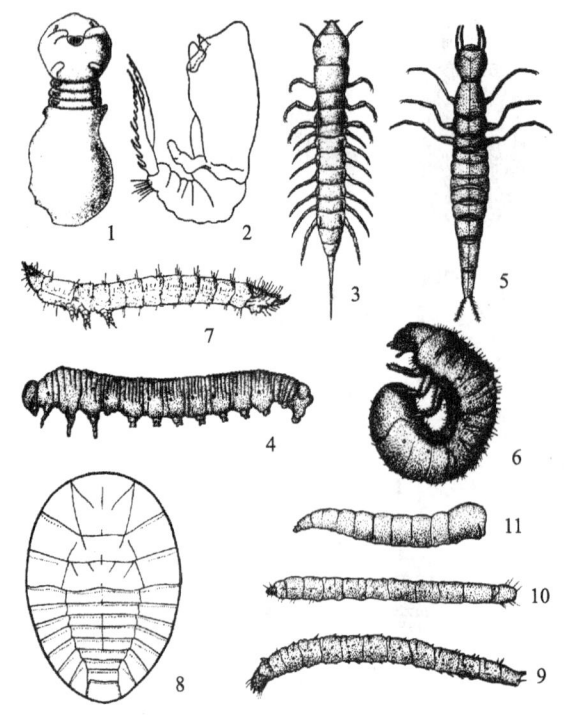

图5-2 幼虫的类型
原足型:1.寡节原足型;2.多节原足型
多足型:3.蛃型;4.蠋型
寡足型:5.步甲型;6.蛴螬型;7.叩甲型;8.扁型
无足型:9.全头无足型;10.半头无足型;11.无头无足型

(三)蛹期

蛹(pupa)是全变态昆虫由幼虫转变为成虫过程中所经历的一个特有虫态。尽管蛹的生命活动是相对静止的,但其内部却进行着剧烈的新陈代谢作用,即将幼虫的组织器官进行解离以形成成虫的组织器官。末龄幼虫脱最后一次皮变为蛹的过程称为化蛹(pupation)。幼虫老熟后先停止取食,并寻找适宜场所进行吐丝作茧或建造土室等,随后身体缩短,活动减弱,准备化蛹,这一过程经历的时间称为前(预)蛹期。自化蛹至羽化出成虫所经历的时间,称为蛹期(pupal stage)。蛹的抗逆性一般都比较强,且多有保护物或隐藏于隐蔽场所,所以许多昆虫常选择以蛹作为度过不良环境或季节的虫态,如越冬等。

根据翅、触角、足等附肢、蛹壳与蛹体主体的接触情况等,常将蛹分为离蛹、被蛹和围蛹3种类型(图5-3)。

图5-3 蛹的类型
1.离蛹;2.被蛹;3.围蛹;4.围蛹的透视图

（1）离蛹（exarate pupae） 又称裸蛹，翅和附肢与蛹体分离，而不紧贴于蛹体上，可以活动，腹节间也能自由扭动，如脉翅目、鞘翅目、膜翅目的蛹。

（2）被蛹（obtect pupae） 被蛹的翅和附肢都紧贴于身体上，不能活动，大多数腹节也不能扭动，如鳞翅目的蛹。

（3）围蛹（coarctate pupae） 围蛹的蛹体实为离蛹，只是在离蛹体外被有由末龄幼虫的蜕形成的蛹壳，如双翅目蝇类的蛹。

（四）成虫期

成虫（adult）是昆虫个体发育的最后一个虫态。昆虫发育到成虫期，雌雄性别已经分化明显，性腺逐渐成熟，并具有生殖能力，所以成虫是完成生殖和使种群得以繁衍的阶段，其一切生命活动都是围绕着生殖而展开的。

1. 羽化　　成虫从它的前一虫态脱皮而出的过程称为羽化（emergence）。成虫自羽化到死亡所经历的时间，称为成虫期（adult stage）。

不全变态类昆虫在羽化前，其末龄若虫或稚虫先寻找适宜场所，用胸足攀附在物体上不再活动；羽化时，头部自若虫胸部裂口处伸出，然后整个成虫体逐渐脱出。全变态类昆虫在近羽化前，蛹体颜色变深；羽化时，成虫靠体液的压力及身体的扭动使蛹皮沿胸部背中线及附肢黏附的部位等处裂开，最后成虫体从背中线裂口处逐渐脱出。在隐蔽场所化蛹或者蛹体外有保护物的昆虫，在羽化前后还有一个离开化蛹环境的对策和过程。

2. 性成熟和补充营养　　成虫性成熟所需营养主要在幼虫阶段积累，所以性成熟的早晚在很大程度上取决于幼虫期的营养。有些昆虫羽化后，性器官就已经成熟，即能交配和产卵，如家蚕、三化螟等。而多数昆虫，如直翅目、半翅目、鞘翅目、鳞翅目夜蛾科等类群，成虫羽化后性器官尚未发育成熟，需要继续取食以获得完成性成熟发育所需要的营养物质，这种对性成熟发育不可缺少的成虫期营养，称为补充营养。有些具有补充营养习性的植物害虫，在成虫期因取食造成的危害也很大。

成虫从羽化到开始产卵所经过的时间，称为产卵前期；从开始产卵到产卵结束的时间，称为产卵期。多数种类成虫在卵产完后不久便很快死亡。

3. 雌雄二型和多型现象

（1）雌雄二型现象　　同种昆虫雌雄个体之间除生殖器官（第一性征）外，还在个体大小、体型、体色、构造等（第二性征）方面存在明显区别，这种现象称为雌雄二型现象（sexual dimorphism）。例如，蚧类和蓑蛾的雄虫有翅，雌虫无翅；多数种类的蝗虫、天牛等的雌虫身体显著大于雄虫；犀金龟的雄虫头部和前胸背板上有巨大的角状突起，身体也比雌虫大很多；锹形甲的雄虫的上颚比雌虫发达很多（图 5-4）；蟋蟀、螽斯、蝉的雄虫有发音器官；许多蝶类的雌虫与雄虫的翅在色泽、斑纹上多不相同等。

（2）多型现象　　同种昆虫同一性别的个体间在身体大小、

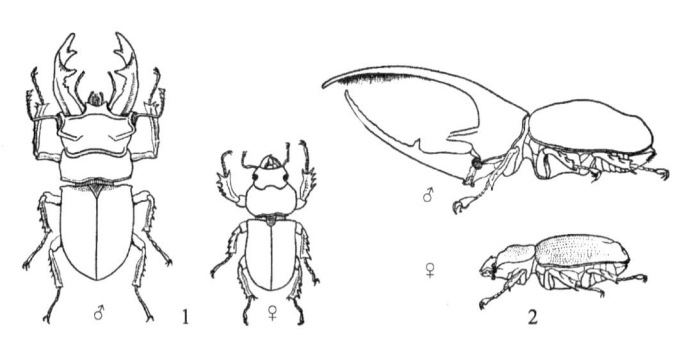

图 5-4　两种昆虫的雌雄二型现象（仿 Eidmann）
1. 犀金龟；2. 锹形甲

体色、结构等方面存在明显差异的现象，称为多型现象（polymorphism），如异色瓢虫的色斑多型现象、飞虱的翅型多型现象等。多型现象有不同的成因，昆虫本身的遗传物质、激素动态和外部的气候条件、食物等是造成多型现象的主要原因。例如，蚜虫在同一季节里，虫口密度小或食物适宜时，以产生无翅胎生雌蚜为主，而当虫口密度大或营养条件恶化时，则主要产生有翅胎生雌蚜（图 5-5）。

在社会性昆虫中，不同的类型间不但形态有别，而且其职能与行为也有相应的分化。例如，在蜜蜂的种群中，除有生殖型的雌、雄蜂外，还有只担负采蜜、筑巢等职责的工蜂；在蚂蚁的种群中，至少有蚁后、生殖型雌蚁、生殖型雄蚁、工蚁、兵蚁等类型。

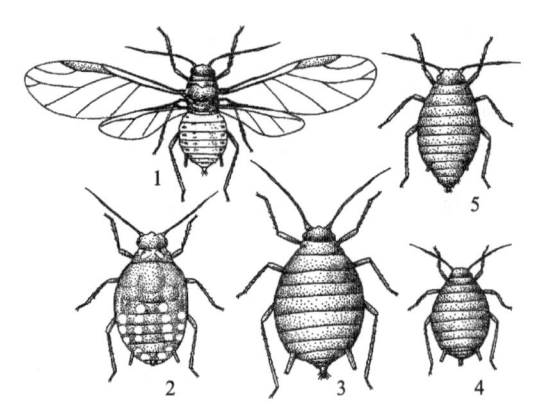

图 5-5　棉蚜的多型性（仿 Silvestri）
1.有翅胎生雌蚜；2.有翅若蚜；3.大型无翅胎生雌蚜；
4.小型无翅胎生雌蚜；5.干母

二、昆虫的变态类型

昆虫从卵发育到成虫要经过一系列外部形态和内部组织器官等方面的改变，这种现象称为变态（metamorphosis）。根据各虫态体节数目的变化、虫态的分化及翅的发生等特征，昆虫变态可以分为 5 类，即增节变态、表变态、原变态、不全变态和全变态，其中最常见的是不全变态和全变态。

1. 不全变态　不全变态（incomplete metamorphosis）是有翅亚纲外生翅类除蜉蝣目以外昆虫具有的变态类型。其特点是：一生只经过卵期、幼虫期和成虫期 3 个发育阶段，幼虫期的翅在体外发育，成虫期的特征随着幼虫期的发育逐渐显现出来。不全变态又可分为半变态、渐变态和过渐变态 3 个亚型。半变态的幼虫期水生，其幼虫在体型、取食器官、呼吸器官、运动器官及行为习性等方面均与成虫有明显的分化，因而特称为稚虫，如蜻蜓目等。渐变态的幼虫期与成虫期在体型、习性及栖境等方面都很相似，只是幼虫的翅和生殖器官尚未发育完善，故称为若虫，如直翅目、半翅目等（图 5-6）。过渐变态为缨翅目、半翅目粉虱科和雄性介壳虫具有的变态类型。与一般渐变态不同的是，由幼虫期转变为成虫期需要经过一个不食和不大活动的类似蛹的虫龄，特称为"伪蛹"或"拟蛹"。

2. 全变态　全变态（complete metamorphosis）是有翅亚纲内生翅类昆虫具有的变态类型，如脉翅目、鞘翅目、鳞翅目、膜翅目、双翅目等。其特点是：一生经过卵、幼虫、蛹和成虫 4 个虫态，幼虫期的翅在体内发育，幼虫与成虫间不仅在外部形态和

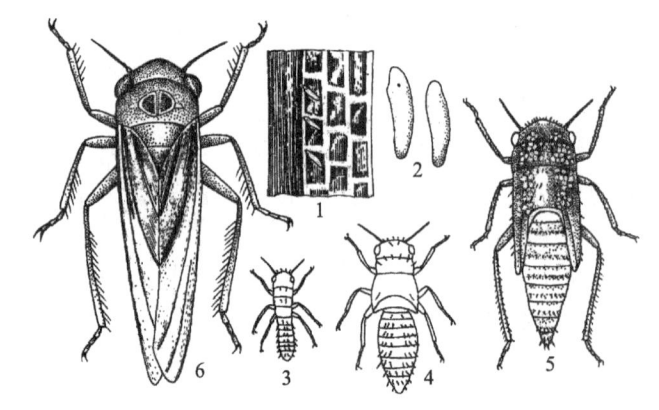

图 5-6　白翅叶蝉的变态过程
1.产在叶鞘内的卵；2.卵放大；3.1 龄若虫；
4.3 龄若虫；5.5 龄若虫；6.成虫

内部构造上很不相同，而且在食性、栖境和生活习性等方面也存在很大差异（图5-7）。

三、昆虫激素对生长发育和变态的调控机制及应用

1. 昆虫激素　昆虫激素（insect hormone）是指由昆虫内分泌器官分泌的、具有高度活性的微量化学物质。激素被分泌后扩散于血液中，由血液运送到靶器官或细胞，以调节昆虫体内的生理过程，如生长发育、脱皮、变态、生殖、迁飞和滞育等。

昆虫分泌激素的器官包括神经分泌细胞（脑）和腺体（前胸腺、咽侧体、心侧体、咽下神经节等）。昆虫激素的种类已知有20余种，其中有些激素如促前胸腺激素（prothoracicotropic hormone，PTTH）、保幼激素（juvenile hormone，JH）、蜕皮激素（molting hormone，MH）、滞育激素（diapause hormone，DH）等的性质及其分泌器官研究得较为清楚，有些激素还在研究中。

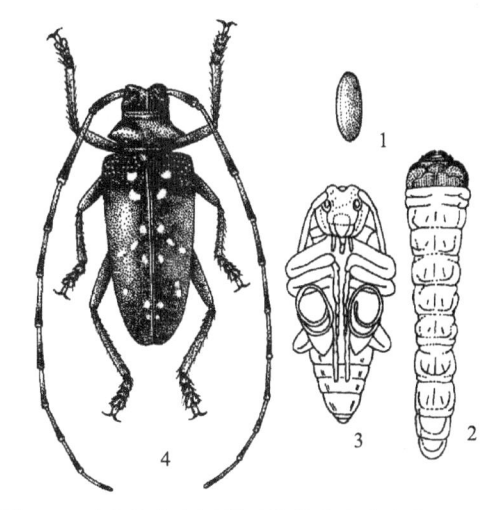

图5-7　天牛的变态过程（仿北京农业大学，1981）
1.卵；2.幼虫；3.蛹；4.成虫

2.激素对昆虫生长发育和变态的调控作用

昆虫的生长发育和变态的发生是多种激素共同协调作用的结果，其中参与调节的激素主要有由脑神经分泌细胞产生的促前胸腺激素、由前胸腺产生的蜕皮激素和由咽侧体产生的保幼激素（图5-8）。昆虫的脑、咽侧体和前胸腺组成了两条内分泌链，它们相互作用调控昆虫的发育和变态过程。促前胸腺激素在保幼激素和蜕皮激素的调节过程中起主导作用，它能激发和活化咽侧体和前胸腺，促使其分泌保幼激素和蜕皮激素。蜕皮激素启动和调节蜕皮过程，保幼激素规定每次脱皮后昆虫的发育方向，即发育为幼虫或者变态形成蛹和成虫。具体说，高浓度的保幼激素和蜕皮激素一起促使幼虫状态的保持，低浓度的保幼激素和蜕皮激素一起促使幼虫到蛹或成虫的转变。

保幼激素对形态发生的效应与昆虫体组织所处的敏感时期有关。昆虫只有在某一虫龄早期存在保幼激素的条件下，才能完全保留幼虫的特征。此外，保幼激素的存在还能抑制前胸腺对促前胸腺激素的感受性，从而

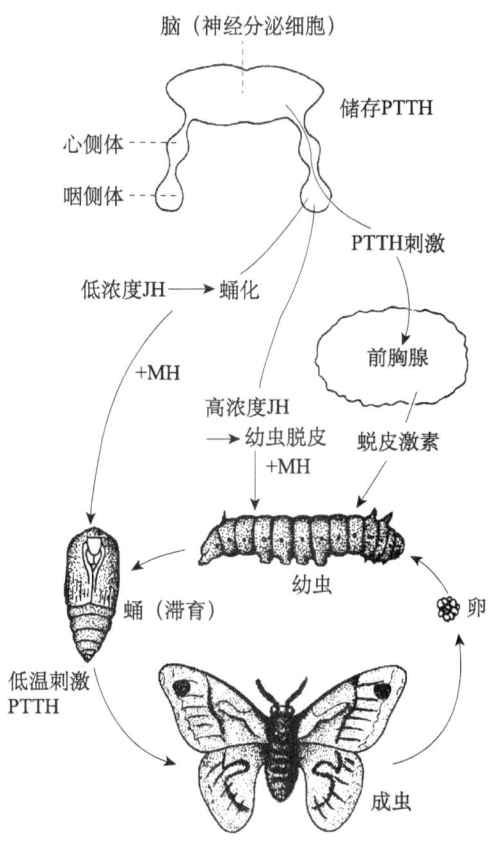

图5-8　昆虫发育和变态的激素调节（仿Spratt）

阻止蜕皮激素的合成。另外，保幼激素在昆虫生殖系统的发育和成熟过程中也发挥着重要作用，可参与调控卵黄原蛋白的合成、卵母细胞的成熟及卵母细胞对卵黄原的吸收。

3. 昆虫生长调节剂在昆虫管理中的应用　　昆虫生长调节剂（insect growth regulator, IGR）是调节和扰乱昆虫正常生长发育，使昆虫个体不能生长发育或死亡的一类化合物，主要包括保幼激素、抗保幼激素、蜕皮激素及其类似物。由于昆虫生长调节剂能干扰昆虫体内的激素平衡，影响它们正常的生长发育或变态和生殖，且具有对人畜毒性小，不污染环境等特点，因此其在害虫治理和益虫利用中具有很大的应用潜力。近年来，已人工合成了不少昆虫生长调节剂，有些已投入生产和应用，如用灭幼脲防治黏虫、菜青虫；用噻嗪酮防治飞虱和其他半翅目害虫；用优虫脲防治小菜蛾、柑橘潜叶蛾等，都收到了良好的效果。在家蚕饲养方面，则利用它们来调节家蚕的生长发育，如利用保幼激素类似物，能使蚕体增重，提高蚕丝产量；利用蜕皮激素类似物，能缩短家蚕的饲育期，节省桑叶，并可以使它们同时上蔟。

昆虫生长调节剂的种类较多，作用也是多方面的。有些是保幼激素类似物，作用机制与保幼激素相似，如 ZR515、ZR512 等，均能抑制昆虫组织对蜕皮激素的感受性，阻止变态的发生；有的能阻碍几丁质的形成，影响内表皮产生，使昆虫蜕皮变态不能顺利进行而死亡，如灭幼脲、优虫脲等；有的有抑制保幼激素酯酶的作用，阻止保幼激素水解，并能与脂蛋白结合，起到抑制保幼激素的作用；还有些是抗保幼激素类的，如早熟素（precocene），它能进入咽侧体细胞，经过环氧化形成 3,4-环氧早熟素，损伤咽侧体细胞，从而抑制保幼激素的合成，促进昆虫提早化蛹，抑制成虫卵巢发育和卵黄蛋白的沉积。早熟素对蚜类害虫有很好的防治效果。

第三节　昆虫的世代和年生活史

在自然界，各种昆虫的发生、消长都具有周期性的节律，即当外界环境条件适宜时，才能生长发育和繁殖，当环境条件不适宜时，就以一定的虫态采取停止发育或者迁飞等方式度过或者避开不利的季节（如寒冷的冬季），当适合其发育的条件出现时，昆虫又开始恢复其生长发育和繁殖。所以，各种昆虫在自然界总是能以一定的周期循环发生和消长。

一、世代

昆虫由卵（或幼体）发育到性成熟产生后代为止的发育过程称为一个世代（generation）或一个生命周期（life cycle），完成一个世代所需的时间称为世代历期。通常以卵或幼体离开母体作为世代的起点。

昆虫由卵（或幼体）产离母体到成虫死亡所经历的时间，称为这种昆虫的寿命（life-span）。多数昆虫的寿命比完成一个生命周期长，两者差异的大小取决于成虫开始生殖后存活的时间。例如，蜉蝣羽化为成虫后仅存活几小时到几十个小时，其寿命与生命周期差别不大；而许多甲虫的成虫在性成熟后能存活半年到 1 年，其寿命就比生命周期长得多。多数昆虫的寿命在 1 年左右，但有些种类则很短或更长。雌虫的寿命一般长于雄虫，多数昆虫的雄虫在交配后不久便死亡，而雌虫产卵后有些种类还有护卵和护幼的习性。

二、年生活史

1. 昆虫的化性 通常情况下，昆虫（特别是具有滞育特性的）在1年内发生的世代数和完成一代所需要的时间是固定的，这一特性称为昆虫的化性（voltinism）。1年只发生1代的昆虫称为一化性（univoltine）昆虫，如大豆食心虫等；1年发生2代的昆虫称为二化性（bivoltine）昆虫，如二化螟等；1年发生3代以上的昆虫称为多化性（polyvoltine）昆虫，如多种夜蛾和蚜虫类等；需2年以上才能完成1代的昆虫称为部化性（partial voltine）昆虫，如很多土栖性昆虫等。

有些昆虫的化性受环境因素特别是温度的影响较大，因而常随地理位置的变化而有所不同。例如，亚洲玉米螟在我国东北地区北部1年仅发生1代，在华北多数地区1年发生2或3代，在江西等地1年发生4代，在华南地区1年发生5或6代。二化性和多化性昆虫由于发生期及成虫产卵期较长等原因，其前后世代间产生明显重叠的现象，称为世代重叠（generation overlapping）。

2. 昆虫的年生活史 昆虫的年生活史（annual life history）是指昆虫在一年中的个体发育过程，即从越冬虫态越冬后复苏起，至翌年越冬复苏前的全过程。一化性昆虫的年生活史与世代的含义基本相同；二化性昆虫和多化性昆虫的年生活史包括几个世代；部化性昆虫的年生活史则只包括部分虫态的生长发育过程。

三、研究昆虫年生活史的方法

昆虫的年生活史是昆虫生物学研究的最基本内容之一，为了清楚描述昆虫的年生活史特征，可采用各种图、表、公式来表达或用图表混合的形式来表达（图5-9，表5-1），其中表格法最为常用。

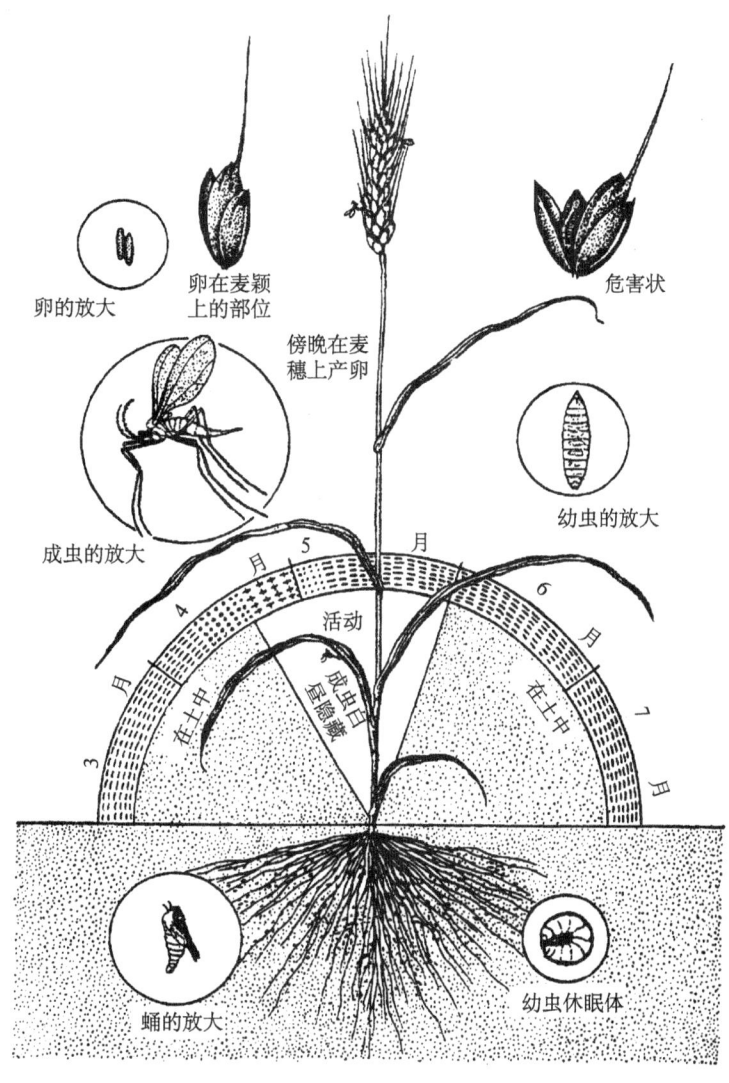

图5-9 麦红吸浆虫的生活史（仿周尧，1956）

表 5-1 亚洲玉米螟在山东省的年生活史

月份	1	2	3	4	5	6	7	8	9	10	11	12
越冬代（第3代）	- - - -				‐ ‐ ‐ ‐ ‐ ○○○○○ ○○○ +++++ +++							
第1代						・・・・ ‐ ‐ ‐ ‐ ‐ ‐ ‐	○○○○○ ○ +++++ +					
第2代							・・・・ ‐ ‐ ‐ ‐	○○○○○ ○ +++++ ++				
第3代（越冬代）								・・・・・・・・ ‐ ‐ ‐ ‐ ‐ ‐ ‐		- - -	- - - -	- - - -

注：表中"·"为卵；"-"为幼虫；"○"为蛹；"+"为成虫

第四节　昆虫的休眠和滞育

在不同的生态环境中，昆虫大多会遇到季节性出现的不良环境条件。在不适宜其生长发育的环境条件到来之时，昆虫会以不同的方式来适应环境条件的变化，如昆虫季节性的休眠和滞育、季节性的迁移与季节性的多型性现象等。其中，在季节性循环出现的不良环境条件来临时，昆虫表现出生长、发育与生殖受到抑制的适应性状态，通常称为休眠和滞育。休眠和滞育是昆虫生活史中长期适应不利环境的重要生理生态对策，通常在寒冷的冬季和炎热的夏季表现得最为突出。

一、休眠

休眠（dormancy）是指当季节性的不良环境条件到来时，昆虫快速表现出生长发育和繁殖等生命活动受到抑制的现象。休眠的特点是：休眠的虫态一般不固定，生理上也没有准备，当不良条件消除时，昆虫便可立即恢复生长发育和繁殖，休眠不是物种本身的遗传性适应。

在温带或寒温带地区，每当冬季严寒来临之前，随着气温下降，食物减少，有些昆虫会寻找适宜场所进行休眠性越冬。例如，东亚飞蝗以卵越冬，家蝇以成虫越冬，小地老虎在我国江淮流域以南，可以成虫、幼虫和蛹越冬等，都属于休眠性越冬。在干旱高温季节或热带地区，有些昆虫会进行休眠性越夏。休眠性越冬或越夏的昆虫，其抗逆能力一般较差。

二、滞育

1. 滞育的概念　滞育（diapause）是指当季节性的不良环境条件到来之前，在某些环境因子的诱导下，昆虫通过调整体内生理代谢，使其在一定时间的某个固定虫态的生命活动受到抑制的现象。滞育的特点是：滞育的虫态基本固定（针对某一种昆虫），外界环境因子对滞育的发生具有一定的诱导作用，并通过内分泌来调节体内的代谢过程以完成滞育症候群的完全形成，而且昆虫一旦进入滞育，即使给予最适宜的条件，也不能马上恢复生长发育等生命活动，有些滞育需要一定条件的刺激才能解除，因此滞育是物种本身的遗传性适应。

滞育根据深度的差异可分为专性滞育（obligatory diapause）和兼性滞育（facultative diapause）两类。专性滞育的昆虫为一化性昆虫，滞育的虫态固定，解除滞育的条件比较严格，是物种稳定的遗传性，如柿舞毒蛾（卵滞育）、梨星毛虫（2 龄幼虫滞育）、大地老虎和大豆食心虫（老熟幼虫滞育）等。兼性滞育的昆虫为二化性昆虫和多化性昆虫，滞育的世代和虫态一般固定，但由于地区或个体发育进度不同，可使滞育发生在不同世代，解除滞育的条件不太严格，物种遗传性的可塑性较大，如棉蚜（卵滞育）、三化螟和玉米螟（老熟幼虫滞育）、棉铃虫和菜粉蝶（蛹滞育）、榆蓝叶甲和中华通草蛉（成虫滞育）等。

2. 影响滞育的因素　　昆虫的滞育既受遗传特性的控制，同时也受环境因素的影响。影响昆虫滞育的环境因素主要有光周期、温度、食物、湿度和种群密度等，而内在因素主要是激素。

光周期是指一昼夜中光照时数与黑暗时数的节律，通常以光照时数来表示。在自然界所有变化的环境因素中，光周期的变化规律最为稳定，它为昆虫提供的有关环境变化的信息最为准确，因而是影响昆虫滞育的主导因素。自然界温度的季节性变化也是有规律的，昆虫在长期进化过程中适应并利用温度的季节性变化信息来调节其生活史，因此温度是仅次于光周期的重要滞育影响因素。对兼性滞育的昆虫，低温刺激能诱导昆虫冬季滞育的发生，高温能诱导夏季滞育的发生。食物、湿度和种群密度等环境因素，在自然界也或多或少地呈现出有规律性的季节变化，从而可以成为标志季节变化的特征因素，昆虫可以不同程度地利用这些因素来调节其生活史中的滞育现象。

外界因素对昆虫滞育的影响，都是通过虫体内激素的调控来实现的。昆虫在不同阶段进行的滞育是由不同内分泌途径来调控的。卵滞育是由于雌成虫接受环境因子的刺激，脑神经分泌细胞分泌促前胸腺激素，调控咽下神经节分泌滞育激素作用于卵而产生的。幼虫和蛹的滞育则是由于脑神经分泌细胞的活动受到抑制，从而不能活化前胸腺分泌蜕皮激素，使幼虫和蛹的发育受到抑制而产生的。成虫滞育主要是由于脑神经分泌细胞的活动受到抑制，不能活化咽侧体分泌保幼激素，而使性腺和性细胞发育受到抑制。

第五节　昆虫的行为

行为（behavior）是指昆虫的感觉器官接受刺激后，通过神经系统的综合而使效应器官产生的反应，是其生物学特性的重要组成部分。昆虫的行为模式有些是本能的反应，有些是通过后天的学习获得的。昆虫种类繁多，所表现出的行为非常复杂，下面列举一些重要的方面。

一、趋性

趋性（taxis）是指昆虫对外界因子刺激产生定向活动的现象。根据反应的方向，可分为正趋性和负趋性。根据刺激源的性质，昆虫的趋性主要有趋光性、趋化性、趋温性、趋湿性等。

趋光性是指昆虫对光的刺激所产生的定向反应。例如，多数夜间活动的昆虫，对灯光表现为正趋性，特别是对黑光灯的趋性尤强；而蜚蠊则经常藏身于黑暗的场所，具有负趋光性。趋化性是指昆虫对一些化学物质的刺激所表现出的反应，其正、负趋化性通常与觅食、求偶、避敌、寻找产卵场所等有关。例如，一些夜蛾对糖醋酒混合液发出的气味有正趋性；菜粉蝶趋向在含有芥子油的十字花科植物上产卵。趋温性、趋湿性是指昆虫分别对温度和湿度刺激所表现出的定向反应。在生产实践中，常利用害虫的趋光性和趋化性等对其进行防治，如以趋光性为依据的灯光诱杀，以趋化性为依据的食饵诱杀，以负趋化性为依据的忌避剂等。

二、食性

食性（feeding habit）就是取食的习性。不同种类昆虫取食食物的种类和范围不同，同种昆虫的不同虫态有时也差别很大，昆虫的多样性与食性的分化是分不开的。根据所取食的食物性质，可将昆虫分为植食性、肉食性、腐食性和杂食性4类。

植食性昆虫（phytophagous insect）是指以活体植物及其产品为食的昆虫。按其取食范围的广狭，又可分为单食性、寡食性和多食性3类：单食性昆虫只以某一种植物为食料，如三化螟只取食水稻，豌豆象只取食豌豆等；寡食性昆虫一般以1个科或少数近缘科的若干种植物为食料，如菜粉蝶取食十字花科植物，棉大卷叶螟取食锦葵科植物等；多食性昆虫能取食不同科的多种植物，如地老虎类可取食禾本科、豆科、十字花科、锦葵科等各科植物。

肉食性昆虫（carnivorous insect）是指以活体动物（包括昆虫）为食的昆虫。根据其取食和生活方式又可分为捕食性和寄生性两类。捕食性昆虫以捕获其他昆虫或动物为食，如螳螂、七星瓢虫等；寄生性昆虫寄生在其他昆虫或动物的体内或体外，如寄生蜂、寄生蝇类等。

腐食性昆虫（saprophagous insect）是指以动物尸体、粪便或腐败植物为食的昆虫，它们在生态循环中起着重要作用，如埋葬虫、果蝇、蜣螂等。

杂食性昆虫（omnivorous insect）是指既取食植物性食料又取食动物性食料的昆虫，如蜚蠊、蚂蚁、蟋蟀等。

三、群集性

昆虫的群集性（aggregation）是指同种昆虫的大量个体高密度地聚集在一起生活的习性。根据其聚集时间的长短，又可分为临时性群集和永久性群集两类。临时性群集是指昆虫仅在某一虫态或某一阶段内群集在一起，过后就分散开。例如，美国白蛾、天幕毛虫等的低龄幼虫行群集生活，高龄后行分散生活。永久性群集是指昆虫的整个生育期或者终生群集在一起。具有社会性习性的蜜蜂蜂群为典型的永久性群集。但是临时性群集和永久性群集的界限并不十分明显,如东亚飞蝗有群居型和散居型之分,两者可以相互转化。当其发生密度较大时,卵孵化出蝗蝻后,容易群集,变成成虫后还可以远距离迁飞;当其发生密度小时,也可临时性群集。

四、迁移性

迁移是昆虫种群的行为之一,主要是指在一定的环境条件下,昆虫从出发地迁出或者从外地迁入的行为活动。昆虫的迁移主要包括扩散和迁飞两种现象。

扩散(dispersal)是指昆虫个体在一定时间内发生空间变化的现象。对多数陆生昆虫而言,地形、生物、人类活动等都会直接或间接地影响其扩散与分布。根据引起扩散的原因,可分为主动扩散和被动扩散两类。主动扩散是指昆虫由于觅食、求偶、避敌及趋性等而进行的小范围空间变化。被动扩散是由风力、水力、动物或人类活动引起的昆虫空间变化。扩散常使一种昆虫分布区域扩大,对于害虫而言即形成所谓的虫害传播和蔓延。

迁飞(migration)是指某种昆虫成群而有规律地从一个发生地长距离地转移到另一个发生地的现象。昆虫的迁飞通常是有规律的,是物种在长期进化过程中形成的适应性生态对策。许多重要的农业害虫都具有迁飞特性,如东亚飞蝗、黏虫、小地老虎、甜菜夜蛾、稻纵卷叶螟、稻褐飞虱等。昆虫的迁飞有助于其生活史的延续和物种的繁衍。

五、假死性

假死性(feign death)是指昆虫受到某种突然刺激时,立刻表现为身体蜷曲,静止不动,或从原停留处跌落下来呈"死亡"状态,稍停片刻又恢复正常活动的现象。许多鞘翅目的成虫具有假死性,如猿叶虫、金龟子、象甲、叶甲等;有些鳞翅目的幼虫也具有假死性,如小地老虎、斜纹夜蛾、黏虫等。假死性是昆虫逃避敌害的一种有效方式。

六、拟态和保护色

拟态(mimicry)是指一种生物模拟另一种生物或环境中其他物体的姿态从而保护自己的现象,广泛见于昆虫中,可发生在卵、幼虫(若虫)、蛹和成虫的不同阶段。拟态昆虫所模拟的对象可以是生物或者周围物体的形状、颜色、化学成分、声音及行为等,但常见的是同时模拟模型的形与色。例如,一些尺蛾幼虫在树枝上栖息时,以臀足固定于树枝上,身体斜立酷似枯枝;多数竹节虫形似竹枝;许多枯叶蛾成虫的体色和体形与枯叶极为相似。

保护色(protective coloration)是指一些昆虫具有与其生活环境的背景相似的颜色,以躲避天敌的视线而保护自己,如栖息在树干上翅色灰暗的蛾类,生活于绿色植物上的蚱蜢等,后者还常随着秋季植物的枯黄而使身体由绿色转为黄褐色。此外,一些鞘翅目、半翅目、双翅目、鳞翅目昆虫的体色与环境背景形成鲜明的反差,或模拟具螯刺能力的胡蜂的色斑,或模拟猫头鹰的眼斑,称为警戒色(warning coloration),更有利于保护自己。

★ **复习思考题** ★

1. 昆虫主要有哪些生殖方式？它们各有何特点？
2. 昆虫的个体发育主要由哪几个阶段组成？幼虫和蛹各有哪些类型？
3. 简述昆虫的主要变态类型及其特点。
4. 调控昆虫生长发育和变态的主要激素是什么？它们是如何调节的？
5. 什么是昆虫生长调节剂？它在害虫管理中的应用有哪些？
6. 休眠和滞育的特点是什么？影响昆虫滞育的因素有哪些？
7. 理解并熟记下列名词概念：孵化、幼虫期、龄与龄期、蛹期、羽化、成虫期、产卵前期、补充营养、雌雄二型现象、多型现象、世代、生活史、食性、趋光性、趋化性、假死性、群集性、扩散、迁飞、拟态、保护色。

第六章　昆虫的分类

农业昆虫是指对农林、园艺、果树等作物有益和有害的昆虫。研究农业昆虫，首先必须认识它们，了解它们在自然界中的地位，这属于昆虫分类学的范畴。昆虫分类学（insect taxonomy）是昆虫学的一门基础学科，主要研究昆虫所属地位、鉴定、命名及其相互亲缘关系的原理和方法。学习和研究昆虫分类学，使我们能够把种类繁多的昆虫分析得条理清楚，通过一定线索对不认识的种类加以认识；而且可由亲缘关系，推断出其与哪些种类生活习性比较相似，了解其发生发展规律和防治方法。昆虫分类学能够直接或间接地为昆虫区系调查、研究益虫和害虫发生规律、进行预测预报以及防治害虫和利用益虫服务，故昆虫分类学是学习和研究农林昆虫学的基础科学。

第一节　昆虫分类的基本原理

昆虫分类与其他动物分类一样，以形态学、生物学、生态学、生理学、细胞学、遗传学和分子生物学等为基础，根据特性与共性的辩证关系，运用比较分析和概括归纳的思维方法进行分类。一方面运用比较分析找出特异性，区分不同的虫种或类群；另一方面又运用概括归纳找出它们的共性，将亲缘关系相近的种类或类群抽象概括为更高阶元。

一、物种

物种（species）是分类的基本阶元。它的定义很多，有关的判别标准争议很大。目前人们普遍接受的是生物学物种概念，即"物种是自然界能够相互交配、产生可育后代，并与其他种群存在生殖隔离的群体"，如七星瓢虫（*Coccinella septempunctata* L.）就是一个物种。

二、分类阶元

已经命名的昆虫有 110 多万种。如此众多的种类，如果没有分类阶元体系，分类就不能有效进行。

根据生物进化理论，昆虫是由共同祖先进化而来的。亲缘关系很近的种，其外形、习性很近似，称为姊妹种（sibling species）。形态近似，亲缘关系密切的物种合在一起，就组成一个属（genus）。同理，相近的属组成一个科（family），相近的科组成目（order），目上又归为纲（class）。这些属、科、目、纲等就是分类阶元，合在一起就是分类体系。在实际工作中，常在目、科之上增加总目、总科，在目、科、属之下增加亚目、亚科、亚属等，在种下分亚种（subspecies）等。在科与属之间，则常会加上族（tribe）。

三、命名法

命名法涉及生物和生物类群的命名，以及命名所遵循的规则和程序。最初的命名法规是在林奈（1758）在其著作《自然系统》（第 10 版）中对生物命名原则的基础上制定的。经过不断发展与完善，目前使用的动物命名法规是 1999 年修订的《国际动物命名法规》（第 4 版）。命名昆虫时，应严格遵循最新修订的《国际动物命名法规》。

1. 学名　　按照《国际动物命名法规》给动物命名一个拉丁语名称就是该动物的学名（scientific name），种的学名由属名加种名组成，即国际上通用的双名法。除属名的第一个字母大写外，其余均小写。印刷时学名排成斜体，抄写时在学名下加横线以示区别。学名后面通常还加上定名人的姓氏，第一个字母大写，如棉蚜的学名为 *Aphis gossypii* Glover。

亚种的学名则在种名后再加一个亚种名，即三名法，如东亚飞蝗的学名为 *Locusta migratoria manilensis*（Meyen）。

如果一个种只鉴定到属而尚不知道种名，则用 sp. 表示，如 *Aphis* sp. 表示蚜属的一个种；多于一个种时用 spp.，如 *Aphis* spp. 表示蚜属的两个或多个种。

种名在同一篇文章中再次出现时，属名可以缩写，如棉蚜可写为 *A. gossypii* Glover。

有些昆虫的学名，定名人姓氏外加括号，表示这个种的属级组合发生了变动。

科的学名由模式属名加词尾 -idea 构成，亚科加词尾 -inae，族加词尾 -ini，总科加词尾 -oidea 等。

2. 优先律　　《国际动物命名法规》的核心是优先律（priority），即一个分类单元的有效名称是最早给予它的可用名称。《国际动物命名法规》把 1758 年 1 月 1 日林奈的《自然系统》（第 10 版）的出版时间，作为分类学和学名有效的起始日期。

第二节　农业昆虫及螨类重要目、科概述

对于昆虫纲的分目，尚无一致观点。1758 年林奈将昆虫分为 7 目，现代一般将昆虫分为 28~33 目。本书仅介绍与农业害虫防治及益虫利用关系最为密切的类群。

一、直翅目

直翅目（Orthoptera）是一类常见的昆虫，因该类昆虫前、后翅的纵脉直而得名，包括蝗虫（grasshopper）、蟋蟀（cricket）、蝼蛄（mole cricket）、螽斯（katydid）等，属有翅亚纲、渐变态类。全世界已知有 30 000 种以上，我国已知 2860 余种，广泛分布于各地，以热带和温带地区种类较多，多数为植食性，少数为杂食性或捕食性，许多种类是农、林、园艺作物的重要害虫。

（一）主要识别特征

体小到大型；口器咀嚼式，头下口式，触角线状；复眼发达，单眼 2 或 3 个或缺（螽斯科），前胸背板发达，呈马鞍状；翅 2 对，前翅窄长，加厚成革质，为覆翅，后翅膜质，扇形，翅脉直；后足跳跃足（除蝼蛄科）；尾须发达，雌虫具发达的产卵器，形状各异；雄虫

多数能发声，前足胫节或腹部第 1 节常有鼓膜听器（图 6-1）。

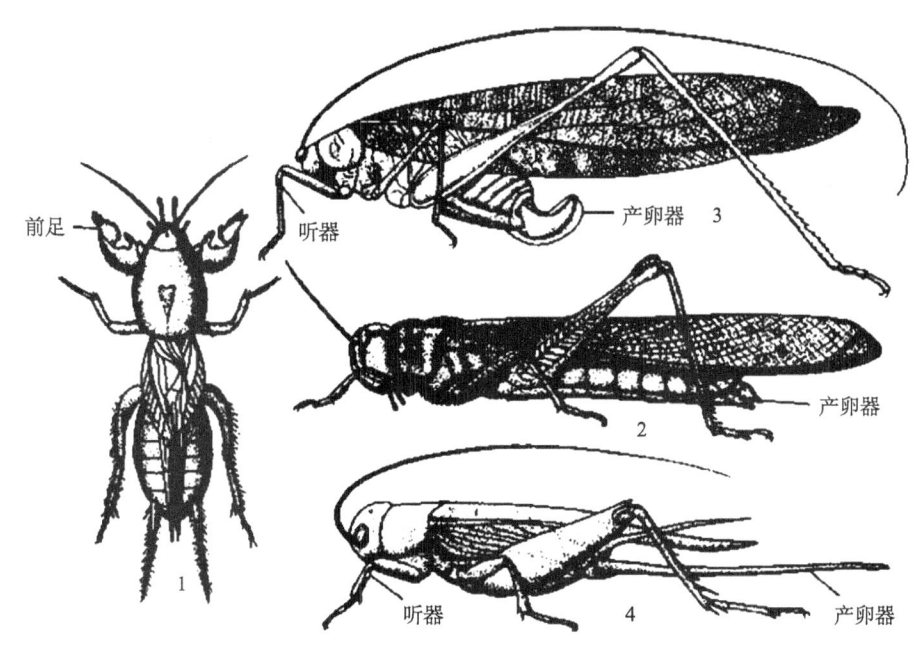

图 6-1　直翅目主要科代表（仿周尧，1964）
1. 蝼蛄科（单刺蝼蛄）；2. 蝗科（东亚飞蝗）；3. 螽斯科（日本螽斯）；4. 蟋蟀科（油葫芦）

（二）生物学特性

直翅目昆虫为典型的陆生种类。蝗虫大多生活于地面，螽斯生活于植物上，蝼蛄生活于土壤中。一般白天活动，但蟋蟀、蝼蛄夜间活动。卵呈圆柱形或长圆形，单产或块产。蝗虫、蝼蛄等产卵于土中小室内，螽斯、树蟋等产卵于植物组织中。渐变态，若虫和成虫的生活习性、外形等很相似。若虫一般 5~7 龄，第 3 龄开始出现翅芽。该目昆虫多数 1 年发生 1 或 2 代，以卵越冬。

绝大多数种类为植食性，取食植物叶片等部分，其中许多种类是农牧业的重要害虫，如东亚飞蝗、蝼蛄，仅螽斯科少数种类为捕食性，可以取食其他昆虫和小动物。

自然界中的哺乳类、鸟类、蜘蛛、螨类和天敌昆虫（如泥蜂、芫菁、步甲等）及病原微生物（如线虫、真菌、细菌等）等对该目中的某些昆虫有较好的控制作用。

（三）分类及重要科介绍

直翅目昆虫可分为 2 亚目 12 总科 26 科。足和触角的形态特征是其主要的分科依据。

1. 剑尾亚目（Ensifera）　触角丝状，长于或等于体长；听器位于前足胫节基部；以左右前翅摩擦发声；跗节 3 或 4 节；产卵器较长，刀状、剑状或长矛状。

（1）螽斯科（Tettigoniidae）　触角丝状，30 节以上，长于体长；产卵器扁阔，刀状；跗节 4 节；尾须短，不分节；雄虫发音器在左覆翅的臀域（圆形），右覆翅基部有光滑透明的鼓膜，以便二翅相擦，共鸣发音；听器 1 对，位于前足胫节两侧。体多绿色，少数暗褐色，保护色明显。多数种类雄性为鸣虫。多为植食性，少数捕食性。卵产于植物组织内。常见种类有纺织娘（*Mecopoda elongata* L.）、中华露螽（*Phaneroptera sinensis* Uvarov）等。

（2）蟋蟀科（Gryllidae） 触角细长，长于体长；产卵器针状或长矛状，由2对产卵瓣组成，中产卵瓣退化；跗节3节；尾须长，不分节。多数种类1年发生1代，夏秋季为成虫发生高峰期，以卵越冬。多数植食性，为害各种作物。许多种类的雄虫为著名的鸣虫。常见种类有南方油葫芦（*Teleogryllus testaceus* Walker）、多伊棺头蟋（*Loxoblemmus doenitzi* Stein）、迷卡斗蟋（*Velarifictorus micado* Saussure）等。

（3）蝼蛄科（Gryllotalpidae） 褐色，多毛，触角短；前足开掘式，后足非跳跃足；前翅短，后翅长如尾状；发音器、听器均不发达；产卵器退化；尾须长，1对。蝼蛄生活于土壤中，多食性，1~3年完成1代，以成虫、若虫于土壤中越冬。春秋季为活动高峰期，咬食播下的种子或近地面的嫩茎，常造成缺苗断垄，是重要的土壤害虫。常见种类有华北蝼蛄（*Gryllotalpa unispina* Saussure）、东方蝼蛄（*G. orientalis* Burmeister）。

（4）蚤蝼科（Tridactylidae） 体色多暗，小型，常短于10mm；触角短，12节；单眼3个；前翅短，后翅伸出腹末；前足开掘足，后足跳跃足；跗节2-2-1式；腹部末端有1对尾须及1对刺突；无听器和发音器。多生活于近水的地上，能在水面上游泳。

2. 锥尾亚目（Caelifera） 触角短于体长的一半；如有听器，则位于腹部第1节；产卵器短，凿状；跗节3或少于3节。

（1）蝗（剑角蝗）科（Acrididae） 头部圆锥形或球形，颜面倾斜，与头顶形成锐角；触角剑状，扁平，从基部到端部逐渐变窄；后足腿节中区有羽状隆线。常见种类有中华蚱蜢（*Acrida cinerea* Thunberg）。

（2）斑翅蝗科（Oedipodidae） 触角丝状；前胸无腹板突；前翅有中闰脉，其上有发音齿，与后足腿节内侧下隆线摩擦发音，若缺中闰脉或中闰脉弱，其上不具发音齿，则后足腿节外侧上隆线的端半部具发音齿，同后翅纵脉膨大部分摩擦发音。农业重要害虫飞蝗（*Locusta migratoria* L.）有10个亚种，我国有3个亚种：东亚飞蝗 [*Locusta migratoria manilensis*（Meyen）] 分布于我国东部广大平原，亚洲飞蝗（*L. migratoria migratoria* L.）分布于内蒙古和新疆的低洼地带，西藏飞蝗（*L. migratoria tibetensis* Chen）分布于西藏和青海。飞蝗有群居型（*L. migratoria* L. ph. gregaria）和散居型（*L. migratoria* L. ph. solitaria）两个生态型，两个型在形态和生活习性上有一定差别。群居型和散居型可以互相转变，其原因主要是环境条件和虫口密度的改变。

（3）斑腿蝗科（Catantopidae） 触角丝状；后足腿节外侧有羽状隆线；有前胸腹板突。水稻重要害虫有中华稻蝗 [*Oxya chinensis*（Thunberg）] 和无齿稻蝗（*O. adentata* Willemse）等。

（4）菱蝗科（Tetrigidae） 体小；触角短，线状；前胸背板向后盖住整个腹部，末端尖，菱形，故名菱蝗；前翅退化，鳞片状或缺如，后翅发达；跗节2-2-3式；产卵器短，锥状；无听器和发音器。常见的种类有日本菱蝗 [*Tetrix japonica*（Bolivar）]。

二、缨翅目

缨翅目（Thysanoptera）昆虫体小、善跳，多数种类常在植物（如大蓟、小蓟）的花中活动，故统称蓟马（thrips）。大部分种类吸食植物汁液，少数种类可取食真菌孢子，个别种类为捕食性，可捕食其他蓟马、粉虱和螨类等。

（一）主要识别特征

体小型至微小型，体长0.4～14.0mm，细长而扁，或圆筒形；体黄色、褐色、苍白色或黑色；触角鞭状或念珠状，6～9节，有时10节，末端有端突（节尖），上有感觉器；头锥形，口器锉吸式；多数种类无翅，有翅种类的翅狭长，翅缘常具长缨毛；足跗节1或2节，其端部有可伸缩的端泡（terminal protrusibe vesicle）（图6-2）。

（二）生物学特性

蓟马的变态类型为过渐变态（hyperaurometabola）。若虫经过4个龄期，第3龄出现翅芽，到末龄不食不动，触角向后放在头上，有的也称为前蛹和蛹。世代周期短，大多数种类1年发生多代，但以5～7代较普遍。

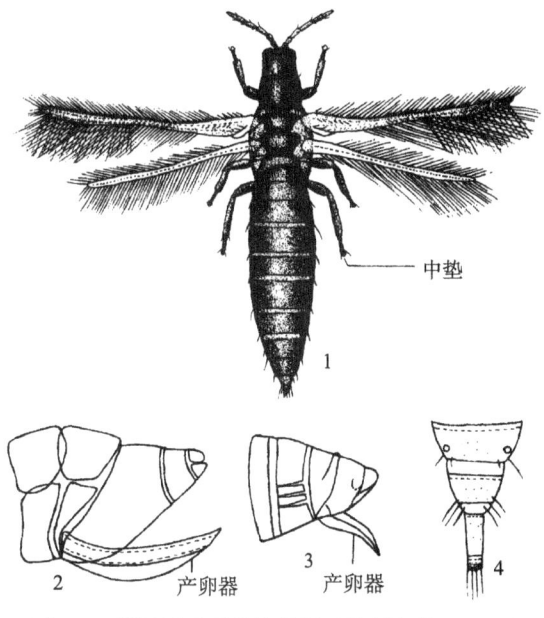

图6-2 缨翅目重要科的特征（仿周尧等，1964）
1.棉蓟马成虫；2.纹蓟马科；3.蓟马科；4皮蓟马科

蓟马的生殖方式包括两性生殖和孤雌生殖。雄虫为单倍体，由未受精卵发育而来，即孤雌生殖，使昆虫传入新区后能很快繁殖。锯尾亚目昆虫卵为肾形，雌虫镰状产卵器插入植物组织内产卵，卵细小，单产，量多；管尾亚目昆虫卵为长卵形，常产在裂缝、树皮下或虫瘿内，单产或聚产。

大多数蓟马为植食性，取食花粉、叶片或果实，如取食叶片可形成虫瘿等。烟蓟马（棉蓟马）（*Thrips tabaci* Lindeman）危害葱、棉花、烟草，使植物叶片形成银灰色斑点。少数种类为捕食性，性活泼，可捕食蚜虫、螨类、蓟马或其他昆虫的幼虫或卵。某些种类可取食真菌的菌丝。蓟马不仅通过取食危害植物，而且可以传播病毒。例如，烟蓟马和花蓟马属（*Frankliniella*）的种类能传播斑枯病毒，导致番茄、烟草、菠萝、莴苣和马铃薯植株枯萎。近年入侵我国的西花蓟马 [*Frankliniella occidentalis* （Pergande）] 可以传播番茄斑枯病毒（*Tomato spotted wilt virus*，TSWV）等多种病毒，对农业生产造成很大损失。

此外，蓟马不仅是重要的传粉昆虫，某些种类还是重要的天敌昆虫，如斐济利用蓟马（*Liothrips urichi* Karny）控制杂草 [*Clidemia hirta* （Simmonds）] 获得巨大成功。蓟马还捕食螨类、蚧壳虫等小型节肢动物，捕虱管蓟马 [*Aleurodothrips fasciapennis* （Franklin）] 是我国柑橘红圆蚧 [*Aonidiella aurantii* （Maskell）] 的主要捕食者。

（三）分类及重要科介绍

全世界已知缨翅目昆虫约6000种，中国记载340多种。根据产卵器的有无分为锥尾亚目和管尾亚目，共8科，其中管蓟马科、纹蓟马科及蓟马科最常见。

1. 管尾亚目（Tubulifera） 翅有或无，如有翅，则翅面光滑无微毛；前翅无翅脉，或有1简单缩短的中脉；腹部末端管状，无外露产卵器，卵产于缝隙中。仅1科。

皮（管）蓟马科（Phlaeothripidae） 分布广，种类多，大多数种类暗褐色或黑色，常有白或暗色的斑点。头前部圆形，触角 7 或 8 节，有锥状感觉器，第 3 节最大。多数取食真菌孢子，某些种类为捕食性，少数取食植物。农业上的重要种类有稻简管蓟马 [*Haplothrips aculeatus*（Fabr.）]、麦简管蓟马 [*H. tritici*（Kurdjumov）]、中华简管蓟马（*H. chinensis* Priesner）等。

2. 锥尾亚目（Terebrantia） 常有翅，前翅至少有两条纵脉伸达翅端，翅面有微毛；雌虫有锯齿状产卵器，腹末节圆锥形。

（1）纹蓟马科（Aeolothripidae） 体粗壮，褐色或黑色；触角 9 节，第 3、第 4 节有线形感觉器；翅较阔，前翅末端圆形，有横脉；产卵器端部向上弯曲。多为捕食性种类，常在豆科植物上捕食蚜虫，种类虽少但分布甚广，常见种类有横纹蓟马（*Aeolothrips fasciatus*）等。

（2）蓟马科（Thripidae） 体略扁平，触角 6~9 节，有 1 或 2 节端刺，第 3、第 4 节上有感觉锥；翅有或无，如有常狭尖；雌虫腹末圆锥形，产卵器端部向下弯曲。多数种类为植食性，危害多种植物的叶、果实、芽及花等。常见种类有烟蓟马、温室蓟马 [*Heliothrips haemorrhoidalis*（Bouche）]、稻蓟马 [*Stenchaetothrips biformis*（Bagnall）]、西花蓟马 [*Frankliniella occidentalis*（Pergande）] 和花蓟马 [*Frankliniella intonsa* Trybon]。

三、半翅目

半翅目（Hemiptera）昆虫包括常见的蝽（bug）、蝉（cicada）、沫蝉（froghopper）、叶蝉（leafhopper）、角蝉（treehopper）、蜡蝉（planthopper）、粉虱（whitefly）、蚜虫（aphid）、木虱（psyllid）、蚧壳虫（scale insect）等，是昆虫纲中最大的类群之一。

（一）主要识别特征

成虫体型多样，小至大型，体长 1.5~110mm；复眼发达突出，单眼 2~3 个，无翅种类缺；触角丝状、鬃状、线状或念珠状；头后口式，口器刺吸式；翅有或无，有则 2 对（雄性蚧壳虫只 1 对），膜质或革质；多数种类有蜡腺；不完全变态。

（二）生物学特性

多生活在植物上，刺吸汁液，被刺吸处出现斑点，变黄、变红，或组织增殖，畸形发展，形成卷叶或肿疣，并能传播植物病毒病，如蚜虫、粉虱、飞虱、叶蝉等；少数种类捕食性，如猎蝽、花蝽等；有些生活在水中，如水黾、田鳖、仰泳蝽等。

多数为渐变态，少数为过渐变态。繁殖方式多样，有两性生殖和孤雌生殖，有卵生和胎生。将卵产在植物组织中或植物表面或土壤中。1 年发生 1 至多代，多以卵或成虫越冬。个别种类多年完成 1 代，如十七年蝉。

（三）分类及重要科介绍

全世界已知种类 90 000 多种，我国已知 12 000 多种，分为蝉亚目、蜡蝉亚目、胸喙亚目、鞘喙亚目和异翅亚目（Heteroptera）5 个亚目。

1. 蝉亚目（Cicadorrhyncha） 喙从头部后方伸出；触角极短，鬃状或刚毛状；前翅有明显的爪片；跗节 3 节；性活泼（图 6-3）。

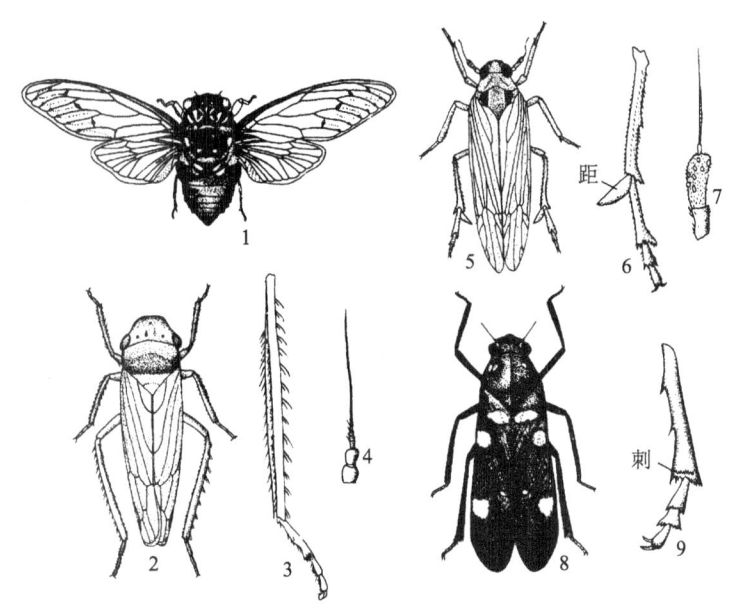

图 6-3 半翅目重要科的特征（一）（仿周尧等，1964）
1. 蝉科：蚱蝉成虫；2～4. 叶蝉科：大青叶蝉的成虫、后足胫节及触角；5～7. 飞虱科：灰飞虱雌虫、后足胫节及触角；
8，9. 沫蝉科：稻沫蝉成虫及后足胫节

（1）蝉科（Cicadidae） 体大中型，触角刚毛状或鬃状；复眼大，头顶隆起，单眼3个；前翅膜质、透明，翅脉发达；前足开掘式，腿节常具刺或齿，后足腿节细长，不会跳；雄虫腹部第1节有发音器；雌蝉产卵器发达，产卵于植物嫩枝内，常导致枝条枯死。若虫生活于土壤中，吸食植物根部汁液。若虫蜕皮可入药，常称"蝉蜕"。我国常见种类有蚱蝉 [*Cryptotympana atrata*（Fabr.）]、蟪蛄 [*Platypleura kaempferi*（Fabr.）] 等，危害多种果树枝条。

（2）叶蝉科（Cicadellidae） 体长3～15mm，触角刚毛状；单眼2个；前翅革质，后翅膜质；后足胫节生有3或4列刺状毛，为该科最显著的鉴别特征。不仅种类多，而且发生数量大，主要取食植物叶片，有些种类传播植物病毒病，是重要的农业害虫。我国已知近2000种，常见种类有大青叶蝉 [*Cicadella viridis*（L.）]、黑尾叶蝉 [*Nephotettix cincticeps*（Uhler）]、二点黑尾叶蝉 [*N. virescens*（Distant）] 等。

（3）沫蝉科（Cercopidae） 体小至中型，触角刚毛状；单眼2个；前胸背板大，但不盖住中胸小盾片；后足胫节有1或2个侧齿，末端膨大。若虫能分泌泡沫，称为"泡泡虫"，其泡沫是由第7、第8腹节上的表皮腺分泌的黏液从肛门排出时混合空气而形成的。全世界已知1000多种，我国已知100多种。多数种类危害禾谷类和草本植物，少数危害木本植物。常见种类有稻赤斑黑沫蝉 [*Callitettix versicolor*（Fabr.）] 等。

2. 蜡蝉亚目（Fulgororrhyncha） 前翅质地均一，膜质或革质。喙从头部后方伸出。前翅基部有肩板。

飞虱科（Delphacidae） 体小型，善跳；触角短，锥状；翅透明，有长翅型和短翅型；后足胫节外侧有2个刺，末端有1个扁平大距，为本科最重要特征。某些种类具有迁飞性。全世界已知1500种，我国有100种左右，主要危害禾本科作物，有些种类可传播植物病毒病。常见种类有褐飞虱 [*Nilaparvata lugens*（Stål）]、白背飞虱 [*Sogatella furcifera*（Horvath）]、灰飞虱 [*Laodelphax striatellus*（Fallen）] 等。

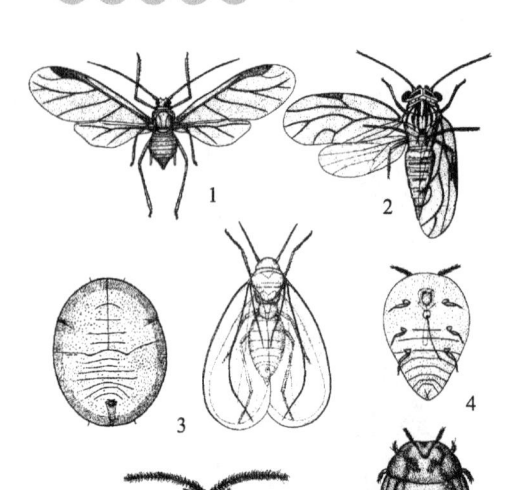

图6-4 半翅目重要科的特征（二）（仿周尧，1964）
1. 蚜科（桃蚜）；2. 木虱科（梨木虱）；3. 粉虱科（橘绿粉虱的蛹壳和成虫）；4. 盾蚧科（椰圆蚧的若虫）；5. 硕蚧科（草履蚧的雄成虫和雌成虫）

3. 胸喙亚目（Sternorrhyncha） 喙着生于前足基节之间或更后；触角较长，线状或退化；前翅一般无明显的爪片；跗节1或2节；不活泼（图6-4）。

（1）木虱科（Psyllidae） 大小如蚜虫，体形似蝉；触角长，10节，末端分叉；单眼3个；后足膨大，能跳跃，有"跳蚜"之称。若虫5龄，腹端部数节愈合，分泌白色蜡粉包被虫体，多数危害木本植物，有些还可传播植物病毒病。常见种类有中国梨木虱（Psylla chinensis Yang & Li）、柑橘木虱（Diaphorina citri Kuwayama）等。

（2）粉虱科（Aleyrodidae） 体微小，1~3mm；体、翅具纤细白蜡粉；复眼的小眼分上、下两群，分离或连在一起，单眼2个；触角7节。若虫4龄，1龄若虫活泼，触角4节，足发达，从2龄起足、触角退化，固定取食。3龄蜕皮后进入"伪蛹"期。常见种类有温室白粉虱（Trialeurodes vaporariorum Westwood）、烟粉虱[Bemisia tabaci（Gennadius）]、黑刺粉虱[Aleurocanthus spiniferus（Quaintance）]等。

（3）蚜科（Aphididae） 微小，柔软；单眼3个；触角通常6节，末节中部起突然变细，明显分为基部和鞭部二部分，末节基部顶端和次末节顶端各有一圆形原生感觉孔，第3~6节有圆形或椭圆形次生感觉孔；有翅蚜前翅大，中脉分叉1或2次，后翅小；腹部第6节两侧有1对圆柱形管状突起，为腹管，腹末端突起称为尾片。蚜虫生活史复杂，为周期性孤雌生殖，1年发生10~30代。多数种类生活在叶片、嫩枝、花序或幼枝上，少数在根部，许多是农业生产中的重要害虫，某些种类可传播植物病毒病。常见种类有棉蚜（Aphis gossypii Glover）、麦二叉蚜[Schizaphis graminum（Rondani）]、桃蚜[Myzus persicae（Sulzer）]等。

（4）蚧科（Coccidae） 雌虫分节不明显，腹部无气门；足和触角退化；腹末有深的臀裂，肛门上有2个三角形肛板，盖于肛门之上。雄虫无复眼，触角10节；交配器短；腹部末端有2长丝。多数种类是农林、园艺植物害虫，大多数种类除最末龄期固定在植物上外，其他各龄期或多或少能活动。常见种类有白蜡虫[Ericerus pela（Chavannes）]、红蜡蚧（Ceroplastes rubens Maskell）、龟蜡蚧（C. floridensis Comstock）、朝鲜球坚蚧（Didesmococcus koreanus Borchs）等。

（5）珠蚧科（Margarodidae） 雌虫体椭圆形，肥大，体节明显，有气门；触角6~11节；足发达，体被蜡粉。雄虫具复眼，触角7~13节；翅1对，平衡棒有弯曲的端刚毛4~6条，有的种类翅及平衡棒均退化。常见种类有吹绵蚧（Icerya purchase Maskell）、草履蚧[Drosicha corpulenta（Kuwana）]等。

（6）粉蚧科（Pseudococcidae） 雌虫体长卵圆形，体被蜡粉，分节明显；腹末节有 2 个瓣状突起，其上各有 1 根刺毛，称为臀瓣和臀瓣刺毛。肛门周围有骨化的环，上生 6 根刺毛，称为肛环和肛环刺毛。雄虫无复眼，单眼 4~6 个；腹部末端有 1 对长蜡丝。常见种类有橘小粉蚧（*Pseudococcus citriculus* Green）、橘臀纹粉蚧 [*Planococcus citri*（Risso）] 等。

（7）盾蚧科（Diaspididae） 雌虫一生和雄虫幼期均被盾片状蚧壳，虫体微小，藏于蚧壳下，圆盘状或长形，体节不明显；腹部无气门，最后几节愈合成臀板，肛门位于背方，无肛板、肛环和肛环刺毛；喙和触角退化，仅 1 节，气门 2 对；足退化或消失；雄成虫具翅，足发达，触角 10 节；腹末无蜡质丝。营有性或孤雌生殖，胎生或卵生，卵极小，产于蚧壳下，蚧壳延长，适于藏卵；雌体死后，蚧壳即用以保护卵越冬。全世界已知 2000 多种，主要危害乔木和灌木，很多种类是果树、林木的重要害虫。常见种类有梨圆蚧 [*Diaspidiotus perniciosus*（Comstock）]、矢尖蚧 [*Unaspis yanonensis*（Kuwana）]、红圆蚧（*Aonidiella aurantii* Maskell）等。

4. 异翅亚目（Heteroptera） 体小到大型；口器刺吸式，从头的前方伸出，不用时贴放在头胸的腹面；复眼大而突出，单眼 2 个或缺；触角线状，3~5 节，少数退化或无；前胸背板发达，中胸有发达的小盾片；前翅多为半鞘翅，分为革区、爪区和膜区，某些种类还有楔片（盲蝽）和缘片（花蝽）；跗节一般 3 节，胸部腹面后足基节附近有臭腺开口，能分泌挥发性油，散发出类似臭椿的气味。全世界已知 38 000 多种，中国已知 3100 多种。

（1）黾蝽科（Gerridae） 体细长，色暗淡，触角 4 节细长；喙 4 节；中胸发达，明显长于前、后胸之和；前翅缺爪片缝，基半部加厚，但与膜质部分界不明显。体被成层的拒水毛，半水生，可在水面爬行或划行，主要取食水面上的其他昆虫。一般生活于淡水中，水流缓慢处较多。常见种类有长翅大水黾（*Aquarius elongatus* Uhler）、圆臀大水黾 [*A. paludum*（Fabr.）] 等。

（2）负子蝽科（Belostomatidae） 水生大型昆虫，体扁阔；喙短而强，5 节；触角 4 节，无单眼；前胸背板梯形；前足捕捉式，中、后足游泳式。雌虫产卵在泥底或水草上，有些种类将卵产在雄虫背上，故名负蝽。生活在静水，如池塘、稻田及溪流中。捕食性，为养鱼业之大害，也为害水稻。北方常见的是田鳖（*Kirkaldyia deyrolli* Villetroy），南方常见的是印度田鳖（桂花蝉）[*Lethocerus indicus*（Lepeletier & Serville）]。

（3）猎蝽科（Reduviidae） 体小至大型，粗壮或长形稍扁；头狭长，在眼后细缩如颈状；触角丝状，4 节；复眼发达，单眼 2 个或无；喙 3 节，基部弯曲，不能平贴腹面；前翅仅分为革片、爪片与膜片，无缘片及楔片，膜片有 2 个大翅室，翅室端部伸出一长脉。绝大多数为捕食性，捕食其他昆虫、马陆等，是农林害虫的天敌。全世界已知 7000 余种，我国 400 余种。常见种类有黑红赤猎蝽 [*Haematoloecha nigrorufa*（Stal）]、黄足直头猎蝽（*Sirthenea flavipes* Stål）等（图 6-5）。

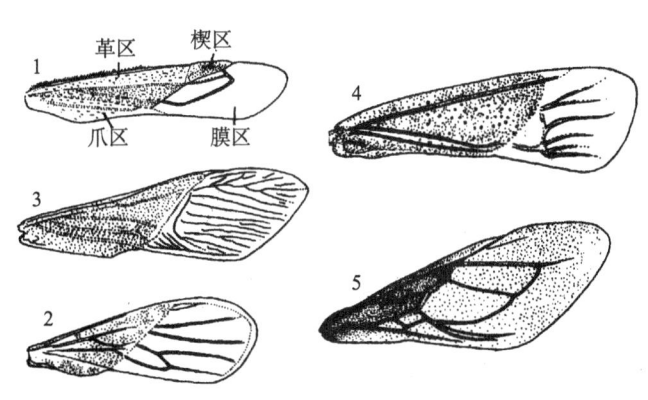

图 6-5 半翅目重要科的前翅（仿周尧，1964）
1.盲蝽科；2.长蝽科；3.缘蝽科；4.蝽科；5.猎蝽科

(4) 盲蝽科 (Miridae)　　体小至中型；无单眼；触角细长，4 节；喙长，4 节；前翅分为革区、楔区、爪区和膜区，膜区脉纹围成 2 个翅室，纵脉消失。大多数植食性，少数种类捕食性。全世界已知 11 000 余种，我国 700 余种。常见种类有苜蓿盲蝽 [*Adelphocoris lineolatus* (Goeze)]、三点盲蝽 (*Adelphocoris fasciaticollis* Reuter) 等，益虫有黑肩绿盲蝽 (*Cyrtorrhinus lividipennis* Reuter)、食虫齿爪盲蝽 (*Deraeocoris punctulatus* Fallen) 等。

(5) 花蝽科 (Anthocoridae)　　体小或微小型；常有单眼；触角 4 节；半鞘翅有明显的缘片和楔片，膜片上有简单纵脉 1~3 条；雌虫有针状产卵器。常在花上活动，故名"花蝽"。捕食蚜虫、蚧壳虫、粉虱、蓟马、螨类及其他昆虫的卵，有些种类也取食植物汁液或花粉。全世界已知 500 余种，我国 90 多种。常见种类有小花蝽 [*Orius minutus* (L.)]、东亚小花蝽 [*O. sauteri* (Poppius)]、南方小花蝽 (*O. similis* Zheng) 等 (图 6-6)。

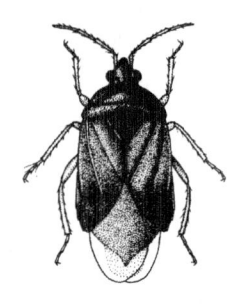

图 6-6　小花蝽

(6) 姬蝽科 (Nabidae)　　体瘦长，褐灰或黑色；触角 4 或 5 节，喙 4 节；前胸背板狭长，半鞘翅膜片上有 4 条纵脉形成 2 或 3 个长形闭室，并由它们分出一些短的分支；前足捕捉式，跗节 3 节，无爪垫。常在草本植物上活动，捕食小型昆虫和动物。全世界已知 500 余种，我国 70 余种。常见种类有中华姬蝽 (*Nabis sinoferus* Hsiao)、暗色姬蝽 (*N. stenoferus* Hsiao) 等 (图 6-7)。

(7) 蝽科 (Pentatomidae)　　体小至大型，阔卵圆形或盾形，前胸背板六边形；触角 5 节，单眼 2 个；小盾片发达，三角形或舌状，至少超过前翅爪片长度；半鞘翅分为革区、爪区和膜区，膜区上有多条纵脉，多从一基横脉上生出。臭腺发达。大多数种类植食性。全世界已知 5000 多种，我国 400 余种。常见种类有茶翅蝽 [*Halyomorpha halys* (Stål)]、斑须蝽 [*Dolycoris baccarum* (L.)]、赤条蝽 [*Graphosoma rubrolineata* (Westwood)] 等。

图 6-7　暗色姬蝽

(8) 长蝽科 (Lygaeidae)　　体小至中型，狭长；头短，触角 4 节，有单眼；前翅无楔片，膜片上有 4 或 5 条纵脉。大多数种类取食植物种子，有的取食植物汁液，少数捕食螨类或小型昆虫。全世界已知 4000 余种，我国约 400 种。常见种类有高粱长蝽 (*Dimorphopterus japonicus* Hidaka)、小长蝽 [*Nysius ericae* (Schilling)] 等，以及捕食性的大眼蝉长蝽 [*Geocoris paslidipennis* (Costa)] 等。

(9) 缘蝽科 (Coreidae)　　体中到大型，较狭，两侧缘略平行；触角 4 节，有单眼；前胸背板梯形，侧角常呈刺状或叶状突出；前翅膜区有多数分叉的纵脉，从一条基横脉上生出。大多数种类植食性，吸食植物幼嫩部分，引起植物萎蔫或死亡。全世界已知 1800 余种，我国 200 余种。常见种类有稻棘缘蝽 (*Cletus punctiger* Dallas)、稻蛛缘蝽 (*Leptocorisa varicornis* Fabr.) 等。

(10) 网蝽科 (Tingidae)　　体小至中型，头部背面、前胸背板及鞘翅有网状花纹；触角短，棒状，4 节；复眼发达，无单眼；前翅质地均一，翅脉网状。大多数种类植食性，在寄主背面刺吸植物汁液，被害叶片呈现黄白色斑点；少数种类捕食性。全世界已知 2100 余种，我国已知 200 余种。常见种类有梨网蝽 (*Stephanitis nashi* Esaki et Takeya) 等。

四、鞘翅目

鞘翅目（Coleoptera）昆虫通称为"甲虫"，是昆虫纲也是动物界中最大的目，全世界已知 40 万种，约占昆虫纲已知种类的 40%。

（一）主要识别特征

小至大型，体坚硬；口器咀嚼式；触角多样，线状、棒状等；无单眼；前翅骨化为鞘翅，后翅膜质，休息时折叠于鞘翅下；前胸背板发达，中胸仅露出三角形的小盾片；跗节 5 节，少数 4 或 3 节。

（二）生物学特性

完全变态，但芫菁、大花蚤等为复变态；绝大多数为两性生殖，也有孤雌生殖、幼体生殖和卵胎生等；产卵方式多样；幼虫寡足型，由于生活环境不同，幼虫分化出蛃型、伪蠋型、蛴螬型、金针虫型、无足型等类型；蛹为裸蛹。一般 1 年发生 1～4 代，或数年 1 代，仓储害虫几乎可全年繁殖，极少数天牛寿命可达 25～30 年。多数种类以成虫越冬，部分种类以幼虫或卵越冬。

多数种类陆生，少数水生；多为植食性，部分种类捕食性或腐食性，少数种类营寄生生活。多数种类有假死性。

（三）分类及重要科介绍

鞘翅目昆虫已知 40 万种，我国记载 28 300 余种。该目分为原鞘亚目、藻食亚目、肉食亚目和多食亚目 4 个亚目。在此仅介绍与农业生产关系密切的肉食亚目和多食亚目。

1. 肉食亚目（Adephaga）　前胸有背侧缝；后翅具小纵室；后足基节固定在后胸腹板上，不能活动，并将第 1 可见腹板完全分割开；可见腹板 6 节；跗节 5-5-5 式；幼虫蛃型，大部分种类尾突分节。绝大多数种类成虫、幼虫均为捕食性，仅少数植食性。

（1）虎甲科（Cicindelidae）　体中型，具金属光泽和鲜艳斑纹；头比前胸宽，下口式；触角生于复眼之间；上颚发达而长，弯曲且内缘有齿 3 个；鞘翅上无沟或刻点行，后翅发达，能飞行；幼虫头和前胸大，第 5 腹节背面突起上着生 1～3 对倒钩，钩住洞壁，固定虫体；无尾突。成虫生活于地面，行动迅速，大多数善飞，有"拦路虎""引路虫"之称。一般晴天喜在田坎、河边捕食各种昆虫，阴冷天钻入土中穴居潜伏。趋光性强。成虫、幼虫均为捕食性。全世界已知 2000 余种，我国已知 120 余种。常见种类有中华虎甲（*Cicindela chinensis* De Geer）、多斑虎甲（*C. hybrida* L.）等（图 6-8）。

图 6-8　中华虎甲

（2）步甲科（Carabidae）　体小至大型，色一般暗，也有闪烁金属光泽的；头前口式，窄于前胸；触角丝状，11 节，位于上颚基部与复眼之间；下颚无能动的齿；鞘翅表面具纵沟或刻点行；后翅常退化，不能飞行；幼虫活跃，尾突发达。跗节 5 节。成虫、幼虫可捕食昆虫、蚯蚓、蜗牛、蜘蛛等，部分种类兼为植食性。成虫的臀腺能释放蚁酸或苯醌等防御物质。全世界记载 30 000 余种，我国 1700 余种。常见种类有金星步甲（*Calosoma chinense* Kirby）、中华广肩步甲（*Calosoma maderae* chinensis Kirby)、黄缘步甲(*Nebria livida* L.)等(图6-9)。

(3)龙虱科(Dytiscidae) 体小到大型,长卵圆形,扁平光滑,有光泽;头缩入前胸内;触角11节,线状;复眼发达;成虫足较短,后足为游泳足并远离中足,雄虫前足为抱握足;成虫、幼虫均水生,捕食水中的软体动物、小型昆虫、鱼苗等。成虫趋光且为害稻苗和麦苗,臀腺释放苯甲酸、甾类物质,对鱼类和其他水生脊椎动物有显著毒性。全世界已知4000余种,我国已知230余种。常见种类有黄边大龙虱(*Cybister japonicus* Sharp)等。

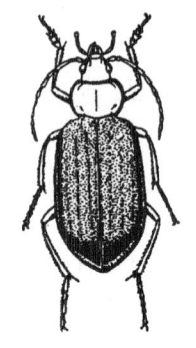

图6-9 金星步甲

2. 多食亚目(Polyphaga) 前胸无背侧缝;后翅无小纵室;后足基节不固定在后胸腹板上,不将第1腹节腹板分开。植食性、捕食性或腐食性。

(1)瓢甲科(Coccinellidae) 体小至中型,瓢形或卵圆形,背面隆起;鞘翅上有红、黄、黑等斑纹;触角球杆状;跗节隐4节。捕食性的种类上颚基部有齿,端部叉状;植食性的种类基部无齿,末端及内侧有多个小齿;菌食性的种类上颚末端分裂成5~8个小齿。幼虫蛞型,捕食性幼虫体软,色暗,有黄、白斑点,3个侧单眼,上颚镰刀形,背面各节有瘤突和刺,腹末较尖,但无尾突。植食性幼虫体壁上有长而分叉的刺突。全世界记载6000余种,我国已知700余种,多数为捕食性,可捕食蚜虫、蚧壳虫和螨类等。常见的捕食性瓢虫有七星瓢虫(*Coccinella septempuctata* L.)、龟纹瓢虫[*Propylaea japonica*(Thunberg)]、异色瓢虫[*Harmonia axyridis*(Pallas)],植食性瓢虫有马铃薯瓢虫[*Henosepilachna vigintioctomaculata*(Motschulsky)]、瓜茄瓢虫(*Epilachna admirabilis* Crotch)等(图6-10)。

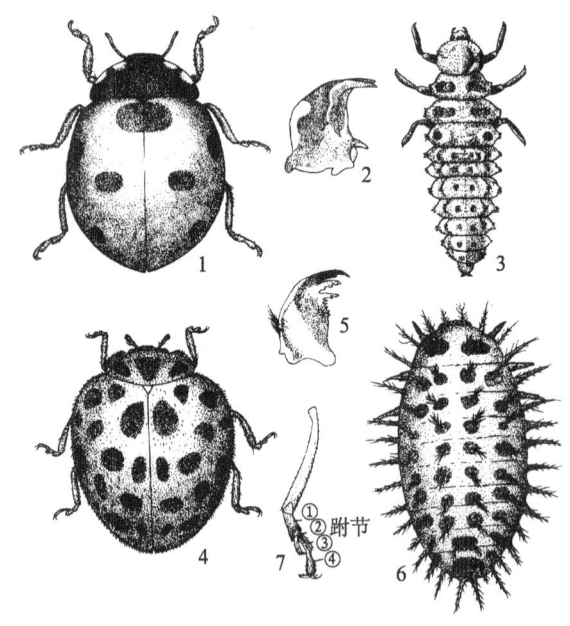

图6-10 鞘翅目瓢甲科的特征(仿周尧,1964)
1~3. 瓢虫亚科:七星瓢虫的成虫、上颚及幼虫;4~6. 食植瓢亚科:马铃薯瓢的成虫、上颚及幼虫;
7. 瓢甲科足的胫节和跗节(①~④为跗节)

(2)芫菁科(Meloidae) 体柔软;头大,下口式,头后方收缩呈细颈状;多数种类翅短,色多灰暗,少数有鲜艳的光泽;跗节5-5-4式。复变态。幼虫第1龄活泼,蛞型,第

2~4龄为蛴螬型，第 5 龄为拟蛹，第 6 龄又为蛴螬型。成虫植食性，幼虫捕食蝗蝻或寄生于蜂巢中，食蜂卵、蜂蜜、花粉等。芫菁是重要的药用昆虫，成虫体内含有斑蝥素，可治疗癌症等。全世界已知 2500 多种，我国记录 130 余种。常见种类有中国豆芫菁（*Epicauta chinensis* Laporte）、绿芫菁（*Lytta caragane* Pallas）等。

（3）皮蠹科（Dermestidae）　　体小至中型，卵（圆）形或长形，黑或暗褐色，体表常具绒毛或鳞片；触角棒状或锤状，5~11 节；额上常有 1 个中单眼；前足基节窝开式，后足基节扁平，能盖住腿节；跗节 5 节。幼虫体被长短不一的毛。成虫、幼虫均取食干的动植物材料，包括毛皮、标本、衣物、谷物、地毯、奶酪等，为仓库、标本室等处的主要害虫。全世界约 1000 种，我国已知 100 种。谷斑皮蠹 [*Trogoderma granarium*（Everts）] 可危害多种动植物材料，是国际上重要的植物检疫对象。我国仓库中常见种有花斑皮蠹（*Trogoderma variabile* Ballion）、黑皮蠹（*Attagenus minutus* Olivier）等。

（4）叩头甲科（Elateridae）　　体中至大型，狭长，两侧平行，略扁，末端尖削，头紧嵌在前胸上；触角锯齿状；前胸背板后侧角突出成锐刺，前胸腹板中间有一尖锐的刺，嵌在中胸腹板的凹陷内，成虫仰卧时，依靠前胸的弹动而跃起；各足跗节 5 节。幼虫称为"金针虫"，细长，略扁，黄至黄褐色。生活在土壤中，取食植物的根、块茎、幼苗及播下的种子，是重要的农业害虫。全世界有 10 000 余种，我国已知 700 余种。常见种类有沟叩头甲（*Pleonomus canaliculatus* Faldermann）、细胸叩头甲（*Agriotes fuscicollis* Miwa）等。

（5）拟步甲科（Tenebrionidae）　　小至大型，体多扁平，形态多变化，黑或赤褐色；头小，前口式，部分嵌入前胸背板前缘内；触角棍棒状或丝状，10 或 11 节；跗节 5-5-4 式。幼虫多细长，稍扁，略呈圆筒形，体壁坚韧，极似金针虫，区别在头部有上唇，气门简单，圆形。成虫、幼虫植食性或腐食性。成虫具有趋光性，常为害作物，也是仓库中的重要害虫。全世界已知 25 000 余种，我国 2000 种左右。常见种类有沙潜（*Opatrum subaratum* Faldermann）、黄粉虫（*Tenebrio molitor* L.）、黑粉虫（*T. obscurus* Fabr.）、赤拟谷盗（*Tribolium castaneum* Herbst）等。

（6）天牛科（Cerambycidae）　　体长形略扁，中至大型，少数宽短或细瘦，个别似蜂类；复眼肾形，围着触角的基部；触角鞭节状，能向后伸，超过体长的 2/3；足胫节有 2 个端刺，跗节隐 5 节。幼虫头圆，缩入前胸，前胸背板大而扁平；胸足退化，留有遗迹。天牛均为植食性，大多数幼虫钻蛀取食木质部，是果树、林木、花卉的重要害虫；成虫需补充营养，取食植物柔嫩部分、花、汁液或菌类。全世界已知 25 000 种，我国记录 3600 余种。常见种类有星天牛 [*Anoplophora chinensis*（Förster）]、光肩星天牛 [*A. glabripennis*（Motschulsky）] 等。

（7）叶甲科（Chrysomelidae）　　小至中型，卵圆形或椭圆形，背面凸，体色鲜艳或有金属光泽，故又称"金花虫"；复眼圆形；触角线状，短于体长之半；跗节隐 5 节。幼虫多变，多数为蛴螬型或伪蠋型，足和触角短，体表常有瘤突或毛丛。成虫、幼虫均为植食性，多取食叶片，也有部分种类可钻蛀或取食根茎。全世界已知 26 000 余种，我国 1500 余种。常见种类有黄守瓜 [*Aulacophora femoralis*（Motsch.）]、油菜蚤跳甲（*Psylliodes punctifrons* Baly）、黄曲条跳甲 [*Phyllotreta striolata*（Fabr.）] 等。单食性的曲纹叶甲（*Agasicles hygrophila* Selman et Vogt.）用于防除恶性杂草空心莲子草 [*Alternanthera philoxeroides*（Mart.）]，在国内外已取得良好效果。

（8）豆象科（Bruchidae）　　体小、卵圆形，坚硬，被鳞片；头向前延伸，形成短的阔喙；触角位于复眼前方，锯齿状或棍棒状；复眼大，前缘凹入呈"U"形；前胸背板近三角形；鞘翅末端截形，腹末臀板外露；跗节隐5节。成虫在田间或仓库内繁殖，产卵于豆荚、种子或成虫所蛀的孔道内；幼虫一般生活于豆科种子内，是豆科植物重要害虫。全世界约1200种，其中有许多是世界性检疫对象，我国已记录44种。常见种类有绿豆象 [*Callosobruchus chinensis*（L.）]、蚕豆象 [*Bruchus rufimanus*（Boheman）]、豌豆象 [*B. pisorum*（L.）] 等。

（9）鳃角金龟科（Melolonthidae） 体小至大型，椭圆或略呈圆筒形；触角8～10节，鳃叶状；前足开掘式，跗节5节；腹板5节，腹部末端2节外露；幼虫蛴螬型，多皱，整体呈"C"形。幼虫生活于土壤中，常将植物根部咬断；成虫夜间活动，危害作物、果树、林木的叶、花、籽实等。全世界记载9000余种，我国已知500种左右。常见种类有华北大黑鳃金龟 [*Holotrichia oblita*（Faldermann）]、暗黑鳃金龟（*H. parallela* Motschulsky）、棕色鳃金龟（*H. titanis* Reitter）等（图6-11）。

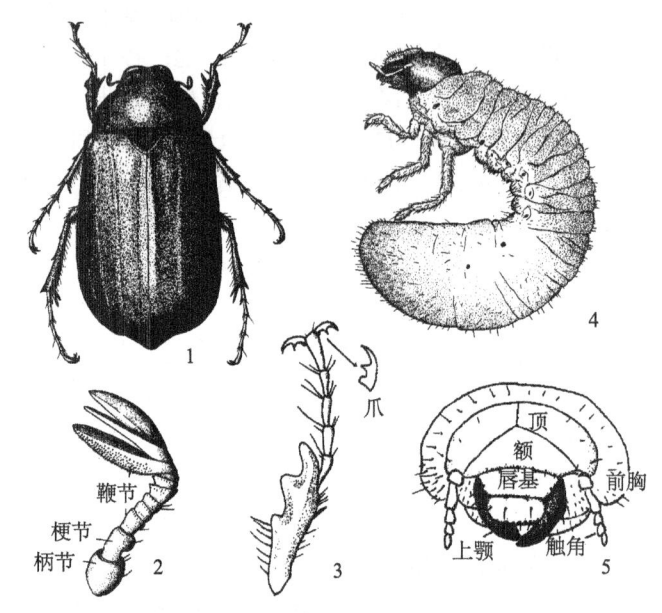

图6-11 鞘翅目鳃角金龟科的特征（仿周尧，1964）
棕色鳃金龟：1.成虫；2.触角；3.前足胫节及爪；4.幼虫；5.幼虫头正面观

（10）丽金龟科（Rutelidae） 虫体常有金属光泽；和前科的主要区别在于后足胫节有2端距；后足跗节的1对大小不等的爪。全世界约3000种，我国已知400余种。常见种类有铜绿丽金龟（*Anomala corpulenta* Motschulsky）、日本弧丽金龟（*Popillia japonica* Newman）等。

（11）花金龟科（Cetoniidae） 体艳丽，有花斑纹或粉层；中胸后侧片从背面可见；鞘翅外缘在肩后微凹；中胸腹板有圆形突出物向前伸出。成虫常为害花，故名"花潜"，也为害农作物、果树、林木的其他部位。全世界2640余种，我国200余种。常见种类有白星花金龟（*Potosia brevitarsis* Lewis）、小青花金龟 [*Oxycetonia jucunda*（Faldermann）] 等。

（12）象甲科（Curculionidae） 通称象鼻虫，体小至大型，卵形，长形或圆柱形，体表常粗糙或具粉状分泌物，体色暗黑或鲜明；额和颊向前延伸成喙，口器位于喙顶端；触角膝状，末3节膨大呈棒状；前足基节窝闭式；跗节隐5节。幼虫体肥而弯曲，无足。成虫、幼虫均植食性，有食叶、钻蛀的，也有卷叶或潜叶为害的。全世界约86 100种，我国估计有6000余种。常见种类有谷象[*Sitophilus granarius*（L.）]、米象[*S. oryzae*（L.）]、玉米象（*S. zeamais* Motschulsky）、棉尖象甲（*Phytoscaphus gossypii* Chao）等（图6-12）。

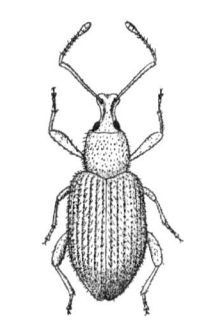

图6-12 棉尖象甲
（仿周尧，1964）

五、脉翅目

脉翅目（Neuroptera）昆虫主要包括草蛉（green lacewing）、蚁蛉（antlion）、螳蛉（mantispid）等。

（一）主要识别特征

成虫小至大型；头下口式，口器咀嚼式；复眼发达，左右远离；触角细长，线状、念珠状、梳状或棒状等；前、后翅均膜质透明，大小、形状和翅脉均相似，有许多纵脉和横脉，脉纹多网状，边缘多分叉；无尾须（图6-13）。

（二）生物学特性

完全变态。卵多为长卵形或有小突起，有的有长柄。幼虫蛃型，头部具长镰刀状上颚，口器捕吸式；胸足发达，无腹足。幼虫多数陆生，捕食性；少数水生。老熟幼虫在丝质茧内化蛹，蛹为裸蛹。

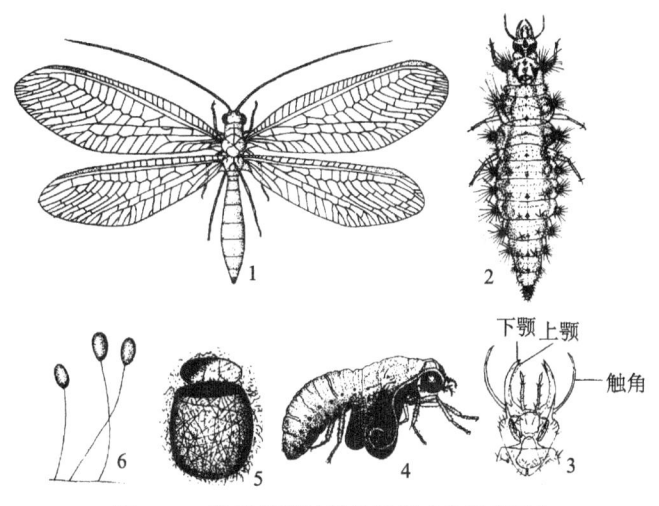

图6-13 脉翅目草蛉科的特征（仿杨集昆）
1. 成虫；2. 幼虫；3. 幼虫头部；4. 蛹；5. 茧；6. 卵

（三）分类和重要科介绍

全世界已知20科5700余种，我国已知14科790余种。

（1）草蛉科（Chrysopidae） 体细长，多数种类草绿色，柔弱，中等大小；触角长，丝状；口器咀嚼式；复眼发达，有金属光泽，无单眼；翅多无色透明，少数有褐斑。幼虫蛃型，体两侧常多有瘤突，丛生刚毛。喜捕食蚜虫，故有"蚜狮"之称。蛹包在白色的圆形茧中。成虫有趋光性。卵通常产在叶片上，有丝质长柄。全世界已知1800多种，我国已记载240多种。常见种类有大草蛉（*Chrysopa septempunctata* Wesmael）、中华草蛉（*C. sinica* Tjeder）、丽草蛉（*C. formosa* Brauer）等。

（2）褐蛉科（Hemerobiidae） 小型或中型，一般褐色，有金属闪光；无单眼；触角长，念珠状；前翅前缘区横脉多分叉，Rs有2~4分支。幼虫体狭长，头小，无明显毛瘤，常见于林区，捕食蚜虫、蚧、粉虱及本虱等。全世界已知600多种，我国已知120多种。常见种类有全北褐蛉（*Hemerobius humuli* L.）、脉纹褐蛉（*Hemerobius lacunaris* Mayas）等。

（3）蚁蛉科（Myrmeleontidae） 体大，细长；触角短棒状或匙状，翅狭长，翅痣下室极长；腹部细长；头胸部多长毛，足多短粗毛。幼虫头小，具长镰刀状上颚，体粗壮，后足开掘式。大多数种类幼虫居砂地，做旋孔，隐于地面漏斗形穴内，静待蚁类等小动物滑入加以捕食，故称"蚁狮"，日本称"蚁地狱"。全世界已知1300余种，我国已知70余种。常见种类有蚁蛉（*Myrmeleon formicarius* L.）、中华东蚁蛉 [*Euroleon sinicus* (Navast)] 等。

（4）蝶角蛉科（Ascalaphidae）　体大型，似蜻蜓；头部多细长毛；触角长，末端膨大而呈球杆状，似蝶的触角，故称蝶角蛉；复眼大，常被凹沟分为上、下两部分；翅痣下室短；腹部狭长。成虫常在空中飞翔捕食小虫。幼虫头部有显著的后头叶，上颚具3齿。外形很像蚁狮，但不筑陷阱，而是埋伏于地面，等待攻击经过的小型昆虫。世界已知300多种，我国已知30种。常见种类有完眼蝶角蛉 [*Protidricerus exilis* (MacLachlan)]、黄花蝶角蛉（*Ascalaphus chinensis* Weele）等。

六、鳞翅目

鳞翅目（Lepidoptera）昆虫包括蝶类（butterfly）和蛾类（moth），全世界已知20多万种，是昆虫纲的第二大目，具有极大的经济价值。鳞翅目幼虫除极少数外均取食显花植物，其中许多是农林重要害虫。同时，多数成虫能传粉，家蚕（silkworm）、柞蚕（giant silkworm moth）、天蚕（royal moth）等是著名的绢丝昆虫。

（一）主要识别特征

体小至大型，身体、翅和附肢均密被鳞片；触角线状、羽状、栉齿状或球杆状；复眼发达，单眼2个或无；口器虹吸式；前翅一般比后翅大，翅脉13或14条，后翅最多10条（图6-14）。幼虫蠋型，口器咀嚼式，腹足一般5对，少数退化（图6-15）。蛹为被蛹（图6-16）。

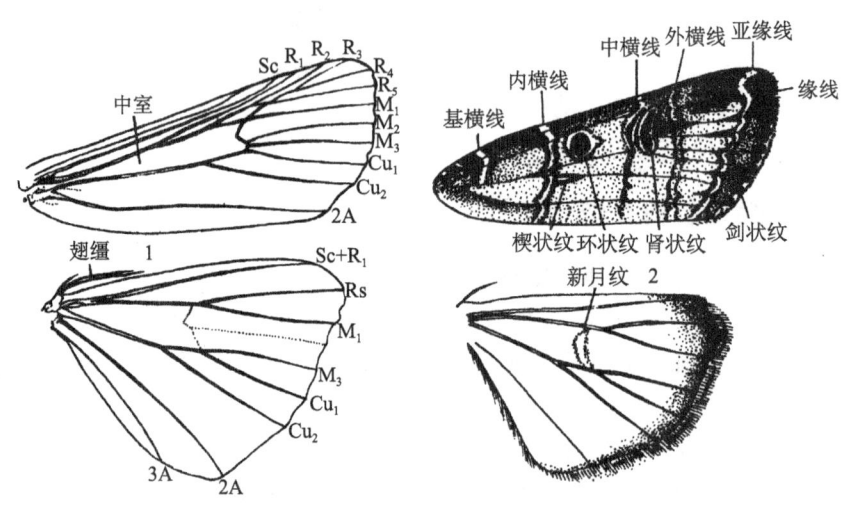

图6-14　鳞翅目成虫翅的脉相与斑纹（仿周尧，1964）
小地老虎：1.脉相；2.斑纹

（二）生物学特性

完全变态。成虫、幼虫食性不同。成虫一般不为害植物，以花蜜为食；少数蛾类喙末端坚硬尖锐，能刺破桃、苹果等的果皮，吸食汁液，造成一定危害，故称"吸果蛾类"。幼虫

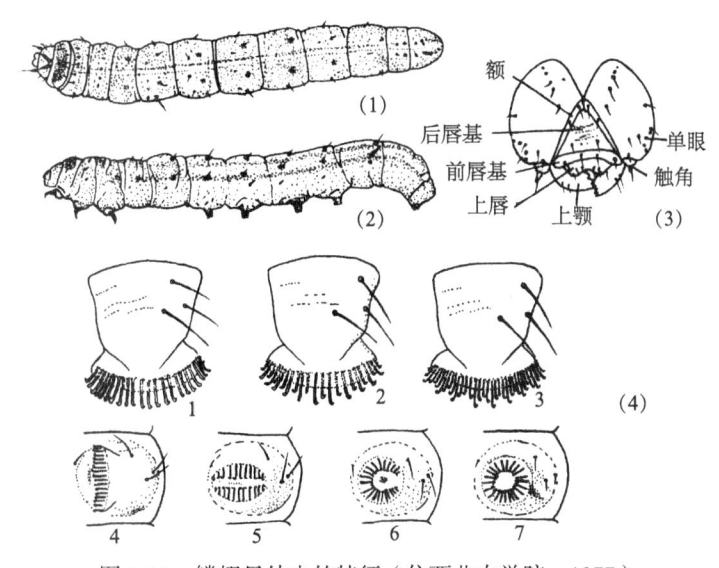

图 6-15　鳞翅目幼虫的特征（仿西北农学院，1977）
（1）背面；（2）侧面；（3）头的正面。（4）幼虫腹足趾钩：1. 单序；2. 二序；3. 三序；
4. 中列式；5. 二横带式；6. 缺环式；7. 环式；

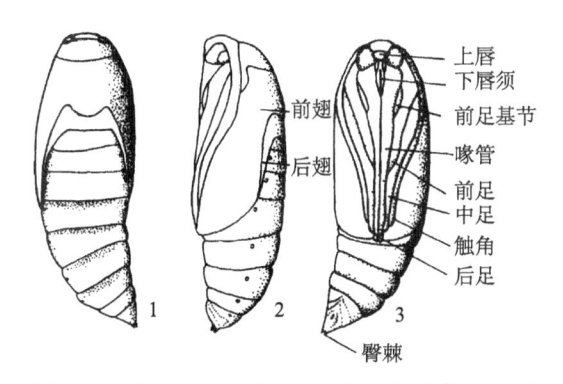

图 6-16　鳞翅目蛹的特征（仿西北农学院，1977）
小地老虎：1. 背面；2. 侧面；3. 腹面

期是取食危害的主要时期，几乎全部为植食性，许多种类是农林重要害虫。幼虫为害方式多样，可卷叶、缀叶、潜叶、钻蛀为害，部分种类为害可造成虫瘿。极少数捕食性。

卵多产在幼虫所取食的植物上。老熟幼虫化蛹在植物上、土中或其他隐蔽处，某些种类化蛹前结成丝茧或造成土室。

蝶类成虫大部分为昼出性，蛾类于黄昏、黎明及夜间活动。多数蛾类有趋光性，尤其偏好紫外光。部分种类需要在成虫期补充营养，某些种类具有迁飞性。

（三）分类和重要科介绍

全世界已知 20 万种以上，中国记载 8000 余种。目前对该目的系统发育研究还很不完善，多数学者认为应分为轭翅亚目、无喙亚目、异蛾亚目和有喙亚目 4 个亚目。在此仅介绍与农业生产关系密切的有喙亚目。

有喙亚目（Glossata）：成虫上颚退化或消失，口器非咀嚼式，下颚内颚叶退化，外颚叶愈合成喙管，形成虹吸式口器。一些类群的口器退化。幼虫腹足不多于 7 对。重要科的脉相见图6-17和图6-18。

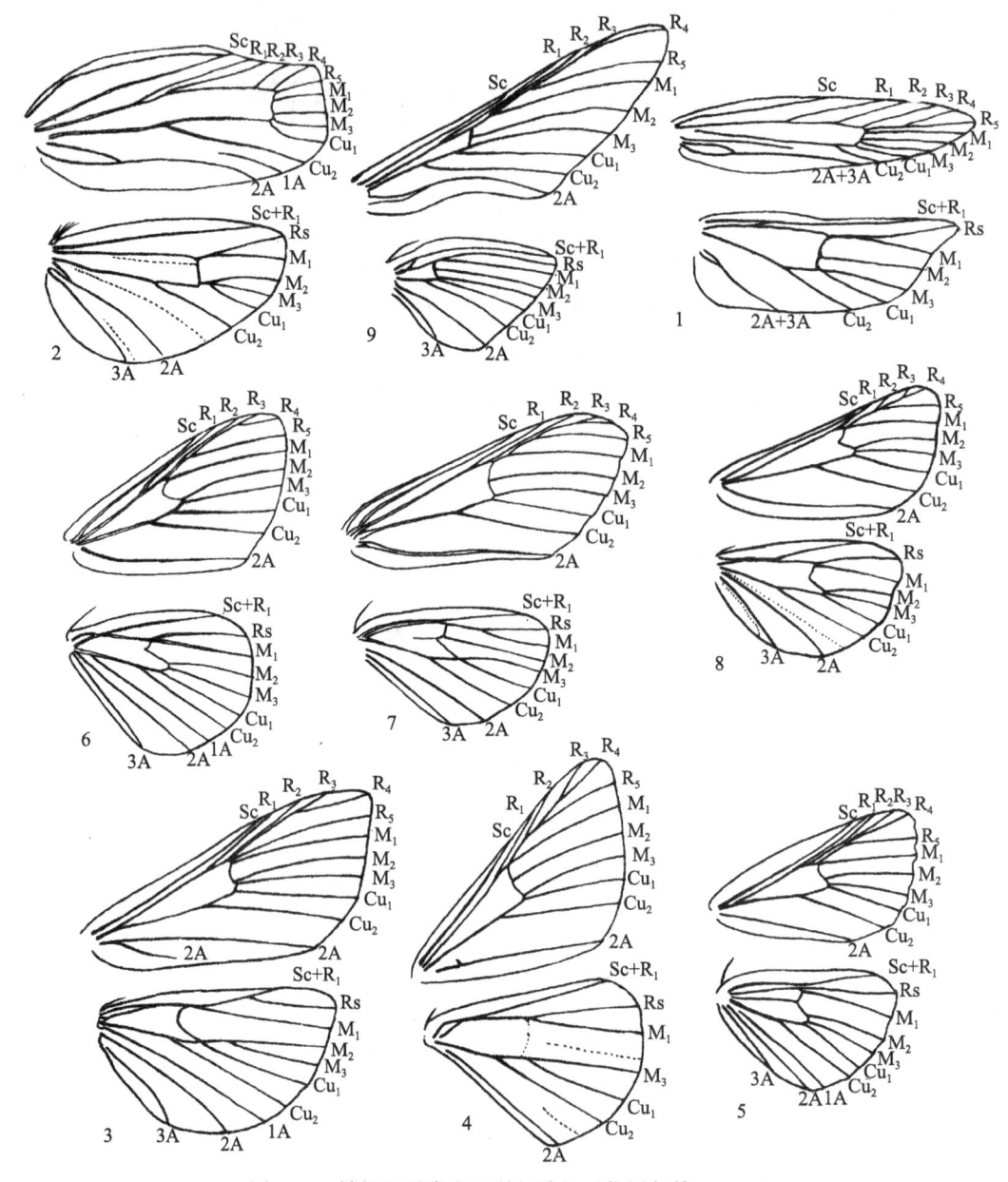

图6-17 鳞翅目蛾类主要科的脉相（仿周尧等，1964）
1.麦蛾科（棉红铃虫）；2.卷叶蛾科（苹果卷蛾）；3.螟蛾科（玉米螟）；4.尺蛾科（苜蓿尺蛾）；5.钩翅蛾科（荞麦钩翅蛾）；6.毒蛾科（舞毒蛾）；7.舟蛾科（苹果舟蛾）；8.灯蛾科（黄腹灯蛾）；9.天蛾科

（1）蝙蝠蛾科（Hepialidae） 体小至大型，粗壮多毛；头小，无单眼；口器退化，喙短；触角短，线状，雄虫呈强栉状；足较短，胫节完全无距。幼虫体粗壮，有皱纹和毛疣，腹足5对，趾钩全环式，生活于树木茎干或植物根间。本科包括600多种，世界性分布。常见种类有柳蝙蛾（*Phassus excrescens* Butl.）等。中药中的冬虫夏草就是真菌虫草菌（*Cordyceps sinensis* Sacc.）寄生于虫草蝙蝠蛾（*Thitarodes armoricanus* Oberthur）等幼虫体上生成的子实体。

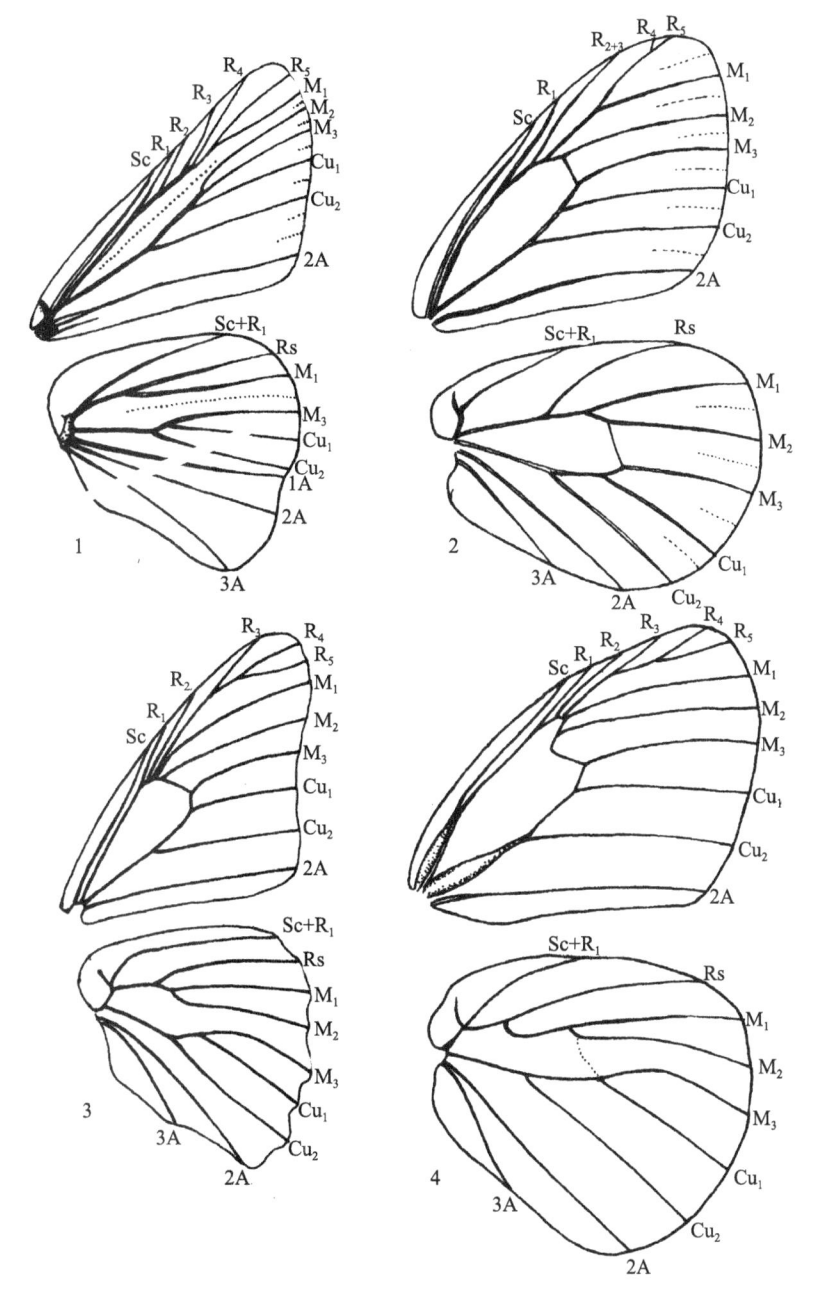

图 6-18 鳞翅目蝶类重要科的脉相（仿周尧等，1964）
1.弄蝶科（直纹稻弄蝶）；2.粉蝶科（菜粉蝶）；3.蛱蝶科（小红蛱蝶）；4.眼蝶科（稻眼蝶）

（2）麦蛾科（Gelechiidae） 体小型；头部鳞毛平贴（光滑）；触角柄节大多无栉；下唇须向上弯曲伸过头顶，末节长而尖；前翅狭长，末端尖（披针形）；后翅阔（菜刀形），外缘内凹或倾斜，后缘具长缘毛。幼虫圆柱形，趾钩环式或二横带式，常缀叶或嫩枝并在其间取食。本科已知4600余种，世界性分布。常见种类有棉红铃虫 [*Pectinophora gossypiella* (Saunder)]、麦蛾 [*Sitotroga cerealella* (Oliver)]、马铃薯块茎蛾 [*Phthorimaea operculella* (Zeller)] 等。

（3）卷蛾科（Tortricidae） 体小至中型，多为褐色或棕色；前翅略呈长方形，休息时呈屋脊状覆于虫体之上；某些种类前翅有前缘褶。幼虫隐蔽生活，生境多样，可卷叶、潜叶、蛀茎、造瘿等。本科为小鳞翅中最大的科，包括9400余种，世界性分布，我国500多种，其中有许多种类为农林重要害虫。我国常见种类有苹小食心虫（*Grapholitha inopinata* Heinrich）、梨小食心虫[*G. molesta*（Busck）]、苹果蠹蛾[*Laspeyresia pomonella*（L.）]、大豆食心虫（*Leguminivora glycinivorella* Matsumura）等。

（4）螟蛾科（Pyralidae） 体小至中型，细长，柔弱，腹部末端尖削，鳞片细密紧贴，故体看似较光滑；喙基部有鳞片；下唇须长，3节，伸出头前或向上弯；翅三角形，前翅臀脉2条，后翅臀区发达，臀脉3条；腹部第1节有1对鼓膜听器。幼虫前胸气门前侧毛2根，腹足短，趾钩通常2或3序，成缺环。植食性，隐蔽取食，蛀茎或缀叶，某些种类腐食性。全世界已知30 000余种，我国已知2000多种，其中许多种类是农林重要害虫。常见种类有亚洲玉米螟（*Ostrinia furnacalis* Guenée）、桃蛀野螟[*Dichocrocis punctiferalis*（Guenée）]、二化螟[*Chilo suppressalis*（Walker）]、印度谷螟[*Plodia interpunctella*（Hübner）]等。

（5）尺蛾科（Geometridae） 体小至大型，细长；翅阔，外缘常有细波纹，后翅第一条脉纹的基部分叉，前、后翅臀脉只1条；有的雌虫无翅或翅退化；第1腹节腹面两侧有1对鼓膜听器。幼虫细长，腹部通常仅第6和第10节具腹足，行动时身体一屈一伸，故称"尺蠖""步曲"或"造桥虫"，通常拟似植物枝条。全世界已知22 000多种，我国已知2000余种。许多种类是森林、行道树或果树的重要害虫，可造成树木成片落叶。常见种类有棉大造桥虫（*Ascotis selenaria* Denis et Schiffermüller）、槐尺蠖（*Semiothisa cinerearia* Bremer et Grey）、蝶青尺蛾[*Geometra papilionaria*（L.）]等。

（6）菜蛾科（Plutellidae） 体小而狭，色暗；休息时触角伸向前方，触角柄节有栉毛；有单眼；下唇须第2节有丛毛，呈三角形；翅狭，前翅披针形，后翅菜刀形。本科昆虫已知200多种，分布广。常见种类小菜蛾[*Plutella xylostella*（L.）]为十字花科蔬菜重要害虫，遍布全世界。

（7）夜蛾科（Noctuidae） 体中至大型，粗壮，多毛，色深暗；前翅狭，三角形，密被鳞毛，形成色斑，后翅比前翅阔；前翅中室顶角有副室，后翅第一条脉在基部与中室接触又复分开，造成一小形基室。为典型的夜出性蛾类，趋光性和趋化性强，前翅颜色暗而有保护色，许多种类有迁飞性。幼虫体粗壮，光滑，少毛，腹足通常5对，少数3或4对，趾钩单序中列式，前胸气门前毛片上有2根毛。绝大多数种类植食性，白天蜷缩潜伏土中，夜间出来活动，故有"切根虫""夜盗虫"之称。夜蛾科是鳞翅目第一大科，已知40 000多种，很多种类是农林重要害虫。常见种类有棉铃实夜蛾[*Helicoverpa armigera*（Hübner）]、小地老虎[*Agrotis ypsilon*（Rottemberg）]、黏虫[*Leucania separata*（Walker）]、甘蓝夜蛾[*Mamestra brassicae*（L.）]等。

（8）毒蛾科（Lymantriidae） 体中型，强壮，被鳞片和毛；无单眼，喙退化或无；触角梳状；休息时多毛的前足伸在前面；腹末有明显的毛簇；前翅中室后缘脉纹4分叉，后翅第一条脉在中室1/3处与中室相接触复又分离，造成一大形基室。有的雌虫无翅或翅退化。幼虫体被长短不一的毛簇，毛有毒。第6、第7腹节背面中央有一分泌腺；趾钩单序中列式。幼虫取食叶片，大多危害树木。全世界已知2700余种，我国已知360余种。常见种类有舞毒蛾[*Lymantria dispar*（L.）]、豆毒蛾（*Cifuna locuples* Walker）等。

（9）灯蛾科（Arctiidae） 成虫通常色彩鲜艳；多有单眼；喙退化；触角线状或梳状；后翅第一条脉纹和中室前缘有长距离愈合。幼虫有长次生刚毛，常以毛丛形式生长于毛瘤上，背面无毒腺。幼虫植食性，取食多种植物叶片，幼龄有群集性。本科已知6000余种。常见种类有美国白蛾[*Hyphantria cunea*（Drury）]、黄腹灯蛾[*Spilosoma lubricipeda*（L.）]、红缘灯蛾[*Amsacta lactinea*（Cramer）]等。

（10）斑蛾科（Zygaenidae） 体小，似蝶形；白天活动，飞翔力不强；有单眼和毛隆，喙发达；翅透明，前翅中室长，中室内有中脉主干。幼虫体粗壮，纺锤形，毛瘤上被稀疏长刚毛，腹足完全。全世界已知1000多种，分布广泛，我国已知140种以上。常见种类有梨星毛虫（*Illiberis pruni* Dyar）等。

（11）刺蛾科（Limacodidae） 体中型，密生厚鳞毛，黄色、褐色或绿色，多为夜出性；单眼缺；触角雌虫线状，雄虫双栉齿状；翅阔，中脉主干在中室内存在，并常分叉。幼虫短粗，蛞蝓状，长有毛疣或枝刺，无腹足，经常在卵圆形石灰质茧内化蛹。全世界已知1000多种，分布广，我国已知90多种。常见种类有中国绿刺蛾（*Parasa sinica* Moore）、黄刺蛾[*Cnidocampa flavescens*（Walker）]等。

（12）蛀果蛾科（Carposinidae） 触角柄节无栉毛；前翅较宽，正面有直立鳞片簇；后翅中等宽，中脉常消失。幼虫蛀食果实、花芽、嫩枝等，以老熟幼虫在土中结圆茧越冬。全世界已知200余种，分布广泛，我国已知18种。常见种类有桃蛀果蛾（*Carposina sasakii* Matsumura）、山茱萸蛀果蛾（*Carposina coreana* Kim）等。

（13）天蚕蛾科（Saturniidae） 体大至特大型；触角羽状；翅阔大，中央有显著的透明斑纹；后翅无翅缰，有时有长的尾角。幼虫粗壮，体多枝刺，趾钩单序中带式。本科已知1500余种，我国已知80余种。常见种类有柞蚕（*Antheraea pernyi* Guerin-Menevill）、蓖麻蚕（*Philosamia cynthia ricini* Boisduval）等。

（14）蚕蛾科（Bombycidae） 体中型，粗壮；触角双栉齿状；单眼、毛隆、喙和下颚须均消失；前翅外缘深凹，顶角呈钩状突出。幼虫有尾角，身体每节最多分2或3个小节。本科已知350余种，主要分布在亚洲。常见种类有家蚕（*Bombyx mori* L.）、野蚕蛾[*Bombyx mandarina*（Moore）]、桑蟥蚕蛾（*Rondotia menciana* Moore）等。

（15）天蛾科（Sphingidae） 体多大型，飞翔力强而活泼，身体粗壮，纺锤形，末端尖削；喙及翅僵很发达；触角中部加粗，端部较细，末端弯曲成钩状；前翅狭长，外缘倾斜，顶角尖；后翅较小，被厚鳞。幼虫粗大，圆柱形，每节分6～8个小节，第8腹节上有一尾角。全世界已知1300余种，我国已知200余种。常见种类有甘薯天蛾[*Herse convolvuli*（L.）]、豆天蛾（*Clanis bilineata tsingtauica* Mell）、蓝目天蛾（*Smerithus planus planus* Walker）等。

（16）弄蝶科（Hesperiidae） 体中小型，粗壮，色暗；触角端部尖出，弯成小钩。幼虫纺锤形，头大，色深；前胸细颈状；腹末有臀栉。幼虫常吐丝缀连叶片作苞，在叶内取食。已知5400多种，分布广泛。常见种类有直纹稻弄蝶[*Parnara guttata*（Bremer et Grey）]、曲纹稻弄蝶（*P. ganga* Evans）等。

（17）凤蝶科（Papilionidae） 大型美丽蝶类，飞翔迅速；前足正常，有前胫突；翅三角形，前翅径脉5条，臀脉2条，一般仅有1条基横脉。后翅臀脉1条。后翅外缘呈波状，后角常有一尾状突起如燕尾，故称"燕尾蝶"。幼虫光滑，体壮，前胸背中央有一可翻出的"Y"形或"V"形分泌腺，红色或黄色，受惊时翻至体外，散发臭气。已知600余种，世界性分布。常见种类有金凤蝶（*Papilio machaon* L.）、玉带凤蝶（*P. polytes* L.）、柑橘凤蝶（*P. xuthus* L.）等。

(18) 粉蝶科（Pieridae） 体中型，多白色、黄色及橙色，有黑色缘斑；前翅三角形，后翅卵圆形；前翅臀脉1条，后翅臀脉2条。幼虫体上密生细而短的次生毛，体节分为亚节，趾钩为二序或三序中带式。已知2000多种，世界性分布，许多种类是十字花科、豆科植物的重要害虫。常见种类有菜粉蝶（*Pieris rapae* L.）、豆粉蝶（*Colias hyale* L.）等。

(19) 蛱蝶科（Nymphalidae） 体小或大型，美丽，有各种鲜艳的色斑；触角锤状部膨大；前足很退化，短小，常缩起；前翅中室闭式，后翅开式。幼虫头部常有突起，胴部常有成对的棘刺。全世界已知5000余种，我国已知320余种。常见种类有大红蛱蝶 [*Vanessa indica*（Herbst）] 等。

(20) 眼蝶科（Satyridae） 体中小型，色暗，翅面常具眼状斑或环纹；前足退化；前翅脉纹基部膨大。幼虫纺锤形，头大。全世界已知3000余种，我国已知260余种。常见种类有稻眼蝶（*Mycalesis gotama* Moore）、蛇眼蝶 [*Minois dryas*（Scopoli）] 等。

七、双翅目

双翅目（Diptera）昆虫包括蚊（mosquito）、虻（horse fly）、蠓（midge）和蝇（fly）等种类。

（一）主要识别特征

体小至中型；口器刺吸式或舐吸式；复眼大，单眼3个；触角长丝状、短角状或具芒状；前翅膜质，后翅特化为平衡棒；足跗节5节。幼虫无足型或蛆型（图6-19）。

（二）生物学特性

完全变态。绝大多数两性生殖，一般为两性生殖，部分种类可营卵胎生、幼体生殖等。蚊类雄虫常成群婚飞，雌虫产卵前需补充蛋白质。

幼虫生活习性差异很大，有植食性、腐食性、粪食性、捕食性或寄生性。成虫营自由生活，白天活动，可取食植物汁液、花蜜，作为补充营养；但有些种类靠吸食人畜血液，故可传播多种疾病。

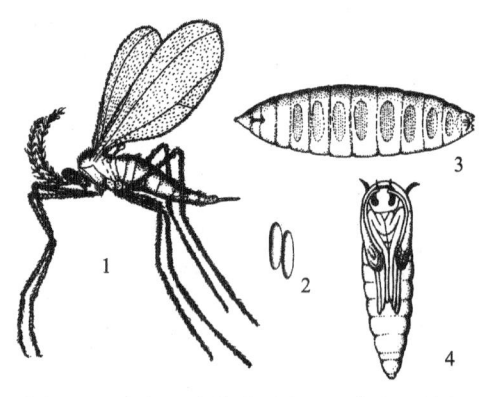

图6-19 双翅目瘿蚊科（麦红吸浆虫）特征
（仿周尧，1964）
1. 成虫；2. 卵；3. 幼虫；4. 蛹

（三）分类和重要科介绍

全世界已记载15万种，我国记载15 600余种。根据触角、羽化孔形状、蛹的类型和幼虫形态，分为长角亚目、短角亚目和芒角亚目。

1. **长角亚目（Nematocera）** 该目通称蚊。成虫小，细长；触角长，丝状或羽状，8~18节，多可达40节。幼虫全头型；蛹除瘿蚊科外，均为被蛹。

(1) 蚊科（Culicidae） 体小，细长，多毛及鳞片；复眼大，肾形，无单眼；口器刺吸式；触角细长，有轮生环状毛；翅狭长，后缘和翅脉上都有鳞片。幼虫水生，称为"孑孓"，体细长，头大、颈细，多毛丛。胸部3节愈合、膨大。成虫黄昏及夜间活动，雄虫食花蜜或植物汁液，雌虫吸食动物血液。一些种类能传播疟疾、流行性脑炎和黄热病等。全世界已知 4000 余种，我国已知 500 余种。常见种类有中华按蚊（*Anopheles sinensis* Wiedemann）、淡色库蚊（*Culex pipiens pallens* Coquillett）、埃及伊蚊 [*Aedes aegypti*（L.）] 等。

（2）瘿蚊科（Cecidomyiidae） 体小而纤弱；复眼发达；触角细长，念珠状，10～36 节，常有环状毛；前翅阔，只有 3～5 条脉纹，很少横脉；足细长，胫节无距。成虫一般不取食。幼虫纺锤形，头极小而骨化，中胸腹板上通常有 "Y" 形剑骨片，为弹跳器官。全世界已知 6100 余种，我国记录 100 余种。常见种类有麦红吸浆虫 [*Sitodiplosis mosellana*（Gehin）]、麦黄吸浆虫 [*Contarinia tritici*（Kirby）]、稻瘿蚊 [*Orseoia oryzae*（Wood-Mason）] 等。

（3）大蚊科（Tipulidae） 体小至大型，身体和足细长、脆弱，外形似蚊；中胸盾沟常呈 "V" 形；翅狭长。世界已知种类超过 4300 种，我国已知约 1000 种。常见种类有稻根蛆（*Tipula praepotens* Wiedemann）、稻大蚊（*T. aino* Alexander）等。

2. 短角亚目（Brachycera） 体中至大型，粗壮；触角 3 节，第 3 节有时分亚节；触角经常具端刺；幼虫半头型；蛹为被蛹，羽化时背面纵裂。虻类。

（1）虻科（Tabanidae） 体中至大型种类，通常称为"牛虻"。头大，半球形；复眼很大，占头的大部分，雌虫离眼式，雄虫合眼式；触角第 3 节延长，牛角状；足粗，中足胫节有 2 距，跗节 5 节。雌虫吸血，雄虫主要取食花蜜和花粉。全世界已知 4400 种，我国记载 450 余种。常见种类有华虻（*T. mandarinus* Schiner）等。

（2）食虫虻科（Asilidae） 又称盗虻科。体小至大型，细长、多毛；头部在复眼间凹入，颈细；复眼大，分离；触角向前伸，第 3 节延长，端刺 1 或 2 节或无；口器尖硬，适于刺吸；足粗长；翅狭长；雌虫产卵管针状，雄虫下生殖片明显。成虫、幼虫均为捕食性，可捕食蝗虫、蟋蟀、蝇类、蜂类、甲虫、蜻蜓等各种昆虫。全世界已知 7400 余种，我国已知 250 余种。常见种类有中华盗虻（*Cophinopoda chinensis* Fabr.）、长足食虫虻（*Dasypogon aponicum* Bigot）等。

3. 芒角亚目（Aristocera）或环裂亚目（Cyclorrhapha） 触角 3 节，第 3 节背面有触角芒。幼虫无头型。蛹为围蛹。蝇类。

（1）食蚜蝇科（Syrphidae） 体小至大型，似蜜蜂或胡蜂，光滑或多软毛，宽扁或细长，常蓝色、黑色间有黄橙色条纹；复眼大，雄虫合眼式；径脉和中脉间有一条两端游离的伪脉。成虫常在花丛或芳香植物上飞舞，能悬飞和迅速急飞，取食花粉、花蜜及蚜虫等的蜜露作为补充营养，产卵在蚜虫群体中或污水、粪池内。幼虫蛆形，长而略扁，腹部具皱褶、刺或毛。幼虫大多捕食性，大量捕食蚜虫、蚧壳虫、粉虱、叶蝉、鳞翅目小幼虫等，为重要的天敌昆虫。全世界已知 5900 余种，我国已知 500 余种。常见种类有黑带食蚜蝇 [*Episyrphus balteata*（De Geer）]、大灰食蚜蝇（*Syrphus corollae* Fabr.）等（图 6-20）。

图 6-20 黑带食蚜蝇

（2）实蝇科（Trypetidae） 体小至中型，色彩鲜艳，头宽大或圆球形，颈细；复眼大，非合眼式；单眼有或无；触角芒光裸或有绒毛；翅上有特殊的斑或带纹；翅亚前缘脉末端以直角折向前缘，然后逐渐消失；臀室末端成锐角状突出；中足跗节有距，爪间突毛状。幼虫蛆式，圆柱形或锥形，植食性，潜食茎、叶、花托、花或蛀食果实与种子，是重要的农业害虫。全世界已知 4600 余种，我国已知 570 余种。地中海实蝇（*Ceratitis capitata* Wiedemann）和苹果实蝇 [*Rhagoletis pomonella*（Walsh）] 是世界著名害虫，危害多种水果，是我国对外检疫对象，柑橘小实蝇 [*Bactrocera dorsalis*（Hendel）] 是我国对内检疫对象，柑橘大实蝇 [*Bactrocera minax*（Enderlein）] 在部分产区危害严重。

（3）潜蝇科（Agromyzidae） 体小或微小型，黑色或黄色；具单眼；触角芒着生在第 3 节基部背面，光裸或具毛；后顶鬃分歧；翅前缘脉只有一个折断处，中脉间有 2 闭室，后方有 1 个小臀室。大多数幼虫潜叶，受害叶片的叶肉被食尽，仅留下表皮而形成各种形状的蛀道。全世界已知 3000 多种。我国常见种类有豌豆潜叶蝇（*Chromatomyia horticola* Goureau）、豆秆蝇（*Agromyza phaseoli* Coquillett）等（图 6-21）。

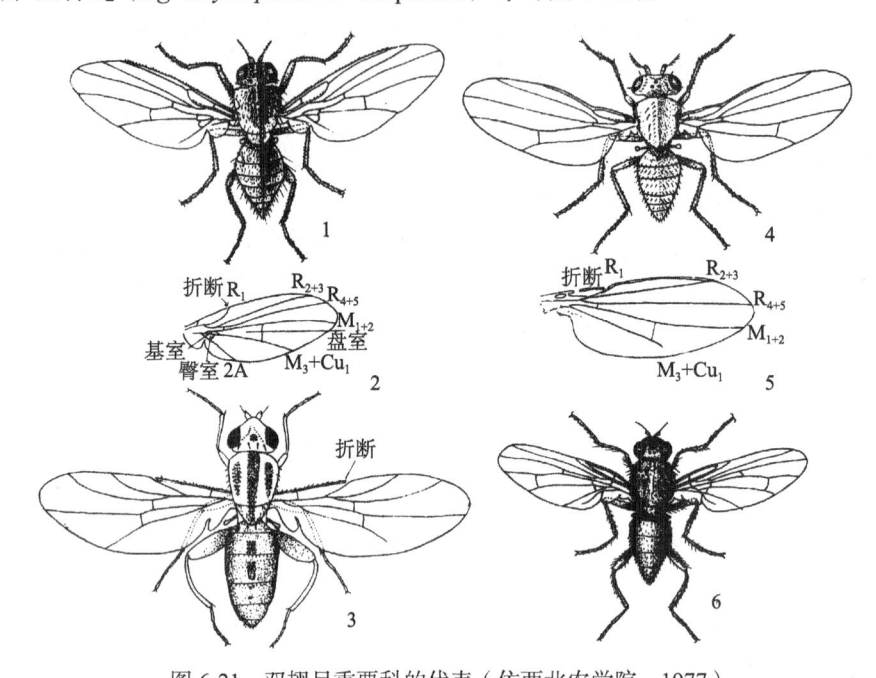

图 6-21　双翅目重要科的代表（仿西北农学院，1977）
1，2. 潜蝇科：小麦潜叶蝇成虫及其翅脉。3. 秆蝇科：麦秆蝇。4，5. 水蝇科：麦鞘芒眼水蝇成虫及其翅脉。
6. 种蝇科：种蝇成虫

（4）寄蝇科（Tachinidae） 体小至中型，多毛，有斑纹；触角芒多光裸或少数具微毛；中胸后小盾片显著；下侧片和翅侧片各有 1 列长鬃；腹部除细毛外，具成列的缘鬃、背鬃和端鬃。幼虫蛆形。成虫活泼，多白天活动，雌虫产卵于寄主体上、体内或生活场所，幼虫多寄生于鳞翅目的幼虫和蛹、鞘翅目的幼虫和成虫、膜翅目的叶蜂幼虫等体内或体上，是重要的天敌类群。全世界已知 9600 种以上，我国已知 1100 余种。常见种类有松毛虫狭颊寄蝇（*Carcelia matsukarehae* Shima）、日本追寄蝇 [*Exorista japonica*（Townsend）]、黏虫缺须寄蝇（*Cuphocera varia* Fabr.）等。

（5）蝇科（Muscidae） 体小至中形，灰黑色，鬃毛少；触角芒羽状；胸部背面常具有黑色纵条；下侧片及翅侧片鬃不排成行列；翅大，腋瓣发达。成虫、幼虫均以动物粪便和腐烂有机质为食。成虫能传播多种疾病，是重要的卫生害虫。全世界已知 5100 多种，分布广泛。常见种类有家蝇（*Musca domestica* L.）等。

八、膜翅目

膜翅目（Hymenoptera）昆虫包括各种蜂（wasp，bee）和蚂蚁（ant），全世界已知15万种左右，中国已知12 500余种。

（一）主要识别特征

体微小至大型；体色多变，一般深暗，也有鲜艳具金属光泽的；口器咀嚼式或嚼吸式（蜜蜂）；触角多样，线状、念珠状、扇状、栉齿状、膝状等；翅膜质，以翅钩列连接；有的第一腹节并入胸部，称为并胸腹节，有的第二腹节细小成"腰"，称为腹柄；产卵器发达，具锯、针刺或凿等功能（图6-22）。

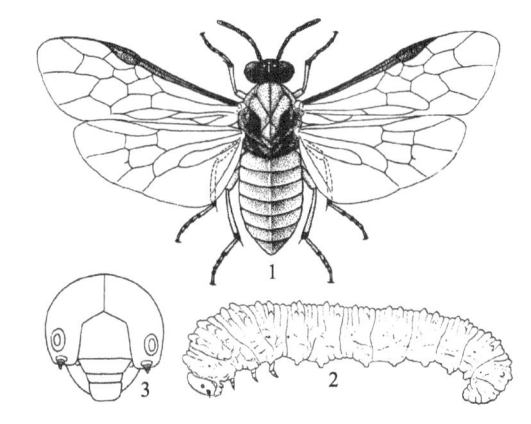

图6-22 膜翅目（日本菜叶蜂）的形态特征（仿周尧，1964）
1.成虫；2.幼虫；3.幼虫头正面观

（二）生物学特性

完全变态。卵多为卵圆形或香蕉形；食叶性的幼虫为伪蠋型，似鳞翅目幼虫，但腹足有6~8对，无趾钩，头部额区也不呈"人"字形；头的每侧各有1个单眼；蛀茎的种类足退化，其他种类的幼虫无足；裸蛹，常有茧或巢包被。

大多数种类为寄生性和捕食性，少数植食性。就整个目而论，对人类的益处多于害处：①是农林作物的重要授粉者；②寄生性和捕食性种类是重要的天敌昆虫，在害虫生物防治中具有重要作用；③蜜蜂是知名的蜂蜜和蜂蜡生产者。

繁殖方式多样，有有性生殖、孤雌生殖、多胚生殖等。植食性及寄生性种类营独栖生活，蜜蜂和蚂蚁中的一些种类常营群栖生活。

（三）分类和重要科介绍

膜翅目昆虫种类众多，根据胸部、腹部的连接方式，分为广腰亚目、细腰亚目和针尾亚目。

1. 广腰亚目（Symphyta） 腹部和胸部广接，一般不缢缩，腹部第1节不与后胸合并；足的转节2节；后翅至少3个基室；产卵器锯状或管状。除尾蜂总科外，幼虫均为植食性。

（1）叶蜂科（Tenthredinidae） 体小至中型，短粗；触角丝状或梳状；前胸背板后缘深深凹入；前足胫节有2端距；产卵器扁，锯状。幼虫伪蠋形，腹足6~8对，无趾钩，通常仅1对单眼。食叶，一般将卵产于植物嫩梢或叶上。本科已知6000余种。常见种类有小麦叶蜂（*Dolerus tritici* Chu）、梨实蜂（*Hoplocampa pyricola* Rohwer）等。

（2）茎蜂科（Cephidae） 体细长，圆柱形；触角15~36节，丝状或棒状；前胸背板后缘平直；前足胫节仅1距；产卵器短，能收缩。幼虫体弯曲呈"S"或"C"形，胸足退化，无腹足，常钻蛀植物茎秆。已知130余种。常见种类有麦茎蜂（*Cephus pygmaeus* L.）、梨茎蜂（*Janus pyri* Okamoto et Muramatsu）等。

2. 细腰亚目（Apocrita） 胸腹部连接处收缩呈细腰状；前翅无臀室，后翅无臀叶，最

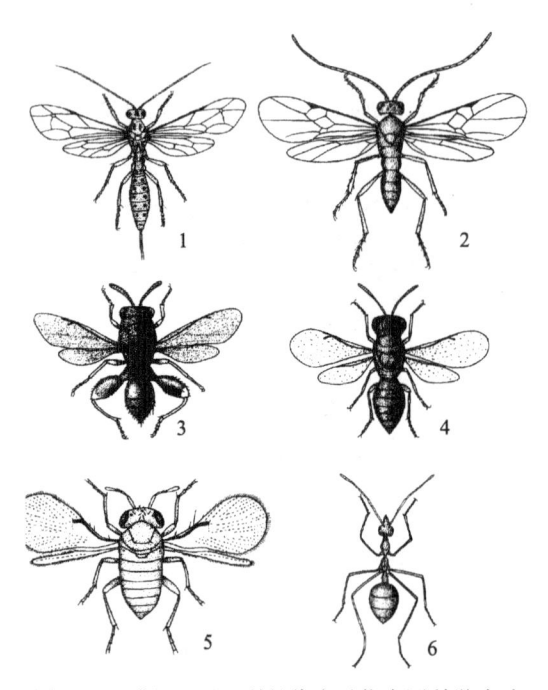

图 6-23 膜翅目重要科的代表（仿中国科学院动物研究所，1996）
1. 姬蜂科（螟黑点疣姬蜂）；2. 茧蜂科（螟蛉绒茧蜂）；
3. 小蜂科（广大腿小蜂）；4. 金小蜂（黑青金小蜂）；
5. 赤眼蜂科（松毛虫赤眼蜂）；6. 蚁科（红树蚁）

多有2个基室；腹部最后一节腹板纵裂，产卵器着生处离腹末有一段距离；足的转节多为2节。多为寄生性蜂类。

（1）姬蜂科（Ichneumonidae） 体小至大型，细长；触角丝状，多节；前翅第1亚缘室与第1盘室合并，有第2回脉和小翅室；产卵管常长于体长。蛹为离蛹，多有茧。卵多产在鳞翅目、鞘翅目和部分膜翅目的幼虫和蛹内，是最常见的寄生性昆虫。全世界已知23 300余种，我国已知1500余种。常见种类有螟蛉悬茧姬蜂[Charops bicolor (Szepligeti)]、棉铃虫齿唇姬蜂（Campoletis chlorideae Uchida）等（图6-23）。

（2）茧蜂科（Braconidae） 体微小至小型；触角线状；前翅只有1条回脉，肘脉第1段将第1肘室和第2盘室分开；腹部第2和第3节背板愈合。卵产于寄主体内，幼虫内寄生，有多胚生殖现象。在寄主体内或体外或附近结黄色或白色小茧化蛹。全世界已知17 600多种，我国已知1000余种。常见种类有中华茧蜂[Bracon chinensis (Szepligeti)]、麦蚜茧蜂[Ephedrus plagiator (Nees)]等（图6-23）。

（3）小蜂科（Chalcididae） 体微小或极微小型；头横阔，复眼大，单眼3个在头顶排成一列；触角多呈膝状；前翅脉纹极退化，只一条；后足腿节膨大，下缘有齿或刺，胫节弯曲，末端生2端距。寄生于鳞翅目、双翅目、鞘翅目等昆虫体内。全世界已知1500余种，我国160余种。常见种类有广大腿小蜂[Brachymeria lasus (Walker)]、粉蝶大腿小蜂[B. femorata (Panzer)]等（图6-23）。

（4）金小蜂科（Pteromalidae） 体微小型，多具绿、蓝、黄、金黄等金属色泽；触角13节，具2或3个环状节；前胸短；前翅脉纹退化只剩1条；后足胫节末端有1或2个距。全世界已知3500多种，多数寄生于其他昆虫的幼虫和蛹内，少数寄生于卵和成虫内。常见种类有黑青金小蜂[Dibrachys cavus (Walker)]、蝶蛹金小蜂[Pteromalus puparum (L.)]等（图6-23）。

（5）赤眼蜂科（Trichogrammatidae） 体微小型，黑色、淡褐色或黄色；触角短，膝状，5~9节；前翅阔，有缘毛，翅面微毛排成行。跗节3节。全部为卵寄生蜂。全世界已知900多种，我国已知140多种。赤眼蜂属（Trichogramma）寄生于鳞翅目等昆虫的卵内，是重要的天敌昆虫。常见种类有稻螟赤眼蜂（T. japonicum Ashmead）、玉米螟赤眼蜂（T. ostriniae Pang et Chen）、松毛虫赤眼蜂（T. dendrolimi Matsumura）等（图6-23）。

（6）胡蜂科（Vespidae） 体中至大型，光滑或有毛，体黄或红色，有黑或褐色的斑或带；前胸背板向后延伸到达肩板；前翅有3个亚缘室，第一盘室（中室）狭长；休息时翅能纵褶。有简单的社会组织，筑巢群居，蜂群中有蜂后、雄蜂及工蜂。成虫捕食性。全世界已知 4900 余种，我国已知 100 余种。常见种类有黄边胡蜂（*Vespa crabo* L.）、普通长足胡蜂（*Polistes olivaceus* De Geer）等。

（7）蜾蠃蜂科（Eumenidae） 和胡蜂科的区别在于：上颚长，刀状，完全闭合式相互交叉；中足胫节仅 1 个端距；爪两分叉；腹部第 1 节多长柄状或粗短，第 1 和第 2 节间常有缢缩。平时自由生活，不建巢，仅在产卵时才筑巢，或寻找竹管等处产卵，通常 1 室 1 卵。成虫捕捉鳞翅目等昆虫的幼虫，经刺螫麻醉后带回巢室内储存产卵。全世界已知 3000 余种。常见种类有北方蜾蠃 [*Eumenes coarctatus coarctatus*（L.）]、中华唇蜾蠃（*E. labiatus sinicus* Giordani & Soika）等。

（8）蜜蜂科（Apidae） 体小至大型，体生黑、白、黄、橙、红等色的密毛，毛多分枝；口器嚼吸式；前胸背板不向后伸达肩板；前足基跗节具净角器，后足为携粉足。成虫植食性，建巢并采集花粉、花蜜，是著名的传粉昆虫。全世界已知 5100 余种，我国已知 1000 余种。常见种类有中华蜜蜂（*Apis cerana* Fabricius）、意大利蜜蜂（*A. mellifera* L.）等。

（9）蚁科（Formicidae） 体小至中型，黑色、褐色、黄色或红色；体光滑或有毛。雌虫触角膝状，柄节很长；腹部第 1 节或第 1～2 节呈小型的结状。为多态性的社会昆虫。有些种类为捕食性，可捕食昆虫、蜘蛛及其他小动物。全世界已知近 12 000 种，我国已知 1200 多种。常见种类有家蚁 [*Monomorium pharaonis*（L.）] 等。早在 1600 年前，我国南方橘农就利用黄猄蚁（*Oecophylla smaragdina* Fabr.）来防治柑橘害虫，并延续至今。

九、蜱螨目

蜱螨目（Acarina）属动物界节肢动物门蛛形纲（Arachnida），是一群形态、生活习性和栖息场所多种多样的小型节肢动物。食性多样，有植食性、捕食性、腐食性和寄生性。广泛分布于世界各地，估计有 50 万种以上。

（一）主要识别特征

和昆虫的主要区别在于：躯体不分头、胸、腹 3 段；无翅、无复眼，或只有 1～2 对单眼；有足 4 对；变态经过卵、幼螨、若螨和成螨。

体圆形或卵圆形，分为颚体和躯体两部分，躯体又可分为前肢体段、后肢体段和末体段。颚体即头部，生有口器，由 1 对螯肢和 1 对须肢组成，口器刺吸式或咀嚼式。肢体段着生 4 对足。末体段即腹部，肛门和生殖孔一般开口于末体段腹面。

（二）生物学特性

多两性生殖，发育阶段雌雄有别。雌性经过卵、幼螨、第一若螨、第二若螨、成螨；雄性则无第二若螨期。幼螨有足 3 对，以后有足 4 对。有些种类进行孤雌生殖。繁殖迅速，一年最少 2 或 3 代，多者可达 20～30 代。食性多样，有捕食性、寄生性、植食性、菌食性和腐食性等，其中捕食性种类是重要的天敌类群。

（三）重要科介绍（图 6-24）

（1）植绥螨科（Phytoseiidae） 体小，椭圆形，白色或淡黄色；背板完整，有刚毛，最多可达 20 对；须肢跗节上有 1 根分叉的爪形刚毛；雌虫螯肢为简单的剪刀状，雄虫螯肢

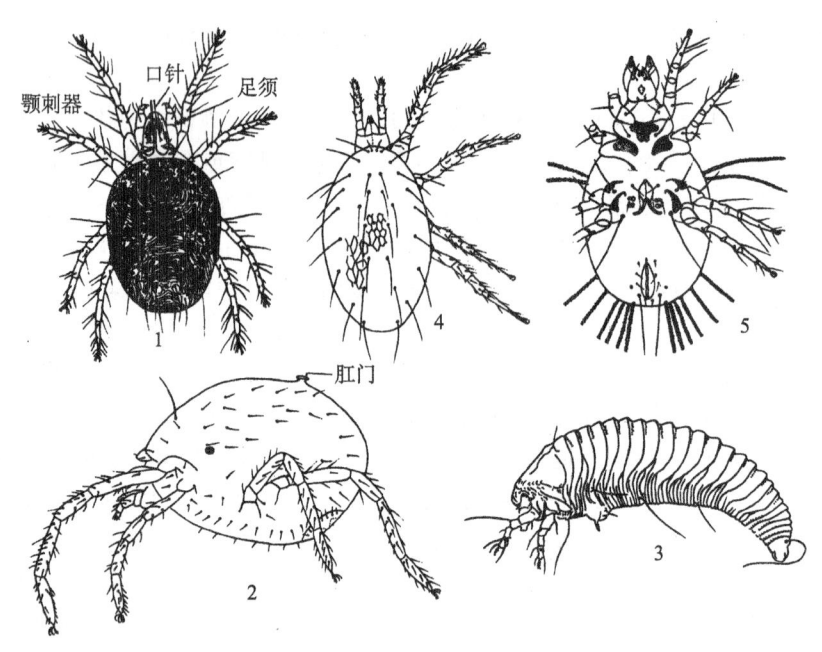

图 6-24　蜱螨目重要科特征（仿周尧等，1964）
1. 叶螨科；2. 真足螨科；3. 瘿螨科；4. 植绥螨科；5. 粉螨科

的活动趾上有一导精管；生殖板通常长大于宽，后方截断状，有刚毛 1 对。捕食性，为著名的有益螨类。常见种类有智利小植绥螨（*Phytoseiulus persimilis* Athias-Henriot）、尼氏钝绥螨（*Amblyseius nicholsi* Ehara et Lee）、拟长毛钝绥螨（*A. pseudolongispinosus* Xin, Lang et Ke）等。

（2）叶螨科（Tetranychidae）　体长小于 1mm，梨形，后端较尖；口器刺吸式；螯肢由 2 节组成，前面一节可活动，并特化为细长的针，基部一节左右相互愈合成大型的针鞘，针鞘背面呈心脏形。植食性，通常生活在植物叶片上，刺吸汁液，有的可吐丝结网，卵生，孤雌生殖或两性生殖。常见种类有二斑叶螨（*Tetranychus urticae* Koch）、朱砂叶螨[*T. cinnabarinus*（Boisduval）]、山楂叶螨（*T. viennensis* Zacher）、苹果全爪螨（*Panonychus ulmi* Koch）、柑橘全爪螨[*P. citri*（Mcgregor）]、麦岩螨[*Petrobia latens*（Müller）]等。

（3）瘿螨科（Eriophyidae）　身体蠕虫形，狭长，极微小，长约 0.1 mm；喙由须肢围成，颚体中有口针 5 条；足 2 对，爪间突羽状；前肢体段背板成盾状，后肢体段和末体段延长，分为很多环纹。无幼螨期，有 2 个若螨期，在若螨蜕皮之前各有静息期，而第二若螨的静息期称为拟蛹，由拟蛹变为成蛹。为害果树和农作物的叶片或果实，刺激受害部变色或变形或形成虫瘿，也可传播植物病毒。常见种类有柑橘锈螨（*Phyllocoptruta oleivora* Ashmead）、柑橘瘤壁虱[*Aceria sheldoni*（Ewing）]、梨叶锈瘿螨[*Epitrimerus pyri*（Nalepa）]、小麦瘿螨（*Aceria tulipae* Keifer）等。

★ 复习思考题 ★

1. 名词解释：物种，双名法，三名法，优先律。

2. 昆虫纲一般分多少目？哪些目与农业生产关系最密切？
3. 直翅目的主要识别特征是什么？常见的直翅目农业害虫有哪几类？分属哪些科？
4. 哪些常见的农业害虫属于半翅目？分属哪些科？为害的特点是什么？
5. 鞘翅目昆虫的主要识别特征是什么？常见的农业害虫和益虫属于鞘翅目的哪些科？
6. 鳞翅目昆虫有哪些共同特征？如何区别蝶类和蛾类昆虫？常见的农业害虫属于鳞翅目的哪些科？
7. 双翅目昆虫有哪些共同特征？如何区分蝇、蚊、虻？
8. 如何区别螨类和昆虫？农业上的主要害螨属于哪些科？
9. 膜翅目昆虫的共同特征是什么？农业上重要的益虫和害虫分属于膜翅目的哪些科？

第七章 植物病害的预测预报

第一节 植物病害的田间诊断技术

一、植物病害调查

（一）调查的意义

在植物病害的防治和研究工作中，必须十分重视调查研究工作并认真进行。通过调查研究，可以了解各地各种作物上病害的种类、发生和危害情况，以便进一步了解病害的分布、发生始期，进行流行预测，确定防治重点，防治时做到心中有数，防治后可以正确了解防效和存在的问题，便于改进和提高。通过调查研究，还能掌握植物病害的发生发展过程及其和周围环境条件的关系，为进一步进行试验研究提供有关线索，通过试验进行验证和补充。因此，调查研究是预测预报和科学实验的非常重要的组成部分。在调查研究的过程中，应学习和总结广大群众和相关单位的经验，加深对植物病害的认识和了解，进而提高防治病害的水平。

（二）调查的方法

植物病害的调查方法因病害的种类、性质及调查目的的不同而异，没有普遍适用的方法，但是在植物病害调查中应遵循以下基本原则：根据生产上的需要，有明确的目的和要求；根据病害的性质和调查目的确定调查内容和方法，制订调查计划，座谈访问时要有调查提纲；要有实事求是的科学态度，防止主观片面，做到"一切结论产生于调查情况的末尾，而不是在它的先头"。

在田间调查时，注意记录调查时期和次数、取样方法、田间记载、结果计算及对调查材料进行整理等。

1. 调查时期和次数　　对病害的一般发生情况，可在作物的不同生育时期（如棉花的苗期、蕾铃期），或找一个适中时期进行调查。对某一种病害发生为害情况的调查，则可在病害盛发期进行。例如，麦类赤霉病、黑穗病和线虫病可在小麦完熟期进行调查。调查一次即可。

要了解某一病害的发生发展规律，或进行预测预报，应及时发现其发病始期，然后定点定期进行系统调查，一般每隔3~5d调查1次，并注意有关环境条件的变化。调查期距不能忽长忽短，否则所得资料不能反映其发生、流行的实际情况。

调查药剂防治试验结果时，应定点在施药前或施药后的一定时期内进行病情调查，然后测产，确定防治效果。

对某一因素的调查研究，则应在与其直接有关的时期进行。例如，调查带病种子与发病的关系时，应着重在苗期和发病始期进行。

调查发生在贮藏期间的病害，可定期不断取样观察，或结合查窖进行。

2. 调查取样方法　　取样必须有代表性和一定数量，这是保证田间调查结果能正确反映田间实际情况的重要环节。

（1）样点选择　　样点的数目依病害种类和环境而定。气流传播且分布均匀的病害，如麦类锈病取样点可少些，一般在一块田取 5 个样点；土传病害如棉花枯萎病样点要多。在地形、土壤和耕作不一致的情况下，样点数目要多。为了使调查样点具有代表性，对在田间分布较均匀的病害可用棋盘式、双对角线或单对角线取样，把样点均匀分布在田间。对在田间分布不均匀的病害，可根据实际情况采用平行跳跃式或"Z"形取样（图 7-1）。采用各种方式取样时，应避免在田边取样，一般应距离田边 5~10 步。

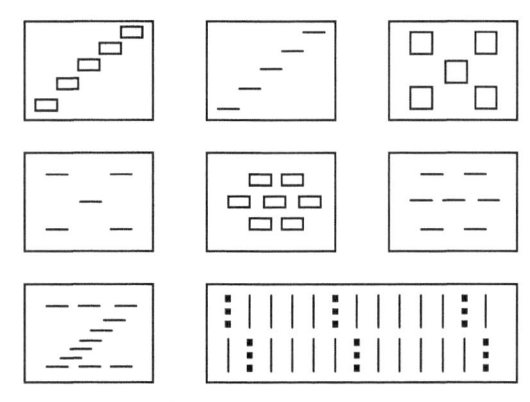

图 7-1　常用等距机械取样方法示意图

（2）取样单位　　依作物种类和病害特点而定。密植作物一般以面积为单位，条插作物以长度为单位，稀植作物以植株或一定器官为单位。

取样大小依调查对象而定。例如，调查水稻病害，在秧苗期，每点面积 1 平方尺[①]。在水稻成株期调查全株性或茎秆病害，可于每点取 10~20 丛，以丛为单位调查发病情况，或再从样点中取 1 或 2 丛，以株为单位进行调查，从中折算所取各丛的平均发病情况。对穗部病害，每点取样 100~200 穗。条播作物每点可调查 1m² 或 1~2m 行长，或取 200~300 株。植株较大的作物，行长和面积要相应增大。果实病害每点调查 100~200 个果实。叶片病害每点取样 20~30 片叶。可根据要求随机取样，或在植株一定部位取样，或对一株上的叶片全部进行调查。

3. 调查记载与结果计算　　进行田间调查，必须根据调查的目的和内容，对所调查的实际情况进行认真记载和统计，并及时加以整理总结。

调查记载内容，一般包括调查地点、日期、调查者姓名、作物和品种名称、病害名称、发病率和田间分布情况、土壤性质、肥水管理情况、耕作制度、种植密度、发病前和发病各时期（始、盛、止）的气候、其他病虫害及其防治情况，以及当地群众经验等。对田间植株发病程度不一致的病害，除记载调查总样本数及有病样本数作为计算发病率的依据外，还应该根据发病程度的轻重，将样本分级加以记载，计算病情指数，以表示其平均发病严重度。一般用表格记载（表 7-1，表 7-2）。

---

① 1 平方尺 =0.111m²

表 7-1　水稻叶瘟病发生调查记载表

调查日期	品种	水稻生育期	固定稻丛样本总数	严重度/级					病叶率/%	病情指数
				0	1	2	3	4		

调查地点_____　调查者_____

表 7-2　水稻穗茎瘟病发生调查记载表

调查日期	品种	水稻生育期	固定调查穗数	严重度/级					病叶率/%	病情指数
				0	1	2	3	4		

调查地点_____　调查者_____

对于病害的危害程度，除粗略地目测估计其发病率或损失率外，还应根据调查数据加以统计，从而反映出近于实际的危害情况，一般采用以下几个指标。

（1）发病百分率（发病率）　代表田间发病数量的多少。对于发病后就引起全株死亡或全部失收的病害，如麦类黑穗病、小麦线虫病等，其发病率就是实际造成的损失率。计算发病率的公式为

$$发病率（\%）= \frac{发病样本数}{调查样本总数} \times 100$$

（2）病情指数　有许多病害单从其发病率不能看出其为害的严重程度，为了更全面地估计病害数量，需要采用严重度指标。病害严重度表示植株或器官的罹病面积所占的比率，如叶片上病斑面积占叶片总面积的比率。严重度用分级法表示，即根据一定的标准，将发病的严重程度由轻到重划分出几个级别，分别用各级的代表值或发病面积百分率表示。调查统计时，以单个植株或者特定器官为调查单位，对照事先制定的严重度分级标准，找出与发病实际情况最接近的级别。

表 7-3 列出了以植株为调查单位的玉米小斑病的严重度分级标准，该标准将严重度分为 7 级，并给出了各个级别的定量界限。

表 7-3　玉米小斑病严重度分级标准

严重度分级	各级代表值	分级标准
1 级	0	全株叶片无病斑
2 级	0.5	植株下部叶片有零星病斑（占总叶面积 10% 以下）
3 级	1	植株下部叶片有少量病斑（占总叶面积 10%~25%）

续表

严重度分级	各级代表值	分级标准
4级	2	植株下部叶片有中量病斑（占总叶面积25%～50%）；中部叶片有少量病斑（占总叶面积10%～25%）
5级	3	植株下部叶片有大量病斑（占总叶面积50%以上），出现大片枯死现象；中部叶片有中量病斑（占总叶面积25%～50%）；上部叶片有少量病斑（占总叶面积10%～25%）
6级	4	植株下部叶片基本枯死；中部叶片有大量病斑（占总叶面积50%以上），出现大片枯死现象，上部叶片有中量病斑（占总叶面积25%～50%）
7级	5	全株基本枯死

再如，调查烟草花叶病毒病的发生情况时，其严重度分级标准依据《中华人民共和国烟草行业标准——烟草病害分级及调查方法》（YC/T 39—1996），可分为以下几级。

0级：全株无病。

1级：心叶脉明或轻微花叶，或上部1/3叶片花叶但不变形，植株无明显矮化。

2级：1/3～1/2叶片花叶，或少数叶片变形，或主脉变黑，或植株矮化为正常株高的2/3以上。

3级：1/2～2/3叶片花叶、变形或主侧脉坏死，或矮化为正常株高的1/2～2/3。

4级：全株叶片花叶，严重变形或坏死，病株矮化为正常植株高度的1/3～1/2。

为精确调查结果，在以上严重度分级标准的基础上，还可对分级标准加以细化，在1、2级之间增加1^+级，在2、3级之间增加2^+级，在3、4级之间增加3^+级，级别数分别记为1.5、2.5和3.5，具体如下。

1^+级：心叶脉明或轻微花叶，或上部1/3叶片花叶至轻微皱缩，植株无明显矮化。

2^+级：1/3～1/2叶片花叶、变形或主脉变黑，植株矮化为正常株高的2/3以上。

3^+级：1/2～2/3叶片花叶、变形或主侧脉坏死，植株矮化为正常株高的1/。

病情指数是全面考虑发病率与严重度两者的综合指标。若以叶片为单位，当严重度用分级代表值表示时，病情指数计算公式为

$$病情指数（\%）= \frac{\sum（各级病叶数 \times 各级代表值）}{调查总叶数 \times 最高一级代表值} \times 100$$

当严重度用百分率表示时，则用以下公式计算

$$病情指数 = 普遍率 \times 严重度$$

（3）损失率　　用于病害发生后对作物产量损失大小的估计。若病害的发病率与损失率一致，可以用发病率计算其损失率；若不一致，可在田间分别找有病的和无病的或发病轻重程度不同的植株进行产量比较。在品种、栽培条件相同的情况下，于无病区和病区取一定面积测产比较；或用防治方法使一部分植株不发病，然后和天然发病的植株进行比较；也可通过接种的方法使植株发病，然后和健株比较。计算损失率的公式为

$$损失率（\%）=（健株产量 - 病株产量）/ 健株产量 \times 100$$

$$损失率（\%）=（防治区产量 - 未防治区产量）/ 防治区产量 \times 100$$

（4）防治效果　　进行防治试验或测定药效时，往往要考查其防治效果。防治效果的计算可按照防治区与对照区的病情指数降低率进行比较。

病情指数降低率 = [（对照平均病情指数 − 处理平均病情指数）/ 对照平均病情指数] × 100%

二、植物病害的诊断

（一）诊断的意义

认识病害、掌握病害发生规律的目的是为了防治病害。植保工作者的职责是对有病植物做出准确的诊断鉴定，然后提出合适的防治措施控制病害的发生，减少因病害造成的损失。及时准确的诊断，采取合适的防治措施，可以挽救植物的生命和产量，如果诊断不当或失误（误诊），就会贻误时机，造成更大损失。

（二）田间诊断的目的

田间诊断的目的大致包括以下几方面：①确诊常见病害，给出病名和病原菌名称；②对于能确定病害类型，但不能断定病原菌的病害，需采集带有病征的标本，经室内显微检查后，予以确诊；③及时识别新症状或新病害，采集合格标本，做进一步研究或送专家鉴定。在做病害普查或检疫调查时，要特别注意寻找和发现新症状类型、新病害或新病原物。

田间诊断有严格的科学依据，按照一定的程序，在发病现场收集证据，综合判断得出结论。田间诊断又是一种技艺，需要经验积累，才能得心应手，运用自如。各种病害田间诊断的难易程度并不相同，应当区别对待，合理要求（表7-4）。也就是说，不能要求植保技术人员在田间识别所有病害，但要求能正确诊断常见病、多发病，不下有违常识的结论。对于部分细菌病害和多数病毒病害，难以通过田间诊断而确定病害或病原物名称，需要做进一步的检验和鉴定。但经过田间诊断，至少应确定是细菌病害或病毒病害。

表 7-4　各类病害田间诊断的难易程度

类别	症状特点	病害举例	注意事项
容易诊断的病害	有明显的特异性病征	黑粉病、煤污病、麦角病、稻曲病	同一种植物发生2种以上同属病原菌时，需进一步检查
	有明显的病征	锈病、白粉病、霜霉病、灰霉病、青霉病	同一种植物发生2种以上同属病原菌时，需进一步检查
	侵害多种寄主植物，表现相似症状	细菌性软腐病、紫纹羽病、白绢病、菌核病	
	表现变形、肿大、根癌、发根、丛枝、根结等增生性病变	根癌病、马铃薯癌肿病、毛根病、缩叶病、茶饼病、根结线虫病	同一种植物发生2种以上同属病原物菌时，需进一步检查
较易诊断的病害	在特定阶段，产生明显病征	麦类赤霉病、炭疽病、疫病、茄棉疫病、木材腐朽病	必要时镜检确认
	产生特异性病状	如因受叶脉限制表现角斑，多重轮纹、晕圈、沿叶脉产生放射状斑纹的病害	必要时镜检确认

续表

类别	症状特点	病害举例	注意事项
难以诊断，必须镜检或进行其他诊断	症状因环境条件、生育期或抗病性不同而变化	多种叶枯病、病毒病害	注意与非侵染性病害区分
	同一种寄主上，2种或多种病原物引起相似的症状者	多种叶斑病、枯萎病、根腐病、腐烂病、病毒病害、线虫病害，某些锈病、白粉病等	注意与非侵染性病害区分

注：仅限于当地已有分布且病原物已知的病害，新病害需另做鉴诊

（三）田间诊断的程序

病害的田间诊断通常按下述程序进行。

（1）做好准备工作　尽可能详细了解当地的自然条件、作物栽培管理情况、品种及其抗病性、已知病虫害种类与发生历史。阅读可用的参考资料，如病害名录、病害志、病害图谱、调查报告、论文等，对可能遇到的病害了然于胸。调查前还要制订方案，印制记载表格，备好手持放大镜、小刀、铲子、剪子、卷尺、标本采集用具等。

（2）询问了解相关情况　在诊断现场，可向农民和农技人员询问当地生态条件、栽培管理和病害发生情况。仔细查看了解病田立地环境，如地形、地势、土壤、沟渠、积水、光照等。了解历年和当年气象情况，注意发病前和发病期间有无天气异常。询问了解当茬作物的品种名称、种苗来源，以及耕作、播种、移栽、施肥、灌水、病虫防治等管理措施。检查植株生长发育、品种混杂、种植密度及虫害与杂草发生等情况。询问了解病害最早发生的时间和地点，了解前茬和邻作农作物的发病情况。

（3）查看病害发生分布样式　检查病株在田间的分布规律，有无发病中心和扩展现象；全田普遍发生还是局限于局部地段；病株分布是否与风向、流水、冻害、虫害有关；是否与某一管理措施有关；是否田边发病较重。检查田间是否有前作遗留的病残体，杂草是否发病。检查邻田或附近同一作物的发病情况，检查其他作物是否有同样的病害发生。查看病株为整株发病还是个别器官发病；是由病株顶部首先发病，还是基部首先发病；病害局限于一定部位或器官，还是由最初发病部位往周围扩展。若为全株发病，还要了解病株是突然萎蔫坏死，还是逐渐表现症状。

（4）检查病株症状　这是田间诊断的中心环节。检查病株各器官、各部位的异常表现，尽力寻找产生病征的标本，包括挖出根部，观察根部、根颈部的症状。对表现萎蔫症状的病株，还要用小刀横切或斜切根部或茎基部，检查维管束病变。尽量详细地检查、记载病状和病征类型，有助于判断是否同时发生几种病害，从而得出正确的诊断结论。若没有发现特异性症状，就要仔细与田块内或邻近田块同一品种正常植株比较，找出生长发育程度的差异。发现重要疫情或新病害时，除了如实记载外，还要拍照或录像。

（5）采集标本　在田间无法做出诊断结论时，要采集具有典型症状的新鲜标本，带回实验室，进一步检查病原物或送专家鉴定确认。

（6）给出诊断结果　对常见病、多发病，经田间诊断就可以得出诊断结论，给出病害名称和病原物名称。田间无法诊断的病害，可给出初步结果，待鉴定病原物后，再下诊断结论。在给出诊断结果时，通常还要提出防治建议。

（四）柯赫氏法则

柯赫氏法则（Koch's rule）又称柯赫氏假设（Koch's postulate），通常是用来确定侵染性病害病原物的操作程序。当发现一种不熟悉的或新的病害时，就应按柯赫氏法则的4步来完成诊断与鉴定。诊断是从症状等表型特征来判断其病因，确定病害种类；鉴定则是将病原物的种类和病害种类同已知种类进行比较，确定其科学名称或分类上的地位。例如，是侵染性病害或非侵染性病害，是真菌病害或是病毒病害等。有些病害特征明显，证据确凿，可直接诊断或鉴定，如霜霉病或秆锈病。但更多时候难以鉴定病原物的属种，如花叶病易识别，但由何种病原物引起则必须经详细鉴定比较后才能确认。

柯赫氏法则常用来诊断和鉴定侵染性病害，共4步：①在有病植物上常伴随有一种病原生物存在；②该微生物可在离体或人工培养基上分离纯化而得到纯培养；③将纯培养接种到相同品种的健株上，表现出相同症状的病害；④从接种发病的植物上再次分离纯培养，性状与原来的记录相同。

如果上述4步鉴定工作（即柯赫氏法则或证病律）得到确实的证据，就可以确认该微生物为目的病原物。但有些专性寄生物如病毒、植原体、霜霉菌、白粉菌和一些锈菌等，目前还不能在人工培养基上培养，可以采用其他实验方法来加以证明。因此，所有侵染性病害的诊断与病原物的鉴定都必须按照柯赫氏法则来验证。

柯赫氏法则同样也适用于对非侵染性病害的诊断，只是以某种怀疑因素来代替病原物的作用。例如，若要判断是因缺乏某种元素而发生病害时，可以对其补施该种元素，若症状得到缓解或消除，即可确认是该元素的作用。

（五）植物病害的诊断要点

植物病害的诊断，首先要区分是侵染性病害还是非侵染性病害。许多植物病害的症状有很明显的特点，一个有经验、观察仔细、善于分析的植病工作者是不难区分的。在多数情况下，得出正确的诊断需要做详细、系统的检查，而不能仅根据外表的症状。这两类病害的主要区别见表7-5。

表7-5　侵染性病害与非侵染性病害的主要区别

特点	侵染性病害	非侵染性病害
病因	由真菌、原核生物（细菌、植原体等）、病毒、类病毒、线虫及其他病原物侵染引起	与某种环境条件或栽培管理措施有关联。营养失调、环境污染、气象异常或遗传因素等都可引起
分布	不均匀，田间常有发病中心	均匀，多发生于范围相对固定的区域、植株或器官
传染性	有，可传染其他器官、植株和田块。有由少到多、由轻到重的发生过程	病因消失后不再发生
症状	有病状和病征（类病毒、病毒、植原体等无病征）	无病征
对防治药剂的反应	施用杀菌剂、杀虫剂（针对传毒介体）或杀线虫剂后可抑制发展	无作用
鉴定方法	镜检、血清学检查等病原物鉴定方法，接种试验	营养诊断、残留物分析、指示植物法或模拟试验等

1. 侵染性病害　由病原物侵染所致的病害，其特征是：病害有一个发生发展或传染的过程；在特定的品种或环境条件下，病害轻重不一；在病株的表面或内部可以发现病原物体

（病征），它们的症状也有一定的特征。大多数的真菌病害、细菌病害和线虫病害及所有的寄生植物，可以在病部表面看到病原物，少数要在组织内部才能看到，多数线虫病害侵害根部，要挖取根系仔细寻找。部分真菌、细菌病害，所有病毒病害和原生动物病害，在植物表面没有病征，但症状特点仍然是明显的。

（1）寄生植物引起的病害　　在有病植株上或根际可以看到其寄生物，如寄生藻、菟丝子、独脚金等。

（2）线虫病害　　在植物根表、根内、根际土壤、茎或籽粒（虫瘿）中可见到寄生线虫，或者发现有口针的线虫。线虫病的病状有：虫瘿或根结、孢囊、茎（芽、叶）坏死、植株矮化黄化、缺肥状。

（3）真菌病害　　大多数真菌病害在病部产生病征，或稍加保湿培养即可长出子实体。但要区分这些子实体是真正病原真菌的子实体，还是次生或腐生真菌的子实体，因为在病斑部，尤其是老病斑或坏死部分常有腐生真菌和细菌污染，并充满表面。较为可靠的方法是从新鲜病斑的边缘取组织进行镜检或分离，选择合适的培养基是必要的，一些特殊的诊断技术也可以选用。按柯赫氏法则进行鉴定，接种后看是否发生同样病害是最基本的，也是最可靠的一项技术。

（4）细菌病害　　大多数细菌病害的症状都有一定特点，初期有水渍状或油渍状边缘，半透明。病斑上有菌脓外溢，斑点、腐烂、萎蔫、肿瘤多为细菌病害的特征，部分真菌也可引起萎蔫与肿瘤。切片镜检有无喷菌现象是最简便易行又最可靠的诊断技术，但要注意制片方法与镜检要点。革兰氏染色、血清学检验和噬菌体反应也是常用的快速诊断和鉴定细菌病害的方法。

（5）菌原体病害　　菌原体病害的特点是植株矮缩、丛枝或扁枝，小叶与黄化，少数出现花变叶或花变绿现象。只有在电镜下才能看到菌原体。注射四环素以后，初期病害的症状可以隐退消失或减轻。菌原体对青霉素不敏感。

（6）病毒病害　　病毒病害的症状以花叶、矮缩、坏死为多见。无病征。撕取表皮镜检时有时可见内含体。在电镜下可见到病毒粒体和内含体。取病株叶片，用汁液摩擦接种或用蚜虫传毒接种可引起发病；用病毒汁液摩擦接种，在指示植物或鉴别寄主上可出现特殊症状。用血清学诊断技术可快速做出正确的诊断，必要时需做进一步的鉴定试验。

（7）复合侵染的诊断　　当一株植物上有两种或两种以上的病原物侵染时，可能产生两种完全不同的症状，如花叶和斑点、肿瘤和坏死，首先要确认或排除一种病原物，然后对第二种进行鉴定。两种病毒或两种真菌复合侵染是常见的，可以采用不同介体或不同鉴别寄主过筛的方法将其分开。柯赫氏法则是在鉴定侵染性病原物过程中始终要遵守的一条准则。

2. 非侵染性病害　　从病害植物上看不到任何病征，也分离不到病原物；往往大面积同时发生同一症状的病害；没有逐步传染扩散的现象等，此时可考虑是非侵染性病害。除了植物遗传性疾病之外，主要是不良的环境因素所致。不良的环境因素种类繁多，但大体上可从发病范围、病害特点和病史几方面来分析。下列几点可以帮助诊断病害病因。

1）病害突然大面积同时发生，发病时间短（只有几天），大多是由大气污染、三废（废水、废气和固体废弃物）污染或气候因素如冻害、干热风、日灼所致。

2）病害只限于某一品种发生，多为生长不良或有一致的系统性症状表现，多为遗传性障碍所致。

3）有明显的枯斑、灼伤，且多集中在某一部位的叶或芽上，无既往病史，大多是由不恰当地施用农药或化肥所致。

4）明显的缺素症状，多见于老叶或顶部新叶。

非侵染性病害约占植物病害总数的 1/3，植保工作者应该充分掌握对生理病害和非侵染性病害的诊断技术。只有分清病因，才能准确地提出防治对策，提高防治效果。

3. 症状在病害田间诊断中的作用　　症状是外在的病变，每一种病害都有其特定的症状，病害多根据其症状特点而命名。在学习各种病害和各类病原物时，都应首先了解其症状或致病特点。田间诊断不过是其逆向操作，即由症状特点推知病害和病原物。症状不仅是田间诊断的主要依据，而且采用各种实验室鉴定方法时，也要首先了解各种病害的症状特点。但是，症状受到植物、病原生物与环境之间互作的影响，复杂多变，与病害之间并非简单的对应关系，在诊断时应当辩证分析，综合判断。以下几点尤需注意。

（1）症状因品种抗病性、菌系或天气条件不同可能有较大的变化　　例如，小麦感染锈病时，在叶片形成大型褐色孢子堆，散出褐色粉末状物，但在高度抗病的品种上，只产生小型枯死斑点，没有或仅有微小的孢子堆。玉米镰刀菌茎基腐病的病株通常缓慢黄枯，但在天气适宜时急性青枯。棉花黄萎病病株叶片呈现黄绿相间的斑驳，但被落叶型菌系侵染后叶片萎垂脱落。

（2）一病多症（同菌异症）　　许多病原菌可以在植物不同生育阶段侵染不同器官，而表现多种症状，这不但给诊断，也给命名带来许多困难。例如，小麦根腐病在各种参考书中均指是由平脐蠕孢（*Bipolaris sorokiniana*）引起的病害，该菌固然可以引起小麦根腐，但生产上发生最普遍、最严重的症状却是叶斑、叶枯、穗腐与种子黑胚。试想，面对严重的穗腐，却诊断为"小麦根腐病"，会引起多少不必要的误解。

（3）同症异病（异菌同症）　　多种病原菌可能引起同一种植物的相同或相似症状。例如，禾谷镰孢（*Fusarium graminearum*）、黄色镰孢（*Fusarium culmorum*）、燕麦镰孢（*Fusarium avenaceum*）等都引起麦类赤霉病。在我国以禾谷镰孢为主，但在其他国家并不一定如此。此外，雪腐格氏霉（*Gerlachia nivalis*）也可引起与穗腐症类似的症状。异菌同症现象给田间诊断带来许多困难，即使是一个颇有经验的植保技术人员，异地诊病时，若不了解当地病害区系，也会犯错误。

（4）隐症现象　　少数病原物侵入植物后，并不产生表观症状，但植物长势衰弱，产量下降，品质变劣，如大蒜潜隐病毒（*Garlic latent virus*）、桃潜隐花叶类病毒（PLMVd）、禾草内生真菌等。多种病毒在高温条件下有隐症现象。

第二节　植物病害的预测

依据病害的流行规律，利用经验或系统模拟的方法估计一定时限之后病害的流行状况，称为预测（prediction）。由权威机构发布的预测结果，称为预报（forecast）。有时对两者并不做严格的区分，通称病害预测预报，简称病害测报。

能代表一定时限后病害流行状况的指标，如病害发生期、发病数量和流行程度的级别等称为预报（测）量，而据以估计预报量的流行因子称为预报（测）因子。当前病害预测的主要目的是作为防治决策的参考，辅助确定药剂防治的时机、次数和范围。

一、预测的种类

1. 按预测内容和预报量分类　　按预测内容和预报量的不同，可分为流行程度预测、发生期预测和损失预测等。

（1）流行程度预测　　为最常见的预测种类，预测结果可用具体的发病数量（发病率、严重度、病情指数等）进行定量表达，也可用流行级别定性表达，流行级别多分为大流行、中度流行（中度偏低、中等、中度偏重）、轻度流行和不流行，具体分级标准根据发病数量或损失率确定，因病害种类而异。

（2）发生期预测　　估计病害可能发生的时期。果树与蔬菜病害多根据小气候因子预测病原菌集中侵染的时期，即临界期，以确定喷药防治的最佳时机，故也称为侵染预测。对一种马铃薯晚疫病的预测是在流行始期到达之前，预测无侵染发生，发出安全预报，这称为负预测。

（3）损失预测　　也称为损失估计。主要根据病害流行程度预测减产量，有时还要考虑品种、栽培条件、气象因子诸方面的影响。在病害综合防治中，常引入经济损害水平（economic injury level）和经济阈值（economic threshold）等概念。前者是指造成经济损失的最低发病数量，后者是指应该采取防治措施时的发病数量，此时防治可防止发病数量超过经济损害水平，同时保证防治费用不高于因病害减轻所获得的收益。损失预测结果可用以确定发病数量是否已经接近或达到经济阈值。

2. 按预测的时限分类　　按预测的时限可分为长期预测、中期预测和短期预测。

（1）长期预测　　也称为病害趋势预测。其时限尚无公认的标准，习惯上概指一个季度以上，有的是一年或多年，多根据病害流行的周期性和长期天气预报等资料确定。预测结果只能给出病害发生的大致趋势，需要用中、短期预测加以订正。

（2）中期预测　　其时限一般为一个月至一个季度，多根据当时的发病数量或者菌量数据，作物生育期的变化，以及实测的或预测的天气要素进行预测，准确性比长期预测高，预测结果主要用于做出防治决策和做好防治准备。

（3）短期预报　　时限在一周之内，有的只有几天，主要根据天气要素和菌源情况进行预测，预测结果用于确定药剂防治适期。侵染预测就是一种短期预测。

二、预测的依据

预测病害流行的因子应根据病害的流行规律，从寄主、病原物和环境条件诸因子中选取。一般来说，菌量、气象条件、栽培条件和寄主植物的生育状况等是最重要的预测依据。

1. 根据菌量预测　　单循环病害的侵染概率较为稳定，受环境条件影响较小，可以根据越冬菌量预测发病数量。对于小麦腥黑穗病、谷子黑粉病等种传病害，可以检查种子表面带有的厚垣孢子数量，用于预测翌年田间发病率。对于麦类散黑穗病，则可检查种胚内带菌情况，确定种子带菌率，预测翌年病穗率。美国曾利用 5 月棉田土壤中黄萎病菌微菌核的数量预测 9 月棉花黄萎病病株率。菌量也可用于预测麦类赤霉病，为此需检查稻桩或田间玉米残秆上子囊壳的数量和子囊孢子的成熟度，或者用孢子捕捉器捕捉空中孢子。多循环病害有时也以菌量作为预测因子。例如，水稻白叶枯病病原细菌大量繁殖后，其噬菌体数量激增，可以测定水田中噬菌体数量，用以代表病原细菌菌量。研究表明，稻田病害严重程度与水中噬菌体数量呈高度正相关，可以利用噬菌体数量预测白叶枯病发病程度。

2. 根据气象条件预测　　多循环病害的流行受气象条件影响很大，且初侵染菌源不是限制因子，对当年发病的影响较小，因此通常根据气象条件预测。有些单循环病害的流行程度也取决于初侵染期间的气象条件，可以利用气象条件进行预测。例如，英国和荷兰利用"标蒙法"预测马铃薯晚疫病侵染时期，该法指出，若相对湿度连续 48h 高于 75%，气温不低于 16℃，则 14～21d 后田间将出现晚疫病的中心病株。又如，葡萄霜霉病菌，以气温为 11～20℃，并有 6h 以上叶面结露时间为预测侵染的条件。苹果和梨的锈病是单循环病害，每年只侵染一次，菌源为果园附近桧柏上的冬孢子角。在北京地区，每年 4 月下旬至 5 月中旬若出现多于 15mm 的降雨，且其后连续 2d 相对湿度高于 40%，则 6 月将大量发病。

3. 根据菌量和气象条件进行预测　　将菌量和气象条件的流行学效应综合，共同作为预测的依据，已用于许多病害预测。有时还把寄主植物在病害流行前期的发病数量作为菌量因子，用于预测后期的流行程度。我国北方冬麦区小麦条锈病的春季流行通常依据秋苗发病程度、病菌越冬率和春季降水情况进行预测。我国南方小麦赤霉病流行程度主要根据越冬菌量及小麦扬花灌浆期的气温、雨量和雨日数进行预测，在某些地区菌量的作用不重要，可只根据气象条件预测。

4. 根据菌量、气象条件、栽培条件和寄主植物的生育状况预测　　有些病害的预测除应考虑菌量和气象条件外，还要考虑栽培条件、寄主植物的生育期和生育状况。例如，预测稻瘟病的流行，需注意氮肥施用期、施用量及其与有利气象条件的配合情况。在短期预测中，若水稻叶片肥厚披垂，叶色墨绿，则预示着稻瘟病可能流行。在水稻的幼穗形成期检查叶鞘淀粉含量，若淀粉含量少，则预示穗颈瘟病可能严重发生。水稻纹枯病流行程度主要取决于栽植密度、氮肥用量和气象条件，可以得出流行程度因密度和施肥量而异的预测式。油菜开花期是菌核病的易感阶段，预测菌核病流行多以花期降雨量、油菜生长势、油菜始花期迟早及菌源数量（花朵带病率）作为预测因子。

此外，对于昆虫介体传播的病害，介体昆虫的数量和带毒率等也是重要的预测依据，如小麦黄矮病毒病、水稻普通矮缩病毒病等。

三、预测方法

可以利用经验预测模型或者系统模拟模型预测病害。当前应用较广泛的是经验式预测，这需要收集有关病情和流行因子的多年多点的历史资料，经过综合分析或统计，建立经验预测模型，用于预测。

综合分析预测法是一种经验推理方法，多用于中、长期预测。预测人员调查和收集有关品种、菌量、气象和栽培管理等方面的资料，与历史资料进行比较，经过全面权衡和综合分析后，依据主要预测因素的状态和变化趋势，估计病害发生期和流行程度。例如，北方冬麦区小麦条锈病冬前预测（长期预测）可概括为：若感病品种种植面积大，秋苗发病多，若冬季气温偏高，土壤墒情好，或虽冬季气温不高，但积雪时间长，雪层厚，而气象预报次年 3～4 月多雨，即可能发生病害大流行或中度流行。早春预测（中期预测）的经验推理为：如病菌越冬率高，早春菌源量大，气温回升早，春季关键时期的雨水多，将发生大流行或中度流行；如早春菌源量中等，春季关键时期雨水多，将发生中度流行甚至大流行；如早春菌源量很小，除非气候环境条件特别有利，一般不会造成流行；但如外来菌源量大，也可造成后期流行。菌源量的大小可由历年病田率及平均每 667m² 传病中心和单片病叶数目之比确定。

上述定性陈述不易掌握,可进一步根据历史资料制定预测因子的定量指标。例如,为预测小麦条锈病春季流行程度(表 7-6),对菌量和雨露条件做了定量分级。

表 7-6 小麦条锈病春季流行程度预测表(季良和阮寿康,1962)

菌量 (3月下旬至4月 下旬每 667m² 的病 点数)	4月水分条件		
	好	中	差
	雨露日 15d 以上,雨量 50mm 以上	雨露日 10~15d,雨量 15~40mm	雨露日 5d 以下,雨量 10mm 以下
大(10 个以上)	大流行	大或中度流行	中度流行
中(1~10 个)	中度或大流行	中度流行	轻度流行
小(1 个以下)	中度流行	轻度流行	不流行

数理统计预测法是运用统计学方法,利用多年多点历史资料建立数学模型,用于预测病害的方法。当前主要用多元回归分析、判别分析、聚类分析、主成分分析及其他多变量统计分析方法选取预测因子,建立预测式。此外,一些简易概率统计方法,如多因子综合相关法、列联表法、相关点距图法、分档统计法等也被用于加工分析历史资料和观测数据,用于预测。

在诸多统计学方法中,多元回归分析用途最广。现以 Burleigh 等提出的小麦叶锈病预测方法为例说明多元回归分析法的应用。他们依据美国大平原地带 6 个州 11 个点多个冬、春麦品种按统一方案调查的病情和一系列生物-气象因子的系统资料,用逐步回归方法导出一组预测方程,分别用于预测自预测日起 14d、21d 和 30d 以后的叶锈病的严重度。所用预测因子如下。

X_1:预测日前 7d 平均叶面存在自由水(雨或露)的时间(h)。

X_2:预测日前 7d 降雨量 ≥ 0.25mm 的时间(d)。

X_3:预测日叶锈病严重度的普通对数转换值。

X_4:预测日小麦生育期。

X_5:叶锈菌侵染函数,用逐日累积值表示。当日条件有利于侵染(最低气温 > 4.4℃,保持自由水 4h 以上,孢子捕捉数 1 个以上)时数值为 1,否则为 0。

X_6:叶锈菌生长函数(病菌生长速度的 $\sin^2$ 变换值)。

X_7:预测日前 7d 的平均最低温度。

X_8:预测日前 7d 的平均最高温度。

X_9:预测日前 7d 累积孢子捕捉数量的普遍对数转换值。

X_{10}:叶锈病初现日到预测日的严重度增长速率(自然对数值)。

X_{11}:捕捉孢子初始日到预测日的累积孢子数量增长速率(自然对数值)。

X_{12}:捕捉孢子初始日到预测日的累积孢子数量的普通对数转换值。

在利用计算机进行逐步回归计算的过程中,淘汰了对预测量作用不显著的自变量,得出与预测量相关性较高的各预测因子的多元回归方程,其一般形式为

$$Y = k + b_1 X_1 + b_2 X_2 + \cdots + b_n X_n$$

式中,Y 为预测量(严重度的对数转换值);$X_1, X_2, \cdots, X_n$ 为预测因子;$b_1, b_2, \cdots, b_n$ 为

偏回归系数,即各因子对流行的贡献,可用于衡量各因子作用的相对大小;k 为常数。最后根据各个回归方程的相关指数和平均变异量,选出 6 个用于冬小麦、4 个用于春小麦的最优方程。例如,预报 14d 后叶锈病严重度的预测式为

$$Y = -3.3998 + 0.0606X_1 + 0.7675X_3 + 0.4003X_4 + 0.0077X_6$$

回归方程是经验和观测的产物,它并不能表示预测因子与预测量之间真正的关系,所得出的预测式只能用于特定的地区。

病害的产量损失也多用回归模型预测。通常以发病数量及品种、环境条件等为预测因子(自变量),以损失数量为预测量(因变量),组建一元或多元回归预测式。

侵染预测的原理已在前面有所介绍,现已研制出装有芯片的田间预测器,可将有关的数学预测模型转换为计算机语言输入预测器,同时预测器还装有传感器,可以自动记录并输入有关温度、湿度、露时等小气候的观测数据,并自动完成计算和预测过程,给出药剂防治建议。

系统模拟预测模型是一种机制模型。建立模拟模型的第一步是把从文献、实验室和田间收集的有关信息进行逻辑汇总,形成概念模型,概念模型通过实验加以改进,并用数学语言表达即为数学模型,再用计算机语言译为计算机程序,经过检验和有效性、灵敏度测定后即可付诸使用。使用时,在一定初始条件下输入数据,使状态变数的病情依据特定的模型(程序)按给定的速度逐步积分或总和,外界条件通过影响速度变数而影响流行,最后打印出流行曲线图。

四、预测模型的建立

预测模型分为经验模型(empirical model)和机制模型(mechanistic model)。经验模型是把病害看作一个整体,以流行程度或损失程度等为因变量,以品种、栽培、气象等因素为自变量,建立模型进行预测。机制模型又称整体模型(holistic model),是把病害发展的整个过程分解为若干个子过程(如以流行过程为例,可分成侵染、潜育、产孢、传播等),建立各子过程中各有关因素和病害进展关系的子模型,再按生物学的逻辑把各子模型综合成病害预测模型。机制模型又称系统分析模型(system analytic model)或系统模拟模型(system simulation model),简称系统模型或模拟模型。

1. 预测模型建立的一般步骤

(1)明确预测主题 根据当地病害发生情况和防治工作的需要,结合有关病害知识,确定预测的对象、范围、期限和精确度等。

(2)收集资料 依据预测主题,大量收集有关研究成果、先进观念、数据资料、预测方法等。针对具体的生态环境和特定病害的发生特点,还需进行必要的实际调查或者试验,以补充必要的信息资料。

(3)选择预测方法,建立预测模型 根据具体病害的特点和现有资料,选择一种或者几种预测方法,建立相应的数学模型或其他预测模型。

(4)预测和检验 运用建立的模型进行预测,并根据实际情况检验预测结论的准确度,评价各模型的优劣。

(5)应用 在生产中进一步检验预测模型并不断改进。

2. 预测模型建立实例 以我国陕西省汉中地区小麦条锈病预测模型的建立为例,简要

介绍经验模型的建立过程。

（1）数据收集　　小麦生产中感病品种种植比例（X_1）、上年12月下旬秋苗病田率（X_2）和单位面积平均病叶数（X_3）、上年11~12月及次年1~5月的平均温度（X_4~X_{10}）和月降雨量（X_{11}~X_{17}）、早春病田率（X_{18}）、3月中旬病田率（X_{19}）和当年小麦条锈病流行程度（Y）。病害发生程度按照成株期病情指数分为5级：平均严重程度，1级≤5%，5%＜2级≤10%，10%＜3级≤20%，20%＜4级≤30%，＞30%为5级。其中降雨量和温度数据由汉中市气象局提供，其余数据由汉中市植物保护站提供。

（2）因子筛选　　对2001~2016年资料（表7-7）进行主导因子和逐步回归分析。结果表明与小麦条锈病发生程度相关性较强的因子包括小麦感病品种种植比例（X_1）、秋苗病田率（X_2）、秋苗单位面积平均病叶数（X_3）、1月平均气温（X_6）、上年11月降雨量（X_{11}）、早春病田率（X_{18}）、3月中旬病田率（X_{19}），均呈显著正相关（$P<0.10$）（表7-8）。

（3）预测模型的建立与检验　　以小麦感病品种种植比例（X_1）、秋苗病田率（X_2）、秋苗单位面积平均病叶数（X_3）、1月平均气温（X_6）、上年11月降雨量（X_{11}）、早春病田率（X_{18}）、3月中旬病田率（X_{19}）为自变量，以小麦条锈病发生程度（Y）为因变量，用前16年的资料进行多元线性回归，建立预测模型，方程参数拟合结果见表7-9，方程的方差分析结果见表7-10。得到的多元线性方程为

$$Y=-6.3547+0.0840X_1+0.0228X_3+0.6628X_6+0.0209X_{11}, \quad R^2=0.9687$$

建立的多元线性回归方程的决定系数是0.9687，概率是0.0001。对2001~2013年的资料进行模型验证，回测值与实测值拟合符合率为92.31%，平均相对误差为8.96%（表7-11）。

用已建立的多元线性回归方程对汉中市2014~2016年小麦条锈病发生程度进行预测，结果依次为2.93、3.21和1.92，与2014~2016年发生实际值3、3和2较吻合，预测结果符合率较高，有一定的实用价值。

对汉中市小麦条锈病16年历史资料的分析表明，小麦感病品种种植比例、秋苗单位面积平均病叶数、1月平均气温和上年11月降雨量是影响汉中地区小麦条锈病流行程度的主要因子，为汉中地区小麦条锈病的预测预报提供了理论依据。建立的预测模型预测效果较好，但该模型没有考虑其他因素，如小麦品种的抗病性和病原菌的致病性等在预测中的作用。

★ 复习思考题 ★

1. 简述柯赫氏法则在鉴定各类植物病害中的应用。
2. 各类植物病害田间诊断的要点是什么？
3. 为什么要强调植物病害测报调查规范？
4. 为了做好预测预报工作，如何收集和整理预测资料？
5. 进行植物病害预测预报的依据有哪些？
6. 建立预测模型的一般步骤是什么？

表 7-7　汉中市 2001~2016 年气象及小麦条锈病发生情况

年份	感病品种比例/%	秋苗病田率/%	秋苗单位面积平均病叶数/片	月平均气温/℃ 11月	12月	1月	2月	3月	4月	5月	降雨量/mm 11月	12月	1月	2月	3月	4月	5月	早春病田率/%	3月中旬病田率/%	发生程度
2001	86.90	0.00	0.00	7.32	4.57	3.31	6.51	12.27	14.50	20.53	37.5	14.9	13.5	5.9	0.4	26.3	58.8	0.00	4.30	4
2002	95.50	24.80	26.04	9.63	2.94	3.85	7.11	12.27	14.93	19.27	4.0	18.2	4.9	7.5	17.8	61.4	94.4	32.10	70.20	5
2003	94.50	1.09	0.02	9.07	3.64	3.35	6.46	9.77	14.97	20.40	5.1	12.5	8.2	13.3	15.7	34.7	87.0	16.30	24.50	4
2004	94.50	11.30	22.92	8.20	4.55	3.44	6.58	10.65	17.34	19.89	52.3	6.3	2.7	34.5	31.0	27.7	43.1	29.30	42.10	5
2005	93.40	40.30	10.90	8.99	4.55	2.55	4.42	10.87	18.38	20.72	70.5	30.7	2.7	6.8	7.9	24.3	115.1	60.00	65.00	5
2006	85.70	12.24	6.77	10.16	3.55	3.60	5.50	11.39	16.05	21.13	26.5	0.0	1.5	32.8	25.7	86.2	61.9	8.40	23.16	4
2007	79.00	13.51	9.60	10.86	3.93	2.99	7.91	11.05	16.43	22.68	16.7	2.9	2.8	18.5	35.8	24.8	68.3	11.30	14.11	3
2008	78.70	0.89	1.01	10.62	5.04	1.47	4.28	12.40	16.34	22.02	1.1	10.5	13.4	8.9	37.9	57.2	63.7	24.70	25.10	1
2009	71.50	21.64	101.10	9.30	4.57	2.98	7.84	11.28	16.02	19.59	49.0	0.7	0.3	19.6	28.3	34.2	104.8	23.50	38.50	5
2010	64.30	1.67	0.87	7.15	4.81	4.84	6.34	10.16	14.80	19.73	55.8	4.9	0.0	8.3	43.0	47.5	85.2	6.58	11.11	3
2011	70.10	0.61	0.07	8.87	4.24	1.59	5.89	9.07	18.02	19.98	11.9	5.4	0.5	10.7	35.5	17.8	168.8	0.17	0.17	1
2012	70.10	1.70	1.85	11.70	5.20	3.90	4.80	10.80	18.70	20.80	62.4	5.8	3.9	1.0	9.0	5.6	156.6	7.99	8.58	4
2013	69.70	1.00	0.50	8.60	4.60	1.87	6.20	11.81	15.80	20.80	20.8	3.9	0.1	1.6	13.7	46.2	108.6	0.21	2.31	1
2014	69.70	4.20	0.26	9.40	4.20	4.40	5.10	11.70	16.80	19.60	24.4	0.7	2.0	9.9	37.3	117.1	130.5	0.97	2.23	3
2015	70.00	0.00	0.00	10.30	3.80	4.40	6.70	12.00	17.20	20.90	36.7	0.7	9.4	10.1	22.1	152.2	146.8	1.78	3.25	3
2016	62.10	0.00	0.00	10.70	5.30	3.40	5.90	12.40	17.30	20.10	38.5	6.5	4.1	17.7	24.8	34.3	99.3	4.35	4.57	2

表 7-8　与小麦条锈病发生程度密切相关的因子

因子	与发生程度 Y 的相关系数	P 值
X_1	0.6150	0.0112
X_2	0.6448	0.0070
X_3	0.4920	0.0529
X_6	0.4810	0.0531
X_{11}	0.4591	0.0736
X_{18}	0.5546	0.0258
X_{19}	0.6749	0.0041

表 7-9　方程参数检验表

关键变量	回归系数	标准回归系数	偏相关	t 值	P 值
X_1	0.0840	0.6072	0.9581	9.4624	0.0001
X_3	0.0228	0.4036	0.9120	6.2880	0.0002
X_6	0.6628	0.4150	0.9031	5.9498	0.0003
X_{11}	0.0209	0.3226	0.8469	4.5051	0.0020

表 7-10　方差分析表

变异来源	平方和	自由度	均方	F 值	P 值
回归	28.3156	4	7.0789	61.8774	0.0001
残差	0.9152	8	0.1144		
总变异	29.2308	12			

表 7-11　小麦条锈病预测方程的回测值及误差

年份	实测值	回测值	拟合误差	相对误差/%
2001	4	3.9189	0.0811	2.0277
2002	5	4.8925	0.1075	2.1508
2003	4	3.9065	0.0935	2.3373
2004	5	5.4754	−0.4754	9.5083
2005	5	4.8995	0.1005	2.0108
2006	4	3.9348	0.0652	1.6294
2007	3	2.8277	0.1723	5.7443
2008	1	1.2729	−0.2729	27.2867
2009	5	4.9541	0.0459	0.9188
2010	3	3.4381	−0.4381	14.6034
2011	1	0.8348	0.1652	16.5243
2012	4	3.4623	0.5377	13.4417
2013	1	1.1827	−0.1827	18.2655

第八章 昆虫种群动态与预测

在生态系统中，昆虫是以种群的形式存在和适应环境变化的，由出生到死亡，由少到多，由盛到衰，这种昆虫种群数量在时间和空间上的变动就是昆虫的种群动态。昆虫种群动态一方面表现为数量的增减，另一方面表现为种群所占空间的收缩或扩张，无论数量的增减或空间的伸缩都离不开特定的时间条件。因此，种群的数量、空间与时间特征是种群存在的外部基本形式，也是种群变动的三个表现形式。以昆虫种群为单位，研究种群的数量波动及其范围，种群的发生与环境的关系及种群消长的原因，就是昆虫种群生态学。研究昆虫种群的结构及其在时间和空间上的发展趋势，可以阐明和预测昆虫数量在发生过程中变动的客观规律，是预测预报、害虫防治和天敌昆虫保护利用的重要理论基础。

第一节 昆虫的种群动态

一、种群的概念

种群（population）是指生活在一定空间内同种个体的集合体，是物种在自然界的表现形式。种群是一个物种的个体集合，但不是个体的简单叠加，而是同种个体通过种内关系有机组成的一个统一群体，个体具有出生（或死亡）、寿命、性别、基因型、繁殖、滞育等生物学属性，而种群具有出生率、死亡率、性比、平均寿命、年龄组成、基因频率、繁殖速率、种群密度，以及数量变动、空间分布、扩散迁移等属性。

种群的概念既有抽象的一面，也有具体的一面。种群生态学理论中的种群是抽象概念，而对某种具体昆虫而言，则是指具体种群，如某梨园中的梨木虱种群，某菜园中的菜青虫种群，某棉田中的棉铃虫种群。当从具体意义上应用种群的概念时，其空间和时间上的界限，一般是根据研究工作者的研究对象而划分的。例如，稻田中的稻飞虱种群为自然种群，而实验条件下人工饲养的稻纵卷叶螟则为实验种群。同一物种的不同种群在长期的地理隔离或寄主食物特化的情况下，会在生活习性、生理和生态特性，甚至在形态结构或遗传性上发生一定的变异。同种昆虫由于长期的地理隔离而形成的种群，称为地理种群，或地理亚种，或地理宗（geographical race），不同的地理种群在形态、发生规律上发生一些变异，但仍可以交配和繁殖后代。例如，棉铃虫在北纬40°以北的辽河棉区和新疆的大部棉区，每年发生3代；北纬32°~40°的黄河流域棉区和部分长江流域棉区，每年发生4代；北纬25°~32°的长江流域棉区，每年发生5代；北纬25°以南地区，每年发生6或7代。一般形成地理种群的地理区域距离是比较远的，在同一地理种群内，又可分为不同的生态种群，例如，在江苏，三化螟的山区种群和平原种群的发育时期不同，前者较后者提早2~3d。可见，种群是在一定环境条件下种的生态特性的表现。

因寄主食物的不同而形成的不同种群，称为食物种群或食物宗（寄主宗）。例如，栖息在榆树和菩提树上并以其为食的美国榆叶甲体型较大（7～8mm），而生活在山茱萸属植物体上的美国榆叶甲则体型较小（4～6mm），形成了两个不同的食物种群。

以上提到的都是单种种群，有时需要研究两种或两种以上的种群，特称为混合种群。例如，在研究害虫生物防治或综合防治时，需要考虑害虫与天敌等两种或两种以上种群的数量变动。

种群是物种存在的基本单位，在自然界中，门、纲、目、科、属等分类单位是学者按照物种的特征及其在进化过程中的亲缘关系来划分的，唯有种才是真实存在的，而种群则是物种在自然界中存在的基本单位。物种在自然界中能否持续存在的关键，在于种群是否能不断地产生新个体以替代那些消失了的个体。种群不仅是物种存在的基本单位，也是生物群落的基本组成单位。

二、种群基数估测方法

昆虫的种群基数（N）是指前一代或前一时期某一发育阶段（卵、幼虫、蛹或成虫）在一定空间的平均数量，是估测其下一代或后一时期种群数量变动的基础数据。应注意取样调查的准确性和代表性。

1. 总数量调查法　　采用计数的方法，调查一定空间范围内某种昆虫的全部数量，这种方法费时、费力，工作量大，如调查某果园中的全部苹果蠹蛾。

2. 取样调查法　　总数量调查比较困难，使用比较少。一般采用抽样调查法，即仅抽取统计种群内的一小部分数量，以此来估算总体的数量。取样调查的方法可以分为3类。

（1）样方法　　样方法是把欲调查的某种昆虫分布区域划分为若干样方，计数每个样方中的全部个体，然后将其平均数推广，以估计种群整体。样方形状可以是长方形、正方形、条带状或圆形，但必须具有良好的代表性，即样方的选择要通过随机取样来确定，而不能加入人为因素。例如，采用样方法估测棉田中棉铃实夜蛾的种群数量，可以把欲调查的棉田划分为一定数目的1m²样方，每个样方调查一棵棉株，若样方全部选择在棉田的边缘地带或中央区域，以此扩大估计整个棉田棉铃实夜蛾的种群数量，势必与棉铃实夜蛾种群的真实数量产生偏差。这是因为棉铃实夜蛾在棉田中的分布是不均匀的，是一种聚集分布。因此，选取样方时应注意掌握样方的代表性，使调查的结果能真实地反映昆虫的种群数量。

取得了一组样方的调查数据以后，对其统计求得算术平均值，以此估计整个种群的数量，并求得方差，判断调查数据的可靠性。

（2）标志重捕法　　在调查地段，捕获一部分个体进行标志，然后放回，经一定期限后进行重捕，根据重捕中标志数的比例，估计该地段个体的总数，该方法又称为标志回收抽样估计法，主要适合于一些活动性较强的昆虫，如黏虫、棉铃虫、金龟子、飞虱等。它依据的原理是如果用某些方法在调查的昆虫种群中标志了一定比例的个体，再将它们放回原来种群中，经完全混合后，再进行第二次抽样，第二次抽样中所获得的标志个体数，将在该次抽样种群总数中占同样的比例，这样即可根据释放的标志个体数、第二次抽样中捕捉的个体总数，以及其中再捕捉的标志个体数来估计该昆虫的种群总数。

某地段全部个体数记作N，其中标志数为M，再捕个体数为n，再捕中标志数为m，根据总数中标志的比例与重捕取样中比例相同的假设，就可以估计出N。

即 $N:M=n:m$

则 $N=\dfrac{M\times n}{m}$

例如，标志 100 只黏虫成虫，释放回玉米田中，再捕捉 60 只，其中有 6 只被标志，那么根据公式，该玉米田中黏虫总数为

$$N = M \times n/m = 100 \times 60/6 = 1000（只）$$

种群总数的 95% 置信区间的估计为

$$SE = N\sqrt{\dfrac{(N-M)(N-n)}{Mn(N-1)}} = 1000\sqrt{\dfrac{(1000-100)(1000-60)}{100\times 60(1000-1)}} = 375.69$$

即该玉米田中黏虫的总数在 1000±376，即 624～1376 只。这些较大的变异是昆虫种群研究中的特点。

显然，应用这种方法应满足 4 个假设：①标志个体在整个调查种群中均匀分布，标志个体和未标志个体都有同样被捕获的机会；②调查期间，昆虫迁入与迁出是相等的；③捕捉一次或多次并不影响昆虫以后被捕捉的机会；④再捕捉是在释放后马上进行，或者至少是在标志的个体死亡或离开以前进行，或者任何迁入的个体在进入此区前就要进行。

事实上，上述假设在自然界中实施是有一定困难的，因为有些受标志的个体有更高的死亡率，且有些标志物易于丢失，这些都会对结果的估计产生影响。而且标志的个体与未标志的个体混合需要一定的时间，这样从释放到再捕捉的时间就必须延长，这就需要以多次再捕捉来代替一次再捕捉，或以许多次的标志后，进行一次捕捉。

（3）去除取样法　　原理是：在一个封闭的种群里，由于连续捕捉使种群数量逐渐减少，因而花同样的捕捉力量所取得的效益（捕获数）就逐渐降低，但逐次捕捉的累积数将逐渐增大。因此，如果对逐次捕捉数/单位努力（作为 Y 轴）与捕获累积数（作为 X 轴）作图，就可以得到一个回归线。当单位努力的捕捉数等于零时，捕捉累积数就是种群数量的累计值，这可以通过延长回归线，到达与 X 轴相交的截距来完成，截距所表示的值就是种群数量（N）的估计值。

去除取样法也有两个假设：①每次捕捉时，对于每个昆虫受捕的概率是不变的；②在调查期中，没有出生，没有死亡，也没有迁入和迁出。

去除取样法也可用于处理标志重捕的数据，只要把每次捕获中已标志动物忽视不记，只记未标志动物就可以了。实际上，去除取样法是标志重捕法的一个简化。

三、种群的生态对策

生态对策（bionomic strategy）是种群在进化过程中，经自然选择获得的对不同栖境的适应方式，也称为生活史对策（life history strategy），是种群对生态环境适应能力的体现。这里所指的"对策"是表示生物体对于其所处生存环境条件的不同适应方式，而不是指生物本身有什么主观上的"谋略或策划"。生态对策是物种在不同栖息环境下长期演化的结果。生态对策的内容包括繁殖开始时种群的大小、年龄；与生殖生长、生存、逃避天敌等有关的能力；生产量多、体小的后代或生产量少、体大的后代间的繁殖能力的分配比例；繁殖能力在个体寿命中的时间分布以及迁飞或扩散能力等。昆虫种群的这种对策性的能力分配都有一定的协调性。例如，某一昆虫如果在生殖上耗去了大量能量，则必然不可能在生存

能力上分配大量能量；某一昆虫种群有很好的照顾后代的能力，其本身繁殖能力就相对较弱；迁飞性昆虫具有远距离迁飞的能力，但其生殖力就比居留型弱。因此，昆虫种群所采纳的某种对策也就是其生活史中各个方面能源物质的协调分配，但各个方面对于总的适应是有贡献的。

1. 生态对策的类型与特点　　昆虫的生态对策反映在昆虫身体的大小、繁殖周期（世代数）、生殖力、寿命、躲避天敌能力、迁飞扩散能力、分布范围等方面，以使其最大限度地适应环境和合理地利用能源。昆虫种群的大小和变化速度主要取决于昆虫种群的内禀增长率（r）和环境容量（K）。种群的内禀增长力是指在特定的环境条件下，具有稳定年龄组配的种群的最大瞬间增长速率。环境容量是指在食物、天敌等各种环境因素的制约下，种群可能达到的最大稳定数量。r 反映了昆虫种群的增长速率，K 反映了昆虫种群发展的最大范围。所以，当 K 值保持一定时，r 值的大小决定了种群消长的速率，r 值愈大，种群增长速率愈快，种群愈不稳定；当 r 值保持一定时，K 值的大小决定了种群允许发展的限度，K 值愈大，种群发展的范围愈大，种群愈趋向稳定。根据 r 值与 K 值的大小，通常将昆虫种群分为两个生态对策类型。

（1）K- 对策者　　K- 对策（K-strategy）是指 r 值较小，而相应 K 值较大，种群数量比较稳定，也就是说它们是以增大环境容量（K）来使种群维持旺盛，它们进化的方向是增强种间或种内竞争能力或称为增强"拥挤忍受度"，这样也就增大了环境的饱和容量。属于 K- 对策的生物称为 K- 对策者（K-strategist），它们常发生在环境比较稳定、资源比较丰富、灾害性气候较少的地区。属于此种类型的昆虫，一般个体较大，世代周期较长，一年发生代数较少，寿命较长，繁殖力较弱，死亡率较低，食性较为专一，活动能力较弱，常以隐蔽性生活方式躲避天敌。其种群水平一般变幅不大，一旦种群数量下降至平衡水平以下，在短期内不易迅速恢复。其中典型的昆虫种类如金龟类、天牛类、麦叶蜂、十七年蝉、舌蝇等。

（2）r- 对策者　　r- 对策者（r-strategist）类型的 r 值较大，K 值相应较小，种群数量经常处于不稳定状态，变幅较大，易于突然上升和突然下降。一般种群数量下降后，在短期内易于迅速恢复，属于此种类型的昆虫，一般个体较小，世代周期短，一年发生代数较多，寿命较短，繁殖力较大，食性较广，由于密度过高、食料不足而引起的死亡率通常很高。然而，极端的 r- 对策者却是例外，它们由于具有较灵活的转移习性，故可以调节本身的种群密度。当环境恶劣或食料不足时，它们可通过长距离的迁移，去寻找新的食源，从而摆脱种群密度过高的影响，减少死亡率。迁飞性昆虫及蚜虫、红蜘蛛等就是这一类的典型例子。当环境恶劣或食料缺乏时，蚜虫可由无翅型产生有翅型，进行迁飞扩散，红蜘蛛则可通过吐丝，随风传播。当然，个别种群在环境极端恶劣时，尤其是在人为因素的干扰下（如喷洒农药、水旱轮作等），死亡率很高，甚至会灭绝，但是作为这个物种的整体却是富有恢复活力的，如蚜虫类、螨类、沙漠蝗、棉铃虫、小地老虎、家蝇等。

实际上，生物的生态对策从 K- 对策型到 r- 对策型是一个连续的系统，称为 r-K 连续系统。在这个系统中，按照 K 类选择和 r 类选择的不同程度排列着各种各样的生物，除极端的 K- 对策型和极端的 r- 对策型外，存有许多过渡的中间型。所以这两种对策型的划分也是相对的。例如，在大的分类单位中，可把脊椎动物作为 K- 对策型，把昆虫作为 r- 对策型；蚜虫在昆虫中属于极端 r- 对策型，但在蚜虫类中，杏蚜和松蚜的体型大，繁殖力弱，就倾向于 K- 对策型。K 类与 r 类动物的特征比较见表 8-1。

表 8-1　K 类与 r 类动物的特征比较

特征	r 类动物	K 类动物
气候条件	可变的或不可变的，不确定的	稳定的或可测的，较为确定
死亡率	常是灾难性的，非直接的，非密度制约的	较为直接的，密度制约的
存活曲线	常为Ⅲ型	常为Ⅰ、Ⅱ型
种群大小	在时间上是可变的，不平衡的，通常小于 K 值，为群落中的不饱和部分，每年需要新移植	在时间上是稳定的，平衡的，常处于 K 值附近，在群落中处于饱和部分，不必重新移植
种内种间竞争	常松弛，可变	经常保持
选择有利性	（1）快速发育 （2）r_m 高 （3）生育提早 （4）体型小	（1）缓慢发育 （2）竞争能力强 （3）延迟生育 （4）体型大
寿命	短，常短于 1 年	长，常长于 1 年

注：r_m 为内禀增长能力，指在给定的物理和生物条件下，具有稳定年龄组配的种群的最大瞬时增长速率

2. 昆虫的生态对策和防治策略　　根据 K- 对策型和 r- 对策型各自的特点，制定针对农林害虫的防治策略。一般 r- 对策害虫繁殖力较强，大发生频率高，种群恢复能力强，许多种类扩散迁移能力强，常为暴发性害虫，虽有天敌控制，但在其大发生之前天敌的控制作用常比较小。故对此类害虫的防治策略应采取以农业防治为基础，化学防治与生物防治并重的综合防治。若单纯进行化学防治，由于此类昆虫的繁殖能力强，种群易于在短期内迅速恢复，特别是容易产生抗药性，因此往往控害效果不显著。但在大发生的情况下，化学防治可迅速压低其种群数量。应研究天敌昆虫的保护利用和释放，充分发挥生物防治的控制效应。

对 K- 对策型害虫，虽然其繁殖力和种群密度一般较低，但常直接为害农作物和林木的花、果实、枝干，造成的经济损失大。故对其防治策略应为以农业防治为基础，重视化学防治，荫蔽性、局部性施药，坚持连年防治，以持续压低种群密度。因其种群密度一旦被压低，即不易在短期内恢复；当其种群密度处于低水平时，应重视保护利用天敌，或进行不育防治或遗传防治，以彻底控害。

对于一些中间型的害虫，利用生物防治往往可以收到良好的效果，而不合理地利用化学防治很可能造成害虫的再猖獗。

目前，对昆虫生态对策的研究，尤其是将害虫的生态对策作为制定害虫防治策略的一项依据尚处于起始阶段。但是，随着对害虫和天敌昆虫种群生态对策研究的不断深入，害虫综合防治必将获得进一步发展。

第二节　农业昆虫的调查统计

一、昆虫田间分布型和取样方法

1. 昆虫田间分布型的概念　　种群是由个体组成的，且种群内个体的组合是有一定规律的。由于种群栖息地内生物环境（如种内和种间关系）和非生物环境（如气象、地形、土质

等）间相互作用的关系，种群常以一定的形式扩散分布在一定的空间内，这种形式称为种群的空间分布型（spatial pattern）。它揭示了种群个体某一时刻的行为习性与各环境条件的叠加影响，以及种群选择栖境的内禀特性和空间结构的异质性程度。种群的分布型不但因种而异，而且同一种内不同世代，同一世代的不同发育阶段，以及同一发育阶段的不同龄期、密度或环境等条件下的分布型也不同。若物种个体间相互吸引，则表现为聚集分布；若个体间相互独立，则表现为随机分布；若个体间相互排斥，则表现为均匀分布。研究种群的田间分布型，不仅有利于发展精确而有效的抽样技术，还可以对研究资料提出适当的数理统计处理方法，同时对了解昆虫种群的猖獗、扩散行为、种群管理均有一定的实际应用价值。

根据种群内个体聚集的程度和方式的不同，可把昆虫种群的空间格局分为随机型和聚集型两大类。在随机型中包括正二项分布和泊松分布，在聚集型中包括奈曼分布和负二项分布。

（1）随机型　种群内个体独立、随机地分配到可利用的生物资源中去，每个个体占据空间任意一点的概率是相等的，即种群内的个体相互之间是独立的，一个个体的存在位置不影响其他个体存在的位置，又分为以下两种类型。

1）正二项分布：又叫二项分布、均匀分布，是指指数为正的二项式展开后所得到的各项分布，其特点是种群内的个体在空间的散布是均匀的，分布比较稀疏，不聚集，个体间相互独立，无影响，$S^2/x \leqslant 1$，其中 S^2 和 x 分别表示方差和平均数。

2）泊松分布：该分布的特点是种群内个体在空间的分布是比较稀疏的，种群内个体间是相互独立的，即任一个体在某一抽样单位中出现与否与其他个体是否在该抽样单位中存在无关，其 $S^2/x=1\sim1.5$。当调查单位内实查数值增大时，一般指 $x \geqslant 16$ 时，可趋于正二项分布，如蝗螨在田间分布或一些捕食性天敌在种群密度偏低时的分布即属于该分布类型。

（2）聚集型　聚集分布是指昆虫个体因种种原因呈现的分布不随机性，这种不随机性的显著特点是稀疏不均，也分为两种类型。

1）负二项分布：又称嵌纹分布，是昆虫种群中最常见的一种分布，其特点是种群内个体间具有明显的聚集现象或环境条件的不均匀性，使种群个体呈现疏密相嵌，很不均匀的分布，如麦蚜、棉蚜等，种群内各个体在抽样单位中出现的机会不相等，S^2/x 通常为 $1.5\sim3.0$。

2）核心分布：又称奈曼分布，其特点是昆虫种群内的个体在栖息地里聚集为多个小集团，形成很多核心，这些核心的大小基本相等。在每一个抽样单位中，各个体群之间呈泊松分布，而个体群内的个体也呈泊松分布，种群内个体彼此间不是相互独立的，S^2/x 为 $1.5\sim3.0$。多数昆虫所产卵块孵化为幼虫后，如美国白蛾，自核心呈放射状蔓延时，属于这种分布。

2. 取样方法　由于人力、物力的限制，不可能在田间逐地逐株调查，只能抽查有代表性的田块、样点、植株，通过样本的计算可以得到总体的资料。昆虫种群和不同虫态在田间各有一定的分布型，并随地形、土壤、被害植物种类和栽培方式不同而有变化。研究昆虫种群的空间分布型，有助于制订正确的取样方法，对种群数量进行估计。根据昆虫在田间分布型的不同，应采用不同的取样方法。常用的取样方法有以下几种。

1）五点式取样：适于密集的或成行的植物及随机分布型昆虫的调查。可以面积、长度或植株数为取样单位。

2）对角线式取样：适于密集的或成行的植物及随机分布型昆虫的情况，又分为单对角线和双对角线两种。

3）棋盘式取样：适于密集或成行的植物及随机分布型或聚集分布型的昆虫、面积不大的菜园地或试验地。

4）分行式取样：又称平行线取样，在田间每若干行取一行调查，一般在短垄地块可用此法，如垄长，则在行内取点，适于成行植物及聚集分布型昆虫。

5）"Z"形取样：适于嵌纹分布型昆虫。例如，红蜘蛛常有寄主转移习性，从邻田作物或田边杂草移栖至田间，形成不均匀的嵌纹分布，可用此法取样。

二、田间虫情的表示方法

1. 数量法 凡是可数性状，调查后均可折算成某一调查单位内的虫数或植株受害数。例如，调查玉米螟卵块，折算成每 $667m^2$ 卵块数；调查棉红铃虫在籽花中的含虫数，折算为每千克籽花含虫量；调查植株上虫数常折算为百株虫量，如 15 头棉铃虫/百株棉株。

2. 等级法 凡是数量不宜统计的性状，可将一定数量范围划分为一定的等级，一般只要粗略估计虫数，然后以等级表示即可。例如，棉蚜蚜情划分等级为：0 级为每株 0 头，1 级为每株 1~10 头，2 级为每株 11~50 头，3 级为每株 50~100 头，4 级为每株 100 头以上。某天调查结果为 0 级 15 次，1 级 25 次，2 级 13 次，3 级 20 次，4 级 27 次，则该天棉蚜的虫情指数为

$$虫情指数 = \frac{\sum(各级值 \times 相应级的株数)}{调查总株数 \times 最高级数} \times 100\%$$

$$= \frac{0 \times 15 + 1 \times 25 + 2 \times 13 + 3 \times 20 + 4 \times 27}{100 \times 4} \times 100\% \approx 55\%$$

第三节　农业害虫的预测预报

害虫预测预报是估计害虫未来发生期、发生量、为害程度及蔓延扩散趋势，提供虫情信息和咨询服务的一种应用技术。预测预报以昆虫生态学、生物学、形态学、生理学的研究为基础，以数学和数理统计为基本分析方法，并使用一定的工具、仪器和设备，观察、研究害虫的发生发展与周围环境的变化规律，以期预先掌握害虫发生期的早迟、发生数量的多少、为害程度的轻重及分布范围的大小，在深入掌握害虫在一定时期和空间范围内数量变动规律的基础上，对未来的消长趋势、为害程度做出正确判断，从而为防治提供科学的依据。

一、预测预报的意义

1）通过测报，了解害虫的种类、分类、为害和发生规律。害虫的发生发展有其特定的规律性，其数量的变化都有一个从无到有，从少到多的过程。由于数量的变化，它们对作物的为害也呈现出从无到有、从轻到重的过程。害虫数量的变动、消长起伏与其所处的环境有着密切联系，如食物的数量和质量、天敌的作用、气候条件等，因此害虫数量的变化是可以预测的。

2）通过测报，可以掌握防治害虫的有利时机。例如，对食叶害虫而言，其数量的变化可划分为4个阶段，即初始发生阶段、增殖阶段、猖獗阶段和衰退阶段。各阶段能否实现，除与害虫本身的特性有关外，还严格受外界环境的制约。只有环境条件适宜、食物丰富时，害虫种群密度才有可能急剧增长，导致暴发成灾。防治工作一般是在大发生前的增殖阶段，在虫龄小、食量少、抗逆性差、为害轻微的时期进行，效果最好。

3）通过测报，对未来时期内害虫的发展趋势（发生期、发生量、分布范围、危害程度）做出准确的预测，以便制定正确的治理策略，把灾害控制在经济危害水平以下。

4）通过测报，使防治工作得以有目的、有计划、有重点地进行，从而达到有的放矢，确保作物健康生长和丰产丰收。

5）通过测报，可以了解田间天敌的种类及数量，搞好天敌资源的保护和利用，最大限度地发挥天敌的自然控制能力，以达到对害虫长期的可持续控制和避免环境污染、维护自然生态平衡的目的。

二、预测预报的类型

（1）发生期测报　　测报害虫的某一虫态、虫龄或世代的发生时间或为害时期，即预测害虫活动时期的早迟，以便确定防治的最适时期。

（2）发生量测报　　测报害虫种群的发生数量或虫口密度，以及种群数量的消长趋势，以便确定是否能造成灾害，是否需要防治。发生量的测报对指导防治决策具有重要作用，它与害虫经济阈值的研究密切相关。

（3）发生范围测报　　测报害虫的分布范围或发生面积，以及迁移扩散的方向等，以便确定防治的范围。

（4）危害程度测报　　是在研究害虫经济阈值的基础上，根据害虫种类、数量、环境条件等，测报害虫对作物（寄主）可能造成的危害程度和经济损失的大小，以便根据人们对农业生产的经济要求，制定害虫的经济损失水平和防治指标。为害程度的大小以轻（+）、中（++）、重（+++）表示。

三、预测预报举例

下边以发生期和发生量的预测说明预测预报的基本方法。

1. 发生期预测　　发生期预测是根据害虫当时的发育进度和各生态因子（特别是平均温度）的影响，参考历史资料，估计下一虫态或世代的发生时期，为适期防治提供参考。常将发生期分成始见期、始盛期、高峰期、盛末期、终见期，有时高峰期又可分为第一高峰期和第二高峰期等。预测方法可分为发育进度预测法、有效积温预测法、物候预测法、趋性预测法、回归统计预测法等。

（1）发育进度预测法　　根据实查的田间害虫发育进度，参照历史资料中各虫态或发育阶段的历期，结合当地气温等条件，推算其后某一发育期，包括下一虫态、幼虫某一龄期、下一世代等的发生期。期距为二虫态出现的时间距离或上下两世代同一虫态出现的时间距离。不同地区、季节、世代的期距差别很大，应以本地区常年数据为准，总结当地多年历史资料，作为预测发生期的依据。某一虫态出现的不同期之间的期距（如始见期、始盛期等）

也常用于某些害虫的短期预测。了解各虫态历期和期距的方法有以下几种。

1）田间调查：在害虫发生期内，从一虫态出现前开始调查，定点、定期调查各虫态（或幼虫的不同龄期）的出现时期和所占百分比，从而掌握各虫态的始期、始盛期、高峰期和盛末期。

2）诱集：用于能飞翔、迁移活动范围较大的成虫，利用趋光、趋化、产卵等习性诱集，如灯光诱虫、黄皿诱蚜、糖醋诱蛾、谷草把诱黏虫产卵等，可以逐日逐次记录诱到的虫种、虫态、性别、虫口数量，累积资料即可掌握发生期动态。

3）饲育：对田间难以观察的害虫或某一虫态，可在田间调查的基础上模拟自然条件进行饲育，如在江苏地区越冬棉红铃虫有三代滞育和四代滞育，对这两种情况的个体，都应分别采集、饲养，观察各虫态历期和期距。

发育进度预测法又可分为历期推算预测法或期距预测法。

1）历期推算预测法：历期是昆虫完成一定的发育阶段所经历的天数，由于物种的遗传特性，昆虫各发育阶段的历期是比较固定的。历期推算预测法首先要通过饲养观察或其他途径得到不同温度下各代各虫态的历期资料，然后在田间进行定点、定时的系统调查，掌握田间害虫种群动态。这种方法是在田间系统调查前一虫期发育进度（如孵化率、化蛹率、羽化率等，相应地分别达到16%、50%、84%时标志处于始盛期、高峰期、盛末期）的基础上，分别加上当时气温下该虫态的历期，便可预测后一虫态的始盛期、高峰期、盛末期的日期。例如，选择有代表性的稻田，调查第一代三化螟化蛹进度，从5月20日开始，隔天调查一次，记录幼虫和蛹数，计算化蛹率，列入表8-2中。

表8-2　第一代三化螟化蛹及羽化进度

调查日期（月/日）	5/20	5/22	5/24	5/26	5/28	5/30	6/1	6/3	6/5	6/7	6/9
化蛹进度/%	5.10	18.23	36.42	58.51	66.37	80.12	95.56	—	—	—	—
羽化进度/%	—	—	—	—	6.58	16.39	34.72	46.85	68.42	78.91	89.33

从表中可以看出，5月24日和26日的化蛹率分别为36.42%和58.51%，所以化蛹高峰期应在5月25～26日；5月30日和6月1日的化蛹率分别为80.10%和95.56%，所以化蛹盛末期在5月31日。然后，加上当时当地常年气温下的第一代三化螟的蛹历期（8d左右），就可推算出第二代三化螟的发蛾始盛期为5月30日，发蛾高峰期为6月2～3日，发蛾盛末期在6月8日。三化螟的实际发生时间与预测结果吻合，说明其短期预测准确性高。进一步加上相应的三化螟产卵前期和第二代卵的历期，就可分别推算出第二代三化螟产卵和孵化的始盛期、高峰期、盛末期。

2）期距预测法：期距预测法是在历期预测法的基础上发展起来的一种短、中期预测方法。所谓"期距"就是昆虫两个发育阶段之间相距的时间，它可以是世代与世代之间、虫期与虫期之间、两个始盛日之间、两个高峰日之间、始盛期与高峰期或盛末期之间相距的时间，还可以是一个世代内或相距两个世代间，或跨越世代或虫期，或为某种自然现象与害虫的某一时期之间的时间间隔，如害虫第一代灯下蛾高峰日与第二代灯下蛾高峰日之间的间隔。期距预测法是以害虫发育进度为基准的，根据前一虫态的发生期，加上相应的期距，推算出后一虫态的发生期，或根据前一世代的发生期，加上一个世代的期距，预测后一个世代同一虫态的发生期。

（2）有效积温预测法　　在害虫发生的适温季节中，温度是影响生长发育快慢的主导因素，可根据害虫某一虫期的发育起点温度和有效积温，结合近期气象预报，预测下一虫期的发生期。有效积温预测法是昆虫发生期预测的重要方法，其预测公式为

$$K = D(T - C)$$

移项得

$$D = \frac{K}{T - C}$$

式中，K 为某种昆虫完成某一发育阶段所要求的有效积温；T 为该发育阶段的平均温度，预测时可以根据气象预报或用常年同期的平均温度表示；C 为某种昆虫某一虫态的发育起点温度；D 为完成此发育阶段的天数，即预测的时间。

（3）物候预测法　　物候是各种生物现象出现的季节规律性，如某种害虫生长发育的阶段常与某种植物的一定生育期相吻合。大豆食心虫成虫发生期总与大豆结荚期相吻合，这是害虫与其寄主生育期的直接联系，物候预测可根据同一生境中某种植物或动物的某一生育期的出现而获知某一害虫某一虫期的出现，如哈尔滨地区榆钱落地时往往为黏虫蛾盛发期。某一地区总结出的发育期吻合现象未必适用于其他地区，而且注意害虫发生期之前的物候将更具实际意义。

2. 发生量预测　　害虫发生量的预测是根据当时害虫的发生动态和环境条件，参考历史资料，预测未来害虫种群数量的变化，确定是否进行防治，以及作为分析防治面积和防治次数的依据。由于影响害虫发生量的因素很多，因此发生量预测的研究进展远远落后于发生期预测。害虫发生量预测的常用方法包括有效基数预测法、气候图预测法、经验指数预测法、形态指标预测法和生理生态预测法等。

（1）有效基数预测法　　有效基数预测法是目前应用比较广泛的一种方法。它是根据上一世代的有效虫口基数、生殖力、存活率来预测下一代的发生量，对一化性害虫或一年发生世代数少的害虫的预测效果较好。预测的根据是害虫发生的数量通常与前一代的虫口基数有密切关系。基数越大，下一代的发生量往往也越大，相反则较小。在预测和研究害虫数量变动规律时，对许多害虫可在越冬后、早春时进行有效虫口基数调查，作为预测第一代发生量的依据。

根据害虫前一代的有效虫口基数推算后一代的发生量，常用以下公式计算其繁殖数量。

$$P = P_0 \left[e \frac{f}{m+f} (1-M) \right]$$

式中，P 为繁殖数量，即下一代的发生量；P_0 表示上一代虫口数量；e 表示每头雌虫平均产卵数；$\frac{f}{m+f}$ 为雌虫百分率，f 为雌虫数量，m 为雄虫数量；M 为死亡率（包括卵、幼虫、蛹、成虫未生殖前）；$1-M$ 为生存率，可用 $(1-a)(1-b)(1-c)(1-d)$ 表示，a、b、c、d 分别代表卵、幼虫、蛹和成虫生殖前的死亡率。

例如，某地秋蝗残蝗密度为 250 头/hm^2，雌虫占总虫数的 50%，雌虫产卵率为 80%，雌虫平均产卵 200 粒，越冬死亡率为 60%，预测来年夏蝗蝗蝻密度。

夏蝗蝗蝻密度 = 250 × 200 × 50% × 80% × (1-60%) = 8000（头/hm^2）

（2）气候图预测法　　自然界中温度和湿度总是综合作用于昆虫。不同温度、湿度组合对昆虫的死亡率、生殖力都有不同程度的影响，这就是气候图预测法的理论依据。各种昆虫

对温度和湿度的要求，都有一定的适宜范围，当处于适宜的温度、湿度条件下，种群数量就会迅速增加，否则就会受到抑制，因此可以用气候图来探讨害虫发生量与温度、湿度的关系，预测害虫的发生趋势。

气候图的绘制通常是以各月（旬）相对湿度（或总降水量）为横坐标，月（旬）平均温度为纵坐标，将各月（旬）湿度（降雨量）与同期的平均温度的组合绘成坐标点，然后用直线按月（旬）先后顺序将各坐标点连接成多边形，再把某种害虫适宜的温度、湿度范围方框在图上绘出，这样就可比较研究温度、湿度与害虫发生的关系。

（3）经验指数预测法　　经验指数是研究分析同一地区历年某种害虫种群发生密度与生物、气候的关系时，主要根据经验找出的影响害虫发生的主导因素，再将其应用于害虫的预测上。目前常用的经验指数预测法有温雨系数或温湿系数法、综合猖獗指数法和天敌指数法等。

1）温雨系数或温湿系数法：涉及的公式如下。

$$温雨系数(E) = \frac{P}{T} 或 \frac{P}{T-C}$$

$$温湿系数(Q) = \frac{RH}{T} 或 \frac{RH}{T-C}$$

式中，P 为月或旬总降雨量（mm）；T 为月或旬平均温度（℃）；C 为该虫发育的起点温度；RH 为月或旬平均相对湿度。例如，东亚飞蝗的发生动态与季节性温度、雨量的变化有一定关系，在长江下游地区得出了下列经验预测式。

$$\frac{T_5}{21} + \frac{80}{R_{4下\sim5上}} > 2 \quad 夏蝗可能大发生$$

$$\frac{T_5}{21} + \frac{80}{R_{4下\sim5上}} + \frac{240}{R_{7\sim8}} > 3 \quad 秋蝗可能大发生$$

式中，T_5 为 5 月平均温度，$R_{4下\sim5上}$ 和 $R_{7\sim8}$ 各为 4 月下半月和 5 月上半月以及 7～8 月的总降雨量。

2）综合猖獗指数法：它是将影响害虫密度的气候因子和害虫种群密度综合起来计算出的预测指数。例如，棉小绿盲蝽在关中地区蕾期的发生程度与 4 月中旬苜蓿田中每亩虫口数（P_4）、6 月总降水量（R_6）、6 月日照时数（S_6）有关。利用这些因子组建出综合猖獗指数（H）。

$$H = \frac{P_4}{10000} + \frac{R_6}{S_6}$$

当 $H > 3$ 时，棉小绿盲蝽在蕾期将严重发生；当 $1 < H < 2$ 时，将中等发生；当 $H < 1$ 时，将轻度发生。

3）天敌指数法：就是利用害虫的消长与天敌之间的一定关系进行预测。例如，华北棉区棉蚜种群数量消长与天敌种群数量消长关系很密切，分析当地历史资料中天敌数量及害虫数量动态，得出棉蚜消长和天敌指数的关系式为

$$P = x \Big/ \sum (y_i e_{yi})$$

式中，P 为天敌指数；x 为当时每株蚜虫数；y_i 为当时平均每株某种天敌的数量；e_{yi} 为某种

天敌每日食蚜量（根据实验室测定值，见表 8-3）；$\sum(y_i e_{yi})$ 为平均每株天敌食蚜量总和。华北棉区在一般情况下 P 值在 10 左右，天敌自然种群不能控制蚜虫，但当 $P \leqslant 1.67$ 时，则此类棉田天敌可在 4~5d 内将控制棉蚜，不需防治。

表 8-3　几种主要捕食性天敌的食蚜量

天敌种类	每日食蚜量/头	天敌种类	每日食蚜量/头
异色瓢虫成虫	120	龟纹瓢虫成虫	50
异色瓢虫幼虫	60	龟纹瓢虫幼虫	30
七星瓢虫成虫	120	大灰食蚜蝇幼虫	120
七星瓢虫幼虫	80	四条食蚜蝇幼虫	60

（4）形态指标预测法　环境条件对昆虫的影响都要通过昆虫本身（内因）而起作用。昆虫对外界环境变化的反应也可表现在形态结构和生理状态的变化上，这些变化可作为未来大量发生或将被抑制的指标，如虫体大小、色泽变化、脂肪含量、雌雄性比、抱卵量、翅型变化等。一般食料、气候条件适宜时，无翅蚜多于有翅蚜，短翅型飞虱多于长翅型飞虱。当这些现象出现时，就意味着种群数量即将扩大；反之，有翅蚜、长翅型飞虱的个体比例较多时，表示种群即将大量迁出。例如，当华北地区有翅棉蚜的成蚜、若蚜占总蚜量的 38%~40% 时，7~10d 后将有大量扩散迁移，原棉株或越冬寄主的蚜量将下降，而邻田棉株蚜量将上升。

★ 复习思考题 ★

1. 什么是昆虫种群？怎样对昆虫种群基数进行估测？
2. 昆虫种群生态对策的类型有哪些？其特点分别是什么？
3. 怎样根据昆虫的生态对策防治农业害虫？
4. 什么是昆虫田间分布型？其常见的分布形式有哪些？
5. 田间调查常用的取样方式有哪些？
6. 农业害虫的预测预报按照测报的要求分为哪几种？
7. 有效积温预测法的预测公式及其含义是什么？
8. 发育进度预测法分为哪两种方法？试举例说明。
9. 发生量预测主要有哪几种方法？简述其特点。
10. 有效基数预测法的预测原理是什么？说明其预测公式及其含义。

第九章 农业有害生物防治技术与策略

农业有害生物防治方法按其作用原理和应用技术，可分成五大类，即植物检疫、农业防治法、生物防治法、物理防治法和化学防治法。

第一节 植物检疫

每一种农作物的病、虫、杂草都有一定的地理分布范围，但也有远距离传播和扩大分布的可能。病、虫、杂草的传播途径主要有自然传播和人为传播两种。前者通过自身飞翔、爬行或随风力、流水等途径进行传播；后者主要通过植物种子和苗木、植物产品及其包装、运输工具等的调运来完成，是在人类活动的参与下进行的一种传播。人为传播的病、虫、草害在原产地一般常受到天敌的控制，发生较轻或大发生后能及时有效地得到控制，但传入一个新的地区后，如果环境和寄主等条件适宜，又无有效天敌控制，很容易造成猖獗为害。

植物检疫（plant quarantine）就是依据国家法规，对调出和调入的植物及其产品等进行检验和处理，以防止危险性病、虫、杂草人为远距离传播扩散的一种强制性防治措施。因此，植物检疫是一种保护性、预防性措施。

一、植物检疫的范围

根据检疫范围一般分为对外检疫和对内检疫两种。

1. **对外检疫** 也称国际检疫，是为了防止危险性病、虫、杂草传入国内或带出国外，由国家在沿海港口、国际机场及国际交通要道等处，设置植物检疫或商品检查站等机构，对出入口岸及过境的农产品等进行检验和处理。

2. **对内检疫** 也称国内检疫，是为了防止国内各省、自治区、直辖市之间由于交换、调运种子、苗木及其他农产品而使危险性的病、虫、杂草等传播并扩大蔓延。目的是将其封锁于一定范围内，并加以彻底消灭。国内检疫由各省、自治区、直辖市的植物检疫机构会同邮局、铁路、公路、民航等有关部门，根据各地人民政府公布的对内检疫对象名单和检疫办法进行。

二、确定植物检疫对象的原则

植物检疫对象是指检疫法或检疫条例所规定的防止随植物及其产品传播、蔓延的危险性病、虫、杂草。检疫对象是根据每个国家或地区为保护本国或本地区农业生产的实际需要和当地农作物病、虫、草害发生的特点而制定的。不同国家或地区所规定的检疫对象是不同的，但确定植物检疫对象的原则是一致的。第一，在经济上造成严重损失而防治又极为困难的危险性病、虫和杂草；第二，主要依靠人为传播；第三，国内或地区内尚未发生或分布不广。

我国农业上目前的检疫性有害生物名单见表9-1。

表9-1 全国农业植物检疫性有害生物名单（农业部，2009）

类别	序号	种类名称
昆虫	1	菜豆象［Acanthoscelides obtectus（Say）］
	2	蜜柑大实蝇［Bactrocera tsuneonis（Miyake）］
	3	四纹豆象［Callosobruchus maculates（Fabricius）］
	4	苹果蠹蛾［Cydia pomonella（Linnaeus）］
	5	葡萄根瘤蚜（Daktulosphaira vitifoliae Fitch）
	6	美国白蛾［Hyphantria cunea（Drury）］
	7	马铃薯甲虫［Leptinotarsa decemlineata（Say）］
	8	稻水象甲（Lissorhoptrus oryzophilus Kuschel）
	9	红火蚁（Solenopsis invicta Buren）
	10	扶桑绵粉蚧（Phenacoccus solenopsis Tinsley）
线虫	1	腐烂茎线虫（Ditylenchus destructor Thorne）
	2	香蕉穿孔线虫［Radopholus similes（Cobb）Thorne］
细菌	1	瓜类果斑病菌［Acidovorax avenae subsp. citrulli（Schaad et al.）Willems et al.］
	2	柑橘黄龙病菌（Candidatus Liberibacter asiaticus Jagoueix et al.）
	3	番茄溃疡病菌［Clavibacter michiganensis subsp. michiganensis（Smith）Davis et al.］
	4	十字花科黑斑病菌［Pseudomonas syringae pv. Maculicola（McCulloch）Young et al.］
	5	柑橘溃疡病菌［Xanthomonas axonopodis pv. Citri（Hasse）Vauterin et al.］
	6	水稻细菌性条斑病菌［Xanthomonas oryzae pv. Oryzicola（Fang et al.）Swings et al.］
真菌	1	黄瓜黑星病菌（Cladosporium cucumerinum Ellis & Arthur）
	2	香蕉镰刀菌枯萎病菌4号小种（Fusarium oxysporum f.sp.cubense race 4）
	3	玉蜀黍霜指霉菌［Peronosclerospora maydis（Racib.）Shaw］
	4	大豆疫霉病菌（Phytophthora sojae Kaufmann & Gerdemann）
	5	内生集壶菌［Synchytrium endobioticum（Schilb.）Percival］
	6	苜蓿黄萎病菌（Verticillium albo-atrum Reinke & Berthold）
病毒	1	李属坏死环斑病毒（Prunus necrotic ringspot ilarvirus）
	2	烟草环斑病毒（Tobacco ringspot nepovirus）
	3	黄瓜绿斑驳花叶病毒（Cucumbergreen mottle mosaic virus）
杂草	1	毒麦（Lolium temulentum L.）
	2	列当属（Orobanche spp.）
	3	假高粱［Sorghum halepense（L.）Pers.］

第二节 农业防治法

农业防治（cultural control）是在农田生态系统中，利用和改进耕作栽培技术，调节有害生物、寄主及环境之间的关系，创造有利于作物的生长发育，而不利于病、虫、鼠、草生长发展的环境条件，从而控制有害生物的发生和为害，保护农业生产。它是有害生物综合治理的基础措施。

一、农业防治法的具体措施

1. **建立合理的耕作制度** 耕作制度的改变会引起相应的农田生态条件和生物群落组成的变化。这些变化可导致某些有害生物危害减轻，而另一些有害生物危害加重。

（1）合理布局　农作物的合理布局，不仅有利于充分利用土壤肥力、光照和其他环境资源，提高农作物的产量，而且可以创造不利于害虫发生的环境，抑制害虫的大发生。例如，在棉田周围种植苜蓿，利用苜蓿的适时刈割，造成天敌向棉田转移，控制棉花害虫的发生。

（2）轮作　对于有害生物，特别是土传病害和单食性或寡食性害虫，轮作可以起到破坏循环链、恶化营养条件的作用，例如，东北实行禾本科作物与大豆轮作，可抑制大豆食心虫发生；不少地区实行稻麦轮作，可抑制地下害虫发生。轮作年限和轮作方式因防治对象不同而异。一般病害轮作2～3年，有的需要长期轮作才能起到控制作用。通常，水旱轮作是最理想的轮作方式。

（3）间作套种　间作套种也能利用生物食物的选择性差异，恶化其营养条件，如有些地区实行棉麦间作套种、棉蒜间作，可大大减轻棉田的害虫为害。但若间作套种不当，有可能加剧害虫为害，如棉花和芝麻间作易造成叶螨大发生。

各地自然条件和作物种类不同，种植方式和耕作制度也很复杂，各种耕种措施对不同防治对象的影响不尽一致。因此，必须根据当地具体情况，兼顾丰产和防治病虫害的需要，建立合理的耕作制度。

2. **加强栽培管理** 通过合理的播种期、优化水肥管理和调节环境因素等栽培措施，创造适宜于作物生长而不利于病、虫、草发生与繁育的条件，减少其危害。

（1）合理播种　播种期、播种深度和种植密度均对控制病虫害的发生有着重要影响。早稻过早播种，易引起烂秧；冬小麦过迟或过深播种，延长出苗时间，增加小麦秆黑粉病菌和小麦腥黑穗病菌的侵染机会；冬小麦过早播种，随后土壤温度逐渐升高将有利于小麦纹枯病菌的侵染和病害在秋苗上的发展蔓延，导致发病加重；水稻过度密植，造成田间过早封行，通风透光不良，湿度高，有利于水稻纹枯病发生。适当调节播期也能躲避某些害虫为害。例如，在新疆伊犁地区，常用调节油菜播种期，来避开蓝跳甲对子叶期的为害；在内蒙古巴彦淖尔市，将杂交向日葵的播种期由5月10～20日推迟到5月25日至6月5日，有效降低了向日葵花盘的受害率。

（2）使用无病虫种苗　许多植物病害的病原物，如水稻白叶枯病菌、水稻干尖线虫、小麦散黑穗病菌、棉花枯萎病菌、大豆花叶病毒、甘薯黑斑病菌、马铃薯X病毒等，经种苗携带而传播扩展。使用无病种苗对有效防治这类病害至关重要。采取精选无病种薯、薯苗药剂处理和二次高剪苗等措施，可控制甘薯黑斑病的发生。许多植物病毒通过营养繁殖器官传播，但通常植物茎尖生长点分生组织不带病毒。利用茎尖脱毒技术，即在无菌条件下切取茎尖进行组织培养，得到无病毒试管苗，再进行扩繁，便获得无毒苗，可用于生产。已通过茎尖组织培养获得了无病毒的甘薯苗和草莓苗等。

（3）合理施肥与灌溉　　合理施肥是作物获得高产的有力措施，同时在控制病虫害上有多方面作用。例如，施用氮肥过多，往往会加重稻瘟病和稻白叶枯病发生，而氮肥过少，则有利于稻胡麻斑病的发生；施用未腐熟的有机肥会招引金龟子、种蝇产卵，加重其危害。水的管理不当，会造成田间湿度过高，有利于病原真菌和病原细菌的繁殖和侵染，诱发多种病害。合理灌、排水不仅可以改善农作物营养条件，提高抗寒及补偿能力，还可直接减轻病害发生，同时也能加速虫伤的愈合，或恶化土壤害虫生活条件，以及直接杀死害虫等，如灌水可以杀死土壤中棉铃实夜蛾蛹等。

（4）深耕土地与晒田　　深翻土地能改变土壤的生态条件，抑制有害生物的生存。将原来在土壤深层的病、虫、杂草种子翻至地表，破坏了潜伏场所，通过日光曝晒或冷冻致死；有些原来在土壤表层的病、虫、杂草种子被翻入深层，使其不能出土而死。例如，棉铃实夜蛾蛹原在表层土壤4～6cm处的蛹室越冬，冬季深翻可能破坏其蛹室，使蛹损伤而大量死亡。深翻使大多数一年生杂草种子不能萌芽出土，从而起到除草作用。

（5）调节环境条件　　在温室、塑料棚和苗床等保护地栽培条件下，根据不同病虫害的发生规律，合理调节温度、湿度、光照和气体组成等，创造不利于病原物和害虫传播与发生的生态条件。例如，采用高温闷棚可防治黄瓜霜霉病等多种大棚内蔬菜病害，方法是在晴天中午密闭大棚，使棚内温度迅速上升至45℃，保持2h后放风降温，隔3～5d重复1次。

（6）清洁田园　　即通过深耕灭茬、拔除病虫株、铲除发病中心和清除田间病残体等措施，减少病虫基数，从而达到减轻或控制病虫害的目的。在作物生长期，及早拔除病株，可减少水稻恶苗病菌对穗部的再侵染，从而减少翌年的初侵染菌源；及时摘除病叶和老叶，可减轻油菜菌核病和玉米大斑病的危害；及时发现并铲除发病中心，可有效地延缓水稻白叶枯病的流行。作物收获后彻底清除、集中深埋或烧毁遗留在田间的植物残体，铲除田间杂草，可减少病虫的越冬或越夏基数，这一措施对多年生作物或连作作物尤为重要。玉米螟幼虫在玉米秸秆、苍耳等杂草茎秆内越冬，清除和销毁村边、田间、地头杂草和残留玉米秸秆，是减少当年第一代玉米螟成虫发生最有效的措施之一。

3. 选育和利用抗病、抗虫品种　　选育和利用抗病、抗虫品种是防治植物病虫害最经济、有效和安全的措施。在我国，许多大范围流行的重要病虫害，如小麦秆锈病和条锈病、玉米大斑病和小斑病、棉铃实夜蛾、玉米螟等，均是通过大面积推广种植抗性品种而得到控制的。对许多难以运用其他措施防治的病害，特别是土壤传播的病害和病毒病等，选育和利用抗病品种可能是唯一可行的控病途径。

选育抗性品种的方法很多，包括选种、杂交、引种、诱发突变、嫁接等，最常用的是品种间杂交。随着科学技术的发展，现代生物技术被广泛应用于抗病育种工作，如单倍体育种、体细胞杂交、体细胞抗病变异体的筛选和利用，以及通过基因工程技术获得转基因抗病虫植株等。例如，将编码植物病毒的外壳蛋白基因导入植物细胞中，获得能有效抑制侵染病毒复制的转基因植株。这些转基因植株在大田试验中表现出一定程度的抗病毒病能力。目前，我国已获得抗病毒的烟草、马铃薯和苜蓿等植株。在抗细菌病害和真菌病害方面也取得明显进展。一些转基因的棉花、烟草抗虫品种已在我国大面积生产推广，并表现出了良好的抗虫效果。

二、农业防治法的优缺点

农业防治法的优点：①节省人力、物力和财力。农业防治法在绝大多数情况下是结合必要的栽培管理技术措施进行的，不需要增加额外的人力、物力和财力。②有利于保持生态平衡。农业防治法对其他生物和环境的破坏作用最小，基本不产生明显的不良影响。③对害虫的发生具有预防作用，符合植保工作方针。农业防治法大多是从预防的角度出发，加之措施多样化，能从多个方面对有害生物的发生起到抑制作用。④易于被群众所接受，防治规模大。

农业防治法的缺点：①有些防治措施与丰产要求有矛盾，或与耕作制度有矛盾。②一些农业防治法所采用的具体措施地域性、季节性比较强，防治效果表现缓慢或不十分明显，特别是在病虫害大发生时往往不能及时大面积推广，及时解决问题。

第三节 生物防治法

生物防治法（biological control）是利用有益生物及其代谢产物防治有害生物的方法。在自然界中，生物之间是相互依存、相互制约而存在的，通过取食和被取食的关系联系在一起，使生物之间保持着一个动态的平衡，这是生物防治的理论依据。早在公元 304 年，我国就开始利用黄猄蚁（*Oecephylla smaradina*）防治柑橘害虫，并沿用至今。1888 年美国从澳大利亚引进澳洲瓢虫（*Rodolia cardinalis*），成功控制了柑橘吹绵蚧（*Icerya purchasi*）的严重为害，是害虫生物防治史上的一个里程碑。1919 年，Smith 提出"通过捕食性、寄生性天敌昆虫及病原菌的引入、增殖和散放，来控制另一种害虫"的传统生物防治概念。

近年来，通过有益微生物对病原物造成各种不利影响来防治植物病害发生、发展的生物防治发展很快。其原理包括：①抗菌作用（antibiosis）是指一种生物通过其代谢产物抑制或影响另一种生物的生长发育或生存的现象。抗菌作用在自然界普遍发生，真菌、细菌和放线菌等均可产生抗生素。例如，绿色木霉（*Trichoderma viride*）产生的抗生素对茄丝核菌（*Rhizoctonia solani*）等多种病原物具有抑制作用。②竞争作用（competition）是指两个或两个以上的微生物之间争夺空间、营养、氧气和水分等的现象。其中，以空间竞争和营养竞争最重要。前者是指有益微生物对植物表面空间，尤其是对病原物侵入植物的位点的争夺和占领，使病原物难以侵入，如枯草芽孢杆菌对大白菜软腐病菌（*Pectobacterium carotovorum* subsp. *carotovorum*）侵入位点的占领；后者是指有益微生物对植物分泌物和植物营养体等的争夺，使病原物因得不到足够的营养物质而丧失对植物的侵染能力或不能存活，如草生欧文氏菌（*Erwinia herbicola*）对梨火疫病菌（*E. amylovora*）的抑制作用。③重寄生作用（hyperparasitism）是指植物病原物被其他微生物寄生的现象。这种寄生物即重寄生，有真菌、细菌、线虫和病毒等。被寄生病原物可以是病原真菌、病原细菌和植物线虫等。生物防治中利用最多的是重寄生真菌，如哈兹木霉寄生立枯丝核菌等。④交互保护作用（cross protection）是指植物在事先接种一种弱致病力的微生物后不感染或少感染强致病力病原物的现象。交叉保护可发生在同种真菌或细菌的不同菌株间或同种病毒的不同株系间，也可发生在不同种甚至不同类的病原物之间，如用烟草花叶病毒（Tobacco mosaic virus）弱毒株系接种，可防治番茄花叶病毒强毒株系的侵染。

此外，还有溶菌作用（lysis）和捕食作用（predation）等。前者是指植物病原真菌和细菌的芽管细胞或菌体细胞消解的现象，有自溶性溶菌和非自溶性溶菌之分。后者是指土壤中的一些原生动物、线虫和真菌捕食真菌的菌丝和孢子、细菌或线虫的现象。目前，已在耕作土壤中发现了百余种捕食线虫的真菌，有些捕食性真菌已商品化生产。

生物防治不仅利用传统的有益昆虫、病原微生物和其他有益动物，还包括辐射不育、人工合成激素及基因工程等新技术、新方法。

一、生物防治的途径

1. 保护利用自然天敌昆虫和有益动物、微生物　　在自然界中，各种害虫的自然天敌昆虫和捕食动物、有益微生物种类很多。天敌昆虫可分为两大类，即捕食性天敌昆虫和寄生性天敌昆虫。常见捕食性天敌昆虫如蜻蜓、螳螂、猎蝽、刺蝽、花蝽、草蛉、瓢虫、步行虫、食虫虻、食蚜蝇、胡蜂、泥蜂等；常见寄生性天敌昆虫如寄生蜂类和寄生蝇类等；常见其他捕食动物如各种鸟类、蜘蛛及捕食螨类、青蛙、蟾蜍等。有益微生物可以是细菌、真菌、放线菌和病毒等各种微生物。

采取各种保护措施促进自然天敌种群的增长，以增强其对农业有害生物的自然控制能力。例如，选用对天敌杀伤力小的农药防治害虫；麦棉间、套种，并用选择性农药防治小麦上的害虫，以利于天敌增殖和向棉田转移；棉田种植油菜诱集天敌；果园内种植一些寄生性天敌的蜜源植物；用巢箱招引大山雀、灰喜鹊等栖息，以啄食一些林木害虫等。

利用微生物影响或抑制病原物的生存和活动，降低病原物的数量，从而控制植物病害的发生与发展。有益微生物广泛存在于土壤、植物根围和叶围等自然环境中。根据植物、病原物和有益微生物生长发育所需的环境条件和营养等的差异，采取适当的栽培方法和措施，改变土壤的营养状况和理化性状。例如，向土壤中添加作物秸秆、腐熟的厩肥、绿肥等，使之有利于植物和有益微生物而不利于病原物的生长，从而提高自然界中有益微生物的数量和质量，达到减轻病害发生的目的。又如，在大白菜播种前覆盖地膜提高土温，可以使土壤中芽孢杆菌的数量上升，从而减轻大白菜软腐病的发生。

自然条件下对病原物生长发育不利、使病害发生很轻或不发生的土壤称为抑病土（disease suppressive soil）。将抑病土与病土混合，可使病土获得抑病能力。连作可诱发抑病土，如连作小麦3～5年后，小麦全蚀病田土壤可成为抑病土，病害逐渐减轻。

2. 人工繁殖（培育）与田间释放天敌、有益微生物　　当本地天敌的自然控制力量不足时，尤其是在害虫发生前期，可在室内人工大量繁殖和田间释放天敌，以控制害虫的为害。例如，在玉米田或果园释放赤眼蜂，防治玉米螟或苹果卷叶蛾等；在温室内释放丽蚜小蜂防治温室白粉虱；在果园中释放草蛉防治蚜虫等。

从植物体或土壤等处分离得到的或经人工诱变或遗传工程改造获得的有益微生物，经培养或发酵，制成生物防治制剂后施用于植物，以获得防病效果。例如，将细菌生防制剂以一定方式均匀涂布于植物种子和苗木等繁殖材料表面的方法称为种子细菌化。也可用生防制剂处理土壤，或均匀喷布于植物体，防治植物病害。生防制剂还可与杀菌剂、肥料混用，以提高防效。例如，将木霉剂与堆肥混用，可防治多种土传病害；将哈兹木霉（*Trichoderma harzianum*）与瑞毒霉混用，可防治辣椒疫病（*Phytophthora capsici*）等。

3. 天敌的引种驯化　　有些有害生物在当地缺少有效天敌，可从外地或外国引种，通过人工培养繁殖，进行防治害虫的试验、示范和推广，这往往有一个驯化适应的过程。近百年来，国际上引进天敌的事例很多。1888年从澳大利亚将澳洲瓢虫引入美国防治柑橘吹绵蚧，此后，苏联、新西兰、中国等40多个国家或地区相继引进，都获成功。1926~1930年，苏联由意大利引进苹果绵蚜小蜂（*Aphelinus mali*），抑制了苹果绵蚜（*Eriosoma lanigerum*）的猖獗发生。1956~1957年，美国从印度和巴基斯坦引进印巴黄蚜小蜂（*Aphylis melinus*）防治柑橘红圆蚧（*Aonidiella aurantii*）取得很大成功。1953年，湖北省从浙江省引入大红瓢虫（*Rodolia rufopilosa*）防治柑橘吹绵蚧，后又被四川、福建、广西等省（自治区）引入，均获得成功。宁夏通过引进银狐，成功地控制了草原鼠害的大发生。

4. 病原微生物的利用　　引起昆虫和鼠类疾病的微生物有真菌、细菌、病毒、原生动物及线虫等多种类群，许多已经在生产中广泛应用。例如，苏云金杆菌、白僵菌、球形芽孢杆菌、蝗虫微孢子虫等，应用固体或液体培养基发酵，大量生产粉剂、液剂、乳剂等剂型，防治鼠、虫害。我国已建成日产棉铃实夜蛾幼虫5万头，年产30 000kg棉铃实夜蛾病毒杀虫剂的工厂4座。昆虫病原线虫也能够进行工厂化批量生产，并在桃蛀果蛾、木蠹蛾等害虫的防治中取得了很好的效果。

5. 利用激素防治有害鼠、害虫　　利用激素防治有害生物是生物防治的一种新途径。国内外对多种昆虫激素进行了分离、结构测定及人工合成，并对一批重要农林害鼠、害虫进行了防治试验，取得了不少成果。目前已开发出多种产品，并进入商业应用。其中研究和利用较多的主要是保幼激素和性外激素。

（1）保幼激素的应用　　保幼激素的活性很高，很少量就可达到良好的防治效果。自1967年美国成功合成了天蚕蛾保幼激素后，保幼激素研究进展很快，现已合成了5000多种保幼激素类似物，其中ZR-777对菜缢管蚜、麦长管蚜、棉蚜、落叶松球蚜，ZR-515对麦蚜，RO-3108对梨圆蚧、柑橘盾蚧、棕色卷蛾、舞毒蛾等均表现了良好的试验防治效果。

（2）性外激素的应用　　性外激素又称性信息素，具有很强的诱集能力，并且有高度专化性。在生产上，通过大量设置性外激素诱捕器来诱杀田间害虫。通常是诱杀大量雄虫，通过降低雌虫交配率来控制害虫。此外，还可以利用性激素干扰雌雄交配，从而使下一代虫口密度急剧下降。近几年，我国在利用性诱剂控制金纹细蛾、棉铃实夜蛾等害虫的为害上取得了一定成效。此外，梨小食心虫、棉褐带卷蛾、苹果蠹蛾、白杨透翅蛾、桃蛀果蛾、亚洲玉米螟、二化螟、棉红铃虫、小地老虎等30多种昆虫的性信息素已被用于虫情测报，对指导防治发挥了重要作用。

利用鼠类性外激素的引诱作用，抑制繁殖、警报信息等是控制鼠害的有效措施之一。例如，将含有性外激素的尿撒布于毒饵周围，可大大提高老鼠对毒饵的摄食率，借以控制鼠类的数量和危害。

6. 不育原理及其应用　　利用辐射源或化学不育剂处理鼠、虫，破坏鼠、虫的生殖腺，杀伤生殖细胞，或者用杂交方法改变鼠、虫的遗传特性等，造成不育个体，大量释放这种不育个体，使之与野外自然个体进行交配从而导致后代不育，经过累代释放，使鼠、虫种群数量逐渐减少，最终导致种群绝灭。

20世纪50年代国外采用辐射技术育成不育性螺旋蝇，释放后成功防治了螺旋蝇，引起世界各国的广泛注意,此后又在防治地中海实蝇和苹果蠹蛾方面获得了显著防治效果。

二、生物防治法的优点及局限性

生物防治法的优点:①对人畜及农作物安全,不杀伤天敌及其他有益生物,不会造成环境污染,收到较长期的控制效果。②对鼠类等敏感性和警觉性强的有害生物不容易出现拒食反应,避免产生抗药性。③能通过鼠、虫种群内的相互接触及媒介传播,使病原扩散和长期保存。④天敌资源丰富,利用途径多,一般费用较低。

生物防治也有局限性和不足:①对有害生物的毒杀作用较缓慢,范围较窄,防治效果较差。②一般不容易批量生产,常受到储存、运输的限制。③受环境、气候等因素的影响较大。

第四节 物理防治法

物理防治(physical control)是利用各种物理因子、人工或器械清除、抑制、钝化或杀死有害生物的方法,包括捕杀、诱杀、拒避、阻隔和汰除、趋性利用、温湿度利用、热力处理等及激光照射等新技术的应用。方法一般简便易行,成本较低,不污染环境,既可用于预防害虫,也能在害虫已经发生时作为应急措施,还可与其他方法协调进行。

1. 种子汰除和浸种、漂洗　　汰除是根据病、健种子的质量和形态的差异,清除混杂于种子中的病原物。根据不同病害,可采用筛选和风选等方法或汰除机械除去病原物,也可用清水、盐水或泥水等漂除病原物。汰除法能去除小麦粒线虫虫瘿、小麦腥黑穗病菌菌瘿、小麦赤霉病菌病粒、油菜菌核病菌菌核和大豆菟丝子种子等,还能同时消除种子中的大量秕粒,有利于防病增产。

2. 诱集灭杀鼠、虫　　利用害虫的趋光性、趋化性和其他一些习性进行诱杀。例如,利用夜蛾、螟蛾、金龟甲等成虫的趋光性进行黑光灯诱杀,特别是利用高压荧光灯(高压汞灯)诱杀棉铃实夜蛾,在其大发生时,能有效降低田间落卵量;利用蚜虫等对银色的负趋性,在田间铺设银灰色膜带以驱避蚜虫;利用蚜虫、白粉虱等对黄色的趋向,可在田间设置黄皿或黄板,进行测报或防治;利用一些害虫的趋化性,对栖息和越冬场所的要求,以及在植物上产卵、取食等的趋性进行诱杀。例如,常用半萎蔫的杨树枝叶诱集棉铃实夜蛾成虫;在诱蛾器皿内置糖醋液,加适量杀虫剂,可诱杀多种夜蛾科成虫;用马粪诱集蝼蛄;用谷草把诱集黏虫产卵;树干缚草等可诱集一些林果害虫越冬等。上述方法都是诱集和杀灭害虫行之有效的方法。

3. 阻隔分离　　根据害虫的活动习性,人为设置障碍,阻止其扩散蔓延和为害。例如,果实套袋可有效阻止果树食心虫产卵和幼虫蛀害;树干涂胶、涂白,可防止一些害虫产卵为害;在瓜秧的根茎周围铺砂或废纸,可防止黄守瓜产卵;在粮堆表面覆盖草木灰、糠壳或惰性粉,可阻止贮粮害虫的侵入;利用虫体与谷粒体积和相对密度不同,采用过筛或吹风等措施使粮、虫分离等。利用具有特殊颜色或特殊物理性质的材料驱避传毒介体昆虫,减轻某些病毒病的发生。例如,用银灰色或白色薄膜覆盖西瓜田驱避蚜虫,可减少田间传毒蚜虫的数量，减轻西瓜病毒病的发生。

4. 嫌气处理 针对大多数植物病原物好氧的特点，采用一定的方法，使病原物得不到所需氧气而死亡。例如，石灰水浸种防治麦类作物黑穗病，就是利用生石灰在水面形成的碳酸钙膜能隔绝空气，使种子内外携带的病原物窒息；增加大棚 CO_2 含量，可提高熏杀剂的杀虫效果等。

5. 高、低温处理 利用寄主和病原物耐热能力的差异，采用一定温度处理植物材料，钝化或杀死病原物，或防止病原物的侵入。

（1）温汤浸种 即用热水处理种子和无性繁殖材料。选择适宜的温度和处理时间，保证能有效杀死病原物和害虫而不损害植物。例如，用 55℃的温汤浸种 30min，对水稻恶苗病有较好的防治效果。防治棉花枯萎病，可用 55～60℃的 402 抗菌剂 2000 倍液浸闷棉籽 30min。

（2）蒸汽消毒 用 80～90℃的热蒸汽处理温室和苗床的土壤 30～60min，可杀死绝大多数病原物。

（3）高温或低温灭虫、菌 休眠期的植物繁殖材料可应用较高的温度（35～54℃）进行热力除虫、菌。例如，将感染马铃薯卷叶病毒的马铃薯薯块在 37℃处理 25d，即可生产出无病毒的植株。用开水浸烫豌豆或蚕豆种，25～30s，然后在冷水中浸数分钟，可杀死里面的豌豆象或蚕豆象，而不影响种子发芽。在北方也可利用自然低温杀死贮粮害虫。例如，在冬季寒冷干燥的天气，打开粮仓向阴的窗户，使冷空气进入，将仓温降低到 3～10℃，对一般贮粮害虫都有杀伤作用。禾谷类粮食在入仓前曝晒，对贮粮害虫有致死作用。

（4）高温愈伤 块根和块茎等收获后采用高温愈伤处理，可促进伤口愈合，以阻止部分病原物或一些腐生物的侵染与危害。例如，甘薯薯块在 34～37℃处理 4d，可有效防止甘薯黑斑病菌的侵染。

6. 利用人工或器械捕杀 利用器械灭鼠是最原始也是很有效的办法，器械有鼠夹（包括板夹、弓形夹）、捕鼠笼、捕鼠箭、捕鼠套和电子捕鼠器、粘鼠胶等。利用人工或器械捕杀害虫的方法也很多，如人工抹卵或捏杀老龄幼虫。根据金龟甲等的假死性进行振落捕杀；围打有群集习性的蝗蝻；冬季或早春刮树皮消灭一些越冬害虫等。

此外，应用辐射能直接杀死病原菌、害虫，或使害虫生殖生理系统紊乱而不育。核辐射在一定安全剂量范围内有灭菌作用，一般用于处理贮藏期的农产品和食品，达到防腐保鲜的目的。常用的 $^{60}Co\text{-}\gamma$ 射线穿透力强，成本低。例如，用 1250R（伦琴）的 $^{60}Co\text{-}\gamma$ 射线照射玉米种子，可杀死玉米种子中的细菌性枯萎病菌；用 γ 射线、红外线、激光等物理技术灭虫。

第五节 化学防治法

化学防治（chemical control）就是利用化学药剂防治有害生物的方法。所使用的化学药剂称为农药（pesticide）。化学防治法在病、虫、鼠、草的综合防治中占有相当重要的位置。

一、农药的主要类别

农药品种很多，作用范围很广，按不同角度可对农药进行分类。

（一）根据作用范围分类

1.杀虫剂（杀螨剂）　用于防治害虫的药剂称为杀虫剂。许多杀虫剂兼有杀螨作用，所以一般兼有杀螨作用的杀虫剂也称为杀虫杀螨剂。专门用于杀螨的化学药剂称为杀螨剂。大多数杀虫剂不能防治植物病害，但少数品种兼有杀虫和防病作用。在所有的化学农药中，以杀虫剂的种类最多，用量最大。

按原料来源及成分，杀虫剂又可分为下列类别。

（1）无机杀虫剂　主要由天然矿物质原料加工、配制而成，故又称矿物性杀虫剂，如磷化铝、白砒。

（2）有机杀虫剂　主要由碳、氢元素构成，且大多数可用有机化学合成方法制得。目前所用的杀虫剂绝大多数属于这一类。又分为天然有机杀虫剂和微生物杀虫剂。前者包括植物性杀虫剂，如烟草、除虫菊、鱼藤、印楝等；矿物油杀虫剂，主要是指由矿物油类加入乳化剂或肥皂加热调制而成的杀虫剂，如石油乳剂等。后者主要是指用微生物体或其代谢产物所制成的杀虫剂，如 Bt 乳剂、白僵菌粉剂等。

（3）人工合成有机农药　即用化学手段合成的可作为杀虫剂的有机化合物。按其功能基团或结构核心又可分为有机氯、有机磷、有机氮和有机硫杀虫剂等。

按作用原理及作用方式可将杀虫剂分为胃毒、触杀、熏蒸、内吸、拒食、驱避、引诱、不育和生长发育调节剂。

1）胃毒剂：昆虫吞食药剂后引起的中毒作用。药剂被吞食到达中肠后通过肠壁进入血腔，并随血液流动很快传至全身，引起中毒。

2）触杀剂：通过害虫体表的接触，从表皮及气孔或附肢等部位进入虫体。

3）熏蒸剂：药剂以气体形式通过昆虫的呼吸系统进入虫体而发挥中毒作用。

4）内吸剂：药剂施用到植物体上后，先被植物体吸收，然后传导至植物体的各部，害虫吸食植物的汁液后即可中毒。

5）拒食剂：可影响害虫的味觉器官，使其厌食或宁可饿死也不取食，最后因饥饿逐渐死亡，或因摄取营养不够而不能正常发育。

6）驱避剂：施用于被保护对象表面，依靠其物理、化学作用（如颜色、气味等）使害虫不愿接近或发生转移、潜逃现象，从而达到保护寄主植物的目的。

7）引诱剂：使用后依靠其物理、化学作用（如光、颜色、气味、微波信号等）可使害虫聚集而利于消灭。

8）不育剂：使用后使害虫丧失繁殖能力，虽能与田间正常的个体交配，但不能繁殖后代。

9）生长发育调节剂：对害虫的生长发育起控制和调节作用的一类化学物质，如保幼激素类似物和蜕皮激素类似物等。

2.杀菌剂　杀菌剂主要是指用来防治植物病害的药剂。从作用机制上又可分为以下几类。

1）保护剂：在病原物侵染植物前，使用药剂杀死病原物或阻止其侵入。化学保护一般有两条途径：一是对接种体来源施药，消灭或减少侵染源；二是对植物或农产品施药，保护植物不受侵染。

2）治疗剂：在病原物已经侵染植物后，对植株施药，药剂通过改变寄主的代谢及其对病原物的反应，或钝化病原物产生的毒素，影响病原物的致病过程，直接杀菌或抑菌，从而减轻发病，使寄主恢复健康。化学治疗又分为局部治疗、表面治疗和内吸治疗。局部治疗是指将药剂施用于植物发病部位，以铲除病菌、减轻病害，如冬季刮除苹果树干上的腐烂病疤后，涂抹杀菌剂治疗；表面治疗是指用药剂处理植物表面，以杀死在表面生长的病原物；内吸治疗是指药剂渗透进入植物体内并传导到远离施药点的部位，抑制植物体内组织中的病原物。

3）免疫剂：使用药剂后，可诱导寄主植物细胞内原有的抗性基因表达，产生对病原物的高水平抗性。例如，噻瘟唑本身对稻瘟病菌无杀死和抑制作用，但进入植物体内后可诱导植株产生植物保卫素，使水稻抵抗稻瘟病菌的侵染。

3. 杀线虫剂　　杀线虫剂是一类防治植物线虫的药剂。以前的杀线虫剂多具有熏蒸作用。近年来发展的杀线虫剂多兼有杀虫作用，如呋喃丹，既是内吸杀虫剂，也是内吸杀线虫剂。一些有机磷杀线虫剂，如除线磷、除线特，均为强触杀性药剂。

4. 除草剂　　除草剂是用于防治杂草和有害植物的药剂，也称杀草剂或除莠剂。

根据除草剂的作用方式可分为触杀型除草剂和内吸型除草剂。前者不具内吸性，只引起植物接触到的部分组织受到破坏而枯死，如五氯酚钠等。后者能内吸并在植物体内传导，破坏植物正常的生理机能，使植物死亡，如 2, 4-D 等。

根据除草剂的用途可分为灭生性和选择性两种，前者对植物没有选择性，可除灭一切植物，主要用于非耕地，清除路边、场地、森林防火带的杂草、灌木等；后者只对某些科属植物有毒杀作用，对其他科属植物无毒或毒性较低。这类选择性杀草剂品种很多，使用广泛，如敌稗能杀死稗草但对水稻无害。

灭生性和选择性只是相对而言的，根据用量和方法不同，同一种药剂也可以是选择性的，也可以是灭生性的。

5. 杀鼠剂　　杀鼠剂是毒杀鼠类的药剂。一般都是胃毒剂，可分为无机杀鼠剂和有机杀鼠剂。前者如磷化锌，后者如安妥、敌鼠等。按毒杀的速度可分为急性杀鼠剂（如安妥）和慢性杀鼠剂（抗血凝剂），如杀鼠灵（warfarin）。

抗血凝杀鼠剂的特点是作用缓慢，鼠类需连续几天多次取食才能累积中毒致死。这类低浓度毒饵，由于药剂作用缓慢、中毒症状不明显，不会引起鼠类拒食，符合鼠类的摄食行为，灭鼠效果优于急性杀鼠剂，又能减少其他动物及人畜中毒机会，现在广为使用。开发使用的抗血凝杀鼠剂主要有香豆素类（coumarin rodenticide）和茚满二酮类（indandione rodenticide），前者如杀鼠灵、杀鼠迷、大隆等，后者如敌鼠、氯敌鼠等。

6. 植物生长调节剂和农用抗生素　　植物生长调节剂是可以促进或抑制植物的生长、发育，或可以提高植物的蛋白质、糖类含量，或可以增强植物的抗逆能力的化学物质。一般根据用途不同可分为脱叶剂、催熟剂、催芽剂、抑芽剂、保鲜剂等，如萘乙酸、赤霉素、缩节胺等。

农用抗生素是一类由微生物产生的次级代谢物，在低浓度时能抑制植物病原物的生长和繁殖。现在，农用抗生素的作用已由抗植物病害发展到用于杀虫、除草、抗病毒病和作为植物生长调节剂。农用抗生素的来源已由原来只由微生物生产，发展为人工模拟合成或结构改造为半人工合成的产物。例如，井冈霉素能防治水稻纹枯病，青雷霉素能防治稻瘟病，杀虫菌（avermectin）能防治多种害虫和害螨。

（二）根据农药的毒性分类

药剂的毒性是指对人、畜等高等动物的毒害作用。毒性大小常以大白鼠口服急性致死中量 LD_{50} 表示，单位为 mg（药剂）/ kg（体重）。药剂的 LD_{50} 值越小，毒性越大；LD_{50} 值越大，则越安全。根据 LD_{50} 值的大小，可将杀虫剂分成以下几类。

1）特毒杀虫剂：又称极毒杀虫剂，大白鼠口服急性 LD_{50} 值≤ 1mg/kg。

2）高毒杀虫剂：大白鼠口服急性 LD_{50} 值在 1～50mg/kg。

3）中等毒性杀虫剂：大白鼠口服急性 LD_{50} 值在 50～500mg/kg。

4）低毒杀虫剂：大白鼠口服急性 LD_{50} 值在 500～5000mg/kg。

5）微毒杀虫剂：大白鼠口服急性 LD_{50} 值在 5000～10 000mg/kg。

6）实际无毒杀虫剂：大白鼠口服急性 LD_{50} 值＞10 000mg/kg。

二、农药的主要剂型

目前使用的化学农药多为有机合成农药。有机合成药剂的剂型主要有下列几种。

1. 粉剂（DP） 为喷粉或撒粉用的剂型，是一种微细的粉末，粉粒直径在 100μm 以下。粉剂中除原药外，还有填充料。例如，2% 的杀螟松粉剂，除含有 2% 的有效成分外，其余都是填充粉。

2. 可湿性粉剂（WP） 为喷雾用的剂型，也是一种微细的粉末，粉粒的直径在 74μm 以下。除原药外，还有湿润剂及填充粉。可湿性粉剂的药效期比粉剂长，黏着力也较强。

3. 乳剂或乳油（EC） 为喷雾用的剂型。有机合成农药的乳剂主要包括三种成分，即原药、有机溶剂和乳化剂。乳剂加水后即形成乳状液，然后喷雾。乳剂中因含有油类物质，故其黏着性及渗透性均较强，因而其药效持久，杀虫作用也较强。

4. 水剂或水溶性剂（AS） 水溶性药剂可不经加工直接制成水剂，使用时加水即可，如 25% 杀虫脒水剂。水剂农药成本低，但不耐贮藏，湿润性差，残效期也较短。

5. 颗粒剂（GR） 把药剂加工成粒径为 0.25～1.5mm 的颗粒状。颗粒剂的组成有两部分，即农药和载体。颗粒剂也可用土法自制，其载体可选用沙子、黏土、炉灰渣及锯末等，先用 30 目及 60 目筛筛出载体，然后喷上农药或混拌农药即成，可用以防治玉米螟、地下害虫等。

6. 缓释剂（BR） 一种新的剂型，是用物理或化学方法把原药储存于药剂的加工品中，使毒性可控制地、缓慢地释放出来，而起到杀虫作用。例如，一种微粒胶囊剂就是缓释剂，它是在农药微粒的外面包上一层塑料外衣，胶囊很小，一般为 40～50μm，也可根据需要而定。

7. 烟剂（FU） 用杀虫剂原药、燃料（如木屑粉、淀粉等）、氧化剂（又称助燃剂，如氯酸钾、硝酸钾等）、消燃剂（如陶土、滑石粉等）制成的粉状混合物（细度全部通过 80 目筛）。有效成分因受热而气化，在空气中受冷却又凝聚成固体微粒（直径一般为 1～2μm），可沉积在植物体上，对害虫有良好的触杀和胃毒作用，又可通过害虫的呼吸道进入虫体内引起中毒。烟剂的使用受环境（尤以气流）影响很大，一般用于防治密闭环境中的害虫，如保护地、森林、仓库和卫生害虫。

其他剂型还有超低量喷雾剂（一般为含有效成分20%～50%的油剂，不需稀释而直接喷用）、片剂（将杀虫剂原粉、填料和辅助剂制成片状，如磷化铝片剂，在空气中吸湿而放出磷化氢以防治仓库害虫）等。

三、农药的施用方法

化学防治的目的是使用最有效的药剂，以最低的剂量、最少的使用次致，采用简便的使用方法，取得最佳的防治效果。根据不同情况，可分别采用种苗处理、植株施药和土壤处理等方法。

1. 种苗处理 用药剂处理可能携带病原物和害虫的种子、苗木或其他繁殖材料，以减少初侵染源和发生基数。这种方法主要用于防治地下害虫和种子带菌传播的病害。

（1）浸种法 按规定的药剂浓度和时间浸种，所用药液通常是溶液、乳浊液等。浸种法的保苗效果好，但工效较低，而且处理种子后多需晾干才可播种。

（2）拌种法 以一定量的药剂与干燥的种子均匀混拌。拌过药剂的种子可保藏较长时间。拌种法应用方便，工效高，对种传病害防效高，但药剂用量较大，药剂的渗透力也不及浸种法。

（3）闷种法 将少量浓度较高的药液均匀喷洒于种子表面，而后覆盖堆放，闷一定时间再播种。闷种法对杀死种子内部的病原物有较好的效果，但闷过的种子必须立即播种，同时，闷种法对播后的幼苗不起保护作用。

（4）种衣法 先用极少量的水将所用药粉调成糊状，然后均匀拌种，使种子表面包上一层药浆；或用干药粉与潮湿的种子相拌。种子上所附的药剂能在种子萌发时进入植物体，因而可维持较长时间的药效。目前已开发出种衣剂，用种衣剂直接进行种子包衣，药效持续时间更长。

2. 植株施药 将加水稀释后的药剂均匀地喷于植株地上部分。

（1）喷粉法 将粉剂用喷粉器进行喷撒。该法工效高，但由于粉粒飘逸散失比较严重，其使用范围已明显缩小。

（2）喷雾法 用压力（液压或气压）或离心力使药液通过适当的喷雾机械分散成雾珠。根据雾化的程度和单位面积的喷雾量可分为：①高容量喷雾法（喷雾量500dm³/hm²以上，雾滴直径在200μm以上）；②低容量喷雾法（喷雾量5～500dm³/hm²，雾滴直径为80～200μm）；③超低容量喷雾法（喷雾量小于5dm³/hm²，雾滴直径为50～80μm）。超低容量喷雾法用药量少，药效高，操作方便，不用水或少用水。但喷雾效果易受风力影响，喷雾时最适风速应为1～3m/s。

（3）泼浇法或浇灌法 把农药加入较大量的水中，在较远的距离用粪勺等容器向作物上均匀泼浇，也可结合施肥进行。一般泼浇药液量为6000～7500kg/hm²。南方常用此法防治水稻上的多种害虫。

3. 土壤处理 将药剂施入土壤，使土壤带毒，以发挥杀虫灭菌作用。这种方法多在播种前或菜苗移栽前采用，常用于防治地下害虫、苗期害虫和土传病害等。土壤施药具有工效高、残效期长等优点，但土壤处理用药量大、成本高。

（1）全面处理 即将药剂先喷洒在土壤表面，然后翻耙至土壤中，或用播种机或施肥机直接将药剂施入土壤。

(2) 局部处理　　包括点施、穴施、沟施等，即将药剂撒入播种沟或播种穴中。这种方法比较省药，但作业不如前者方便。

(3) 施毒土与颗粒剂　　将毒土或颗粒剂直接撒布在作物上或作物的根际周围。毒土的做法简单，即将药剂与一定数量的细土（或细沙）混拌即成。用土量每公顷300～450kg。随着剂型的发展，现已逐步以撒施颗粒剂代替毒土。

4. 熏蒸　　熏蒸是指利用烟剂或雾剂杀灭有限空间内的有害生物。这种方法受气流影响很大，一般在仓库、温室、塑料大棚，以及森林、果园等郁闭良好的环境中使用。

(1) 熏蒸法　　利用熏蒸剂或挥发性较强的药剂，进行熏蒸处理，达到灭虫除菌的目的。

(2) 烟雾法　　农药经过燃烧（烟剂）或分散（雾剂）在大气中形成烟（微粒在1μm以下）或雾（微粒在1～2μm），实现杀虫灭菌的方法。

5. 施毒饵　　将药剂与害虫喜食的饵料一起混拌，撒入田间，引诱鼠、虫取食而发挥毒杀作用，主要用于防治地下害虫或活动性较强的害虫和鼠类。

6. 果品贮藏期处理　　用药剂防治果品贮藏期的病虫害，可采用浸渍、喷雾、喷淋和涂抹等方法。可直接处理果品，也可处理果品包装纸等。采用药剂处理果品，应严格控制果品上的残毒，以确保消费者的健康。

此外，根据防治对象的行为习性所采用的一些防治方法，如涂茎、树干包扎、注射、农作物药液灌心、设置防虫药带等。

四、农药的合理使用

1. 科学合理地使用农药

(1) 对症用药　　农药种类很多，各种药剂都有一定的使用范围和防治对象。要根据田间有害生物的种类和特性及寄主植物的种类，选用对口的药剂。

(2) 适时用药　　在采取防治措施时，不仅要考虑经济阈值，还应抓住病虫发生发展的薄弱环节施药，如初孵幼虫和低龄幼虫抗药力差，是防治时可利用的薄弱环节；蛀果类害虫的防治应抓住钻果前的关键时期。

(3) 精确把握用药浓度和用量　　药剂的浓度和用量是根据防治对象、作物生育期及施药方法等确定的。在大面积施药前，应事先做好农药的试验，找出适宜的用药浓度和用药量，保证既可杀死有害生物，又不影响天敌，不要盲目地提高农药的浓度和用量。

(4) 恰当的施药方法，保证施药质量　　应根据所用农药的特性、有害生物的发生特点及作物特点，选用恰当的施药方法。施药时力求均匀周到，叶片正反面均要着药，特别像施用触杀性杀虫剂、防病用的保护剂等都要求喷药周到，否则很难保证防治效果。

(5) 注意气候条件　　施药效果与气候因素密切相关，一般应在无风或微风天气施药。还要注意气温的高低，气温低时多数药剂效果不好。气温高时药效好，但易引起药害。

(6) 交替施药和合理混用药剂　　长期连续使用一种药剂，容易导致有害生物抗药性的产生。因此，应不同类型的药剂交替或轮换使用。两种以上药剂混用，可以起到增效作用或兼治作用。但混用不当也会降低药效，甚至产生药害。杀菌剂一般不能与碱性农药混合使用。

2. 农药的残毒　　随着化学农药使用范围的扩大和使用量的增加，尤其一些性质较稳定、不易分解的药剂和毒性较高的农药，不仅直接污染作物，还污染环境，更增加了农产品和食品中的残毒，给人类健康带来威胁。

（1）在作物上的残毒　　化学药剂施用到作物上后，一部分残留在作物体的表面，一部分被作物体吸收；散落在土壤中的药剂和直接施入土壤中的药剂，也能被作物根部吸收再进入作物体内。这些残留在作物体内外的药剂，由于自然因素及植物体内酶的作用等而逐渐分解消失，但其分解速度有快有慢，致使作物收获时，往往仍有少量的药剂及其有毒代谢产物残存（即农药在作物上的残毒），食用这些带有少量药剂及有毒物质的农产品，可引起中毒。

（2）对土壤的污染　　有些化学药剂在土壤中的分解速度非常缓慢。不同农药在土壤中的半衰期不同，氨基甲酸酯类为0.02～0.1年；有机磷为0.02～0.2年；有机氯为2～4年；而含铅、砷、铜、汞的农药则为10～30年。经常不断地向农田撒布大量化学药剂，会严重污染土壤，增加农作物的农药残留量。

（3）对水质的污染　　在农作物上施药时，由于多种因素影响，只有10%左右的农药可附着在作物上，其他大部分落于地表或飞散在空气中，降雨后一部分农药随地表水的流动而流入江、河、湖、海中，污染水质，危害水生生物如藻类、鱼、虾、贝类等，并通过生物富集作用和食物链，最终进入人体。

3. 农药允许残留量及安全间隔期

（1）农药允许残留量　　农产品上常有一定数量的农药残留，但其残留量有多有少，只要残留量不超过某种程度，就不会对人产生毒害，这个标准叫作"农药允许残留量"。

（2）农药的安全间隔期　　指从最后一次施药至放牧、收获（采收）、使用、消耗作物前的时期。应严格执行，以保证农产品上的农药残留量不超过规定的标准。

五、化学防治法的优缺点

化学防治法具有许多优点：①收效快，防治效果显著，它既可在有害生物发生之前作为预防性措施，以避免或减少病、虫、鼠、草等的危害，又可在有害生物发生之后作为急救措施，迅速消除其危害；②使用方便，受地区及季节性的限制较小；③可以大面积使用，便于机械化操作；④杀伤范围广，几乎所有的有害生物都可利用化学药剂来防治；⑤化学药剂可以大规模工业化生产，远距离运输，且可长期保存。

但是，由于农药品种多，用量大，多种药剂又有不同程度的毒性，因此，大规模使用，特别是使用不当时，常会造成人畜中毒、植物药害、杀伤有益生物，以及污染环境等严重问题。长期使用化学农药还会使有害生物产生抗药性，导致次要害虫的再猖獗。

第六节　有害生物综合治理

一、有害生物综合治理的概念

有害生物综合治理（integrated pest management，IPM）的概念是在总结人类以往有关防治的经验教训，特别是20世纪40～60年代单一依赖化学药剂防治导致"三R"问题〔抗性

(resistence)、再猖獗（resurgence）、残留（residue）]越来越突出的情况下发展起来的。

我国于1975年制定了"预防为主，综合防治"的植物保护方针。1979年，我国生态学家马世骏教授提出了害虫综合防治的思想，即"从生态系统的整体观点出发，本着预防为主的指导思想和安全、有效、经济、简便的原则，因地因时制宜，合理运用农业的、生物的、化学的、物理的方法，以及其他有效的生态手段，把害虫控制在不足为害的水平，以达到保护人畜健康和增产的目的"。目前，有害生物综合治理的概念日臻完善。它是对有害生物的一种管理系统，按照有害生物的种群动态及其与环境的关系，尽可能协调运用适当的技术和方法，使其种群密度保持在经济损害水平以下。

二、综合治理的特点

1. **允许害虫在经济损害水平下继续存在** 以往害虫防治的目的在于消灭害虫，即害虫一旦存在就必须进行防治，也就是"有虫必治"的观点。IPM的哲学基础是容忍，它允许少量害虫存在于农田生态系中。事实上，某些害虫在经济损害水平以下继续存在是合乎需要的，它有利于维持生态多样性和遗传多样性，它们为天敌提供食料或中间寄主，使害虫天敌得以生存，加强和维持了自然控制。反之，如果把它们消灭干净，将会带来负面影响。

2. **以生态系统为管理单位** 田间害虫与生物因素和非生物因素共同构成了一个复杂的、具有一定结构和功能的生态系统。改变系统中任何基本成分都可能引起生态系统的扰动。在农田生态系统中，更换品种、轮作、调节株行距、改换药剂的类型等任何一项措施，都可能引起有害生物地位的变化。一项控制措施可能对某种有害物产生影响，同时也可能导致新的有害生物出现。综合防治就是要求控制生态系统，使有害生物维持在经济损害水平以下，而又避免生态系统受到破坏。只有了解生态系统中各个因素对有害生物的影响，弄清它们在生态系统中的地位，了解生态系统中各组分的功能及相互之间的关系，才能制定出合理的防治对策。

3. **充分利用自然控制因素** 在昆虫群落中，植食性约占48.2%，捕食性占28%，寄生性占2.4%，腐食性占17.3%，杂食性或其他食性的昆虫约占4.1%。在48.2%的植食性种类中，虽然约有90%取食植物，但并不能造成严重危害。这主要是由于大多数害虫自身的生物学特性和自然控制因子的抑制作用。病原物也一样，在自然条件下可能受到多种因素包括有益微生物的影响和控制。综合防治应高度重视生态系统中与有害物数量变化有关的自然因素的作用，如有限资源（害虫食料、生活空间和隐蔽场所等）、气候条件或其他危险因素（热、冷、风、干旱和降雨等）、种间竞争和种内竞争（动植物间或害虫与天敌间及天敌间）等。自然控制因素是一个非常普遍而重要的因素。

4. **强调防治措施间的相互协调和综合** 综合防治的基本策略是在一个复杂系统中协调使用多种措施，把有害物数量及危害控制在经济损害水平之下。这些措施的具体应用则取决于特定的农业生态系统及相关有害物的性质，并强调各项防治措施与自然控制因素间的协调。一般来说，生物防治、农业技术防治等一般不与自然控制因素发生矛盾，有时还有利于自然控制，因此是应该优先采用的方法。而化学防治往往与自然控制因素存在矛盾，它不但杀死害虫，同时也杀死害虫的天敌，应尽量少用。但就目前而言，多数害虫还必须依赖化学防治。

5. **经济效益、社会效益、生态效益全盘考虑** 有害生物防治的最终目的是为了获得更大的效益。确定一项防治策略首先要考虑的是经济效益,如果防治费用大于危害的损失,防治就没有必要。IPM 同样考虑经济效益,并且十分强调,在危害损失小于经济阈值时不进行防治。同时,IPM 还强调有害物控制的生态效益与社会效益,这也正是单独依赖化学防治所未考虑到而造成不良副作用的原因。

三、经济损害水平

1. 经济损害水平和经济阈值的概念　　经济损害水平(economic injury level,EIL)是指由防治措施增加的产值与防治费用相等时的害虫密度。经济阈值(economic threshold,ET),国内习惯称为防治指标,是指害虫的某一密度,在此密度下应采取控制措施,以防害虫密度达到经济损害水平。

作为指导害虫防治的经济阈值,必须定在害虫到达经济损害水平之前,因而必须预先确定害虫的经济损害水平,然后根据害虫的增长曲线(预测性的)求出需要提前进行控制的害虫密度,这个害虫密度便是经济阈值(或防治指标)。

由于害虫为害、作物受害和防治技术三者之间关系的复杂性,EIL 与 ET 不只是害虫种群密度(或作物受害程度)的函数,还受其他许多变量的影响,即 EIL 与 ET 的多维性。而且由于许多影响 ET 和 EIL 的变量均随时间而变化,因此 EIL 和 ET 不是一成不变的,而是处在动态变化之中。另外,不同有害生物的 ET 和 EIL 之间的关系可能存在某些特殊性,如钻蛀性害虫,防治时不仅要考虑 ET 和 EIL 的关系,还要考虑防治的适宜时期,才能保证作物不受经济损失。

2. 经济损害水平的确定　　经济损害水平的确定涉及生产水平、产品价格、防治费用、防治效果及社会能接受的水平等多种因素,其原则为允许相当于防治费用的经济损失。确定经济损害水平的常用模型有以下几种。

(1)静态模型

$$T = \frac{C}{PDE}$$

式中,T 为经济损害水平;C 为防治成本;P 为产品价格;D 为单位虫量所造成的损失;E 为防治效果。

(2)动态模型

Chiang(1979)认为经济损害水平的确定通常应考虑影响害虫田间种群消长及作物受害过程的若干因素,提出以下数学模型:

$$T = [C \times F_c / (E \times Y \times P \times Ry \times S)]$$

式中,T、C、E、P 的含义与上相同;Y 为产量;Ry 为害虫为害引起的产量损失;S 为害虫的生存率;F_c 为临界因子,是通过校正防治费用,进一步确定经济损害水平范围界限的因子。

(3)经济-生态效应的多因子模拟模型

依全面的经济学分析,害虫防治费用应包括直接费用和间接费用。而间接费用应从长远的观点把农药过度使用造成的抗性发展、土壤及环境污染等因素考虑进去。同时,静态经济损害水平模型也不能完全反映生产实际中"害虫-作物系统"中的复杂关系。因此,通常可通过系统分析和计算机模拟的方法建立一个能够反映更多因素的经济损害水平模型。

（4）混合种群经济损害水平模型

害虫混合种群（或称复合体）经济损害水平模型即多种害虫共同为害时的经济损害水平。如果害虫复合体对作物的为害性质相同或相似，且可采用相同药剂进行防治，同时假定它们各自的经济损害水平已研究清楚，即可根据它们的经济损害水平计算其对作物的经济为害力，然后以其中某一种害虫（一般选择相对重要的一种）为标准，进行标准化。这样便可把该害虫的经济损害水平作为混合种群的经济损害水平。

3. **防治适期的确定** 研究防治适期的原则，应以防治费用最少，而防治后的经济效益最高为标准。包括防治效益好、减轻为害损失最显著、对天敌杀伤少、维持对害虫控制作用持久等。以害虫的虫态而言，一般低龄幼虫（若虫）期为防治适期，在发生量大时，更应如此。例如，食叶性害虫应在暴食虫龄前；钻蛀性害虫应在侵入茎、果之前；蚜虫、螨类等 r-型对策的害虫，应在种群突增期前或点片发生阶段。从"灭害保益"角度出发，其防治适期应尽可能避开天敌的敏感期，以保护和发挥天敌的持久控害作用。

四、制定综合防治规划的原则和方法

综合防治是根据对经济、生态和社会后果的预测，选择、综合害虫控制方案并加以实施的过程。建立一个完善的综合防治技术体系需遵循的一般性指导原则和方法如下。

1. **分析各种害虫在生态系中的地位，确立防治重点和兼治对象** 一般说来，一种作物可能有许多种害虫，但能经常发生、造成严重危害的种类却很少。在设计综合防治方案时，应紧紧抓住主要害虫的防治，兼治次要害虫。关键性害虫，即主要防治对象并不是一成不变的。由于人们对生态系统的干扰，如不加选择地使用杀虫剂，或农田生态系发生大的变化，可能使某些次要害虫上升为主要害虫。

2. **发展可靠的监测技术** 害虫综合防治的实质就是监测与控制。它要求在预测害虫种群达到经济阈值时才采取人为控制措施。由于气候条件、作物生长、自然天敌和其他因素随时都在变化，害虫种群数量也在不断变化。因此，必须对生态系统中的害虫种群及其环境条件进行监测，获取害虫及其环境的动态信息，预测害虫的发生情况，预测可能采取的控制措施的效果及对生态系统的影响等。只有通过监测，才能知道是否确实需要对害虫进行控制，也只有通过监测，才能在综合防治中最大限度地利用自然控制作用。

3. **制定压低关键性害虫平衡位置的方案** 所选择的压低关键性害虫平衡位置的方案应确保"安全、有效、经济、简易"。为达到这一目的，一般要求使用以下3种基本控制措施。一是改变害虫的生存环境。通过增强各生物防治因素的效能，破坏害虫繁殖场所，或使其变成无害的种类。二是采用抗性品种。不一定是高抗，有时甚至低抗品种也很有效。三是考虑引进或建立新的自然天敌种群（包括寄生物、捕食者、病原微生物等）。一般情况下，利用控制环境、抗性品种和自然天敌，便可有效地控制害虫种群而不用防治。

五、IPM 的发展趋势

1. **重视害虫暴发的生态学机制研究，以此作为害虫管理的基础** 害虫管理的实质是一个生态学问题。国内外都非常重视害虫暴发的生态学机制研究，并将其作为害虫管理的基础。目前国内外的研究重点主要在以下几个方面：①以化学生态学为核心，研究植物–害虫–天敌3个营养级间相互作用的机制，即研究三者之间的协同进化、行为调节及相互作用；

②应用分子生物学方法，从分子水平探明昆虫变化、生殖、迁飞、抗性等机制；③应用地理信息技术（geographical information system，GIS）及遥感技术，研究害虫在较大范围内的迁移扩散规律；④研究天敌保护利用的生态学基础；⑤研究害虫种群的调控机制与技术。

2. 强调发挥农田生态系统中自然因素的控制作用　据 Pimental（1992）报道，在自然生态系统中，天敌的控害作用在 50% 以上，作物抗性和其他生态因素的调控作用占 40%，天敌与抗性的综合控害作用超过 80%。

3. 发展高新技术和生物合理制剂，尽可能减少使用化学农药　近年来，生物技术、遗传工程技术的发展，为害虫管理提供了广阔的前景，同时也为尽可能地少用化学农药奠定了基础。目前，以下两个领域尤为引人注目。一是利用遗传工程技术，将抗虫基因导入作物体内，使作物对害虫产生抗性。例如，将苏云金杆菌有杀虫活性的晶体蛋白（ICP）基因转入作物体内，使其具有苏云金杆菌的杀虫作用，这已在番茄、玉米、烟草、水稻、棉花等作物上获得成功。二是利用基因工程技术，修饰微生物本身的基因以提高其对害虫的感染力，或与异源病毒重组扩大其宿主范围，或将外源激素、酶和毒素基因导入杆状病毒基因组以增强其致病作用。

在无公害生物制剂的发展方面，微生物制剂如 *Bt* 乳剂、棉铃实夜蛾 NPV 制剂、植物源农药、昆虫生长调节剂、昆虫拒食剂和性信息素是现代杀虫剂研究和发展的方向。据 Yew 和 Chung（2015）的估计，全世界已合成性信息素化合物达 2000 多种，其中 300 余种已商品化。

综上所述，有害生物的综合治理已进入了一个新的阶段，未来有害生物综合治理的研究将朝着以农田生态系统或区域性生态系统为对象，以大量信息管理为基础，以发展新技术为重点，以生态调控为手段，以整体效益为目标，以可持续发展为方向的目标向前发展。

★ 复习思考题 ★

1. 名词解释：经济阈值、植物检疫、生物防治、物理防治、熏蒸作用、内吸剂、IPM、农药允许残留量、农药安全间隔期、农业防治、触杀作用、胃毒作用、经济损害水平、"三 R"。
2. 何为植物检疫？作为植物检疫对象应具备哪些特点？
3. 何谓农业防治法？农业防治法主要包括哪些途径？
4. 害虫生物防治的途径包括哪些方面？生物防治有何优缺点？
5. 何为物理防治法？目前常用防治害虫的物理方法有哪些？
6. 按作用原理，杀菌剂可分为哪些类型？各举几例。
7. 按作用方式，杀虫剂可分为哪些类型？
8. 我国植保工作的方针是什么？简述其含义和特点。
9. 何为经济损害水平？何为经济阈值？害虫对作物的危害可分为哪几种类型？
10. 简述 IPM 的发展趋势。

第十章 麦类病害

麦类作物是最重要的农作物，无论播种面积还是总产量均居各类作物的前列，在我国仅次于水稻，是第二大粮食作物。麦类作物病害种类繁多，估计全世界小麦病害有 200 余种，大麦病害有 70 余种，黑麦和燕麦病害各有 50 余种。据《中国农业百科全书（植物病理学卷）》记载，我国小麦真菌病害有 40 余种，细菌病害有 3 种，病毒病害有 9 种，线虫病害有 3 种；大麦病害有 40 余种；燕麦病害有 17 余种；黑麦病害大致与小麦、大麦病害相同，但报道的仅 10 余种。

鉴于麦类作物病害的重大经济意义，各地对具有经济重要性的种类进行了系统的研究，取得了丰硕的成果。我国对小麦条锈病、赤霉病、黄矮病等病害的研究已臻世界先进水平。1949 年后，迅速扭转了麦类重要病害猖獗危害的局面，基本铲除了小麦秆黑粉病、腥黑穗病、粒线虫病，相继成功地控制了小麦条锈病、秆锈病、赤霉病、黄矮病及其他重要病害的发生。

第一节 小麦锈病

小麦锈病（wheat rust）包括条锈病、叶锈病和秆锈病三种，是小麦最重要的病害和主要防治对象。条锈病的病原菌为条形柄锈菌小麦专化型（*Puccinia striiformis* West. f. sp. *tritici* Eriks et Henn.），叶锈病的病原菌为隐匿柄锈菌小麦专化型 [*P. recondita* Roberge ex Desmaz. f. sp. *tritici* (Eriks. et Henn.)]，秆锈病的病原菌为禾柄锈菌小麦专化型（*P. graminis* Pers. f. sp. *tritici* Eriks. et Henn.），皆属于担子菌亚门冬孢菌纲锈菌目柄锈菌属（图 10-1）。我国以条锈病发生最为广泛，西北、华北和西南各地区受害最重。叶锈病在各麦区都有分布，西南和华北发生较严重。秆锈病主要发生在东北及内蒙古东部晚熟春麦区，在闽、粤东南沿海、云南和江淮平原等地也有发生。

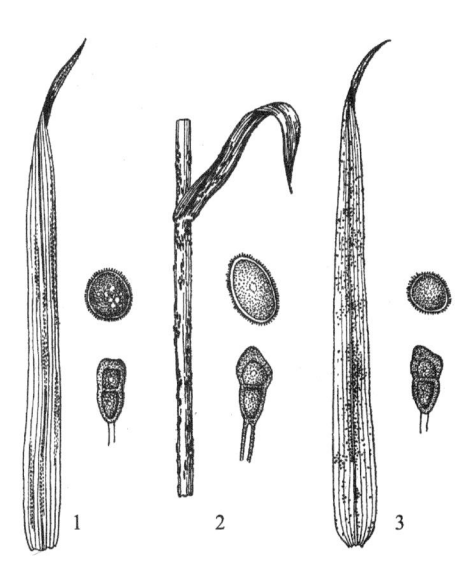

图 10-1 三种小麦锈病症状和病原菌（仿西北农学院，1975）

1.条锈病；2.秆锈病；3.叶锈病

一、危害与诊断

条锈病主要发生在叶片上，也危害叶鞘、茎、穗部、颖壳和芒。叶锈病也主要发生在叶片上，也危害叶鞘。秆锈病则主要发生在茎和叶鞘上，但叶片和穗部也多有发生。在适宜的气象条件下，锈病能迅速传播，很快暴发成灾。锈病大流行年份可使小麦减产30%左右，特大流行年份减产50%~60%，甚至小麦不能抽穗，形成"锁口疸"，近乎绝产。

三种锈病最初都在发病部位生成小型的褪绿病斑，以后很快变为黄色或褐色，发育成为锈菌的夏孢子堆。夏孢子堆凸起，为叶表皮覆盖，成熟后表皮破裂，散出铁锈色的粉末，即病原菌的夏孢子。小麦成熟前，在发病位还形成另一种黑色的疱斑，称为冬孢子堆，内藏黑色冬孢子。根据夏孢子堆与冬孢子堆，可以准确地识别锈病。区分三种锈病时，则要仔细比较孢子堆的大小、形状、颜色、排列特点和表皮开裂情况，详见表10-1。

表10-1 三种小麦锈病的识别特征

特征	条锈病	叶锈病	秆锈病
夏孢子堆	小，鲜黄色，长椭圆形。在成株叶片上沿叶脉排列成行，"虚线"状。在幼苗叶片上，以侵入点为中心，形成多重同心环。覆盖孢子堆的表皮开裂不明显	较小，橘红色，圆形至长椭圆形，不规则散生，多生于叶片正面。覆盖孢子堆的寄主表皮均匀开裂	大，褐色，长椭圆形至长方形，隆起高，不规则散生，可相互愈合。覆盖孢子堆的寄主表皮大片开裂，常向两侧翻卷
冬孢子堆	小，狭长形，黑色，成行排列，覆盖孢子堆的表皮不破裂	较小，圆形至长椭圆形，黑色，散生，表皮不破裂	较大，长椭圆形至狭长形，黑色，散生无规则，表皮破裂，卷起

秋末冬初，在小麦幼苗叶片上，条锈病和叶锈病菌夏孢子堆均密集发生，且颜色相似，容易混淆。此时，主要根据夏孢子堆的色泽和分布特点区分。在条锈病侵染的叶片上，病菌可以从一个侵染点不断向周围扩展，每日形成一圈孢子堆，成为多个同心环。中心的发病最早，当中心的孢子堆已经破裂散粉，变为枯黄色后，四周各圈的孢子堆依次处于正在散粉、刚刚破裂、尚未破裂或正在产生等不同状态，最外一圈为褪绿晕环。叶锈病成片密集的孢子堆则是由病原菌多点分别侵入造成的，不具有上述现象。

有时叶片上的单个叶锈病菌孢子堆与单个秆锈病菌孢子堆难以区分。此时可通过仔细观察孢子堆对叶片的穿透情况加以判断。秆锈病夏孢子堆容易穿透叶片，同一个侵染点，在叶片正面和背面都形成孢子堆，而且叶片背面的孢子堆比叶片正面的大。叶锈病的孢子堆主要发生在叶片正面，多不穿透叶片。少数能穿透的，其叶片另一面的孢子堆较小。

小麦抗病品种的症状与感病品种有明显区别，此种区别用"反应型"表示（表10-2）。反应型表示夏孢子堆及其周围植物组织的综合特征。抗病品种的夏孢子堆无或小，周围组织枯死。感病品种的夏孢子堆大，周围无变化或仅有轻度失绿。

表10-2 小麦锈病的反应型划分

反应型级别	识别特征	所代表的抗病程度
0	无肉眼可见症状	抗病（免疫）
0;	仅产生褪绿或枯死斑，不产生夏孢子堆	抗病（近免疫）
1	枯死斑上产生微小的夏孢子堆，常不破裂	抗病（高度抗病）
2	夏孢子堆小至中等大小，周围组织失绿或枯死。秆锈病菌夏孢子堆生在绿色组织上，周围环绕枯死或失绿组织，形成"绿岛"	抗病（中度抗病）

续表

反应型级别	识别特征	所代表的抗病程度
3	夏孢子堆中等大小，周围轻度失绿	感病（中度感病）
4	夏孢子堆大，秆锈病菌夏孢子堆常相互愈合	感病（高度感病）

二、发生规律

小麦锈菌不能脱离活的寄主植物而存活。在自然条件下，它们只产生夏孢子和冬孢子。但冬孢子对其传代已经不起作用。三种锈菌都只能以夏孢子通过不断侵染小麦的方式完成周年循环。小麦条锈病菌和秆锈病菌还可以侵染大麦、黑麦和一些种类的禾本科草。

条锈病菌较喜冷凉，秆锈病菌适温较高，叶锈病菌对温度要求不严格。例如，夏孢子萌发和侵入的适温，条锈病菌为 7~10℃，叶锈病菌为 15~25℃，秆锈病菌为 18~22℃，但都需要叶片上有水膜。

三种锈菌群体内部都有多个毒性（致病性）不同的类群。这些类群的形态和生物学特性彼此相同，但毒性不同，能够侵染致病的小麦品种不同，这些毒性不同的类群称为小种。每种锈菌都有数十种不同的小种，在锈菌群体内占大多数的小种，称为优势小种。小种种类及其所占比率经常变动。如果出现了新的优势小种，便能感染对原来优势小种抗病的品种，这就使一批原来抗病的品种"丧失"抗病性，成为感病品种，往往会造成锈病大发生。

小麦锈病是气传病害，锈菌的夏孢子可以随气流（风）传播，最远可传播到几百千米乃至上千千米以外。小麦锈菌只能在活的小麦植株上生活，脱离小麦植株后或者在小麦残体上存活时间都不长。在一个地方，小麦收获前夏孢子就已经随气流传播到远方了，另觅小麦进行侵染和危害。小麦收获后，锈菌也随之死亡。当地下一季小麦出苗后，又接受远方随风传来的锈菌夏孢子，发生锈病。因此，小麦锈病的周年循环实际上是在相距较远的不同地区完成的，典型的周年循环可分为越夏、侵染秋苗、越冬和春季流行 4 个阶段。

小麦条锈病菌不耐高温，夏季在凉爽地区的小麦上越夏。凡夏季最热一旬的平均气温在 20℃ 以下，又有小麦生长的地区，夏季就会正常发生条锈病，使条锈菌得以越夏。小麦条锈菌的主要越夏基地在我国西部甘肃的陇南、陇东，青海东部，四川西北部，以及云南等地的高山、高原地区。越夏寄主为晚熟春小麦、冬小麦或春小麦的自生麦苗。

越夏后，条锈病菌夏孢子随风传播到冬小麦栽培区，降落在秋播小麦幼苗上，若遇到适宜的温度和湿度条件，就侵染发病。一般秋播后 1 个月左右，麦苗就开始发病。距越夏地区越近，播期越早，麦苗发病就越早、越重。越夏菌源先在早播冬麦区侵染危害，产生大量夏孢子，再进一步向其他冬麦区传播。

冬季气温降低到 1~2℃ 后，条锈菌便不再繁殖和侵染，而以菌丝体潜伏在麦苗病叶中越冬。在 1 月平均气温低于 -7~-6℃ 的地区，如华北的德州、石家庄、介休一线以北，条锈菌不能越冬，在此线以南地区可以正常越冬。在更南一些的地方，如江汉平原，四川盆地，河南信阳，陕西汉中、安康等地，冬季比较温暖，湿度高，露日多，条锈病菌还可以继续繁殖和侵染，使发病麦苗持续增多，这些地方是条锈病菌的"冬繁区"，春季可以提供大量菌源，侵染邻接地区的小麦。

春季旬平均气温上升到 2~3℃ 后，越冬病叶中的菌丝开始回苏显病，缓慢发育，产生夏孢子，侵染新生叶片，出现新病叶，进而继续侵染周围叶片，田间出现多个由几片到几十片病叶组成的发病中心。随着气温和湿度条件变得更加适宜，病叶数迅速增多，大致在小麦抽穗前后全田普遍发病。此后病叶上的孢子堆数目猛增，导致严重发病。

有些地方，如在华北平原北部，条锈病不能越冬，春季发病较晚，需待外地的夏孢子随风大量传入后，田间才出现病叶。大致在小麦生育的中、后期，几乎大面积同时发病，病情直线上升，但病叶分布均匀，发病多限于旗叶和旗下一叶。

春季是条锈病的主要危害时期，在大面积种植感病品种的前提下，条锈病菌越冬菌量大，春季温度回升早，降雨多、雨量大，发病就重。若春季持续干旱，条锈病的发生则会受到抑制。

小麦叶锈病菌在华北、西北、西南、中南等地通过侵染自生麦苗和晚熟小麦而越夏。秋季就近侵染秋苗，并向邻近地区传播。叶锈病菌的越冬方式和越冬条件与条锈病菌相似。在冬季气温较低的地方，以菌丝体在未被冻死的麦叶中潜伏越冬；在冬季较温暖的地方，仍可继续繁殖危害。春季叶锈病的发展较条锈病缓慢。

小麦秆锈病菌主要在西北、西南许多冷凉地方的自生麦苗或晚熟小麦上越夏，主要越冬基地则在东南沿海地区和云南等地，春季夏孢子由越冬基地逐步北移，直至东北、西北和内蒙古春麦区，春、夏季主要在北方春麦区流行为害。空中孢子和地面发病始见期比常年早，小麦抽穗前后气温比常年高，降水多，湿度高，秆锈病就可能流行。

三、防治方法

防治小麦锈病应采取"以种植抗病品种为主，栽培防治和药剂防治为辅"的综合措施。综合治理条锈病和秆锈病的主要越夏区，减少越夏菌源，对于彻底控制我国锈病流行具有全局性的重要意义。

1. 种植抗病品种　　选育和使用抗病品种是防病保产的基本措施。小麦对锈病有多种类型的抗病性，现在广泛应用的类型是低反应型抗病性。具有这种抗病性的品种，被锈菌侵染后，叶片上出现较低级别的反应型，发病轻微，抗病效能高。但是，这种抗病性只对一定的锈菌小种有效，因为抗病品种是针对一定的小种选育的，如果小种变了，抗病品种便可能不再有效，变为感病品种。因而，农业研究单位要不间断地研究小种的种类及其分布；育种专家根据小种变动选用抗源，不断选育新的抗病品种，替换原有的品种；农户要及时淘汰已经丧失抗病性的品种，采用新的抗病品种，要学会辨认锈病反应型，以确认抗病品种的真实性，及早发现品种抗病性的变化。

此外，生产上应用的还有少数慢锈品种和耐锈品种，前者病情发展较缓慢，后者生理补偿作用较强，因而减产都较轻。当前要研究开发其他类型的小麦抗病资源，选育和使用持久抗病品种。

在全国各麦区，特别是锈菌主要越夏区和越冬区，种植具有不同抗病基因的小麦品种，实行品种合理布局，防止品种的大面积单一化种植，对于切断锈菌的周年循环，减少菌源数量，减缓新小种的产生与发展有重要作用，可以延长抗锈品种使用年限，防止锈病大范围严重流行。

近年小麦条锈菌和叶锈菌的小种区系发生了很大变化，多数抗病品种已经沦为感病品种，在购进和种植新品种时，特别要仔细了解该品种是否抵抗新小种。

2. 栽培防病　　在越夏地区，特别是越夏、越冬的关键地带（如陇南海拔 1600～1800m 的关键地带）彻底铲除自生麦苗。冬小麦适期晚播可以减少冬前菌源数量，减轻春季发病程度，对白粉病、麦蚜、黄矮病等都有一定的控制作用。在陇东及陇南山区，习惯小麦早播。若小麦播期较常年推迟 10～15d（干旱抢墒播种年份除外），可显著减轻发病。

及时铲除自生麦，减少初期菌源。施用腐熟有机肥，增施磷肥、钾肥，做好氮、磷、钾肥的合理搭配，增强小麦长势。施用速效氮肥不宜过多、过迟，避免麦株贪青晚熟，以减轻发病。麦田合理灌水，大雨后或田间积水时，及时开沟排水，降低田间湿度。发病重的田块需适当灌水，维持病株水分平衡，减少产量损失。

3. 药剂防治　　该技术只用于种植感病品种的地区或抗病品种的抗病性已经丧失的地区。大面积种植抗病品种的地区不需要再行药剂防治。种植耐锈、避锈或慢锈品种的地区，若锈病发生早，天气条件有利于锈病发展，仍需药剂防治，不能掉以轻心。

当前主要使用三唑类内吸杀菌剂，常用品种为三唑酮（粉锈宁），该药剂兼具保护与治疗作用，内吸传导性能强，持效期长、用药量低、防病保产效果高，安全低毒，是比较理想的防锈药剂品种，还可兼治小麦白粉病、黑粉病、全蚀病、纹枯病和雪霉叶枯病等。常用剂型有 15% 三唑酮（粉锈宁）可湿性粉剂、25% 三唑酮可湿性粉剂、20% 三唑酮乳油等，可用于拌种与叶面喷雾。

采用三唑酮（粉锈宁）大面积连片拌种，可极显著地压低条锈菌冬前菌源，次年春季因菌量不足而不会流行，或者显著推迟锈病暴发期。拌种工效高，不用水，适用于春季条锈病以当地菌源为主的常发区，特别是春季以当地菌源为主的常发山区。粉锈宁拌种控制成株期条锈病的流行，部分靠麦株内药剂的直接作用，部分靠对菌源压前控后的间接作用。拌种用药量为种子质量的 0.03%（以有效成分计），要混拌均匀。三唑类杀菌剂拌种后延迟出苗，在土壤含水量较低的田块，还可能降低出苗率。

三唑酮叶面喷雾防治条锈病的适宜用药量因小麦品种而异，对于高度感病的品种，每公顷用药 135～180g（有效成分，下同），中度感病品种 105～135g，慢锈性品种 60～90g。大面积连片防治时，可采用上述用药量范围中的低限，零星地块施药应采用上述用药量范围中的高限。春季施药适期为病叶率 5%～10%，正值小麦旗叶伸长至抽穗期，但还要结合当地实际情况灵活应用。在春季流行以当地菌源为主的地区，大面积连片防治时，可适当提早防治时期（但不可提前到麦株第二节明显以前），以尽早压低菌源，提高防治效果。在后期受外来菌源影响较大的地区，或者零星地块防治，可适当推迟施药期，以有效保护旗叶。一般适期喷施一次，便可控制整个成株期条锈病的为害。在条锈病菌既可越夏又可越冬的地区，在小麦拔出 1 或 2 个节时喷第一次药，在旗叶伸长到抽穗期再喷一次药，以保护旗叶。

防治小麦叶锈病，在小麦抽穗期前后，病叶率 10% 左右时喷药，大面积防治可提前到病叶率 5% 左右时喷药，每公顷 150～300g。喷施一次，便可控制或基本上控制整个成株期叶锈病的危害。

其他三唑类杀菌剂，如烯唑醇（特谱唑）、三唑醇、粉唑醇、丙环唑、腈菌唑等也可用于防治小麦锈病。特谱唑（烯唑醇、速保利）内吸传导性强，持效期长，用药量很低，只有粉锈宁用量的 1/3～1/2。

第二节　麦类全蚀病

麦类全蚀病（wheat take-all disease）是麦类作物的土传根部病害，病原菌是禾顶囊壳 [*Gaeumannomyces graminis*（Sacc.）Arx et Olivier]，属于子囊菌亚门核菌纲球壳目顶囊壳属（图 10-2）。该菌有 4 个变种，即小麦变种、燕麦变种、禾谷变种和玉米变种。小麦变种对小麦、大麦、黑麦致病性较强，对燕麦致病性弱或不能致病。燕麦变种对燕麦和禾本科牧草致病性强。禾谷变种寄生于多种禾本科植物，但致病性较弱。玉米变种主要侵染玉米。我国发生的主要是小麦变种，也有禾谷变种和玉米变种。以前仅山东、甘肃、宁夏、辽宁、江苏、陕西等省（自治区）发生小麦和大麦全蚀病，近年已经扩展到西北春麦区、北方冬麦区和长江中下游麦区的 18 个省（自治区）。

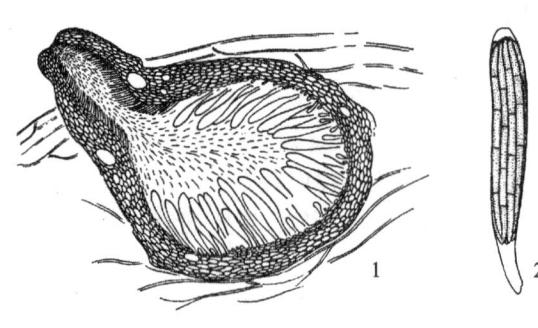

图 10-2　麦类全蚀病病原菌（仿西北农学院，1975）
1. 子囊壳；2. 子囊

一、危害与诊断

病株根系被破坏，重者死苗，稍轻者分蘖减少，矮小瘦弱，成穗数、穗粒数减少，粒重降低，甚至形成白穗。一般轻病地减产 10%～20%，重病地减产 50% 以上，甚至绝收。发病越早，损失越大。

苗期和成株期都可发病。幼苗种子根、地中茎和根茎部位腐烂变黑褐色，严重时死苗。成活的病苗基部老叶变黄，心叶内卷，叶色变浅，分蘖减少。拔节后病株矮化，叶片自下向上变黄，类似干旱、缺肥的症状。病株种子根、次生根大部分变黑。横剖病根，可见根轴变黑。乳熟期茎基部发黑，剥开茎基部叶鞘，可见地上 1 或 2 节叶鞘内侧和茎秆表面有黑色膏药状物，为病原菌菌丝层，还有黑色颗粒状突起物，即病原菌的子囊壳。抹去菌丝层，茎部表面有条点状黑斑，这是全蚀病的典型症状，称为"黑脚"或"黑膏药"，多在潮湿麦田中产生。

在土壤干燥的情况下，多不形成"黑脚"症状，也不产生子囊壳，仅根部有不同程度地变褐或变黑腐烂。有时仅根尖变黑，腐烂症状也受到抑制。此时难以发现和鉴别，易被忽略。

病株穗子早枯，成为"白穗"。零星发病田，白穗成簇出现，称为发病中心，易于发现。发病较重的地块大片发病，白穗多，发病区域内植株枯黄，矮而稀疏，整个麦田冠层高低不平。

全蚀病是一种典型根部病害。病原菌侵染的部位只限于麦株根部和茎基部，地上部症状是根和茎基部受害所引起的。由于环境条件、土壤菌量和根部受害程度的不同，各地田间症状的显现期和症状表现也不一致。当出现典型"黑脚"或"黑膏药"症状时，较易识别。在单纯表现根腐或死苗时，需与其他根病区分。出现白穗，但无"黑脚"等典型症状时，需与麦穗枯熟及根腐病、纹枯病或地下害虫为害造成的白穗区分。

在不出现典型症状、难以单靠田间症状得出结论时，需进一步做实验室检查。将可疑根段用常规方法透明染色，显微镜检查，若是全蚀病，可在根表看到粗壮的黑褐色匍匐菌丝、菌丝结等结构。另外，还可以将可疑病株基部插入湿沙中，在16~25℃温度和有光照的田间保湿，诱发产生子囊壳。

二、发生规律

全蚀病菌的寄主范围很广，对350余种禾本科植物有致病性，其变种间致病性有明显差异。在我国，小麦变种是主要的全蚀病病原菌，可寄生小麦、大麦、玉米、高粱、水（旱）稻、粟、糜子、黑麦、燕麦等作物，以及多种农田禾本科杂草。小麦、大麦品种高度感病，燕麦品种多数高度抗病，黑麦品种多数中度抗病。

全蚀病菌主要以菌丝体随病残体在土壤中越夏（冬麦区）或越冬（春麦区），侵染下一季麦类作物。未腐熟的农家肥混有的带菌病残体和种子间夹杂的带菌病残体，都可以传病。全蚀病菌在小麦的整个生育期都可以侵染，但以苗期侵染为主。病原菌多由种子根、不定根、根茎等部位侵入，也可由接触土壤的胚芽鞘、外胚叶、茎基部等处侵入。

农田生态条件是决定发病程度的主要因素。小麦或大麦连作，土壤中积累的病原菌数量增多，此后数年发病，逐年加重。轮作可能减轻发病，也可能加重发病，因前茬作物种类而异。前茬为燕麦、棉花、水稻、烟草、马铃薯、多种蔬菜作物的，能减轻发病；前茬为苜蓿、三叶草、大豆、花生、玉米等作物的则加重发病。但有的地方前茬为花生、豆类，反而减轻发病。麦田深翻，将带病残茬翻埋于耕层底部，减少了菌源，可减轻发病。

全蚀病的发生与土壤肥力和麦株营养状态关系密切。合理施肥有补偿植物发病后养分吸收的减少、刺激植物生根、增强植物抗病性和调节土壤微生物区系等多方面作用。

有机质和速效磷含量高的土壤，全蚀病发病减轻。土壤速效磷含量达0.06%，全氮含量0.07%，有机质含量1%以上，全蚀病发展缓慢，速效磷含量低于0.01%则发病重。非常缺氮的土壤，施用氮肥后能减轻全蚀病的发生。过量施用氮肥，可能加重发病或无明显影响，因其他因素的配合而异。氮肥种类不同，对发病的影响也不相同，施用铵态氮能减轻小麦发病，施用硝态氮则加重发病。土壤中严重缺磷或氮磷比例失调，通常是全蚀病加重的重要原因。施用磷肥，可促进小麦根系发育，减轻发病，减少白穗，保产作用显著。氮、磷、钾三要素的配合也很重要，适量施氮有利于发挥磷的作用，而缺氮则会降低磷的防病保产作用，磷、钾配合施用，减轻发病的作用明显，但缺磷时施钾，反而加重全蚀病发生。

营养要素的作用还受土壤性质、栽培措施、环境条件、植株发育状况、发病程度，以及各营养要素之间的相互作用诸方面的影响和制约，在不同场合需具体分析，不能一概而论。

土壤湿度高，透气性好，有利于病菌生长和侵染。沙土保水保肥能力差，全蚀病重。但黏重土壤在含水量高时，会因硝化作用加剧，氮的损失较多，也有利于发病。降低土壤含水量，减少氮素损失，可减轻发病。土壤偏碱适于发病，田间施用石灰后病情往往加重。

小麦全蚀病菌菌丝体在3~33℃条件下都能生长，以20~25℃为最适。侵染最适地温12~18℃，但低至6~8℃仍能发生侵染。土壤含水量高，表层土壤水分充足有利于病原菌的发育和侵染。灌溉失当，田间积水会导致发病严重。

春、夏降雨多，有利于全蚀病发生。冬季较温暖，春季多湿，发病重；冬季寒冷，春季干旱，发病轻。春季气温低，麦苗弱，生育期延迟，后期遇干热风，则全蚀病的危害加重。

有些发病地块在多年连作小麦以后，全蚀病反而逐年减轻，这一特殊现象称为全蚀病的自然衰退。山东小麦、玉米两季作地区曾发生全蚀病的自然衰退。麦田由始见白穗起，发病逐年加重，一般经4～5年，病害上升阶段结束，达到危害高峰，白穗率达70%～95%，减产30%～40%或更高，并延续2～3年。此后出现全蚀病衰退现象，病情逐年减轻。病害下降阶段需1～3年，因土壤肥力而异。然后进入控制危害阶段，田间很少出现或不出现白穗，小麦恢复到正常产量。发生全蚀病衰退的原因是连作田土壤中积累了大量对全蚀病菌有强烈抑制作用的微生物。培肥地力，增施有机肥、磷肥、氮肥，可促进衰退。

三、防治方法

全蚀病无病区应严密防止传入；初发病区要采取扑灭措施，挖除病株，深翻倒土，改种非寄主作物；普遍发病区以农业措施为基础，有重点地施用药剂，实行综合防治。

1. 严防传入　　部分省、自治区已将小麦全蚀病列为补充农业植物检疫对象，不由发病区调种，对调运的麦种实行检疫。

2. 早期扑灭　　新发病区田间零星发病，有明显发病中心。在麦收前用撒石灰的办法或其他标记方法划出发病中心的范围，收获时将划定区段的麦茬留高，与无病区域明显区分。麦收后，将划定区段根茬连同根系挖出烧毁，发病中心的土壤也要挖出，移走深埋。不得用病土垫圈、沤肥。病田改种非寄主作物。

3. 栽培防治　　轮作是普遍发病区防治全蚀病最有效的措施，轮作方式应因地制宜。稻麦、棉麦两熟轮作，以及小麦与烟草、瓜菜、马铃薯、胡麻、甜菜等非禾本科作物轮作。有报道认为全蚀病发生衰退的麦田和即将发生衰退的麦田，要保持小麦连作。

当前还没有抗全蚀病的小麦、大麦品种，在普遍发病区可推广种植耐病、轻病、抗寒耐旱、抗倒伏的丰产品种。

土壤表层病残体多，发病重。小麦收获后宜深耕细耙，深耕要和增施有机肥结合，以培肥地力，增厚熟土层。

冬小麦适期晚播是防治全蚀病的措施之一。适期晚播能使种子萌发后处于较低温度下，种子根遭全蚀病菌侵染的概率减少。

合理施肥，增施有机肥和磷肥，保持氮、磷、钾平衡，能明显控病增产。若土壤肥力高，有机质含量高，则氮肥施用量不宜超过磷肥用量。若土壤贫瘠，有机质含量低，则磷肥施用量不宜超过氮肥。土壤肥力中等，应氮、磷并重。磷肥用作基肥和种肥效果最好，追施速效磷肥宜在返青拔节期进行。

4. 药剂防治　　种子处理。可用三唑酮或百坦拌种剂干拌种子。还可用三唑酮兑水喷拌麦种，晾干后播种。另外，也可用丙环唑（敌力脱）拌种。以上杀菌剂以及其他三唑类杀菌剂在土壤墒情较差时，能推迟和抑制出苗。为提高拌种的安全性，除了严格控制用药量外，还要保墒、造墒播种，也可加大播种量10%。

病田在小麦秋苗期（3～4叶期）和返青拔节期可各喷一次三唑酮。重病田施药可取下喷雾器喷片，顺垄用药液细小水流浇灌根部。必要时在抽穗前再喷一次药。

第三节 小麦白粉病

小麦白粉病（wheat powdery mildew）的病原菌为禾布氏白粉菌小麦专化型 [*Blumeria graminis* (DC.) E.O. Speer f. sp. *tritici* Marchal]，属子囊菌亚门核菌纲白粉菌目布氏白粉菌属；无性态为串珠粉孢（*Oidium monilioides* Nees）。白粉病在全国各麦区都有发生，已经成为危害严重、成灾率高的重要病害。

一、危害与诊断

病原菌为害叶片、叶鞘、茎秆和穗部，被害麦田一般减产 5%～10%，严重的减产可达 20% 以上。

叶片上病斑近圆形、长椭圆形，表面覆盖一层白粉状霉层，厚度可达 2mm 左右，易于识别。霉层由病原菌的菌丝、分生孢子梗和分生孢子构成。以后，霉层渐变为灰白色至淡褐色，其中生有许多黑色小粒点，即病原菌的闭囊壳。严重时病斑连成一片，叶片大部由霉层覆盖，发黄枯死。叶鞘、茎秆和穗部发病后，也被霉层覆盖。发病较早、较重的植株分蘖数减少，根系发育不良，矮小瘦弱，不能抽穗或抽出的穗短小；发病较晚的穗粒数减少，千粒重降低。

病斑大小和霉层薄厚可以反映出小麦品种的抗病程度。免疫的品种受到白粉病菌侵染后，叶片上不产生病斑，近免疫的品种仅产生枯死斑，不生霉层；高度抗病品种叶片上病斑小，霉层很薄，透过霉层可看到绿色叶面，有时病斑虽然较大，但仍透绿；中度抗病品种病斑直径较小，但霉层较厚，不透绿；感病品种病斑直径较大，霉层厚；中度感病品种病斑不连片；高度感病品种病斑连片。

二、发生规律

白粉病菌是专性寄生菌，只能在活体植株上生存繁殖，脱离植株后很快死亡。白粉病菌在植物体表蔓延繁殖，只生成一种特殊的器官，即吸器，进入叶肉细胞，吸取营养和水分。根据侵染的品种不同，白粉病菌可划分为多个不同的小种。病菌的孢子随气流传播到感病品种的体表后，遇到适宜的条件即可萌发出芽管，芽管顶端膨大形成附着胞，产生侵入丝，依靠病菌产生的机械压力和辅助酶的作用，穿透寄主表皮，诱发寄主病理反应，形成乳突，侵入表皮细胞，形成初生吸器，吸取寄主养分。初生吸器形成后，即向寄主体外生出菌丝，菌丝可继续形成次生侵染结构（次生吸器）在寄主体表蔓延。菌丝扩展到一定程度可产生产孢结构，产生分生孢子（图 10-3）。病菌在发育后期进行有性生殖，产生闭囊壳。

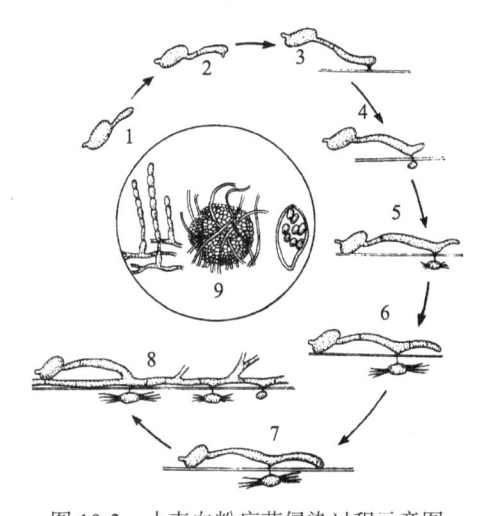

图 10-3 小麦白粉病菌侵染过程示意图
1.分生孢子萌发、产生芽管；2.形成附着胞；3.开始侵入；4.形成初生吸器；5，6.初生吸器及菌丝形成；7.初生吸器成熟、菌丝扩展；8.形成次生吸器；9.成熟的分生孢子、闭囊壳及子囊孢子

白粉病菌的分生孢子随气流远距离传播，通常在不同的地方越夏或越冬，通过菌源交流而完成病害循环。以小麦白粉病菌为例，其周年发生过程包括以下几个阶段。

1. 越夏　　白粉病菌分生孢子的寿命仅有数天，闭囊壳在高温高湿条件下，也很快腐烂消亡。平原麦区冬小麦成熟和收获后，白粉病菌相继死亡，不能越夏。小麦白粉病菌主要在夏季最热一旬均温低于24℃的地方，侵染自生麦苗或夏播小麦而越夏。在旬均温24～26℃的地区，则在荫蔽处或以菌丝潜伏在叶片内越夏。主要越夏菌源基地均在平原麦区周围海拔较高的丘陵和山区。在新疆、内蒙古等夏季干燥凉爽的地方，病菌的闭囊壳也可越夏。

2. 秋苗发病和越冬　　小麦白粉病菌越夏后，侵染当地或周围地区冬小麦秋苗，引起秋苗发病。冬小麦播种越早，距越夏地区越近，秋苗发病就越重。距越夏区远的平原麦区，秋苗发病较晚、较轻。有的地方在一般年份秋苗不发病。冬季气温降低，病菌停止侵染，以菌丝在小麦茎基部叶鞘上越冬。冬季温度较高，雨、雪较多，有利于病菌越冬。在北方冬麦区，平原地带越冬条件较好，病菌越冬成活率高，山区则较低，但山区秋苗发病率高，越冬菌量远多于平原。在冬季温暖的地方，白粉病菌则继续侵染和繁殖。

3. 春季流行　　次年春季随着温度回升，病菌恢复活力，产生孢子，侵染周围叶片，继而向上部叶片发展，引起白粉病的春季流行。在秋苗发病较重的地区，由当地越冬菌源引起春季流行，发病早而重。在秋苗发病较少的地方，菌源为邻近较早发病地区传来的分生孢子，发病晚而轻，常年不会大流行。

大面积种植感病品种是造成白粉病流行的前提条件，在品种、栽培条件比较稳定的条件下，发病轻重取决于气象条件。在黄淮海和江淮小麦主产区，若秋冬季和早春气温偏高，雨水偏多，则有利于秋苗发病、病菌越冬和早春病情发展，病害流行加重。反之，若秋冬季和早春气温偏低，干旱少雨，则病害发生较轻。另外，若小麦生长中后期高温干旱，则抑制后期病害发展，缩短流行时间，减轻发病程度。

冬前气温主要影响病原菌繁殖和菌源基数的积累。冬前气温偏高，不仅有利于病原菌繁殖，而且有利于冬小麦冬前生长，推迟越冬，延长了病菌冬前的发展时间，增加了菌源基数。暖冬可使小麦带绿越冬，对病原菌越冬也有利。春季气温回升快，发病早，反之则迟。温度高，病害潜育期缩短，病情增长快。但春季高温可抑制病原菌繁育，减轻发病。

降水是决定发病程度的最重要因素。北方麦区常年少雨，长江流域及以南麦区，有些年份阴雨绵绵，降水过多，这些都不利于白粉病发生。黄淮流域及北方麦区冬季雨雪充沛，有利于白粉病菌越冬，春、秋季雨水偏多，特别是空气湿度高，有利于分生孢子萌发和侵染，但在长江流域常年雨水较多的地区，若在春季发病关键时期连续降雨，将使分生孢子吸水过多而破裂，也使孢子黏结不易分散传播，不利于流行。

三、防治方法

因各地的农业生态条件不同，白粉病的发生情况也相差很大，所以需要具体了解当地白粉病的流行特点，才能制定合理的防治策略，采取有效的防治措施。

1. 种植抗病品种　　我国长期大面积推广的小麦品种90%左右的抗源具有 *Pm8* 基因，但 *Pm8* 基因目前在绝大部分地区已基本或完全丧失抗病性，需换用含有其他抗病基因的品种。白粉病菌具有许多生理小种，各地小种组成与优势小种类群不同，对选用的抗病品种，一定要预先确认其能抵抗当地的白粉菌小种。

2. 栽培防病　　越夏区早播田秋苗发病重，播量大、密度高、氮肥用量大，灌溉条件好的麦田发病也重。秋苗发病地区要推广精量、半精量播种技术，减少无效分蘖，降低群体密度，合理施用化肥，搞好氮、磷、钾配方施肥和科学灌溉。

3. 药剂防治　　在河北、山东、河南、甘肃、陕西、山西等北方小麦白粉病菌越夏、越冬区和常年易发区，秋播时用三唑酮拌种，持效期达80～90d甚至更长，可以降低秋苗发病率，推迟发病时间，减少引起春季流行的菌源数量。

西南和长江中下游麦区在3月下旬或4月上旬前后，黄河流域在4月中旬前后，当病情达到防治指标时，结合小麦长势、天气状况等，采取药剂防治措施，喷施三唑酮一次，可兼治锈病、纹枯病等病害。

多年使用三唑酮防治白粉病的地方，白粉病菌已经对三唑酮产生了较高的抗药性。为了防止或延缓抗药性的产生，应轮换使用其他类型药剂。烯唑醇、粉唑醇、腈菌唑等用药量少、防效高、持效期长，可作为三唑酮的替代品种或轮换品种。长江流域常年白粉病发生较重，又是赤霉病重发生区，可替换使用粉唑醇、腈菌唑和烯唑醇等新农药品种，或选用抗菌灵、锈霉灵和纹霉净等混配制剂，兼治赤霉病。

第四节　麦类赤霉病

麦类赤霉病（wheat scab）的病原菌属半知菌亚门丝孢纲瘤座菌目镰孢属，主要为禾谷镰孢（*Fusarium graminearum* Schwabe），其次为燕麦镰孢 [*F. avenaceum*（Fr.）Sacc.]、黄色镰孢 [*F. culmorum*（Smith）Sacc.] 等（图10-4）。禾谷镰孢的有性态为玉蜀黍赤霉 [*Gibberella zeae*（Schw.）Petch]。赤霉病菌的寄主植物较多，主要有小麦、大麦、燕麦、黑麦，以及玉米、高粱、水稻等多种禾本科作物和草类。

一、危害与诊断

病原菌主要为害穗部，引起穗腐，也可引起苗腐、茎基腐等症状。穗部受害后，穗粒数和千粒重降低，严重减产。在长江中下游冬麦区，大流行年份的小麦病穗率达50%～100%，产量损失20%～40%；中度流行年份病穗率30%～50%，产量损失10%～20%。另外，病籽粒出粉率低，面粉质量差，蛋白质和面筋含量减少，商品价值低。病籽粒含有多种真菌毒素，引起人畜急性中毒。病粒率高的不能加工为面粉食用，病籽粒发芽率很低，也不能种用。小麦病粒的最大允许含量为4%。

病穗从籽粒灌浆到乳熟期出现明显症状。初期病小穗颖片基部出现褐色水浸状病斑，逐渐扩展到整个小穗，病小穗褪绿发黄。天气潮湿时，颖片合缝处和小穗部产生粉红色霉层，为病原菌的分生孢子座和分生孢子。霉状物被雨露分散后，病部显露黑褐色病斑。个别或少数小穗、小花发病后，迅速向其他小花、小穗扩展。穗颈、穗轴或小穗轴变褐腐烂，致使病变部分以上的小穗全部枯黄。受害的小穗不结实或病粒皱缩干秕。后期高湿多雨，病小穗基部和颖片上聚生蓝黑色的小颗粒，为病原菌的子囊壳。枯死的穗部也可生黑色霉层，为腐生真菌。发生较轻时，仅部分麦穗罹病，严重发病时，几乎全田麦穗变色枯腐。病穗所结出的籽粒皱缩，表面呈变污白色或紫红色（图10-4）。

苗枯主要由种子带菌引起，芽鞘、根鞘、根冠变黄褐色水浸状腐烂，并向根、叶扩展，严重的幼苗枯死，轻的生长衰弱。种子残余和病苗上可能产生粉红色霉状物。

茎基腐是指幼苗或成株的茎基部变褐腐烂，严重的整株枯萎死亡。拔取病株时，常从茎基腐烂部位断裂。但一般发病较轻，仅基部叶鞘黄枯。有时茎基部也产生蓝黑色颗粒状子囊壳。病原菌还可侵染水稻和玉米等作物，造成稻桩和玉米秸秆带菌。

二、发生规律

在长江中下游和长江以南稻麦复种地区，病原菌主要在稻桩内以菌丝越冬，第二年春季在稻桩上形成子囊壳，释放子囊孢子侵染小麦和大麦。稻桩带菌率高低、子囊孢子数量及其成熟和释放的时期都与赤霉病穗

图10-4 小麦赤霉病（仿西北农学院，1975）
1.病穗；2.病颖；3.病种子；4.健全种子；5.子囊壳纵剖面；
6.子囊及子囊孢子；7.分生孢子及其着生状况

腐发生程度有关。若早春气温回升早，雨水多，稻桩长期处于水湿状态，则子囊壳形成早而多，初侵染菌量大。若早春雨水少，稻桩经常处于干燥状态，子囊壳少，孢子成熟慢，即使稻桩带菌率较高，菌源量也较低，发病轻。

在黄河中下游冬小麦-夏玉米复种地区，田间残留的带菌玉米秸秆是主要初侵染菌源。春季气温适宜、降雨较多、湿度较高时，玉米残秆上大量产生子囊壳，通常在小麦扬花前达到子囊壳形成高峰，5月上中旬子囊孢子大量释放，此时正值小麦扬花盛期，发病加重。若早春干旱，子囊壳形成和孢子释放高峰期推迟，错过了小麦易感期，发病就轻。

在旱作地区，赤霉病菌能以厚垣孢子或菌丝片段在土壤中长时间存活，侵染后茬玉米或麦类作物根部，分别引起玉米茎腐病（青枯病）和麦类茎基腐病。玉米茎腐病的大发生，又为下一茬麦类穗腐提供了大量初侵染菌源。

在东北春麦区，赤霉病菌主要在土表的小麦残体和杂草残体上越冬，越冬菌源量的多少与小麦收割期的雨湿条件相关，若多雨高湿，植物残体带菌率就高。

麦类作物病穗种子内部潜伏赤霉病菌，播种后引起苗枯，但与后期穗腐无直接关系。

小麦、大麦混栽地区，大麦发病较早，病穗产生的分生孢子也可能成为小麦穗腐的初侵染菌源。

赤霉病的发生程度与品种抗病性、菌源数量、气象条件与栽培措施等因素有关。大面积栽培感病品种是赤霉病流行的前提，麦株抽穗扬花期是易感时期。易感时期的气象条件通常是影响流行程度的关键因素。降雨日数多，雨量大，大气湿度高，发病重。在长江中下游，小麦赤霉病流行程度与4月下旬至5月上中旬的降雨日数和相对湿度呈正相关，特别是5月上中旬（小麦开花至灌浆初期）的降雨日数是流行的决定因素。在黄河中下游，5月降雨是

决定冬小麦赤霉病发生程度的关键因素。在东北春麦区北部，发病程度与7月的相对湿度、降雨日数和雨量呈正相关。

麦田地势低洼，排水不良，土质黏重，经常渍水则发病较重，而地势高燥，土质疏松，排水通畅的麦田发病较轻。凡是能降低田间湿度和提高麦株抗病性的栽培措施，都可以减轻发病。

三、防治方法

1. 种植耐病、抗病品种　　我国有一批优良抗源材料，如'苏麦3号''望水白''宁7840'等，已经广泛用于抗病育种。但当前可用的综合性状好的抗病品种甚少，在常发流行地区应优先选用，若无抗病品种可用，应尽量选用耐病、轻病品种。

2. 栽培防病　　改进灌溉技术，排灌结合，防止田间积水，消除渍害，降低地下水位和田间湿度。按需施肥，防止氮肥追施过晚。南方稻田应深耕灭茬，北方小麦玉米复种地区应种植抗茎腐病的玉米杂交种，玉米收获后清除或翻埋残秆，减少田间菌源。

3. 药剂防治　　在病情预测预报的指导下，及时喷药防治。适用药剂有多菌灵、甲基硫菌灵、纹霉净等。喷药适期为齐穗期至花后5d。北方麦区适时喷药1次即可，南方麦区也以盛花期前后所喷第一次药最重要，在流行年份，对高感品种或生育期不整齐的田块，可喷2或3次药。

第五节　麦类纹枯病

麦类纹枯病（wheat sharp eyespot）的病原菌为禾谷丝核菌（*Rhizoctonia cerealis* Van der Hoeven），属半知菌亚门丝孢纲无孢目丝核菌属。该菌侵染小麦、大麦、黑麦、燕麦、水稻、玉米等作物和一些禾本科杂草。纹枯病是世界性病害，分布广泛。我国自20世纪70年代以来，发病区域明显扩大，危害明显加重；80年代后在长江流域麦区大发生，成为当地小麦、大麦的重要病害和主要防治对象之一。此后，纹枯病又渐次蔓延到淮河、黄河流域及其以北各麦区，造成程度不同的危害。

一、危害与诊断

麦类作物各生育期都可受害，病原菌主要侵害麦株根部和茎基部，造成烂芽、死苗、花秆烂茎、植株倒伏、枯孕穗和白穗等一系列症状。小麦重病田枯白穗率达30%以上，病株穗粒数显著减少，穗粒重和千粒重严重降低，大幅减产。

麦种发芽后芽鞘变褐色，麦芽腐烂。幼苗根部变褐腐烂，造成死苗。3～4叶期幼苗的叶鞘上生成灰褐色斑点，可蔓延到整个叶鞘，叶片暗绿色，水浸状，以后失水枯黄，严重时病苗死亡。

拔节后，麦株基部叶鞘出现椭圆形、暗绿色、水浸状病斑，以后发展成为中部灰褐色、边缘黑褐色的病斑，椭圆形或略成云纹状，病斑扩大后相互连接，使罹病叶鞘上呈现淡浓相间、纹理交错的斑纹，通称为"花秆"症状，这也是纹枯病的典型症状，易于识别（图10-5）。

在高湿条件下，叶鞘内侧和茎秆上生有白色、黄白色菌丝体和微小菌核。菌核初白色，后变为程度不同的褐色，形状不规则，长 0.2～3.1mm，宽 0.2～2.0mm。菌核间有菌丝连接，菌核易于脱落。在茎秆表面也出现淡褐色较短的条斑，以后扩大成为梭形病斑，其边缘褐色，中部色泽较浅，为灰色。病斑常纵向开裂。

严重发病时，由于花秆烂茎，主茎和大分蘖常抽不出穗，形成枯孕穗。有的虽能抽穗，但结实锐减，籽粒秕瘦，形成白穗。发病较轻的植株，虽然可以正常抽穗，但因茎秆受害，容易倒伏，也造成减产。

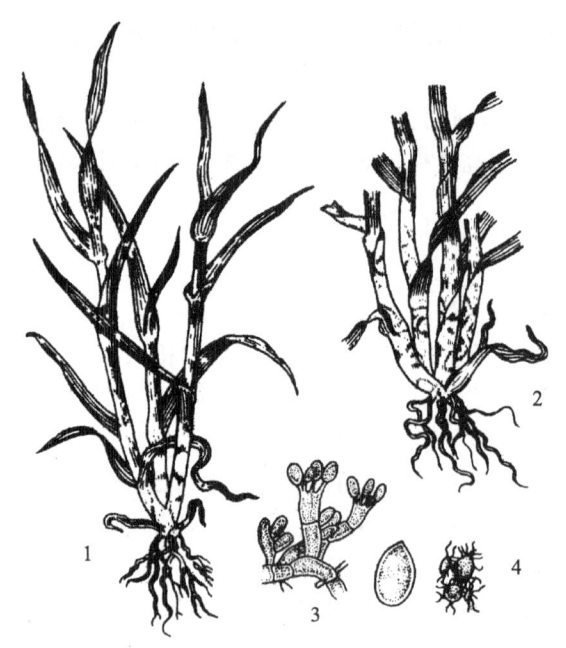

图 10-5 小麦纹枯病（仿张满良）
1. 初期症状；2. 后期症状；3. 病菌担子和担孢子；4. 菌核

二、发生规律

纹枯病菌以散落土壤中的菌核和病残体中的菌丝体越夏或越冬，成为危害下一季麦类的初侵染菌源。带有菌核或病残体的土壤与未腐熟的农家肥都可以传病。病原菌可以直接穿透叶鞘表皮而侵入幼苗，也可以由根部的伤口侵入。在整个生育期，病害发展经历了几个连续的阶段，不断由植株基部向上部发展，由少数病株向周围健株扩展。

纹枯病的流行受一系列农田生态因素的影响。大面积栽培高度感病的品种是纹枯病大发生的基本条件。20 世纪 70 年代以后，纹枯病趋于严重，就是各地主栽品种高度感病的缘故。

小麦的各个生育期都可被病原菌侵染，但以早期最感病，随着株龄增长，感病性降低。抽穗期以后，特别是乳熟期以后病菌侵染减少，病斑减小，发病局限于麦株表层。

耕作和栽培措施对纹枯病的发生也有重要影响。连作年限长，土壤中菌核多，发病重。据报道，麦稻两熟田间隔 1 年换茬的田块，平均每公顷有 61.5 万～94.5 万粒菌核；间隔 2 年换茬的，平均每公顷有 123 万～127.5 万粒菌核；而间隔 4 年换茬的，每公顷高达 273 万～540 万粒菌核。

免耕田和少耕田杂草多，纹枯病发生严重。若实施化学除草，控制杂草发生，合理密植施肥，则免耕田和少耕田纹枯病的发生与常规耕作麦田无明显差异。

播种期与播种量是影响纹枯病发生的重要因素。早播田冬前侵染多，病情严重。播量过大，植株密度高，麦田郁闭，通风透光差，湿度高，发病重。撒播比条播发病重。

重施氮肥，不与磷肥、钾肥与有机肥配合使用，植株旺而不壮，组织柔嫩，抗病能力低。麦株生长过旺，导致麦田郁闭，湿度增高，发病严重。地下水位高，低洼多湿的田块，以及偏酸性砂壤土都适于发病。

气象因素对纹枯病的发生也有重要影响。菌丝生长的最低温度为 2.5℃，最适 22℃，最高 30～33℃。菌核形成的最低温度为 7～10℃，最适 22℃，最高 30～33℃。冬小麦苗期气温和降雨量高于常年，侵染增多。越冬期温度较高，降水较多，有利于病原菌越冬存活。冬季麦苗受冻，可造成大量茎腐死苗。春季气温回升快，降雨偏多，有利于病害扩展，病情和损失加重。3~5 月的雨量和雨日数往往是决定流行程度的主导因素。

三、防治方法

防治纹枯病应以栽培措施为基础，以药剂防治为重点，选用抗病、耐病品种，实行综合防治。

1. 加强栽培管理　　病区避免麦类连作，合理轮作，减少田间菌源。适当迟播，减少冬前侵染。适当降低播种量，避免麦株密度过大。及时防除麦田杂草，改善田间通风透光条件，降低湿度。施足基肥，平衡施肥，避免偏施氮肥。不采取大水漫灌，防止田间积水。

2. 选用抗病、耐病品种　　选用抗病品种是防治纹枯病最理想的办法，但选育抗病品种的难度较大。当前，在缺乏抗病品种的情况下，应尽量选用发病较轻的高产良种或耐病品种。

3. 药剂防治　　药剂防治以种子处理为重点，早春喷药防治为辅助。

种子处理。选用戊唑醇、苯醚甲环唑等拌种。

春季纹枯病发生严重的田块，在拔节期采取"大剂量、大水量、提前泼浇或兑水粗喷雾"的方法，确保药液淋到根、茎基等发病部位。可选用井冈霉素、丙环唑、己唑醇、戊唑醇等单剂及其复配剂。

第六节　麦类病毒病

一、麦类黄矮病

麦类黄矮病（wheat yellow dwarf）是由大麦黄矮病毒（*Barley yellow dwarf virus*，BYDV）引起的世界性病害。小麦黄矮病是我国流行范围最广、危害最大的病毒病害。在我国西北、华北、东北、西南及华东等大部分冬、春麦区及冬春麦混种区每年都有不同程度的发生。豫西、晋南、关中、陇东及华东和西南地区为冬小麦的主要流行区，甘肃河西走廊、陕北等地区为冬春麦混种流行区，宁夏、内蒙古、晋北、冀北及东北为春小麦的主要流行区。

（一）危害与诊断

整株发病，黄化矮缩，流行年份可减产 20%~30%，严重时达 50% 以上。

黄矮病的常见症状表现为病株节间缩短、植株矮小、叶片失绿变黄，多由叶尖或叶缘开始变色，向基部扩展，叶片中下部呈黄绿相间的纵纹。

小麦全发育期均可被侵染，症状特点随侵染时期不同而有所差异。幼苗期被侵染的植株根系浅，分蘖减少，叶片由叶尖开始褪绿变黄，逐渐向基部发展，但很少全叶黄化。病叶较厚、较硬，叶背蜡质层较多，多在冬季死亡。残存病株严重矮化，旗叶明显变小，不能抽穗结实，或抽穗结实后籽粒数减少，千粒重降低。拔节期被侵染的植株，只有中部以上叶片发病，病叶也是先由叶尖开始变黄，通常变黄部分仅达叶片的 1/3~1/2 处，病叶亮黄色，变厚变硬。有的叶脉仍为绿色，因而出现黄绿相间的条纹。后期全叶干枯，有的变为白色，多不下垂。此类病株矮化不明显，秕穗率增加，千粒重降低。穗期被侵染的植株仅旗叶或连同旗下1~2叶发病变黄，病叶由上向下发展，植株矮化，秕穗率高，千粒重降低。

大麦的症状与小麦相似。叶片由尖端开始变黄，以后整个叶片黄化，沿中肋残留绿色条纹，老病叶变黄而有光泽。黄化部分可有褐色坏死斑点。某些品种叶片变红色或紫色。成株被侵染，仅主茎最上部叶片变黄。早期病株显著矮化。黑麦也产生类似症状。

燕麦的症状因品种、病毒株系与侵染发生的生育阶段而异，病叶变为黄色、红色或紫色。许多燕麦品种病株叶片变为红色，因而也称为燕麦红叶病。燕麦红叶病是我国燕麦种植区重要病害。植株染病后一般上部叶片先表现病症。叶部受害后，先自叶尖或叶缘开始，呈现紫红色或红色，逐渐向下扩展成红绿相间的条纹或斑驳，病叶变厚、变硬。后期叶片橘红色，叶鞘紫色，病株有不同程度的矮化。

（二）发生规律

大麦黄矮病毒粒体为等轴对称的正二十面体，寄主范围很广，多达150余种单子叶植物，除了麦类作物外，还侵染谷子、糜子、玉米、高粱、水稻及多种禾本科杂草。该病毒由蚜虫以循回型持久性方式传播，即蚜虫获毒后一般经10h以上的循回期才能传毒，但不能终生带毒，也不能经卵传毒，不能通过汁液摩擦接种。传毒蚜虫主要有禾谷缢管蚜、麦二叉蚜、麦长管蚜、麦无网蚜和玉米蚜等，其中以麦二叉蚜最为重要，传毒持久力可维持12~21d，不能终生传毒，也不能通过卵或胎生若蚜传至后代。

在我国，大麦黄矮病毒主要有4种株系，其主要的蚜传介体不同。GAV株系主要传毒蚜虫为麦二叉蚜和麦长管蚜，GPV株系为麦二叉蚜和禾缢管蚜，PAV株系为禾缢管蚜、麦长管蚜和麦二叉蚜，RMV株系为玉米蚜。20世纪80年代以来，大麦黄矮病毒GAV株系的比例不断上升，分布范围不断扩大，几乎遍布我国南北各主要麦区。GPV株系主要发生在关中、陇东等麦区，有减少趋势。PAV株系多发生在高水肥冬麦区，特别是南方麦区，发生量相对稳定。

各地黄矮病流行规律有所差异。在冬麦区，传毒蚜虫在当地自生麦苗、夏玉米或禾本科杂草上越夏，秋季又迁回麦田，为害秋苗并传毒，直至越冬。麦蚜以若虫、成虫或卵在麦苗和杂草基部或根际越冬。次年春季又继续为害和传毒。秋、春两季是黄矮病传播侵染的主要时期。

冬春麦混种区是我国麦类黄矮病的常发流行区。冬麦是毒源寄主和蚜虫越冬处所。蚜虫春季由冬麦田向春麦与青稞田迁飞并传毒，同时继续在冬麦田为害。夏季在春麦、糜子、高粱等作物上越夏。秋季又迁回冬麦田为害并传毒，冬季以卵在冬麦根际越冬。

在春麦区，蚜虫很难就地越冬。每年带毒蚜虫随气流由冬麦区远距离迁飞到春麦区，为害并传毒。因而，冬麦区黄矮病的大发生，往往引起春麦区黄矮病的流行。

黄矮病的流行因素很复杂，涉及气象条件、介体蚜虫数量与带毒率、品种抗病性、耕作制度与栽培方法等，气象条件往往是主导因素。气温和降雨主要影响蚜虫数量消长。冬麦区7月气温偏低有利于蚜虫越夏，秋季小麦出土前后降雨少，气温偏高，有利于秋苗侵染和发病。冬季气温偏高则适于蚜虫越冬，提高越冬率。秋苗发病率和蚜虫越冬数量与春季黄矮病流行传毒直接有关。春季3~4月降雨少，气温回升快且偏高，黄矮病可能大发生。3月下旬麦田中麦二叉蚜虫口密度和病情可用作当年黄矮病是否大流行的参考指标。

春麦区黄矮病的流行程度取决于冬麦区病情和当地气象条件。冬麦区发病重，迁入带毒蚜虫多，春季气温回升快，温度高，干旱少雨时发病重。

耕作制度与栽培技术也影响黄矮病的发生。有的春麦区部分改种冬麦后，成为冬春麦混作区，冬麦成为春麦的虫源和毒源，常发黄矮病。玉米、高粱等作物与小麦间作套种，为害秋苗的虫源、毒源增多，秋苗发病率增高。冬麦适期晚播可减轻秋苗发病，春季加强麦田肥水管理，可减轻病毒造成的损失。改善灌溉条件，增加高产水浇地，抑制了性喜干燥的麦二叉蚜，而麦二叉蚜的减少又使所传播的主流株系发生减轻。

（三）防治方法

防治黄矮病以农业防治为基础，药剂防治为辅助，开发抗病品种为重点，实行综合防治。

1. 农业防治　　优化耕作制度和作物布局，减少虫源，切断介体蚜虫的传播。在进行春麦改冬麦及间作套种时，要考虑对黄矮病发生的影响，慎重规划。要合理调整小麦播种期，冬麦适当迟播，春麦适当早播。清除田间杂草，减少毒源寄主，扩大水浇地的面积，创造不利于蚜虫滋生的农田环境。加强肥水管理，增强麦类的抗病性。

2. 选育和使用抗病、耐病品种　　在大麦、黑麦及近缘野生物种中存在较丰富的抗病基因。我国已将中间偃麦草的抗黄矮病基因导入了小麦中，育成了一批抗源，并进而育成了抗黄矮病的小麦品种，如'晋麦 73''晋麦 88''临抗 11''张春 19'和'张春 20'等。另有一些小麦品种具有明显的耐病性或慢病性，发病较晚、较轻，产量损失较低，如'延安 19 号''复壮 30 号''蚂蚱麦''大荔三月黄'等。在生产上，要尽量选用抗病、耐病、轻病品种。

3. 药剂治蚜　　麦种用吡虫啉拌种，也可用灭蚜松或乙拌磷拌种。生长期间用吡虫啉、啶虫脒、阿维菌素、氯氰菊酯等药剂喷雾治蚜，秋苗期防治重点是未拌种的早播麦田，春季重点防治发病中心麦田和蚜虫早发麦田。

二、小麦丛矮病

小麦丛矮病（wheat rosette stunt）是由北方禾谷花叶病毒（*Northern cereal mosaic virus*，NCMV）引起的病毒病害，丛矮病也称为芦渣病、小蘖病，俗称"坐坡"。小麦丛矮病毒的寄主范围较广，能侵染 65 种禾本科作物和杂草。该病 20 世纪 60 年代曾在我国西北以及河北、山东等省的部分地区发生，70 年代在京、津、冀推行冬小麦与棉花、玉米套种的地区流行，80 年代以后在内蒙古和黑龙江部分春麦区流行。

（一）危害与诊断

病株极度矮缩，冬前染病的多因不能越冬而死亡，存活的不能抽穗或虽能抽穗，但结实不良。轻病田减产 10%~20%，重病田减产 50% 以上，甚至绝收。

典型症状为病株极度矮化，分蘖很多，像草丛一样。小麦全生育期都可被侵染。苗期病株心叶上常有黄白色断续的细线条，长短不一，后变为黄绿相间的不均匀条纹。病苗多在越冬期死亡，残存的菌株生长纤弱，分蘖增多，不能拔节，或虽可拔节但严重矮化而不能抽穗。冬前感病较晚的未显症病株，以及早春感染的植株，在拔节期陆续显症，不能全部抽穗，即使抽穗，也不结实或结实不良。在拔节期被侵染的病株，新生叶出现条纹，虽能抽穗，但穗粒数减少，籽粒秕瘦。孕穗期后被侵染的植株症状不明显。

(二)发生规律

灰飞虱为主要传毒介体,灰飞虱吸食病株汁液而获毒后,可终生传毒,但病毒不能经卵传播。种子、土壤和病株汁液都不能传毒。

冬麦区灰飞虱多在早春返青期和秋苗期传毒。秋季灰飞虱由越夏寄主大量迁入麦田,秋苗期为传毒和发病高峰,冬季灰飞虱若虫在麦苗和杂草上及根际土缝中越冬。春季随着气温回升,晚秋被侵染的植株陆续显症,越冬代灰飞虱也恢复活动,继续为害传毒,出现春季发病高峰。夏季灰飞虱在秋作物、自生麦苗和马唐、狗尾草等禾本科杂草上越夏。

寄主作物间作套种,管理粗放,杂草丛生有利于灰飞虱繁殖和越夏,田间虫口多,发病严重。夏、秋季多雨,难以整地除草,保留大量虫口,使秋苗发病增多。在玉米等秋作物行间套种小麦,灰飞虱数量多,小麦出苗后就近被取食和传毒,发病重。邻近谷子、糜子的麦田发病重。精细除草的麦田,灰飞虱多由附近杂草迁入,多集中于田块周边,田头地边发病较重。早播麦田出苗后正值灰飞虱集中迁入危害期,且温度较高,有利于病毒增殖,冬前发病重,春季发病也重。夏秋多雨、冬暖春寒的年份发病较重,因为夏秋多雨有利于杂草滋生和灰飞虱的越夏与繁殖,冬暖适于灰飞虱越冬,倒春寒不利于麦苗生长发育。平地杂草多,湿度高,有利于灰飞虱栖息繁殖,发病重于山地。

(三)防治方法

防治丛矮病应采取以农业措施为主,药剂防虫为辅的综合防治策略。

1. **农业防治**　铲除田间地边杂草,冬麦避免早播,不在秋作物田中套种小麦。返青期病田早施肥,早灌水,增强抗病性。种植抗病、耐病品种。

2. **药剂治虫**　早播田、套种田、小块零星种植的麦田、秋季发病重的麦田和达到防治指标麦田为药剂防治重点。小麦出苗达20%时喷第一次药,隔6~7d再喷第二次,套种田在播种后出苗前全面喷药一次,隔6~7d再喷一次。用药种类与施药方法参照本书灰飞虱(见十八章第二节)的防治。对邻近虫源的麦田进行边行喷药,可起到保护带的作用。

第七节　小麦孢囊线虫病

为害小麦根系的孢囊线虫有9种,即禾谷孢囊线虫(*Heterodera avenae*)、菲利普孢囊线虫(*H. filipjevi*)、宽阴门孢囊线虫(*H. latipons*)、双膜孔孢囊线虫(*H. bifenestra*)、玉米孢囊线虫(*H. zeae*)、大麦孢囊线虫(*H. hordecalis*)、巴基斯坦孢囊线虫(*H. pakistanensis*)、龙爪稷孢囊线虫(*H. delvii*)和刻点孢囊线虫(*H. punctata*),分别属于孢囊线虫属和刻点孢囊线虫属,为害小麦、大麦、燕麦、黑麦等多种禾本科作物和杂草,其中禾谷孢囊线虫在温带禾谷类作物种植区广泛分布,危害最重。

我国小麦生产中有禾谷孢囊线虫和菲利普孢囊线虫发生为害,其中禾谷孢囊线虫是优势种群,目前已证实该线虫在我国湖北、河南、河北、北京、山西、山东、内蒙古、青海、安徽、陕西、甘肃、江苏、宁夏、天津、新疆、西藏等16个省(自治区、直辖市)发生,发生面积超过400万hm^2,占全国小麦种植面积的20%以上,发病田平均减产10%~20%,严重者达 50%～70%，严重威胁小麦及禾谷类作物的生产安全。

一、危害与诊断

小麦出苗 1 个月后，受害植株开始表现症状。受害严重地区，越冬期麦苗明显黄化，生长稀疏，严重时成片枯死。其他地区的小麦多在翌春返青后，表现幼苗矮小，病株从下部叶片叶尖开始变黄，随后变淡黄褐色干枯，并向叶片基部和上部叶发展，使麦叶大面积黄化失绿。病苗长势弱，分蘖减少，生长稀疏，植株矮化，与缺肥和缺水症状相似，往往造成误诊。发病植株根系二叉状分枝，膨大成团，许多二叉状分枝上又长出许多须根，须根再形成分叉，根短而扭曲。严重受害的小麦地上部早衰，病株穗小，籽粒不实。抽穗至扬花灌浆期，受害根系表皮肿胀破裂，显露出白色发亮的雌虫——孢囊，此为小麦孢囊线虫病的识别特征，后期孢囊变为褐色，老熟脱落。因此，往往根上不易发现，以致误诊为缺肥干旱或其他病害。

二、发生规律

小麦孢囊线虫以遗留在土壤中的孢囊越夏或越冬，土壤是其传播的主要途径，同时农机具、农事操作、人、畜、水流等的传带也可作远距离传播，特别是跨区联合收割，加剧了小麦孢囊线虫病的扩散和蔓延。

在华北麦区和长江中下游麦区，小麦孢囊线虫均可侵害冬小麦。该线虫在我国每年只发生 1 代。在长江中下游麦区，小麦播种后雨日多，11～12 月平均气温 9℃以上，有利于线虫卵的孵化。播种后 25～35d，2 龄幼虫侵入麦根，造成苗期感染；次年 2～3 月，若气温回升快，雨水充足，线虫继续孵化和侵入，侵害加重；100～120d 线虫在根内发育至 3 龄，120～130d 根内出现 4 龄幼虫，130～150d 根外可见白色孢囊，150～190d 褐色孢囊出现，该线虫完成一代需 5 个月。

在河北、河南、北京、江苏等麦区，冬小麦播种出苗后仅有少量 2 龄线虫侵入，翌春小麦返青后，早春的低温使线虫的孵化量加大，造成大量侵入；2 月下旬至 3 月上旬是 2 龄线虫侵入的高峰期；4 月上旬线虫在麦根内发育至 3 龄幼虫，4 月下旬发育至 4 龄幼虫，5 月上旬小麦根表可见白色孢囊（雌虫），5 月中旬为白色孢囊显露盛期，5 月底至 6 月初孢囊发育成熟。分析表明，白色孢囊显露盛期与小麦抽穗扬花期相吻合。因此，调查小麦孢囊线虫以抽穗扬花期最佳。

三、防治方法

1. 农业措施　　选用抗病品种；禾谷作物与非禾谷作物轮作，如小麦与花生、油菜、豆类植物、茄子、甜瓜等轮作可显著降低土壤中孢囊线虫数量；合理施肥，适当增施有机厩肥、氮肥和磷肥可抑制小麦孢囊线虫的侵害；播种后镇压可明显减轻孢囊线虫病害，还可提高产量，镇压方式有在播种机后挂镇压轮直接镇压、播后用石磙或铁磙镇压、拖拉机机械镇压等。

2. 生物防治　　生防真菌拟青霉属 Z4 菌剂、曲霉属生防真菌 HN132 和 HN214、球孢白僵菌 08F04 和淡紫拟青霉对小麦孢囊线虫均表现良好防效，可选择使用。

3. 药剂防治

1）种子处理：播种前选用甘农种衣剂（Ⅰ、Ⅱ或Ⅲ号）、阿维菌素种衣剂 AV1 或 AV2、甲维盐、二硫氰基甲烷、苯醚·阿维·吡等拌种。

2）喷雾处理：小麦返青期选用杀线威水剂叶面喷雾。

★ 复习思考题 ★

1. 三种小麦锈病在症状、病原菌和发病规律方面有何异同点？
2. 小麦白粉病是如何完成病害循环的？影响发病的因素有哪些？如何进行防治？
3. 引起小麦叶枯病的病原有哪些？病害症状有何特点？如何防治小麦叶枯病？
4. 小麦赤霉病的发病规律如何？怎样进行综合防治？
5. 小麦纹枯病、全蚀病和根腐病在症状和发生规律上分别有何特点？
6. 小麦根部病害发生危害及传播规律如何？怎样控制小麦根部病害？
7. 小麦病毒病有哪些主要种类？其发生特点有何不同？如何防治小麦病毒病？

第十一章　水稻病害

水稻是我国的主要粮食作物之一，其种植面积和总产量均居世界第一位。在水稻生产中，全球已报道病害有100余种，我国正式记载的有70余种，其中发生普遍、危害严重、防治难度较大的是稻瘟病、纹枯病和白叶枯病，有所谓"三大病害"之称；稻曲病自20世纪80年代以来，由过去的零星发生上升为危害严重、必须防治的对象，有取代白叶枯病成为新三大病害之一的趋势；胡麻斑病、恶苗病及干尖线虫病在历史上曾有过严重危害，现已有所减轻，但在某些地区或年份仍需注意防治；苗期绵腐烂秧病和立枯病等在某些地区每年均会为害；赤枯病、云形斑病、粒黑粉病时有发生，并有扩大的趋势；叶黑粉病过去仅在我国中南部地区发生，目前已蔓延至华北和东北稻区；其他如细菌性褐条病、鞘腐病、全蚀病和菌核病等个别地区见有发生，但危害不重；病毒病的种类较多，但主要分布于长江以南的各省、市。

第一节　稻瘟病

稻瘟病（rice blast）是全世界水稻产区发生极为广泛的主要病害之一，也是我国水稻的重要病害，南北稻区每年均有不同程度发生。病原菌为灰梨孢（*Pyricularia oryzae* Cav. Sacc.），属半知菌类梨孢属，有性态为灰大角间坐壳（*Magnaporthe oryzae* B.C. Couch），属子囊菌门大角间坐壳属（图11-1），自然条件下尚未发现。此病危害程度常因品种、栽培技术和气候条件不同而异。流行年份一般减产10%~20%，严重时达40%~50%，甚至减产80%以上。水稻生长期叶瘟严重时，受害叶片成片枯死，稻株倒折，全田呈火烧状。有的虽不枯死，但新叶不易伸展，植株萎缩，不抽穗或穗头短小；抽穗期穗颈瘟发生严重时，导致大量白穗和半白穗，瘪粒增加，千粒重下降。2010年以来，四川省稻瘟病每年发生面积均超过40万hm^2，导致稻谷减产至少1.5亿kg。东北三省也是稻瘟病经常流行的主要地区，近几年稻瘟病在该地区的为害面积超过66.67万hm^2，造成的损失可能超过总产量的10%。

稻瘟病菌除了可侵染水稻外，还可侵染大麦、小麦和黍等农作物，以及马唐、画眉草和稗草等杂草。

一、危害与诊断

稻瘟病在水稻整个生育期均可发生。各个部位都可受害。据此可分为苗瘟、叶瘟、节瘟、穗颈瘟和谷粒瘟（图11-1）。一般以叶瘟、节瘟和穗颈瘟危害较大。

1. 苗瘟　　一般在秧苗3叶期前发生，主要由种子带菌引起。一般不形成明显病斑，病苗基部黑褐色，产生灰色霉层，上部呈淡红褐色卷缩枯死。近年来随着薄膜育秧的推广，在北方稻区也有发生。

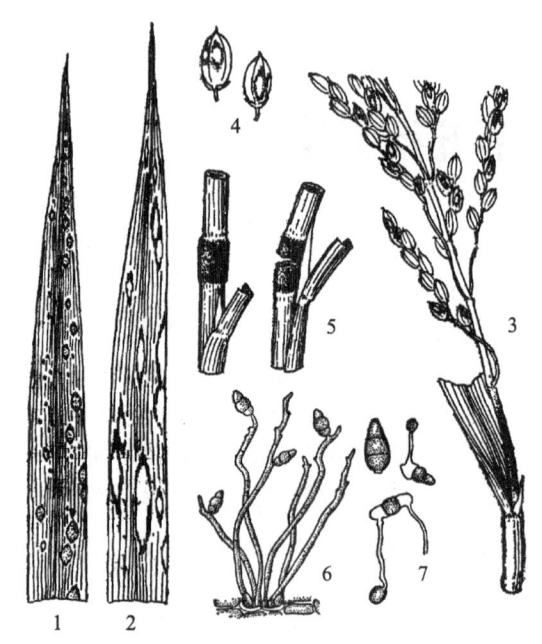

图 11-1 稻瘟病（1～5 仿西北农学院，1975；6 和 7 仿浙江农业大学，1978）

1.叶瘟急性症；2.叶瘟慢性症；3.穗颈瘟；4.谷粒瘟；5.节瘟；6.分生孢子梗和孢子；7.分生孢子萌发生芽管和吸胞

2. 叶瘟　　在秧苗 3 叶期后至穗期均可发生，以稻株分蘖期至拔节期为盛发期。叶瘟病斑常因气候条件和品种抗病性的差异而在大小、形状和色泽上有所不同，通常分为 4 种类型。

1）普通型（慢性型）：为常见的典型病斑。初在叶片上产生褐色或暗绿色小点，逐渐扩大成梭形病斑，两端具有沿叶脉纵向延伸的褐色坏死线。后期病斑中央灰白色，周围表现为褐色，最外围常有黄色晕圈；病斑背面产生灰色霉层。

2）急性型：病斑暗绿色水浸状，多为近圆形至椭圆形。有时和叶片颜色相近，暗绿色而无光泽，正反两面均可产生灰色霉层。此类病斑多发生于流行盛期，天气阴雨高湿，氮肥施用过多，在抗性差的稻株或高度感病品种上易见。当天气转晴或稻株抗性增强时，可转变为慢性型病斑。

3）白点型：病斑白色、近圆形或短梭形。此类病斑多在感病品种的嫩叶上产生，不是固定型病斑，它是在病菌侵入并向邻近细胞扩展时遇适宜的条件，而到症状出现期环境条件又变得不适宜（如高温或低温干燥等），从而呈现白点症状，病斑不产生孢子；在利于病害发展的天气条件下，可转变为普通型或急性型病斑。

4）褐点型：病斑为褐色小点，局限于叶脉间，有时边缘有黄色晕圈，不产生孢子。这类病斑多发生在抗病品种或植株下部的老叶上，对病害的发展基本不起作用。

此外，叶舌、叶耳和叶枕也可发病。病斑初呈暗绿色，后变褐色至灰白色。叶枕发病后可延及叶鞘，产生不规则大斑。有时叶片与叶鞘相邻近处因组织被破坏而折断，这些部位发病后常可引起节瘟和穗颈瘟的发生。

3. 节瘟　　初在稻节上产生针头大的褐色小点，逐渐围绕节部扩展使全节变黑腐烂。干燥时凹陷、横裂、折断；有时病斑仅在节部一侧发生，干缩后造成茎秆弯曲。节瘟常在抽穗后发生，由于营养、水分不能向穗部正常输送，影响开花结实，严重时形成白穗或秕粒。

4. 穗颈瘟　　穗颈部初现褐色小点，扩展后使穗颈成段变褐色或黑褐色。发病早而重的，稻穗抽出便成白穗；发病晚的秕粒增多。枝梗和穗轴受害也变褐色或灰褐色，造成小穗不实。病害盛发、田间孢子量大和天气持续多雨时，包在叶鞘内的穗轴也可发病而成段变褐色。

5. 谷粒瘟　　发生在稻粒及护颖上。水稻开花前后受侵染的，颖壳灰白色，形成秕谷；受害晚的，颖壳上产生褐色椭圆形或不规则形病斑，影响结实，严重者使米粒变黑。有的颖壳无症状，但护颖受害变褐色或黑褐色，虽不影响结实，却可造成种子带菌。

湿度大时，节、穗颈、枝梗和谷粒的病部均可产生灰色霉层。因此，当区分本病与其他病害时，可将病部置于 25～28℃下保湿培养 2～3d，根据所产霉层的特点及镜检的结果进行鉴别。

二、发生规律

病菌以分生孢子或菌丝体在病谷、病稻草上越冬。种子上的病菌在温室或薄膜育秧的条件下容易诱发苗瘟；露天堆放的稻草为第二年发病的主要侵染源。分生孢子靠气流传播，引起秧田和本田的初侵染而形成发病中心，发病株上产生的分生孢子借气流传播至健株引起再侵染。种子带菌一般只引起苗瘟，造成秧田三叶期死苗。病菌发病最适温度为25～28℃，高湿有利于分生孢子形成、飞散和萌发，高湿度持续达一昼夜以上时，有利于病害的发生与流行。长期灌深水或过分干旱，污水或冷水灌溉，偏施、迟施氮肥等，均易诱发稻瘟病。

稻瘟病的发生与流行，主要受水稻品种抗病性、栽培管理技术和气候条件的影响。

1. 水稻品种抗病性　　不同品种之间及同一品种的不同生育期间均存在抗病性的差异。在不同类型的水稻中，籼稻较抗侵入，粳稻较抗扩展；同一类型水稻品种间抗病性的差异也很大，存在着高抗至高感类型。品种对叶瘟的抗性与穗颈瘟的抗性一般呈正相关，但也有少数例外。在同一品种中，不同生育期抗病性不同。稻瘟病在秧田盛发于育秧后期，本田叶瘟盛发于分蘖和新叶增长最快时的分蘖盛期至拔节期。穗瘟盛发于齐穗期至乳熟期，形成水稻生育期间的三个发病高峰期。

2. 栽培管理技术　　栽培管理技术对病菌的致病性和水稻的抗病性都有影响，尤与肥水管理的关系最为密切。根据水稻生长需肥情况适量适时合理施用氮肥，使稻株健壮，可增加稻株体内碳水化合物含量，既可增强抗病性又可获得高产。适当施用钾肥，可调节氮素正常代谢，减少可溶性氮含量，促使茎秆木质素的形成，提高抗性。提高施肥水平，相应加深耕作层，使肥料分布均匀，可防止稻株吸肥量瞬时骤增而徒长，并保持稳定持久的养分供应，使稻株生育正常，叶片挺直而不柔弱，增强抗病性。长期深灌的稻田、冷浸田，以及地下水位高、土质黏重的田块，土壤内缺乏空气，氧化作用差，根系活力低，呼吸作用和吸收养分的能力弱，加之土中厌气性微生物分解作用产生大量硫化氢、二氧化碳及有机酸等有毒物质，妨碍根系生长，影响碳、氮代谢，使稻株体内碳水化合物含量降低，可溶性氮增加，硅、镁含量减少，减弱叶片表皮细胞硅质化，使稻株抗病力降低；但田间水分不足（如旱秧田、漏水田）也影响稻株正常发育，使蒸腾作用减弱，影响硅酸盐的吸收和运转，降低硅化程度和机械抗病能力，也易诱使稻瘟发生。浅水勤灌，适时晒田，后期干干湿湿的管理方法使稻株健壮，抗性增强，并抑制病菌发育、传播，可减缓病害的发生。

3. 气候条件　　气候条件中以温度和湿度最主要，光照和风次之。温度主要影响水稻和病菌的生长发育，湿度则影响病菌孢子的形成、萌发和侵入，二者对病害发生发展的影响是相互关联的。

三、防治方法

稻瘟病的防治应以选育抗病品种为基础，以加强肥水管理为主，尽可能减少初侵染源，结合预测预报，发病期间及时用药剂防治。

1. 选用抗病良种　　我国各稻区生态条件、耕作制度和品种类型颇有不同，而且稻瘟菌生理小种组成又因地而异，每年有变，因此选用抗病品种应因地因年制宜，各地应根据情况选用。选育抗病品种的突出问题之一是延长品种抗病性的年限。对此，除要注意抗病品种的提纯复壮外，还有如下解决途径：①与垂直抗性谱广、抗性稳定的品种杂交；②应用不同垂直抗性基因品种搭配、轮换，或选用垂直抗性不同而其他农艺性状完全相同的多系品种混合种植，防止品种单一化，以稳定病菌生理小种的组成；③远缘杂交，扩大品种抗性遗传基础；④综合更多垂直抗性基因于一个丰产品种，或寻找水平抗性品种，但尚有较大困难。

培育抗病品种必须与病菌生理小种的研究紧密结合。因此，必须在现有基础上进一步摸清全国乃至各地病菌小种的类群、分布及其出现频率的变化规律等。

2. 加强肥水管理　　合理施肥管水，既可改善环境条件控制病菌的繁殖和侵染，又可促使水稻生长健壮，提高抗病性，以获得稳产高产。施肥要注意氮、磷、钾配合应用（一般比例以 1∶0.3∶0.5 为宜），有机肥和化肥配合应用，适当施用含硅酸的肥料（如草木灰、矿渣、窑灰钾肥等）。施足基肥，早施追肥。绿肥施用量要适当，并施适量石灰以中和酸，促进绿肥腐烂。避免后期过多施氮。冷浸田注意增施磷肥。管水与施肥要密切配合。应搞好农田基本建设，开设明沟暗渠，降低地下水位；合理排灌，以水调肥，促控结合，掌握水稻黄黑变化规律，以满足水稻各生育期的需要。一般保水返青后，应在分蘖期浅灌，移苗后排水晒田，减少无效分蘖，使稻叶迅速落黄；复水后保持干干湿湿，可控制田间小气候，使稻株体内可溶性氮化物减少、碳水化合物增加，促进根系纵深生长，吸收更多营养和硅酸盐，增强抗性。

3. 搞好病残处理　　收获时，对病田的病谷、病稻草应分别堆放，及早处理。室外堆放的病稻草，应在春播前处理完毕。不用病草催芽、捆秧把。若用稻草还田作肥料，必须犁翻入水沤烂腐熟后施用。病稻谷及时处理或销毁。

4. 种子处理　　可采用抗菌剂浸种，如 1% 抗菌剂 401 的 1000 倍液浸种 48h；25% 咪鲜胺乳油 2000～3000 倍液浸种 1～2d。

5. 药剂防治　　根据预测和田间调查，注意喷药保护处于易感期的稻株及感病品种。叶瘟注意控制发病中心，根据病情发展及天气变化决定施药次数。施药区以预防穗颈瘟为重点，注意在水稻孕穗末期及抽穗期各施一次药，必要时在齐穗期补拖一次。常用药剂有三环唑、富士1号、克瘟散、稻瘟灵、咪鲜胺、氯啶菌酯、稻瘟酰胺、多菌灵等。

第二节　水稻纹枯病

水稻纹枯病（rice sheath blight）俗称花脚秆、烂脚秆。在亚洲、美洲、非洲种植水稻的国家普遍发生，过去有"东方病害"之称，目前已遍及全球。病原菌有性阶段为瓜亡革菌 [*Thanatephorus cucumeris*（Frank）Donk.]，属担子菌门亡革菌属；无性阶段为茄丝核菌（*Rhizoctonia solani* Kühn），属半知菌类丝核菌属。此病在我国各稻区均有分布，但以长江流域及南方稻区发生较重而普遍，早、中、晚稻皆可发病，为害叶鞘、叶片，致叶片枯死，结实率下降，千粒重减轻，甚至植株倒伏枯死。一般造成减产 10%～30%，严重时达 50% 以上。据全国农业技术推广服务中心的资料，我国近几年的年均发病面积为 1500 万～2000 万 hm^2，估计每年损失稻谷约 60 亿 kg，占水稻病虫害损失的 40%～50%。由于该病发生面积广、流行频率高，有的年份其所致损失甚至超过稻瘟病和白叶枯病，成为水稻稳产高产的严重障碍。

一、危害与诊断

该病自苗期到抽穗期均可发生，以分蘖盛、末期至抽穗期为发病盛期，尤以抽穗期前后发病最为剧烈。主要侵害叶鞘和叶片。严重时可为害穗部和深入到茎秆内部。叶鞘发病，初在近水面处产生暗绿色、水渍状、边缘不清的小斑，很快扩大成椭圆形，边缘褐色，中部枯黄色，潮湿时呈灰绿色，稍具湿润状。病斑多时，数个连合成云纹状大斑，致叶鞘干枯。叶片随之枯黄卷缩、提早枯死。叶片受侵，病斑特点与叶鞘相似。重病叶片病斑扩展快，呈污绿色水浸状，后期枯死。剑叶叶鞘受害严重时，稻株不能正常抽穗。稻穗发病则穗颈、穗轴以至颖壳等部位呈污绿色湿润状，以后变褐色，结实不良，甚至全穗枯死。天气潮湿时，病部出现黄白色、蛛丝状菌丝体，匍匐于组织表面或攀缘于邻近植株之间，并扭集成白色绒球状的菌丝团，最后变为暗褐色的菌核。菌核靠少量菌丝维系于病部，很易脱落。潮湿时，病部可见一层白色粉状物（病菌的担子及担孢子）（图11-2）。

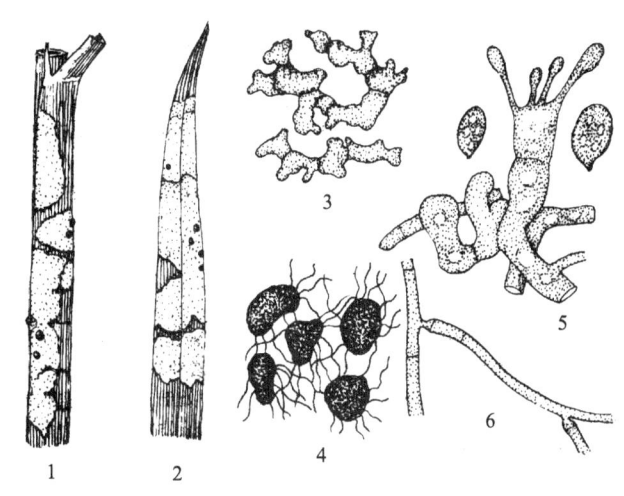

图 11-2 水稻纹枯病（1 和 2 仿张满良，1997；余仿中国农业科学院，1959）
1. 叶鞘症状；2. 叶片症状；3. 老熟菌核；4. 菌核；5. 担子和担孢子；6. 幼菌丝

二、发生规律

病菌主要以菌核在土壤中越冬，也能以菌丝和菌核在病稻草和其他寄主作物或杂草残体上越冬；水稻收割时大量菌核落入田中，成为次年或下季的主要初侵染源。据调查，田间菌核遗留量一般病田达 150 万粒 /hm² 以上，重病田达 1000 万粒 /hm² 以上。菌核的生活力极强，土表或水层中越冬菌核的存活率达 96% 以上，而 10～26cm 土层中越冬菌核存活率也达 88% 左右。室内干燥保存 8～20 个月的菌核萌发率达 80%。

春季灌水耕耙后，越冬菌核漂浮于水面，插秧后随水漂附在稻丛基部。在适宜的温湿度条件下，菌核萌发长出菌丝，在稻株叶鞘上延伸并伸入叶鞘缝隙里，从叶鞘内侧表皮的气孔侵入或直接穿透侵入，经 1～2d 或 3～5d 的潜育期，即可出现病斑。由于菌核随水传播，受季候风的影响，多集中在下风角，田面不平时，低洼处也会存积菌核，因而这些地方最易发病。

病菌侵入后，在稻株组织中不断扩展，并向外长出气生菌丝，在病组织附近的叶鞘、叶片或邻近的稻株间继续扩展蔓延，进行再侵染。一般在分蘖盛期至孕穗初期，主要在株间或丛间横向蔓延（水平扩展），以孕穗期至抽穗期扩展最快，导致病株率和病穗率增加；其后病部由下位叶鞘向上位叶鞘蔓延（垂直扩展），以抽穗期至乳熟期最快，加剧受害严重度，条件适宜时，到抽穗期前后 10d 左右达高峰期，为害性最大。病部形成的菌核脱落后随水传播，条件适宜，也可萌发再行侵染。

此病的发生受菌核基数、气候条件、品种抗病性、植株生育状态及栽培管理等多种因素的综合影响。田间越冬菌核量与病害初期发生的轻重关系密切。若上年或上季稻田发病重、遗留菌核多，初期发病率就高；轻病田、新垦田和菌核打捞彻底的田块则发病轻。纹枯病属高湿高温型病害，在品种和栽培条件变化不大的前提下，病害发生轻重主要受气候条件尤其是温湿度的综合影响，当日平均气温达22℃又有雨湿时，病害开始零星发生；23～35℃并伴有雨湿时有利于病情扩展；28～32℃和97%以上的相对湿度时发展最快；相对湿度在75%～80%或其以下，病情受到抑制或不发病。温度主要影响病害初发期和终止期出现的迟早，温度适宜时，则湿度对病情的发展起主导作用。

纹枯病发生的轻重与栽培管理条件的关系也很大，其中又以施肥和用水的影响最为主要。肥料对纹枯病的影响类似于稻瘟病，凡偏施或过量集中追施氮肥，会使植株长势过旺，叶片浓绿披垂，稻株内碳氮比降低，抗病力减弱，甚至染病后倒伏，进一步增加田间湿度，则发病更重。重施基肥，适量追肥，可减轻发病。增施磷、钾肥，既可保持一定的氮素营养，又可促进碳水化合物的合成，从而提高抗性、减轻病害。湿润灌溉或浅水灌溉较长期深灌和大水漫灌发病轻，开沟排水晒田，降低株间湿度，可抑制病害蔓延，增强抗病性。此外，密植程度高或每丛株数多，则株间湿度高，适于菌丝生长蔓延，而且光照差，光合效能低，降低稻株抗性，有利于发病。稗草与纹枯病发生也有较大关系，稗草极易感染纹枯病，而且病株上形成的菌核数量多，田间往往是稗草先发病再以此为中心扩展蔓延。

不同水稻品种对纹枯病的抗病性不同，但迄今未发现免疫和高抗品种。一般说来，糯稻最感病，粳稻次之，籼稻较抗病；阔叶矮秆品种一般比窄叶高秆品种感病。相同类型不同品种间也存在抗病性差异。水稻生育期和组织发育程度对抗性也有影响，一般2～3周龄的叶鞘和叶片较5～6周龄的耐病；抽穗前上部叶鞘叶片较下部的抗病，抽穗后上部叶鞘叶片的抗病性也逐渐减弱；水稻在孕穗、抽穗期较幼苗及分蘖期感病。

三、防治方法

防治应采取以清除菌源为前提，合理施肥和科学管水为核心，选用抗（耐）病品种为重点，适时药剂防治的综合管理措施。

1. **打捞菌核，减少菌源**　在第一次灌水耙田和平田插秧前进行，尽可能大面积连片同时打捞，并坚持在各季稻田中连续进行。用布网、密簸箕或笊篱等工具打捞被风吹集到田角、田边的"浪渣"，带出田外深埋或烧毁，以减少菌源。此外，还应注意铲除田边杂草和拔除田中稗草，病草垫栏的肥料应充分腐熟后使用。

2. **加强肥水等栽培管理**　管水应以"前浅、中晒、后湿润"为原则，避免长期深灌或过度晒田，做到"浅水分蘖，够苗露田；晒田促根，肥田重晒，瘦田轻晒；浅水养胎，湿润长穗；不过早断水，防止早衰"。用肥上，施足基肥，及早追肥，使水稻前期不披叶，中期不徒长，后期不贪青，将割时青枝亮秆，根据不同长势，灵活施用。施肥以有机肥为主，做到有机肥和化肥相结合，基肥和追肥相结合，氮肥和磷钾肥相结合，避免过施、偏施氮肥，尤其是化学氮肥，实行早施。管好水肥，使禾苗前期早发，中期控得住，禾根深扎，叶直茎硬，叶色褪淡但不过黄，或后期不落劲，稳生稳长。此外，要做到合理密植，在插足基本苗的前提下，因地制宜地适当放宽行距，改善群体的通透性，降低田间湿度，减轻发病。

3. **种植抗病品种**　水稻品种间存在抗性差异，应根据当地生态条件，选择种植抗病性或耐病性较好的品种，如'特青''博优湛19''中优早81''汕优63''汕优/CDR22''红团粒粳''红团粒汕''先锋1''豫粳6'等。

4. 生物防治　　发病初期，喷施木霉菌、假单胞杆菌、枯草芽孢杆菌 B908、枯草芽孢杆菌 B916 及 NJ-18 等生防药剂。喷雾时要使药液到达稻株下部，连续用药 2 或 3 次。

5. 化学防治　　水稻分蘖末期为防治关键期，丛发病率达 15% 或拔节至孕穗期丛发病率达 20% 时，及时施药。常用的抗生素类药剂有井冈霉素、多抗霉素，有机氮类药剂有多菌灵、甲基硫菌灵或纹枯利等。近些年来的新药剂有担菌灵、灭锈胺、禾穗宁、菌毒清、克井、稻丰灵等。

第三节　水稻白叶枯病

水稻白叶枯病（rice bacterial leaf blight）是由稻黄单胞菌水稻致病变种 [*Xanthomonas oryzae* pv. *oryzae*（Xoo）] 侵染引起的一种细菌性病害，俗称剥叶瘟、游火、地火等。19 世纪末此病首先见于日本，目前已成为亚洲稻区的重要病害。在中国、日本、朝鲜、菲律宾、印度及其他东南亚国家均有发生，尤以地处热带的国家受害最为严重。我国首见于华东、华南沿海地区，20 世纪 60 年代随着种子的调运，病区不断扩大。目前除新疆外，全国稻区均有发生，以华南、华中和华东稻区发生普遍，在华南沿海为害严重。

水稻发病后，引起叶片干枯，不实率增加，米质松脆，千粒重降低，一般减产 10%~30%，严重时减产 50% 以上，甚至颗粒无收。

一、危害与诊断

主要症状发生于叶片及叶鞘上。初起在叶缘产生半透明黄色小斑，以后沿叶缘一侧或两侧或沿中脉发展成波纹状的黄绿色或灰绿色病斑；病部与健部分界线明显；数日后病斑转为灰白色，并向内卷曲，远望一片枯槁色，故称白叶枯病。空气潮湿时，在病叶上的新鲜病斑上，有时甚至在未表现病斑的叶缘上分泌出湿浊状的水珠或蜜黄色菌胶，干涸后结成硬粒，容易脱落。籼稻上的白叶枯病斑多半呈黄色或黄绿色，在粳稻上则为灰绿色至灰白色。在感病品种上，初起病斑呈开水烫过的灰绿色，很快向下发展为长条状黄白色，在我国南方稻区一些高感品种上发生凋萎型白叶枯病，主要发生在秧苗生长后期或本田移植后 1~4 周，主要特征为"失水、青枯、卷曲、凋萎"，形似螟害枯心。诊断方法为将枯心株拔起，切断茎基部，用手挤压，如切口处溢出涕状黄白色菌脓，即为本病（图 11-3）；如为螟害枯心，可见虫蛀眼。

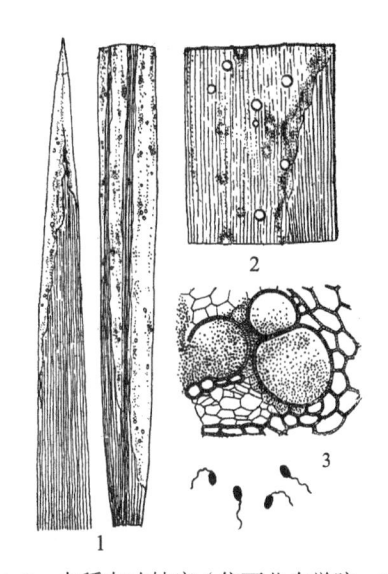

图 11-3　水稻白叶枯病（仿西北农学院，1975）
1. 病叶和叶面菌胶；2. 菌胶放大；
3. 病理解剖及细菌形态

二、发生规律

白叶枯病菌主要在稻种、稻草和稻桩上越冬。播种病谷，病菌可通过幼苗的根和芽鞘侵入。病稻草和稻桩上的病菌，遇到雨水可渗入水流，秧苗接触带菌水，病菌从水孔、伤口侵入稻株。用病稻草催芽、覆盖秧苗、扎秧把等有利于病害传播。早、中稻秧田期由于温度低，菌量较少，一般看不到症状，直到孕穗前后才暴发出来。病斑上的溢脓可借风、雨、露水和叶片接触等进行再侵染。该病最适宜流行的温度为26~30℃，20℃以下或33℃以上病害停止发生发展。雨水多、湿度大，特别是台风、暴雨会造成稻叶大量伤口，给病菌扩散提供了极为有利的条件；秧苗淹水，本田深水灌溉、串灌、漫灌，施用过量氮肥等均有利于发病；品种抗性有显著差异，大面积种植感病品种，有利于病害流行。

三、防治方法

防治此病应在控制菌源的前提下，以抗病品种为基础，秧苗防治为关键，抓好肥水管理，辅以药剂防治。

1. **杜绝种子传病途径** 查清病区和无病区，把住种子调运关，保证病区带病种子不调入无病区，以控制病区。

2. **选用抗病良种** 近些年，各地通过选育和推广抗病、耐病品种已获得显著防治效果，这是经济有效、切实可行的措施。选用抗病品种，必须广泛收集品种资源，加强抗源筛选。在研究抗病性遗传的同时，开展菌系研究，以了解寄主对不同致病性菌系确切的遗传规律，做好亲本选配工作。培育杂优品种应注意选择抗性强的恢复系，应充分利用抗性基因，通过各种途径获得具有广谱性垂直抗性或水平抗性的高产品种。

3. **培育无病壮秧** 提倡无病田留种和无病区调种；搞好种子处理，管好稻草以杜绝菌源污染；抓好秧田防治，可有效推迟本田发病且可减轻发病程度。种子和稻草处理可参照稻瘟病的防治措施。禁用病稻草堵水渠、水口，防止雨水冲浸稻草堆垛的流水进入稻田，防止病菌污染。选择背风向阳、地势较高、排灌方便、远离屋边场地和畜栏的田块育秧。中、晚稻秧田不与早稻秧田插花。采用湿润育秧、通气育秧、半旱育秧及岩棉免疫育秧。防止大田淹苗。必要时在秧田三叶期及插秧前喷药保护。

4. **合理施肥用水** 施肥和管水可参考稻瘟病和纹枯病的防治，勿使水稻过于贪青、密郁，增强抗病力。田间出现病株后，不宜再施氮肥。

5. **药剂防治** 秧田防治是关键，培育无病壮秧，在秧苗三叶期和移栽期前5天各喷药预防1次，带药下田。大田要及时用药封锁发病中心，暴风雨及洪水涝后应立即喷药。药剂可选用农用硫酸链霉素、氯溴异氰尿酸、叶枯唑、噻菌铜、噻森铜、辛菌胺醋酸盐、三氯异氰尿酸等。各种杀菌剂交替使用，一般7d左右施药1次，连续2或3次。

第四节 稻曲病

稻曲病（rice false smut）又称稻乌米、伪黑穗病、绿黑穗病、谷花病、青粉病、丰收病。病原菌有性阶段为绿糙棒菌（*Villosiclava virens* E. Tanaka et C. Tanaka），属子囊菌门糙棒菌属；无性阶段为稻绿核菌 [*Ustilaginoidea virens*（Cooke）Takahashi]，属子囊菌无性型绿核菌属。该病自 1878 年由 Cooke 在印度发现以来，现今已广泛分布于世界各水稻栽培区。

我国各个稻区均有稻曲病发生，主要分布于华东、华南和京、津等地。20 世纪 80 年代以来，受耕作制度的变化、紧凑型水稻品种的推广、施肥水平的提高等因素的影响，稻曲病的发生范围不断扩大，危害不断加重，重灾区从东北和西南稻区转移到了长江中下游稻区，在很多地区甚至已上升为水稻的主要病害。例如，浙江省自 2008 年以来，稻曲病发生面积平均每年达 18 万 hm^2，约占全省水稻种植面积的 20%，严重影响水稻安全生产。

稻曲病通常在中、晚稻和杂交稻上发生，造成的病穗率为 0.6%～56%，每个病穗上一般有病粒 1～10 粒，多者达 30～50 粒。水稻感染稻曲病后，不仅严重影响病粒本身，还影响邻近谷粒的营养，导致小穗不育、谷粒发育迟缓，进而引起秕粒增加，千粒重下降，减产可达 20%～30%，甚至更高。同时，稻曲病产生的稻曲菌素（ustiloxins）对人畜有较强的毒性，用混有稻曲病病粒的稻谷饲养家禽可引起家禽慢性中毒，造成其内脏病变甚至死亡。

一、危害与诊断

稻曲病仅发生在水稻穗部，且多数发生在穗下部。稻曲病常见的症状是在稻穗上形成黄色或墨绿色的稻曲球。稻曲球呈粉状颗粒，有时表面龟裂。病菌进入谷粒后，主要侵染花丝并在颖壳内形成菌丝块，菌丝块随后增大突破内、外颖，在合缝处露出淡黄色或黄绿色小块状突出物，即孢子座，以后逐渐膨大，包裹整个颖壳形成"稻曲"。稻曲比健粒大 3～5 倍，近球形，开始光滑，以后表面龟裂，颜色由黄绿色转为墨绿色，似酿酒发酵的曲子块，故得名。后期病粒上散出墨绿色的粉末，略带黏性，不易分散，为病菌的厚垣孢子。这些孢子随风飘散或黏在相邻的谷粒上，既污染了健粒，又可借此作为越冬场所。有的在孢子座两侧生出黑色扁平菌核，遇风吹雨打易脱落（图 11-4）。

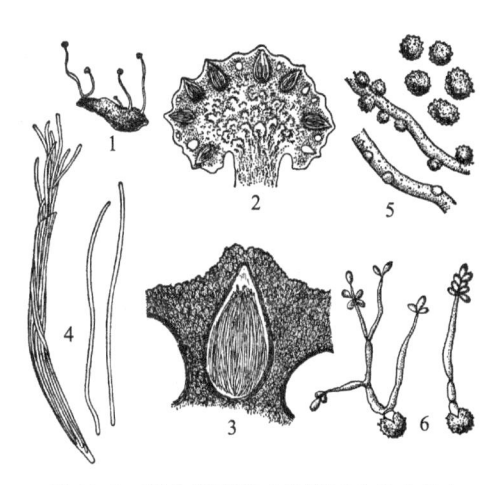

图 11-4 稻曲病病菌（仿浙江农业大学）
1. 菌核萌发出子座；2. 子座顶部纵剖面；3. 子座内的子囊壳纵剖面；4. 子囊及子囊孢子；5. 厚垣孢子及其侧生在菌丝上的状态；6. 厚垣孢子的萌发

二、发生规律

一般认为稻曲病菌以厚垣孢子附着在稻粒上或落入田间越冬，也可以菌核在土壤中越冬。翌年水稻幼穗分化末期，在适宜的温湿度条件下，厚垣孢子萌发产生分生孢子或者厚垣孢子经风雨直接传播到稻穗侵入；或者菌核萌发产生子座，形成子囊壳释放子囊孢子，子囊孢子萌发产生分生孢子进行侵染。病菌在 24～32℃下发育良好，最适温度为 26～28℃，低于 12℃或高于 36℃不能生长。病菌菌丝在寄主组织内经 10～15d 的潜育期后开始引致稻粒发病形成稻曲球。

一般晚熟品种比早熟品种发病重，不同品种、不同播期发病也有差异。秆矮、穗大、叶片较宽而角度小，耐肥抗倒伏和适宜密植的品种，有利于稻曲病的发生；通常半矮生型较密穗型耐病。颖壳表面粗糙无茸毛的品种发病重。杂交稻重于常规稻，粳稻重于籼稻，晚稻重于中稻，中稻重于早稻。栽培管理粗放，种植密度过大，灌水过深，排水不良，尤其在水稻分蘖期至始穗期，稻株生长茂盛，若氮肥施用过多，造成水稻贪青晚熟，剑叶含氮量偏多，会加重病情发展。

三、防治方法

防治稻曲病应采取以农业防治为主，结合药剂防治的综合措施。

1. 农业防治　　选用抗病品种是经济、有效、可行的措施。各稻区近年相继选育出一些抗性较好的良种，可因地制宜地选用推广。选用无病稻种，不在病田留种；水稻播种前清除病残体及田间的病原菌；水稻收获后及时深翻，以消灭菌核，压低翌年初侵染菌源。合理施肥，不偏施、迟施氮肥。水分管理应浅水勤灌，适度晒田；水稻生长后期湿润灌溉，降低田间湿度，也可减轻病害发生。

2. 药剂防治

1）种子处理：选用三唑酮、乙蒜素、多菌灵等浸种24~48h，捞出催芽、播种；或用三唑酮拌种。

2）喷雾防治：在稻穗破口前5~7d选用纹曲宁或苯甲丙环唑喷施1次，药后第7天追施1次；水稻抽穗前5~10d，施用井冈霉素喷雾；出穗期选用三环唑和稻丰灵喷施，可兼防穗颈瘟；水稻始花期和盛花期喷施三唑酮。此外，井福合剂、二苯醋锡等对稻曲病也有较好防效。

第五节　水稻病毒病

水稻病毒病（rice virus disease）是水稻的重要病害，遍布于世界各水稻产区。已知全世界有16种水稻病毒和植原体病害，但各种病毒病的分布有一定地区范围。

我国已知有12种水稻病毒和植原体病害，其中水稻条纹叶枯病、水稻普通矮缩病、水稻黑条矮缩病、水稻黄萎病等发生较为普遍。水稻病毒病主要分布在长江以南各稻区，北方稻区以条纹叶枯病较为普遍。

一、水稻条纹叶枯病

水稻条纹叶枯病（rice stripe virus disease）首先于1897年见于日本，其后在朝鲜半岛、亚洲北部温带和我国华东、华北、东北、西南、中南地区均有发生。2004年该病在江苏暴发，发病面积达157万hm^2，占江苏水稻种植面积的79%，成片水稻绝收。目前该病已扩及全国18个省（自治区、直辖市）的广大稻区，其中，以江苏、浙江、山东、河南、云南等地的粳稻田发病最为普遍。

（一）危害和诊断

此病在苗期到拔节后均可发病。苗期发病多以心叶基部出现褪绿黄斑，很快扩展呈现从基部到叶尖且同叶脉平行的黄绿色和黄白色相间的条纹或斑驳。糯稻、粳稻品种心叶变黄白色，柔软卷曲成纸捻状，抽出的病叶成弧形下垂而枯死；在分蘖期发病，多先在新生分蘖表现症状，一般先在心叶下一叶基部出现褪绿黄斑，后扩展形成不规则的黄色条斑，常成为枯孕穗或畸形穗，不能结实；拔节后发病较少，病株嫩叶基部出现黄点，后向上扩展出现不规则的黄色条纹，有的形成瘪穗，极少结实。

（二）病原

水稻条纹叶枯病病原为水稻条纹病毒（*Rice stripe virus*，RSV），是纤细病毒属的代表种。RSV 病毒粒体为直径 3~8nm、长度不等的无包膜丝状体，能超螺旋形成宽 8nm 的分枝丝状体。该病毒只能通过昆虫传播，传毒介体主要为灰飞虱，其次为白背飞虱、白带飞虱和白条飞虱，但作用不大。病毒在灰飞虱体内的循回期为 5~20d，多数在 7d 左右，通过循回期后可连续传毒 30~40d，多数 10~20d，获毒后 1~2 周传毒力最强。飞虱获毒时间最短为 15min，一般为 1d；最短传毒时间为 3min，一般在 30min 以上。在传毒能力上，飞虱老熟若虫和初羽化成虫比幼龄若虫高，雌虫强于雄虫；病毒可经卵传递至第二年的第 4 代。

（三）侵染循环

病毒在小麦、杂草及传毒介体内越冬后，成为早稻秧苗的初侵染源，并且可随飞虱的迁移在稻麦间循环传递，并由此侵害其他寄主，如玉米、大麦、小麦等，并可经卵传播。病害的发生主要与灰飞虱的发生量和迁移情况有关，还受品种、生育期及气候条件等的影响。

（四）防治方法

应采取以选用抗病品种和农业防治为主，结合治虫防病的综合措施。

1.选用抗病品种　　在条纹叶枯病发生较重的地区应选用抗病品种。同时合理布局，避免大面积种植单一品种，减缓病害的流行。

2.改善栽培管理措施

1）调整水稻插播期：针对介体昆虫发生趋势安排育苗期和插秧期，以避开介体昆虫迁飞传毒高峰。

2）实行连片种植：减少稻花田，连片种植连片收割，防止传毒昆虫在不同季节、不同成熟期及稻麦间迁移传毒。

3）科学施肥用水：合理浇水，经济用肥，促进稻株健壮，增强抗病力。

4）清除杂草：拔除田边、路边、沟边杂草，时间应在飞虱若虫孵化前，消灭介体昆虫滋生条件。

3.治虫防病　　针对传毒介体昆虫的活动规律，将其消灭在迁飞传毒前。北京地区的做法是治麦田保稻田，治秧田保本田，治前期保后期，值得借鉴。可选用扑虱灵、速灭威、吡蚜酮、吡虫啉等，可兼治叶蝉、蓟马和稻纵卷叶螟等。

二、水稻普通矮缩病

水稻普通矮缩病（rice dwarf virus disease）又称水稻矮缩病，1883 年首见于日本，目前广泛分布于中国、日本、朝鲜、尼泊尔、菲律宾和越南等国。此病在我国最早记载见于 20

世纪30年代，当时称为鸟巢病，60年代在长江以南部分地区大面积暴发，重病田造成水稻减产30%～50%，严重者甚至绝收。近年来，该病害在南方稻区的浙江、江苏、上海、安徽、福建、江西、湖南、湖北、云南等省（直辖市）普遍发生，且有逐年加重的趋势。

（一）危害和诊断

典型症状是病株矮缩，分蘖增多，叶片变短、僵硬呈浓绿色，新叶沿叶脉出现与叶脉平行的黄白色虚线状点条斑。幼苗期受侵染后，分蘖少，移栽后枯死，但多数病株分蘖增多；分蘖前发病的不能抽穗结实；后期发病的虽能抽穗，但结实不良。孕穗后期发病的只在剑叶及其叶鞘上出现褪绿条条。病株根系发育不良，变黄衰老。病株中除胚、胚乳和不呈现症状的老叶片外，其余各部位（甚至根、根冠和穗）均含有病毒，尤其在病叶的条点褪色区内的细胞中常可见到球形、卵球形或不规则的内含体，大小为（3～10）μm×（2.5～8.0）μm。

（二）病原

水稻普通矮缩病的病原为水稻矮缩病毒（Rice dwarf virus，RDV），属呼肠孤病毒科植物呼肠孤病毒属。病毒粒体为球状正二十面体，直径约70nm，表面由180个蛋白亚基组成，RNA双链，含量为11.7%。用微量注射法测定，病叶汁液里病毒的稀释终点为10^{-4}～10^{-3}，而带毒虫卵里为10^{-5}～10^{-4}；病毒钝化条件为40～45℃处理10min；在0～4℃下，体外存活为48～72h；病叶或带毒虫于−35～−30℃下冰冻贮存1年，仍可保持侵染性。此病毒主要由黑尾叶蝉传播，二点黑尾叶蝉、二条黑尾叶蝉和电光叶蝉也可传播。病毒可经卵传到下代，卵传与否取决于母体是否带毒，而与雄虫无关。少数由带毒虫卵孵化的若虫当天即可传毒，多数要经1～38d后才可传毒。黑尾叶蝉经卵传毒率为32%～100%，电光叶蝉为0～60%。

叶蝉与病毒的亲和性因种类、地区而异（指叶蝉个体在病株上取食后的获毒差异），黑尾叶蝉亲和性为0～69%，二点黑尾叶蝉为4%～40%，二条黑尾叶蝉约23%，电光叶蝉为2%～43%。获毒饲育的最短时间，黑尾叶蝉为1min，电光叶蝉为30min。病毒在传毒介体中的循回期，黑尾叶蝉为4～58d，多数为12～35d。气温高，循回期短，平均气温20℃时14～22d，多数17d，29.2℃时为11～14d，多数12d。一般幼龄若虫比高龄若虫易于获毒，性别之间无明显差异。传毒有间歇现象。带毒黑尾叶蝉若不再与毒源接触，则经13代以后，病毒经卵的传毒率从原来的90%降至5%，经28代后降到1%以下；而电光叶蝉则到第4代就已失去经卵传毒能力。

（三）侵染循环

此病的主要初侵染源是获毒的越冬黑尾叶蝉3、4龄若虫。在我国，病区的水稻多不能越冬，不是主要的初侵染源；可以越冬的小麦等中间寄主是否为初侵染之一尚不明确，重要性不大；带毒若虫主要在绿肥田、春作田、田边和沟边的看麦娘上越冬。越冬后的带毒若虫羽化为成虫，迁飞进入早、中稻秧田或本田传毒。无毒若虫则可经吸食病株汁液而获毒传毒，在早、中稻上繁殖的第二、第三代获毒成虫，随早、中稻成熟收割，迁飞到晚稻上传毒发病，随之大量发生，使病害扩展蔓延。晚稻收割后又以获毒若虫越冬。此病的初侵染源和传病介体主要是黑尾叶蝉，故影响黑尾叶蝉越冬和生长繁殖的因素无疑影响着病害发生流行的程度，其中气候条件和耕作制度最为主要。此外，由于黑尾叶蝉的数量在春天少，以后逐渐增多，因此往往早稻发病轻而晚稻发病重。

（四）防治方法

应以治虫防病为主，加强农业措施为辅，选用抗病品种为方向，做好病害防治工作。

1. 选用抗病品种　　目前虽无免疫品种，但可利用品种间的抗性差异，合理布局品种。生育期相同的品种连片种植，减少插花田。

2. 农业防治

1）加强水肥管理：合理施肥管水，适时晒田，促使苗壮，增强抗病性。

2）选好秧田位置：秧田尽量避开麦田、绿肥田等。

3）调整插播时间：使易感的苗期和返青分蘖阶段避开叶蝉迁飞传毒高峰。

3. 防虫治病　　应抓住防治关键期，掌握介体叶蝉的发生动态，将其消灭在迁飞传毒之前。①在越冬代成虫迁飞盛期，着重早稻秧田和早插本田的防治，同时在第一代若虫孵化盛期注意迟插早、中稻秧田的防治。②第二、第三代成虫迁飞期是全年防治的关键期，除应注意保护连晚秧田，做好边收早稻边治虫和本田田边封锁外，还应在插秧后立即喷药防治，特别是对早稻本田，每5～7d一次，连续2或3次。防治叶蝉的药剂很多，常用的有叶蝉散、杀虫畏、速灭威、速丁威、亚胺磷、混灭威等，效果都很好。

★ **复习思考题** ★

1. 稻瘟病在叶片上的病斑表现有哪几种类型？发生规律有何特点？如何防治？
2. 水稻白叶枯病的初侵染主要来自哪些场所？影响病害发生流行的因素是什么？
3. 水稻纹枯病以什么形式在哪些场所越冬（夏）？在田间如何传播？
4. 化学药剂防治稻曲病应掌握在水稻的什么时期？如何控制该病的发生流行？
5. 试述水稻三大病害综合治理的理论依据和具体措施。
6. 水稻苗期及中后期有哪些病害？如何防治？

第十二章　杂粮作物病害

我国的杂粮作物主要包括玉米、高粱、谷子、甘薯、小豆和绿豆等，它们不仅是重要的粮食作物，也是重要的工业原料和动物饲料。近年来由于全球气候变暖，栽培制度的改变及新品种的应用，这些作物的病害种类不断增加，过去曾经严重危害但基本得到控制的病害又有所回升，如玉米的大斑病、小斑病、丝黑穗病和谷子白发病等，再度成为生产上的严重问题。与此同时，有些原来发生很轻或未发生的病害逐渐加重，成为生产上亟待解决的重要问题。

第一节　玉米病害

玉米是我国的主要粮食作物之一，仅次于小麦、水稻，居第三位，又是主要的饲料作物和工业原料。病害问题一直是玉米获得高产稳产的限制性因素之一，常年损失6%~10%。据报道，全世界玉米病害有80余种，我国有30余种。近年发生普遍而严重的病害主要有玉米大斑病、玉米丝黑穗病、玉米弯孢菌、尾孢菌叶斑病、玉米茎基腐病等，玉米瘤黑粉病近几年来发生也较普遍，并有加重的趋势，玉米粗缩病、纹枯病、锈病、褐斑病已在局部地区发生，对生产影响很大，应加以重视。

一、玉米大斑病

玉米大斑病（northern corn leaf blight）是玉米重要的叶部病害，病原菌为大斑凸脐蠕孢 [*Exserohilum turcicum*（Pass.）Leonard et Suggs]，属子囊菌无性型凸脐蠕孢属；有性型为大斑刚毛球腔菌 [*Setosphaeria turcica*（Luttrell）Leonard et Suggs]，属子囊菌门毛球腔菌属。该病分布广泛，世界五大洲都有发生。在我国，玉米大斑病于1899年首先在东北报道，但危害并不严重。1970年以后，随着感病杂交种的推广，玉米的种植面积逐年增加，危害越来越重。东北、西北春玉米栽培区和华北夏玉米栽培区尤其严重，成为玉米最严重的病害之一。20世纪80年代，由于感病杂交种被淘汰，大面积流行才得以控制。20世纪90年代以来，由于病菌新小种的出现及某些感病品种的扩大种植，在部分地区又有所回升。2003~2006年及2012年在东北春玉米区大斑病大范围严重发生，对生产造成较大影响。目前此病仍然是各玉米产区不容忽视的重要病害。

该病害引起的损失主要是果穗减少，种子干瘪，百粒重减轻。损失程度不仅与病情相关，而且与侵染的时间有关，在玉米授粉后2~3周受害，损失可达50%，在授粉后4~5周受害，严重的可减产15%~25%，在接近成熟时受害，则影响不明显。

（一）危害与诊断

玉米整个生育期都可以感染大斑病，但在自然条件下，苗期很少发病，到玉米生长中后期，特别是抽雄以后，病害逐渐严重。

此病主要为害叶片，严重时也能为害苞叶和叶鞘，其最明显的特征是在叶片上形成大的梭形病斑，病斑初期为灰绿色（田间）或水浸状（室内）的小斑点，几天之后病斑沿叶脉迅速扩大，形成黄褐色或者灰褐色梭形大斑，病斑的大小、形状、颜色和反应型因品种抗性的不同而异（图12-1）。

在具有受多基因控制的水平抗性的玉米叶片上，病斑表现为萎蔫斑。发病初期，叶片上产生椭圆形、黄色或青灰色水浸状小斑点。在比较感病的品种上，斑点沿叶脉迅速扩大，形成大小不等的长梭状萎蔫斑，一般长5~10cm，宽1cm左右，有的长达15~20cm，宽2~3cm，灰绿色至黄褐色。发病严重时，病斑常汇合连片，引起叶片早枯。当田间湿度大时，病斑表面密生一层灰黑色霉状物，即病菌的分生孢子梗和分生孢子，这是田间常见的典型症状。叶鞘和苞叶上的病斑开始也呈水浸状，形状不一，后变为长形或不规则形的暗褐色斑块，难与发生在叶鞘和苞叶上的其他病害相区别，后期也产生灰黑色霉状物。受害玉米果穗松软，籽粒干瘪，穗柄紧缩干枯，严重时果穗倒挂。在比较抗病的品种上，虽然也表现萎蔫斑，但病斑不呈梭形大斑，而表现为长2~3cm的长椭圆形斑，并具黄绿色的边缘，甚至与病斑较大的小斑病不易区分，需要借助于镜检分生孢子才能做出正确的诊断。

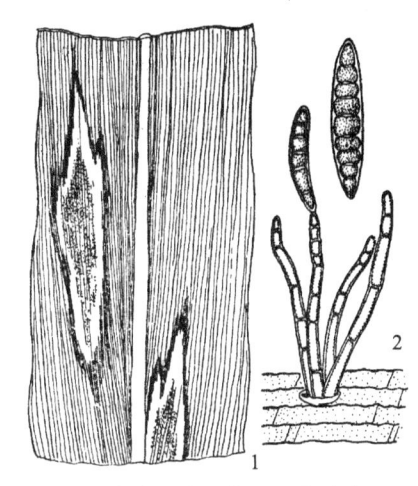

图12-1 玉米大斑病（仿西北农学院，1975）
1.病叶；2.分生孢子及孢子梗

在具单基因或寡基因控制的垂直抗性的玉米品种上，发病初期为小斑点，以后沿叶脉延长并稍微扩大，呈长梭形，表现为褪绿斑。后期病斑中央出现褐色坏死部，周围有较宽的褪绿晕圈，在坏死部位很少产生霉状物。

从整株发病情况看，一般是下部叶片先发病，之后由下向上扩展，但在干旱年份也有中上部叶片先发病的。多雨年份病害发展很快，一个月左右即可造成整株枯死，籽粒瘦瘪，千粒重下降，同时也降低玉米秸秆的利用价值。

（二）发生规律

病菌以菌丝体及分生孢子在病残体上越冬。田间发病的初侵染源主要是散落在田间地表病叶上的病菌产生的分生孢子。越冬病组织里的菌丝在适宜的温湿度条件下重新产生分生孢子或部分越冬的分生孢子，借风、雨、气流传播到玉米的叶片上，在最适宜条件下，2h即可萌发产生芽管，芽管从孢子两端长出，从孢子顶端长出的芽管多于从基部细胞长出的芽管。芽管顶端产生一附着胞，从附着胞再产生侵入丝，多数侵入丝从表皮细胞或两个表皮细胞之间直接侵入，少数从气孔侵入，从叶片正反面都可侵入，这一过程在23~25℃下6~12h即可完成。侵入丝侵入后产生一种泡囊状组织，再从泡囊状组织产生次菌丝，向周围蔓延。菌丝在叶片细胞内扩展很慢,侵入木质部导管和管胞后则扩展较快。接种 6d 后菌丝扩展至 2~3 条小叶脉之间,接种 8d 后扩展至 6~8 条叶脉之间,大部分维管束被菌丝充塞,造成局部萎蔫的坏死斑,细胞坏死。由侵入到出现病斑需 7~10d,从侵入到产生孢子需 10~14d。由于玉米品种的抗病性和所处环境不同,潜育期长短也不同。病菌侵入后 10~14d,在湿润的情况下,分生孢子梗从气孔伸出,并产生大量的分生孢子,随风、雨、气流传播进行再侵染。在玉米生长期可以发生多次再侵染。特别是在春夏玉米混作区,春玉米为夏玉米提供更多的菌源,再侵染的次数更多。

玉米大斑病的发生,主要与品种的抗性、气象条件及栽培管理有关。不同玉米自交系和品种对大斑病的抗性存在明显的差异。玉米的感病自交系和感病品种的应用,是大斑病发生流行的主要因素。

在品种感病和有足够菌源的前提下,气象条件是影响病害发生轻重的决定因素。玉米大斑病多发生于温度较低、气候冷凉、湿度较大的地区。我国东北、西北、华北春玉米区和南方山区春玉米区大斑病发生重的原因,就是春玉米生长季节的温度低,适合大斑病的发生;而在华北平原、华中一带发病轻,则是由于玉米生长季节温度偏高,不利于发病。大斑病适于发病的温度为 20~25℃,在我国玉米产区 7~8 月的气温大多适于发病,因此降雨的早晚、降雨量及雨日便成为病害发生早晚和轻重的决定因素。北方春玉米区 6~8 月特别是 6 月和 7 月雨量的多少是发病轻重的关键因素。因为 6 月湿度大,有利于越冬病残体上的菌丝体产生大量有生活力的分生孢子,也有利于分生孢子萌发侵入和侵染发病;7 月湿度大,除继续有利于初侵染病菌的形成和侵染外,同时又使玉米新形成的病斑上产生大量的菌源,进行重复再侵染。从寄主方面分析,降雨时间长,雨量多,湿度大,降低了玉米植株的光合作用,削弱了抗病力。

栽培条件对病害的轻重程度也有一定的影响。许多栽培因素与大斑病发生都有密切关系。玉米连作地病重,轮作地病轻。近几年随着玉米播种面积的扩大,玉米连作地也增加,为玉米大斑病的发生积累了更多菌源;间作套种的玉米比单作的发病轻,合理的间作套种能改变田间的小气候,利于通风透光,降低行间湿度,有利于玉米生长,不利于病害发生;晚播比早播病重,主要是因为玉米感病时期(生育后期)与适宜的发病条件相遇,易加重病害;育苗移栽玉米,由于植株矮,生长健壮,生育期提前,因而比同期直播玉米发病轻;密植玉米田间湿度大,比稀植玉米发病重;肥沃地发病轻,瘠薄地发病重;追肥发病轻,不追肥发病重等。

(三)防治方法

防治玉米大斑病的综合治理策略应以种植抗病品种、科学布局品种为主,加强栽培管理,及时辅以必要的化学防治。

1. 种植抗病品种　　选种抗病品种是控制大斑病发生和流行的根本途径。目前,我国推广的抗大斑病的自交系、杂交种或品种各地差别较大,主要有'Mo17''掖单'系列品种和'登海'系列品种等。

玉米对大斑病的抗性大致分为两种类型:一类是多基因控制的、限制病斑数量的抗性,属数量性状,大部分玉米品种的抗病性属于这一类型;另一类是显性 Ht 单基因控制的,限制病斑扩展、延长病害潜育期、抑制病菌产孢量的抗性,表现为褪绿病斑,为质量性状。抗大斑病育种工作中,要充分利用国内外丰富的抗病种质资源,有针对性地把各种单基因和多基因抗性结合起来加以综合利用，以确保品种抗性的持久稳定。在监测病菌生理小种的基础上，合理利用具有 Ht 单基因的抗病品种。

2. 加强栽培管理　　搞好田间卫生。玉米收获后要及时翻耕，将遗留在田间的病残体翻入土中，以加速其腐烂分解。秸秆不要堆放在田间地头，也不宜留作篱笆。秸秆堆肥或沤肥时一定要充分腐熟。及时摘除底部叶片，玉米抽穗前，应在雨前及时摘除植株下部 2~3 片病叶，并集中清理出田，以减少田间再侵染菌量，防止病害向中部和上部叶片蔓延，并可改善田间小气候，推迟病害的发生和流行。

增施粪肥可提高寄主的抗病能力，如施足基肥，适时追肥，氮、磷、钾肥合理配合。

适期早播可以促使玉米健壮生长、增强抗病力、避过高温多雨发病时期，减轻发病。

3. 药剂防治　　化学防治玉米大斑病在生产上较难推广，但在抗病品种大面积丧失抗病性，以及在发病初期时仍可作为一种补救措施或辅助措施。在病害常发区，在大喇叭口后期，连续喷药 2 或 3 次，每次间隔 7~10d。防治玉米大斑病的有效药剂有丙环嘧菌酯（扬彩）、吡唑醚菌酯、苯醚甲环唑、代森锰锌、咪鲜胺、百菌清、甲基硫菌灵等。

二、玉米小斑病

玉米小斑病（southern corn leaf blight）也称玉米南方叶枯病，是温暖潮湿玉米产区的重要叶部病害，病原菌为玉蜀黍双极蠕孢 [*Bipolaris maydis*（Nisikado et Miyake）Shoemaker]，属子囊菌无性型双极蠕孢属；有性型为异旋孢腔菌 [*Cochliobolus heterostrophus*（Drechsler）Drechsler]，属子囊菌门异旋孢腔菌属。世界各地玉米种植区均有不同程度的发生。小斑病在 20 世纪 70 年代以前很少造成灾害。1970 年，小斑病在美国大流行，损失玉米 165 亿 kg，直接经济损失为 10 亿美元。目前小斑病在我国主要发生于河北、河南、北京、天津、山东、广东、广西、陕西、湖北等省（自治区、直辖市）。据估计，一般中等发生年份感病品种损失 10%~20%，重者减产 30%~80%，甚至绝收。

（一）危害与诊断

病害从苗期到成株期均可发生，但苗期发病较轻，玉米抽雄后发病逐渐加重，病菌主要为害叶片，严重时也可为害叶鞘、苞叶、果穗和籽粒。症状特点因病原菌生理小种及品种抗病性不同而有差异。

叶部症状因品种抗病性不同而表现出三种病斑类型：①病斑椭圆形或长方形，黄褐色，有较明显的紫褐色或深褐色边缘，病斑扩展受叶脉限制；②病斑椭圆形或纺锤形，灰色或黄色，无明显的深色边缘，病斑扩展不受叶脉限制；③病斑为坏死小斑点，黄褐色，周围具黄褐色晕圈，病斑一般不扩展。前两种为感病型病斑，后一种为抗病型病斑。感病型病斑常相互连合致使整个叶片萎蔫，严重株会提早枯死。潮湿或多雨季节，病斑上会出现大量灰黑色霉层（病原菌的分生孢子梗和分生孢子）（图 12-2）。

该病的田间诊断要点有二：一是看叶片上是否有黄色（颜色或深或浅）的小病斑（一般长度不超过 2cm），二是看病部有无灰黑色的霉层。生产中，小斑病常与褐斑病和病毒引起的花叶病混淆，小斑病初为水渍状小点，之后形成坏死斑，保湿可见病菌的分生孢子；花叶病初虽为水渍状小点，但不扩展成坏死斑，保湿不产生分生孢子；褐斑病开始也为水渍状小点，之后形成坏死病斑，但病斑中央有橘黄色小病斑。

（二）发生规律

病菌主要以菌丝体在病残体上越冬。分生孢子虽可越冬，但存活率较低。因此田间发病的主要初侵染源是上年玉米收获后遗留在田间或玉米秸秆垛中尚未分解的病残体中的病菌。种子带菌对传病一般不起作用。

翌年，温湿度条件适宜时，病残体中越冬的病菌即产生分生孢子。分生孢子通过气流传播到玉米植株上，在叶面有水膜时，萌发形成芽管，由气孔侵入或直接侵入。适温下，病菌侵入24h后，叶面就可产生褪绿点，5~7d即可形成典型病斑，并产生大量分生孢子，借气流传播进行再侵染。

在田间，病害最初在植株的下部叶片上发生，先逐步扩展，然后再向植株上部叶片扩展。春玉米和夏玉米混播地区，春玉米收获后，遗留在田间病残体上的孢子可以继续向夏玉米田传播。因此，在这些地区，夏玉米比春玉米发病重。

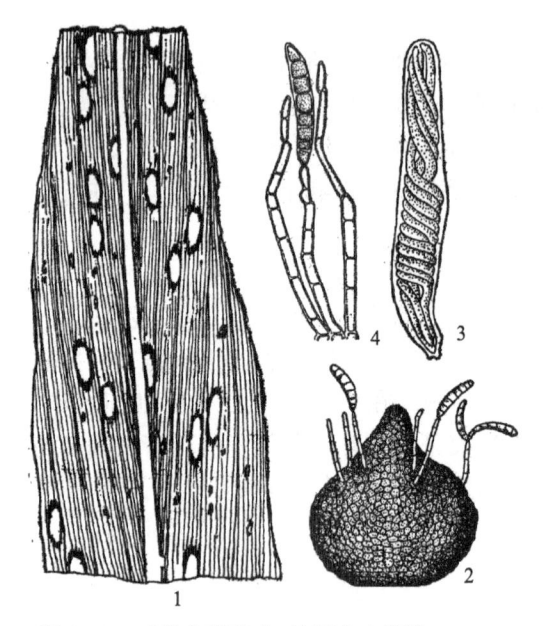

图12-2 玉米小斑病（1仿西北农学院，1975；余仿浙江农业大学，1978）
1.病叶；2.子囊壳及分生孢子；3.子囊及子囊孢子；4.分生孢子梗及分生孢子

玉米小斑病的发生与寄主抗病性的关系最密切。气象因素也影响病害的发生和流行。目前尚未发现对小斑病免疫的品种，但品种间抗病性差异很大。大面积种植感病品种或杂交种是导致小斑病流行的一个重要因素。在我国，普遍种植农家品种时，由于品种多样，遗传种质复杂，因此小斑病发生很轻。20世纪50年代末和60年代初，河北、安徽和黑龙江等地曾先后在T型雄性不育细胞质玉米上发生严重的小斑病，但当时并没有引起重视。到60年代中期，小斑病严重流行，造成重大损失，后因推广抗病品种，特别是近些年来，随着'掖单13号''丹玉13号'等一些新抗病品种的推广，病害得以控制，并趋于稳定。但病菌小种易发生变异，品种丧失抗性和病害暴发流行的可能性依然存在。

同一品种的植株在不同生育期及同一植株不同叶位的叶片对病害的抗性差异显著。一般来说，新叶生长旺盛，抗病力较老叶和苞叶强；玉米生长前期较后期抗病。因此，玉米拔节前发病多限于下部叶片；抽雄后，玉米营养生长停止，叶片逐渐衰老，病势往往由下向上发展，病叶率和每叶病斑数激增。

在有足够的菌源和种植感病品种的前提下，小斑病发生轻重取决于温度、湿度、雨日和雨量等因素。气温在15~20℃时，病害发展较慢，20℃以上加快。7月、8月的月平均气温在25℃以上，适于小斑病的发生蔓延，此时发病轻重主要取决于这一时期的降雨量和相对湿度。如果此时雨日、雨量和露日、露量较多，相对湿度高，则病害容易流行。

地势低洼、排水不良、土壤潮湿、土质黏重、种植密度大、通风透光不良等，凡使田间湿度增大导致植株生长不良的因素都有利于病害发生。春玉米和夏玉米套种可加重病害。玉米拔节期和抽穗期脱肥可削弱植株的生长势，使抗病力下降，易感染病害，加重发病。

（三）防治方法

该病防治应采取以利用抗病良种为主，加强栽培管理，减少菌源，并与化学防治相结合的综合措施。

1. 选育和推广抗病良种　　种植高产、抗病、优质的杂交种是当前保证玉米稳产高产的主要措施。注意利用非小种专化抗病性。另外，还要注意兼抗大斑病和某些病毒病等。目前推广的玉米品种几乎都抗玉米小斑病。生产上应注意品种的合理布局和轮换，阻止病菌优势小种的形成，保持品种抗病性的相对持久和稳定。

2. 减少菌源　　玉米收获后要及时翻耕，将遗留在田间的病残体翻入土中，以加速其腐烂分解。秸秆不要堆放在田间地头，也不宜作篱笆。秸秆堆肥或沤肥时要充分腐熟。及时摘除底部病叶。玉米抽穗前，应在雨前及时摘除下部 2~3 片病叶，并集中清理出田，以压低田间再侵染菌源，防止病害向中部和上部叶片蔓延，并可改善田间小气候，推迟病害的发生和流行。实行大面积 1~2 年轮作也可有效减少菌源。

3. 加强栽培管理　　育苗移栽可提早播期，促使玉米健壮生长，增强抗病力，还可使生育期提前，缩短后期处于高温多雨条件下的生育日数，对夏玉米避病和增产有较明显的作用；合理间套种，特别是和大豆、花生、棉花、小麦等中矮秆作物间作较好；种植密度要合理，单种玉米时，宜采取宽窄行种植；科学施肥，在施足基肥的基础上，适时分次追肥，避免后期脱肥早衰，同时增施磷、钾肥，保证植株健壮生长，可提高植株抗病力，减轻发病；低洼地应注意开沟排水，降低田间小气候，增加土壤通透性，恶化小斑病发生条件。

4. 化学防治　　在病害常发区，在玉米的大喇叭口后期使用内吸性杀菌剂，如丙环唑、烯唑醇、咪鲜胺、百菌清等，每隔 7~10d 喷药 1 次，连续喷施 2 或 3 次。

三、玉米丝黑穗病

玉米丝黑穗病（corn head smut）自 1876 年在意大利首次报道以来，目前已广泛分布于五大洲。该病病原菌为丝孢堆黑粉菌玉米专化型 [*Sporisorium reilianum*（Kühn）Langdon et Full. f. sp. *zeae*]，属担子菌门孢堆黑粉菌属。我国东北 1919 年首次报道。在以后的半个世纪中，病情一直保持在较低水平。20 世纪 70 年代以来，由于推广感病杂交种，玉米栽培面积扩大，连作年限增加等原因，玉米丝黑穗病在春玉米区危害加重，平均发病率 6%，有的老病区达 60%。2002 年东北地区玉米丝黑穗病严重暴发，发病面积约 106.7 万 hm^2，玉米产量损失约 1.2 亿 kg。目前从全国来看，以北方春播玉米区、西南丘陵山地玉米区和西北玉米区受害较重，成为玉米生产上的重要障碍因素之一。

（一）危害与诊断

玉米丝黑穗病是苗期侵染的系统性侵染病害。一般在穗期表现典型症状，主要为害果穗和雄穗，一旦发病，往往绝产。

多数病株果穗较短，基部粗、顶端尖，近似球形，不吐花丝，除苞叶外，整个果穗变成一个大的黑粉包。初期苞叶一般不破裂，也不外露。后期苞叶破裂，散出黑粉。黑粉一般黏结成块，不易飞散，内部夹杂有丝状寄主维管束组织。也有少数病株，受害果穗失去原有形状，果穗的颖片因受病菌刺激而过度生长成管状长刺，长刺的基部略粗，顶端稍细，中央空松，长短不一，自穗基部向上丛生，整个果穗畸形，成刺头状，部分长刺状物基部产生少量黑粉，没有明显的黑丝。雄穗花器变形，不能形成雄蕊，颖片因受病菌刺激变为畸形，呈多叶状，个别整穗受害，基部形成菌瘿，外被白膜，白膜破裂后散出黑粉（图12-3）。

在田间，玉米丝黑穗病易与玉米瘤黑粉病混淆，但丝黑穗病主要发生在春玉米区，而瘤黑粉病在各个玉米区都有发生。两种病害的鉴别特征见表12-1。

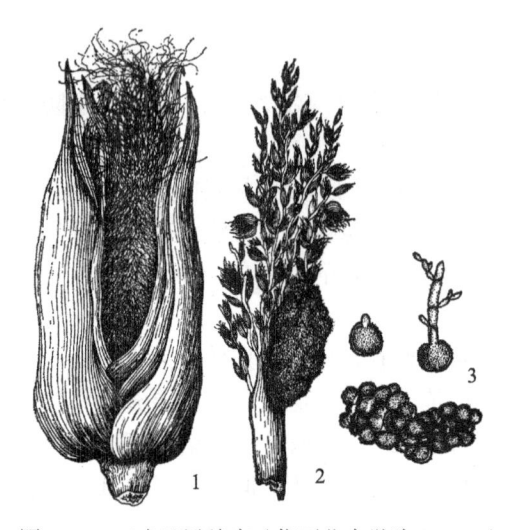

图 12-3　玉米丝黑穗病（仿西北农学院，1975）
1.雌穗被害；2.雄花穗被害；3.厚垣孢子萌发

表 12-1　玉米丝黑穗病与玉米瘤黑粉病的区别

病害	发生部位	症状
玉米丝黑穗病	主要发生在果穗和雄穗，个别情况下叶片中肋生有条状黑粉，营养器官一般不生黑粉	为害果穗时，受害果穗不形成瘤状物，黑粉中杂有丝状的寄主组织
玉米瘤黑粉病	茎秆、叶片、果穗、雄穗、根部均可受害，产生不规则的病瘤体	在受害部位生成不规则的、表面有膜包裹的肿瘤，瘤内无丝状物

（二）发生规律

病菌的冬孢子散落在土壤中越冬，有些则混入粪肥或黏附在种子表面越冬。冬孢子在土壤中能存活2～3年。结块的冬孢子较分散的冬孢子存活时间长。种子带菌可作为初侵染源之一，虽不如土壤带菌重要，但这是病害远距离传播的重要途径。用病残体和病土沤粪而未经腐熟，或用病株喂猪，冬孢子通过牲畜消化道并不完全死亡，施用这些带菌的粪可以引起田间发病，这也是一个重要的侵染源。

玉米播种后，冬孢子萌发产生担孢子，担孢子结合形成侵染丝，侵入玉米。侵染部位以胚芽为主，根也被侵染。玉米在3叶期以前为病菌主要侵入时期，4～5叶期以后侵入较少，7叶期以后不能再侵入玉米。病原菌侵入后蔓延到生长锥基部的分生组织中，花芽开始分化时菌丝向上进入花器原始体。

该病没有再侵染，发病数量首先取决于土壤中菌量和寄主抗病性。在种植感病品种和土壤菌量较多的情况下，播种后4～5叶期前这一段时间的土壤温湿度（土壤温度又主要决定于播期）便成为决定病菌入侵数量的主导因素。此外，整地播种质量也有一定影响。

目前生产上没有免疫品种，但品种间或自交系抗性差异显著。普通玉米对丝黑穗病的抗性好于糯玉米、爆裂玉米，甜玉米抗病性最差。

菌源数量越多，病害越重。但菌源数量的多少取决于耕作制度及推广的品种抗病性。高感品种春播连作时，土壤菌量会迅速增长，连作年限越长，病害越重。

玉米播种至出苗期间的土壤温湿度与发病关系最为密切。土壤温湿度与玉米种子发芽、生长和病菌冬孢子的萌发、侵染都有直接关系。病原菌与幼苗的生长适温均为25℃左右。适于侵染的土壤湿度以土壤含水量20%为最适，因此春旱的年份常为病害的流行年；播种过早发病重，迟播发病轻；冷凉山区此病较重；播种时整地质量好的发病轻，播种浅的比播种深的发病轻。

（三）防治方法

玉米丝黑穗病的防治应采取以选育抗病品种为主，减少初侵染菌源，结合种子处理的综合防病措施。

1. 选育和种植抗病品种　　选育和种植抗病品种是防治此病最有效、最简便的根本措施，而且我国抗源丰富，已选育和推广了适宜种植的抗病品种。

2. 栽培管理　　与非寄主植物实行2～3年以上轮作，调整种植计划，做到合理布局和合理轮作，也可与抗病品种轮作；于间苗、追肥时或在植株抽雄以后及时拔除病株，此时症状明显，而大量冬孢子又尚未形成，集中力量在3～5d内完成，一次拔掉，带出田间深埋；施用腐熟的厩肥；调节播种期及深度，依据墒情，适当浅播，覆土均匀；适当晚播，播前晒种，出苗早，出苗好，以减轻发病。

3. 化学防治

1）药剂拌种：选用烯唑醇、三唑酮、戊唑醇、萎锈灵、敌磺钠等药剂拌种。

2）种衣剂：含有烯唑醇、戊唑醇、三唑酮等成分的种衣剂对丝黑穗病的防治有明显效果，但烯唑醇类种衣剂在低温及播种深度超过3cm时，易产生药害，应选择性使用。

四、玉米灰斑病

玉米灰斑病（corn gray leaf spot）是由半知菌亚门尾孢属真菌引起的一种叶部病害，病原菌包括玉蜀黍尾孢（*Cercospora zeae-maydis* Tehon et Daniels）、玉米尾孢（*C. zeina* Crous et Braun）、高粱尾孢玉米变种（*C. sorghi* var. *maydis* Ellis et Everh）等，其中玉蜀黍尾孢广泛分布于世界各玉米产区，玉米尾孢分布于美国东部和非洲东、南部等地，高粱尾孢玉米变种分布于美国和肯尼亚。1991年，在我国辽宁丹东、庄河等地首次发现此病。2000年以来，玉米灰斑病在北方春玉米区的黑龙江、吉林、辽宁、内蒙古及山东东部沿海地区的夏玉米上发生。2003年后，灰斑病在西南玉米产区扩散迅猛，在云南、四川、湖北和贵州等省的高海拔山地玉米生产中成为危害重、损失大的病害。一般减产20%左右，个别严重的地块减产达30%以上。

中国玉米灰斑病的致病种包括玉蜀黍尾孢和玉米尾孢，其中玉蜀黍尾孢主要分布于东北地区，玉米尾孢主要分布于西南地区，陕西和河南同时存在两种致病种，山东和河北存在玉蜀黍尾孢。由于玉米尾孢的致病力和寄主适合度均强于玉蜀黍尾孢，加之最近的研究表明玉米尾孢有进一步向北方玉米产区扩散的趋势，应引起注意。

（一）危害与诊断

该病主要发生在玉米开花授粉后，主要为害玉米成熟的叶片，严重时也可侵染叶鞘和苞叶。发病初期在叶脉间形成圆形、卵圆形的红褐色病斑，周围有黄色晕圈，扩展后成为灰褐色矩形条斑，仍局限在叶脉间，与叶脉平行。成熟病斑中央灰色，边缘褐色，长5～20mm，宽0.5~2mm，可相互汇合而造成叶枯。高湿时病斑两面生灰色霉层，背面尤其明显。

病害一般从下部叶片开始发病，逐渐向上扩展，条件适宜时，可扩展到整株叶片，最终导致植株叶片干枯，严重降低光合作用，重病株所结果穗下垂，籽粒松脱，干瘪，千粒重下降，严重影响玉米产量和质量。

（二）发生规律

病原菌以菌丝体、子座在玉米病残体上越冬，可存活7个月之久，但埋在土壤中的病残体上的病原菌不能存活。越冬后子座组织产生分生孢子，借风、雨传播到寄主上。分生孢子萌发的芽管在侵入气孔之前在叶表上大量分枝，在高温条件下，分枝的芽管向气孔伸长并形成多数附着胞。附着胞上形成侵入丝侵入组织。侵入叶组织内的菌丝主要局限在叶肉组织细胞内生长。菌丝向维管束横向生长时，受到包围主叶脉的原壁组织的阻隔，形成受叶脉限制的长而窄的平行病斑。扩展一定时间后在气孔下腔形成菌核，其上产生分生孢子梗，并可产生孢子进行再侵染。

品种的抗病性、气候条件和栽培管理措施等是影响该病发生的主要因素。连续多年大面积种植感病品种，是灰斑病严重流行的重要因素。具有热带种质亲缘的玉米品种抗性高于温带种质亲缘品种。玉米对灰斑病的抗病性主要由多基因控制。我国已利用主效抗灰斑病基因 $GLS2(t)$ 培育出了系列抗灰斑病自交系和高抗灰斑病品种。病害发生和流行与气候条件关系密切，高温、高湿条件下易于流行，流行所需温度比玉米大斑病所需最高温度要高出5~10℃。在温度适宜的情况下，湿度便成为病害发生的关键因素，其中尤以7月、8月的降雨对病害的影响最大。降雨早，病害发生就早，雨量大，雨日多，雨量分布均匀，气温高，病害发生就重，雨后又遇高温，病害发展迅速。此外，玉米生长后期遇到高温干旱，不利于植株的生长发育，降低了植株的抗病性，也有利于病害的发生。沿海地区和温暖潮湿的山区发生较重，主要与这些地区温暖润湿和雾日数较多有关。玉米早播则灰斑病发病重，晚播则发病轻；灰斑病岗地发病轻，平地和洼地发病重；壤土发病轻，砂土和黏土发病重。

（三）防治方法

该病害的防治应坚持以选用抗病品种为基础，农业防治为前提，药剂防治为辅助的基本原则。

1. 选用抗病品种　　抗灰斑病较好的品种有'雅玉88''云瑞8号''迪卡2号''云优21''海禾1号''海禾2号''北玉2号''三北6号''中单9409''屯玉1号'等，各地可因地制宜选择使用。

2. 农业防治　　玉米收获后，及时深翻，清除田间病残体，集中烧毁或深埋，尽量减少越冬菌源数量。轮作倒茬，合理密植，实行宽窄行种植和与矮秆作物间作，增强田间通风透光，降低田间湿度，改善田间小气候。科学施肥，施足底肥和充分施用有机肥，适当控制氮肥，增施磷、钾肥。适当早播，使发病高峰期延至灌浆后期，可减轻病情。

3. 化学防治

1) 种衣包衣：对所有玉米种子进行药剂包衣，做到不种非包衣种。选用含有福美双成分的悬浮种衣剂等。

2) 喷药防治：在大喇叭口期，于田间露水干后，间隔7~10d，连续2或3次喷雾施药。常用药剂有苯醚甲环唑、丙环唑、百菌清、戊唑醇、甲基硫菌灵等。或同样的药剂与适量干沙土混合后，于大喇叭口期采用药土灌心法施药1或2次。

五、玉米茎基腐病

玉米茎基腐病（corn stalk rot）是世界玉米产区普遍发生的一种重要土传病害，多由镰刀菌属真菌和腐霉属卵菌单独或复合侵染造成，如禾谷镰孢菌（*Fusarium graminearum* Schw.）、串珠镰孢菌（*F. moniliforme* Sheld）、瓜果腐霉菌 [*Pythium aphanidermatum*（Edson）Fitzp.]、肿囊腐霉菌（*P. inflatum* Matth.）、禾生腐霉菌（*P. graminicola* Subram）等，引致玉米根茎部腐烂发病（图12-4）。

该病在世界范围内分布很广，其中美国发生普遍，遍布24个洲，危害严重，减产达20%~30%。在我国，自20世纪60年代后，由于选育和推广的抗玉米大斑病、小斑病和丝黑穗病的多数自交系和杂交品

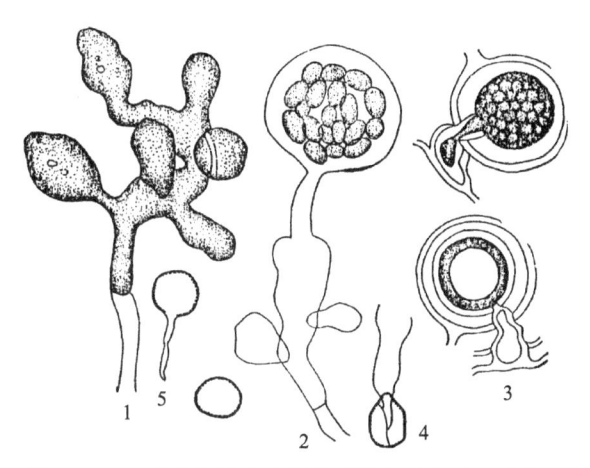

图12-4 玉米茎基腐病病原菌瓜果腐霉菌（中国农业科学院植保所，1995）
1，2.瓣状分枝的孢囊及内含游动孢子的泡囊；3.藏卵器及雄精器；4.游动孢子；5.休止游动孢子产生芽管

种对茎基腐病的抗性不强，因此，很快成为玉米上亟待解决的重要病害问题。我国各个玉米主栽区均有发生，一般减产25%左右，严重者减产40%以上甚至绝收。

（一）危害与诊断

该病害在自然条件下主要危害成株期玉米，在玉米灌浆期开始发病，乳熟末期至蜡熟期为显症高峰期。

主要危害玉米茎部或茎基部和叶片。不同病原物引致的症状各有特点。发病初期，茎基节间产生形状不规则的褐色病斑，病斑纵向扩展后，茎基节间缢缩，变软或变硬。后期茎秆内部空松，组织腐烂，维管束呈丝状，并可见白色或粉红色菌丝。茎秆自茎基第一节开始腐烂，逐渐向上扩展至第2~4节，最后植株自腐烂部位倒折。

常见的叶片症状有青枯型和黄枯型两种。青枯型也称急性型，叶片自下而上迅速枯死，呈灰绿色，水烫状或霜打状。该类型多发生在感病品种上或环境条件适合发病时，腐霉菌侵染时多产生青枯型症状。黄枯型也称慢性型，叶片自下而上逐渐黄枯，该类型多发生在抗病品种上或环境条件不适于发病时，镰刀菌侵染时多表现黄枯型症状。

受害植株根系腐烂变短，根表皮松脱，髓部形成空腔，须根和根毛减少，致使地上部分供水不足而出现青枯或黄枯症状。病株上果穗苞叶青干，松散；果穗下垂，穗柄柔韧，不宜掰离；穗轴柔软，籽粒干瘪，不易脱粒。

（二）发生规律

玉米茎基腐病是一种重要的土传病害。禾谷镰刀菌以菌丝和分生孢子，腐霉菌以卵孢子在病残体及土壤中越冬。镰刀菌的种子带菌率很高，因此田间残留的病茬、遗留田间的病残

体及种子是该病发生的主要初侵染源。越冬后的病菌借风、雨、灌溉水、机械、昆虫传播，镰刀菌主要从胚根，腐霉菌主要从次生根和须根侵染，从伤口或表皮直接侵入，病菌侵入后逐渐蔓延扩展，引起地上部症状。到后期禾谷镰刀菌和串珠镰刀菌借风雨传播侵染穗部（穗苞叶或穗尖）或玉米螟幼虫带菌通过蛀孔传染，造成穗腐，从而导致病穗种子带菌。

玉米茎基腐病的发生和危害与品种抗性、气候条件及栽培管理措施有密切关系。不同的玉米品种和自交系对茎基腐病的抗性存在明显差异，但同一品种对腐霉菌和镰刀菌的抗病性无显著差异，即抗腐霉菌的品种也抗镰刀菌，反之亦然。

玉米生长前期持续低温有利于病害发生，后期温度高对病害扩展有利。在玉米产区，温度均能满足发病要求，因此湿度条件尤其是8月的降雨量对茎腐病的发生和危害具有重要影响。一般认为，若玉米散粉至乳熟初期遇大雨，雨后暴晒，则发病重。夏玉米在前期干旱、中期多雨、后期温度偏高的年份往往发病较重。

连作发病重，感病品种连作年限越长，病菌积累越多，发病越重。播种早，发病重，随着播期推迟，发病率降低，而且感病品种表现比抗病品种明显。追肥多和重施氮肥易发病；多施农家肥，氮、磷、钾配合施用发病轻；适当增施钾肥有减轻发病的作用。无论是抗病品种还是感病品种，茎基腐病的发病率随种植密度的增加而提高。土壤有机质丰富，排灌良好的地块，玉米生长好，发病就轻，反之土壤瘠薄，易涝易旱地，玉米生长差，发病较重，特别是地势低洼易积水，土壤湿度大，后期发病重。

（三）防治方法

对于玉米茎基腐病的防治应采取以选育和推广抗病品种为主，同时加强栽培管理和进行种子处理的综合防治措施。

1. 选育和种植抗病品种　　种植抗病品种是防治此病经济有效的根本措施。玉米自交系抗性较好的有'Mo17''春145''吉837''丹黄03''金09''洛抗03''冀35''掖107'等，各地可因地制宜选择使用，同时注意兼抗叶斑病和丝黑穗病。

2. 搞好田间卫生　　玉米收获后及时清除病残体和杂草，集中烧毁或深埋，以减少侵染源。

3. 种子处理　　针对土壤和种子带菌情况，结合防治玉米丝黑穗病用种衣剂进行包衣。用粉锈宁拌种，有一定的防效，同时兼防丝黑穗病和全蚀病。

4. 加强栽培管理　　玉米与其他非寄主植物轮作2～3年可减少病原菌的积累，减轻发病。北方春玉米可适当晚播以减轻发病，但要注意品种的生育期。氮、磷、钾施用的比例合理，不要偏施氮肥和追肥过晚，要增施钾肥。播种密度不宜过大，过大势必造成争肥、争水、争光，减弱植株本身的抗病性，同时增加田间的湿度，有利于发病。

第二节　高粱病害

全世界报道的高粱病害有60余种，我国近40种，其中真菌病害28种，细菌病害5种，病毒病害3种，线虫病害3种。在这些病害中以黑穗病分布最广，危害较重；炭疽病、紫斑病、煤纹病、纹枯病等病害发生有加重的趋势，应引起注意。

一、高粱散黑穗病

高粱散黑穗病（sorghum loose smut）的病原菌为高粱散孢堆黑粉菌 [*Sporisorium cruentum* (Kühn) Vanky，异名 *Sphacelotheca cruenta* (Kühn) Potter]，属担子菌门孢堆黑粉菌属。该病除大洋洲及印度尼西亚未见报道外，广泛分布于世界各国高粱生产区。在我国杂粮区普遍发生，河南、山东、内蒙古、东北一带发生较重。20世纪50年代，由于推广了汞制剂拌种，病害基本上得到了控制，但近年来，由于放松了防治，散黑穗病的发病率有增长趋势，一般发病率3%～5%，个别地块高达90%以上。

高粱散黑穗病菌除侵染粒用高粱外，还可侵染帚用高粱、苏丹草及具有阿拉伯高粱亲缘的甘蔗品种。病菌有生理分化现象，国外报道有3个生理小种，国内尚无定论。

（一）危害与诊断

高粱散黑穗病为害高粱穗部，使高粱籽粒变成黑粉。通常病株稍矮，颜色稍浓，抽穗较早。穗轴及枝梗完整，护颖大而长，全穗花器的子房均被危害，每个籽粒都变为灰白色菌瘿，内、外颖被破坏，护颖则不被侵染。菌瘿外膜破裂后散出大量黑粉（冬孢子），并渐落露出一个黑色长轴，称为中柱，为寄主的残余组织，有时仅部分穗受侵染，其余部分也无籽粒（图12-5）。

（二）发生规律

附于种子表面的冬孢子在室内可以存活3～4年，散落在土壤当中的冬孢子可以存活1年，但存活率较低，约为20%。种子带菌是其主要初侵染源。

播种后，冬孢子萌发形成担孢子。不同性别的担孢子萌发的芽管结合后长出侵入丝。侵入丝从伤口、表皮及幼根侵入高粱后形成菌丝，菌丝生长蔓延到幼苗的生长点，并随生长点生长，病株抽穗时菌丝进入穗内并破坏子房而形成菌瘿。未经性结合的菌丝虽能侵入幼苗但不引致幼苗发病。菌瘿成熟后，冬孢子又脱落在土壤中或黏附在种子上越冬。通常适合于高粱发芽的环境条件都适合于本病原菌的侵染，在土温较低，高粱发芽出苗慢时，侵染时期延长，所以发病偏重。

图12-5 高粱散黑穗病（1仿西北农学院，1975；余仿浙江农业大学，1978）
1.病株；2.病粒；3.厚垣孢子；4.厚垣孢子萌发担子及担孢子

高粱散黑穗病的发生和危害与品种抗病性、播种时间和播种量及初始菌量密切相关。据山东、辽宁试验结果，农家品种多半不抗病，如'大黑壳''大红袍''双心红''瞎半生'等均为感病品种。引进的品种如'法农1号'和'美红'为高抗品种。'美白''早熟享加利'和'享加利'等为免疫品种。播种过量或播种后遇低温，土壤过于干燥及覆盖土层过厚等，都可以使该病害发生加重。散黑穗病除了种子传病外，土壤也能传病。在老病区，种子带菌量大时发病重，连作地菌量较大时发病也较重。

（三）防治方法

坚持以选用抗病品种为主，农业防治措施为辅的综合防治策略。

1. 栽培抗病品种　　重病区宜选栽能兼抗三种黑穗病的品种，如'黑杂34''黑杂46''齐杂1号''晋杂5号''冀杂1号''辽杂4号''反修2号''吉杂707'等抗病杂交种。

2. 适期播种，提高播种质量　　播种不宜过深，覆土不宜太厚，缩短幼苗在土壤中的时间可减轻发病。

3. 大面积轮作　　与非寄主作物实行3年以上轮作，同时注意使用净肥。

4. 种子处理　　选用甲呋酰胺、三唑酮、腈菌唑、多菌灵、甲基硫菌灵等药剂拌种；也可用药土覆种或公主岭霉素浸种后播种。

5. 拔除病株　　在出现灰包且尚未破裂之前进行，集中深埋或烧毁处理，对控制病害发生具有一定效果。

二、高粱炭疽病

高粱炭疽病（sorghum anthracnose）自1902年在西非首次发现以来，在国内外高粱产区均有发生。病原菌为禾生炭疽菌 [*Colletotrichum graminicola* (Ces.) Wilson]，属无性型炭疽菌属；有性型为禾生小丛壳菌（*Glomerella graminicola* Politis）。高粱炭疽病广泛分布于我国高粱产区，在温暖多湿的地区发生严重，已成为南方地区如四川、贵州等地高粱产区的重要叶部病害。

高粱炭疽病菌的寄主范围较广，除高粱外，还能侵染玉米、大麦、燕麦、小麦、苏丹草、约翰逊草等禾谷类作物和杂草。高粱炭疽病菌存在生理分化现象，目前已报道32个生理小种。玉米和高粱上的炭疽病菌可以交互侵染，但高粱上的炭疽病菌还可侵染麦类，玉米上的则不能。

（一）危害与诊断

主要为害叶片、叶鞘和穗，也可侵染茎部和茎基部。苗期染病为害叶片，导致叶枯，造成高粱死苗。叶片和叶鞘受害，初生紫褐色小斑，后扩大为圆形或梭形病斑，长约1cm，中央深褐色逐渐褪为黄褐色，边缘紫红色，表面密生黑色刺毛状小点，病斑可连成大片或全叶干枯，叶片提早枯死（图12-6）。在穗部，可侵染小穗枝梗及穗颈或主轴，造成籽粒灌浆不良甚至颗粒无收。病原菌还可侵染成株茎部，严重破坏穗部和维管束，形成茎腐病。

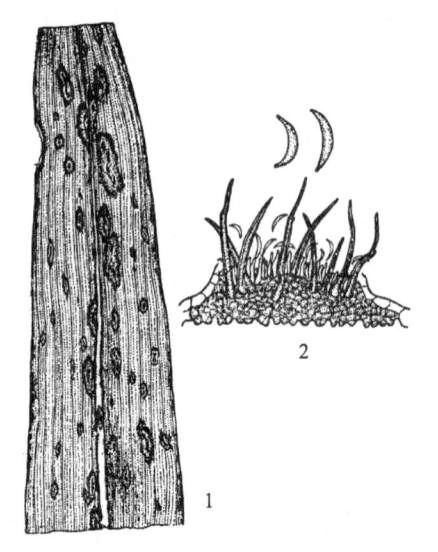

图12-6　高粱炭疽病（仿西北农学院，1975）
1. 病叶；2. 分生孢子盘及分生孢子

（二）发生规律

病原菌以菌丝在病残体内或其他寄主上越冬，也可以菌丝和分生孢子在种子上越冬。初侵染菌态为分生孢子，第二年越冬菌源产生的分生孢子随风、雨传播至寄主叶片，在有水滴的条件下萌发产生芽管和附着胞，直接从表皮或气孔侵入，引起发病。可多次再侵染。多雨年份和低洼地块发生普遍，致使叶片提早干枯死亡。田间病害严重程度取决于品种的抗病性、气候条件及栽培管理情况。阴天、高湿或多雨的天气利于发病，尤其是在籽粒灌浆期最易感病。在高湿或多雨、多露的气候条件下，病斑上易形成分生孢子盘和分生孢子，在22℃约经14h分生孢子即可成熟。在适宜的温度条件下，高湿、重露或细雨连绵的气候条件会加重发病；而暴风雨可能会冲刷掉病原菌的分生孢子，甚至破坏病原菌子实体，可减轻发病。

（三）防治方法

1. 选用抗病品种　　高粱品种间抗病性差异显著，各地应因地制宜选种、推广抗病品种。一般黄壳品种比褐壳品种抗病；叶片硅含量高的抗病性较强。

2. 农业防治　　建立无病留种田，降低种子带菌率。生长期间，摘除病黄脚叶，收获后妥善处理秸秆及病残体，并深翻灭茬。平衡施肥，施足基肥，氮、磷、钾合理配合使用，在砂土地增施钼酸铵可以减轻病害，提高产量。重病地与非寄主作物轮作，可有效减轻炭疽病危害。

3. 化学防治　　选用福美双、拌种双、多菌灵等药剂拌种。在病害流行年份于生长期及时施药防治是保产的重要措施，选择多菌灵、代森锰锌等喷雾，间隔7～10d喷一次，连续喷2或3次。

第三节　谷子病害

我国谷子产区常发病害主要有白发病、粒黑穗病、锈病、纹枯病、谷瘟病、胡麻斑病、细菌性褐条病、红叶病和谷子线虫病等20余种病害。其中，谷子白发病发生普遍，危害严重；谷瘟病虽然一般情况下发生轻微，但流行年份常造成叶片早枯和大量白穗，减产严重；红叶病和谷子线虫病（紫穗病）也是我国谷子的重要病害，发病严重时常造成巨大产量损失。

一、谷子白发病

谷子白发病（millet downy mildew）俗称灰背、枪杆、看谷老、刺猬头等，是世界各谷子产区普遍发生的重要病害。病原菌为禾生指梗霉 [*Sclerospora graminicola*（Sacc.）Schröt]，属卵菌门指梗霉属。我国各地凡种谷子的地方均有白发病发生，以晋北、陕北、燕北、内蒙古、山东和东北各地发生较为普遍。1949年后由于大力推广种子消毒和种植较抗病品种等综合防治措施，明显降低了危害，但近年来部分地区又有回升趋势，发病仍较严重。一般发病率5%～15%，严重者高达30%以上。2013年，该病在黑龙江、吉林、辽宁、陕西、山西、河北等地严重发生，发病面积13.3万 hm² 以上，田间发病率达40%，造成严重经济损失。

（一）危害与诊断

谷子白发病是系统侵染性病害。从谷子发芽后不久到出穗期陆续显现各种症状，各生育阶段表现的症状差异很大。

幼苗期发病叶片黄绿色，变厚、卷曲，正面出现条纹病斑，后变黄色，叶背产生白色霉状物（病原菌孢子囊和孢子梗），称为灰背。成株期病株心叶不展，在田间直立形如梭镖，称为枪杆，颜色由黄白色（此时又称白尖），后转为褐色枯死，叶纵裂，散出黄褐色粉末（病原菌卵孢子），残存的叶脉卷曲如卷发，称为白发。多数不能抽穗。轻的抽穗后病穗内、外颖伸长并呈卷曲的小叶状，全穗蓬松，短穗初为红色后变褐色。雄蕊发生变化或被抑制，雌蕊发育不正常，无籽粒，全穗形如刺猬，初期因有花青素呈红或绿色，称为看谷老，后期变褐色，组织破裂，散出黄褐色粉末（图12-7）。

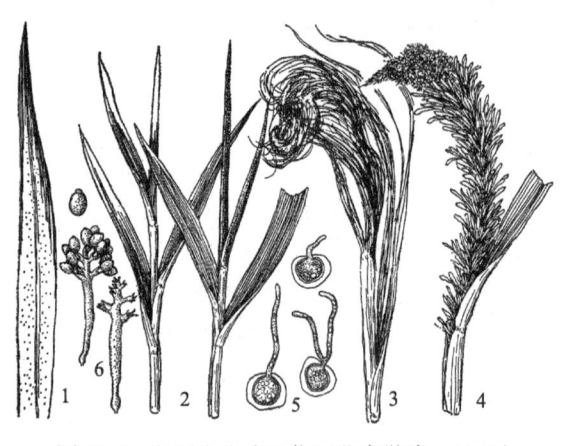

图 12-7　谷子白发病（仿西北农学院，1975）
被害状：1. 灰背；2. 白尖及枪杆；3. 白发；4. 看谷老
病原菌：5. 卵孢子萌发；6. 孢囊梗及孢子囊

（二）发生规律

病原菌卵孢子在收割前大量散落至土中，即使经牲畜消化后仍有生命力，故没有腐熟的粪肥也是重要的初侵染源。沾在种子上的病原菌也可引起发病，特别是在多年未种谷子的地块或新发生区，更是一个重要的初侵染源。

谷子播种发芽后，卵孢子也发芽侵入芽鞘达生长点，以后蔓延于生长点内的细胞间隙，当生长点分化成叶片和花序时，菌丝就随之进入叶片和花序，引起灰背、白尖、看谷老等各种症状。据研究，幼芽在2cm以下感染最多，2.5～3cm感染少，3cm以上就不易侵入。

卵孢子在土中可存活2～3年。游动孢子在湿度大时可侵入幼嫩器官，在叶上形成黄色病斑，并可形成系统侵染而产生白尖、看谷老等症状，但在一般情况下，游动孢子囊及游动孢子不能形成系统侵染。

土壤温湿度与卵孢子的侵入关系很大，土温在11～32℃都可以引起发病，以19～21℃时最重；土壤湿度在20%～80%均可引起发病，以土壤湿度在60%时发病最重。连作病重，连作18年的谷子地发病率达79.7%，轮作则为13.9%。品种间抗病力有一定差异。

（三）防治方法

该病的防治应采取以种子处理为主，农业防治为辅，并结合选用抗病品种的措施。

1. 种植抗病品种　　较抗谷子白发病的品种有'8638谷''龙丰谷''千斤谷''张杂谷3号''张杂谷5号''晋谷6号''晋谷9号''晋谷21号''赤谷4号''赤谷9号'等。

2. 农业防治　　轻病田块实行2年轮作，重病田块实行3年以上轮作。轮作的作物以大豆、高粱、玉米、小麦和薯类等效果好。施用净肥，不用病株残体沤肥，不用带病谷草做饲料，不用谷子脱粒后场院残余物堆肥。在白尖出现但尚未变褐破裂前拔除病株，并带到地外深埋或烧毁。要大面积连续拔除，直至拔净为止，并需坚持数年。

3. **药剂防治** 选用阿普隆、甲霜铜、恶霜菌丹、杀毒矾等拌种。

二、粟粒黑穗病

谷子黑穗病有粟粒黑穗病（millet smut）、腥黑穗病、轴黑穗病三种，其中粟粒黑穗病对谷子生产影响最大。粟粒黑穗病的病原菌为粟黑粉菌（*Ustilago crameri* Korn），属担子菌门黑粉菌属。此病俗称灰疸，广泛分布于东北、华北和西北谷子产区，多零星发生，发病率为3%~9%，个别地区和个别品种，如'白黏谷'发病率可高达40%以上，陕西个别地方发病率为50%左右，一般发病率在5%左右。

（一）危害与诊断

粟粒黑穗病危害谷穗的籽粒。病株颜色、分蘖和高度均与健株相仿，因此抽穗前一般不易识别，若仔细观察可见病株略矮，出穗稍晚，后期病穗仍直立。病穗一般不呈现各种畸形，但较狭长或短小，个别病穗缩短变粗失去正常穗形。病穗初为灰绿色，后期变为灰白色，通常全穗发病，也有部分籽粒发病伴健粒混生的。病粒变为小灰包，比正常籽粒稍大，卵圆形或圆形，外包灰白色菌膜，膜质坚韧，不易破裂，内部充满黑褐色粉末，是黑粉菌的冬孢子，菌膜破裂后散出黑褐色的冬孢子。因病穗的子房全部或大部分已被粒黑粉菌侵染，故病穗较健穗重量轻（图12-8）。

（二）发生规律

粟粒黑穗病冬孢子虽然不经过休眠能立即萌发，但冬孢子的存活力很强，在自然环境下能生存20个月，在室内能存活2~9年。在16~25℃条件下冬孢子至少能存活3年。冬孢子遇到适合的温湿度条件便能萌发，因此在温暖潮湿地区散落于土壤里的冬孢子多于当年萌发而丧失活力，不能越冬成为下年的初侵染源。在低温干燥地区散落于土壤中的冬孢子可能有一部分越冬，但也不是病害的主要侵染源。在脱谷过程中，病健穗混在一起，从病穗里分散出来的冬孢子黏附于种子表面能够安全越冬，成为第二年发病的主要侵染源。

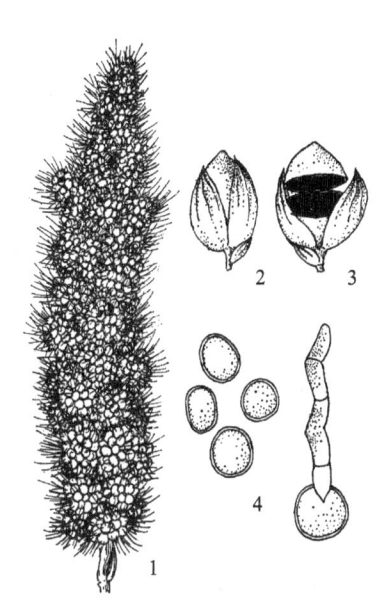

图12-8 粟粒黑穗病（仿西北农学院，1975）
1. 病穗；2. 健谷粒；3. 病粒；
4. 厚垣孢子及其萌发

春季播种未经消毒的种子后，冬孢子萌发从谷子幼苗的胚芽鞘部位侵入幼苗，当谷子幼叶伸出胚芽鞘后，病原菌则很少侵入。菌丝通过胚芽鞘和第一片叶的中间空隙进入幼苗的分生组织区和维管束系统，进而到达生长点区的细胞内或细胞间隙，并随着生长点向上生长，到达分化的花序里，最后侵入幼嫩的子房，破坏子房形成大量的冬孢子，使谷穗变为黑穗，完成侵染过程。该病为苗期侵染、抽穗后表现症状的系统侵染性病害。

播种后土壤温度低，墒情差，覆土厚，幼芽在土壤里停留时间越长，病原菌侵入幼苗的机会越大，发病就越重。此外，种子上附着的冬孢子数量越大，发病越重。不同品种的抗病性也不同。

（三）防治方法

该病的防治应采取以减少菌源、种植抗病品种为主的综合措施。

1. 选用抗病品种　　根据粟粒黑穗病在当地的发生情况，选择种植适合当地的抗病品种。

2. 药剂防治　　选用拌种双、甲基硫菌灵、三唑醇、萎锈灵等药剂拌种。

★ 复习思考题 ★

1. 玉米丝黑穗和瘤黑粉病在症状、病害循环及防治方法上有何异同？
2. 影响玉米叶斑病流行因素有哪些？对该类病害的防治策略和具体措施是什么？
3. 目前已经报道的我国玉米大斑病菌和小斑病菌的生理小种有哪些？在推广玉米抗病品种时应该注意哪些问题？
4. 谷子白发病的病害循环有何特点？在生产中应该采取哪些防治措施？
5. 请根据当地玉米上发生的主要病害拟定一套综合防治措施。
6. 简述高粱丝黑穗病的发病规律及防治措施。

第十三章 薯类病害

薯类作物主要包括马铃薯和甘薯等。马铃薯为粮、菜、饲兼用作物，是重要的粮食作物和经济作物，世界范围内广泛种植。随着我国产业结构调整，马铃薯已成为我国第四大粮食作物。随着马铃薯种植面积的扩大，病虫害的发生也日趋严重。全世界已报道马铃薯病害100余种，我国马铃薯产区发生较严重的有15种，东北、华北和西北马铃薯产区主要病害有晚疫病、花叶病毒病、黑胫病和丝核菌病等；黄河、长江中下游产区主要病害有病毒病、细菌性青枯病、疮痂病、早疫病等，晚疫病偶有发生；四川、云南、贵州、湖北等西南产区主要病害有晚疫病、病毒病、青枯病、癌肿病和粉痂病等。全世界已报道甘薯病害50余种，我国有近30种，发生普遍的有黑斑病、根腐病、甘薯瘟、茎线虫病和软腐病等。

第一节 马铃薯晚疫病

马铃薯晚疫病（potato late blight）又称马铃薯疫病、马铃薯瘟病，病原菌为致病疫霉[*Phytophtora infestans*（Mont.）de Bary]，属卵菌门疫霉属。该病在世界马铃薯产区普遍发生。在我国，除气温较高的南部山区外，全国各地均有发生，其损失程度与当年当地的气候条件密切相关。近年来受气候变化、品种、耕作方式等因素的影响，我国马铃薯晚疫病偏重发生，常年发生面积约205万 hm²。一般年份减产10%~20%，暴发年份可达50%以上，甚至绝收。

一、危害与诊断

植株幼苗期、成株期均可发病。主要为害叶片、叶柄、地上茎及块茎。田间症状最早出现在下部叶片。叶片发病，病斑多在叶尖或叶缘处，初为水浸状褪绿斑，后扩大为圆形或半圆形暗绿色斑，病斑周围具浅绿色晕圈。湿度大时，病斑迅速扩大，呈褐色，病斑外缘产生一圈白色霉层，即孢囊梗和孢子囊，尤以叶背最为明显。天气干燥时，病斑变褐干枯，质脆易裂，不产生霉层，且扩展速度减慢。茎部或叶柄发病可形成褐色条斑，发病严重的叶片萎垂、卷缩，终致全株黑腐，全田一片枯焦，散发出腐败气味。块茎发病，初为褐色或紫褐色大块病斑，稍凹陷，病部皮下薯肉也呈褐色，慢慢向四周扩大至整个薯块而腐烂。土壤干燥时病部发硬，呈干腐状。

晚疫病生理小种分化明显。目前生理小种的划分，采用一套分别具有 *R0*、*R1*~*R11* 基因的12个标准鉴别寄主进行活体鉴定，根据晚疫病菌在以上鉴别寄主上的反应确定生理小种。我国马铃薯晚疫病菌生理小种组成日趋复杂，能克服目前11个已知抗病基因（*R1*~*R11*）的超级生理小种在云南、四川、黑龙江、河北和内蒙古等马铃薯主产区都已被发现。

二、发生规律

马铃薯晚疫病主要以菌丝体在病薯中越冬。一年两季地区，发病的自生苗也可成为下一季的初侵染源。田间带菌的中间寄主如番茄很可能是初侵染源之一。病薯播种后，多数病芽失去发芽力或出土前腐烂，有一些病芽尚能出土形成病苗（中心病株）。温湿度适宜时，中心病株上的孢子囊借助气流向健康植株传播扩散，病株上的孢子囊也可随雨水或灌溉水进入土中，从伤口、芽眼及皮孔等处侵入块茎，形成新病薯。晚疫病菌再侵染十分频繁，中心病株上的孢子囊可借助气流进行传播，病原菌孢子萌发后可侵染寄主，田间温湿度适宜时4～7d就可完成一次侵染，产孢后又可进入下一步侵染过程，在一个生长季可发生多次再侵染（图13-1）。

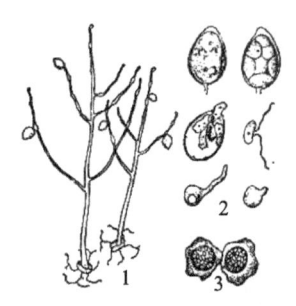

图13-1 马铃薯晚疫病病原菌
1.孢囊梗及孢子囊；2.孢子囊萌发；
3.卵孢子

晚疫病的发生流行与气象条件、品种抗病性、生育期及栽培管理技术等密切相关。马铃薯晚疫病是一种典型的单年流行性病害，气象条件与病害的发生流行有极为密切的关系。当条件适宜时，病害在短时间内便可暴发，从开始发病到全田枯死，大约仅需15d。我国大部分马铃薯种植区生长期的温度均适合该病的发生，因此病害的发生轻重主要取决于湿度。病原菌孢囊梗的形成需要相对湿度在90%以上，以饱和湿度最适。病原菌侵入寄主体内后，以20～23℃时菌丝在寄主体内发育最快，潜育期最短；温度低，菌丝生长发育减慢，同时也减少孢子囊的产生。华北、西北和东北地区，马铃薯春播秋收，7～8月的降水量对病害发生影响很大。雨季早、雨量多的年份，病害发生早而重。风主要影响马铃薯晚疫病菌孢子囊的扩散，一般情况下扩散区域主要集中在作物冠层附近，在离地面1km以上的高空很少发现孢子囊。

品种的抗病性对晚疫病的发生和流行影响也很大。马铃薯对晚疫病的抗性包括垂直抗性（小种专化性抗性）和水平抗性（非专化性抗性）。垂直抗性由主效基因控制，抗性容易获得，但不持久，易因病原菌变异而被克服。水平抗性由多个微效基因控制，抗性持久，但不易获得，是抗晚疫病育种工作的重点。马铃薯不同生育期的抗病性差异明显，通常幼苗期抗病力强，生长后期尤其是近开花末期最易感病，这与生理老化和茄素含量降低及植株体内碳水化合物含量的变化有关。一般地势低洼、排水不良、播种过密的地块易造成田间小环境湿度大，有利于发病。偏施氮肥、土壤贫瘠、缺氮或黏土均会降低植株抵抗力，有利于病害的发生，而增施钾肥可减轻发病。

三、防治方法

1.选育和推广抗病品种 选用抗病品种是防治马铃薯晚疫病最经济、最有效的方法。由于晚疫病菌变异快，*R1*～*R11*和其他的垂直抗病基因在品种中所表现的抗病性很快会被病原菌的变异而克服，一般单个垂直抗病基因的使用寿命不超过5年。因此，各地在选用抗病品种时，应注意品种搭配，避免品种单一化，并根据当地生理小种组合合理利用抗性品种，并注意根据小种变动进行品种轮换。

2.种植无病种薯 选用脱毒种薯。留种田种薯收获时应严格挑选，选取表面光滑、无病斑和损伤的薯块，单独储藏。催芽和切薯时要仔细检查，彻底清除病薯，确保带病种薯不下田。切种薯的刀具用 0.5% 高锰酸钾、75% 酒精或 3% 来苏水浸泡 5～10min 消毒，切块后种薯用 2% 盐酸溶液或 40% 甲醛溶液 200 倍液浸种 5min 后播种。

3. 农业防治

1）建立无病留种田：无病留种田应与大田相距 5km 以上，以减少病原菌传播侵染的机会。

2）高垄大垄栽培：高垄栽培既有利于块茎生长与增产，又有利于田间通风透光、降低小气候湿度，进而创造不利于病害发生的环境条件，抑制病害发生。一般垄宽 60～90cm，培土高度 25～30cm。

3）加强田间栽培管理：选择砂性强的或排水良好的地块种植马铃薯。适时早播，不易过密。合理灌溉，结薯后多次培土以成高垄。西北灌区增加夏灌次数，避免秋灌。田间发现晚疫病中心病株时及时清除，将病株和周围病叶用塑料袋带出田外集中深埋或烧毁。采收前刈除地上部茎叶或待地上部茎叶枯死后一周收获，收获时选择晴天，收获后立即晾晒 3～5d。

4. 化学防治

1）药剂拌种：选用 72% 霜脲氰·代森锰锌 600～800 倍液对种薯进行湿拌或滑石粉干拌（一般 100kg 种薯需要 2～2.5kg 滑石粉），湿拌后种薯阴干后才能播种。切块拌种后的种薯要现拌现播，以免烂薯。

2）生长期药剂防治：西南混作区病原菌群体结构复杂，该区域晚疫病几乎年年流行，被界定为晚疫病高发区，施药原则为前期喷施保护性杀菌剂双炔酰菌胺和代森锰锌，中后期交替喷施氟吡菌胺·霜霉威、双炔酰菌胺、恶唑菌酮·霜脲氰等持效期长、内吸性的治疗剂和保护剂。根据预测预报或当地的经验在中心病株出现前 7～10d 喷施第一次保护性杀菌剂，喷施 1～2 次；若田间发现中心病株，则开始喷施持效期长的内吸性治疗剂和保护剂的混合制剂直至收获。若种植抗病品种和采用了播前处理措施，则施药间隔期为 10～15d，超级毒力小种占优势的情况下，施药间隔期为 7～10d。

北方一作区是晚疫病的常发区，施药原则为前期喷施保护性杀菌剂，后期雨季（7～8月）主要喷施内吸性治疗剂或保护兼治疗剂。在中心病株出现前 7～10d 喷施第一次保护性杀菌剂，若到雨季则喷施内吸性治疗剂或保护兼治疗剂。如果雨水较少，全年喷药 4～6 次，施药间隔期为 10～15d；如果雨水多，施药间隔期为 7～10d，全年喷药 6～9 次。

中原二季作区由于马铃薯生育期与雨季错开，为晚疫病的偶发区，施药原则为发现中心病株后即喷施内吸性治疗剂或保护兼治疗剂。施药间隔期为 7～10d，全年喷药 2～3 次。

南方冬作区尽管全年降水量大，但马铃薯生长在不同地区，不同年份降水量差别较大，且种薯来源广泛，带菌率差异大，因此称为易变区，其药剂防治应根据当地具体发生情况参考高发区、常发区和偶发区的防控方案。

第二节　马铃薯病毒病

马铃薯病毒病（potato viral disease）是引起马铃薯品种退化的主要原因，已成为马铃薯生产中的重要病害之一。国内外已报道感染马铃薯的病毒近 40 种，类病毒 1 种，在我国感染马铃薯的病毒有 13 种，其中危害严重的有马铃薯 X 病毒（Potato virus X，PVX）、马铃薯 Y 病毒（Potato virus Y，PVY）、马铃薯 S 病毒（Potato virus S，PVS）、马铃薯 A 病毒（Potato virus A，PVA）、马铃薯卷叶病毒（Potato leaf roll virus，PLRV）、马铃薯 M 病毒（Potato virus M，PVM）等。这些病毒不仅可单一侵染植株，还常常伴有复合侵染，严重影响马铃薯的品质和产量。一般造成马铃薯减产 20%～50%，重者减产可达 80% 以上。

马铃薯病毒病分为马铃薯花叶病和马铃薯卷叶病两大类。马铃薯花叶病是由多种病毒单独或复合侵染造成的一类病害，普遍分布在世界各马铃薯产区，在我国分布极为广泛，但由于高温降低了植株的抗性，因此在南方发生较为严重。马铃薯卷叶病是一种马铃薯种性退化的主要病害，也是最早发现的马铃薯病毒病，在我国广泛分布，尤其在东北、西北等北方地区发生严重，造成马铃薯减产 30%～50%，严重时达 80%～90%。

一、危害与诊断

马铃薯病毒病常见症状有花叶型、坏死型、卷叶型和丛枝及束顶型 4 种类型。①花叶型症状：叶面出现淡绿、黄绿和浓绿相间的斑驳花叶（有轻花叶、重花叶、皱缩花叶和黄斑花叶之分），严重时叶片皱缩、畸形、全株矮化，有时伴有叶脉透明。②坏死型症状：叶肉、叶脉、叶柄等部位出现褐色坏死斑，病斑发展连接成坏死条斑，严重时叶片早落，全叶枯死或萎蔫脱落。③卷叶型症状：植株明显矮化，叶片向内翻转，卷成筒状，质地变硬革质化，易脆裂。④丛枝及束顶型症状：植株分枝纤细而多，缩节丛生或束顶，叶片小，花少，明显矮缩。

马铃薯普通花叶病由 PVX 病毒引起，它可使小叶叶脉间的叶肉组织产生黄绿相间的花斑，有的引起叶片缩小，植株矮化，严重时也有卷曲皱缩、顶端坏死的表现。马铃薯卷叶病由马铃薯卷叶病毒（PLRV）引起。马铃薯重花叶病由马铃薯 Y 病毒引起，主要症状特点是植株的叶柄、叶脉和茎上会出现黑褐色组织坏死的条状斑块，复叶易掉落，感病初期叶片背面、叶脉上产生斑驳、坏死，甚至沿叶柄蔓延至主茎，主茎发病时产生褐色条斑导致全叶萎蔫，后期只有顶部留有少量叶子，老叶先后脱落。马铃薯皱缩花叶病由 PVX 和 PVY 复合侵染引起。单纯 PVX 侵染马铃薯后发生轻微花叶，叶片大小和健株无异或稍有缩小。单纯 PVY 在马铃薯上先表现为花叶，然后再形成黑色或条斑。两者复合侵染时即发生皱缩花叶病。

二、发生规律

马铃薯普通花叶病初侵染源主要是带毒种薯，其次是田间自生苗和其他寄主植物，种子带毒或传病的很少。在田间主要通过病株、带毒农具、衣物等与健康植株接触摩擦染毒。马铃薯生长季节，尤其是结薯期遇上高温时容易发病。PVY 引起的重花叶初侵染源也是带毒种薯，田间传毒主要靠蚜虫（桃蚜）与汁液传播。干旱、温暖年份，蚜虫发生量大，有利于病害发生。高海拔地区由于多雾、高湿、风大，不利于蚜虫繁殖，则病害发生较轻。马铃薯皱缩花叶病主要是由带毒种薯传染，病株所产生的种薯都含有病毒。马铃薯卷叶病田间初侵染源主要是带毒种薯，田间主要通过传毒介体桃蚜扩散，汁液接触不能传染。粉痂病菌可传播 PVM，马铃薯纺锤形块茎类病毒（Potato spindle tuber viroid，PSTVd）通过种子传播，烟草脆裂病毒（Tobacco rattle virus，TRV）通过线虫传播。

三、防治方法

该类病的防治应采用以无毒种薯为主,结合选用抗病品种及药剂防治等综合防治措施。

1. 选用无毒种薯　　种薯是生产中大多数马铃薯病毒病害的最初侵染源,因此,各地要建立无毒种薯繁育基地,原种田应设在高纬度或高海拔地区,并通过各种检测方法汰除病薯。

采用茎尖组织脱毒法脱毒种薯是目前防治马铃薯病毒病最先进、最有效的途径。生产田还可通过二季作或夏播获得种薯。种薯是否带毒可采取染色法、紫外线检测法或血清检测法等进行检测。

2. 选育和合理利用抗病品种　　马铃薯病毒种类繁多,且一种病毒往往具有多个株系,各株系在马铃薯各品种上反应不同,因此抗病毒育种十分复杂,很难得到兼抗品种,因此,应针对当地主要病毒选育品种。

3. 加强栽培管理　　因地制宜适时播种。留种田远离茄科蔬菜地,高畦栽培。合理用肥,避免偏施氮肥,增加磷、钾肥。控制秋水,严防大水漫灌。拔除病株,勤中耕、培土,注意改良土壤理化性状。

4. 药剂防治　　蚜虫是马铃薯病毒主要的传播介体,因此,在有蚜株率达5%时施药防治,可选用抗蚜威、吡虫啉、甲氰菊酯等喷雾,间隔7～10d,连续施药2或3次。也可悬挂黄板诱杀。

在马铃薯病毒病发病初期(出现中心病株时)喷药防治,选用病毒必克、菌毒清、植病灵等药剂,每隔7d喷1次,连续喷3次。

第三节　甘薯黑斑病

甘薯黑斑病(sweet potato black rot)又称甘薯黑疤病,俗称黑疗、黑疮等,在世界各甘薯产区均有发生。病原菌为甘薯长喙壳(*Ceratocystis fimbriata* Ellis et Halsted),属子囊菌门长喙壳属。1890年该病首先在美国发现,1919年传入日本,1937年由日本鹿儿岛传入我国辽宁盖县(现盖州市),逐渐由北向南蔓延危害,现已成为我国甘薯产区普遍发生的病害之一,在华北、黄淮海流域、长江流域,以及南方夏、秋薯区发生较重。每年由该病引起的产量损失为5%～10%,严重时达20%～50%,甚至更高。此外,病薯可产生甘薯黑疤霉酮(ipomeamarone)等呋喃萜类有毒物质,人畜食用后可引起中毒甚至死亡;用病薯作发酵原料时,能毒害酵母菌和糖化酶菌,延缓发酵过程,降低乙醇产量和质量。

一、危害与诊断

甘薯黑斑病为全生育期病害,主要侵害薯苗、薯块,引起烂床、死苗、烂窖。种薯或苗床带菌,种薯萌芽后,苗地下白嫩部分最易受到侵染。发病初期,幼芽地下基部产生凹陷的圆形或梭形小黑斑,后逐渐纵向扩展至3～5mm,发病重时则环绕薯苗基部,呈黑脚状,地上部叶片变黄,生长不旺,病斑多时幼苗可卷缩。温度适宜时,病斑上可产生灰色霉状物,即病原菌的菌丝层和分生孢子,后期病斑表面粗糙,具刺毛状突起物,为病原菌子囊壳和厚垣孢子（图 13-2）。

病苗移栽后，如温度较低，植株生长势弱，易遭受病原菌侵染。幼苗定植 1~2 周后，即可显现症状，基部叶片发黄、脱落，蔓不伸长，根部腐烂，只残存纤维状的维管束，秧苗枯死，造成缺苗断垄。有的病株可在接近土表处生出短根，但生长衰弱，遇干旱易枯死，即使成活，结薯也少。薯蔓上的病斑可蔓延到新结薯块上，以收获前后染病较多，病斑多发生在虫咬、鼠咬、裂皮或其他损伤的伤口处。病斑黑色至黑褐色，圆形或不规则形，中央凹陷，生有黑色毛刺状物及粉状物。切开病薯，病斑下层组织黑色或墨绿色，病薯变苦。

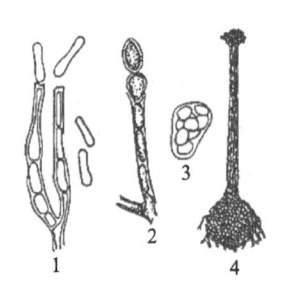

图 13-2　甘薯黑斑病（仿江苏农科院，1984）
1. 内生分生孢子梗和分生孢子；2. 厚垣孢子；3. 子囊和子囊孢子；4. 子囊壳

储藏期薯块感病，病斑多发生在伤口和根眼上，初为黑色小点，逐渐扩大呈圆形、椭圆形或不规则形膏药状病斑，直径 1~5cm，轮廓清晰。储藏后期，病斑深入薯肉达 2~3cm，薯肉呈暗褐色，味苦。温湿度适宜时，病斑上可产生灰色霉状物或散生黑色毛刺状物（子囊壳的颈），顶端常附有黄白色蜡状小点，为子囊孢子。黑斑病的侵染，往往可使其他真菌和细菌病害并发，引起腐烂。

二、发病规律

甘薯黑斑病菌主要以子囊孢子、厚垣孢子和菌丝体在储藏病薯、大田、苗床土壤及粪肥中越冬，成为翌年发病的主要侵染源。病薯病苗是病害近距离及远距离传播的主要途径，带菌土壤、肥料、流水、农具及鼠类、地下害虫等都可传病。在田间 7~9cm 深处的土壤内，病菌能存活 2 年以上。黑斑病菌寄生性不强，主要通过各种伤口侵入，也可从根眼、皮孔等自然孔口侵入。育苗时，病薯或苗床土中的病菌直接从幼苗基部侵染，形成发病中心，病苗上产生的分生孢子随喷淋水向四周扩散，加重秧苗发病。病苗移栽后，病情持续发展，重病苗短期内即可死亡，轻病苗上的病菌可蔓延侵染新结薯块，形成病薯。收获过程中，病种薯和健种薯间相互接触摩擦也可以传播病原菌，运输过程中造成的大量伤口有利于薯块发病，储藏期间温湿度适宜条件下会造成烂窖。

甘薯黑斑病发生轻重与温湿度、耕作制度、甘薯品种抗病性等密切相关。甘薯受病原菌侵染后，土温 15~35℃ 均可发病，最适温度为 25℃。甘薯储藏期，最适发病温度为 23~27℃，10~14℃ 时发病较轻，15℃ 以上有利于发病，35℃ 以上病情受到抑制。土壤含水量在 14%~60% 时，病害随湿度的增加而加重；含水量超过 60%，又随湿度的增加而减轻，但湿度 14%~100% 均能发病。育苗期苗床加温、浇水、覆盖及薯块上存在大量伤口，是黑斑病流行最有利的条件，而 35℃ 以上高温育苗，则是控制发病的有效措施。生长期土壤湿度大，有利于病害发展，如地势低洼、潮湿、土质黏重的地块发病重；地势高燥、土质疏松的地块发病轻。生长前期干旱，而后期雨水多，引起薯块生理破裂，则发病重。连作田病害发生重，而且春薯发病比夏薯和秋薯重。

不同甘薯品种间抗性存在差异。薯块易发生裂口的或薯皮较薄、易破损、伤口愈合慢的品种发病较重，薯皮厚、薯肉坚实、含水量少、虫伤少、愈伤木栓层厚且细胞层数多的品种发病较轻。所有的甘薯块根组织受到病原菌侵染后，均能产生甘薯酮、香豆素等植保素。病原菌侵入后，抗病性较强的品种快速产生足量的植保素，抑制病原菌菌丝的生长繁殖和孢子的萌发，从而使病情减轻；而感病品种不能迅速产生足量植保素阻止病原菌的繁殖扩展，因而发病就重。此外，植株不同部位的感病性差异明显，秧苗地下部的白色部分组织幼嫩，有利于病原菌侵染，因此较地上部感病。在20～35℃时，温度越高，寄主的抗病性越强，这主要与木栓层的形成和植保素的产生有关。

三、防治方法

应采取以繁殖无病种薯为基础，培育无病壮苗为中心，安全储藏为保证的防治策略，实行以农业防治为主，药剂防治为辅的综合防治措施。

1. 铲除和堵塞菌源　严格控制病薯和病苗的传入和传出是防止黑斑病蔓延的重要环节。首先做好"三查"和"三防"工作，"三查"即查病薯不上床、查病苗不下地、查病薯不入窖，"三防"即防引进病薯病苗、防调出病薯病苗、防病薯病苗在本地区流动。另外，在薯块出窖、育苗、栽植、收获、晒干、复收、耕地等农事活动中，要严格把关，彻底检除病残体，集中焚烧或深埋。病薯块、洗薯水严禁喂家畜或倒入圈内；不用病土、旧床土垫圈或积肥；对采苗圃和留种地轮作换茬。

2. 培育壮苗，加强栽培管理

1）温水浸种：精选健康种薯，用温水洗去表面泥土后放入框内，将水温调至56～58℃时把框移入，维持水温51～54℃，浸种10min，注意水面要高出薯块，其间上下移动薯框，使其均匀受热。

2）药剂浸种：选用甲基硫菌灵、多菌灵等浸种。

3）高温育苗：育苗时把苗床温度升高到35～38℃，保持4d，然后苗床温度降至28～32℃，出苗后苗床温度保持在25～28℃。

3. 推广高剪苗技术　由于病原菌的移动速度低于薯芽的生长速度，病原菌大部分滞留在基部附近，上部薯苗带病的可能性比较小，高剪苗能尽可能避免薯苗携带病原菌。

4. 栽前种苗处理　将种苗捆成小把，用70%甲基硫菌灵或50%多菌灵800～1000倍液浸苗3～5min，具有较好的消毒防病作用。

5. 安全储藏　留种薯块应适时收获，严防冻伤，精选入窖，避免损伤。种薯入窖后15～20h内将窖温升高至34～37℃，保持4d，然后将窖温降至12～15℃，注意温度不能低于9℃，否则易造成冻害。也可采用乙蒜素等对种薯进行熏蒸处理。

第四节　甘薯根腐病

甘薯根腐病（sweet potato root rot）又称烂根病、烂根开花病，病原菌为腐皮镰孢甘薯专化型 [*Fusarium solani*（Martius）Sacc. f. sp. *batatas* McClure]，属半知菌类镰孢菌属；有性型为血红丛赤壳 [*Nectria sanguinea*（Bolt.）Fr.]，属子囊菌门丛赤壳属（图13-3）。我国于1937年在山东省首先发现该病。1970年以后在河南、山东、安徽、河北、江苏和湖南等省发生流行，发病后一般减产10%～20%，重者减产40%～50%，甚至成片死亡造成绝收。近年来，由于采取了以种植抗病品种为主的综合防治措施，其危害已明显减轻。

一、危害与诊断

甘薯根腐病在育苗期和大田生长期均可发病。苗床期病薯较健薯出苗晚，出苗率低。发病薯苗叶色较淡，生长缓慢，须根尖端和中部有黑褐色病斑，拔秧时易从病部折断。大田期秧苗受害，先在须根中部或根尖出现赤褐色至黑褐色病斑，中部病斑横向扩展，绕茎一周后，病部以下的根段很快变黑腐烂，拔苗时易从病部拉断。地下茎受侵染，产生黑色病斑，病部多数表皮纵裂，皮下组织发黑疏松。重病株地下茎大部腐烂，轻病株近地面处的地下茎能长出新根，但多为柴根。病株地上部茎蔓生长缓慢，节间缩短，叶梗变粗，叶片增厚、皱缩、发黄、变脆，遇干旱或日晒叶片萎蔫，由下向上干枯脱落，最后仅剩生长 2~3 片嫩叶。感病早的重病株不分枝，主蔓干枯以至全株枯死，导致绝产和绝收。轻病株入秋后气温下降，茎蔓仍能生长，每节叶腋处能抽薹开花。病株不结薯或结畸形薯，而且薯块小，毛根多。储藏期间病斑不扩展，病薯不硬心，熟食无异味。

图 13-3　甘薯根腐病病原菌
1.大型分生孢子；2.分生孢子梗；
3.厚垣孢子；4.小型分生孢子

二、发生规律

甘薯根腐病是一种典型的土传病害，带菌土壤和土壤中的病残体是翌年的主要侵染源。土壤中的病原菌至少可以存活 3~4 年，分布深度可达 100cm，但以耕作层中密度最高。病原菌自甘薯根尖侵入，逐渐向上蔓延至根、茎。病种薯、病种苗、病土及带菌粪肥均能传病，田间病害的扩展主要借水流和耕作活动，远距离传播靠种薯、种苗和薯干的调运。

甘薯根腐病的发生和流行与温湿度、土质、栽培条件、品种等因素密切相关。甘薯根腐病的发病温度为 21~30℃，适温为 27℃ 左右。根腐病抗干热能力强，土壤含水量 10% 以下时有利于发病。丘陵旱薄地和瘦瘠砂土地发病较重，平原壤土肥沃地、土层深厚的黏土地发病较轻。增施肥料，培肥地力，加强田间管理可以减轻病情。连作地发病重；病地与花生、谷子、玉米等实行 3 年以上的轮作，能有效控制根腐病的发生。适期早播，发病较轻；夏薯发病重于春薯。不同品种间抗病性差异明显。

三、防治方法

1. 选用抗病品种　　选用抗病品种是防治根腐病最经济有效的措施。目前选育的抗病丰产品种较多，各地可因地制宜选种。由于品种的抗病性往往随着种植年限的延长会有所减弱，因此应注意坚持每年提纯复壮。

2. 农业防治　　适时早栽，栽种无病壮苗，深翻改土，增施有机肥料与钾肥，适时浇水。加强田间管理，提高植株自身的抗病性。合理轮作倒茬，避免连作，连作年限越长，土壤带菌量越多，病害越重。清洁田园，将田间病株就地收集并深埋或烧毁。收获时，对病薯及病地的秧蔓进行妥善处理。严禁将病薯随地乱丢或沤肥。建立无病苗床，选用无病、无伤、无冻的种薯，并结合防治甘薯黑斑病，进行浸种和浸苗；选择无病地块建立无病采苗圃和无病留种地，培育无病种薯。

第五节　甘薯茎线虫病

甘薯茎线虫病（sweet potato stem nematode disease）在世界范围内都有发生，病原为腐烂茎线虫（*Ditylenchus destructor* Thorne），属垫刃目茎线虫属（图13-4）。由于该线虫最早发现于马铃薯上，可导致马铃薯腐烂，因此国外也称其为马铃薯腐烂茎线虫（potato rot nematode）。该病原线虫已被许多国家和地区列为重要的植物检疫性有害生物，为我国A3类检疫性病害。甘薯茎线虫病是我国北方甘薯产区最重要的病害之一，一般减产20%~50%，重病地块几乎绝收。

腐烂茎线虫能侵染120余种寄主植物，除甘薯外，马铃薯、花生、甜菜、萝卜、胡萝卜、蚕豆、大蒜、山药、当归、薄荷、人参等重要经济作物，以及田蓟、野薄荷、酸模等杂草都可受害。此外，甘薯茎线虫还具有较强的食菌性，能够依靠多种真菌的菌丝体繁殖。

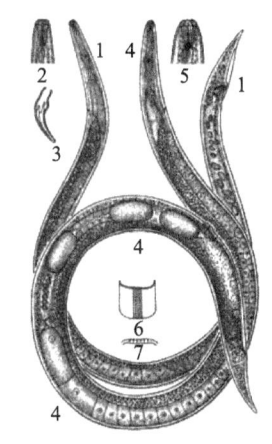

图 13-4　腐烂茎线虫
1.雄虫；2.雄虫头部；3.雄虫交合刺；
4.雌虫；5.雌虫头部；6，7.侧带区

一、危害与诊断

甘薯茎线虫主要为害甘薯块根、茎蔓及薯苗。薯苗受害则茎部变色，无明显病斑，组织内部呈褐色或白色和褐色相间的糠心状。根部受害时在表皮上生有褐色晕斑，薯苗发育不良，矮小发黄。大田期茎蔓受害后，主蔓茎部表现为褐色龟裂斑块，内部呈褐色糠心，病株蔓短，叶黄，生长缓慢，直至枯死。块根症状根据线虫侵入的途径分为三种类型：①糠心型，由染病茎蔓中的线虫向下侵入薯块，病部由上而下、由内而外扩展，薯块表皮层完好，内部糠心，呈褐白相间的干腐；②糠皮型，土壤中的线虫经薯皮侵入薯块，病部一般由下向上、由外向内扩展，使内部组织变褐发软，造成薯块表皮龟裂；③混合型，生长后期发病严重时，糠心和糠皮两种症状同时发生。

甘薯茎线虫为害马铃薯时，薯块表皮下形成白斑，薯块受害严重时表皮呈纸状，薯块塌陷，表皮下组织发黑，呈海绵状；为害鳞茎、球茎类植物时，通常先侵染鳞茎基部，后向上扩展，产生黄色至深褐色病斑，最终导致整个鳞茎腐烂；为害胡萝卜时，胡萝卜表面形成横向裂缝。甘薯茎线虫的侵染为害往往导致其他真菌、细菌和螨的二次侵染，最终导致组织彻底腐烂。

二、发生规律

甘薯茎线虫以卵、幼虫和成虫在病薯中越冬，以幼虫、成虫在土壤、粪肥中越冬。田间部分杂草也能够为线虫提供越冬场所。因此，仓库中的病薯、田间病残体、病土及病薯、病肥都是该线虫病的主要侵染源。病薯和病苗的调运是该病害远距离传播的主要途径，田间近距离则由土壤、肥料、病薯、病苗上的线虫经耕作、流水等传播扩散。由于薯块中的线虫在储藏期继续为害，因此春季育苗时，线虫即随病薯进入苗床，侵染薯苗。薯苗移栽后，有的线虫可以进入土壤，但大多数在蔓内寄生并由薯蔓基部进入薯块内繁殖为害，形成糠心型病薯。

甘薯茎线虫病的发生流行与环境条件、土壤质地、栽培管理及品种抗病性等密切相关。种薯带病率高，苗床线虫量多、使用未充分腐熟的粪肥等往往使薯苗大量感病，只要条件适宜，带病薯苗移栽大田后甘薯茎线虫病的危害也相应较重。甘薯茎线虫在2℃即开始活动，7℃以上能产卵和孵化，发育适温为25～30℃。该线虫耐低温能力强，病薯中的线虫在−70℃下处理180d后，仍有5%～20%的线虫存活；不耐高温，甘薯苗中的线虫经48～49℃温水浸10min，死亡率达98%。一般春薯发病重于夏薯，甘薯直栽重于苗栽。砂壤土、干燥土发病重，黏质土发病轻。不同品种对腐烂茎线虫的抗病性不同。

三、防治方法

甘薯茎线虫的防治应在加强检疫措施、保护无病基地的基础上，病区采用以建立无病留种地为中心，加强农业防治和药剂防治相结合的综合防治措施。

1. 加强检疫　　加强对种薯、种苗的检疫工作，严禁带病种薯、种苗调运。
2. 农业防治　　减少初侵染源，在育苗、栽插及收获时，将带病薯块、薯苗、病残体集中在闲地上晒干后烧毁。培育无病薯苗。施用净肥，不用带病土垫畜圈，不用病薯及薯秧等做饲料，防止茎线虫病通过牲畜消化道进入粪肥传播。改春薯为夏薯，种薯单收单藏。合理轮作，与玉米、小麦、棉花等轮作。
3. 种植抗病品种　　抗性育种是防治茎线虫病最经济、最有效的方法。目前国内外已选育了大量抗性品种，各地可因地制宜选种。
4. 药剂防治　　选用三唑磷、丁硫克百威、噻唑磷、甲氨基阿维菌素苯甲酸盐等颗粒剂穴施或开沟施用，对甘薯茎线虫有持久和良好防效。

第六节　薯类其他病害

一、马铃薯黑胫病

马铃薯黑胫病（potato blackleg disease）又称黑脚病，广泛分布于世界各马铃薯产区，是欧美国家马铃薯最主要的病害之一。果胶杆菌属（*Pectobacterium*）和狄基氏菌属（*Dickeya*）细菌是引起马铃薯黑胫病的主要病原菌。国际上已报道黑腐果胶杆菌（*P. atrosepticum*）、胡萝卜软腐果胶杆菌巴西亚种（*Pectobacterium carotovorum* subsp. *brasiliensis*）、胡萝卜软腐果胶杆菌胡萝卜亚种（*Pectobacterium carotovorum* subsp. *carotovorum*）、菊狄基氏菌（*Dickeya chrysanthemi*）、石香竹狄基氏菌（*Dickeya dianthicola*）、玉米狄基氏菌（*Dickeya zeae*）、达旦提狄基氏菌（*Dickeya dadantii*）和茄狄基氏菌（*Dickeya solani*）均可引起马铃薯黑胫病。在我国，目前已报道黑腐果胶杆菌、胡萝卜软腐果胶杆菌胡萝卜亚种和胡萝卜软腐果胶杆菌巴西亚种能够引起马铃薯黑胫病。此病在我国东北、华北、西北等马铃薯产区都有不同程度的发生，南方和西南马铃薯栽培区也时有发生。植株发病率轻者 2%～5%，重者可达 40%～50%。以带病块茎作种薯，病株率高达 100%，可导致幼芽坏死和死苗，严重者造成缺苗断垄。

（一）危害与诊断

马铃薯黑胫病可侵染马铃薯的茎和块茎，典型症状是植株茎基部呈墨黑色腐烂。从种薯发芽到生育期均可发病，以苗期最盛。在苗期当马铃薯株高达 15～18cm 时易被侵染显症，病部颜色呈黄褐色或黑褐色，同时出现植株节间缩短，叶片上卷，叶色褪绿，茎基部组织变黑腐烂。成株期黑胫多呈现黑褐色至墨黑色，地下茎髓部往往变空。病株矮化、僵直，叶片变黄，小叶边缘上卷。发病后期，茎基部呈黑色腐烂，整个植株变黄，呈萎蔫状，继而倒伏、死亡。当病害发展较慢时，植株逐渐枯萎，结薯部位上移，易形成气生块茎。块茎发病始于脐部，可沿匍匐茎向新的结薯方向发展，黑胫症状也随之向新薯发展，使脐部变成黑褐色。用手压挤皮肉不分离，湿度大时，薯块黑褐色腐烂发臭。植株的茎、叶和叶柄还可以通过由冰雹、大风、害虫和农业操作等造成的机械伤口被病原菌侵染，病原菌可沿着茎或叶柄向上或向下扩展，然后在未受感染的植株上产生典型的黑胫病症状。在潮湿多雨天气，可很快使植株发病，并导致死亡。

（二）发生规律

带病种薯是马铃薯黑胫病的主要初侵染源，储藏期薯块间的接触及种薯切块过程中均可造成病原菌在病健薯间传播。病原菌主要通过伤口侵入寄主，再经维管束髓部进入植株，引起地上部发病。随着植株生长，病原菌侵入根、茎、匍匐茎和新结块茎，并从维管束向四周扩展，侵入附近薄壁组织的细胞间隙，分泌果胶酶，溶解细胞壁的中胶层，使细胞离析，组织解体，呈腐烂状。病害发生程度与温湿度关系密切。雨水多、低洼地、气温较高时发病重。储藏窖内湿度大、温度高则发病重。病菌在 2℃时可存活 8～110d，种薯在较低温度（如 18～19℃）时收获最容易沾染病原菌。田间病株可以通过昆虫和流水传播，从伤口再侵染健株，病原菌不能直接侵入植物组织，主要通过块茎的皮孔、生长裂缝和机械伤口侵入。此外，中耕、收获、运输过程中使用的农机具，以及雨水、灌溉等都有可能起到传病的作用。

（三）防治方法

1. 加强检疫和选用抗病品种 严禁从病区调用种薯，防止病原菌扩大蔓延。各地因地制宜种植抗病或耐病品种。

2. 农业防治

1）采用无病种薯：播种前适当晾晒种薯；整薯播种或整薯催芽；切刀应消毒。

2）建立无病留种田。

3）加强田间管理：适时早播；及时拔除田间病株并彻底销毁；马铃薯生长期间合理施肥，控制氮肥用量，增施磷、钾肥，施用腐熟的有机肥；避免过量浇水；保持农机具的清洁。

4）储藏管理：种薯入窖前严格挑选，入窖后严格管理，防止窖温过高、湿度过大。储藏前薯块表皮应干燥，储藏期注意通风，降温降湿。

3. 化学防治

1）药剂浸泡种薯：选用溴硝醇、春雷霉素、高锰酸钾等浸泡种薯，晾干后播种。

2）喷药防治：田间发病初期可用农用链霉素、氢氧化铜、噻菌铜等喷雾，每隔 5～7d 用药 1 次，连用 3 次。也可用波尔多液灌根处理。

二、马铃薯青枯病

马铃薯细菌性青枯病（potato bacterial wilt disease），我国简称青枯病，病原菌为茄劳尔氏菌 [*Ralstonia solanacearum*（Smith）Comb. Nov.，原名为 *Pseudomonas solanacearum*]，属薄壁菌门劳尔氏菌属。目前依据多数研究者的观点，根据茄劳尔氏菌菌株 16～23S 转录间隔区 *egl* 和 *hrpB* 基因的特征，将其分为 4 个不同的种系型（phylotype），这些种系型反映了它们不同的地理来源，即 phylotype Ⅰ（亚洲）、phylotype Ⅱ（美洲）、phylotype Ⅲ（非洲）和 phylotype Ⅳ（印度尼西亚），每个种系型可继续分成不同的序列型（sequevar）。

马铃薯青枯病主要分布于热带、亚热带和温带地区，在我国主要发生在云南、贵州、四川、湖北、湖南、广东、广西、福建和台湾等长江流域及其以南的马铃薯单双季混作区与南方马铃薯二季作区，中原二季作区也有不同程度发生。此病寄主范围广，可侵染 54 科 450 多种植物，尤其是马铃薯、番茄等茄科植物，防治非常困难，特别是在温暖潮湿的环境中，发病率更高，严重者可使马铃薯减产 80% 甚至绝产。该病原菌小种复杂，易随环境产生变异，适应能力强，能够在土壤中存活数年。近年来有研究表明青枯菌在逆境胁迫下能进入"活的非可培养"（viable but non-culturable，VBNC）状态，待逆境胁迫消除后该状态菌能恢复活力，且仍具有致病能力。

（一）危害与诊断

马铃薯青枯病在马铃薯幼苗期和成株期均能发生。一般幼苗期不明显，多在现蕾开花后急性显症，表现为叶片、分枝或植株急性萎蔫，叶片浅绿或苍绿，开始时早、晚可恢复，以后逐渐加重，经 4～5d 后或更短时间全株茎、叶萎蔫枯死，但病株在短期内仍保持青绿色，叶片不脱落，随后叶脉逐渐变褐，茎部出现褐色条纹。横切病株茎部可见维管束变褐，用手挤压有污白色菌脓从切口溢出，此为病原细菌溢脓。如将病茎切面插入清水中，约半分钟后可见雾状的细菌群自维管束切口排出，田间可用此方法快速诊断青枯病。块茎染病后，轻的症状不明显，重的脐部呈灰褐色水浸状，切开薯块，维管束环变褐，稍挤压即溢出白色细菌脓液，但皮肉不从维管束处分离，严重时块茎外皮龟裂，髓部软腐溃烂。

（二）发生规律

马铃薯青枯病是一种典型的维管束病害，病原菌随病残体、带菌肥料和田间的其他感病寄主在土壤中越冬，无寄主时也可在土壤中腐生 14 个月至 6 年，越冬的菌源成为翌年发病的初侵染源。马铃薯青枯病菌通过雨水、灌溉水、肥料、病苗、昆虫、人畜、生产工具等传播，从根部或茎基部伤口侵入，也可透过导管进入相邻的薄壁细胞，致茎部出现不规则水浸状斑。病原菌侵入维管束后迅速繁殖，使导管堵塞、褐变，阻碍水分运输，导致植株萎蔫。自然条件下，病原菌也能从未受伤次生根的根冠部侵入，致使发病。马铃薯青枯病菌在 10～40℃ 均可发育，最适温度为 30～37℃，最适 pH 为 6.6。高温高湿多雨是诱使青枯病发生和流行的主要因素,尤其是雨后转晴,太阳暴晒,土温升高,气温升至30~37℃,最有利于青枯病流行。连作地、低洼地、土质黏重、排水不良、土壤偏酸的田块也易发病。马铃薯青枯病发生轻重与栽培措施也密切相关。冬种区为水稻—马铃薯、菜豆—马铃薯种植模式,多采用稻草包芯栽培技术,冬季气温偏低,马铃薯青枯病发病较轻,主要为种子带菌传染。春种区为蔬菜—马铃薯种植模式,茄科蔬菜种植地块发病较重,田间发病率在20%以上,特别是春种区采用地膜覆盖栽培模式,春季高温、高湿有利于病害发生流行。

(三)防治方法

1. 选用抗病品种　　选用抗病品种是最经济、最有效的措施。各地可根据区域特征选用不同的品种或品系。

2. 农业防治

1)建立无病良种繁育基地。

2)选用无病种薯与小整薯播种。种薯切刀消毒。

3)轮作:实行与十字花科或禾本科作物4年以上轮作,最好与禾本科作物(如水稻)水旱轮作,不与茄科蔬菜或花生、大豆等作物连作或邻作。

4)加强栽培管理:清洁田园,翻晒土壤,施适量生石灰,降低土壤酸度。田间发现病株时,立即把整个植株连同基部泥土、薯块一起铲除深埋,同时用生石灰消毒。收获时田间的烂薯、残枝烂叶和杂草要清理干净并深埋,严禁沤肥。实行高厢垄作,注意排水,避免大水漫灌。调整播期,避开青枯病易发季节,及时收获。合理施肥,增施有机肥和生物有机肥及磷、钾肥,减少尿素等化肥用量。

3. 化学防治　　定植时,采用青枯病拮抗菌剂浸根;田间发现病株时立即拔除烧毁或深埋,并用药剂灌根;在盛花期或者田间发现零星病株时应立即施药预防和控制。选用农用硫酸链霉素、王铜、乙蒜素、络氨铜、新植霉素、氢氧化铜、叶枯唑等药剂灌根,每隔7~10d灌根1次,连续用药2或3次。同时注意防治地下害虫,减少根系虫伤,降低发病率。

★ 复习思考题 ★

1. 简述马铃薯晚疫病的发病症状和防治技术。
2. 简述马铃薯病毒病的常见种类,发病症状有何不同?
3. 甘薯黑斑病的发生规律和综合防治措施有哪些?
4. 甘薯茎线虫病的危害症状是什么?如何采取有效的防治措施?
5. 生产中如何防治马铃薯黑胫病和青枯病?

第十四章 棉花病害

棉花是重要的经济作物,是集纤维、油料、饲料于一身的农村多种经济的重要来源。棉花在生长过程中会遭受各种病害的危害,导致产量和品质降低。全世界报道的棉花病害有120多种,我国有40余种,其中对棉花生产影响较大的有10多种,以棉花枯萎病和黄萎病对生产威胁最大。另外,炭疽病、红腐病、红粉病和疫病分别在苗期和铃期引起死苗和烂铃,立枯病引起严重的烂种、烂芽和烂茎,面角斑病和茎枯病则在棉花苗期、成株期和铃期均可发生。我国不同棉区或同一棉区不同年份之间病害发生的种类及危害程度会因地理位置、气象因素的不同而变化。

第一节 棉花枯萎病

棉花枯萎病(cotton fusarium wilt)是棉花的重要病害之一,病原菌为尖镰孢萎蔫专化型[*Fusarium oxysporum* f. sp. *vasinfectum*(Atk.)Snyder et Hansen],属半知菌类镰刀菌属。此病最早于1892年在美国发现,以后随着棉种调运而迅速扩散蔓延,目前在世界各主要产棉国家均有发生,以美国东部、埃及、坦桑尼亚和中国发生较为严重。我国最早于1934年在江苏南通和上海川沙等地发现此病,至20世纪80年代初期,已扩展到全国各主要产棉区,其中以陕西、四川、江苏、云南、山西、山东、河南、河北、新疆等省(自治区)损失最为严重。重病株于苗期或蕾铃期枯死,轻病株发育迟缓,结铃少,吐絮不畅,纤维品质和产量下降,种子发芽率降低。一般减产10%~20%,严重者达30%~40%,甚至绝收。

一、危害与诊断

棉花整个生育期均可受害,是典型的维管束病害。定苗后至现蕾铃期达到发病高峰。在夏季高温条件下,病势暂停发展;秋季多雨时,病势可再度发展。田间常表现如下几种症状类型。

1)黄色网纹型:幼苗子叶或真叶叶脉褪绿变黄,叶肉仍保持绿色,因而叶片局部或全部呈黄色网纹状,最后叶片萎蔫而脱落。该型是本病早期常见典型症状之一。

2)紫红型:子叶或真叶组织上出现红色或紫红色病斑,叶脉也多呈紫红色,叶片逐渐萎蔫枯死。

3)黄化型:子叶或真叶变黄,有时叶缘呈局部枯死斑。

4)青枯型:子叶或真叶突然失水,叶稍变深绿,叶片萎垂,猝倒死亡,有时全株青枯,有时半边萎蔫。

5)皱缩型:在棉株5~7片真叶时,首先从生长点嫩叶开始,叶片皱缩、畸形,叶肉呈泡状突出，与棉蚜为害状相似，但叶背没有蚜虫，同时其节间缩短，叶色深绿，植株矮化，往往与黄色网纹型混合出现。

以上各种类型枯萎病株的共同特征是根、茎内部的导管变为黑褐色，茎的纵剖面呈黑褐色条纹状（图14-1）。

各种不同类型症状的出现依环境条件而不同。一般在大田情况下，气温较低时常出现紫红型或黄化型枯萎，其特征为茎内的导管变色，这是和生理性紫红叶、黄叶不同之处。在气候适宜或温室接种条件下，多出现黄色网纹型。在气候急剧变化时，如雨后迅速转暖，常出现青枯型。有时各种类型同时出现，但多寡不一。

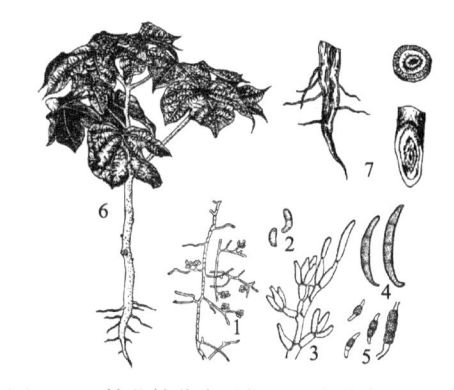

图14-1 棉花枯萎病（仿西北农学院，1975）
1.小分生孢子着生状态；2.小分生孢子；3.大分生孢子着生状态；4.大分生孢子；5.厚垣孢子；6.病株；7.被害茎剖面

发病高峰过后，在夏季高温下，未死的病株可以恢复生长，重新生出的小叶片表现出暂时的症状隐蔽现象。夏季暴雨后，有时出现突然萎蔫的青枯型症状。

在北方棉区，如遇秋季多雨，病势还会发展，除原有轻病植株病势加重外，还会出现新病株，症状有黄色网纹型、紫红型及青枯型，茎内或叶柄木质部均有维管束变黑褐色特征。紫红型病株据此可和红叶茎枯病相区别。青枯型枯萎在暴雨骤晴时出现，有时还能暂时恢复常态，但最后仍将枯死。一般病株均由下向上逐步发病，但在多雨潮湿的秋天，也可能从上部向下方枯死，并在枯死的茎秆及节部生出粉红色霉层。

二、发生规律

病原菌以菌丝体、分生孢子和厚垣孢子在棉籽、棉籽壳、棉饼、病残体或病田土壤中越冬，第二年棉花播种后，当环境条件适宜时，病原菌开始萌发，从棉株根部伤口或直接从根的表皮及根毛侵入，在寄主维管束组织内繁殖扩展，直至进入枝叶、铃柄和种子等部位。有病棉田的中耕、浇水、农事操作是近距离传播的主要途径。田间病株的枝叶残屑在湿度大时长出孢子，借气流或风雨传播，侵染四周的健株。该病原菌可在种子内外存活5～8个月，病株残体内存活0.5～3年，无病残体时可在棉田土壤中腐生6～10年。病原菌的分生孢子、厚垣孢子及微菌核遇到适宜的条件即可萌发。

该病的发生除与病原菌的致病力分化有关外，还与气象因素、品种抗性及栽培措施密切相关。在病原菌存在的前提下，气温是影响该病发生的关键因素之一。发病适宜温度为20～28℃，高于28℃不利于发病；雨水、土壤温度和湿度对该病发生也有很大影响。一般5～6月雨水多、分布均匀、土壤湿度大的年份发病重，干旱年份发病轻。在春季，耕作层土温达20℃时棉苗开始出现症状，地温上升到25～28℃出现发病高峰，土温高于33℃时，病原菌的生长发育受到抑制或出现暂时隐症；进入秋季，地温降至25℃左右时，又会出现第二次发病高峰。夏季大雨或暴雨后，地温下降易发病；地势低洼、土壤黏重、偏碱、排水不良或偏施、过施氮肥，或施用了未充分腐熟带菌的有机肥，或根结线虫多的棉田发病重；棉花品种因病原菌致病力不同而存在抗病性差异。棉花的生育期与发病有一定关系，一般棉花苗期易感病，但发病盛期在现蕾期前后；线虫为害重的棉田发病重于一般棉田，线虫为害造成的根部伤口有利于病原菌侵入。

三、防治方法

棉花枯萎病的防治，应根据不同生产、生态条件及发病程度，有针对性地采取有效措施，以达到控制蔓延、压低和消灭为害的目的。应采取保护无病区、铲除零星病株、控制轻病区，结合抗病品种的选育和推广，加强栽培管理的综合治理措施。

1. 把好种子关，保护无病区　　无病区应建立无病良种繁育基地，禁止从病区调运棉种。确需从病区调入棉种时，种子消毒后方可播种，并采取无病钵土保温育苗。常用消毒方法有：①浓硫酸脱绒法。将浓硫酸加热至100℃，按1∶10的比例徐徐倒入棉籽里，边倒边搅拌，至棉籽绒全部焦黑后用水充分洗净。②多菌灵胶悬剂浸种法。多菌灵胶悬剂加清水，浸泡未脱绒棉籽，常温浸泡14h。药液可反复利用2或3次，不影响消毒效果。

2. 铲除零星病区，控制轻病区　　发现零星病株统一及时拔除，就地烧毁，然后用强氯精或沼液对病穴及其周围土壤消毒。棉花移植前5天，对每平方米土壤浇灌7.5kg强氯精300倍液，防治效果可达70%左右，且具有一定增产效果。

病株率在0.1%~1%的轻病区，应采取轮作换种、种子消毒处理、加强栽培管理、清除病残体等措施控制，并严禁播种由病区调入的种子和施用带菌棉籽饼肥，以防病区扩大。北方棉区宜与小麦、大麦和玉米等禾本科作物轮作。南方棉区则宜采取水旱轮作，其中以水稻与棉花轮作1~2年效果最好。合理施用氮、磷、钾肥可增强植株生长势，减轻发病，提高棉花产量。

3. 种植抗病品种，压缩重病区　　棉花不同品种对枯萎病的抗性差异显著。目前我国推广种植的大部分品种对枯萎病均可以达到高抗水平，各棉区可因地制宜推广种植。

4. 化学防治　　常用药剂有土壤消毒剂三氯异氰尿酸，拌种剂戊唑醇，浸种用甲基硫菌灵，喷雾剂三氯异氰尿酸、唑酮·乙蒜素、乙蒜素、辛菌胺醋酸盐、氨基寡糖素、氨基·乙蒜素等。

第二节　棉花黄萎病

棉花黄萎病（cotton verticillium wilt）是目前我国棉花生产中最重要的病害之一，属我国B类植物检疫性病害。该病由半知菌类轮枝孢属大丽轮枝孢（*Verticillium dahliae* Kleb.）和黑白轮枝孢（*V. albo-atrum* Reinke et Berth.）侵染引起。此病1914年首先发现于美国弗吉尼亚州，目前已扩展到全世界30多个棉花主产国家，造成了严重的经济损失。我国自1935年在陆地棉上首次发现此病后，逐年蔓延扩散。20世纪90年代后，该病在全国范围内大暴发，仅1993年就造成了1亿kg的皮棉损失。目前，棉花黄萎病已遍及全国棉区，且呈日趋加重的态势，对棉花产量和品质造成的损失也日益加重。一般减产20%~60%。同时，棉纤维缩短，强度降低。

一、危害与诊断

黄萎病一般在棉花现蕾后才开始发生，开花结铃期达高峰。在北方棉区，黄萎病在蕾花期大量发生，一般均由下部的叶片开始，逐步向上发展。田间发病症状主要有普通型和落叶型。

1）普通型：发病初期，叶缘和叶脉间出现淡黄色斑块，逐渐扩大后褪绿变淡，叶片失去色泽，边缘向下卷曲，叶肉变厚发脆。随后，病斑逐渐扩大，从病斑边缘至中心颜色逐渐加深，而靠近主脉处并不褪绿，呈现掌状斑纹。发病后期，叶缘及斑纹变成褐色，乃至枯焦，呈现"花西瓜皮"的症状（图14-2）。受病较重的植株到后期病叶往往脱落，仅在顶端残留少量小叶，蕾铃稀少，有时在茎基部或叶片脱落的叶腋处长出细小的新枝。

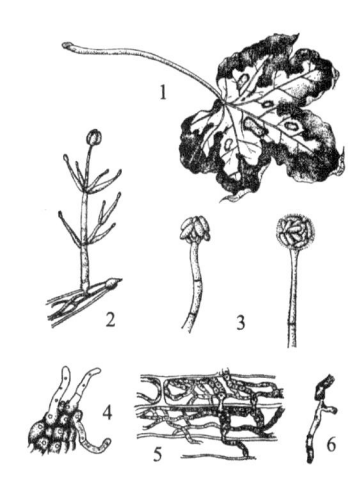

图14-2 棉花黄萎病（仿西北农学院，1975）
1.病叶；2.分生孢子及分生孢子梗；3.分生孢子在枝顶堆聚的形式；4.瘤状菌核；5.膨胀菌丝；6.厚膜孢的发芽

2）落叶型：叶脉间或叶缘处突然呈现大片褪绿萎蔫症状，病叶由最初的淡黄色急速变为黄褐色或紫褐色，叶缘向背面卷曲，病株主茎顶梢及侧枝和果枝顶端随之变褐枯死；铃柄及苞叶也变褐干枯，蕾、花、铃大量脱落，只需10d左右即落成光秆。此乃强毒菌株侵染所致。夏季暴雨后常出现此类症状。

在棉花黄萎病、枯萎病混生棉区，两者可以同时发生在一株棉花上，即所谓同株混生型，两者的症状区别如表14-1所示。

表14-1 棉花黄萎病和枯萎病症状比较

部位	黄萎病	枯萎病
株形	一般植株不矮缩，顶端不枯死，后期可整株凋枯，严重时整株落叶成光秆，枯死	植株茎枝节间缩短弯曲，顶端有时枯死，导致株形矮化、丛生
枝条	植株下部有时发出新的枝叶	有半边枯萎、半边无病症的现象
叶片	下部叶片先显病状，叶片变软，逐渐向上发展，大部分呈西瓜皮状	顶端叶片先显病状，但叶片不变软，下部叶片有时反而呈健态，症状多样
叶脉	叶脉保持绿色，脉间叶肉及叶缘变黄，多呈斑块	叶脉常变黄，呈现明显的黄色网纹
叶形	大小、形状正常，唯叶缘稍向上弯曲	常变小增厚，有时发生皱缩，呈深绿色，叶缘向下卷曲
茎秆	黄褐色条纹	褐色或黑褐色条纹

二、发生规律

病原菌以菌丝体、分生孢子和拟菌核在棉籽、棉籽壳、棉饼、病残体或病田土壤中越冬，有时也在田间杂草及棉区的其他寄主植物上越冬。微菌核在土壤中可以存活8~10年。种子带菌是病原菌远距离传播的重要途径。近距离传播主要借助于农事操作及田间流水（雨水、灌溉水）。在适宜的条件下，病原菌分生孢子或微菌核萌发产生的菌丝，可直接从棉花的根毛细胞或根表皮细胞侵入，或从根部伤口侵入，经由皮层进入导管。侵入后的菌丝首先在基部导管内发展，而后产生孢子随着液流上升到另一管胞中，发芽并生长大量菌丝体，然后再产生孢子，依次上升。孢子向上流动是黄萎病菌在植株内部扩展的主要方式。

棉花黄萎病的发生与气候因素关系密切。发病的最适气温为25～28℃，低于25℃或高于30℃时发病缓慢，超过35℃即可发生隐症。6月下旬至9月上旬为决定发病轻重的关键时期，特别是夏季多雨而温度略降时，有利于发病。病害猛增常发生于夏季暴雨之后，这主要是由土温突降至发病适温范围内所致。耕作栽培措施与发病也密切相关。连作地发病重，连作时间越长，土壤内病原菌积累量越多，发病就越重。与非寄主作物轮作的发病轻。偏施氮肥发病重，大水漫灌有利于病害的传播和发生。黄萎病的发生与棉花品种及生育期也有密切的联系，高抗黄萎病的品种不易培育，所以高抗品种少。20世纪80年代初大面积种植的'鲁棉1号'及前几年推广的'鲁棉2号''鲁棉3号''鲁棉4号''鲁棉5号'均不抗黄萎病。'中棉所8080''中棉所8004'及'辽棉632-115'也仅为耐黄萎病。从生育期看，各地棉黄萎病一般在现蕾期开始发病，花铃盛期进入发病高峰。因此现蕾期—花铃期是黄萎病的感病时期。

三、防治方法

目前，各棉区棉花枯萎病、黄萎病的发病面积仍在不断扩展，表现为老病区病情重、损失大，新病区范围大、蔓延快的特点。棉花黄萎病侵染来源多，传播途径广，很难用1～2种措施获得理想的防治效果。因此在棉花黄萎病的防治上应采用保护无病区，消灭零星病区，控制轻病区，改造重病区的策略，贯彻以"预防为主，综合防治"的方针，有效控制病害的发生和危害。

1. 保护无病区

（1）严格检疫制度，杜绝病害从各种途径传入　严格禁止从病区调种，不从病区调运棉籽饼（冷榨）。其中，产地检疫是关键，应确保种子不带菌。

从国外调、引的棉种，要在隔离区内试种一年，确证无病后再行推广。调种后不要从病区返回棉籽饼。病区收购或病田采摘的棉花要单收、单轧，专车运输，专仓储藏，棉籽要高温榨油。无病区（田）不要用带菌的棉籽饼、棉柴和畜粪作肥料。

（2）选用无病种子并进行种子消毒　首先保证从无病区引种，并对种子做消毒处理，一般采用浓硫酸脱绒和药剂浸种。浓硫酸脱绒只能解决种表（短绒）带菌，不能杀死种子内部带菌，还应继续药剂浸种，可选用402抗菌剂加热到50～60℃，浸种30min，即可达到完全消毒的目的。也可用多菌灵胶悬剂浸种10～14h，或用10亿/g芽孢杆菌拌种处理。

2. 消灭零星病区　新发病区应先在发病盛期普查，插杆标记，于收获后或生长季节进行土壤消毒处理。处理方法及药剂种类较多，包括氯化苦、二二乳剂、氨水和棉隆等。单株病点一米见方四周培土，用棉隆加水稀释后浇灌，药剂渗下后再盖一层表土，处理后有一段时间的药物挥发。药源缺少时，也可用农用氨水代替。

3. 控制轻病区　轻病区应以轮作为主，大部分地区应采用棉花与禾本科作物轮作3～4年，也可与其他经济作物轮作。在轮作基础上，同时采用抗病良种、施净肥、清除病残株等措施，不使病原菌扩散蔓延。

4. 改造重病区　重病区发病点多，较普遍。应以种植抗病品种为主，同时挖渠排水，降低地下水位，深耕细作，黏土压砂，增施有机肥，这是改造重病区控制病情的有效措施。对病株残体，包括病苗、病枝杈等随时带到田外烧掉，不作积肥材料。无病土营养钵育苗移栽可减少苗期感病，推迟发病盛期。必要时可采取药剂防治，对出现的病株，用速效治萎灵兑水穴施，苗期或发病初期灌根。发病初期用使百克药液加美洲星液肥灌根。发病较重田块可间隔5～7d再灌1次，同时用磷酸二氢钾溶液加尿素液，每隔5～7d进行叶面喷施，连续喷2或3次，防效较好。也可用三氯异氰尿酸、乙蒜素等叶面喷雾。

第三节　棉花其他病害

一、棉花苗期病害

（一）分布与危害

棉花苗期（播种—出苗—现蕾）病害（cotton seedling disease）国内记载有10余种，常见的有5或6种，其中立枯病、炭疽病、红腐病和黑斑病发生普遍，危害较重。我国各棉区自然地理条件复杂，苗期发生情况也不尽相同。北方棉区以立枯病、炭疽病为主，红腐病发病率高但危害性较小；南方棉区以炭疽病为主，其次是立枯病，而红腐病少；黑斑病在各棉区普遍发生。滨湖地区因棉苗生长期间多低温和阴雨天气，棉花疫病也发生较重。

棉花苗期发生病害，常导致烂种、烂芽、烂根、叶枯，严重时造成缺苗断垄，甚至要翻种，影响早发，对后期产量、质量影响很大。一般棉田发病率为10%～40%。棉花苗期病害按照其发病部位可分为两大类，一类是根病，主要包括立枯病、炭疽病、红腐病，常造成烂种、烂芽、根茎腐烂，造成整株、成片死苗；另一类是叶病，主要包括黑斑病、角斑病等，为害叶片，使叶片枯焦，影响幼苗早发。

（二）症状与病原菌

1. 立枯病　　棉苗立枯病的病原菌为立枯丝核菌（*Rhizoctonia solani* Kühn），属担子菌无性型丝核菌属。棉苗出土前即可发病，造成烂种、烂芽。出苗后先在茎基部产生黄褐色病斑，病斑逐渐扩展绕茎基部一周，病部变褐、缢缩、腐烂呈蜂腰状，病苗萎蔫枯死（图14-3）。将病苗拔起，可见病部有丝状物缠绕的小土粒（菌丝缠绕），表皮脱落。

2. 炭疽病　　棉苗炭疽病的病原菌为棉炭疽菌（*Colletotrichum gossypii* Southw.）和印度炭疽菌（*Colletotrichum indicum* Dast.），均属子囊菌无性型炭疽菌属；有性型为棉小丛壳 [*Glomerella cingulate* (Stoneman) Spauld. et Schrenk]，属子囊菌门小丛壳属。我国棉花炭疽病主要由棉炭疽菌引起。棉花播种萌芽及出苗后均可受害，棉苗出土前受害，幼芽、幼根变褐色，腐烂。棉苗出土后，与表土层交界的茎基部一侧先出现红褐色小斑点，后逐渐呈梭形凹陷病斑。病斑中央灰

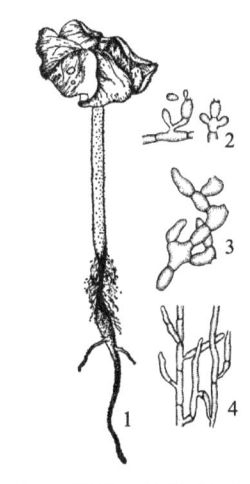

图14-3　棉苗立枯病（1仿西北农学院，1975；余仿中国农业科学院，1959）
1. 病苗；2. 担子和担孢子；
3. 老菌丝；4. 幼菌丝

白色，边缘红褐色，严重时病斑连接包围茎基部造成死苗，湿度大时，病斑上产生黑色小粒点，表面有粉红色粉状物（黏孢子团）。此外，受害幼苗子叶多在叶缘上形成褐色半圆形或椭圆形病斑，后期在棉铃上也可发病形成圆形凹陷斑（图14-4）。

3. 红腐病　棉苗红腐病的病原菌为镰孢属真菌（*Fusarium*），主要为拟轮枝镰孢 [*Fusarium verticillioides* (Sacc.) Nirenberg]，属子囊菌无性型。发病部位为整个根部。棉苗出土前感染，幼芽变褐腐烂。出土后感病，一般先侵入根尖，使根尖端呈黄色，以后逐渐扩展至全根和茎基部，病部变褐腐烂。病斑一般不凹陷，略肿胀，后呈黑褐色干腐。有时也可形成褐色纵向的条纹状病斑，有时侧根坏死，形成肿胀的"光根"。发病严重时，腐烂死苗，病轻的可在根茎部长出新根，但苗弱（图14-5）。

图14-4　棉苗炭疽病（仿西北农学院，1975）
1. 分生孢子盘纵剖面；2. 分生孢子；3. 刚毛；4. 病苗；5. 病铃

4. 黑斑病　棉黑斑病又称棉轮纹叶斑病，病原菌为链格孢属真菌（*Alternaria* spp.），大孢链格孢（*Alternaria macrospora* Zimm.）、细极链格孢 [*Alternaria tenuissima* (Fr.) Wiltshire] 和棉链格孢 [*Alternaria gossypina* (Thüm.) Hopkins] 为常见种，其中大孢链格孢最为常见，为子囊菌无性型真菌。主要为害幼苗子叶及1~2片真叶，病斑圆形或椭圆形，褐色至黑褐色，病斑表面生有黑绿色霉层，发病重的子叶脱落，叶片枯焦。

5. 疫病　棉苗疫病的病原菌为苎麻疫霉（*Phytophthora boehmeriae* Sawada），属卵菌门疫霉属。主要为害棉苗子叶及幼嫩真叶。除在子叶和真叶上病斑初期呈水渍状，后期形成圆形或不规则形的褐色病斑。严重时，全叶呈青褐色至黑褐色凋萎，病叶多易脱落。

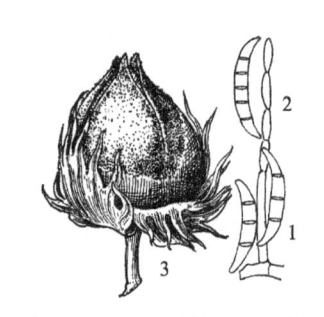

图14-5　棉苗红腐病及病原菌（仿西北农学院，1975）
1. 大分生孢子；2. 小分生孢子串生；3. 病棉铃

（三）发病规律

初侵染源主要是带菌棉种、土壤及病残体。发病过程根据传播途径可分为土壤传播和种子传播。

1. 土壤传播　以立枯病、疫病为主，其次为红腐病。立枯病菌是典型的土壤传播真菌，可以菌核和病残体上的菌丝在土壤中长期存活，以表层5~6cm土层分布较多。当条件适宜时，菌核萌发的菌丝在土壤中扩展、侵染，随着地温升高，棉苗生长，抗病力增强，立枯病停止发展。

病原菌在土壤中的扩散主要通过耕作和流水（灌溉水和雨水）完成，同时中耕、浇水等农事操作可引起多次再侵染。

2. 种子传播　以炭疽病、红腐病为主，其次是黑斑病等。病原菌以分生孢子附着在种子表面的短绒上，以菌丝体潜伏在种子内部越冬，是主要的初侵染源。当春季带菌种子播种后萌发时，越冬菌即开始萌动生长并进行初侵染。

田间发病后，病部产生的分生孢子借助气流、雨水等传播引起再侵染。雨水主要使红腐病扩展（湿度大），而炭疽病和黑斑病的再侵染主要靠气流、雨水传播，尤其是雨滴反溅作用可使叶片发病。气流传播范围通常较广，并能传到棉铃上，使种子带菌。

棉花苗期病害的发生与气候条件、棉种质量及耕作栽培措施有较密切的关系。各种苗病病原菌的生长、繁殖和侵染均需要较高湿度，因此苗期遇到阴雨及土壤湿度大时，易发生病害。如播种时人工造墒的湿度大，则发病重。

各种病原菌对湿度要求虽不一致，但棉花是喜温作物，播种后遇低温会影响棉种萌发和出土速度，容易遭受病原菌侵染而造成烂种、烂芽。棉苗出土后两周内，棉种本身养分已消耗尽，子叶及真叶制造养分的能力又弱，抗病力极差，易诱发病害。尤其是遇到低温阴雨潮湿，更利于苗期病害的发生，造成病苗、死苗。

棉种籽粒饱满，生活力强，出土快，苗壮抗病。反之，则出土慢，苗弱而不抗病。

连作棉田土壤中病菌连年积累，则发病重。播种过早、过深，棉种萌发慢，出苗延迟，感病机会增加，易造成烂种或烂芽。氮肥用量过大，棉苗生长柔弱，也易感病。

（四）防治方法

由于棉苗病害种类多，常常几种病害混合发生，而且受环境条件和棉苗本身抗病力的影响。因此，在防治上，应在预防的基础上，重点抓好播种阶段的种子消毒及土壤处理和幼苗阶段的栽培管理及药剂防治等。

1. 精选种子　　选种、晒种、选优汰劣。此项措施与栽培上的要求是一致的，除具有促进种子后熟、增强生活力的作用外，晒种还可直接杀死部分病原菌，以减少带菌量。

2. 种子处理

1）温汤浸种：将种子于55～60℃温水中浸种30min，水与种子质量比为2.5∶1，下水时水温可在70℃，或三开一凉。温汤浸种既可杀死种子内外带菌又兼有催芽作用，但应注意土壤干燥地区不宜进行温汤浸种。

2）化学药剂处理：选用三乙膦酸铝、络氨铜、五氯硝基苯、敌磺钠、噻菌铜等拌种，拌种时先用水浸湿棉种，晾至绒毛发白，把药与少量草木灰拌匀后拌在种子上。浸种、拌种对杀灭种子内外带菌效果良好。

3）加拌土壤消毒剂：在温汤浸种或药剂浸种的基础上，将种子捞出晾至绒毛发白，然后把五氯硝基苯与10倍草木灰混匀，拌在种子上播种。该方法主要为了防止土壤带菌的立枯病菌等侵染幼苗。

4）选用种衣剂：不同生态区可根据具体情况选用我国登记的对炭疽病、立枯病有防治效果的种衣剂。

3. 出苗后防治

1）喷药防治：棉花出苗后如遇低温多雨，尤其受寒流影响，应及时喷药防治叶部病害。常用药剂有三乙膦酸铝、氢氧化铜、甲霜灵、波尔多液（石灰∶硫酸铜∶水=1∶0.5∶160）、代森锰锌、多菌灵、托布津等。

2）加强栽培管理：适期播种，施足基肥，及时追肥，增施有机肥。棉花出苗后及时进行中耕划锄松土，散湿增温，提高地温，有利于棉苗根系的生长发育，增强抗病力。

二、棉铃病害

各产棉区，在夏、秋季多雨、闷热的年份，棉铃烂铃现象往往较严重。烂铃是病原菌、气候条件、栽培管理等各种不利因素综合作用的结果，而病原菌的侵入则是烂铃的直接原因。引起烂铃的病害种类很多，国内外报道的棉铃病害（cotton boll disease）有40多种，我国有20余种，发生较为普遍的铃期病害主要有疫病、炭疽病、红腐病、红粉病，其次有角斑病和曲霉病等。

棉铃受害后，多形成僵瓣，不开裂，或"黄花（絮）"，严重时全铃腐烂，纤维腐朽无收成。其损失主要表现在：①烂铃引起的落铃率在15%～25%；②烂铃引起养分减少1/3～1/2，形成的僵瓣"黄花"使品质等级下降；③烂铃引起的棉种发芽率降低，种子带菌又可加重棉苗病害的发生。据统计，因烂铃造成的经济损失，每年占棉花产量的0～20%。因此，防治烂铃是保证棉花稳产优质的关键。

（一）症状与病原菌

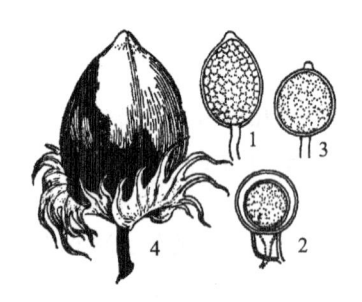

图14-6　棉铃疫病及病原菌（仿西北农学院，1975）
1.孢子囊；2.雄器、藏卵器及卵孢子；3.厚垣孢子；4.病棉铃

棉铃病害种类虽然很多，但每种病害都具有明显症状特点及病原菌类型。

1. 棉铃疫病　　棉铃疫病由卵菌纲疫霉属的卵菌引起。病铃表面的霉层是病原菌的孢囊梗和孢子囊。棉铃疫病多发生于棉铃基部或顶端落花处。初期病斑呈墨绿色，水浸状，3～4d即可使全铃变墨绿色，表面发亮，一般不软腐。湿度大时，病铃表面出现白色疏松霉层（图14-6）。

2. 棉铃炭疽病　　棉铃炭疽病由半知菌类炭疽菌属病菌引起。病斑在铃壳上初呈暗红色或褐色小斑点，后逐渐扩大成圆形、凹陷病斑，边缘红褐色。在潮湿条件下，病斑表面形成橘红色的黏质物，即病原菌的分生孢子。

3. 棉铃角斑病　　棉铃角斑病由植物病原细菌中的薄壁菌门黄单胞杆菌属病菌引起。青铃上即开始发生，初为圆形油浸状小斑点，后扩大为圆形凹陷的病斑，病斑表面溢出黄白色黏液，干燥后变为灰白色菌膜。

4. 棉铃红腐病　　棉铃红腐病由半知菌类镰刀菌属病菌引起。铃上病斑初期呈褐色不规则形，后沿铃壳裂缝处扩展，在病斑表面出现一层白色至红色霉层，病铃不开裂，形成僵瓣。

5. 棉铃红粉病　　棉铃红粉病由半知菌类聚端孢属病菌引起。铃上病斑不明显，铃壳坏死，壳上生粉红色绒状霉层，霉层厚，色深，病重的铃内棉絮液呈粉红色。

6. 棉铃曲霉病　　棉铃曲霉病由半知菌类曲霉菌引起。在铃壳的裂缝处产生黄绿色或黄褐色霉层，铃壳不开裂而成僵瓣。

（二）发生规律

棉铃炭疽病、角斑病、红腐病等病原菌可以菌丝潜伏在种子内部，也可以随遗留在土壤中的病残体（如烂铃壳等）越冬，导致种子内外带菌和土壤病残体带菌，以种子带菌为主。

棉铃疫病、红粉病、曲霉病等的主要病原菌随病残体在土壤、粪肥中越冬，这几种病原菌一般只侵染棉铃，只要条件适宜，病残体上的菌源长出孢子体，经风、雨、害虫等传播，就可侵染，而且再侵染频繁，一般多从伤口、自然孔口侵入，造成烂铃。

引起烂铃的病原菌，从致病力及侵染方式上分为两大类。一类是致病性较强、能直接侵染健康棉铃的病菌，如疫霉病菌、角斑病菌、炭疽病菌等；另一类是致病性弱的病菌，如红腐病菌、红粉病菌、曲霉病菌等。前一类病菌不仅直接对棉铃造成危害，而且形成的病斑又可诱发后一类病原菌的侵入，因此，一个铃上常有几种病害并发。第一类铃病多发生在青铃阶段，第二类铃病多发生在开花吐絮的铃上。因此，防治好前一类铃病，也可控制第二类铃病，同时也可减降低种子带菌率，减少苗病。

铃病发生不仅是由病原菌侵染引起的，而且与气候及栽培管理等多种因素有关。一般情况下，山东省8~9月上旬这一时期内的温湿度是影响烂铃发生的关键因素。这一时期正值结铃盛期，又正逢雨季，温湿度均有利于铃病发生。9月下旬，温度降至20℃以下，铃病减弱。施氮肥多而晚，造成棉花徒长，棉田密闭，小气候湿度大，有利于病原菌繁殖和侵染。同时，棉株徒长，铃期推迟，增加了感病机会，铃病加重。排水不良、常积水的棉田发病也重。棉铃遭受棉铃虫、红铃虫等为害，铃部伤口多，病原菌易于侵入，病害也重。棉花品种间的抗病性不同，一般枝型紧凑、叶面小、吐絮早、早熟品种发病轻。

（三）防治方法

棉铃病害的发生与气候、管理及品种等都有一定关系，而且铃病种类多，地区间发病情况及不同年份间都有差异，因此在防治上，必须摸清当地铃病种类，有针对性地采用以农业防治为主的综合措施。

1. 选育抗病或耐病品种　　从育种角度可有针对性选育，如疫病多从基部苞叶处侵入，可选苞叶小、翻苞叶的品种；引种时一般选结铃早、吐絮齐整的品种，有助于减轻铃病。

2. 改善栽培管理　　原则是创造有利于棉株健壮生长，不利于病原菌繁殖侵染的环境。

1) 合理施肥：一般掌握施足底肥、适当施蕾肥、重施花铃肥的原则，注意氮、磷、钾配合施用。

2) 搞好排灌：低洼易积水地块应挖沟排水，防止长期积水，以免加剧铃病。

3) 及时整枝摘叶，打顶，抹边心等，对生长密闭、小气候过湿的地块进行"推株并垅，通风通光"，减轻铃病。

3. 抢摘、早剥病铃　　棉铃发病后，条件适宜时，几天内可导致全铃腐烂，因此，雨季必须对病铃和开口铃抢摘，及时晾晒或烘干剥絮，既可挽回损失，又可清除病源。

4. 喷药保护　　在改善管理的基础上，适当加以喷药保护措施。但由于棉花植株高大，棉铃分散，大范围施药效果不理想，对发病中心，应把药剂防治作为辅助措施。目前生产上使用三乙膦铝、氢氧化铜、代森锰锌、甲霜灵或络氨铜等喷雾，防治棉铃疫病效果较好，也可用1∶1∶200倍的波尔多液预防。

★ **复习思考题** ★

1. 比较棉花枯萎病、黄萎病症状上的异同。
2. 简述棉花枯萎病、黄萎病的病害循环过程，并设计综合防治措施。
3. 试分析棉铃病害发生的主要原因，设计控制铃病的综合措施。
4. 试分析棉花苗期病害发生的主要原因，设计控制苗病的综合措施。

第十五章　油料作物病害

  油料作物是指以榨取种子油脂为主要用途的一类作物，我国油料作物主要包括大豆、油菜、花生、芝麻、向日葵、棉花等，其中大豆、油菜和花生的种植面积和产量占油料作物总量的90%以上，是油脂加工和消费的主体。油料作物病害种类繁多，据不完全统计，我国大豆病害有30余种，油菜病害有20余种，花生病害有30余种，芝麻病害有10余种。比较重要的有大豆疫霉根腐病、大豆孢囊线虫病、大豆花叶病、油菜菌核病、油菜霜霉病、油菜病毒病、花生青枯病、花生黑斑病、花生根结线虫病等。

第一节　大豆疫霉根腐病

  大豆疫霉根腐病（phytophthora root rot）又名大豆疫病、大豆疫霉病，是我国重要的植物病害检疫对象，病原菌是大豆疫霉菌（*Phytophthora sojae* Kaufmann et Gerd.），属卵菌门疫霉属。该病最早于1948年在美国发现，之后在澳大利亚、加拿大、匈牙利、日本、阿根廷、苏联、意大利和新西兰等国严重发生危害。1989年我国在吉林、黑龙江和北京等地的大豆病苗上首次分离出大豆疫霉菌，证实此菌在我国大豆产区已存在，此后山东、安徽、福建、江苏等省相继报道了大豆疫霉根腐病的发生。目前，大豆疫霉根腐病已成为我国大豆生产上的重要病害，以黑龙江和福建发生最为严重。一般造成减产10%～30%，重病地块减产可达60%以上，个别高感品种地块可导致绝收。

一、危害与诊断

  大豆疫霉菌可侵染大豆的各生长发育阶段。在大豆出苗前引起种子腐烂，出苗后引起植株枯萎。通常苗期感病植株表现为出苗差，近地表茎部出现水渍状病斑，叶片变黄萎蔫，严重时植株猝倒死亡。成株期植株受侵染后下部病斑褐色，并可向上扩展，茎皮层及髓变褐色；根部腐烂，根系发育不良；未死亡病株的荚数明显减少，空荚、瘪荚较多，籽粒缩缩。湿度较大时，根部侵染的病原菌产生大量游动孢子，孢子随雨水飞溅，侵害茎部和叶片，甚至出现病荚，叶片上的病斑逐渐呈黄褐色干枯，种子失水干瘪。耐病品种被侵染后仅根部受害，病苗生长受阻；抗病品种仅茎部出现长而下陷的褐色条斑，植株一般不枯死。

  大豆疫霉引起的根腐症状易与腐霉属（*Pythium*）、镰孢属（*Fusarium*）和丝核菌属（*Rhizoctonia*）引起的根腐症状相混淆，所以单凭症状鉴别大豆疫霉根腐病很不可靠。通过菌株分离、形态观察、致病性测定和核糖体DNA-ITS序列分析可获得较准确的鉴定结果。

二、发生规律

大豆疫霉根腐病是典型的土传病害。病原菌以菌丝体和卵孢子随病残体在土壤或混在种子中越冬。豆粒种皮、胚和子叶也可带菌成为病原菌远距离传播的重要载体。大豆种子萌发或生长季节，在适宜条件下，土壤或种子中携带的菌丝体或卵孢子萌发，在积水中产生游动孢子囊和游动孢子。游动孢子遇大豆根后形成休止孢，然后侵入寄主的细胞间，形成球状或指状吸器吸取营养，同时也能形成大量卵孢子（图 15-1）。卵孢子可在土壤中或病残体上存活多年。卵孢子经 30d 休眠后才能萌发。低温多湿的环境条件有利于发病，土壤黏重或重茬地发病重。

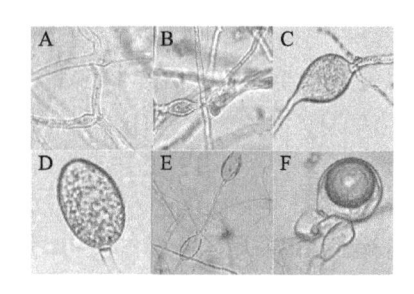

图 15-1 大豆疫霉菌
A.菌丝分枝处呈直角、基部稍缢缩；B，C.菌丝膨大体；
D.无性孢子囊；E.内层生出无性孢子囊；F.雄器侧生卵孢子

大豆疫霉菌菌丝体生长的最适温度为 15~28℃，最高温度为 32~35℃；菌丝生长的温度为 8~35℃，适温为 24~28℃；卵孢子形成和萌发的最适温度为 24℃。土壤、根部分泌液及低营养水平均有助于卵孢子萌发。

大豆疫霉菌寄生专化性强，除为害大豆外，也可侵染羽扇豆、菜豆和豌豆等，侵染苜蓿和三叶草的是另外一个专化性。大豆疫霉菌生理小种分化明显，美国已报道 39 个生理小种，澳大利亚已鉴定出 4 个生理小种和 1 个未定名小种。我国学者对黑龙江、吉林大豆疫霉根腐病菌菌株进行鉴定，发现存在 1 号、3 号、8 号、15 号和 17 号 5 个生理小种，其中 1 号生理小种为黑龙江大豆产区流行优势生理小种。

大豆疫霉根腐病的发生程度与品种抗病性、土壤湿度、栽培方法和耕作制度等因素有关。大豆抗病品种较易获得，但由于不断出现新的生理小种，抗性极易丧失。例如，美国利用抗病品种曾一度控制了该病的大面积为害，但由于相继出现了 3 号、4 号、9 号小种，老疫区的为害再度加重。目前，国内外学者已从携带单位点抗性基因的大豆资源品种中分离鉴定出了 26 个大豆疫霉菌抗性基因，这些工作的深入开展有助于快速、准确地辅助选育抗性大豆品种。

土壤湿度是影响该病流行的重要因素。土壤含水量饱和是卵孢子萌发形成孢子囊的必要条件。孢子囊必须在有水的条件下才能释放游动孢子，有水时间越长，释放的游动孢子越多。据报道，土壤积水 2h 游动孢子即可形成和释放，并完成侵染。所以排水良好没有积水的地块，很少发生此病。

地势低洼、黏土、排水不良的地块发病重。在病区土壤温度达 15~20℃时，遇大雨田间积水，该病严重发生。及时耕地、排水，发病轻；少耕和免耕板结地发病重。轮作与发病关系不大，大豆与非寄主作物轮作 4 年也不能明显减轻病害，可能与卵孢子休眠时间长短不一有关，目前尚未发现打破休眠的因素。

三、防治方法

1. 加强检疫　　因病原菌可随种子远距离传播，各地应做好种子调运的检疫工作。
2. 种植耐病、抗病品种　　尽管大豆疫霉根腐病菌生理小种很多，新小种出现较快，但利用抗病品种仍然是最有效的防治手段。选用抗性品种时,首先应尽量选用对当地小种有抗病性的品种;其次应根据小种变化情况及时更换抗病品种,以免被新小种侵染;最后应积极利用耐病品种,耐病品种由多基因控制,抗性不易丧失,持久性更好。

3. 栽培措施　　早播、少耕、免耕、窄行、过量使用除草剂、连作和土壤积水等都有利于大豆疫霉根腐病的发生。因此,适期播种、合理密植、宽行种植、及时中耕增加植株通风透光,以及平整土地减少低洼地积水、建立良好的田间排水系统等是防治病害发生的关键措施。

4. 药剂防治　　选用甲霜灵或甲霜灵·锰锌拌种。用甲霜灵处理土壤,沟施、带施或撒施,用量为 0.28~1.12kg/hm^2。大苗或成株发病时选用甲霜灵、甲霜灵·锰锌、噁霜·锰锌、霜脲·锰锌、烯酰吗啉·锰锌等进行喷雾防治。

第二节　大豆霜霉病

大豆霜霉病(soybean downy mildew)广泛分布于世界各大豆产区。我国 1921 年首先在东北地区发现,以东北和华北发生较普遍,大豆生育期气候凉爽的地区发病较重,多雨年份病情加重。病原菌为东北霜霉菌 [*Peronospora manshurica*(Naum.)Syd.],属卵菌门霜霉属,无性阶段产生孢子囊,有性阶段产生卵孢子。大豆霜霉病菌生理分化明显,已报道 26 个生理小种。种子发病率为 10%~50%,百粒重减轻 4%~16%,重者达 30% 左右。病种发芽率下降 10% 以上,含油量减少 0.6%~1.7%,出油率降低 2.7%~7.6%。严重发生时引起大豆早期落叶,叶片凋枯,种粒霉烂,大豆产量和品质下降,减产达 30%~50%。

一、危害与诊断

大豆幼苗、成株叶片、豆荚及豆粒均可被害。叶片正面具褪绿斑而叶背产生霜霉状物是其最明显的症状。带菌种子长出的幼苗,可系统发病,但子叶无症状,当第一对真叶展开后,沿叶脉两侧出现淡黄色的褪绿斑块,后扩大至半个叶片,有时整叶发病变黄,天气多雨潮湿时,叶背密生灰白色霉层。成株期叶片表面产生圆形或不规则形、边缘不清晰的黄绿色斑点,后变为褐色。病斑常会合成大的斑块,病叶干枯死亡。豆荚被害,外部无明显症状,但荚内壁有灰白色霉层,重病荚的荚内壁有一层灰黄色的粉状物,即病原菌的卵孢子。病荚所结种子的表面无光泽,在部分种皮或全部种皮上附着一层黄白色或灰白色菌层,为病原菌的卵孢子和菌丝体(图 15-2)。

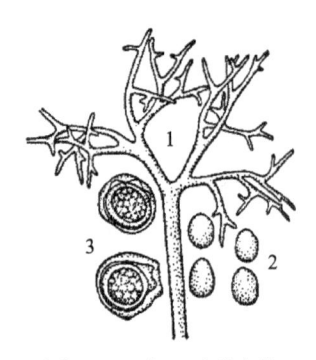

图 15-2　大豆霜霉病菌
1.孢囊梗;2.孢子囊;3.卵孢子

二、发生规律

病原菌以卵孢子在种子、病荚和病叶内越冬。种子上附着的卵孢子是最主要的初侵染源,病残体上的卵孢子侵染机会较少。每年 6 月中下旬开始发病,7~8 月是发病盛期。卵孢子可随大豆萌芽而萌发，形成孢子囊和游动孢子，侵入寄主胚轴，进入生长点，蔓延全株成为系统侵染的病苗。幼苗被害率与温度密切相关，附着在种子上的卵孢子在13℃以下可造成40%幼苗发病，而温度在18℃以上则不能侵染。病苗、病叶上长出大量孢子囊，成为再次侵染的菌源。孢子囊寿命短，借风、雨和水滴传播，可引起再侵染。孢子囊萌发形成芽管，从寄主气孔或细胞间侵入，并在细胞间蔓延，伸出吸器吸收寄主养分。结荚后病原菌以菌丝侵入到荚内，种子上黏着卵孢子。

此病的发生受菌源基数、品种抗病性、气候条件等因素综合影响。种子带菌率的高低、田间越冬菌源的多少都影响着病害的发生。种子带菌率高不仅苗期病重，还为成株期发病提供了大量菌源，引起严重发病；大豆田连作，田间越冬菌源量大，则病害发生重；空中孢子的数量出现高峰期后10d左右，田间出现发病高峰。

霜霉病的发生和流行与发病时的温度、湿度和雨量有关。孢子囊的形成需要叶面有露水，叶面结露时间10h以上，孢子囊可大量形成。因此，雨多、湿度大的年份病害发生重。孢子囊形成适温为10~25℃，菌丝生长却要求高于孢子形成的温度。在东北和华北地区，7~8月正值大豆成株期，月平均温度处于发病适温（20~24℃）范围内，病害的发生流行主要取决于此时的降雨情况，如雨水较多，特别是持续阴雨，最易造成病害流行；如干旱低湿，发病就轻。在长江流域和江南地区，7~8月平均气温一般在26℃以上，通常又是旱季，故发病较轻。

不同大豆品种对霜霉病的抗病性不同。目前已报道较抗病的品种较多，各地应因地制宜选种抗病品种，减轻霜霉病的发生。

三、防治方法

1. **选育和推广抗病品种**　推广抗病品种是防治霜霉病的重要措施。同时应积极开展抗病资源和病原菌生理小种的鉴定，根据优势小种调整大豆品种的抗性基因布局。

2. **栽培措施**　精选种子，汰除病粒，选用无病种子；实行2~3年轮作；大豆收获后进行深翻，清除田间病叶残体，减少菌源；增施磷、钾肥；增加中耕次数，促进植株生长健壮，提高抗病力；结合铲地及时除去病苗，消减初侵染源。

3. **药剂防治**　选用甲霜灵（瑞毒霉）、三乙膦酸铝（乙膦铝）或多菌灵和多福合剂等拌种。大豆发病初期落花后，可用百菌清、瑞毒霉锌、福美双、代森锌、退菌特等进行喷施防治。

第三节　大豆孢囊线虫病

大豆孢囊线虫（soybean cyst nematode）病又称大豆根结线虫病、大豆黄萎病，俗称"火龙秧子"，病原为大豆孢囊线虫（*Heterodera glycines* Ichinohe），属线虫门孢囊线虫属，是世界大豆生产上的重要病害，主要发生在偏冷凉地区。大豆孢囊线虫的寄主范围较广，国外报道其寄主植物有170余种，主要寄生豆科作物，如大豆、细茎大豆、豌豆、赤豆、菜豆等，也可寄生唇形科的宝盖草，石竹科的苍耳、繁缕，玄参科的无毛钓钟柳、大花钓钟柳、多叶钓钟柳及毒鱼草等。红花三叶草是其不良寄主，但在美国白花三叶草是其良好寄主。我国报道的大豆孢囊线虫的寄主植物有大豆、菜豆、赤豆、饭豆、野生大豆、半野生大豆、地黄、豌豆、泡桐。大豆孢囊线虫在我国主要分布于东北和黄淮海大豆主产区，尤其东北地区多年连作大豆的干旱、砂碱老豆区普遍发生严重。大豆受害后，轻者减产20%～30%，重者可达70%～80%，甚至毁种绝收。

一、危害与诊断

大豆孢囊线虫病在大豆整个生育期均可发生。病原线虫寄生于大豆根上，直接为害根部。幼苗期受害，则生长迟缓，子叶及真叶变黄，重病苗生长停止，最终死亡。被线虫寄生后，大豆植株明显矮小、花芽簇生、节间短缩、开花期延迟、不能结荚或结荚少、叶片发黄，严重地块大面积枯黄，似火烧状。病株根系不发达，根瘤稀少并形成大量须根，须根上附有大量白色小颗粒，大小约0.5mm，即线虫的孢囊（雌成虫），后期孢囊变为褐色，并脱落于土中。病株根部表皮常先被雌虫胀破后又被其他腐生菌侵染，引起根系腐烂，最终使植株提早枯死。

大豆孢囊线虫病与大豆根腐病的主要区别是：孢囊线虫病须根多，上有孢囊，主根和侧根发育不良或无，形成"发状根"；根腐病则为主根发病，侧根和须根少，或因主根发病重侧根和须根腐烂而脱落形成"秃根"。

二、发生规律

大豆孢囊线虫以卵在孢囊内越冬。春季温度16℃以上时卵孵化为1龄幼虫，折叠在卵壳内，蜕皮后成为2龄幼虫，从寄主幼根根毛中侵入皮层直到中柱，用口针刺入寄主细胞营内寄生生活。第二次蜕皮后成为3龄幼虫，虫体膨大成豆荚形。第三次蜕皮后成为4龄幼虫，雌虫体迅速膨大成瓶状，白色，大部分突破表皮外露于根外，只是头颈部插入根内。此时雄虫虫体逐渐变为细长蠕虫状，卷曲于3龄雄虫的蜕皮中，在根表皮内形成突起。4龄幼虫蜕皮后成为成虫，雄成虫突破根皮进入土中寻找雌成虫交尾。交配后的雌虫继续发育，生殖器官退化，体内充满卵粒，部分卵粒排入身体后部胶质的囊中形成卵囊，大多数卵粒仍在虫体内，虫体体壁加厚，逐渐变为褐色孢囊，成熟孢囊脱落于土中。孢囊中的卵成为当年的再侵染源和翌年的初侵染源。如没有合适的寄主，孢囊内的卵保持活力时间可长达10年，并可逐年分批孵化一部分，成为多年的初侵染源（图15-3）。

图15-3 大豆孢囊线虫
1.雌虫；2.2龄幼虫；3.幼虫和成虫的头部；4.雄虫尾部；5.不同形状的雌虫

线虫虫态微小，活动缓慢，在土壤中活动范围仅1～2m。线虫在田间主要通过作业农机具携带、田间灌排水、人为农事操作以及大风对土壤风蚀而传播。同时黏附在种子表面的孢囊或在种子中混有的含孢囊土粒更可作为大豆孢囊线虫远距离传播的途径。

大豆孢囊线虫病的发生和流行与土壤条件、耕作制度、气候条件和作物品种等多种因素有关。通气良好的砂土和砂壤土或干旱瘠薄的土壤孢囊密度大，线虫病发生早而重；黏重土壤，氧气不足，线虫死亡率高；偏碱性土壤适于线虫生活，发病也重。多年连作地发病重。禾谷类作物的根能分泌刺激线虫卵孵化的物质，致使幼虫从孢囊孵化后找不到寄主而死亡，因此与禾本科作物轮作可使土壤中线虫数量急剧下降，为害也相应减轻。有研究表明，与小麦轮作3年的大豆田，每株只有孢囊0～15个，而2年连作的地块每株孢囊为50～90个，多年连作的地块则每株孢囊数高达70～150个。

土壤温湿度对线虫病的发生影响很大。温度高，土壤湿度适中，通气良好，线虫发育快，为害重。大豆孢囊线虫最适宜的发育和活动温度为18～25℃，低于10℃幼虫停止活动，最适土壤湿度为60%～80%，湿度太大氧气不足，易使线虫死亡。

三、防治方法

1. **选育抗病、耐病品种**　选育抗病品种是防治大豆孢囊线虫最经济有效的途径。不同大豆品种对大豆孢囊线虫有不同程度的抵抗力，种植抗（耐）病品种可避免线虫造成的减产，而且可以减少土壤中线虫密度，缩短轮作年限。但是，连续或经常使用抗病品种，使生理小种发生改变，结果造成强毒力生理小种增多。因此，生产中应选择多种抗性基因品种轮换种植，以及抗病、耐病品种与普通品种轮换种植，可有效避免强毒力生理小种的出现。

2. **加强栽培管理，及时消灭虫源**　轮作是防治孢囊线虫病最有效的措施。与禾谷类作物等非寄主植物轮作的年限一般不能低于3年，轮作年限越长，效果越好。若实行水旱轮作防病效果会更好。在大豆种植面积较大的地区，轮作还可与种植抗病、耐病品种相结合，即轮作制中加入一季抗病品种或诱捕作物如绿肥作物等，可减少轮作年限提高防病效果。适当增施有机肥料，提高土壤肥力，促进植株生长，可减轻线虫危害。在高温干旱年份注意适当灌水，效果尤为明显。

3. **生物防治**　目前国内外报道巴氏穿刺芽孢杆菌（*Pasteuria penetrans*）、淡紫拟青霉（*Paecilomyces lilacinus*）、厚壁轮枝孢（*Verticillium chlamydosporium*）、辅助链枝菌（*Catenaria auxiliaris*）、嗜雌线疫霉（*Nematophthora gynophila*）、链壶菌（*Lagenidium* sp.）及弹尾虫等对大豆孢囊线虫有一定寄生和捕食作用。

4. **药剂防治**　种衣剂省时省事，防效明显，近年来应用面积较大。另外，也可选用滴滴混剂、噻唑膦、阿维菌素等农药。

第四节　油菜菌核病

油菜菌核病（rape sclerotinia stem rot）又称白腐病、茎腐病、秆腐病、白秆病等，病原菌为核盘菌[*Sclerotinia sclerotiorum*（Lib.）de Bary]，属子囊菌门核盘菌属（图15-4），是一种世界性病害，主要发生在油菜生长季节相对冷凉和潮湿或雨量较多的地区，在亚洲冬油菜区和北美、欧洲油菜主产区比较严重，一般损失5%～10%，严重时达50%以上。我国所有油菜产区均有发生，以长江流域和东南沿海地区最为严重，一般发病率为

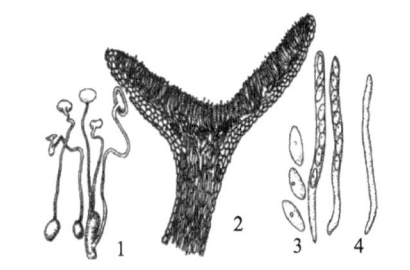

图15-4　核盘菌
1.核菌萌发形成子囊盘；2.子囊盘纵剖面；
3.子囊和子囊孢子；4.侧丝

10%～30%，产量损失在 5%～50%，严重时达 80% 以上，含油量降低 1%～5%。该菌的寄生植物很多，全世界已报道 75 科 278 属 400 余种植物，以十字花科、菊科、豆科、茄科、伞形科和蔷薇科植物为主。我国报道 36 科 214 种自然寄主，除油菜外，还包括大豆、向日葵、花生、烟草和 10 余种主要蔬菜等经济作物。

一、危害与诊断

油菜菌核病菌可侵染油菜各生长发育阶段，但侵染主要发生在花期，终花期以后茎秆发病受害造成的损失最严重。苗期感病后，首先在接近地面的根颈与叶柄上形成红褐色斑点，后转为白色，病组织变软腐烂，其上长出大量白色棉絮状菌丝。病斑绕茎后幼苗死亡，病部形成黑色菌核。开花期花瓣感病后变成暗褐色，水渍状，有时为油渍状，晴天易凋萎脱落，湿度大时可长出菌丝。花药受侵染后变为苍黄色，并能通过授粉昆虫传播带菌的花粉在植株间传播，引起顶枯。叶片感病后初为暗青色、水渍状斑块，后扩展为圆形或不规则形病斑，病斑灰褐色或黄褐色，有同心轮纹。潮湿时病斑迅速扩展，全叶腐烂，上生白色菌丝；干燥时病斑破裂穿孔。主茎与分枝感病后，病斑初为水渍状，浅褐色，椭圆形，后发展为长椭圆形或长条形绕茎大斑。病斑稍凹陷，有同心轮纹，中部白色，边缘褐色，病健分界明显。在潮湿条件下，病斑扩展迅速，病部软腐，表面长出白色絮状菌丝，故称"白秆""霉秆"，此时，髓部消解，植株逐渐干枯死亡或提早枯熟，可见皮层纵裂，维管束外露呈纤维状，易折断，病茎中可见黑色鼠粪状菌核。当病斑绕茎后，一般病斑上部的茎枝将枯死，角果早熟，籽粒不饱满，含油量降低。角果感病后初期形成水浸状褐色斑，后变白色，边缘褐色。潮湿时全果变白腐烂，长有白色菌丝，在角果内外面形成黑色菌核。种子感病后表面粗糙，无光泽，灰白色，皱秕，含油量降低。

油菜菌核病菌有两个近缘种，即三叶草核盘菌（*Sclerotinia trifoliorum* Eriks）和小核盘菌（*Sclerotinia minor* Jagger），识别特征见表 15-1。

表 15-1　三种核盘菌的识别特征

特征	核盘菌	三叶草核盘菌	小核盘菌
菌核	直径 2～6mm，表面无绒毛	直径 2～6mm，表面有绒毛	直径 0.5～2mm，表面无绒毛
子囊孢子	2 核	4 核	4 核
单倍染色体数	8 条	8 或 9 条	4 条
外来营养	需要	需要	不需要，直接萌发产生菌丝侵染寄主
寄主范围	广泛	窄，豆科作物	广泛

二、发生规律

油菜菌核病主要以菌核在土壤、种子和病残体中越夏（冬油菜区）或越冬（冬、春油菜区），也可以菌丝在感病种子或以菌核、菌丝在野生寄主（如芥菜、紫罗兰、刺儿菜、金盏菊等）中越夏、越冬。我国南方冬播油菜区 10～12 月有少数菌核萌发，使幼苗发病，但绝大多数菌核在翌年 3～4 月萌发，产生子囊盘；我国北方油菜区则在 3～5 月萌发。子囊盘成熟后散出大量子囊孢子，借气流传播，侵染衰老的叶片和花瓣，长出菌丝体，致寄主组织腐烂变色。在寄主体内，菌丝分泌多种果胶酶、纤维素分解酶、蛋白分解酶及草酸等毒素，攻破寄主表层防护，降解细胞壁，侵染组织，为病原菌提供营养，便于菌丝入侵和病原菌繁殖，导致寄主发病。病原菌从叶片扩展到叶柄，再侵入茎秆，也可通过病健组织接触或黏附进行重复侵染。生长后期又形成菌核越冬或越夏。

核盘菌菌丝生长和萌发喜好潮湿、偏酸性环境，生长温度为 0～35℃，最适温度 20～28℃，在低于 10℃ 或高于 30℃ 时生长缓慢，适宜 pH 5～7，当相对湿度小于 85% 时菌丝不能生长或生长缓慢。菌核的最适生长温度为 18～27℃，相对湿度大于 85%，pH 为酸性时有利于菌核萌发和生长。菌核萌发子囊盘的最适温度为 5～10℃，弱光照或荫蔽环境有利于子囊盘萌发。子囊孢子在 -1～35℃ 均可发芽，最适温度为 5～20℃，相对湿度 85% 以上。

油菜菌核病的发生和流行与菌源量、作物品种、种植方式及气候条件等因素有关。田间菌源量大，寄主抗性差，田间阴雨潮湿都会加重该病的发生。菌核在土壤中的存活率和存活数量随着年限的加长而锐减，在高温、长期泡水的田中消亡更快。旱地轮作油菜发病率较水旱轮作油菜一般高 1 倍以上，旱地连作油菜发病又高于旱地轮作田。轮作年限长，与禾本科作物轮作病害发生较轻。此外，施用未腐熟带有油菜病残体的肥料、播种带菌种子都会增加田间菌源数量，加大发病可能性。

油菜类型、品种间的抗病性差异很大。一般芥菜型油菜抗病性最好，甘蓝型次之，白菜型最感病。分枝部位高、紧凑及茎秆紫色、坚硬、蜡粉多的品种一般抗病性强。在冬油菜区，开花迟、花期集中或无花瓣的油菜因错开了子囊孢子发生期或减少了子囊孢子侵染机会，病害发生较轻。能耐受草酸毒害的品种抗病性较强。

降雨和湿度对菌核病的发生影响很大。在病害常发区，油菜开花期和角果发育期降水量均大于常年，特别是油菜成熟前 20 天内降雨很多，是病害大流行的必备条件。另外，栽培过程中播种过密、偏施过施氮肥易发病，地势低洼、排水不良或湿气滞留、植株倒伏、倒春寒流侵袭频繁或遭受冻害，则发病重。

三、防治方法

1. 选用抗病品种　　芥菜型、甘蓝型油菜较白菜型油菜抗病。现有的栽培品种中，虽然缺乏高抗品种，但品种间抗性差异明显，如'中油821''陕油18''中双9''中双11''中油杂11''苏9905''核杂9'等品种抗性较好，可因地制宜选用适合当地的抗病品种。

2. 加强栽培管理　　油菜收获后种植下季作物前及时深耕、培土，将落入土壤表层的菌核深埋于土层 10cm 以下，可以促进菌核腐烂，防止子囊盘的产生。在油菜抽薹期进行一次中耕培土，可破坏已出土的子囊盘和土表的菌核，防止菌核萌发长出子囊盘。病区地势低及排水不良的油菜地，应开深沟整窄畦，清沟防渍。畦面宽度应少于 2m，沟深 25cm 以上。油菜开花之前应清沟排水，防止开花结果期田内渍水。油菜开花期分 1 或 2 次摘除油菜中下部黄、老、病叶，摘除的叶片要运出田外集中处理。油菜收获后的残体、残茬等应及时清除，集中烧毁或加水沤肥并充分腐熟。

3. 合理轮作，科学施肥　　水旱轮作或旱地轮作，旱地轮作年限应在 2 年以上，并且至少在 100m 范围内进行轮作才有防治效果。

氮、磷、钾等肥料应配合施用，防止偏施氮肥。施肥原则为重施基肥和苗肥，早施或控施蕾薹肥，最好不施花肥。在氮肥总用量中，基肥和苗肥应占 80% 以上，薹肥控制在 20%

以内，以在薹高 5cm 以前施用为佳。在红、黄壤水稻土地块中，油菜现蕾开花期喷施硼、锰、钼、铜、锌等微量元素具有一定防病增产作用。

4. 生物防治 据报道，细菌如产碱假单胞菌（如菌株 A9）、巨大芽孢杆菌（如菌株 A6）和枯草芽孢杆菌（如菌株 TU100）等，真菌如盾壳霉、木霉、黄蓝状菌（如 Tf-1）和黏帚霉等对油菜菌核病有较好的防治效果。

5. 药剂防治 施药时间一般在初花期至盛花期，叶病株率 10% 以上，茎病株率 1% 以下时进行施药，每隔 7d 施 1 次，连续 2～3 次。可选用咪鲜胺、啶酰菌胺、氯啶菌酯、代森锰锌、异菌脲、菌核净（纹枯利）、多菌灵、甲基硫菌灵、速克灵等药剂。

第五节　油菜霜霉病

油菜霜霉病（downy mildew）在世界各油菜产区均有发生，病原菌为寄生明霜霉 [*Hyaloperonospora parasitica*（Pers.：Fr.）Constant，异名 *Peronospora parasitica*（Pers.：Fr.）Fr.，*P. brassicae* Gaum.，*P. capparidis* Sawada]，属卵菌门明霜霉属。在我国长江流域及东南沿海冬油菜区发生较重，春油菜区发病较轻。白菜型油菜最为感病，芥菜型油菜次之，甘蓝型油菜最轻。一般发病率 10%～30%，严重时达 100%，引起油菜单株减产 10%～50%。油菜霜霉病寄主较窄，除侵染油菜外，还可侵染白菜、萝卜、花椰菜、甘蓝、芥菜、芜菁等十字花科植物。

一、危害与诊断

油菜叶、茎、花、花梗、角果等都会受霜霉病菌侵染。叶片感病后，先产生淡黄色斑点，后扩大成不规则黄褐色大斑，叶背面病斑上出现霜状霉层（为孢子囊和孢子囊梗），严重时全叶变褐枯死。一般植株底部叶片先变黄枯死，然后逐渐向上发展蔓延。薹、茎、分枝、花梗和角果感病后，病部初生褪绿斑点，后扩大成黄褐色不规则斑块，病斑上有霜霉层。花梗和角果受害时变褐萎缩，密布霜状霉层，最后枯死。花梗发病后有时顶端肿大弯曲，呈"龙头状"，花瓣肥厚变绿，不结实，长有霜状霉层。感病严重时，叶片枯落直至全株死亡。

二、发生规律

病原菌主要以卵孢子随病残体在土壤、粪肥和种子等处越冬或越夏，成为初侵染源。秋播油菜幼苗易受发芽后的卵孢子侵染，后产生孢子囊，借风、雨等进行再传播和再侵染。冬季气温低，病害不易发生，以菌丝在病叶中越冬，翌春气温回升后产生孢子囊再侵染叶、茎、角果，条件适宜时可多次再侵染。油菜成熟时，在组织中形成卵孢子，进入休眠阶段。

油菜霜霉病菌主要依靠气流和雨水进行短距离传播，通过携带有卵孢子或菌丝的种子调运进行长距离传播。孢子囊的活力与温度、湿度、营养等有关。适宜孢子囊形成的温度为 8～12℃，相对湿度为 90%～95%。温度、湿度是影响孢子囊萌发的重要因素，3～25℃可萌发，最适萌发温度为 7～13℃，相对湿度低于 90% 时不萌发。光照对油菜霜霉病的侵染也有一定影响，光照超过16h不发生侵染，少于16h，在子叶阶段可发生严重的系统侵染。

油菜霜霉病的发生受气候、品种和栽培等因素影响。温度和降水是油菜霜霉病流行的重要条件，低温、多雨、高湿和日照少有利于病害的发生。由于甘蓝型油菜较白菜型和芥菜型抗病，一般而言，霜霉病的流行主要发生在栽培白菜型油菜的地区。连作地比轮作地发病重，前作物为水稻的油菜田发病一般较轻。早播使油菜在有利于发病的温度条件下生长期较长，发病数量增多，积累的病原菌增多，导致春季发病重。氮肥施用过多，油菜生长过旺，易造成倒伏，增加植株间的湿度，往往发病重，缺钾也加重发病。油菜种植密度过大，田间湿度大，会加重发病。

三、防治方法

1. 种植抗病品种　　三种类型油菜中，甘蓝型油菜最抗病，芥菜型次之，白菜型最感病。各油菜种植区应因地制宜选用'中双4''秦油2'等抗病品种。

2. 加强栽培管理　　适时播种，合理密植；均衡施肥，增施微量元素；窄畦深沟，注意排渍。油菜与禾本科作物轮作2年以上，或水旱轮作，可显著降低霜霉病的发生与为害程度。

油菜生长的中后期，及时清除植株下部的黄叶、病叶；收获后及时清除田间植株、落叶、株蔸等残体，集中烧毁或沤肥。

3. 药剂防治　　油菜苗期开始，病株率在20%以上时选用乙蒜素、苦参碱、烯酰松脂铜、甲霜灵、甲霜·锰锌、烯酰吗啉、代森锌、百菌清等喷药防治，隔10d再喷1次。以上药剂也可用于种子处理。

★ 复习思考题 ★

1. 影响大豆孢囊线虫病发生的因素有哪些？如何防治？
2. 简述大豆疫病的发生规律及防治措施。
3. 简述大豆霜霉病的病原菌、危害症状及防治措施。
4. 简述油菜菌核病的流行因素和防治方法。

第十六章 烟草病害

烟草是我国最重要的经济作物之一，在我国已有400多年的栽培历史。烟叶是卷烟生产的主要原料，也是轻工业和医药业的原料，用于提取尼古丁、柠檬酸、木质素等。国外报道烟草病害有116种，我国有70余种，其中以花叶病、赤星病、黑胫病、炭疽病、青枯病、野火病和根结线虫病等分布较广、危害严重。近年来，我国耕地面积逐渐缩小，烟田连作种植模式不断扩展，加之各烟区外来优势烤烟品种的频繁引进，导致烟田病害发生逐渐加重，每年因病害造成的产量损失约10%，严重时达30%以上，病害已成为制约烟草生产的主要问题。目前，我国对烟草病害的防治，主要采取以种植抗（耐）病品种为主，结合加强栽培管理、实行轮作换茬和合理用药等的综合防治措施。

第一节 烟草黑胫病

烟草黑胫病（tobacco black shank）是烟草生产中最具毁灭性的病害之一，又称烟草疫病，烟农称为"黑杆疯""黑根""乌头病"，可以侵染烤烟、晾烟、晒烟、白肋烟、香料烟等所有的栽培烟草，现已遍布全世界温带、亚热带和热带烟田。该病的病原菌为烟草疫霉（*Phytophthora nicotianae* Breda de Haan，异名 *P. parasitica* Dastur），属卵菌门疫霉属（图16-1）。1950年我国黄淮地区首次发现该病，随后我国各主要产烟区均有不同程度发生，其中安徽、山东、河南为历史上的重病区；云南、贵州、四川、湖南、广东、广西、福建等南方烟区发生也相当普遍，在某些病害严重的地块，烟草黑胫病的发病率高达75%以上，甚至造成绝收，严重影响了烟草的产量和品质，给烟草产业造成重大威胁。

图16-1 烟草黑胫病（仿Lucas，1975）
1. 菌丝；2. 孢子囊梗、孢子囊和游动孢子；
3. 厚垣孢子；4. 卵孢子

一、危害与诊断

烟草黑胫病主要侵染成株的茎基部和根部，病斑向上、下扩展，延至茎、叶及根部。苗期一般发病较少；幼苗染病，先在苗的基部出现小的黑斑，然后向纵横两个方向扩展，引起幼苗腐烂。也可先从下部叶片上发病，再沿叶柄扩展到茎上，引起茎腐，形成类似"猝倒"症状。苗床湿度大时，病部布满白色霉层，造成全株腐烂，并迅速传染给附近烟苗，造成成片死亡。

大田烟株是病原菌侵染的主要对象，其症状有以下几种：①黑胫。茎基部受害后出现黑斑，并环绕全茎向上部延伸，有时病斑可达病株高度的 1/3～1/2，病株叶片自下向上依次变黄。②穿大褂。烟株茎基部受害后向髓部扩展，叶片自下而上依次变黄，大雨后遇烈日、高温，则全株叶片突然凋萎，悬挂在茎上，故称"穿大褂"。③黑膏药。在多雨潮湿条件下，中下部叶片被侵染后形成圆形大斑，直径可达 5cm 以上。病斑初期，多无明显边缘，水渍状、暗绿色，然后迅速扩大，中央呈褐色，形如膏药状，故称为黑膏药。④碟片状。当病斑扩展到烟茎的 1/3 以上时，病株基本死亡。纵剖病茎，可见髓部干缩成黑褐色碟片状，碟片之间有稀疏的白色菌丝，这是烟草黑胫病区别于其他根茎病害的主要特征。⑤腰烂。烟株中部叶片发病后，病斑可通过主脉、叶基蔓延到茎部，造成茎中部出现黑褐色坏死，俗称"腰烂"。

二、发生规律

烟草黑胫病菌以菌丝体、卵孢子及厚垣孢子在病株残体、土壤、土杂肥中越冬，成为翌年的初侵染源。病原菌主要存在于 0～5cm 土层中，休眠厚壁孢子单独在土壤中可以至少存活 8 个月，菌丝体单独在土壤中只能存活 2 个月。在烟稻轮作的烟田，菌丝体存活期一般不超过 1 年。条件适宜时，越冬的厚垣孢子通过芽管萌发产生孢子囊，释放游动孢子，孢子通过流水或风雨吹溅传播到烟根、茎、叶片上，萌发并侵入寄主组织并以菌丝在寄主细胞间或细胞内生长蔓延。再侵染主要发生于近地表的茎基部伤口处，其次是抹杈或采收所造成的伤口及下部叶片的伤口部位。在温暖潮湿条件下，土表或初侵染病株茎、叶表面可以产生大量繁殖体，游动孢子 72h 就可完成萌发，形成孢子囊、游动孢子，成为再侵染源。在温暖潮湿的条件下，约 3d 内可发育形成新的孢子囊或游动孢子。连续产生的孢子囊和游动孢子，很快在田间积累大量的接种体，并迅速传播蔓延，导致病害流行。

烟草黑胫病在田间一般通过流水进行传播。水流经过被侵染的土壤、病烟田，孢子囊和游动孢子顺水传播到所流经的地方，使病害逐步蔓延扩大。被污染的池水、河水，若用来浇灌苗床、大田，也可形成新的病区并引起黑胫病的暴发流行。风和雨也可将病土、病株上的孢子囊、游动孢子传到邻近烟株，使叶片或茎被侵染。此外，病原菌也可通过人畜、农具等完成较远距离传播。

烟草黑胫病的发生和流行与寄主抗性、气候因素、耕作类型和土壤因素等有直接关系。烟草不同品种对黑胫病的抗性差异明显。烟草对黑胫病的抗性分为垂直抗性和水平抗性，'NC1071''L8'和'鄂烟2号'对该菌的 0 号生理小种，以及'Hick21'和'A23'等对 2 号生理小种的抗性为垂直抗性；'NC82''G28''中烟90'等属于水平抗性。目前，国内外育成的抗烟草黑胫病品种主要有 K 系列、RG 系列、Speight G 系列、Coker 系列、VA 系列、NC 系列、Burley 系列、云烟系列、中烟系列等品种。

高温高湿有利于烟草黑胫病的发生，低温多雨或高温干旱条件不利于黑胫病的发生与流行。平均气温低于 20℃时很少发病，平均气温 24～32℃最适合病害发生，28～30℃发病最快。降雨及田间土壤湿度是烟草黑胫病流行的限制因子，雨后相对湿度保持在 80% 以上 3～5d，即可出现一个发病高峰。全年第一场大雨（雨量在 40mm 以上）后 7d 左右，烟草黑胫病开始流行。

连作烟田、土壤黏重地、碱性大，以及有效钙、镁和氮含量较高地块易发病，沙质壤土不易积水，发病均较轻。线虫及地下害虫为害重的地块发病重。据调查，多年连作的烟田黑胫病发病率都在18%以上，而水旱轮作的烟田黑胫病发病率在3%以内，3年轮作的烟田，基本不发病。地势较高的烟田黑胫病发生率较低，病情较轻；地势低的烟田黑胫病发病率高，病情重；相同品种在同等管理条件下，用前茬葫芦科、茄科的菜园地育苗比新地育苗发病早，而且严重，田间管理粗放的黑胫病发生也较重。

三、防治方法

烟草黑胫病是一种土传病害，且是烟草生产中的主要病害，应通过选用抗病品种、作物轮作、生物防治、化学防治及生态调控等综合措施才能有效防控该病害。

1. **选用抗病品种**　种植抗病品种是防治黑胫病最经济、最有效的措施。目前我国引进和自主选育的抗黑胫病的品种较多，各烟区可因地制宜选种。在利用抗病品种时应了解现有烟草品种对黑胫病都不是免疫的，在接种体数量大时，仍会严重发病，如'NC82''G28'等在连作病地块上发病率也可以超过30%，故只有与栽培措施，尤其是与轮作等措施相结合，这些抗病品种才能更好地发挥防病保产作用。

2. **农业防治**　合理轮作。烟草与水稻、小麦、玉米、高粱和甘蔗等禾本科作物及甘薯、大豆、棉花等作物间隔3～4年轮作，对黑胫病有很好的防治效果，能极大地降低烟草黑胫病的危害。及时清理烟田病残体，清除烟叶废屑及烟田杂草，集中烧毁或深埋。施用净肥，注意排水，农事操作时尽量避免造成伤口。适当提早移栽期，避开成熟期高温高湿黑胫病的高发季节。推广高垄栽培育苗，垄高30～40cm。

3. **生物防治**　利用植物诱抗剂，如用壳聚糖处理烟草，可使烟草植株对黑胫病产生抗性。利用生防菌如拮抗细菌假单胞杆菌、芽孢杆菌、拮抗内生细菌、拮抗真菌如木霉菌、拮抗放线菌如链霉菌等与病原真菌的拮抗作用防治烟草黑胫病。植物源杀菌剂，如大蒜提取物、柠檬草精油、桉树、兰香和菱叶的叶片抽提物等，对烟草黑胫病菌有较好的抑制效果。

4. **化学防治**　防治烟草黑胫病的主要施药时间为移栽后3～6周，施药方法为向茎基部及其土表浇灌法。可选用甲霜灵锰锌、烯酰吗啉、三乙膦酸铝、杀毒矾、金雷多米尔锰锌、氟吗啉等。由于烟草黑胫病已对甲霜灵产生了抗药性，应注意轮换使用具有不同作用机制的杀菌剂。

第二节　烟草赤星病

烟草赤星病（tobacco brown spot）是烟草生长中后期发生的一种叶部真菌性病害，是威胁世界烟草生产的主要病害之一，病原菌为链格孢 [*Alternaria alternata* (Fr.) Keissler]，属子囊菌门无性型链格孢属（图16-2）。赤星病在我国各烟区均有发生，以云南、贵州、广东、四川、江西、黑龙江、吉林、福建等地发生最为严重；其次是陕西、山东、广西、安徽等地。该病害在山东俗称"红斑"，河南、安徽、辽宁俗称"斑病"，云南俗称"恨虎眼"，贵州俗称"火炮斑"。一般年份发病率为20%～30%，严重年份可达90%以上，减少产值达

50%以上，对烟草产量和质量影响较大。烟草赤星病只侵染烟属植物，其中普通烟草亚属和黄花烟亚属比碧冬烟亚属更易感病。但接种试验表明，赤星病菌除烟草外，也可侵染棉花、花生、大豆、番茄、桃、李、小麦等多种植物及烟田部分杂草。

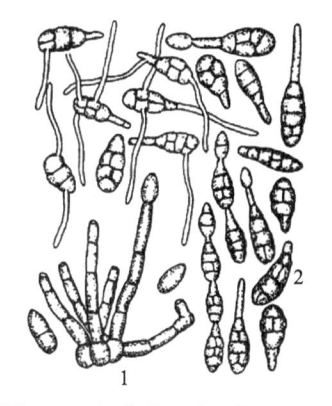

图 16-2 烟草赤星病（仿 Lucas，1975）
1. 分生孢子梗；2. 分生孢子

一、危害与诊断

赤星病主要侵染叶片，严重时也可侵染茎秆、花梗及蒴果等。叶片染病多从下部叶片发生，逐步向上发展。最初在叶片上出现黄褐色圆形小斑点，后发展为褐色、圆形或不规则形病斑，病斑边缘明显，外围有淡黄色晕圈，在感病品种上黄晕明显，致使叶片提前"成熟"和枯死。病斑的大小与湿度相关，湿度大时，病斑可扩展1~2cm，每扩大一次，病斑上留下一圈痕迹，形成多重同心轮纹，病斑中心有深褐色或黑色霉层，为病原菌分生孢子和分生孢子梗。天气干旱时，病斑质脆、易破，病害严重时，多个病斑相互连接合并成片，致使病斑焦枯脱落，造成整个叶片破碎而无使用价值。茎秆、蒴果等侵染部位形成椭圆形深褐色或黑色凹陷病斑。

在赤星病发病期间，田间常同时发生野火病（病原物为丁香假单胞菌烟草致病变种 *Pseudomonas syringae* pv. *tabaci*）和蛙眼病（病原物为烟草尾孢 *Cercospora nicotianae* Ell. & Ev.）。这三种病害易混淆，区别特征见表 16-1。

表 16-1 烟草三种病害的识别特征

种类	特征
赤星病	病斑大；褐色或深褐色，有同心轮纹；病斑周围黄色晕圈较宽；单片叶上病斑数量较少
蛙眼病	病斑小；灰色，有羊皮纸状的中心；病斑周围晕圈不明显；单片叶上病斑数量较多
野火病	细菌性病害；病斑轮纹不规则；病斑周围有很宽的黄色晕圈，但中央无黑色霉状物，天气潮湿时病斑表面有一层薄的菌脓

二、发生规律

赤星病菌主要以菌丝在田间病株残体或杂草上越冬，在不易腐烂的烟秸和叶片主脉上病菌可存活 2 年。叶片腐烂时叶片上的病菌随即死亡，因此它们不能成为病害的初侵染源。种子和移栽的病烟苗可能是初侵染的次要来源。越冬病原菌在翌年春天平均气温达到 7~8℃，相对湿度大于 50% 的条件下，开始产生分生孢子，经气流、风雨传播到田间烟株下部叶片上，通过寄主气孔和伤口侵入，形成多个分散的发病中心，后期由发病部位再次产生分生孢子，形成二次或多次侵染，病原菌就可以侵染花梗、蒴果、侧枝和茎等任何部位，造成大面积发病。在烟株打顶后，叶片进入成熟阶段开始发病，到烟叶收完后，病原菌又随病残体越冬，翌年再次引起病害。在适宜温度条件下，潮湿多雨时，该病发生尤为严重，连续多雨，该病发生早且重。

赤星病的发生和流行与栽培品种、烟株生育期、气候条件、自然条件、施肥、耕作制度及田间管理等有密切关系。烟草品种之间抗病性存在一定差异。生产上推广的

'NC89''NC82''K326''G140''云烟85'等主栽品种都感赤星病，抗病性较强的有'中烟90'和'中烟100'等。研究发现，烟叶内含氮量越高，赤星病发生越严重；打顶时烟叶中类黄酮、总酚和可溶性糖含量与赤星病发病率和病情指数呈显著负相关，而游离氨基酸含量与赤星病发病率和病情指数呈显著正相关。

烟草对赤星病有明显的阶段抗性，幼苗期、移栽至团棵期较抗病；旺长期以后随着底脚叶片成熟，抗病性降低，开始进入感病阶段，并按叶片成熟的先后发病。赤星病是中温型病害，日平均温度25℃以上有利于该病流行，20℃以下和30℃以上温度反而不易发病。赤星病病情与旬平均湿度呈正相关，当旬平均相对湿度低于64%时，赤星病很少发生，相对湿度达68%以上，湿度每增加1%，病情指数增加0.37。

移栽迟、晚熟，种植密度过大，田间荫蔽，排湿困难，极易诱致病害流行。当烟草生长进入成熟期采收不及时遇阴雨天气更易发病，追肥过晚，偏施氮肥及暴风雨后发病较重。

三、防治方法

1. 选育、种植抗病或耐病品种　　选用优质适产的抗病品种是最经济、最有效的措施。目前国内引进和选育的抗病品种种类较多，如'中烟90''中烟9203''许金四号''单育二号''春雷三号''K730''VA116''9111-21''4029'等，各烟区可因地制宜选用。

2. 栽培防治　　培育壮苗，适时早栽，提高幼苗的抗病能力。合理密植，密度以成株期叶片不封垄为宜，一般每亩1200株左右。合理施肥，烟田施用氮肥不可过多、过晚，以免造成贪青晚熟，要适当增施磷、钾肥。氮、磷、钾比例以1：(1~2)：(3~4)为宜，或在氮、磷、钾1：1：1的基础上，于团棵期、旺长期、平顶期喷施1%磷酸氢二钾或其他高钾型叶面肥。合理留叶，避免烟株叶片上大下小的长相。

及时采收或打掉底脚叶。打掉的底脚叶、烟杈和烟秆等要及时带出田外深埋或晒干销毁，减少侵染源。

实行轮作，最好水旱轮作2年以上，或与甘薯、花生等间作，扩大烟株的行距，也可有效预防赤星病的发生。

3. 生物防治　　近年来，利用植物诱导抗性和拮抗菌对烟草赤星病的防治工作逐渐开展，但多数工作仍处在实验室和田间小区试验阶段，尚缺乏产品。

4. 药剂防治　　一般当烟草底脚叶开始成熟时结合采收底脚叶进行喷药防治，间隔7~10d用药1次，连续喷药2或3次。可选用菌核净、多抗霉素、异菌脲、腐霉利、科生霉素、代森锰锌、百菌清、三氯异氰尿酸等药剂。

第三节　烟草青枯病

烟草青枯病（tobacco bacterial wilt）是一种以土壤传播为主的毁灭性细菌性病害，是热带、亚热带烟区最常见的病害之一，病原菌为茄劳尔氏菌 [*Ralstonia solanacearum*（Smith），Yabuuchi et al.]（图16-3）。该病在中国长江流域及以南烟区普遍发生，其中以广东、福建、台湾、湖南、江西、广西东部、安徽南部、四川及贵州局部烟区为害最为严重，个别年份常暴发流行，造成毁灭性损失。青枯病菌的寄主范围广泛，可侵染 54 科 450 余种植物，以茄科的寄主种类最多，除烟草外，对番茄、茄子、辣椒、花生、马铃薯、甘薯、芝麻、姜类等作物侵害最重，此外，对桑树、桉树等木本植物及蚕豆、大白菜、萝卜、草莓等也可侵害，但不侵害禾本科植物。近几年来，由于气候变化等原因，烟草青枯病的发生和为害范围有由南向北扩展的趋势，在山东、河南、陕西及辽宁等省均有发生，局部地区为害较重，应引起重视。

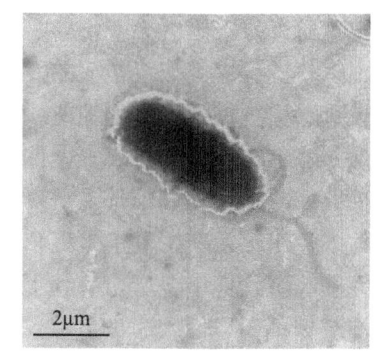

图 16-3 烟草青枯病病原菌

一、危害与诊断

烟草青枯病是典型的维管束病害，根、茎、叶各部均可受害，最典型症状是枯萎。初发病时，先是病株一侧有 1～2 片叶片软化萎垂，但叶色仍为青色，故称"青枯病"。若遇阴雨天或到了傍晚后可以恢复，但通常仅能维持 1～2d。直至发病中前期，烟株一直表现一侧叶片枯萎，另一侧叶片似乎生长正常，这种半边枯萎的症状可作为与其他根茎类病害的重要区别。若将病株连根拔起，可见发病的一侧支根变黑腐烂，未显症的一侧根系大部分正常。若将病株茎部横切，可见发病一侧的维管束呈黄褐色至黑褐色；若纵剖病茎，则见维管束的黑色病斑为长条状，但外表仍为褐色，用力挤压切口，有黄白色菌脓溢出。到发病后期，病株全部叶片萎蔫，根部变黑腐烂，茎秆木质部也变黑，髓部呈蜂窝状或全部腐烂，形成中空。如果病原菌从叶片侵入，可使叶片迅速软化，初表现青绿色，1～2d 后叶脉表现为黑色，叶肉为黄色的网状块斑，随后变褐变干。

茎上的黑色条斑和叶片上的黑黄色网状病斑是烟草青枯病最重要的症状特征。受青枯病感染的烟株一般仍保持直立，不倒折，未摘除的病叶紧贴在茎秆上。此外，青枯病在抗病的烟草品种上通常不形成典型的枯萎症状，茎上的条斑较短小，黑色程度较浅，发展也较慢，或者到一定程度就停止发展，但植株长势仍受阻，表现为轻度矮化。

二、发生规律

青枯病菌主要在土壤中或随病残体遗落在土壤中越冬，也能在田间寄主体内和根际越冬。一般随病残体可存活 7 个月，在湿润的土壤或堆肥中可存活 2 年以上，但在干燥的条件下很快死亡，在种子表面的病菌 2d 后即全部死亡。初次侵染源主要是土壤、病残体和肥料中的病菌，这些病菌由排灌水、流水、带菌粪肥、病苗或附在幼苗上的病土、人畜及生产工具进行传播，从寄主根部伤口侵入致病，完成再侵染。带菌土壤是最重要的初侵染源，病田流水是病害再侵染和传播的最重要方式。青枯病在一般条件下从根部伤口侵入，不能从气孔侵入。因此，烟草移栽时造成的根伤口或团棵期、旺长期根组织因农事操作造成的根部伤口有利于青枯菌的侵入。

青枯病发生和流行受气候因素、品种抗性、土壤类型与地势、栽培条件及其他病虫害等诸多因素的影响，其中以气候因素影响最大。烟草青枯病属高温高湿型病害，低温多雨或高温干旱不利病害发生。气温 30℃以上，相对湿度 90% 以上，适于病害流行。夏季雨量多湿度大或暴风雨多、久旱后暴风雨、久雨骤晴的闷热天气，往往易造成病害的发生和流行。冬植烤烟和寒冷烟区一般不会发生青枯病。

不同土壤类型青枯病的发病程度差异较大。一般情况下，水田烟发病较轻，旱地烟发病较重，土壤黏重板结烟地或沙量过高的土壤都易诱发病害，沙壤土发病较轻。地势低、低洼易积水的地块发病重。土壤偏酸性的地块发病稍重，在碱性土壤上发病较轻。连作或前作为茄科或其他青枯病菌寄主植物的田块发病均较重，与禾本科作物轮作的发病均较轻。若能连片隔年水旱轮作，基本可控制青枯病的为害。

适时合理中耕培土，利于烟株根系的生长，但培土过迟，易导致伤根严重，造成病原菌通过根部伤口侵入的机会增多。过量施肥或偏施、迟施氮肥，易造成烟草徒长，降低烟株自身的抗病性，往往导致该病严重流行。施用铵态氮的地块发病也较重。若烟草生长过程中缺硼，就易受青枯病为害。

烟草品种间的抗病性存在明显差异。目前栽培的烟草品种多为感病品种，这是烟草青枯病严重发生的主要原因。例如，'红花大金元''G28''Ky9''翠碧1号'高度感病；'云烟87'和'K326'表现为中抗；'Oxford 207''Oxford 2028''岩烟97'和'G3'表现为高抗。

此外，在青枯病和黑胫病常发病区，两者混合侵染的频率较高，发病前期以黑胫病为主，后期则是青枯病占优势。地下害虫多，受线虫侵染的烟株也易发生青枯病。

三、防治方法

1. 选用抗（耐）青枯病品种　　选用抗（耐）病品种是控制青枯病发生与流行的经济、有效的措施。目前，中国推广面积较大的烟草品种中'K326'比较抗（耐）病，其他品种如'K394''K346''G140''G80''Coker176''云烟85''NC2326''TT6''夏抗三号''莱姆森''柯克316''柯克319'等也有一定的抗性。一个品种在一个地区种植年限不宜太长，通常以3～5年为好，避免品种过于单一化。

2. 合理轮作　　有条件的烟区，可实行烟稻隔年轮作制。旱地烟实行3～5年与禾本科作物或非青枯病菌寄主大面积轮作。对于种植面积大、不能进行有效轮作的烟区，可大力推广黑麦、燕麦、光叶苕子、苜蓿等冬季绿肥种植，通过半轮作的方式，既可减少土壤病原量，又可以改良土壤的物理和化学性状。对于pH低于5.5的烟田，可施用生石灰或白云石粉调节土壤酸碱度。

3. 培育无病苗　　常规育苗要严格按照技术规程搞好土壤消毒处理和客土假植；漂浮育苗要搞好苗棚、苗池、营养液及剪叶工具消毒，按规定进行剪叶剔苗，并根据苗情和天气状况进行炼苗。适时早播早栽，可以起到避病作用，降低感病概率，提早成熟采收，将发病高峰期推迟到收烤中后期，减轻发病损失。播种后加强苗床管理，及时除草、间苗和追肥，并适时假植，促进烟苗生长健壮，提高抗病能力。

在青枯病发生严重的地区，可通过栽地膜烟或膜下烟来预防，一般可将烟叶移栽期提早至5月上中旬，移栽时烟苗要带水、带肥、带药，高起垄深栽。

4. 施用酵素菌沤制的堆肥　　不用病株沤肥。注意增施硼肥。氮肥提倡用硝态氮，不用氨态氮。根据土壤肥力合理确定氮肥施用量，足量施用烟草专用肥，杜绝超量施用纯氮肥。合理确定有机肥和无机肥的比例，适量增施有机肥，有机肥要充分腐熟，其中堆沤的农家肥要腐熟两个月以上，并进行消毒处理。其中施用的有机氮肥占总氮肥量的20%。

5. 加强栽培管理　　烟苗移栽后，特别是气温在20℃以上，土壤湿度大时，要做到

"早调查、早发现、早处理"。田间一旦发现病株要及时拔除,集中销毁,并在病穴撒施少许生石灰进行消毒。收烟结束后,将病株连根拔起,集中处理,切勿将病株还田作肥料。采用高畦栽培,雨后及时排水,避免土壤湿度过大。雨季,病原菌随地表流水传播是土传病害蔓延的重要途径之一,因此,凡是病区烟田都要深挖排水沟,并合理布局排水沟渠。适当增施硼肥,提高烟株抗病能力。搞好田园卫生。在有条件的地方,最好选择沙壤土且排灌方便的田块栽烟。

6. 药剂防治 目前对青枯病尚无特效药剂。发病初期,可选用农用链霉素、琥胶肥酸铜灌根,间隔10~15d处理1次,连续2~3次。据报道,福建、广西施用叶青双1000~1500倍液,每株淋药50~100mL,用药2或3次防效可达80%。

第四节　烟草病毒病

烟草病毒病(tobacco viral disease)俗称烟草花叶病,是目前烟草生产上分布最广、发生最为普遍的一大类病害。目前,我国已发现烟草病毒病16种,其中引致烟草花叶病的病毒主要有烟草花叶病毒(*Tobacco mosaic virus*,TMV)、黄瓜花叶病毒(*Cucumber mosaic virus*,CMV)、马铃薯Y病毒(*Potato virus Y*,PVY)3种病毒(图16-4)。大部分地区病毒病是以黄瓜花叶病毒病(CMV)、烟草花叶病毒病(TMV)等几种病毒病混合发生,重复感染(如山东、河南等)。田间病株率一般在20%~40%,重的达40%~80%,局部地块高达100%。烟草感染病毒后,叶绿素被破坏,光合作用减弱,叶片生长受到抑制,叶小、畸形,减产幅度可达20%~80%。病毒病发生后,不但严重减产,而且使烟叶品质严重下降。

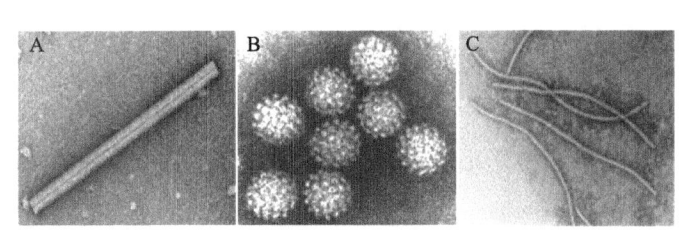

图16-4　烟草病毒病的几种病原
A.花叶病毒粒体；B.黄瓜花叶病毒粒体；C.马铃薯Y病毒粒体

一、危害与诊断

1. 烟草花叶病毒病 该病从苗床到大田整个生育期均可发生。幼苗被侵染后,先在新叶上发生明脉,即沿叶脉组织变浅绿色,对光看呈半透明状,几天后形成花叶,即叶片局部组织叶绿素褪色,形成浓绿和浅绿相间的症状。大田期,烟株受侵染后,首先在心叶上发现明脉现象,以后呈现花叶、泡斑、畸形、坏死等典型症状。轻型花叶只在叶片上形成黄绿相间的斑驳,叶形不变。重型花叶症状为叶色黄绿相间呈相嵌状,深绿色部分出现泡斑,叶片边缘逐渐形成缺刻并向下卷曲,叶片皱缩扭曲,有些叶片甚至变细呈带状。早期感病植株矮化，生长停滞，叶片不开片，正常开花但果实种子发育不良。除典型花叶症状外，在旺长期病株中上部叶片还会出现红褐色大坏死斑，称为"花叶灼斑"。烟草花叶病毒病的个别株系还可以在烟叶上形成系统花叶的同时，在中下部叶片上产生环斑或坏死斑。早期发病的植株严重矮化，生长缓慢，不能正常开花结实。能发育的蒴果小而皱缩，种子量少且小，多不能发芽。

2. 黄瓜花叶病毒病　　该病的症状随侵染的黄瓜花叶病毒株系不同而有所差异，苗床期即可感染，移栽后开始发病，旺长期为发病高峰。发病初期表现明脉症状，后逐渐在新叶上表现花叶，病叶变窄，伸直呈拉紧状，叶表面茸毛稀少，失去光泽。有的病叶粗糙、发脆，如革质，叶基部常伸长，两侧叶肉组织变窄变薄，甚至完全消失。叶尖细长，有些病叶边缘向上翻卷。黄瓜花叶病毒也能引起叶面形成黄绿相间的斑驳或深绿色泡斑。在中下部叶片上常出现沿主侧脉的褐色坏死斑，或沿叶脉出现对称的深褐色的闪电状坏死斑纹。

TMV 与 CMV 的田间症状区别：TMV 感染的病叶边缘时常向下翻卷，不伸长，叶面绒毛不脱落，泡斑多而明显，有缺刻；CMV 感染的叶片，病斑边缘时常向上翻卷，叶基拉长，两侧叶肉几乎消失，叶尖成鼠尾状，叶面绒毛脱落，泡斑相对较少，有的病叶粗糙，如革质状。

3. 马铃薯 Y 病毒病　　此病自幼苗期到成株期都可发病，但以大田成株期发病较多。烟草感染 PVY 后，因品种和病毒株系的不同所表型的症状特点也有明显差异，大致分为 4 种类型。

1）花叶型：由 PVY 的普通株系所致。叶片在发病初期出现明脉，而后网脉脉间颜色变浅，形成系统斑驳。

2）脉坏死型：由 PVY 的脉坏死株系所致。病株叶脉变暗褐色到黑色坏死，有时坏死延伸至主脉和茎的韧皮部，病株叶片呈污黄褐色，根部发育不良，须根变褐，数量减少。在某些品种上表现病叶皱缩，向内弯曲，重病株枯死而失去烘烤价值。

3）点刻条斑型：由 PVY 的点刻条斑株系所致。发病初期病叶先形成褪绿斑点，之后叶肉变成红褐色的坏死斑或条纹斑，叶片呈青铜色，多发生在植株上部 2~3 片叶，但有时也整株发病。

4）茎坏死型：由 PVY 的茎坏死株系所致。病株茎部维管束组织和髓部呈褐色坏死，病株根系发育不良，变褐腐烂。

二、发生规律

1. 烟草花叶病毒病　　苗床期的初侵染源主要有肥料带毒、种子中混杂病株残体、风和人及其他媒介带入病株残体、带病的其他寄主和土壤传毒。TMV 从侵入寄主细胞到蔓延到全株各器官，在夏天（25~30℃）只需 7~10d。在此期间，病毒从侵入时的微量可增殖到每 1000mL 的烟草汁液中达 2g 之多。大田烟株发病的侵染源是病苗、土壤中残存的病毒及其他带病毒的寄主。大田发病株又成为新的侵染来源，在田间病毒主要靠植株之间的接触及人在田间操作时手、衣物、工具等与烟株的接触传毒。收获后，除病株残体外，烤后的烟叶、烟末等，都可重新成为下季烟草的侵染源。

烟草花叶病毒病的流行，主要通过农事操作中借助人手和工具的机械接触发生传染。通常情况下，刺吸式口器昆虫（如蚜虫）不传染 TMV。土壤板结通透性差，植株生长缓慢有利于病毒在植株体内积累，发病程度高。植株幼小易感病，发病时期越早危害程度越高。病地连作移栽后25d发病很轻，培土后20d病情明显回升。移栽后气温变化大，烟株根系发育不良；施肥不足，地力瘠薄；管理不当，连作或与茄科植物套种使毒源增多，发病加重。

2. 黄瓜花叶病毒病　　黄瓜花叶病毒是一种寄主范围极广的病毒，可在烟草种子、杂草种子、中间寄主（如十字花科蔬菜及杂草）上越冬，成为来年侵染烟草的初侵染源。CMV主要通过蚜虫（烟蚜和棉蚜）和机械接触传播，有70多种蚜虫可传播该病毒。翌春通过有翅蚜迁飞传到烟株上。蚜虫传毒为非持久性传毒，蚜虫只需在病株上刺吸1min就可以获毒，在健株上刺吸15～120s，就可完成传毒过程。烟株在现蕾前旺长阶段较感病，现蕾后抗病力增强。大田发病率与烟蚜发生量呈正相关，通常在有翅蚜量出现高峰后10d左右出现为害高峰。高温干燥气候有利于有翅蚜发生，发病就较重。在杂草较多、距菜园较近、蚜虫发生较多的烟田，发病时间早，且受害较重。

3. 马铃薯Y病毒病　　PVY一般在马铃薯块茎及周年种植的茄科植物（番茄、辣椒等）上越冬，温暖地区多年生杂草也是重要宿主，成为初侵染的主要毒源，田间感病的烟株是大田再侵染的毒源。PVY可通过蚜虫、汁液摩擦、嫁接等方式传播。自然条件下仍以蚜虫传毒为主，通过蚜虫迁飞向烟田转移。介体蚜虫主要有棉蚜、烟蚜、马铃薯长管蚜等，以非持久性方式传毒。桃蚜刺吸5s即可获毒，传毒饲育10s就能将病毒传播到健康植株上，病毒在未刺吸的蚜虫体内可存活8h，在刺吸的蚜虫体内最多存活2h。蚜虫为害重的烟田发病重。大田汁液摩擦传毒也很重要，病叶和健叶只摩擦几下，叶片上的茸毛稍有损伤即可传染病毒。幼嫩烟株较老株发病重。目前尚未证实PVY可经种子传播。

PVY的发生受传毒蚜虫、气候因素和烟草生育状况等多方面影响。苗期一般不发病，团棵期开始轻微发病，旺长至封顶前后则大量发生。PVY发生与蚜虫的消长关系密切。6～8月的天气条件如适宜蚜虫生长繁殖，蚜量大，PVY发生就重。氮肥充足时，烟草生长迅速，组织幼嫩，较易感病，且出现症状较快。烟田离马铃薯地块越近，发病率越高，受害越重。据云南曲靖地区调查，前作是马铃薯的烟田发病重，病株率达17.6%，而远离马铃薯轮作的烟田，则发病较轻，病株率为2.4%。

田间常发生两种或多种病毒的复合侵染，通常情况下病毒的复合侵染使烟株症状表现更加严重。例如，TMV和PVY复合侵入，表现严重的花叶泡斑及叶片畸形，尤其是新生叶几乎停止生长；PVY和CMV复合侵入，在表现花叶的同时，脉坏死症状也非常明显。

三、防治方法

1. 选用抗（耐）病品种　　选用抗（耐）病品种是防治烟草病毒病既经济又有效的根本途径。目前国内外抗烟草病毒病的品种较多，如抗CMV的'中烟14''辽烟15''TN90'等，抗TMV的'辽烟15''延边9205''白肋21''辽烟8'等，抗PVY的'NC744''TN86''筑波1'和'筑波2'等。另外，从无病株上采种，单收、单藏，并进行细致汰选，防止混入病株残屑。

2. 加强苗床管理，培育无病壮苗　　首先，要注意苗床选地，苗床要尽可能远离菜地、烤房、晾棚等场所。其次，床土及肥料不可混入病株残屑，注意清除苗床附近杂草。及时间苗、定苗，合理施肥浇水、有效控温控湿。操作时要用肥皂水洗手，严禁吸烟，尽力减少操作工具、手、衣服与烟株接触。

3. **适当提早播种、提早移栽** 移栽时要剔除病苗。注意烟田不与茄科和十字花科作物间作或轮作，重病地至少要2年内不栽种烟草。

4. **加强田期管理，提高烟草的自然抗病能力** 烟田要在冬前进行深翻晒土，翌年翻浆时反复细致耙地，熟化耕作层，减少侵染毒源。田间操作时，事先要用肥皂水洗手，工具要消毒，并禁止吸烟。打顶、抹杈要在雨露干后进行，并注意病株打顶、抹杈要最后进行。

5. **注意驱避蚜虫、防其传毒** 在育苗床和烟田，铺设银灰色地膜或悬挂银灰色反光膜条，可有效地驱避蚜虫向烟田内迁飞。也可在田间地头悬挂黄板，诱杀蚜虫。

6. **药剂防治** 病毒病发病初期，可选用83-增抗剂、植病灵、宁南霉素、氨基寡糖、病毒灵（吗啉胍）、菌毒清、嘧肽霉素、吗胍乙酸铜等抗病毒药剂，有一定的防病和缓解病情作用。

防治蚜虫可选用吡虫啉、氟啶虫胺腈等喷雾，或释放蚜茧蜂等。

第五节　烟草炭疽病

图16-5　烟草炭疽病
1. 分生孢子；2. 分生孢子盘；3. 刚毛

烟草炭疽病（tobacco anthracnose）自1922年由Averna Sacca在巴西首次报道以来，在德国、日本、美国、中国、澳大利亚、印度、朝鲜和非洲等国也相继被发现，目前世界各烟草生产国均普遍发生。病原菌为胶孢炭疽菌[*Colletotrichum gloeosporioides*（Penz.）Penz. et Sacc.，异名烟草炭疽菌（*Colletotrichum nicotianae* Averna-Sacca）或毁灭炭疽菌（*Colletotrichum destructivum* O'Gara）]，属子囊菌门无性型炭疽菌属（图16-5）。此病在烟草各生育期皆可发生，但以苗期发生普遍而严重，是烟草苗期的主要病害。露地育苗遇高湿天气或塑料薄膜育苗管理不善，往往3~4d可使整个苗床的烟苗发病。烟草炭疽病菌寄生范围广，可侵染烟草品种及茄科、葫芦科、芸香科、十字花科等多种作物。一般发病率为30%~40%，严重时可达90%以上，造成整株烟苗毁掉，一般发病虽不至于毁苗，但幼苗长势差，而且移栽大田后仍可继续为害，导致较大损失。

一、危害与诊断

烟草苗期叶片发病初期，产生暗绿色水渍状小斑点，逐渐扩大成边缘稍隆起，中间凹陷呈白色、黄白色或黄褐色的圆斑。叶片幼嫩或天气多雨时，病斑呈褐色或黄褐色，有时有轮纹；气候潮湿时，病斑上产生小黑点，即病原菌的分生孢子盘；病斑密集时，常愈合成大斑块或枯焦似火烧状；叶片老化或天气干燥时，病斑呈白或黄白色，不出现轮纹和小黑点。叶脉、叶柄和茎上的病斑呈梭形或条形，黑褐色，稍凹陷，易开裂。

成株期烟株脚叶先发病，逐渐向上方叶片蔓延，病斑同苗期相似，但主脉、叶柄和茎部的病斑一般比叶片的病斑大，呈纺锤形，黑褐色，中部下陷并龟裂。蒴果、萼片及花发病，产生褐色近圆形的小斑点，使种子带菌。

二、发生规律

烟草炭疽病菌以菌丝、分生孢子盘在病株残体、带病残体的土壤肥料及种子内外越冬，成为翌年的初侵染源。大田的感病野生寄主植物也是此病的初侵染源。苗床上以带菌土、带菌土杂肥和带菌种子作为翌年病害初次侵染的主要来源。在苗床发病后，移栽大田也发病，但多限于底叶。在病组织上产生的分生孢子，借风、雨等传播引起再侵染。分生孢子萌发产生的菌丝可以直接穿透烟草组织表皮细胞或从气孔侵入寄主危害。

病菌对温度适应范围较广，日平均温度在12℃以上，夜间最低温度不低于5℃，就能发病。发病最适宜温度为25～30℃，在该温度下，潜育期仅48h，超过35℃则很少发病。水分对烟草炭疽病菌的传播、繁殖、分生孢子萌发及侵染起着重要作用。分生孢子需要在有水膜存在下才能萌发并侵入寄主组织。因此，多雨、多雾、多露水及苗床排水不良、大水漫灌、烟苗过密等均有利于病害的发生。白天相对湿度大于50%，夜晚相对湿度大于85%，烟草炭疽病发生严重。

偏施氮肥、长期覆膜、杂草丛生及烟苗过密，均较易发病且造成高脚苗、弱苗。连作地发病重。露地育苗，管理粗放的高脚苗发病重；塑料薄膜覆盖育苗，精耕细作地发病轻。此外，不同烟草品种抗病性有差异，如云南晾晒烟品种'山峒烟''大附耳柳烟''象耳朵烟''扭心烟'等高抗炭疽病，'马关辣烟''大黄掉把'及'小牛耳''马烟''小附耳'为中抗类型，'7N8''大毛耳''路南旱烟''草烟2号'等为感病类型。

三、防治方法

1. **合理轮作**　　防止重茬或迎茬，发病田块收获后，及时清除病株和病叶，清除传染源。

2. **加强苗床管理**　　选择地势高、排水良好、土壤肥沃的非重茬地块作为苗床，远离烟茬地、菜园、烤房、烟棚的地块种植，并采用塑料薄膜覆盖育苗。苗床应用威百亩（32.7%水剂）土壤消毒剂进行消毒。合理密植，注意田间通风透气；烟草出土后，宜采用小水勤灌，忌大水漫灌。施用充分腐熟的肥料，增施磷、钾肥，提高植株抗病力。

3. **选用无病种子**　　选用不带病的烟草留种，播种前种子用1%硫酸铜、0.1%硝酸银或2%的福尔马林溶液消毒后再播种，或用粉锈宁可湿性粉剂拌种。

4. **加强栽培管理**　　不施用带菌肥料。烟田畦面要平整，做好排水沟，防止雨后畦内积水。播种密度要适宜，不要过密，早间苗、稀定苗，促使幼苗生长健壮，提高抗病能力。烟苗出土后宜采用小水勤灌，防止大水漫灌。

5. **药剂防治**　　烟苗长至2～3片真叶，日均温12℃以上时，喷施1∶1∶160～200波尔多液，每7～10d喷1次。发病后，可选用百菌清、代森锌、多菌灵、甲基硫菌灵、克菌丹、退菌特、福美双等喷施，每隔7～10d喷1次，连续2或3次。

第六节　烟草根结线虫病

烟草根结线虫病（root knot nematode disease of tobacco）又称根瘤线虫病，中国部分烟区还有鸡爪根、马鹿根等俗称。病原为根结线虫，属线虫门侧尾腺口纲垫刃目异皮线虫科根结线虫属（图 16-6），为内寄生线虫，雌雄异形。根结线虫病是一种世界性病害，1892 年首次在爪哇被发现，此后在世界各烟草种植区相继被报道，目前已成为世界烟草种植区普遍发生的重要病害之一。中国主产烟区根结线虫有 5 种，分别为南方根结线虫 [*Meloidogyne incognita*（Kofoid et White）Chitwood]、花生根结线虫、[*Meloidogyne arenaria*（Neal）Chitwood]、爪哇根结线虫 [*Meloidogyne javanica*（Treub）Chitwood]、北方根结线虫（*Meloidogyne hapla* Chitwood）和短小根结线虫（*Meloidogyne exigua* Goeldi）。田间普遍存在种群混合发生现象，以南方根结线虫为优势种。根结线虫病除直接危害根部外，还会因线虫在烟株根部造成的伤口而诱发或加重烟草黑胫病、烟草青枯病等病害的发生。我国除黑龙江、辽宁等省外，各烟区均有发生，其中以河南、山东、四川、重庆、云南、湖南、湖北、广西等地危害严重。田间发病率一般为 30% 左右，严重地块为 40%~80%，个别重茬烟地甚至绝收。据联合国粮食及农业组织统计，全世界平均每年因线虫所致的烟草产值直接损失约 4 亿美元。

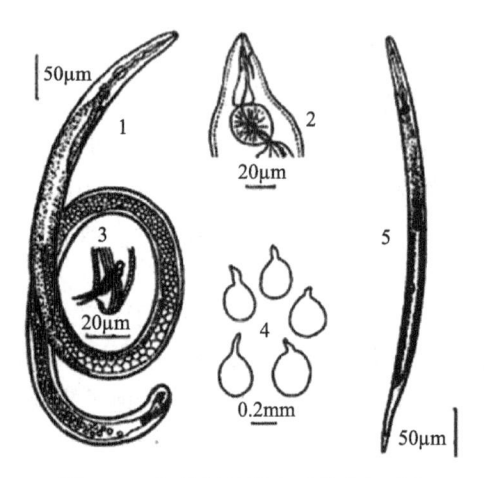

图 16-6　烟草根结线虫（仿向红琼）
1. 雄虫形态；2. 雌虫头部；3. 尾部；4. 雌虫形态；5. 2 龄幼虫

一、危害与诊断

烟草根结线虫病从苗床期到大田期均可发生，受害烟株症状持续发展，危害程度逐渐加重。苗床期发病一般地上无明显症状，至移栽前，受害重的烟苗生长缓慢，基部叶片呈黄白色，幼苗根部有少量米粒大小的根结，须根稀少；大田生长期，幼苗带病或返苗期大田直接感病的植株病情持续发展，先从下部叶片的叶尖和叶缘开始褪绿变黄，整株叶片由下向上逐渐变黄色，植株枯萎、生长缓慢，高矮不齐，呈点片缺肥状。后期中下部叶片的叶尖和叶缘出现不规则褐色坏死斑并逐渐焦枯内卷。拔起病根可见根系上生有大小不等的瘤状根结，须根稀少。根系受害初在主根及侧根上产生白色米粒状的瘤状物即根结。随病情发展，根结渐次增多增大，单条根上有数个至几十个根结不等，根结串生或多个根结连接愈合，使整个根系粗细不匀呈鸡爪状。剖开根结，可见许多乳白色或黄白色粒状物，即病原线虫的雌成虫。后期土壤湿度大时，根系腐烂，仅存留根皮和木质部，植株提早枯死。发病轻的植株，地上部症状不明显，但根系上有少量根结，后期叶片薄，呈假熟状。

二、发生规律

烟草根结线虫以卵、卵囊、幼虫在土壤中,以及幼虫、成虫在土壤、粪肥中的病根残体或田间其他寄主植物根系上越冬,成为翌年发病的主要侵染源。一般通过耕作、灌溉等农事操作和雨水等方式传播。带病烟苗的调运,可使线虫随病苗、病土远距离传播。

烟草根结线虫在田间的发生发展与土壤温湿度、土壤质地、栽培条件及品种抗病性等因素有密切关系。温度对病害的发生与流行起主导作用。线虫在0℃下仍能存活,在-20℃下2h各虫态全部死亡。春季地温达10℃以上时,陆续孵化为1龄幼虫,12℃时,蜕皮为2龄幼虫,13～15℃开始侵染,22～32℃最适合侵染,温度低于10℃或高于36℃时很少发生侵染。大田烟株5月下旬根结增多,6月中旬至7月上旬进入侵染危害的盛期。土壤相对湿度40%～80%时,适于线虫的发育和侵染。一般干旱年份发病重于多雨年份。土质疏松的沙壤土比黏质土壤发病重。土壤的酸碱度对根结线虫影响不大。

烟草品种对根结线虫的抗性差异显著。国内主产烟区品种'NC89''G80'等表现高度抗病,'K326'等为中抗品种,'NC82'为感病品种,其他品种如'中烟14''云烟2''G28'等表现高度抗病。

土壤中线虫密度与当年发病危害轻重有直接关系。据报道,在100cm³土壤中接种4个卵或幼虫,降低产量可达7%,且随接种量增加,产量损失增大。同等接种量下,在感病品种上爪哇根结线虫和花生根结线虫减产13%～19%,南方根结线虫减产5%～10%,北方根结线虫减产3.4%～5%。

三、防治方法

1. **选育抗病品种** 病区选种抗病品种是最经济有效的措施。'NC95''G80'等品种高抗南方根结线虫1号小种,'NC89'和'G80'是抗性较为稳定的品种,'K326''G28'等表现为中抗或抗病,'中烟14'和'云烟2'等在不同地区抗性有一定差异。目前爪哇根结线虫和花生根结线虫种群数量有上升趋势,应加强对这两种线虫的抗病育种工作。

2. **加强栽培管理** 合理轮作,病田应实行3年以上轮作,一般以与禾本科作物轮作为宜,有条件的地区采用稻烟轮作效果更好。培育健康无病烟苗,应选无病土、无病苗床育苗。病区宜采用大棚集约化漂浮育苗,可控制苗期感染。烟草收获后,及时清除病残体,并多次翻晒土壤,促使线虫死亡,可大大压低土壤中虫源基数,减轻为害。合理使用肥料,增施有机肥,有利于增强植株抗病性。

3. **药剂防治** 选用阿维菌素、克线丹、克线磷、噻唑膦等颗粒剂或阿维·丁硫、丁硫克百威等水剂,施药方法为在烟苗移栽时进行穴施和生长期进行灌根处理。另外,厚孢轮枝菌、淡紫拟青霉、永卫®168等生物制剂对烟草根结线虫也有不错的防效。

★ **复习思考题** ★

1. 烟草黑胫病发病规律是怎样的?如何综合防治烟草黑胫病?
2. 引起烟草病毒病的病毒种类有哪些?如何防治烟草病毒病?

3. 烟草青枯病的症状有何特点？如何快速诊断其为细菌性病害？
4. 如何防治烟草青枯病？试述制定防治措施的依据。
5. 根据烟草炭疽病的发病规律，如何有效防治该病？
6. 简述烟草线虫的防治方法。
7. 烟草病害中哪些病害属于高温高湿型病害？
8. 烟草赤星病发生规律是怎样的？在怎样的条件下利于病害的发生和流行？

第十七章 小麦害虫

小麦是我国主要的粮食作物，栽培面积仅次于水稻。由于我国种植小麦面积大、历史悠久，小麦上发生的害虫种类多，危害重，经常因为虫害造成严重损失。我国为害小麦的害虫有240余种，其中分布广泛、为害严重的害虫有麦蚜、小麦吸浆虫、小麦害螨、地下害虫和麦叶蜂等。

第一节 麦 蚜

全世界为害麦类作物的蚜虫有32种，我国有12种。在我国，常见为害小麦的蚜虫主要有4种，即麦长管蚜 [*Sitobion avenae*（Fabricius）]、麦二叉蚜 [*Schizaphis graminum*（Rondani）]、禾谷缢管蚜 [*Rhopalosiphum padi*（Linnaeus）] 和麦无网蚜 [*Metopolophium dirhodum*（Walker）]，均属半翅目蚜科。

麦蚜分布极广，遍及世界各产麦区。在国内除麦无网蚜分布范围较窄外，其余3种麦蚜在各麦区均普遍发生。但是由于不同种麦蚜的生物学特性存在差异，不同生态麦区主要麦蚜种群的结构有所不同。例如，在小麦生长期，黄淮海麦区和长江中下游麦区以麦长管蚜和禾谷缢管蚜为主要种类；西北麦区以麦长管蚜、麦二叉蚜为主要种类；但是，在各麦区的小麦穗期均以麦长管蚜为优势种。几种麦蚜的主要寄主均为麦类作物及某些禾本科作物和杂草。

麦蚜的成蚜、若蚜均以刺吸式口器吸食小麦叶、茎、穗的汁液，被害叶片出现黄白色斑点，严重者叶片变黄，全株枯死，影响小麦的生长发育并造成减产。此外，这几种麦蚜都是小麦黄矮病毒的传播媒介，以麦二叉蚜传播最强，常引起小麦黄矮病的流行。

一、形态特征

蚜虫为多型性昆虫，个体发育过程经历卵、干母、干雌、有翅胎生雌蚜、无翅胎生雌蚜、性蚜等时期，但以无翅胎生雌蚜和有翅胎生雌蚜发生数量最多，出现历期最长，为主要为害蚜型。4种蚜虫的形态特征见表17-1和图17-1～图17-3。

表17-1 4种蚜虫形态特征的区别

形态特征	麦二叉蚜	麦长管蚜	麦无网蚜	禾谷缢管蚜
体形体色	卵圆形，淡绿色，有深绿色背中线	长卵形，草绿或橘红色	长卵形，淡绿色	卵圆形，暗绿色，后端有黑色斑
额瘤	不明显	明显，外倾	明显	略显著
触角/体长	0.54倍	0.88倍		0.70倍

续表

形态特征	麦二叉蚜	麦长管蚜	麦无网蚜	禾谷缢管蚜
触角末节/基部	3 倍	5～6 倍		4 倍
腹管	短圆筒形，顶端黑色，为尾片 1.8 倍	长圆筒形，黑色，端部有网纹，为尾片 2 倍	长圆筒形，绿色，端部无网纹	短圆筒形，端部缢缩呈瓶口，为尾片 1.7 倍
翅中脉	分 2 叉	分 3 叉，分叉小	分 3 叉，分叉大	分 3 叉，分叉小
尾片	毛 4 根	毛 7～8 根	毛 8 根	毛 7～8 根

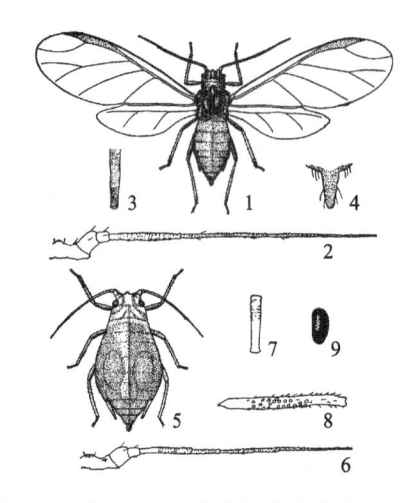

图 17-1　麦二叉蚜（仿浙江农业大学，1963）
有翅胎生雌蚜：1. 成虫；2. 触角；3. 腹管；4. 尾片
无翅胎生雌蚜：5. 成虫；6. 触角；7. 腹管
无翅有性雌蚜：8. 成虫后足胫节；9. 卵

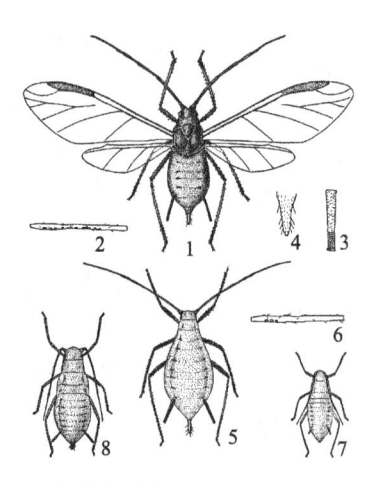

图 17-2　麦长管蚜（仿浙江农业大学，1963）
有翅胎生雌蚜：1. 成虫；2. 触角第三节；3. 腹管；4. 尾片
无翅胎生雌蚜：5. 成虫；6. 触角第三节；7. 初孵若虫；
8. 若虫

二、生活史与习性

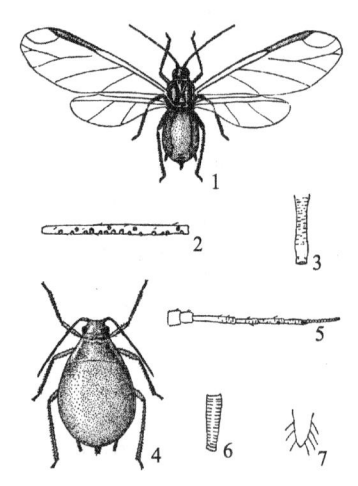

图 17-3　禾谷缢管蚜（仿浙江农业大学，1963）
有翅胎生雌蚜：1. 成虫；2. 触角第三节；3. 腹管
无翅胎生雌蚜：4. 成虫；5. 触角；6. 腹管；7. 尾片

麦蚜的年发生世代数因地而异，一般 1 年发生 10～30 代。除禾谷缢管蚜在北方常以卵在蔷薇科木本植物上越冬外，其他三种麦蚜一般多以无翅胎生雌成蚜或者高龄若蚜在麦株根茎部表土下或麦丛间土缝中隐蔽越冬，在北纬 36°以北的地区，还能以卵在麦叶上越冬。翌年春天越冬成蚜、若蚜在小麦上继续为害；越冬卵孵化后以孤雌生殖的方式继续繁殖为害。小麦抽穗前期，麦蚜主要在麦株下部叶片为害，后随小麦的生长而上移至上部叶片为害；小麦抽穗后，90% 以上的蚜虫集中在穗部的小穗间为害，此时小麦受害最重。麦二叉蚜早春在小麦上出现最早，在小麦拔节期至孕穗期达到高峰。而麦长管蚜在小麦抽穗期蚜量急剧上升，灌浆期至乳熟期种群数量达到高峰。小麦蜡熟期，麦株老化，蚜量迅速下降，此时产生大量有翅蚜飞离麦田，迁向其他禾本科植物上繁殖为害，或在自生苗上越夏。秋季冬小麦出苗后，麦蚜又回迁到冬麦田为害，其种群数量在冬前形成一个小高峰。在春麦区，一年仅在小麦穗期有一个蚜量高峰。

麦蚜属于典型的 r-对策昆虫，其生长发育历期短、繁殖速率高、世代重叠。在条件适宜时，麦长管蚜、麦二叉蚜和禾谷缢管蚜 3 种优势麦蚜的世代历期平均为 6～9d，成虫日产蚜量 4～5 头（最高 7 头），其生殖力达 60 头左右。

麦蚜种类不同，为害习性也有一定的差异。麦二叉蚜最喜食幼苗，常在苗期开始为害。此虫畏光喜干旱，故小麦成株期多分布在植株下部和叶片背面。麦长管蚜喜光照、潮湿，多分布在植株上部叶片正面和穗部；小麦抽穗后，数量急剧上升，多集中到穗部取食。禾谷缢管蚜喜湿畏光，喜食茎秆、叶鞘，多在植株下部的叶鞘和叶背取食。此外，麦长管蚜有绿色型和红色型，红色型是麦长管蚜在高温下产生的生态型，主要出现在小麦孕穗期。网罩观测发现红色型个体所产后代均为红色，而绿色型个体所产后代则大部分为绿色，少部分为红色。

三、发生与环境的关系

麦蚜虽然每年都有发生，但常呈间歇性猖獗为害。麦蚜发生猖獗与否主要受气候条件、天敌和寄主作物等因素的影响。

（一）气候条件

温度、湿度对麦蚜发生的消长起主导作用。温度在 15～25℃、相对湿度在 75% 以下时适于麦蚜生长发育，即中温低湿常为麦蚜猖獗发生的主要条件。麦二叉蚜较喜低温干燥的环境条件，耐低温的能力强，以 13～18℃时对蚜虫繁殖最有利，适宜其发生的相对湿度为 35%～67%。麦长管蚜喜高温中湿，8℃以下时活动力不强，最适温度为 16～20℃，适宜湿度为 40%～80%。禾缢管蚜喜高温高湿，最适温度为 18～24℃，适宜湿度为 68%～80%，在 1 月平均温度≤ -2℃的地区不能过冬；该虫不耐干旱，因此多分布在茂密的丰产田内，在年降雨量 250mm 以下地区不会大发生。

降雨通过影响大气湿度而间接影响蚜量消长，暴风雨的机械冲击常使蚜量显著下降，如 1h 降水 30mm，风速 9m/s，雨后蚜量下降 98.7%。

（二）天敌

麦蚜的天敌种类较多，主要有瓢虫、食蚜蝇、草蛉、蚜茧蜂、蜘蛛、绒螨和蚜霉菌等，尤以瓢虫和蚜茧蜂的控制作用重大。瓢虫在小麦穗期大量捕食麦蚜；蚜茧蜂在穗期寄生率常达 20% 左右，有时高达 50% 以上，可迅速控制蚜害。但是，在自然条件下，这些天敌种群的波动趋势与麦蚜种群数量的消长有明显的跟随关系，天敌的高峰往往比麦蚜高峰晚 5～7d。因此，仅靠自然界的天敌往往不能及时控制蚜害，只有在人工保护利用的情况下，才能充分发挥天敌的控害作用。当天敌单位数与麦蚜的数量之比达到 1：100 左右时，两者种群即处于平衡状态。

（三）小麦抗蚜性、田间作物布局及管理

害虫的发生及其种群的增长与寄主植物的抗（耐）害性程度关系密切。种植抗蚜品种的麦田受害轻。

作物布局与蚜虫及病害发生为害程度也有一定关系。一方面，作为麦蚜和病毒的主要夏季寄主的糜子与小麦的栽培情况常决定了蚜、病的猖獗程度。例如，在甘肃河西一带以及山西和陕西的黄土高原地区，糜子栽培面积较大，以致糜田成了麦蚜和黄矮病毒回到麦田的主要发生基地，致使这类地区的蚜害和病毒大发生的频率非常高；而在一年两熟的灌溉冬麦区，由于糜子栽培面积较小，杂草寄主数量也低，秋季迁回麦田的蚜量和带毒蚜量消减极大，因而蚜害和病害一般较轻。另一方面，在冬春麦混栽地区，由于冬麦生育阶段长，冬麦田又是各类麦蚜的越冬处所，致使广大的冬麦区常成为导致麦蚜和病毒流行的重要因素。例如，在新疆和甘肃的河西地带，以往为单纯春麦区，蚜量少，为害轻。但是，自从种植冬麦后，随着冬麦面积不断增大，麦蚜的为害和病毒的流行逐年加重，春麦受害程度也随之加重，而且冬麦播种愈早，蚜量愈高，春季小麦成熟愈迟蚜量也愈多。

此外，蚜害程度也因麦株的长势而异，小麦生产条件尤其是麦田水浇地面积扩大和化肥施用量不断上升，以及管理水平的不断改善，使小麦植株长势、营养和麦田生境更有利于麦蚜生长和繁殖，为麦蚜种群增长和猖獗发生创造了更为适宜的生境条件。根据在北京郊区的调查，一类麦田的蚜量最高，二类田的蚜量为一类田的50.8%，而三类田蚜量仅为一类的12.7%，并且一类田蚜虫发生为害也早于二类、三类麦田。

四、虫情调查与测报

麦蚜虫情调查按《NY/T 612—2002 小麦蚜虫测报调查规范》进行。

（1）系统调查　　根据小麦品种、播期、地势及小麦长势等条件，选择当地有代表性的麦田2～3块，每块不少于0.3hm^2。固定田块，每块田按对角线5点取样，每样点50株，当百株蚜量超过500头且株间蚜量差异不大时，每点可减至20株；蚜量特别大时，每点可减至10株。冬麦秋苗期，自出苗后每10d调查1次，至麦蚜进入越冬时停止。在冬麦开始拔节及春麦出苗后，每5d调查1次；当蚜量急剧上升时，每3d调查1次。

（2）天敌调查　　在每次系统调查麦蚜数量时，同时进行天敌种类和数量调查。寄生性天敌以僵蚜表示，每次查完后抹掉；捕食性天敌如瓢虫、食蚜蝇、草蛉、蜘蛛等5点取样，每点查0.5m^2，并按不同天敌的捕食量折算为百茎天敌单位。

（3）防治适期预测　　麦蚜的防治适期因地区和麦蚜种类而异。根据田间调查结果，若天敌与蚜虫数比例大于1∶150时，一般不需用药防治。在麦二叉蚜常发区，冬小麦苗期有蚜株率达10%～15%，百株蚜量20头；拔节初期有蚜株率10%～20%，百株蚜量30～50头；孕穗期有蚜株率30%～40%，百株蚜量100头。在麦长管蚜常发区，孕穗期有蚜株率50%，百株蚜量250头；灌浆初期有蚜株率70%，百穗蚜量达500头时，气象预报短期内无中到大雨，应立即发出防治情报，及时进行药剂防治。

五、防治方法

（一）防治适期

防治麦蚜要以农业防治为基础，关键时期采用药剂防治。小麦播期愈早，蚜量愈大，因此，在小麦黄矮病流行区的秋苗期，对于秋分前后播种的麦田，应采取药剂拌种或早期喷药治蚜防病，对于非小麦黄矮病流行区以及寒露以后播种的麦田一般冬前不治。小麦抽穗后，以防治麦长管蚜为主，防治适期应在小麦扬花灌浆期。

（二）防治方法

1. 农业防治　　清除麦田内外杂草，早春适时镇压和灌水，对减轻早期为害有一定的作用。注意选用抗蚜耐蚜的丰产品种，适时集中播种，冬麦区适当晚播，春麦区适当早播。增施基肥和追施速效肥，促进麦株生长健壮，增加抗蚜能力。

2. 生物防治　　麦田蚜虫的天敌资源非常丰富，如瓢虫、草蛉、食蚜蝇、蚜茧蜂及蜘蛛等数量较大，对蚜虫的控制作用显著。保护利用好自然天敌，不仅可以较好地控制麦蚜的为害，而且对后茬作物以及麦田周边的大田作物、果树和蔬菜等上的害虫也能起到一定的控制作用。在益害比大于1∶120时，天敌控制麦蚜效果较好，不必进行药剂防治。合理选用农药，充分发挥天敌对麦蚜的控制作用。有条件的地方还可人工繁殖或助迁天敌。

3. 药剂防治

1）种子处理：在小麦黄矮病流行区主要是在苗期治蚜，药剂拌种是有效措施。可选用吡虫啉或辛硫磷拌种。

2）使用颗粒剂：结合播种，选用呋喃丹于播种后撒施，再覆土，药效期可达40～50d。

3）小麦生长期施药：吡虫啉、啶虫脒、抗蚜威、乐斯本等对麦蚜防效高，且对捕食性天敌安全。

第二节　小麦吸浆虫

小麦吸浆虫（wheat blossom midge）有麦红吸浆虫[*Sitodiplosis mosellana*（Géhin）]和麦黄吸浆虫[*Contarinia tritici*（Kirby）]两种，均属双翅目瘿蚊科，是世界性害虫。

小麦吸浆虫分布于欧洲、美洲、亚洲的主要产麦国。除美洲只有麦红吸浆虫外，在欧亚大陆都是两种吸浆虫混合发生，但亚洲一般以麦红吸浆虫为主。国内分布于北纬27°～40°，从东海到东经100°左右的广大范围内。麦黄吸浆虫的主发区多是高山地带，以及某些特殊生态条件的地区。

小麦吸浆虫可为害小麦、大麦、青稞、燕麦、黑麦和雀麦等，均以幼虫吸食麦粒浆液，出现瘪粒，严重时造成绝收，是一种毁灭性害虫。自20世纪80年代以来，由于耕作制度、小麦品种的变化及联合收割机跨区作业，小麦吸浆虫明显回升，新的发生区不断出现，发生面积不断扩大，虫口密度急剧增加，危害程度逐年加重，形成"老虫成新虫，小虫成大灾"的现象，已成为影响小麦高产、优质、高效的障碍因素之一。

一、形态特征

（一）麦红吸浆虫

成虫：体微小纤细，橘红色，全身被有细毛，体长 2~2.5mm，翅展 5mm 左右。触角细长，雌虫触角 14 节，念珠状，各节呈长圆形膨大，上面环生 2 圈刚毛。雄虫触角 14 节，其柄节、梗节中部不缢缩，鞭节 12 节，每节具 2 个球形膨大部分，其上除有很多细毛和两圈刚毛外，还生有一圈"环状毛"（图 17-4）。

卵：长椭圆形，长约 0.3mm，淡红色，表面光滑。

幼虫：老熟幼虫体橙色或金黄色，长椭圆形，长 2.5~3mm。前胸腹面有一"Y"形剑骨片，其前端分叉刻入较深。

蛹：橙褐色，长 2mm，头后部有 1 对短的白色感觉毛。胸部有 1 对长管状褐色呼吸器，向前方伸出超过头部的感觉毛。

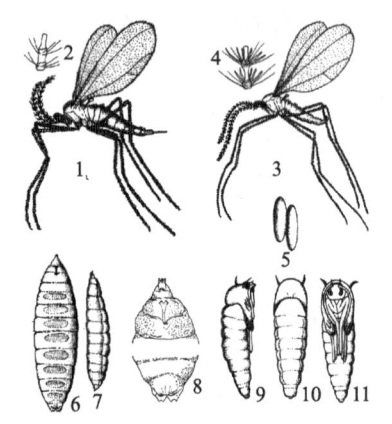

图 17-4　麦红吸浆虫
1，2.雌成虫及触角的一节；3，4.雄成虫及触角的一节；5.卵；6，7.幼虫腹、侧面观；8.幼虫的前、后端；9~11.蛹侧、背、腹面观

（二）麦黄吸浆虫

成虫：体色姜黄色，雌虫体长 2mm。雄虫体长 1.5mm，抱握器基节内缘光滑无齿，端节末端齿小而不明显，阳茎短，腹瓣分裂（图 17-5）。

卵：香蕉形，长 0.29mm，淡黄色。

幼虫：姜黄色，体长 2.5mm 左右，体表光滑。前胸腹面"Y"形剑骨片缺刻浅。

蛹：淡黄色，腹部带浅绿色，头前端有 1 对感觉毛，与 1 对呼吸毛等长。

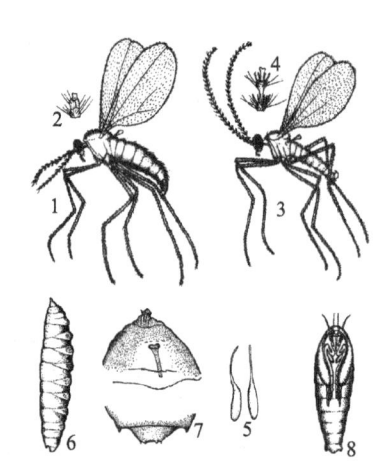

图 17-5　麦黄吸浆虫
1，2.雌成虫及触角的一节；3，4.雄成虫及触角的一节；5.卵；6.幼虫侧面观；7.幼虫的前、后端；8.蛹

二、生活史与习性

（一）生活史

小麦吸浆虫 1 年或多年发生 1 代，以老熟幼虫在土中结圆茧越夏、越冬，各虫态的发生期与当地小麦的生育期基本吻合。其年生活史的变化大致归纳为以下几个阶段。

1. **幼虫破茧活动期**　当春季气候开始转暖，10cm 土温稳定在 10℃左右，土壤含水量达 20% 左右时，圆茧内的越冬幼虫破茧而出，向土壤表层上升移动。此时冬小麦的生育期正处于拔节期。

2. **化蛹期**　当 5cm 土温或气温达到 12℃以上，小麦开始孕穗，上升到土壤表层的幼虫在适宜的湿度条件下开始化蛹。一部分以活动幼虫直接化蛹，呈裸蛹；另一部分先结成长茧，在茧内化蛹。

3. 羽化产卵期　　当土温或气温达 15℃以上，小麦开始抽穗，土壤表层的蛹即开始羽化。羽化当天成虫即交尾，并在穗上产卵。产卵历期 2～3d。成虫一般不在已扬花的麦穗上产卵。

4. 入侵危害期　　卵经 3～7d 孵化为幼虫，此时小麦正处于扬花盛期和灌浆初期，幼虫从小穗内外颖间侵入子房为害。幼虫在小麦颖壳内生活 15～20d 即老熟，等待雨露准备脱壳入土。

5. 脱壳入土，越夏越冬　　小麦蜡熟期，遇下雨或较大的露水时，颖壳内的老熟幼虫爬出，随雨滴、露水或自动弹落在土表，潜入土中，经 2～3d 结圆茧越夏、越冬。圆茧一般在 10cm 土壤深处，随温度降低可潜入 20cm 的深度越冬。

（二）主要习性

1. 成虫的行为　　成虫畏强光、怕高温，中午前后多停留在小麦植株的下部，下午 5 时左右至落日前活动性强。成虫飞翔一般高出麦穗 10cm 左右，飞翔距离每次为 2m 左右，但顺风飞翔可远达 40m 以外，这是吸浆虫扩散蔓延的主要方式。日落后成虫不飞翔，但仍能继续产卵。卵产在半露脸或刚齐穗而未扬花的麦穗上，一般在扬过花的麦穗上不产卵，产卵部位以护颖和外颖间隙最多，每处产卵 1～3 粒，每头雌虫产卵 50 粒左右，多者可达 90 粒。雌虫寿命 3～5d，雄虫寿命 2～3d，但是因成虫陆续羽化，故整个产卵历期可延续 15～20d。

麦黄吸浆虫成虫发生期较麦红吸浆虫稍早，成虫产卵时安静，有时触动麦株也不惊飞，卵多产于内外颖之间，每次产卵平均 6～8 粒。每雌产卵数比麦红吸浆虫多。

2. 幼虫的行为　　孵化后幼虫爬至外颖基部，由内外颖合缝处侵入颖壳内，附在子房或正在灌浆的麦粒上，以口器刺破种皮吸食浆液。每粒小麦的千粒重随虫量的增加而有规律的下降，即当 1 头/粒时下降率 37.2%；2 头/粒时下降率 58.8%；3 头/粒时下降率 77.2%；4 头/粒时下降率 94.9%。幼虫共 3 个龄期，15～20d。老熟幼虫遇雨或露水，爬出颖壳，随雨滴下落地面，或依靠剑骨片的支撑弹落至地面，钻入土中。此时，如果无雨露，幼虫仍将留在颖壳内，随收麦带入麦场。

幼虫入土的分布深浅常与土壤结构、耕翻深浅及气候条件有关。一般在 15cm 左右的土层虫口密度最多，10cm 以上及 20cm 以下土中较少。

老熟幼虫有延长滞育的习性，有部分个体具有隔年或多年滞育习性。麦红吸浆虫滞育幼虫在土壤中最多可以存活达 12 个冬季；麦黄吸浆虫滞育幼虫在土壤中最多可以存活 3 个冬季。河南、陕西、山西、甘肃、四川、宁夏和青海等地的麦红吸浆虫有相当数量的幼虫在土中存活时间在 1 年以上。在青海，麦红吸浆虫幼虫的多年滞育率为 14.6%～77.9%；麦黄吸浆虫幼虫的多年滞育率为 6.3%～77.9%；在山西芮城，麦红吸浆虫幼虫的多年滞育率为 46.3%～92.3%。小麦吸浆虫间歇性、团块分布不均匀性的成灾特点与其特殊的滞育习性有密切关系。

三、发生与环境的关系

小麦吸浆虫属于 K 类生态对策的害虫，一旦被控制很难发展起来。结合我国小麦生产实际分析，导致吸浆虫大发生的因素主要包括虫口基数、气候条件、小麦品种、农田生态

（耕作制度）和天敌等。

（一）虫口基数

虫口基数是决定小麦吸浆虫会不会猖獗发生的基础。小麦吸浆虫本身又具隔年羽化或多年滞育的特点。所以在一般年份均保持着一定的虫口水平，遇适合条件，虫口年年积累，当虫口突破平衡点达到高密度，同时又遇适宜的发生条件时就会暴发成灾。

（二）气候条件

气候是较大范围内影响小麦吸浆虫发生的主要因素，其中以温度和湿度对其影响最为明显。温度主要影响小麦吸浆虫的发生时间，而雨量或土壤湿度则影响其发生数量。

不同地区乃至不同年份春季气温的高低均会影响其发育期。首先，夏季高温和冬季低温常引起越夏、越冬幼虫的大量死亡。其次，温度也影响成虫的羽化率和存活率。当温度低于15℃时成虫不能羽化；当气温降至10℃以下时，即使已羽化的成虫也不能在麦穗上产卵，5℃以下时很快死亡；当气温超过30℃时，成虫羽化率下降，35℃以上会导致已羽化成虫大量死亡。

土壤含水量决定着幼虫出土、化蛹和成虫羽化出土。幼虫活化破茧后，需要一定的土壤湿度，否则也不活动；最后在临化蛹前，需短暂的高湿期，如不能满足，仍然不化蛹而重新结茧，待一年后再行活动。在灌区影响小麦吸浆虫幼虫春季上升活动的主要因素是5cm地温，其次是土壤含水量和时间；在非灌区主要是土壤含水量，其次是地温。在黄淮中下游非灌区4月上旬的降雨量是当年吸浆虫发生的关键。土壤含水量20%～28%的条件最适宜麦红吸浆虫生存，表现为存活率高（80%～90%）、重新结茧率低（2.6%～24%）、羽化率高（33.4%～70.8%）；当土壤含水量为8%时，存活率为63%，重新结茧率为35%，羽化率为2%～10.8%；当土壤含水量达36%时，其死亡率达40%～45%。即使在最适宜条件下，仍有2%左右的幼虫不化蛹，只有重新经过低温处理才能羽化，有的则需经过第3次低温才能化蛹和羽化。下雨和露水也有利于老熟幼虫的脱穗入土。

（三）土壤与地势

吸浆虫一年有11个月生活在土壤中，其发生量与土壤关系密切。壤土保水与排水性好，适于吸浆虫幼虫生存，黏土干燥时易板结、沙土温湿度变化大，幼虫死亡率高。通常在沿河流域、山谷湿地及水浇地发生较重。低地发生比坡地多，阴坡发生又比阳坡多；麦红吸浆虫适宜于酸性土壤，而麦黄吸浆虫适宜于碱性土壤。

（四）小麦品种和生育期

不同小麦品种对吸浆虫的感染程度存在明显差异。小麦芒长、多刺、挺直，小穗排列整齐，颖壳厚，内外颖结合紧密或籽粒表皮组织较厚的品种，对吸浆虫具有明显的抗性。吸浆虫成虫产卵对小麦生育阶段也有严格的选择性。通常抽穗整齐、灌浆迅速、抽穗盛期与成虫产卵期不同步的品种受害轻。20世纪50年代，我国应用抗虫品种'西农6028'和'南大2419'及其衍生品种控制吸浆虫危害，发挥了重要作用。近年来，河北省小麦感虫品种的种植面积占小麦总面积的60%～70%，导致了吸浆虫的大发生。种植抗虫品种不需要药剂防治就能控制麦红吸浆虫为害，控制效果达 97.95%~100%。

（五）耕作制度与栽培措施

旱作田、小麦连作和小麦与大豆轮作的麦田受害重，水旱轮作的地区受害轻；麦收后翻耕曝晒的麦田，幼虫死亡率高；撒播田发生数量比条播田多，受害严重。20 世纪 80 年代黄淮地区吸浆虫发生面广量大，与灌溉面积扩大有密切关系。此外，小麦由高秆变矮秆，高度密植，大量施氮肥，造成田间全年全面覆盖，也给小麦吸浆虫创造了极为稳定的农田生态条件，有利其越夏、越冬和繁殖为害。

随着联合收割机的普及应用，机舱携虫传播成为麦红吸浆虫又一个新的传播途径。联合收割机作业可将吸浆虫从有虫田块携带到周围无虫田块，同时跨区作业又可将老熟幼虫进行远距离传播，加快了麦红吸浆虫的传播速度。

（六）天敌

小麦吸浆虫的天敌种类较多，捕食性天敌有 20 余种，寄生性天敌有 10 余种。较为重要的种类有瘿蚊长索广腹细蜂和瘿蚊双索金小蜂，卵寄生蜂有宽腹姬小蜂、尖腹黑蜂等。捕食天敌大多是多食性的，捕食一定量的吸浆虫，也捕食麦田其他昆虫，对吸浆虫种群有一定的控制作用。此外，吸浆虫幼虫也会被一些真菌侵染而导致死亡。

四、虫情调查与测报

我国小麦吸浆虫虫情调查按《NY/T 616—2002 小麦吸浆虫测报调查规范》进行。

（一）淘土查幼虫和蛹

麦红吸浆虫幼虫在土中呈聚集分布，最适合采取棋盘式抽样方式，其次为对角线 5 点取样。具体方法是在小麦抽穗前，每块田按对角线 5 点取样，每个样方取 10cm×10cm×20cm 土样，将每个土样放入 80 目尼龙袋内，将装有土样的尼龙袋直接放在水渠或池塘冲洗致无浊水；或者倒入桶内搅拌，将泥浆水倒入 80 目箩内冲洗，将剩余物倒入白瓷盘内细心检查计数。

（二）成虫观测

1. 网捕法　在小麦抽穗后，每块田随机选 2 点，每天下午 5~7 时，手持捕虫网顺麦垄逆风行走，边走边左右捕虫，每点捕 10 复网，计捕获成虫数。一般 10 复网平均有 10 头成虫时就需要防治。

2. 成虫目测法　抽穗初期及以后，黎明或傍晚为吸浆虫活动盛期，扒开麦垄，一眼就能看到 2~3 头成虫时需要防治。此种方法因人而异，误差较大。

3. 黏板监测法　每块田设置 10 块黄色黏板，黏板大小为 15cm×20cm，设置高于麦穗，间距为 10~15m。孕穗期当 10 块板累计有 1 头成虫，抽穗期累计有 4 头成虫时就应该防治。

（三）剥穗查虫

自小麦扬花 10 d 后至幼虫大部分老熟或接近老熟，但尚未脱穗入土前进行，每块田按 5

点取样，每点任选 10 穗，置于纸袋带回室内剥查。先数麦粒，再逐穗逐粒检查，纸袋内如有脱落幼虫应一并计数。

五、防治方法

小麦吸浆虫的防治以抗虫品种和耕作栽培措施为基本防治对策，辅之以药剂防治，以达到长期控制的目的。

（一）防治适期及防治指标

小麦孕穗期，正值小麦吸浆虫前蛹盛期，为地面施药的防治适期。小麦抽穗期盛期（70% 抽穗率）（扬花前）正值小麦吸浆虫羽化盛期，为穗部喷药补治扫残适期。

防治指标为小麦拔节期到孕穗期，淘土法每样方（10cm×10cm×20cm）有幼虫（蛹）5 头时，需要进行防治。在小麦孕穗或抽穗初期，用手扒开麦垄一眼可见成虫 2～3 头，或捕网 10 次平均有成虫 10 头以上时，需要进行防治。

（二）选用与培育抗虫品种

20 世纪 50 年代，'西农 6028' 和 '南大 2419' 曾在小麦吸浆虫防治中发挥了重要作用，目前我国生产中尚缺乏高抗麦红吸浆虫且高产、农艺性状较好的小麦品种。

（三）农业防治

小麦吸浆虫重发生区，在抗虫品种缺乏的情况下，可实行轮作倒茬，如棉麦轮作、稻麦轮作，或改种油菜、大蒜、西瓜、蔬菜等作物，待 2～3 年后再种小麦。麦茬耕翻曝晒。

（四）药剂防治

1. 蛹期防治　小麦孕穗期撒毒土防治。用辛硫磷、乐斯本或毒死蜱加水喷洒到细干土上拌匀，于露水干后均匀撒施，然后用竹竿或绳子将麦叶上的毒土抖落到地面。撒药后及时浇水，提高防治效果。

2. 成虫期防治　在田间 70% 的麦穗露脸时，用敌敌畏均匀喷洒到麦糠上拌匀，隔行每 1m 撒一小堆；或用毒死蜱、乐果、杀螟硫磷、高效氯氰菊酯喷雾。虫害严重地块隔 2～3d 再防治 1 次。

第三节　小麦害螨

小麦害螨（wheat mite）主要有麦圆叶爪螨（麦圆红蜘蛛）[*Penthaleus major*（Duges）] 和麦岩螨（麦长腿红蜘蛛）[*Petrobia latens*（Müller）]，属蛛形纲蜱螨目，前者为叶爪螨科，后者为叶螨科。麦岩螨主要发生在长城以南至黄河以北的平原旱地和丘陵旱地；麦圆叶爪螨主要发生在江淮流域的灌溉麦区和地势低洼麦田，该虫一般在麦苗生长茂密、阳光照射不足的平原水浇地和低湿地发生最重，旱地发生较轻。小麦害螨春秋季均能为害，春季为害最重，以成螨、若螨刺吸小麦叶片、叶鞘的汁液，被害处产生黄白色小斑点，当虫口密度大时，叶尖焦枯，或全叶枯黄，轻者植株矮小，麦穗少而小，重者整片植株枯死。除为害小麦外，麦圆叶爪螨还为害大麦、豌豆、蚕豆、油菜等作物以及小蓟、看麦娘等杂草；麦岩螨的寄主还包括桃、柳、桑、槐等树木以及红茅草、马拌草等。

一、形态特征

1. 麦圆叶爪螨　　雌成螨：体长 0.6～0.8mm，椭圆形，腹背隆起，深红色或黑褐色。4 对足长度相似，其上密生短刚毛，但是足端无黏毛。尚未发现雄螨（图 17-6）。

卵：椭圆形，0.2mm×0.14mm，淡红色。

幼螨和若螨：体圆形，草绿色，3 对足红色。若螨足 4 对，体色、体形与成螨相似。

2. 麦岩螨　　成螨：雌螨体长 0.6～0.85mm，卵圆形，两端较尖瘦，体多为暗红褐色，背面中央有 1 红斑，自胸部直达腹部。4 对足橘红色，第 1 对显著较长，各足端有 4 根黏毛。雄螨体长 0.46mm，梨形。

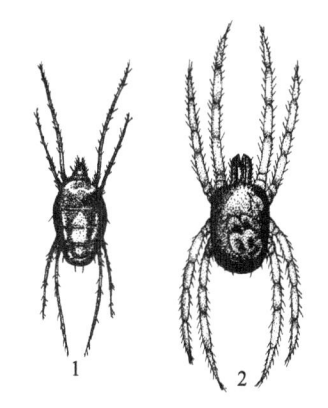

图 17-6　小麦害螨（仿中国农作物病虫图谱绘组，1960）
1. 麦岩螨；2. 麦圆叶爪螨

卵：越夏卵圆柱形，白色，顶端向外扩张很大，其上有星状辐射条纹，形似倒放草帽；非越夏卵球形，长约 0.2mm，红色，表面有数十条纵裂隆起条纹。

幼螨和若螨：幼螨体圆形，暗褐色，体长 0.15mm，3 对足。若螨足 4 对，体色、体形与成螨相似。

二、发生规律

（一）麦圆叶爪螨

麦圆叶爪螨 1 年发生 2～3 代，以雌成螨和卵在小麦植株或田间杂草上越冬。在淮河流域较温暖地区，冬季也可见到少数若螨。越冬后的出蛰期较麦岩螨早。次年 2 月下旬雌成螨开始活动并产卵繁殖，越冬卵也陆续孵化。3 月下旬至 4 月中旬小麦拔节期是其为害盛期，于小麦孕穗后期产卵越夏。10 月上旬起夏卵孵化，为害冬小麦幼苗或田边杂草。11 月上旬出现成螨并陆续产卵，随气温下降进入越冬阶段。

尚未发现雄螨，营孤雌卵生。卵多块产或串产在小麦分蘖基部或干叶基部，每雌产卵 20～50 粒。麦收后越夏卵多分布在麦茬或附近土块上，秋季卵多产于秋苗和杂草根部附近的土块或干叶上。

麦圆叶爪螨也有群集性和假死性，但活动时间则与麦岩螨不同，由于此虫喜高湿畏干热，故早晚活动最盛，白天气温较高时大多降至麦株基部潜伏。麦圆叶爪螨阴雨天仍能活动为害，但遇大雨或四级以上大风时则多潜伏。

（二）麦岩螨

麦岩螨 1 年发生 3～4 代，以成螨和卵在寄主根际、土缝等处越冬。越冬成螨次年 2 月中下旬开始活动；3月上中旬平均气温5℃左右，越冬卵大量孵化，3月下旬平均气温9.3℃时，越冬成螨开始产卵。4月中下旬为第1代麦岩螨发生盛期，5月上旬及5月中下旬为第2、第3代发生为害期。6月初小麦黄熟时，气温较高，以第3代成螨产滞育卵越夏。越夏卵于9月下旬开始孵化，10月上旬出现若螨，10月下旬出现成螨并为害秋麦苗，11月中下旬越冬。各地田间均未发现雄螨。麦岩螨田间发生高峰期一般在4～5月，发生盛期与小麦拔节孕穗期基本一致。

麦岩螨以孤雌生殖为主，各地田间均未发现雄螨。成螨昼夜均能产卵，以中午及傍晚产卵最多，一般将卵散产在麦根附近的硬土块、粪块和小石块上，土下1～1.5cm处的卵量占总卵量的85.1%，每雌产卵29～72粒。滞育卵有多年滞育的习性，能在土中存活2年之久。

麦岩螨的成螨、若螨都有群集习性，在叶背为害，有风时多停止活动，受惊动即下坠入土缝隐蔽。每天上午9～10时至下午4～6时活动最盛，自晚上8时移至麦株下部潜伏。成螨爬行力强，蔓延扩散快。

三、发生与环境关系

（一）气候条件

麦岩螨性喜温暖干燥，发育最适温度为15～20℃，相对湿度50%以下。麦岩螨较耐高温，因此发生较晚，为害持续时间也较长。此螨多发生于丘陵、高燥麦田，尤以干旱之年发生严重，多雨年份一般不致造成显著危害。

麦圆叶爪螨喜阴凉湿润，当相对湿度在70%以上、表土层含水量在20%左右，最适宜该螨繁殖为害。该螨不仅发生于水浇地和低洼地，而且在冬春多雨、相对湿度经常在70%以上的年份也常猖獗危害。麦圆叶爪螨不耐高温，在旬平均气温8.7℃以上、14℃以下时，大量繁殖为害。当春季旬平均气温上升到14.7℃时，成螨、若螨密度即迅速下降，而达到17℃时成螨已全部死亡。麦圆叶爪螨耐寒力较强。越冬期间若遇无风的晴天，该虫仍可爬至麦叶上为害。

（二）土壤与耕作制度

麦岩螨在壤土与黏质土麦田发生多，砂质土发生少。而麦圆叶爪螨在细砂壤土麦田发生多，砂壤土次之，黏土发生最少。一般小麦害螨在黑土地里发生早于黄土地，且密度大，为害重，因黑土地吸热快、温度高。在常发地区，连作麦田可造成严重为害，隔年麦田受害轻，两作地基本上不受害。此外，田边杂草多的地块，一般小麦害螨发生早且密度大。

四、防治方法

（一）农业防治

1）灌水灭虫：在小麦害螨潜伏期灌水，可使害螨被泥水黏于地表而死。灌水前先扫动麦株，使害螨假死落地，随即放水，效果更好。

2）精细整地：早春中耕，可杀死大量害螨。麦收后浅耕灭茬，秋收后及早深耕，因地制宜进行轮作倒茬，可有效消灭越夏卵及成螨。

3）加强田间管理：首先，施足底肥，保证苗齐苗壮，增施磷、钾肥，保证后期不脱肥，增强小麦抗虫能力。其次，及时清除田间杂草。一般不干旱、杂草少、小麦长势良好的麦田，小麦害螨发生轻。

（二）药剂防治

小麦返青后当麦垄每 33cm 单垄长有螨 200 头或每株有螨 6 头，即可用药防治。防治方法以挑治为主，即哪里有螨防治哪里、重点地块重点防治。在小麦黄矮病流行区结合防蚜避病进行种子处理，或在播种时撒施呋喃丹颗粒剂，也可在小麦害螨为害初盛期喷施乐果粉剂，也可选用阿维菌素、扫螨净、哒螨灵、螨克或克螨特等喷雾。

第四节　其他小麦害虫

一、麦叶蜂

麦叶蜂（wheat sawfly）属膜翅目叶蜂科，我国发生的种类主要有小麦叶蜂（*Dolerus tritici* Chu）和大麦叶蜂（*Dolerus hordei* Rohwer），其中以小麦叶蜂为主，分布范围广，主要发生在淮河以北麦区，以幼虫食害小麦和大麦叶片，呈刀切状缺刻，严重发生时，可将叶片吃光。

（一）形态特征

成虫：体长 8～9mm。体大部为黑色微带蓝光，仅前胸背板、中胸盾片的盾纵沟之间部分、翅基片和中胸侧板为赤褐色，后胸背面两侧各有一白斑。头部有网状花纹，复眼大；雌虫触角短于腹部，雄虫触角与腹部等长。胸部光滑，翅透明膜质。

卵：扁平肾形，淡黄色，长约 1.8mm，表面光滑。

幼虫：共 5 龄。老熟幼虫体长 18mm，灰绿色，圆筒形，头深褐色，上唇不对称，后头后缘中央有一黑点。胸部粗，腹部较细，胸腹各节均有横皱纹。腹足 8 对，腹足基部各有一暗纹。

蛹：长 9mm 左右，淡黄到棕黑色，腹部细小，末端分叉（图 17-7）。

大麦叶蜂各虫态基本与小麦叶蜂相似，但雌蜂中胸盾片除后缘赤褐色外，其余均为黑色，盾板两侧赤褐色；雄蜂全体黑色。

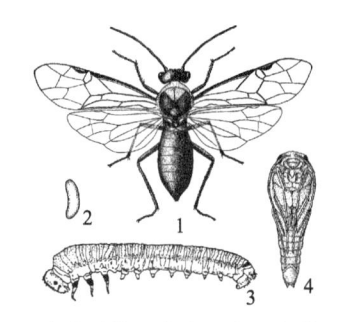

图 17-7　小麦叶蜂（仿浙江农业大学，1963）
1.成虫；2.卵；3.幼虫；4.蛹

（二）发生规律

麦叶蜂在北方麦区 1 年发生 1 代，以蛹在土中 20～24cm 深处越冬。北京 3 月中下旬羽化为成虫，在麦田内交尾，交尾后 3～4min，雌虫即开始产卵。成虫用锯状产卵器将卵产在叶片主脉旁边的组织中，成串产下。叶面上出现长 2cm，宽 1cm 突起。每叶产卵 1~2 粒或 6~7 粒，卵期 10d。幼虫共 5 龄，1~2 龄幼虫日夜在麦叶上取食，3 龄后畏惧强光，白天常潜伏在麦丛里或附近土表下，傍晚后开始为害麦叶。4 龄后食量大增，可将整株叶吃光。4 月上旬至 5 月初是幼虫为害盛期。幼虫有假死性，稍遇震动即落地缩成一团。小麦抽穗时，幼虫老熟入土，分泌黏液将周围土粒黏成土茧，在土茧内滞育越夏，至 9~10 月才蜕皮化蛹越冬。麦叶蜂在冬季气温偏高，春季气温回升快，土壤湿度大时可大发生，为害严重。沙质土壤麦田比黏性土麦田受害重。

（三）防治方法

麦播前进行深耕，可将土中休眠的幼虫翻出，使其不能正常化蛹而死亡。有条件的地区实行水旱轮作，稻麦倒茬，可控制其为害。利用麦叶蜂幼虫的假死性，于傍晚时进行捕打。药剂防治适期应掌握在 3 龄幼虫前，可选用啶虫脒、吡虫啉、辛硫磷、溴氰菊酯或氰戊菊酯喷雾。

二、麦秆蝇

麦秆蝇（european wheat stem maggot）（*Meromyza saltatrix* L.）属双翅目秆蝇科，是我国北部春麦区及华北平原中熟冬麦区的主要害虫之一。对春小麦的为害最为严重。此虫主要为害小麦，也可为害大麦、燕麦或黑麦。野生寄主多为禾本科和莎草科的碱草、白茅草等。瑞典麦秆蝇（*Oscinella pusilla* Meigh）又名黑麦秆蝇，不仅为害小麦、燕麦，在山东、河北、河南、甘肃等省为害玉米苗日趋严重。两种麦秆蝇均以幼虫钻入小麦等寄主茎内蛀食为害，初孵幼虫从叶鞘或茎节间钻入麦茎，或在幼嫩心叶及穗节基部 1/5~1/4 处呈螺旋状向下蛀食，形成枯心、白穗、烂穗，不能结实。

（一）形态特征

成虫：体黄绿色。雄虫体长 3.0~3.5mm，雌虫 3.7~4.5mm，胸部背面有 3 条深色纵纹（图 17-8）。

卵：长椭圆形，长 1mm 左右，白色，表面有 10 余条纵纹。

幼虫：蛆形，老熟幼虫体长 6.0~6.5mm，淡黄绿色至黄绿色，前气门分支和气门小孔数为 6~9 个。

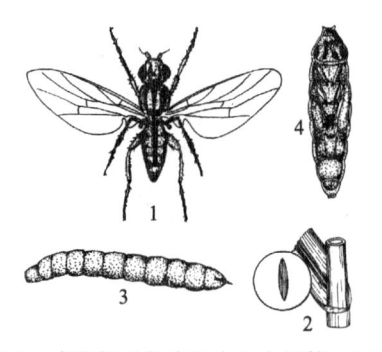

图 17-8 麦秆蝇（仿南京农业大学等，1991）
1. 成虫；2. 卵；3. 幼虫；4 蛹

蛹：黄绿色。雄蛹体长 4.3~4.8mm，雌蛹体长 5.0~5.3mm。

瑞典麦秆蝇成虫较小，黑色有光泽。

（二）发生规律

春麦区 1 年发生 2 代，以幼虫在披碱草等禾本科杂草中越冬。越冬代成虫多产卵于小麦叶片基部，幼虫孵化后入茎为害。第 1 代成虫一般在麦收时羽化，飞离麦田至野生寄主上产卵越冬。在山西南部及关中冬麦区1年发生4代，以幼虫在麦苗或野生寄主内越冬。越冬代成虫在返青的冬麦上产卵为害。第1代成虫羽化时，正值冬麦生育后期，第2、第3代幼虫在冬麦无效分蘖、春小麦、落粒麦苗或野生寄主上取食为害，第3代成虫羽化后，在秋季早播麦苗或野生寄主上产卵并越冬。冬、春麦区都以第1代幼虫为害严重。

成虫白天在麦株上飞舞，遇强光和高温时潜伏于植株下部。成虫对糖蜜有较强趋性，常在荞麦、豌豆、苜蓿上取食花蜜。成虫喜产卵于具有4～5个叶片的麦茎上，一般小麦在拔节末期着卵量大，拔节初期次之，抽穗期则极少。卵大部分产于叶面上。幼虫有转株为害的习性，一头幼虫可为害4个分蘖。产卵和幼虫孵化均需较高湿度，故茎秆柔软、叶片较宽或毛少的品种着卵量大，受害严重。

（三）防治方法

因地制宜选用耐虫或早熟品种。加强栽培管理，做到适期早播、合理密植。加强水肥管理，促进小麦生长整齐。加快小麦前期生长发育是控制该虫的根本措施。越冬代成虫羽化盛期是第一次药剂防治适期。冬麦区秋苗平均百网有成虫25头或卵株率达2%、春季平均百网有成虫20～40头或卵株率达5%以上时，即为用药防治适期。可喷撒敌百虫，或选用有机磷类或菊酯类农药喷雾防治。

三、其他常见小麦害虫

除麦叶蜂、麦秆蝇外，麦茎谷蛾、秀夜蛾、小麦皮蓟马等害虫在我国部分麦区发生较为严重，其发生规律和防治方法见表17-2。

表17-2 麦茎谷蛾、秀夜蛾、小麦皮蓟马的发生规律和防治方法

害虫	分布与危害	发生规律	防治方法
麦茎谷蛾（Ochsencheimeria taurella Schrank）	在北方小麦区都有分布，以山东、山西、江苏、河北、甘肃等地发生较普遍且为害较重。主要为害小麦、大麦和燕麦等。幼虫蛀食穗节基部造成白穗、枯孕穗或虫伤株	北方麦区1年发生1代，以低龄幼虫在小麦心叶里越冬。5月中下旬老熟幼虫在小麦旗叶的叶鞘内化蛹，蛹期20d左右。成虫羽化后活动数天，迁聚在屋檐、墙缝、草垛或老树皮内越夏，秋季在麦田中产卵。卵孵后以低龄幼虫越冬。一般以邻近村庄和抽穗早的麦田受害较重	（1）诱杀成虫。成虫羽化盛期，于房檐下每隔2～3m吊挂旧麻袋条及粗糙的编织物或牛皮纸皱褶的条块等诱集成虫，次日清晨集而杀之 （2）化学防治。4月上中旬幼虫爬出活动或转株为害时，用敌百虫、敌敌畏、啶虫脒等喷雾
秀夜蛾[Amphipoea fucosa（Freyer）]	东北、西北、华北春麦区、西藏高原、长江中下游及华东小麦产区均有分布，为害小麦、大麦、莜麦、黍等，低龄幼虫蛀茎取食，4龄后将麦秆地下部咬烂，麦株呈枯心苗状	北方春麦区1年发生1代，以卵越冬。翌年5月上中旬开始孵化，3龄前幼虫蛀茎为害，4龄后从麦秆地下部咬烂入土，继续为害，5月下至6月下旬进入为害盛期，幼虫期约50d，老熟幼虫为害后于6月下至7月上中旬入土化蛹。蛹期15～20d。7月下至8月中旬进入羽化盛期，成虫盛发后随即进入产卵盛期	（1）毁茬灭卵。麦收后捡拾麦茬集中烧毁，减少越冬卵量 （2）化学防治。用辛硫磷等拌种

续表

害虫	分布与危害	发生规律	防治方法
小麦皮蓟马 [*Haplothrips tritici* (Kurdjumov)]	主要分布于新疆、甘肃、内蒙古、宁夏、山东、天津和黑龙江等地。主要为害小麦、大麦等。以成虫和若虫为害小麦花器、吸食麦浆，严重时麦粒空秕。还可为害护颖和外颖，颖片受害后发黄或呈黑褐斑，被害部极易受病菌侵害，造成霉烂	1年发生1代，以若虫在麦茬、麦根及晒场地下10cm左右处越冬，小麦返青—拔节期在土中及麦茬内化蛹，小麦孕穗期羽化为成虫。羽化的成虫飞到小麦植株的上部叶片内侧、叶舌、叶耳、叶鞘内吸食汁液，并入侵尚未抽出的麦穗进行为害。小麦抽穗期在刚抽出的麦穗上产卵，主要产在小穗基部及两护颖尖端内侧。小麦扬花—灌浆期，孵化的若虫钻入小麦颖壳内吸取汁液。幼虫在5月中下旬小麦灌浆期为害最盛，小麦蜡熟期陆续离开麦穗停止为害，准备越冬	（1）秋耕冬灌、合理轮作倒茬 （2）适时早播或种植早熟品种 （3）化学防治。在小麦孕穗期和扬花期，喷洒阿维菌素、氯氰菊酯、丙溴磷、敌百虫、敌敌畏、吡虫啉等药剂

第五节　小麦害虫综合防治

一、播种期和苗期

1. 农业防治

1）改变耕作制度，实行麦田轮作，在冬、春麦混栽区，尽可能缩减冬小麦的面积，或将冬、春麦分别集中种植，麦田尽量与其他作物实行轮作，尽量避免麦棉间作套种，以期对地下害虫、小麦吸浆虫、螨类、蚜虫等起一定的抑制作用，并可减轻麦类病毒病的发生。

2）选育和推广种植抗虫耐害品种。各地应因地制宜地选用优质、高产、多抗小麦品种，推广种植。在小麦吸浆虫发生区，最好选用抗吸浆虫的小麦品种。

3）改进栽培管理技术，实行浅耕灭茬杀伤害虫。在小麦收割后，进行浅耕灭茬可杀伤潜伏在表土下的吸浆虫幼虫、害螨类、麦叶蜂幼虫及多种地下害虫。麦田及时深翻曝晒，破坏害虫的适生环境，可大大压低在土中生活的多种害虫的虫口基数；科学灌溉、合理密植等措施，可抑制沟金针虫、麦秆蝇及麦吸浆虫等害虫的发生与为害。

2. 化学防治

1）药剂拌种：对地下害虫虫口密度大的麦田，播种前可用辛硫磷或甲基异硫磷拌种。在麦二叉蚜、条斑叶蝉、灰飞虱、小麦害螨等严重发生地区，特别是小麦黄矮病毒病流行区，则推广应用吡虫啉等内吸性杀虫剂进行拌种，并可同时兼治地下害虫。

2）麦苗期可用除虫精或乐果粉拌土或细砂制成毒土撒施，以防治麦蚜、害螨、跳甲、金针虫等害虫。早春冬小麦返青时或春麦播种时，除进行碾、耙外，必要时可喷施吡虫啉、灭扫利等药剂防治多种刺吸式口器害虫。

二、拔节期到成熟前

1. 药剂防治　该阶段主要靶标害虫是小麦吸浆虫、麦蚜、黏虫、飞蝗和土蝗等，其次是害螨、麦叶蜂等害虫。以防治黏虫、叶蜂等咀嚼式口器害虫为主，可选用辛硫磷、灭幼脲、敌敌畏、西维因及速灭杀丁等乳剂；防治麦蚜、螨类、蜻类等刺吸式口器害虫可喷啶虫脒、吡虫啉、抗蚜威等。杀灭害螨可选用阿维菌素、哒螨灵、螨克、克螨特等药剂。如果飞蝗或土蝗严重发生，必须迅速捕灭。除了大面积大范围进行飞机防治外，小面积防治可及时喷施马拉硫磷、锐劲特、辛硫磷及拟除虫菊酯类杀虫剂。在小麦孕穗期（吸浆虫化蛹盛期）防治小麦吸浆虫应撒施乐斯本或辛硫磷毒土。

2. 生物防治　　保护和利用瓢虫、食蚜蝇、草蛉、寄生蜂、寄生蝇、蜘蛛、捕食性螨类等，发挥自然天敌防与治的双重作用，提高生态效益。实践中可通过尽量减少农药用量和施药次数，改进施药方法，使用选择指数高的杀虫剂，选用适宜剂型等措施，将对生态环境的干扰降到最低。例如，选用啶虫脒、吡虫啉和抗蚜威等药剂防治麦蚜，不仅对天敌瓢虫和捕食性天敌杀伤力小，对麦蚜防治效果好，且田间连续多年使用吡虫啉防治麦蚜对后茬玉米田天敌和害虫种群影响相对较小。同时，在防治实践中应尽量选用生物农药和高效低毒的更新换代的杀虫剂品种。

★ 复习思考题 ★

1. 蚜虫对作物生长发育的影响表现在哪几个方面？举例说明。
2. 麦田小麦蚜虫的种类有哪些？优势种是何种？发生特点有何异同？
3. 麦田重要的蚜虫天敌有哪些？为什么更需要保护好麦田害虫天敌？应采取什么措施保护？
4. 小麦上主要发生哪两种害螨？麦岩螨的发生条件与其他叶螨相比有何特点？
5. 试述小麦吸浆虫的为害特点、生物学特性和综合防治措施，并指出其化学防治的两个关键时期和方法。
6. 简述小麦吸浆虫的预测预报方法。
7. 简述麦红吸浆虫发生与小麦生育期的关系。
8. 简述麦秆蝇的为害特点、化学防治适期及防治方法。
9. 调查了解本地小麦主要害虫种类及发生危害情况。

第十八章 水稻害虫

水稻是我国主要的粮食作物，播种面积占粮食作物播种总面积的 26% 左右，产量占粮食作物总产量的 43% 左右。为害水稻的害虫，世界上已知 1400 余种，我国已知 620 余种，常见的有 30 多种。我国农作物重大害虫中，水稻害虫超过半数。其中，蛀茎螟虫主要有三化螟、二化螟、大螟、褐边螟、台湾稻螟 5 种；为害叶片、吸食汁液和刮食叶肉的有稻飞虱类、稻叶蝉类、蜻类、稻蚜和稻蓟马类等；咬食叶片呈缺刻或孔洞的有稻苞虫、稻眼蝶、稻螟蛉、稻蝗、黏虫、稻象甲；啮食叶肉残留表皮的有稻纵卷叶螟、稻显纹纵卷叶螟、稻负泥虫、稻水象甲；潜叶危害的有稻铁甲虫、稻小潜叶蝇；蛀食心叶和生长点的有稻瘿蚊、稻秆蝇等；为害花的有稻管蓟马；为害稻穗的有稻蜻类、稻蝗、黏虫；为害种子、幼芽和稻根的有稻根叶甲、稻象甲、稻水象甲、稻摇蚊、稻水蝇等。

第一节 稻蛀螟

稻蛀螟（rice stalk borer），俗称水稻钻心虫。我国稻区稻蛀螟主要有三化螟 [*Tryporyza incertulas*（Walker）]、二化螟 [*Chilo suppressalis*（Walker）]、大螟（*Sesamia inferens* Walker）、褐边螟（*Catagela adjurella* Walker）、台湾稻螟（*Chilo auricilius* Dudgeon），均属鳞翅目，除大螟属夜蛾科外，其他 4 种均属螟蛾科。前 3 种发生普遍，为害严重；后 2 种局部发生，为害较轻。

稻蛀螟皆以幼虫蛀入稻株茎秆中取食组织，致使苗期、分蘖期呈现枯心苗，孕穗期成为死穗苞，抽穗期出现白穗，黄熟期成为虫伤株。二化螟、大螟还可在叶鞘内蛀食，形成枯鞘。

三化螟、二化螟、大螟国外主要分布于南亚次大陆、东南亚和日本南部，国内分布普遍。三化螟仅为害水稻，二化螟和大螟的主要寄主是水稻、茭白、甘蔗、高粱、玉米、小麦、粟、稗、慈姑、蚕豆、油菜、游草等。

一、形态特征

三化螟、二化螟和大螟的形态特征见表 18-1 和图 18-1～图 18-3。

表 18-1 三种稻蛀螟的形态特征

虫态	三化螟	二化螟	大螟
成虫	雄虫体长 9mm，雌虫 12～13mm。前翅三角形。雄蛾前翅淡黄色，外缘有 1 列 7～9 个小黑点，翅顶角至后缘有 1 条黑褐色斜纹；雌蛾前翅基部黄白色，近外缘与前缘处深黄色，前翅中央有 1 黑点	雄虫体长 10～12mm，雌虫 12～15mm。前翅近长方形，翅面有褐色不规则小点，外缘有 7 个小黑点。雄蛾前翅中央还有 1 个灰黑色斑点，下面有 3 个同色斑点	雄虫体长 12mm，雌虫 15mm。前翅宽而短，自翅基部沿中脉至外缘有 1 条暗褐色纵带，其上下各有 2 个小黑点

续表

虫态	三化螟	二化螟	大螟
卵	扁椭圆形；卵粒叠3层，表面有褐色鳞毛。初产时乳白色，后渐变为黑色	椭圆形，扁平；卵块鱼鳞状，单层排列。初产白色，后变为茶褐色	扁球形，顶端稍凹；表面有70～80条放射状细隆线；卵块单层带状，成2～3行排列
老熟幼虫	体长20～30mm；胸腹部黄绿略呈淡黄色，背中线暗绿色；前胸背板后缘有1对新月形斑；腹足不发达，趾钩21～36个，单序扁圆形	体长20～30mm；体背有5条棕红色纵线；腹足较发达，趾钩51～56个，3序环形	体长30mm；前胸、腹部背面淡紫红色；体节上有瘤状突起，上生短毛；腹足发达，趾钩17～21个，单序半环形
蛹	体长10～15mm；圆筒形；初乳白色、黄白色，后变为淡黄褐色，有银色光泽；外覆薄茧；后足长，雌伸达腹部5～6节处，雄达7～8节处	体长11～17mm；圆筒形；淡黄色至红褐色；前期背面可见5条纵线，后足末端与翅芽等长，第10节末端近方形	体长13～18mm；圆筒形；初期淡黄色，后变为黄褐色；头、胸部有时覆白粉状物；翅芽近端在腹面有一段接合

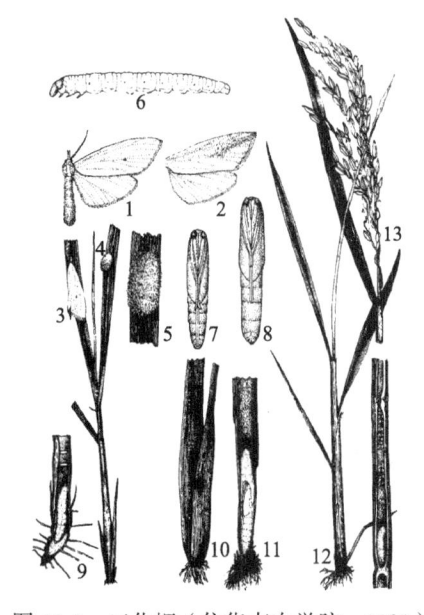

图18-1 三化螟（仿华南农学院，1981）

1.雌成虫；2.雄成虫前后翅；3.雌虫停息在稻叶上；4，5.稻叶上的卵块；6.幼虫；7.雄蛹；8.雌蛹；9.幼虫在稻茬内过冬（部分剖开）；10.幼虫咬的羽化孔；11.在稻茬内化蛹状；12.枯心苗；13.白穗

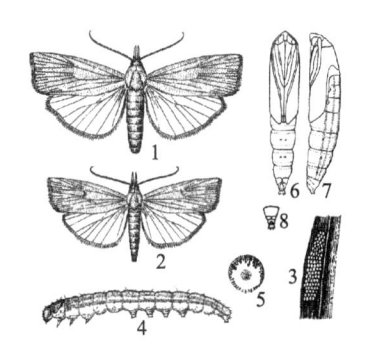

图18-2 二化螟（1、2仿日本昆虫图鉴，1952；5仿西北农学院，1977；余仿浙江农业大学，1963）

1.雌成虫；2.雄成虫；3.卵块；4，5.幼虫及腹足趾钩；6，7.雌蛹腹、侧面观；8.雄蛹腹部末端

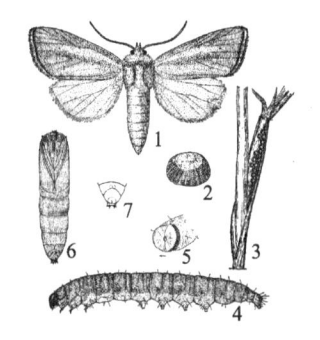

图18-3 大螟（仿浙江农业大学，1963）

1.成虫；2.卵；3.产在叶鞘内的卵；4，5.幼虫及腹足趾钩；6.雌蛹；7.雄蛹腹部末端

二、生活史与习性

（一）三化螟

1. 生活史　　年发生 2~7 代，以老熟幼虫在稻茬内滞育越冬。翌春气温回升至 16℃时开始化蛹。越冬代蛹期可长达 20d，夏、秋季以 8~10d 较普遍。

2. 生活习性　　成虫多在夜间羽化，白天静伏于稻丛中，黄昏开始活动，以夜间 7~8 时活动最盛。成虫飞行力和趋光性强。羽化后 1~3d 交配，以晚上 10 时最盛；交配后，次晚产卵，以第 2、第 3 天产卵量多。多数可产卵 3 块以上，每块卵 30~180 粒不等。成虫有趋绿产卵的习性。卵块多产于植株上部第 2、第 3 叶的叶尖部。

蚁螟孵化以黎明和上午为多，在附近稻株分散钻蛀；幼虫在植株茎内可穿节危害，并有转株为害习性，一生转株 1~3 次，以 3 龄转株最盛。老熟幼虫大多蛀食到稻茎基部 10cm 以下作薄茧化蛹。25℃时卵期 7.8d，幼虫期 26.0d，蛹期 11.4d，成虫寿命 5.0d。

（二）二化螟

1. 生活史　　年发生 1~5 代，以 4~6 龄幼虫在稻茬、稻草、茭白、野茭白、三棱草及杂草中越冬。春季气温达 11℃时开始化蛹。越冬代幼虫化蛹时间很不整齐，常持续 60d 左右，形成多次发蛾高峰，世代重叠明显。

2. 生活习性　　成虫白天潜伏于稻丛基部及杂草中，夜间活动，趋光性强。雌蛾喜在叶色浓绿及粗壮高大的稻株上产卵。每雌蛾产 2~3 个卵块，每块有卵 40~80 粒，每雌能产卵 100~200 多粒。秧苗或分蘖期，卵块多产于 1~3 叶正面离叶尖 3~7cm 处；分蘖后期、圆秆期、孕穗期、抽穗期，多产在离水面 7cm 以上的叶鞘上。

蚁螟孵出后，一般沿稻叶向下爬行或吐丝下垂，从叶鞘缝隙侵入。二化螟侵蛀水稻能力比三化螟强，圆秆期侵入率也较高，抽穗成熟期也能侵蛀为害。幼虫 3 龄以后食量增大，开始分散转移为害。

二化螟幼虫第 1 代多为 6 龄，第 2~3 代多为 7 龄。28℃时幼虫期 35.6d，蛹期 7.1d，成虫寿命 2~3d。

（三）大螟

1. 生活史　　年发生 3~7 代。多数以老熟幼虫、少数以 3~4 龄幼虫在稻茬及其他寄主残株和禾本科杂草茎秆及根际越冬。越冬幼虫有遇淹水逃逸习性。早春气温达 11℃以上，越冬幼虫陆续化蛹，气温达 12℃以上开始羽化。第 1 代多在田边杂草或甘蔗、玉米、茭白等寄主上产卵、为害，第 2 代才转移到水稻上为害。

2. 生活习性　　成虫多在黄昏羽化，白天潜伏稻丛基部或杂草丛中，夜晚活动，对黑光灯趋性较强。成虫喜在粗壮高大植株上产卵，孕穗期大部分卵产在穗苞上（即剑叶的鞘内），其他时期则产在叶鞘内侧。单雌产卵 3~4 块，卵量 200~300 粒。

幼虫孵化后在叶鞘内群居取食，形成枯鞘。2 龄以后，转株为害。幼虫蛀食多不过节，4~5 龄时，食量很大，一节食尽即爬出转株为害。幼虫一生能为害 3~4 株水稻，被害茎秆虫孔大，并排出大量虫粪，易与二化螟、三化螟相区别。

三、发生与环境的关系

（一）气候

冬季低温干燥，三化螟越冬幼虫死亡率增加。1月低温（-20~-4℃）持续2~3d，越冬幼虫死亡率达95%。春季低温多雨，越冬螟虫化蛹和羽化延迟，发生量减少。

二化螟生长发育的最适温度为23~26℃，相对湿度为85%~100%。幼虫抗高温能力差，夏季高温（30℃以上）干旱对二化螟幼虫发育不利。夏秋季遇暴雨，田间积水较深，能淹死大量幼虫和蛹。35℃以上，羽化的成虫多成畸形。

（二）水稻品种和栽培技术

粳稻比籼稻、杂交稻比常规稻更有利于三化螟的生长发育。一般返青早、生长嫩绿的稻田，卵量多，螟害重。施肥不当，如施肥过多、过迟，常造成水稻发育和生长期拉长，抽穗期不整齐，很容易碰上蚁螟侵入，因而加重了螟害。

二化螟危害程度与水稻品种特性有关。杂交稻具有长势旺、株高、茎粗、叶宽大、叶色浓绿、茎秆含硅量低，既能吸引成虫产卵，又有利于幼虫的侵蛀和成活。因此，扩种杂交稻是引起二化螟虫量上升的重要原因之一。另外，偏施氮肥，植株生长旺盛，能诱集二化螟产卵，危害加重；浅水勤灌，稻苗生长健壮，幼虫转株为害少，相应减轻危害。如果田间脱水干裂，可促使二化螟转株，从而加重危害。

（三）耕作制度

耕作制度由单纯改向复杂，三化螟种群趋于上升，而二化螟种群趋向凋落。20世纪70年代中后期以来，全国开始大面积推广杂交稻，江淮北部稻区淘汰了双季稻，以及近年来全国大部分地区推行稻麦两熟制，耕作制度趋向单纯化，二化螟的为害相应上升。

（四）天敌

已报道三化螟寄生性天敌有24种，二化螟寄生性天敌有29种，大螟寄生性天敌有16种。其中，卵期寄生蜂主要有稻螟赤眼蜂、螟黄赤眼蜂、二化螟黑卵蜂等；幼虫期寄生蜂主要有三化螟沟姬蜂、大螟钝唇姬蜂、中华茧蜂、螟黑纹茧蜂等；蛹期寄生蜂有螟蛉埃姬蜂、松毛虫黑点瘤姬蜂等。其中卵寄生蜂最为重要，寄生率最高达80%~90%。有些地区白僵菌和黄僵菌对降低越冬幼虫密度起一定作用。此外，还有线虫、寄蝇等寄生性天敌。

捕食性天敌有青蛙、蜻蜓、步行虫、隐翅虫、虎甲、蜘蛛和鸟类等。

四、虫情调查方法

三化螟虫情调查按《NY/T 2359—2013 三化螟测报技术规范》进行，二化螟虫情调查按《GB/T 15792—2009 水稻二化螟测报调查规范》进行。

（一）成虫诱测

用螟虫性诱剂或灯光诱集，以掌握成虫的发生期。

（二）螟害率和虫口密度调查

按水稻类型、品种、栽插期、抽穗期或按螟害轻、中、重分成几个类型。每类型选择有代表的田3块，每块田用平行跃进法取样200丛，记载被害株数。将被害株连根拔起剥查，记载其中的幼虫数和蛹数、活虫数和死虫数、同时调查20丛稻的分蘖数或有效穗数，测量10个行距和丛距；推算各田块螟害率和虫口密度，可推算出平均螟害率和虫口密度。

枯鞘率（%）=[查得枯鞘数/（20丛分蘖数×10）]×100

每公顷活幼虫数=每公顷稻丛总数×查得活幼虫数/200

据此调查还可推算出螟虫死亡率。

（三）蛹发育进度调查

在各代化蛹始盛期前开始，至盛末期为止，每隔3~5d调查1次。如上各类型田各2~3块，在选中田中连根拔起被害株剥查，每次剥查活虫数50头以上。分别记载各龄幼虫数、各级蛹数，计算各龄幼虫及各级蛹所占百分比。

（四）卵块密度及孵化进度调查

如上各类型田各选2块，每块固定500~1000丛，秧田调查10~20m²。在各代蛾始盛、高峰、盛末期后2d各调查1次。记载卵块数，推算单位面积卵块密度。将着卵株连根拔起，按类型田分别栽于田角，每天下午定时观察1次，至全部卵孵化为止，记载孵化卵块数，计算当天孵化率和总孵化率。

五、防治方法

（一）农业防治

1. **压低越冬虫源基数**　　水稻收割后及时翻耕、灌水淹没稻茬7~10d，杀死稻茬内幼虫；清除冬季干作稻田内的稻茬；春前处理玉米、高粱等二化螟、大螟寄主茎秆；次春及早翻耕灌水灭蛹，铲除田边杂草。

2. **调整水稻布局，改进栽培技术**　　改单、双混栽的布局为大面积双季稻或一季稻，减少三化螟辗转增殖为害的"桥梁田"。选择螟虫少的田块作为绿肥留种田。采取选用纯种、适时栽插、加强田间管理等措施，使水稻生长整齐，使螟虫盛发期与水稻分蘖期及孕穗期错开。培育、选用优良抗螟虫品种。加强水肥管理，适时晒田，避免重施、偏施、迟施氮肥，增施磷、钾肥，提高水稻抗逆性。

3. **人工防除及设置诱杀田**　　结合中耕除草，人工摘除卵块、拔除枯心株、白穗株；有条件时，在大面积稻田中，以5%~10%的田块提前栽插作为诱杀田，加强肥水管理，使之生长茂绿，诱集大量螟蛾产卵，集中消灭。

4. **种植诱虫植物诱杀螟虫**　　在稻田四周种植香根草[*Vetieria zizanioides*（L.）Nash]，诱集二化螟成虫产卵，减少稻株上的螟卵量。香根草的最佳种植时间为3月底至4月初，种植面积以稻田总面积的6%~10%为宜。整个生长季给香根草施基肥1次，追肥2~3次，每次施肥量为10g/丛，当香根草高度达150cm以上时，进行剪割。

（二）物理防治

利用螟虫的趋光性，采用频振式杀虫灯诱杀。杀虫灯呈棋盘状布局，灯间距 200m，杀虫灯高度 1.3～1.5m。当地螟虫初见蛾期开始开灯，水稻螟虫发蛾末期收灯，每晚 8 时开灯，翌日早晨 7 时关灯。由于近灯区水稻上的虫卵量明显高于其他地方，需利用化学农药进行挑治。

（三）生物防治

1. 保护利用天敌　　田埂保留禾本科杂草，为天敌提供过渡寄主；田埂种植芝麻、大豆等显花植物，保护和提高蜘蛛、寄生蜂、黑肩绿盲蝽等天敌的控害能力；田边种植香根草等诱集植物，减少二化螟和大螟的种群基数。

2. 释放赤眼蜂　　当稻田螟虫总发蛾量达到 100～150 头/亩时释放稻螟赤眼蜂。每亩释放稻螟赤眼蜂寄生卵 1 万粒，设置 10 个释放点，放蜂点间距 8～9m，每点释放 1000 粒寄生卵。如放蜂后 4～7d 内，田间每亩蛾量超过 300 只，则需补放 1 次；当田间每亩赤眼蜂寄生卵达到 15 000 粒以上时，害虫发蛾期可不释放赤眼蜂。

3. 性诱剂防治　　在各代次二化螟，尤其是越冬代二化螟始蛾期集中连片使用性诱剂，通过群集诱杀或干扰交配控制害虫基数。选用持效期 2 个月以上的诱芯和干式飞蛾诱捕器，平均每亩放置 1 个，放置高度以水稻分蘖期距地面 50cm、穗期高于植株顶端 10cm 为宜。

4. 微生物农药的利用　　用杀螟杆菌（每 0.5kg 菌粉含 2600 亿个孢子）0.28～0.5kg/hm^2，混合少量化学农药喷施。此外，韩国试验用病原线虫防治二化螟，效果达 47.3%～100%。在印度有学者试验用性激素混合物缓释，干扰三化螟的交配取得较好防效。

（四）化学防治

二化螟防治指标为第 1 代早稻枯鞘率为 7%～8%，常规中稻为 5%～6%，杂交稻为 3%～5%；第 2 代各类水稻均为 0.6%～1.0%。对于大螟，凡处于孕穗期的水稻，用查"白穗斑"（剑叶鞘内侧的卵块隐迹）来确定施药日期。防治三化螟应在水稻破口抽穗初期施药，重点防治卵块数达 40 块/亩的稻田。

采用杀虫双拌湿土撒施、杀螟硫磷喷雾或撒毒土、锐劲特+Bt 或敌杀星喷雾等均有较好防效。

第二节　稻飞虱

稻飞虱（rice planthopper）又称稻虱，别名火蜢、火旋、化秆虫、蠓虫子等，属半翅目飞虱科。我国为害水稻的稻飞虱主要有褐飞虱 [*Nilaparvata lugens*（Stål）]、白背飞虱 [*Sogatella furcifera*（Horvnth）] 和灰飞虱 [*Laodelphax striatellus*（Fallén）]，其中以褐飞虱发生和为害最重，白背飞虱次之。

稻飞虱分布很广，全国各稻区都有发生。褐飞虱（brown planthopper）为偏南方性种类，在长江流域以南各省发生为害较重，在云南、贵州、四川和重庆则主要分布在海拔 1700m 以下稻区。白背飞虱（white-backed planthopper）分布较褐飞虱广，但仍以长江流域为主。灰飞虱（small brown planthopper）属广跨偏北种类，几乎全国各地都有分布。

褐飞虱食性单一，在自然情况下，其寄主仅有水稻和普通野生稻。白背飞虱的寄主植物有水稻、白茅、早熟禾、稗草等。灰飞虱则有水稻、大麦、小麦、看麦娘、游草、稗草、双穗雀稗等。

稻飞虱成虫、若虫在稻丛下部刺吸汁液，消耗稻株养分，并从唾液腺分泌有毒物质（酚类物质和多种水解酶），引起稻株中毒萎缩。稻飞虱产卵时，其产卵器能划破水稻茎秆和叶片组织，使稻株丧失水分。水稻严重受害时，稻丛基部常变黑发臭，甚至整株枯死。水稻孕穗、抽穗期受害，稻叶发黄，生长低矮，或形成死孕穗，影响抽穗或结实率；乳熟期田间常因严重受害而呈点、片枯黄，甚至成片倒伏，造成谷粒千粒重下降，瘪粒增加，甚至颗粒无收。稻飞虱的分泌物还招致霉菌的滋生，影响水稻光合作用和呼吸作用。

稻飞虱除本身为害水稻以外，还能传播植物病毒病。灰飞虱可传播水稻黑条矮缩病（RBSDV）、水稻条纹叶枯病（RSV）、小麦丛矮病（WRSV）和玉米粗缩病（MRDV）等；褐飞虱可传播水稻齿叶矮缩病（RRSV）和水稻草状矮化病（RGSV）；白背飞虱可传播南方水稻黑条矮缩病（SRBSDV）。稻飞虱为害的伤口还是水稻小球菌核病菌（*Sclerotium oryzae*）直接侵入稻株的途径。

一、形态特征

3 种稻飞虱的形态特征，见表 18-2、图 18-4 和图 18-5。

表 18-2　三种稻飞虱的形态特征

虫态	褐飞虱	白背飞虱	灰飞虱
成虫	雄虫黑褐色，体长 4.0mm；雌虫茶褐色，体长 4.5~5.0mm；短翅雌虫体长 3.5~4.0mm。头顶较宽，褐色；前胸背板和中胸小盾片都有 3 条纵线；后足第 1 跗节外方有 1~5 根小刺	雄虫灰黑色，体长 3.8~4.6mm；雌虫灰黄色，体长 4.5mm；短翅雌虫体长 3.5mm。头顶显著突出；前、中胸背板黄白色。后足第 1 跗节无刺	雄虫灰黑色，体长 3.5~3.8mm；雌虫黄褐色，体长 4.0~4.2mm；短翅雌虫体长 2.4~2.8mm。头顶略突出。中胸背板雄虫黑褐色，雌虫中部淡黄色。后足第 1 跗节无刺
卵	香蕉形，长 0.89mm；10~20 粒成行排列，前部单行，后部双行；卵帽稍露出产卵痕	新月形，长 0.80mm；5~10 粒成单行排列；卵帽不露出产卵痕	茄子形，长 0.75mm；2~5 粒成簇或双行排列；卵帽稍露出产卵痕
若虫	体长 2.0~3.2mm；黄褐色；3~5 龄若虫腹部第 5~7 节背面各有 1 个明显的"山"字形浅斑纹	体长 1.7~2.9mm；灰褐色至黄褐色；从 2 龄起胸部背面有蓝色云状纹；腹部第 3~4 节背面各镶嵌 1 对乳白色近三角形斑纹	体长 1.5~2.7mm；灰黄色至黄褐色；3~5 龄若虫腹部第 3~4 节背面各镶嵌 1 个淡色"八"字纹

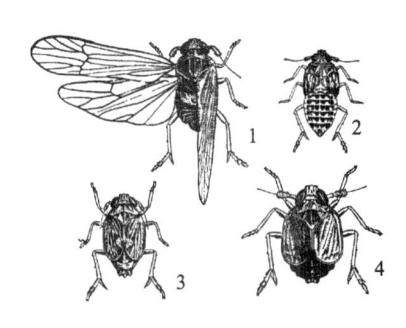

图 18-4　褐飞虱（仿西北农学院，1981）
1. 长翅型成虫；2. 5龄若虫；3. 短翅型雄虫；
4. 短翅型雌虫

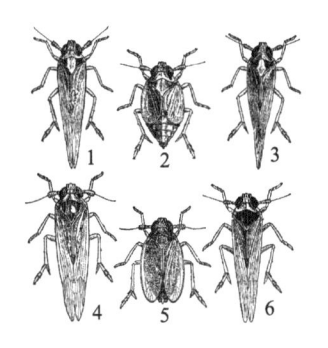

图 18-5　白背飞虱和灰飞虱（仿西北农学院，1981）
白背飞虱：1. 长翅型雌虫；2. 短翅型雌虫；3. 长翅型雄虫
灰飞虱：4. 长翅型雌虫；5. 短翅型雌虫；6. 长翅型雄虫

二、生活史与习性

（一）褐飞虱

1. 生活史　　主要依靠气流进行远距离迁飞。年发生代数自北向南逐渐递增。在 31°N～33°N 的长江以北和淮河流域，常年可发生 2～3 代，在 28°N～31°N 的长江沿江南部一带年发生 4～5 代，在 28°N 以南的湖南、江西、广东、福建及海南等地年发生 6～11 代。在河南每年可发生 2 代，常于 7 月下旬开始迁入，8 月发生第 1 代，9 月至 10 月中旬发生第 2 代。

2. 主要习性　　成虫于晚上和清晨羽化，3～5d 后开始产卵。卵多产于青嫩稻株叶鞘中央肥厚处，在衰老稻株上则多产于叶片基部中脉组织内。单雌产卵 360～700 粒，最多达 1000 余粒。成虫有趋光性和趋绿性。成虫和若虫喜阴湿、怕光，一般都在稻丛基部群集取食。水稻生长后期，植株营养状况的恶化和虫口密度的上升，均可加速长翅型成虫的产生。

褐飞虱完成一世代的发育起点温度为 11.7℃，有效积温为 401.5℃。在 25～26℃下卵和若虫发育历期分别为 7.4d 和 14.9d；在 26～28℃下，短翅型成虫产卵前期为 2～3d，长翅型为 3～5d，成虫寿命为 15～25d；在发生期间一般需 1 个月完成 1 个世代。

（二）白背飞虱

1. 生活史　　在海南南部年发生 11 代，长江以南 4～7 代，淮河以南 3～4 代，东北地区 2～3 代，新疆、宁夏两自治区年发生 1～2 代。该虫越冬范围较广，在 26°N 左右地区，以卵在自生稻苗、晚稻残株、游草上越冬，在 26°N 以北的地区不能越冬。我国初期虫源主要由热带地区迁来。

2. 主要习性　　各代长翅型比例高，一般在 80% 以上，在虫口密度低、雨水多和水稻拔节孕穗期，有一定数量的短翅型雌虫出现。成虫喜在生长茂密嫩绿的水稻上产卵，分蘖株上落卵量高于主茎。平均每雌产卵 85 粒。成虫、若虫多生活在稻丛基部叶鞘上，栖息部位较褐飞虱高，稻株乳熟后，常迁移到剑叶上和穗部取食。成虫有趋光、离株飞翔和迁飞习性。

在 23.7℃ 和 30.1℃ 时，卵历期分别为 9.5d 和 6.3d；在 21℃ 和 29℃ 时，若虫期分别为 29.8d 和 18.1d；成虫寿命 14～20d。

(三) 灰飞虱

1. **生活史** 在福建等南方地区年发生7~8代，长江中下游地区5~6代，华北地区4~5代，吉林地区3~4代。在南方稻区无越冬现象，冬季仍继续为害小麦，其他地区均以3龄、4龄若虫在麦田、绿肥田、杂草根际、落叶下、土缝内及再生稻上越冬。当气温高于5℃时，越冬若虫能爬到寄主上取食，早春旬平均气温10℃左右时开始羽化为成虫，12℃左右达羽化高峰。

2. **主要习性** 越冬代若虫羽化出来的成虫短翅型占多数，第1代成虫长翅型占绝对优势。该虫不耐高温且喜通透性良好的环境，栖息稻株的部位较高，且有向田边集中的习性。一般产卵在稻株下部叶鞘内和叶片基部中脉两侧组织内。在湿度大、营养好的条件下，灰飞虱可发生短翅型成虫。越冬若虫耐饥力较强。在21~26℃时，卵期为7~11d；22~23℃时，若虫期为18d；18~30℃时，成虫寿命为8~30d。

三、发生与环境的关系

(一) 初始虫源

褐飞虱和白背飞虱都是迁飞性害虫，其越冬北界在25°N~26°N。我国每年初次发生的虫源，主要由亚洲大陆南部的中南半岛迁飞而来。

(二) 气候

1. **温度** 褐飞虱发育的最适温度为26~28℃，相对湿度在80%以上。若盛夏不热，而晚秋（9月、10月）温度偏高，则有利于褐飞虱的发生。白背飞虱对温度的适应范围较广，在30℃高温和15℃较低的温度下都能正常生长、发育。而灰飞虱耐低温能力强，对高温适应性差，其发育适宜温度为15~28℃，最适温度为25℃左右。冬季低温对灰飞虱越冬若虫存活影响不大，但夏季高温对其发育、繁殖和生存都不利。

2. **雨量和湿度** 褐飞虱、白背飞虱属喜湿的种类，多雨及高湿（相对湿度在80%以上）对其发生有利；湿度偏低有利灰飞虱发生。

3. **全球气候异常** 日本学者森下正彦（1992）和我国学者朱敏等都认为，稻飞虱发生与ENSO事件（厄尔尼诺-南方涛动事件）有关。研究表明，在南方涛动强烈异常的当年，我国褐飞虱为大发生年；在厄尔尼诺或拉尼娜事件的当年，为中到大发生年；在ENSO事件间歇期，为轻发生年。

(三) 耕作制度和栽培管理技术

近年来，由于矮秆、耐肥、杂交品种的推广，单季稻面积不断扩大，且直播单季稻面积增多；江南、长江流域早、中、晚稻混栽，有利于迁飞性害虫转移为害，尤其是褐飞虱的发生和为害明显加重。水稻生育期普遍推迟，中后期长势嫩绿，孕穗破口期长，食料条件优越，以及过度密植，田间郁闭，湿度增大，均有利于稻飞虱滞留、繁殖与存活。大量使用三唑磷、氟氰菊酯等农药，刺激褐飞虱繁殖力增加，也是近年来褐飞虱猖獗发生的原因之一。

（四）天敌

天敌对飞虱的种群数量有很强的控制作用。常见的捕食性天敌有草间小黑蛛、食虫瘤胸蛛、拟环狼蛛等 90 多种捕食蜘蛛，印度长颈步甲、黑尾长颈步甲、狭臀瓢虫、稻红瓢虫，黑肩绿盲蝽、尖钩宽黾蝽、青翅蚁形隐翅虫、小黄家蚁等。其中，稻田蜘蛛的控制作用明显。寄生性天敌有卵寄生蜂稻虱缨小蜂类、褐腰赤眼蜂及其他小蜂，田间卵寄生率一般为 5%~15%，最高可达 80% 以上；成虫、若虫的寄生性天敌有稻虱红螯蜂、稻虱线虫、白僵菌等。螯蜂成虫捕食稻飞虱低龄若虫，产卵于 3 龄若虫，寄生率为 5%~10%；稻虱线虫寄生率为 5%~20%，8~9 月最高可达 98%。

四、虫情调查方法

褐飞虱虫情调查按《GB/T 15794—2009 稻飞虱测报调查规范》进行。

（一）越冬调查

对已查明能在当地越冬的地区，应调查当地主要越冬场所及其冬后有效虫量，以确定当年实际越冬北界。了解主要虫源地湄公河三角洲上一年 9~12 月的气候及稻飞虱的发生情况，为分析当年初次虫源提供依据。

（二）消长动态调查

以田间调查为主，结合灯诱和网捕，互相印证，综合分析。

1. 灯诱和网捕

（1）灯诱　　用 200W 白炽灯或 20W 黑光灯或同亮度的光源，光源距地 167cm 左右诱集稻飞虱。从当地早发年份成虫初见期前 10 天开始点灯，至终见期后 10 天止。

（2）网捕　　利用高山网和低空网捕虫，网口正方形，边长 1m，网体用 60 目尼龙网纱制成，按东、东南、南、西南、西、西北、北、东北 8 个方位分别设置；每天上午 7 时收虫 1 次，或分别在上午 7 时和下午 6 时收虫两次，检查结果折算成每平方米虫量。

2. 田间系统调查　　本田从返青期开始至黄熟期结束，选各类型稻田 2 块，采用平行多点跳跃法或随机分散取样法，定田不定点，逢 5 逢 10 调查。分蘖期每田查 25 点，每点查 4 丛，共 100 丛；孕穗期至黄熟期，每田查 10~20 点，每点查 1~2 丛，共 20~40 丛。

（1）虫量调查　　稻飞虱迁入初期，须增加调查次数和样点，以掌握迁入始期和第 1 次迁入盛期。初期主要调查迁入量，可用目测法；其他时期用盘拍法，即统一用 33cm×45cm 长方形白磁盘，内涂一层薄黏虫胶或煤油、轻柴油，置稻丛下部，重拍稻株 2~3 下，稻飞虱落入盘内，计数虫种、虫型。结果折算成百丛虫量。各次调查时，抽查统计各龄若虫比率。

（2）卵量调查　　早稻在主害代成虫高峰后调查 1 次，晚稻在主害代的前 1 代成虫高峰期调查 1 次，主害代成虫开始突增后 13 天左右再调查 1 次。可在上述定田内取样，每田取 10 个样，每个样拔半丛稻，共 5 丛或 20 个点，每点 2 株，共计拔 40 株，逐株剥查，记载虫种、未孵卵、被寄生卵、死卵及卵壳数，换算成百株和每公顷有效卵数。

五、防治方法

（一）农业防治

1. **清除杂草** 冬季结合积肥，彻底清除杂草，消灭灰飞虱越冬虫源。结合秧田和本田除草，彻底拔除稗草，消灭部分虫卵。

2. **合理布局** 同品种、同稻型连片种植，避免插花田。采用合理的栽培管理措施，如浅水灌溉，适时晒田，不长期积水；合理施肥，促进稻株正常生长，控制贪青徒长，防止坐蔸；无白叶枯地区，晚稻秧苗移栽前一周，秧田放浅水，使稻飞虱成虫产卵部位下降，移栽前2天放深水淹灌（不超过秧心）24h，可杀死大量虫卵。

3. **培育抗虫、耐虫品种** 我国已评价和利用了一批抗飞虱兼抗多种病害的品种，包括'汀早籼1号''湘早籼3号''广东优青''七桂早25''威优35''Ⅱ优46''D优64''威优64''南京14''扬稻3号''水源290''汕优6161-8'和'秀水620'等，可选择使用。

4. **适量施肥** 采用"适氮、稳磷、增钾、补微（微量元素肥）"的平衡施肥原则，避免集中施用基蘖肥的施肥方式，如氮肥按基肥、分蘖肥、穗肥5：3：2的施用比例，可明显提高稻株群体素质。

（二）物理防治

利用褐飞虱的趋光性，在成虫盛发期连片设置诱虫灯诱杀。依据单灯控害半径91.8m的标准，采用"井"字形布局，频振式杀虫灯在"井"字形的交叉处，2个杀虫灯的间隔距约为184m，灯底端（接虫口）离地1.2 m，用竹竿等固定。在当地稻飞虱成虫初见期点灯，在水稻成熟时收灯；每天晚上8时开灯，早晨7时关灯。

在水稻分蘖期，将稻田分成1.5~2m的小厢，用柴油7.5kg/hm^2，掺细沙225kg撒入田内，用竹竿拍苗，使虫跳进水内，触油而死，1d后将油水排出。

（三）生物防治

充分发挥天敌的自然控制作用，使用选择性或对天敌毒性低的杀虫剂，改进施药方法，减少施药次数，用药量要合理，以保护青蛙、蜘蛛等天敌。据四川调查，水稻混栽地区早稻田，当蜘蛛和飞虱比例为1：4、晚稻田为1：（8~9）时，可不用药防治。早熟水稻收获后，可于田中散布草把，然后灌浅水，逼蜘蛛上草，人工助迁到迟熟水稻田内。

南方稻区采用稻田养鸭、鱼、蟹或者青蛙等措施，田间褐飞虱的虫口可减少45%~65%。

（四）化学防治

灰飞虱以治虫防病为目标，采取"狠治1代，控制2代"的防治策略。防治白背飞虱以治虫保苗为目标，采取"治上压下，狠治大发生前1代"的防治策略，控制暴发成灾。褐飞虱以治虫保穗为目标，采取"狠治大发生前1代，挑治大发生当代"的策略。

主害代的防治适期为低龄若虫高峰期。可选用灭幼酮、噻嗪酮、锐劲特或毒死蜱等进行喷雾防治。

第三节 稻叶蝉

稻叶蝉（rice leafhopper）又称浮尘子，属半翅目叶蝉科。我国稻田常见的叶蝉有 22 种，其中以黑尾叶蝉 [*Nephotettix bipunctatus*（Fabricius）]、白翅叶蝉 [*Empoasca subrufa*（de Mots chulsky）] 的发生最为普遍，为害最重。黑尾叶蝉（green rice leafhopper）几乎在我国所有稻区都有分布，白翅叶蝉（white-winged leafhopper）主要分布在长江以南的稻区，两种叶蝉皆以南方稻区发生较为严重。

稻叶蝉以成虫、若虫群集于稻株茎秆刺吸汁液，消耗养料和水分，破坏输导组织，被害稻株形成棕褐色伤斑。苗期和分蘖期可致全株发黄、枯死；抽穗期、成熟期可致茎秆基部发黑，烂秆倒伏。稻叶蝉是多种水稻病毒及类病毒的介体，其传播的病毒病对水稻的为害一般远重于直接吸食。除为害水稻外，稻叶蝉的寄主还有小麦、大麦、稗草、甘蔗、茭白、游草、看麦娘、李氏禾等。

一、形态特征

黑尾叶蝉和白翅叶蝉的形态特征见表 18-3、图 18-6 和图 18-7。

表 18-3　黑尾叶蝉和白翅叶蝉的形态特征

虫态	黑尾叶蝉	白翅叶蝉
成虫	体长 4.0~5.0mm；黄绿色；两复眼间有 1 条黑色横带；前胸背板黄绿色；前翅鲜绿色，末端黑色	体长 3.5mm；头、胸部橙黄色；前胸背板前缘色淡，中央有 1 对对称的近三角形斑；前翅膜质半透明，被白色蜡质物
卵	长 1.0~1.2mm；黄瓜形；绝大多数产于稻株叶鞘内侧表皮内，少数产于叶片中肋内，一般 10 余粒呈单行排列	长 0.65mm；瓶形；散产于叶片中肋的空腔内，每一空腔产卵 1 粒
若虫	5 龄体长 3.5~4.0mm；淡绿或黄绿色；头顶有数个黑斑；中后胸背面中央各有 1 个倒"八"字纹；腹部 2~8 节背各有 1 对小黑点	5 龄体长 2.4~3.2mm；淡黄绿色，半透明；胸部各节背面两侧有烟褐色斑纹；腹部各节背面有一排横行的毛

二、生活史与习性

（一）黑尾叶蝉

1. 生活史　我国每年发生 2~8 代，自北向南世代数递增。32°N 以北年发生 2~4 代；30°N~32°N 年发生 5~6 代；27°N~30°N 年发生 6~7 代；27°N 以南年发生 7~8 代，如福建福州、广东曲江以 7 代为主，广州以 8 代为主。在我国主要稻区世代重叠，以第 3、第 4、第 5 代发生数量大，为害重。多以 4 龄若虫和少量 3 龄若虫及成虫在绿肥田、冬作物地、小麦田、田边和沟边的杂草上越冬，冬春主要寄主为看麦娘和早熟禾。越冬若虫在旬平均气温达 10℃ 以上或候平均气温达 13℃ 以上时，陆续开始羽化。4~5 月越冬代成虫集中在秧田为害、产卵和繁殖，并随秧苗进入本田。6 月中、下旬至 7 月上旬第 2 代集中在早稻本田及晚稻秧苗中为害。7 月中下旬至 8 月下旬发生第 3、第 4 代，主要集中在

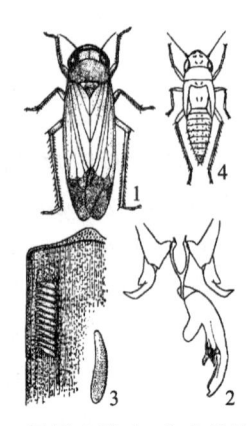

图 18-6　黑尾叶蝉（1 仿黄其林，1984；
2 仿李成章等，1979；3、4 仿张景欧，1937）
1. 成虫；2. 雄性外生殖器；3. 叶鞘中的卵块及卵；4. 若虫

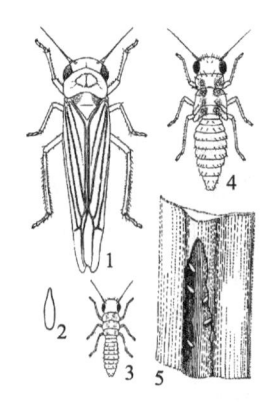

图 18-7　白翅叶蝉（仿黄邦侃，1964）
1. 成虫；2. 卵；3.1 龄若虫；4.3 龄若虫；
5. 叶背，示卵在组织中

双季晚稻秧田、本田及单季晚稻本田，这是全年虫口密度最大、为害最重的时期。9 月以后，虫量逐渐减少，但遇秋季高温、干旱年份，也可为害晚稻后期。9～10 月，陆续迁移出稻田。

2. 主要习性　　成虫多在上午 7～10 时羽化。白天栖息于稻丛中下部，在早、晚到叶片上为害。行动活泼，趋光性强，并有趋嫩绿习性。羽化后 7～8d 开始产卵。卵多产于水稻叶鞘边缘内侧组织内，少数产在茎秆组织或叶片主脉内，以稻株下部第 1、第 2 叶鞘内侧最多。单雌产卵最多可达 50 多个卵块，700 余粒。若虫共 5 龄，有群集习性，喜在稻丛基部活动，随着植株组织的老化逐渐向上移动。在 24～25℃时，卵期为 7～11d；在 27～29℃时，若虫期为 14～18d；在 25～27℃时，成虫寿命为 13～14d；越冬代成虫寿命可达 120～170d。在 25～31℃时，雌虫产卵前期为 5～9d。

（二）白翅叶蝉

1. 生活史　　湖南、浙江年发生 3 代，福建、重庆年发生 4 代。以成虫在小麦田、绿肥田、田边、沟边游草、看麦娘等禾本科杂草上越冬。次年 3 月下旬至 4 月上旬，陆续迁入早稻秧田为害，以后逐渐扩散或秧苗带卵到早、中稻本田。

2. 主要习性　　成虫多在上午羽化，行动活泼，善飞，受到惊动即横行躲避或飞跃他处。平时多在稻株上部叶片取食，温度稍低或起风下雨时则栖息于稻丛下部。有极强的趋嫩绿和趋光习性，喜群集。成虫羽化后需补充营养才能产卵，产卵前期和产卵期较长。卵散产于水稻叶片中脉两侧组织的空腔内，分蘖期大多产于稻株基部第 1、第 2 叶上；抽穗期以第 3 叶为主，每叶有卵 3～5 粒。每雌产卵 30～60 多粒。若虫上午 8 时孵化最盛。初孵若虫多群集于叶背取食；若虫共 5 龄。

三、发生与环境的关系

（一）气候

冬季温度是影响叶蝉越冬存活率及决定其越冬北界的主要环境因子，早春气温回升情况决定越冬代开始取食为害的迟早；春夏至越冬前的气候影响叶蝉的繁殖力、存活率和发育速率。

两种叶蝉发生的适温均为 28℃，相对湿度为 85% 左右。夏秋晴热，干旱少雨的年份，有利于发生。但超过 30℃ 的持续高温会影响黑尾叶蝉的繁殖和存活率。冬春霜冻、寒冷多雨，死亡率高；若温暖干燥，则有利于越冬，死亡率低，越冬基数大，有利于大发生。

（二）耕作制度、栽培技术和品种

凡冬种作物面积大，或耕作粗放，杂草多，越冬场所广，叶蝉越冬虫口基数即会增高。单、双季水稻混栽、品种混杂、生育期不整齐，则"桥梁田"多，食料丰富，各代成虫可互相辗转迁移扩散，虫口增长快，为害重。密植、肥多、生长茂盛、嫩绿郁闭、小气候湿度增大，有利于叶蝉的发育繁殖。水稻品种对叶蝉的抗性表现为籼稻＞粳稻＞糯稻。

（三）天敌

稻叶蝉天敌有 20 余种，卵期寄生性天敌以褐腰赤眼蜂和叶蝉柄翅小蜂为主，寄生率可达 50% 以上。若虫期、成虫期寄生性天敌以头蝇为主，以淡绿佗头蝇、稻佗头蝇较为常见。病原菌有白僵菌，寄生率可达 70%～80%。此外，还有线虫、螯蜂、蜘蛛、隐翅虫、宽黾蝽、猎蝽、步行虫、蚂蚁等天敌。

四、虫情调查方法

参考稻飞虱虫情调查方法。

五、防治方法

（一）农业防治

1）压低越冬虫源基数：结合冬、春季积肥，铲除田边杂草，减少虫源。
2）调整作物布局：因地制宜，改革耕作制度，使稻田连片种植，避免混栽，减少"桥梁田"。
3）选用抗虫、抗病品种：搞好品种合理布局，迟熟早稻和早熟晚稻尽量采用抗性强的品种。
4）加强水肥管理：合理水肥管理和合理密植，防止水稻贪青徒长。

（二）物理防治

在成虫盛发期进行灯光诱杀。

（三）生物防治

保护利用天敌。

（四）化学防治

黑尾叶蝉的防治指标和是否传播病毒病关系密切。非病毒流行区百丛虫口数早稻为

200～500 头，晚稻为 300～1000 头，水稻生长早期从严，后期放宽。流行病毒区，早栽早稻百丛虫口数 100 头，晚稻成虫秧田 20 头/m²，本田百丛虫口数 50 头。白翅叶蝉的防治指标为百丛虫口数 500～700 头。

药剂种类和方法参照稻飞虱的化学防治。

第四节　其他水稻害虫

一、直纹稻弄蝶

直纹稻弄蝶（rice skipper）（*Parnara guttata*（Bremer et Grey）），又称一字纹稻弄蝶，俗称稻苞虫，属鳞翅目弄蝶科。我国除新疆和宁夏无报道外，各水稻产区均有发生，以南方稻区发生较普遍，局部地区受害严重。

直纹稻弄蝶寄主有水稻、高粱、玉米、麦类、茭白等作物，以及游草、芦苇、狗尾草、稗草、蟋蟀草等多种杂草。幼虫取食时，吐丝将稻叶缀合成苞。取食叶片成缺刻或将全叶吃光，使稻株矮小，成熟期延迟，稻穗缩短，每穗粒数减少，千粒重降低；为害严重时还可咬断穗子枝梗，使稻株枯死，颗粒无收。

（一）形态特征

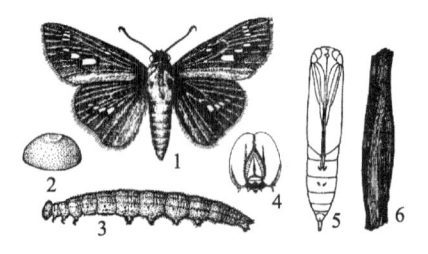

图 18-8　直纹稻弄蝶（1 仿中国农科院，1966；余仿浙江农业大学，1963）
1.成虫；2.卵；3.幼虫；4.幼虫头部正面；5.蛹；6.叶苞

成虫：体长 16～20mm，黑褐色。前翅有 7～8 枚近方形半透明白斑排成半环形，后翅有 4 枚半透明白斑排成"一"字形（图 18-8）。

卵：半球形。卵径 0.91mm。表面上有六格形网纹。

幼虫：老熟幼虫体长 35mm。头正面中央有"山"字形褐纹，左右两臂下伸甚长，末端尖瘦。

蛹：长 22mm。第 5、第 6 腹节腹面中央各有 1 倒"八"字形褐纹。

（二）生活史与习性

1. 生活史　年发生代数由北向南递增。40°N 以北年发生 1～2 代；35°N～40°N 年发生 2～3 代；30°N～35°N 年发生 4～5 代；25°N～30°N 年发生 5～6 代；25°N 以南年发生 6～7 代；23°N 以南至海南省年发生 7～8 代。在南方稻区，以老熟幼虫于背风向阳的稻田边、低湿草地、水沟边、河边等处的杂草中结苞越冬。在黄河以北，则以蛹在向阳处杂草丛中越冬。越冬虫态次春小满前羽化为成虫，主要在野生寄主上产卵，繁殖1代后，飞至稻田为害。以迟中稻、一季晚稻和双季晚稻受害较严重。

2. 主要习性　成虫白天活动，以 8～11 时和 16～18 时活动最盛。飞行力极强，需补充营养。成虫羽化后，经 1～4d 开始交配。卵多散产于稻叶的背面，1～2 粒/叶；少数产于叶鞘。单雌产卵量平均约 200 粒。有趋绿产卵的习性。

初孵幼虫先咬食卵壳，然后爬至叶片边缘近叶尖处咬一缺刻，吐丝缀合叶缘卷成小苞，在苞内取食。白天躲在苞内取食，清晨前、傍晚或在阴雨天气时常爬出苞外咬食叶片。幼虫共 5 龄，有更换虫苞的习性。老熟幼虫在叶上、稻丛基部或重新缀叶结苞化蛹。

各虫态的发育起点温度分别是：卵 12.6℃，幼虫 9.3℃，蛹 14.9℃，成虫 15.9℃。26℃ 时卵期 4d，幼虫期 28d，蛹期 8d。成虫寿命一般 5d，最长 24d；产卵前期 3~4d。

（三）防治方法

1. 农业防治　　防除田间杂草，消灭越冬幼虫。选用高产抗虫早熟品种，合理安排迟、中、早熟品种的播栽期，使分蘖、圆秆期避过第 3 代幼虫发生期。加强田间管理，合理施肥，对冷浸田、烂泥田要增施热性肥料，干湿间歇、浅水灌溉，促进水稻早熟。

2. 生物防治　　释放拟澳洲赤眼蜂 30 万~60 万头 /hm²，可兼治稻纵卷叶螟。用 *Bt* 制剂 1.5kg（含活芽孢 100 亿 /g）/hm²，加洗衣粉 375g，兑水 900L 喷雾控制幼虫。

3. 化学防治　　于幼虫 3 龄前用药。常用药剂有敌敌畏、杀螟硫磷、辛硫磷、杀虫双等喷雾；杀虫双拌细沙撒施。在山区以早晨或傍晚喷粉防治效果较好。

二、稻纵卷叶螟

稻纵卷叶螟（rice leafroller）[*Cnaphalocrocis medinalis*（Guenée）]，俗称刮青虫、稻苞虫等，属鳞翅目螟蛾科。我国各稻区都有分布，但以南方稻区发生量大，受害重。

主要为害水稻，还为害粟、甘蔗、玉米、高粱、小麦等作物，并取食游草、双穗雀稗、马唐、芦苇、狗尾草等杂草。以幼虫在水稻分蘖期至孕穗期、抽穗期，吐丝纵卷嫩叶或剑叶成苞，取食叶肉，残留表皮，使虫苞出现白色苞；水稻受害后千粒重降低，空瘪率增加，生育期推迟，受害严重时减产 50% 以上。

（一）形态特征

成虫：体长 7~10mm，翅展 16~19mm，体黄褐色。前、后翅外缘均有黑褐色宽边，前缘褐色；有 3 条黑褐色条纹，中间 1 条较短；后翅具 2 条黑褐色条纹。雄虫体较小，前翅前缘中央有 1 黑色毛簇组成眼状纹（图 18-9）。

卵：长椭圆形，长 1mm，扁平，中央稍隆起，壳薄，光滑。初产时乳白色，孵化时为淡褐色。

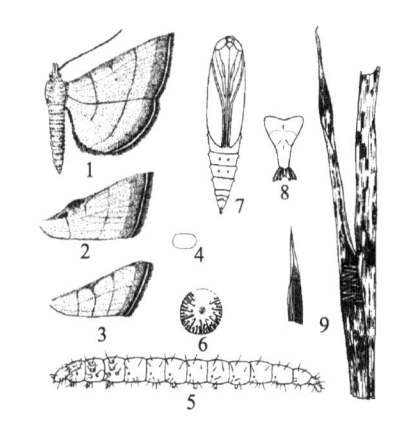

图 18-9　稻纵卷叶螟（仿浙江农业大学，1963）
1.雌成虫；2.雄成虫前翅；3.显纹稻纵卷叶螟前翅；4.卵；5.幼虫；6.腹足趾钩；7.雄蛹；8.雌蛹腹部末端；9.稻叶被害状

幼虫：老熟幼虫体长 14~19mm，体黄绿色、绿色。前胸背板后缘有 2 个黑斑；中、后胸背面各有 8 个黑色毛片，前排 6 个，后排 2 个。腹足趾钩 3 序缺环。

蛹：长 7~10mm，圆筒形，末端较尖削，臀刺明显突出，有 8 根钩刺。蛹外常围有白色薄茧。

(二) 生活史与习性

1. 生活史　　稻纵卷叶螟是一种远距离、季节性往返迁飞的昆虫。在我国，春、夏季北迁，秋季向南回迁。黑龙江年发生1代；辽宁年发生2~3代；广东、广西年发生7~8代；台湾、海南年发生9~11代。

2. 主要习性　　成虫昼伏夜出，有趋光性，对金属卤素灯趋性最强。选择在生长旺盛、叶色浓绿的水稻植株上产卵。单雌平均产卵量100粒，最多314粒。初孵幼虫钻入心叶取食叶肉，2龄开始在叶尖或稻叶上中部吐丝缀叶成小虫苞，3龄后开始转苞、转株为害。一生可为害5~7片叶。老熟幼虫一般在稻株离地面7~10cm处化蛹。26℃下各虫态的历期分别为卵3.9d，幼虫15.2d，蛹6.9d。成虫寿命平均7d左右，有的可长达12d。

(三) 防治方法

1. 农业防治　　合理施肥，防止前期徒长；抓紧早稻收获，及时暴晒稻草；设置诱集田，进行早培、肥培，并重点防治；选用抗虫品种，如'冈优3号''陵优1号''黄金波'和'西海89'等。

2. 生物防治　　保护自然天敌，如在田基上种大豆、设置卵寄生蜂保护器和益虫保护笼等，对卵期寄生性天敌拟澳洲赤眼蜂、稻螟赤眼蜂和幼虫期寄生蜂稻纵卷叶螟盘绒茧蜂、螟蛉盘绒茧蜂，以及蛹期寄生蜂姬蜂、广大腿蜂等都有很好的保护作用。

释放赤眼蜂。在害虫产卵始盛期开始放蜂，每隔3~4d放1次，连续放3次。放蜂标准为田间鳞翅目害虫成虫总量达150~200头/667m²，放蜂1万只，如超过500头需放蜂1.5万只，如每667m²虫量不足80头可不防治。一般每667m²设置6~8个放蜂点，每点间隔8~10m。

利用性信息素诱杀和 *Bt* 喷雾。

3. 化学防治　　抽穗期是防治的关键，施药最佳时期为2龄幼虫高峰期。可用锐劲特、吡虫啉、甲氨基阿维菌素苯甲酸盐喷雾，对低龄幼虫防效明显，且对稻飞虱有兼治作用；辛硫磷或杀螟硫磷加水泼浇；杀螟硫磷超低容量喷雾。

三、中华稻蝗

中华稻蝗（Chinese rice grasshopper）[*Oxya chinensis*（Thunberg）]，俗称蚱蜢，属直翅目斑腿蝗科。遍布国内各稻区，但以长江流域和黄淮稻区发生量大，为害重。

中华稻蝗以成虫、若虫咬食稻叶，使其呈缺刻状，咬断和咬伤穗颈，形成白穗，影响产量。寄主有水稻、玉米、高粱、豆类、麦类、棉花及芦苇等禾本科和莎草科等多种植物。

(一) 形态特征

成虫：雄虫体长30~33mm；雌虫体长36~44mm。一般为绿色，有时黄绿色、褐绿色。头部复眼后方有褐色纵带1条，伸到后胸后缘。雄虫腹末端的肛上板短三角形，平滑，无侧沟，顶端尖锐。雌虫生殖板后缘中间2个小齿较分开，两侧两个小齿较短小（图18-10）。

卵：块状，卵囊短茄形。卵粒长筒形，中央略弯，两端钝圆，长约 4mm。

若虫：老熟若虫（6 龄）全体绿色，体长约 33mm。

（二）生活史与习性

1. 生活史　　中华稻蝗在长江流域及北方稻区年发生 1 代，南方稻区 2 代。以卵囊在土中越冬，次年 4 月至 5 月上旬开始孵化，若虫发生于 5 月上中旬至 8 月上旬，7 月下旬至 11 月中旬为成虫发生期。

2. 主要习性　　若虫最初在稻田池梗周围咬食水稻及杂草叶片，待发育至成虫后，食量大增并咬食稻穗、稻粒。成虫羽化后 15~45d 开始交尾，交尾后平均 27d 开始产卵。卵以产在土内为主，在与水田交界的荒地、荒湖、草地等处产卵最多。1 头雌虫产卵 10~100 粒，产卵深度多数在土下 1.5~2.5cm 处。

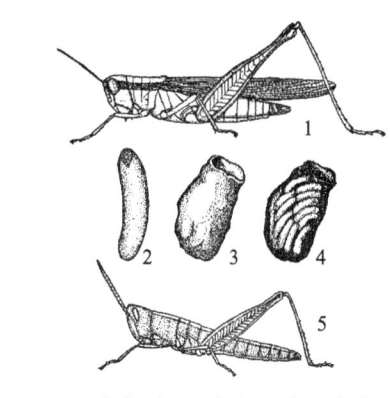

图 18-10　中华稻蝗（仿浙江农业大学，1963）
1. 雌成虫侧面观；2. 卵；3. 卵块；4. 卵块剖面；5. 3 龄若虫

（三）防治方法

1. 农业防治　　消灭蝗源基地，在与湿地生态保护不相悖的原则下，合理围垦荒滩，消灭稻蝗虫源。北方发生严重地区，宜调整茬口，水旱轮作；减少春稻数量，扩种夏稻面积。清除杂草，平坝、丘陵地区铲除田埂、沟边杂草，春耕犁、耙田时，将浮于水面的卵囊打捞烧毁。结合生态农业，保护鸟类，放禽啄食。低龄若虫期放鸡、鸭啄食效果好。

2. 化学防治　　稻蝗发生严重的田块，在 3 龄前对稻田边的杂草地、田埂、田边 3m 内施药。防治指标为南方稻区分蘖期、孕穗期至破口期百丛虫口数分别为 40~50 头和 20~25 头，北方地区通常百丛虫口数为 35~40 头。可选用阿维菌素、氟虫脲、三唑磷、锐劲特、辛硫磷、马拉硫磷等喷雾。

第五节　水稻害虫综合治理

一、明确当地水稻的主要靶标害虫

我国大多数稻区现阶段的防治对象应以二化螟、稻飞虱为主，兼治大螟、三化螟、稻叶蝉类、稻纵卷叶螟、稻弄蝶，必要时挑治稻蓟马。但是，由于各地区环境条件差异较大，各种害虫发生为害情况不完全相同，主要对象应根据各地区的具体情况来确定。如有的地区以稻弄蝶为主，有的地区水稻苗期以稻蓟马为主，而福建、广西的一些稻区则应以可造成毁灭性为害的稻瘿蚊为主。

二、创造不利于害虫滋生的环境

1. 合理作物布局　　不少水稻害虫在一地猖獗为害的重要原因之一是稻田生态系为其提供了丰富、优质、连续和持久的食料。合理的水稻布局和耕作制度如避免早、中、晚稻混栽；同稻型、同品种成片种植，消灭插花田；调整播栽期，尽可能地使一地、一片水稻的生育期整齐划一，并使危险生育期避开害虫的高峰期，可有效地消灭"桥梁田"，减少害虫的食物来源，可在很大程度上降低害虫的发生数量和为害程度。例如，先栽迟熟、生育期长的品种，后栽早、中熟品种，使水稻分蘖期、孕穗期与蚁螟盛发期错开，以达到"避螟""抗螟"的目的。培育和利用抗虫品种，与水稻品种合理搭配，以经济有效地控制稻虫危害。

2. 加强田间管理　　合理排灌，适时晒田，使稻苗生长健壮；坚持重施底肥，早施苗肥，不过多、过迟施氮肥，防止稻苗贪青徒长，减少水稻对害虫的引诱作用。有条件的地方，可设置占稻田面积5%的诱杀田诱集第1代、第2代螟虫及其他害虫，并严密监测重点防治。在永久性非稻田生境种植多年生、长花期的蜜源植物；在田埂保留可丰富天敌食料或蜜源的植物，如夏枯草、菊科、酢浆草等，并种植芝麻、豆类、黄秋葵、向日葵等蜜源作物，强化自然控制作用；采用生态沟渠，种植蜜源作物，截留稻田排水有机质；种植诱集植物，诱杀螟虫等以恢复生境和植物多样性，保护和培育自然天敌。

3. 减少越冬虫源基数　　冬季及早春清除田边、沟边等处杂草；水稻收获后及时翻耕灌水，捡除田面稻茬；春季及时处理玉米、高粱秆等，都能有效地降低三化螟、二化螟、大螟、叶蝉、灰飞虱、稻苞虫、稻螟蛉、稻瘿蚊的越冬虫源基数。

三、诱杀害虫和人工防治

对有趋光性的害虫，如稻飞虱、稻叶蝉、多数螟虫类，可在成虫盛发期结合其他害虫的防治，设置黑光灯、高压汞灯、双色灯等进行诱杀，诱到的害虫还可作家禽的饲料。清晨人工扫虫或滴油打落稻负泥虫幼虫，人工扫杀稻螟幼虫和化蛹的虫苞，扫网稻蝗，网捕稻水蝇等都有极好的防治作用。

四、协调生物防治和化学防治的关系

稻田害虫天敌种类丰富，如捕食性的蜘蛛、螨类、草蛉、瓢虫、蜻类和寄生蜂、寄生蝇等，对这些天敌要进行保护和利用。在必须实施化学防治时，尽可能应用无公害农药，如使用多来保、灭虫清、螟虱星等。研制选用对天敌杀伤力小的窄谱农药，对保护天敌具有重要意义。科学合理施药，选用选择性或内吸性药剂；尽可能不采用喷雾、喷粉和泼浇法，而采用颗粒剂或土壤施药；避免在天敌繁殖、活动期间用药；轮换农药品种，选用复配剂；选择施药时期，一次防治兼治他种害虫等，对减少施药量和施药次数，防止或延缓害虫抗性的产生，保护天敌和环境具有重要的意义。

★ **复习思考题** ★

1. 当前我国水稻主要害虫有哪些？它们分别有什么危害？
2. 几种主要稻飞虱的危害有何异同？
3. 哪些年份二化螟有可能猖獗危害？其防治应从哪几方面考虑？
4. 试比较三种稻蛀螟（三化螟、二化螟、大螟）和三种稻飞虱（褐飞虱、白背飞虱、灰飞虱）生活习性的异同。
5. 二化螟和三化螟的防治策略有何异同？为什么？
6. 两种稻叶蝉的危害特点如何？
7. 当前用于防治水稻害虫的农药有哪些？各有什么特点？使用时应注意哪些问题？
8. 近年来，两迁害虫（稻飞虱、稻纵卷叶螟）为什么在我国频繁暴发成灾？如何采取有效的防控措施？

第十九章　杂粮作物害虫

杂粮作物主要是指玉米、高粱和谷子三类禾本科作物，其中以玉米的栽培面积最大，是北方重要农作物之一，南方丘陵地区也广为栽培。高粱和谷子主要在北方种植。

我国杂谷类害虫已记载500余种。在播种期和苗期，蝼蛄、蛴螬、金针虫、拟地甲等地下害虫为害普遍；地老虎在不少地区严重为害春玉米和春高粱的幼苗。在生长季节，亚洲玉米螟 [*Ostrinia furnacalis*（Guenée）] 和玉米蚜 [*Rhopalosphum maidis*（Fitch）] 为害较严重；高粱条螟 [*Chilo venosatus*（Walker）]、桃蛀螟 [*Conogethes punctiferalis*（Guenée）] 和大螟 [*Sesamia inferens*（Walker）] 常与玉米螟混合发生，为害高粱和玉米；黏虫、飞蝗、土蝗、棉铃实夜蛾 [*Helicoverpa armigera*（Hübner）]、截形叶螨 [*Tetranychus truncatus*（Ehara）]、二斑叶螨 [*T. urticae*（Koch）]、玉米旋心虫 [*Apophylia flavovirens*（Fairmaire）]、玉米蛀茎夜蛾 [*Helotropha leucostigma laevis*（Butler）] 也是这三类作物的重要害虫；粟灰螟 [*Chilo infuscaellus*（Snellen）]、粟穗螟（*Mampava bipunctella* Ragonot）和粟凹胫跳甲 [*Chaetocnema ingenua*（Baly）]、粟秆蝇（*Atherigona biseta* Karl）主要为害谷子，也可为害高粱和玉米；高粱蚜 [*Melanaphis sacchari*（Zehntner）] 主要为害高粱，也可为害玉米。储藏期害虫主要是玉米象（*Sitophilus zeamais* Motsch）等仓储害虫。

第一节　玉米螟

玉米螟（corn borer）俗称玉米钻心虫、箭杆虫，属鳞翅目螟蛾科。分布于我国的玉米螟有亚洲玉米螟 [*Ostrinia furnacalis*（Guenée）] 和欧洲玉米螟 [*O. nubilalis*（Hübner）]，其中以亚洲玉米螟分布最广、为害最重，为世界性害虫。我国除青藏高原外各地均有分布，在东北、华北、华东及西北严重为害玉米等旱粮作物。欧洲玉米螟主要分布于欧洲、非洲西北部、北美洲和亚洲西部；国内新疆和宁夏是其主要发生区，在内蒙古呼和浩特、宁夏永宁和河北张家口一带常与亚洲玉米螟混合发生。

玉米螟是多食性害虫，可为害70多种植物。除玉米外，还为害高粱、谷子、水稻、小麦等粮食作物，棉花、大麻、向日葵、甘蔗、甜菜、甘薯等经济作物及蚕豆、菜豆、辣椒等蔬菜作物，也可取食苍耳、酸模叶蓼、荜草、野苋、艾蒿、蓼及禾本科等多种杂草，但主要为害玉米、谷子、高粱、小麦、水稻和棉花。

玉米螟主要以幼虫蛀茎为害，被害植株茎秆组织遭受破坏，影响养分输送，致使玉米、高粱、谷子等穗部发育不良，籽粒干瘪，质量下降，严重时茎秆遇风折断，造成明显减产。常年春玉米的被害株率大于50%，减产10%；夏玉米的被害株率可达90%，一般减产20%～30%；大发生年减产可达50%以上甚或绝产。玉米在心叶内被害，长出喇叭口后，呈现出不规则的半透明薄膜窗孔、孔洞或排孔。谷子苗期被蛀均呈枯心，抽穗前受害则多数不能抽穗，抽穗后受害形成虫伤株，植株易被风吹折断。在棉株上 1～3 龄幼虫主要蛀食嫩头并逐渐蛀入主茎，至青铃出现后，大龄幼虫蛀入青铃，引起棉铃腐烂、脱落。

一、形态特征

成虫：雄蛾体长 10～14mm，黄褐色。触角丝状。前翅内横线为暗褐色波状纹，外横线为暗褐色锯齿纹，两线之间有 2 个褐色斑。外缘线与外横线间有 1 条宽大的褐色带。后翅淡褐色，也有褐色黄线，当翅展开时，与前翅内、外横线正好相接。

雌蛾体长 13～15mm，体色较淡，腹部较肥大，末端圆钝（图 19-1）。

卵：扁椭圆形，长约 1mm。一般 20～60 粒产在一起，呈不规则鱼鳞状卵块。初产时乳白色，渐变淡黄，孵化前中央呈现黑点，即幼虫头部。

幼虫：老熟幼虫体长 20～30mm，体色多变。头壳及前胸背板深褐色，有光泽，体背多灰黄色或微褐色，具 3 条褐色纵纹，背线清晰。中、后胸毛片每节 4 个，腹部 1～8 节每节 6 个，前排 4 个较大，后排 2 个较小。腹足趾钩 3 序外缺环。

蛹：细长纺锤形，长 15～18mm，黄褐色至红褐色。腹部背面第 1～7 节具横皱纹，第 3～7 节具褐色小齿，横列，第 5～6 节腹面各有腹足遗迹 1 对。尾端臀棘黑褐色，尖端具 5～8 根钩刺。

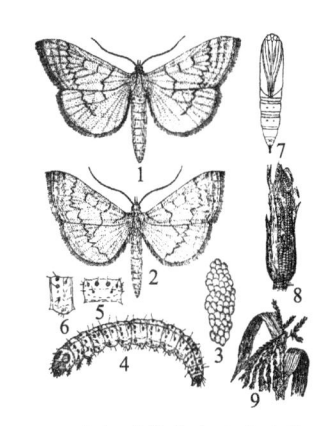

图 19-1　玉米螟（仿华南农业大学，1988）
1. 雌成虫；2. 雄成虫；3. 卵块；4. 幼虫；5. 幼虫第二腹节背面；6. 幼虫第二腹节侧面；7. 雄蛹腹面；8. 幼虫为害雌穗；9. 雄穗被害状

二、生活史与习性

1. **生活史**　玉米螟在我国从北到南年发生 1～7 代。在黑龙江和吉林长白山地区，年发生 1 代；吉林、辽宁、宁夏、内蒙古大部分地区和河北北部，年发生 2 代；长江以北广大地区，年发生 2～3 代；广西、广东和台湾等地，年发生 5～6 代；海南岛年发生 6～7 代。相同纬度地区海拔升高则发生代数减少。各地的玉米螟均以老熟幼虫在寄主秸秆、穗轴、根茬或枯棉铃内越冬。

各个世代及每个虫态的发生期因地而异。在同一发生区也因年度间的气温变化略有差异。在 1～3 代区，第 1 代玉米螟的卵盛发期大致为春玉米心叶期，幼虫蛀茎盛期为玉米雌穗抽丝始期；第 2 代卵和幼虫的盛发期，在 2～3 代区大致为春玉米穗期和夏玉米心叶期；第 3 代卵和幼虫的发生期，在 3 代区为夏玉米穗期。

亚洲玉米螟在东北地区存在不同化性生物型，如公主岭地区存在一化型和二化型。一化型幼虫在 22～29℃变温条件下滞育诱导临界光周期为 15h 48min，二化型为 14h 33min；一化型越冬幼虫的抗寒能力强，滞育后发育历期比二化型长 20d 左右，春季化蛹期推迟；一化型成虫的飞行能力强于二化型，越冬代成虫的产卵量比二化型高 45%。

2. **主要习性**　成虫昼伏夜出，飞行能力强，有趋光性和趋化性。成虫多在夜间羽化，雄蛾常比雌蛾早羽化 1～3d，可多次交配。雌蛾交配后 1～2d 产卵。在株高 50cm 以上，生长茂密，叶色浓绿，小气候阴郁潮湿的低洼地或水浇地的寄主上产卵量较大。对植物也有选择性，一般以玉米产卵较多，高粱其次。卵一般产在植株中部叶片的背面，以中脉附近较多，20~30粒排列成鱼鳞状。单雌产卵10~25块，300~600粒。卵多在上午孵化，卵期一般3~5d，低温可使卵期延长至6~7d。成虫寿命3~21d，一般8~10d。雌虫寿命较长。

初孵幼虫先群集取食卵壳，约经1h即开始爬行分散，行动敏捷，扩散迅速。遇风吹和被触动，常吐丝下垂，转移到寄主其他部位或扩散至临近植株。幼虫共5龄，有趋糖、趋触（保持体躯与寄主相接触）、趋湿和背光习性，所以多选择玉米植株含糖量较高、组织比较幼嫩、便于潜藏而较阴暗潮湿的部位取食为害。幼虫期的长短受温度和食料的影响较大，第1代25~30d，其他世代通常15~25d，越冬幼虫长达200d以上。

老熟幼虫多在其为害处化蛹，少数幼虫爬出茎秆化蛹。1代幼虫多在雄穗柄和茎内化蛹；2代幼虫多在茎秆内化蛹；越冬代多在茎秆或穗轴、叶苞内化蛹。蛹期一般8~10d。

三、发生与环境的关系

1. 虫源基数　　越冬虫源基数可直接影响翌年特别是第1代玉米螟的发生量和为害程度。越冬基数大，田间第1代卵量和被害株率就高。越冬基数的大小与越冬寄主秸秆和穗轴的残存量及百秆内越冬虫量有很大关系。山东临沂11年的统计资料表明，百秆越冬虫量低于100头的年份，6月上旬田间累计百株卵块在60块以下；越冬虫量在100~200头，则田间累计百株卵块为60~80块；若越冬虫量在200头以上，百株卵块数可达80块以上。

2. 气候　　玉米螟喜中温高湿，高温干燥是其发生的限制因素。冬季温暖，春季气温回升早，越冬幼虫化蛹时间就早。湿度和降雨量常决定着玉米螟发生量的多少。春季越冬幼虫恢复活动后，必须取食潮湿秸秆，吸取水分后才能化蛹；成虫羽化后必须饮水才能正常产卵。成虫产卵需要一定的湿度，相对湿度低于25%不产卵，80%时产卵量达到高峰。玉米心叶期过于干旱，叶片上的卵块往往会脱落。一般早春气候温暖，旬平均气温在20℃以上，6~8月降雨均匀，相对湿度达70%以上，是玉米螟大发生的征兆。但在成虫产卵期和幼虫孵化盛期雨量过大，常引起虫口大量死亡而减轻发生。

3. 天敌　　国内外报道的玉米螟天敌有136种，其中寄生性天敌68种，捕食性天敌63种，病原微生物5种。国内已发现70余种，主要包括寄生卵的赤眼蜂和黑卵蜂，如玉米螟赤眼蜂、松毛虫赤眼蜂、螟黄赤眼蜂等，对玉米螟卵的寄生率可达80%~90%。此外，还有玉米螟长距茧蜂、玉米螟厉寄蝇、白僵菌、苏云金杆菌、玉米螟微孢子虫等。捕食性天敌主要有瓢甲、草蛉、步甲、食虫虻和蜘蛛等。保护利用这些天敌有利于控制玉米螟为害。

4. 耕作制度和栽培技术　　玉米、高粱、谷子的春、夏播混种区，玉米螟的发生和为害严重。近年来，随着复种指数的提高，间作套种面积的扩大，玉米、高粱、谷子与小麦、棉花间作套种，播种期自春到夏很不整齐，为各代玉米螟提供了选择适宜食料的条件，导致玉米螟大发生的概率增加。20世纪70年代以来，对棉花的为害逐年加重，已成为长江下游和黄淮海流域棉区的主要害虫。因此，在进行种植结构调整时，必须合理规划，从根本上控制玉米螟的发生。

玉米螟喜在播种早、水肥足、长势好的植株上产卵。因此，同一地区，在同样发蛾量的情况下，出苗早、水肥条件好、生长茂密、植株高大的丰产田一般着卵量较多，是防治的重点。高粱开花期最易吸引雌蛾产卵，而且小花与嫩粒上的幼虫成活率远比心叶期为高，如果开花期与玉米螟成虫发生期吻合，则受害重。

5. 寄主植物　　玉米螟发生数量和为害程度与其寄主植物的种类、长势、生育阶段及品种都有着密切的关系。

在多种寄主同时存在的地区，亚洲玉米螟成虫最喜欢在玉米上产卵。雌蛾产卵对播期早、生长茂盛、叶色浓绿的植株有明显的选择性。长势好的玉米植株上着卵量明显高于一般玉米。在玉米心叶期，初孵幼虫侵入后的成活率低；随着玉米植株的生长发育，幼虫成活率增高，以抽穗授粉期幼虫的成活率最高。

研究表明，玉米心叶期植株中含有甲、乙、丙三种抗虫性次生物质，其中以甲和丙最重要，后者简称丁布（DIMBOA），含量高的品种抗螟性强。甜玉米受害最重，其次为糯玉米，普通玉米受害最轻。目前，转 Bt 毒蛋白基因的抗虫玉米已经进入商品化生产，这种玉米品种对玉米螟具有良好的抗虫性。

高粱则以甜高粱和茎秆柔弱的高秆品种受害重，白粒品种和茎秆较坚硬的矮秆品种受害轻。

四、虫情调查方法

1. 有效越冬虫源基数调查　　在春季4月中旬越冬幼虫化蛹前，选取在不同环境储存的春、夏玉米秸秆、高粱秸秆和玉米穗轴各2堆，随机取样，每堆剖查不少于100株（穗），逐一检查活虫数和死虫数，统计平均百秆幼虫存活率和死亡率。根据越冬虫口密度、越冬死亡率及当地秸秆储存总量，推算有效越冬虫源基数，预测当年第1代玉米螟可能发生的程度。

2. 成虫发生数量调查

1）灯光诱蛾：从当地玉米螟成虫始见期开始，用黑光灯或双波诱虫灯诱集螟蛾，逐日记载灯下玉米螟成虫的数量，区分雌、雄蛾，确定始期、盛期、末期。根据发蛾量和发蛾高峰期，预测田间玉米螟产卵和卵孵化的始期和盛期。

2）性诱剂诱蛾：在成虫发生期，用人工合成的玉米螟性诱剂诱蛾。诱捕器设置在距玉米田3～5m处，距地面1m，设置1个诱芯/诱捕器，诱捕器间距10m；每个地区设3次重复，每个重复设3个诱捕器，每个重复间距50m以上。

3. 田间卵量消长调查　　成虫出现时，选择不同播期、有代表性的玉米、高粱田各2块，面积在0.3hm^{2}以上，按棋盘式或双对角线10点取样，每点2行20株，每3d调查1次，定株逐叶查卵块数及卵粒数，并记下被寄生或捕食的情况，计算百株卵量。根据田间卵量消长动态，推算幼虫孵化始期、盛期及发生量，指导防治。

五、防治方法

玉米螟的防治应贯彻综合防治的指导思想。以农业防治为基础，搞好作物布局，选种抗螟丰产品种，因地制宜处理越冬寄主，以压低发生基数。积极推广生物防治技术，协调好药剂防治与生物防治的矛盾，保护利用自然天敌。第1代玉米螟对春玉米为害较重，一般需要进行必要的防治。第2代、第3代为害夏玉米，由于自然界天敌数量大，一般不用药剂防治，但严重时也需要进行必要的防治。药剂防治应以玉米心叶末期颗粒剂治螟为重点，同时加强高粱、谷子等作物田的防治。

1. 农业防治

1）处理越冬寄主，压低虫口基数：秋收后至翌年玉米螟幼虫化蛹前（一般在 4 月前），对主要寄主秸秆、根茬、穗轴、苞叶等及时处理，如旋耕整地搅碎根茬，采取铡碎、积肥、作饲料、沼气化等办法处理玉米秸秆，减少玉米秸秆在田间地头的堆放，消灭越冬幼虫，降低越冬虫源基数。

2）做好作物布局，培育、选种抗螟品种：避免在一个地区插花种植玉米螟的主要寄主作物。玉米与小麦套种可以避开第 1 代幼虫的为害期；玉米与花生和红花苜蓿间作可有效地抑制玉米螟的发生；玉米与匍匐型绿豆间作能明显提高赤眼蜂寄生率。种植抗虫品种是控制螟害的根本措施，在螟害严重的地区应积极培育和引进抗螟丰产品种。

3）种植诱集作物，集中防治：玉米或谷子小面积早播田块诱集玉米螟产卵，集中消灭，可以减轻玉米被害率 40% 以上。蕉藕对玉米螟产卵有较强的引诱力，但幼虫孵化后很难在蕉藕上成活，可在玉米、棉田附近适当搭配种植蕉藕，诱蛾产卵。在棉田内或四周种植玉米，诱蛾产卵，可减轻玉米螟对棉花的为害，且对棉铃实夜蛾也有较好的诱集力。

4）齐泥收割：收割时，齐地面收割，留低根茬，减少田间玉米螟在根茬中的越冬虫量。

5）人工去雄：玉米打苞抽穗期，玉米螟幼虫集中于还未抽出的雄穗上为害，可在雄穗刚刚抽出未散开时，隔行人工摘除 2/3 的雄穗，带出田外处理。

2. 生物防治

1）释放赤眼蜂：在玉米螟各代卵初盛期和盛期，释放松毛虫赤眼蜂或玉米螟赤眼蜂 2~3 次，设放蜂点 30~40 个 /hm²，放蜂 15 万~30 万头 /hm²，将蜂卡夹在玉米植株中部第 5 或第 6 叶叶腋处，注意避免蜂卡受雨淋或阳光直射。寄生率可达 80%。放蜂前后 20d 内不能使用化学药剂。

2）白僵菌防治：玉米心叶期，可用白僵菌粉与经过滤的煤渣制成颗粒剂，撒入心叶内，或用苏云金杆菌（Bt）菌粉稀释液灌心；在春季越冬幼虫复苏前，用白僵菌封垛。

3. 物理防治　　田间设置黑光灯诱杀成虫，间隔 200m 安装 1 盏杀虫灯，或用糖醋液诱杀成虫。使用玉米螟性诱剂，按 15 个 /hm² 设置水盆诱捕器诱杀雄蛾。

4. 化学防治

1）心叶期防治：心叶末期花叶株率达 10% 时，在喇叭口内投施辛硫磷颗粒剂、西维因颗粒剂、呋喃丹颗粒剂或杀虫双大粒剂等。也可用敌百虫、氰戊菊酯、溴氯菊酯等药液灌心。

2）穗期防治：当虫穗率达 10% 或百穗花丝有虫 50 头时，在抽丝盛期将前述颗粒剂撒在玉米的"4 叶 1 顶"，即雌穗着生节的叶腋及其上 2 叶和下 1 叶的叶腋与雌穗顶的花丝上。也可用敌敌畏液滴注穗顶。如虫穗率超过 30%，6~8d 后再防治 1 次。

3）其他作物上玉米螟的防治：棉花田在 3 代玉米螟卵孵化高峰期可用敌百虫或硫氰乳油喷雾。高粱田不能用敌百虫和敌敌畏，以免发生药害。谷子田中玉米螟在孵化后的最初 5d 高度集中在谷子气生根处，是药剂防治的最佳时期，应抓紧防治。

第二节 黏 虫

黏虫（oriental armyworm）[*Mythimna separata*（Walker）]，俗称行军虫、剃枝虫、五色虫、粟黏虫、夜盗虫等，属鳞翅目夜蛾科，为世界著名的为害杂谷类作物的迁飞性害虫，在我国各地均有分布。

黏虫是多食性害虫，可取食16科100多种植物，主要为害麦类、谷子、水稻、玉米、高粱、糜子、甘蔗、芦苇及禾本科牧草等，大发生时也为害豆类、蔬菜、麻类、棉花、油料、果树等植物。黏虫是典型的食叶性害虫，具有突发性、暴食性和群聚性的特点。幼虫1~2龄时仅食叶肉，造成半透明小斑点或小孔；3~4龄蚕食叶片形成缺刻，还在心叶中边吃边排泄，使心叶全无，虫粪充塞；5~6龄为暴食期，占总食量的90%~95%。大发生时，常将作物叶片全部食光，穗部咬断，造成严重减产，甚至绝收。

一、形态特征

成虫：体灰褐色或淡黄褐色，雄蛾较雌蛾色浓。体长15~20mm，翅展35~45mm。前翅淡黄色或淡灰褐色；前翅中央近前缘有2个淡黄色圆斑，外侧圆斑较大，下方具一白色小圆斑，其两侧各有一个黑色斑点；外横线为一列黑点；翅顶角有一条向内伸的暗褐色斜线；外缘有7个小黑点（图19-2）。

卵：馒头形，直径约0.5mm，稍带光泽，表面具六角形网状脊纹。初产时白色，近孵化时呈黄褐色至黑褐色。

幼虫：老熟幼虫体长30~40mm，发生量少时，体色较浅；大发生时，体呈浓黑色。头红褐色，头盖有褐色网状纹，中央有一黑褐色"八"字纹。体背5条纵线，背中线细白，两侧各2条极明显的红褐色或黄褐色宽带。腹面污黄色，腹足外侧具黑褐色斑。趾钩单序半环形。

蛹：红褐色，体长17~23mm。腹部第5~7节背面前缘处有横列的马蹄形刻点，中央刻点大而密，两侧渐稀。尾端有一对粗大的尾刺，两侧具细而短的钩状刺2对。

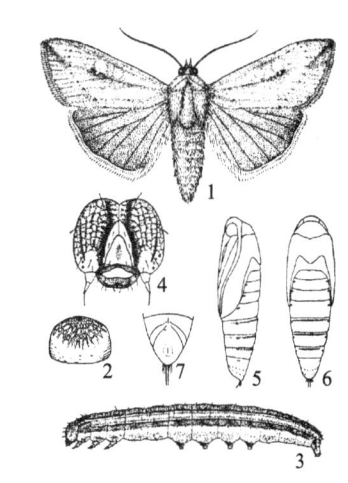

图19-2 黏虫（仿浙江农业大学，1963）
1.成虫；2.卵；3.幼虫；4.幼虫头部（正面观）；5~7.蛹侧面观、背面观及腹末腹面观

二、生活史与习性

1. 生活史　黏虫无滞育特性，在我国东半部地区的越冬界线为1月0℃等温线或33°N。越冬界线以北的地区，黏虫不能越冬，每年初发生虫源均由南方随气流远距离迁飞而来。在1月0~4℃等温线，30°N~33°N地区，黏虫以蛹和幼虫越冬；4~8℃等温线，27°N~30°N地区，冬季黏虫虽能取食，但种群稀少；8℃等温线，27°N以南，黏虫可终年繁殖为害。

黏虫在国内年发生 1~8 代。按其越冬状况、主要为害世代、为害时期及种群突增突减的变动规律，可将我国东半部地区划分为 5 个发生区（表 19-1）。

表 19-1 我国东部地区黏虫发生区

发生区	地理位置	主要为害世代	为害时期	受害作物
2~3 代区	39°N 以北，主要包括辽宁、吉林、黑龙江、北京、内蒙古、河北东、北部，山东东部和山西中、北部等地区	第 2 代（有些地区第 3 代为害也重）	6~7 月（7~8 月）	小麦、谷子、玉米、高粱等，有的年份也为害水稻
3~4 代区	36°N~39°N，主要包括山东西、北部，河北中、西、南部，山西东部及河南东、北部等地区	第 3 代（第 1~2 代也有为害）	7~8 月（5~7 月）	谷子、玉米、水稻、高粱（小麦、玉米、谷子）
4~5 代区	30°N~36°N，主要包括浙江北部、江苏、上海、安徽、河南中南部，山东南部及湖北西、北部等地区	第 1 代（个别年份第 3~4 代也有为害）	4~5 月（8~9 月）	小麦、水稻等
5~6 代区	27°N~30°N，主要包括湖北中、南部，湖南、江西、浙江及广东、广西、福建等地北部	第 5 代（其次为第 1 代）	9~10 月（3~4 月）	水稻（小麦）
6~8 代区	27°N 以南，主要包括广东、广西、福建等地的中、南部及海南、台湾等地区	越冬代、第 5（或第 6）代	1~3 月和 9~10 月	小麦、水稻

在我国西半部地区，黏虫的年发生世代数随纬度和海拔的增加而递减，多者 6~8 代，少者 1~2 代，但大部地区均属 2 代常发区，如甘肃可划分为 3 个发生区，即陇南 3~4 代区，中部及陇东 2~3 代区，河西及甘南高原 1~2 代区，以上 3 个区均以第 2 代幼虫为害麦类、玉米、高粱和谷子等作物，其余各代仅零星发生，一般不造成为害。陕西也可划分为 3 个发生区，即秦岭以南 4~5 代区，主要以第 1 代于 5 月中下旬为害小麦、套种玉米等；关中和延安以南 3~4 代区，第 2 代为偶发，第 3 代局部为害；延安以北长城沿线 2~3 代区，为第 2 代常发区，于 6 月下旬至 7 月为害小麦、玉米和谷子。在宁夏黏虫不能越冬，早春虫源由外地迁飞而来，发生 2~3 代。

20 世纪 80 年代，明确了黏虫在我国西半部的陕南、四川京山与西昌、贵州毕节和水城、甘肃文县等地均可越冬，也是国内第 1 代初始虫源。

2. **主要习性** 成虫昼伏夜出，傍晚及夜间出来活动，进行交尾、取食和产卵等。在夜间有 2 次活动高峰，即傍晚 8~9 时和黎明前。成虫多在午后羽化，羽化后喜食蜜源植物以补充营养，如桃、李、杏、苹果、刺槐、大葱、油菜、苜蓿等，对黑光灯和双色灯及糖醋液有较强的趋性。繁殖力强，单雌产卵 1000~2000 粒，最多可产 3000 粒。雌蛾产卵对植物种类与部位的选择性很强。在小麦上多产在上部 3~4 片叶尖端或枯叶及叶鞘内；在谷子上多产在枯心苗和中下部干叶的卷缝或上部的干叶尖上；在玉米上产在玉米穗的苞叶、花丝等部位；在水稻上多产在叶尖部位，有明显产卵在枯黄或萎蔫叶片上的习性。卵粒一般排列成行，由分泌的胶质互相黏成块，随胶质干涸而使叶纵卷成棒状。每块卵粒数不等，多的可达 200~300 粒。

黏虫迁飞能力强，可伴随高空气流进行远距离传播。春、夏季多从低纬度向高纬度，低海拔向高海拔地区迁飞。秋季回迁时，又从高纬度向低纬度，高海拔向低海拔地区迁飞。

初孵幼虫先取食卵壳，经数小时后开始吐丝分散。夜间活动较多。1 龄、2 龄幼虫遇惊动即吐丝下垂，悬垂不动，随后沿丝爬回原处或随风飘散；3 龄以上幼虫被惊动时，立即落地，身体蜷曲不动，或就近钻进松土里，潜土 1~5cm。低龄幼虫常躲在谷子、小麦心叶、裂开的叶鞘内或中下部茎叶丛间，在玉米、高粱的喇叭口、叶腋和穗部苞叶内为害。4 龄以上幼虫常由于虫口密度过大或环境不适而群集向外迁移，取食为害。幼虫共 6 龄，老熟后，钻到作物根际 1~2cm 深的松土中，结土茧化蛹。

三、发生与环境的关系

近年来，我国黏虫种群发生动态呈现出新的特征，首先，江淮 1 代发生区为害减轻，东北、华北、黄淮、西北和西南等 2~3 代区发生加重；其次，第 2 代黏虫为发生最为广泛的世代，1995 年以来黏虫主要为害作物已由小麦变为玉米；最后，寄主作物种植面积对种群数量总体变动起重要作用，气候条件影响年度间和区域间的种群波动和变化，农田生境影响小区域的发生为害程度。

1. 气候　　黏虫喜中温高湿。不耐 0℃以下和 35℃以上的温度。成虫发育与产卵适温为 15~30℃，产卵最适宜温度为 19~22℃，当温度低于 15℃或高于 25℃时，产卵数量均呈下降趋势，尤其在高温低湿下，产卵更少。相对湿度 75% 以上对产卵有利；低于 40% 时，即使在适温条件下产卵量也很少。幼虫发育的适宜温度为 10~25℃，最适温度为 19~23℃，适宜的相对湿度为 80%~90%。一般降雨有利于黏虫发生，但在成虫发生期和产卵期，暴雨对黏虫种群数量的影响则较大。

近年来，由于气温升高，黏虫生长发育加快，增加了黏虫在全年内的总繁殖代数，导致为害期延长，飞行个体比例增加，加剧了迁飞为害。2017 年，西北地区东部、黄淮西北部和东南部、江淮大部等地温度偏高 1~2℃；华北西部、西北中部和东北部、江南大部等地降水偏多 20% 至 1 倍，总体气候条件有利于黏虫的发生。

2. 寄主　　黏虫幼虫喜食小麦、玉米、高粱和芦苇等禾本科植物。寄主植物丰富时对其生长发育有利。在成虫发生期蜜源植物的多寡也决定黏虫发生的轻重。

3. 耕作制度和栽培技术　　耕作制度的改革和栽培技术的提高，对黏虫的发生也有很大影响。一般水肥条件好、作物长势茂密的农田，黏虫发生重。

4. 天敌　　黏虫天敌种类达 129 种，其中寄生蜂 43 种，寄生蝇 33 种。寄生性天敌主要有黑卵蜂、赤眼蜂、黄茧蜂、绿绒茧蜂、螟蛉悬茧姬蜂、黏虫绒茧蜂等，捕食性天敌有中国曲胫步甲、赤胸步甲、金星步甲等。病原线虫对黏虫也有重要的控制作用，如中华卵索线虫在河南上蔡县对第 1 代黏虫的自然寄生率平均为 46.4%（1975~1989 年），历年最高寄生率平均为 76.9%。此外，苏云金杆菌、昆虫病毒等病原微生物对黏虫也有一定的控制作用，如黏虫核型多角体病毒对黏虫的田间感染率可达 77.8%~90%。

5. 气流　　黏虫迁飞的方向和速度与飞行时的风向和风速基本一致。黏虫随风迁飞的特性，使黏虫迁飞和降落呈现明显的条带分布规律。黏虫迁飞与东亚地区低层大气环流季节性变化有着密切的关系。近年来，受厄尔尼诺现象等因素的影响，7~8 月强降水和高空对流天气频率增加，有利于黏虫的第 2、第 3 代迁飞，加之遇到特定的地形条件，往往形成较强下降气流，致使迁飞虫群降落。例如，2017 年 3 代幼虫发生区域呈现明显的条带分布规律，一条为东北地区至华北地区的东北至西南方向分布带（自黑龙江木兰至山西临猗，即 127.91°E，46.24°N~110.78°E，35.15°N）；另一条为宁夏至内蒙古中西部的东南至西北向的分布带（自内蒙古磴口至河南伊川，即 106.98°E，40.33°N~111.42°E，34.43°N）。两条重发带在空间上呈现明显的弓形分布，并在华北北部交汇，而这种弓形分布与高空风场密切相关。

四、虫情调查与测报

1. 虫情调查
1）诱测成虫：用黑光灯和双色灯诱蛾。自各代成虫发生初期起，逐日调查统计诱蛾量及雌雄比，并解剖雌蛾观察卵巢发育进度并记录抱卵量。

2）卵量调查：应用谷草把诱蛾产卵和田间查卵等方法，每3d检查记载1次。干谷草0.5m基部缚在木棍或竹竿上，选择代表性田块（＞0.5hm^2），棋盘式插入谷草把10～20把。草把间距：长江以南5m，长江以北10m。谷草把顶端高出作物0.25m，剥开干叶和叶鞘，记录卵数。

3）幼虫调查：于2龄幼虫盛期检查黏虫幼虫和天敌密度。

2. 发生期预测　　根据诱蛾结果，自发蛾高峰日起，至卵期、1～2龄幼虫的历期，是药剂防治的关键时期。

3. 发生程度预测　　根据诱蛾量或田间卵量，结合气象预报进行分析。在黏虫发生季节，尤其产卵期和孵化期多雨、高湿、温度适宜时常会大发生。山东等地第1代黏虫发生量预报，以4月间蛾量激增日起连续5d每个诱蛾器诱蛾总量为500头，一类、二类麦田有卵3块/m^{2}以上为大发生年。3代黏虫以7月下旬至8月初，自蛾量激增日起，10个杨树枝把上连续3d诱蛾量在100头以上，雌蛾卵巢发育多达3级以上，并多次交尾；夏谷平均有卵5块/m^{2}以上，玉米、高粱平均有卵10块/百株以上，即为大发生年。

4. 中长期预测　　根据黏虫迁飞规律，在不同发生世代区进行异地预报。主要根据迁出区的虫源基数、发育进度、迁入区的气候条件和作物长势，预测迁入区的发生趋势。

5. 防治适期和防治指标　　黏虫3龄前为防治适期。一般指标为小麦密植每米双行低龄幼虫10头，谷子大垄栽培每米双行幼虫50头，玉米、高粱每米幼虫超过1头。山东省将黏虫为害损失率控制在5%以下的动态防治指标为：一类麦田（第1代）为3龄幼虫25头/m^2，二类麦田15头/m^2；套种夏玉米（第2代）4叶1心期为40头/百株，7叶1心期为80头/百株；套种夏玉米（第3代）为150头/百株，夏直播玉米为120头/百株，夏谷为20头/m^2。

五、防治方法

1. 农业防治　　清除田间杂草，中耕培土。减少南方冬小麦的种植面积，可明显减少越冬代黏虫的种群数量，并使我国江淮流域第1代黏虫的初始虫源显著减少。

2. 物理防治
1）诱杀成虫：用黑光灯和双色灯、糖醋液、干草把或杨树枝把、性诱剂等诱杀成虫。

2）消灭卵块：自成虫产卵初期开始，麦田每公顷插小谷草把150把诱卵，每3d换1次，将用过的草把做烧毁或饲喂处理。谷田在卵盛期，可顺垄采卵，连续进行3～4次，可显著减轻田间虫口密度。

3）挖沟阻截：大发生时高龄幼虫具有群体爬行扩散为害的习性，可以挖沟撒药阻截幼虫扩散。

3. 生物防治 释放中华卵索线虫,按益害比 10∶1 释放线虫感染期幼虫,寄生率可达 77%。黏虫核型多角体病毒、*Bt* 等对黏虫也有较好的防治效果。

4. 化学防治 常用药剂有杀虫威、马拉硫磷、乐斯本、溴氰菊酯、辛硫磷、杀螟松、敌百虫等,这些药剂杀虫效果明显,但对天敌的杀伤也较严重。因此,当虫口密度较低、发现较早时,可选用特异性杀虫剂,如灭幼脲 1 号和灭幼脲 3 号喷雾,防效在 90% 以上,持效期达 20d。另外,*Bt*、除虫精粉(二氟苯醚菊酯粉剂)的防治效果也在 90% 以上,可选择使用。

第三节 草地贪夜蛾

草地贪夜蛾 [*Spodoptera frugiperda*(Smith)],俗称秋黏虫、伪黏虫,属鳞翅目夜蛾科,原产于美洲热带和亚热带地区,是一种重要的迁飞性农业害虫。据欧洲及地中海植物保护组织(EPPO)和亚洲各国统计,截至 2019 年 1 月草地贪夜蛾已分布于全球 100 多个国家和地区。草地贪夜蛾自 2019 年 1 月由缅甸侵入我国云南普洱以来,截至 2019 年 7 月已快速扩散至我国 20 余个省(自治区、直辖市)。草地贪夜蛾的适生区域较广,华南、华中、华东全部和西南、华北部分区域等均是其适生区,并有继续向北迁飞扩散的趋势。

草地贪夜蛾具有寄主范围广、繁殖能力强、迁飞扩散快、危害程度重和防控难度大等特点。据统计,该虫可取食包括禾本科、菊科和豆科在内的 76 科 353 种植物,尤其对玉米、水稻、高粱、花生、棉花、大豆和甘蔗等为害较重。玉米苗期受害一般可导致减产 10%～25%,严重地块可造成毁种绝收。

一、形态特征

成虫: 体色暗灰色、深灰色或淡黄褐色。雄蛾体长 16～18mm,雌蛾体长 18～20mm。雄蛾前翅灰棕色,翅面上有呈淡黄色、椭圆形的环形斑,环形斑下角有一个白色楔形纹,翅外缘有一明显的近三角形白斑;雌虫前翅多为灰褐色或灰色和棕色的杂色,无明显斑纹;雌蛾和雄蛾的后翅均为银白色,有闪光,边缘有窄褐色带(图 19-3)。

卵: 圆球形,直径约 0.45mm,卵上常覆盖有浅灰色的雌蛾鳞片。初产时浅绿色或白色,孵化前呈棕色。

幼虫: 初孵幼虫身体为绿色,头黑色;2 龄开始身体变为褐色,有白色背线;4～6 龄幼虫(部分寄主

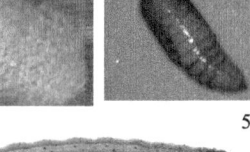

图 19-3 草地贪夜蛾
1. 雌成虫;2. 雄成虫;3. 卵块;4. 幼虫;5. 蛹

植物上发生7龄），头部为红褐色，夹杂白色，体色多变，背线和亚背线白色。老熟幼虫体长30～36mm；头壳网状纹和白色"Y"形纹明显。腹节背面各有4个黑褐色毛瘤，呈梯形排列，但第8腹节背面的4个毛瘤呈正方形排列，第9腹节的4个毛瘤呈倒梯形排列。

蛹：体长15～17mm，红褐色。气门黑褐色，椭圆形并显著外凸。腹部背面第5～7节各节上端有一圈圆形刻点，刻点中央凹陷；腹部末端有一对短而粗壮的臀棘，臀棘基部较粗，分别向外延伸呈"八"字形。

草地贪夜蛾与甜菜夜蛾、斜纹夜蛾和黏虫在玉米地常混合发生，且形态相近，容易混淆。4种害虫幼虫形态特征区别见表19-2。

表19-2 草地贪夜蛾、甜菜夜蛾、斜纹夜蛾和黏虫幼虫特征比较

特征	龄期	头部	体色	虫体特征	老熟幼虫体长
草地贪夜蛾	6	青黑色、橙黄色或红棕色，高龄幼虫头部有白色或浅黄色倒"Y"形纹	体色多变，黄色、绿色、褐色、深棕色、黑色	腹部每节背面有4个长且有刚毛的黑色或黑褐色毛瘤。第8腹节4个毛瘤呈正方形排列，第9腹节背面的毛瘤呈倒梯形排列	30～36mm
甜菜夜蛾	6	黑色、淡粉色	体色多变，绿色、暗绿色、黄褐色、褐色至黑褐色	背线有或无，颜色多变，各节气门后上方有1个明显白点，体色越深，白点越明显。气门下线为明显的黄白色或绿色纵带，有时带粉红色，纵带直达腹末	22～30mm
斜纹夜蛾	6	黑褐色，高龄幼虫头部有白色或浅黄色倒"Y"形纹	体色多变，淡灰绿色、黑褐色、暗绿色、黄绿色等	背线、亚背线和气门下线均为灰黄色或橙黄色纵线。从中胸至第9腹节，每节体节两侧各有1个近三角形黑斑，其中以第1和第8腹节的最大、最明显	35～47mm
黏虫	6	棕褐色，高龄幼虫有明显的棕黑色"八"字形纹	体色鲜艳，由青绿色至深黑色	背中线白色，边缘有细黑线，背中线两侧有2条红褐色纵条纹，上下镶有灰白色细条。气门线黄色，上下有白色带纹。腹足外侧具黑褐色斑	30～40mm

二、生活史与习性

1. 生活史　草地贪夜蛾无滞育现象，春、夏季向非越冬地区迁飞，秋季回迁。在我国云南、广西、广东、海南等省（自治区）可周年繁殖为害，推测在我国广东、广西、台湾及福建和云南南部年发生6～8代，海南9～10代。卵期2～5d；幼虫期夏季约14d，寒冷季节约30d；蛹期夏季8～9d，冬季20～30d；成虫寿命7～21d。幼虫老熟后钻入土表下2～8cm结茧化蛹，如果土壤过硬，幼虫吐丝把碎叶片和其他材料缠绕在土表结茧化蛹。成虫羽化3～4d后开始产卵，雌虫一般在其存活的前4～5d产下大部分卵，但有时产卵可持续3周左右。夏季完成一个世代约30d，春、秋季约60d，冬季约80d。

2. 主要习性　成虫夜间活动，尤其在温暖、潮湿的夜晚活动力很强。对绿光、黄光趋性较强。可多次交配，繁殖力强，单雌产卵1500～2000粒，多将卵产在玉米叶片正面或背面靠近主叶脉区域。卵块产，每块卵粒数不等，多的可达100～200粒，单层或多层堆积在一起。成虫迁飞能力强，每晚可迁飞100km左右，随气流可以迁飞到1600km以外的地区。

初孵幼虫先取食卵壳，然后取食叶片组织，形成半透明薄膜"窗孔"；2龄开始在叶片上咬出孔洞，然后在孔洞的内缘上咬食为害，形成不规则的长形孔洞，如在玉米轮生叶片上

为害可造成特殊穿孔状排列的为害状。大龄幼虫会咬食整个叶片，也可取食未抽出的玉米雄穗和幼嫩果穗，或钻入植株生长点（花苞、轮生叶间等）为害，或钻入果实或植物的花朵内部为害。幼虫共6龄，1~2龄幼虫无明显自相残杀习性，3龄后自相残杀习性明显，可使种群减少40%~50%。幼虫具有较强的转移为害植株习性；老熟后，从为害部位转移至地面，钻入地下筑蛹室化蛹。

三、发生与环境的关系

1. **气候** 气候对草地贪夜蛾的发生影响很大。卵、幼虫、蛹和整个世代的发育起点温度分别为10.27℃、11.10℃、12.20℃和11.34℃；发育有效积温分别为44.57 d·℃、211.93 d·℃、135.69 d·℃和390.55 d·℃。种群生长发育的适宜温度为20~30℃，成虫繁殖的最适温度为20~25℃。季风在草地贪夜蛾从非洲到亚洲的远距离迁飞过程中发挥了主导作用。我国处于东亚季风区内，冬季盛行东北气流，夏季盛行西南气流，形成了草地贪夜蛾在我国北扩东进的迁飞格局。

2. **寄主** 草地贪夜蛾由于偏好寄主不同分化成玉米型和水稻型，玉米型幼虫尤其喜好玉米、小麦、高粱、棉花、黑麦草等，水稻型主要取食水稻和杂草。目前我国尚未发现水稻型。

3. **耕作制度** 我国玉米等作物的种植布局随季节和纬度变化从南至北递次推移，时间和空间上互补，为草地贪夜蛾提供了丰富的食物资源，为其种群区域性迁移为害和周年繁育提供了良好的自然条件。

四、防治方法

由于草地贪夜蛾是新入侵我国的重大害虫，对其的防控策略应在监测预警的基础上采取"分区治理、联防联控、应急防控和长期防控对策"。分区治理对策是根据草地贪夜蛾周年循环为害习性，从南到北可将草地贪夜蛾的发生区域分为周年繁殖区（云南、广东、广西和海南）、迁飞过渡区和重点防范区，根据防控目标及发生时期的不同，侧重不同防控技术，做到群防群治与统防统治相结合；联防联控对策是指借鉴参考国外防治草地贪夜蛾的经验和技术，国内不同区域间及时沟通信息，在时间上和空间上做到协调防控；应急防控对策是指针对虫情突发和重发，迅速采取化学防治等措施；长期防控对策侧重于依靠绿色防控、生态调控等控制草地贪夜蛾的为害。由于目前草地贪夜蛾可能会进一步向我国黄淮海夏玉米产区和北方春玉米产区迅速蔓延，宜采用应急防控策略。

1. **监测技术** 草地贪夜蛾的监测技术主要包括成虫诱测和田间人工调查。利用雷达监测、地面测报灯、高空测报灯、性诱剂等方法对成虫发生情况进行监测。田间人工调查主要调查草地贪夜蛾卵、幼虫和蛹的数量，发育阶段和时空分布及田间为害率。

2. **农业防治** 种植抗性或耐受性玉米品种、加强田间管理、保持土壤肥力和水分充足等促使玉米健康生长等措施都可提高玉米对草地贪夜蛾的抗性和耐受性。调整玉米播种期，适时早播，使草地贪夜蛾的幼虫期与玉米的苗期至抽穗吐丝期错开，同时避免交错种植。与非禾本科作物间作套种，田边地头种植显花植物，也可有效减轻为害。

3. **诱杀成虫** 成虫发生期，集中连片使用杀虫灯、性诱剂、食诱剂等诱杀。

4. 生物防治 草地贪夜蛾的天敌种类众多，寄生性天敌有夜蛾黑卵蜂、短管赤眼蜂、岛甲腹茧蜂、缘腹绒茧蜂、寄蝇等，捕食性天敌有猎蝽、花蝽、瓢虫、草蛉等。田间可通过生态调控吸引和保护利用当地天敌，也可以引进天敌进行驯化饲养后释放。卵孵化期也可喷施白僵菌、绿僵菌、*Bt*、多杀菌素、苦参碱、印楝素等生物农药。

5. 化学防治 目前参照国外经验，玉米心叶初期（2～5片完全展开叶）平均被害株率20%（10%～30%）时必须施药防治；玉米心叶末期（8～12片完全展开叶）平均被害株率40%（30%～50%）时需要用药防治；玉米穗期果穗平均被害率20%（10%～30%）时需要用药防治。

防治适期为3龄幼虫前，在清晨和傍晚施药。可选用甲氨基阿维菌素苯甲酸盐、乙酰甲胺磷、乙基多杀菌素、甲氰菊酯、唑虫酰胺、丁硫克百威等。由于草地贪夜蛾已对一些农药产生了抗药性，应注意轮换用药。

第四节 高粱条螟

高粱条螟（striped sorghum borer）[*Chilo venosatus*（Walker）]，又名甘蔗条螟，俗称高粱钻心虫、高粱钻茎虫，属鳞翅目螟蛾科。高粱条螟为世界性害虫，国外主要分布于越南、印度、印度尼西亚、菲律宾、巴基斯坦、斯里兰卡、埃及、南非、澳大利亚等国家；国内大多数省、自治区均有发生，在我国东北、西北、华北和华中等地常与玉米螟混合发生，为害高粱和玉米。在华南主要为害甘蔗，常与粟灰螟[*Chilo infuscatellus*（Snellen）]、甘蔗黄螟[*Argyroploce schistaceana*（Snellen）]混合发生。近年来，随着杂交高粱栽培面积的扩大，部分地区有上升趋势。

高粱条螟主要以幼虫钻蛀为害作物的茎秆，除为害高粱、玉米、甘蔗外，还为害谷子、薏米、大麻等作物，以及象草、芦苇等杂草。

一、形态特征

成虫：雄虫体长10～14mm，雌虫体长10～12mm。复眼暗黑色。头、胸部背面淡黄色。前翅顶角尖锐，翅脉间灰黄色，翅面有近20条黑褐色纵条纹，中室外有1个小黑点；外缘脉间有7个小黑点，排成直线。后翅颜色浅（图19-4）。

卵：长约1.5mm，扁平椭圆形，表面有龟甲状纹，数粒或数十粒排成双行"人"字形的卵块。初产时乳白色，后变为黄白色至深黄色。

幼虫：老熟幼虫体长20～30mm，乳白色至淡黄色。夏型幼虫胸、腹部背面有4条淡紫褐色纵纹，腹节背面各有6个赤褐色毛片，其中前缘4个，中间2个较大、圆形，上生刚毛；后缘2个，长圆形。冬型

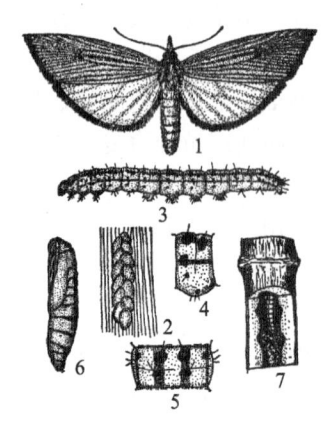

图19-4 高粱条螟（1～5仿浙江农业大学，1963；6、7仿华南农业大学，1988）
1.成虫；2.卵块；3.幼虫；4、5.幼虫第二腹节侧面及背面；6.蛹；7.为害状

幼虫毛片颜色消失，体背出现 4 条明显淡紫褐色纵纹。腹足趾钩双序缺环。

蛹：长 12~16mm，纺锤形，红褐色或黑褐色。腹部第 5~7 节背面前缘具深褐色网状纹，腹末较钝，有 2 对尖锐小突起。

二、生活史与习性

1. 生活史　　辽宁南部、河北、山东、河南及江苏北部年发生 2 代；江西 3~4 代；广东、台湾 4~5 代。在北方多以老熟幼虫在高粱、玉米秸秆内越冬，少数幼虫在玉米穗轴或谷草内越冬；在南方则以老熟幼虫在甘蔗的枯叶鞘内侧结白茧越冬。

越冬代成虫的发生期因地而异。北方越冬幼虫于 5 月中下旬开始化蛹，5 月下旬至 6 月上旬羽化；在江西 4 月下旬见蛾；广东汕头在 3 月中旬至 4 月下旬见蛾。第 1 代幼虫历期 30~50d，在北方 7 月上中旬开始化蛹，蛹期 7~10d，7 月中下旬羽化为成虫，第 2 代卵盛期在 8 月上中旬。高粱条螟在华北地区为害玉米的时间一般比玉米螟晚 10d 左右。

2. 习性　　成虫昼伏夜出。有趋光性，活动能力较玉米螟差，白天多栖息于寄主植物近地面部分的茎叶下面。产卵前期 2~3d，产卵期 2~4d。第 1 代卵全产在春高粱或春玉米心叶中，第 2 代卵大部分产在夏高粱或夏玉米心叶中，卵多产在叶片背面的基部及中部。通常每卵块有卵 13~14 粒。每头雌蛾可产卵 200~250 粒，最多 459 粒。成虫寿命 7~10d。卵期一般 5~7d。

初孵幼虫灵敏活泼，爬行迅速。多数幼虫顺叶片爬至叶腋，再向上钻入心叶内，只有少数吐丝下垂，落于其他叶上，再爬入心叶内。从孵出卵壳到爬进心叶，一般需 5~10min，最多 20min。由于迅速集中到心叶内，常形成群集为害现象。初龄幼虫啃食心叶叶肉，留下表皮，呈透明斑点，稍大则咬成不规则的小孔。幼虫在心叶内生活 10d 左右，3 龄后在高粱心叶期即可在原咬食的叶腋间蛀入茎内，或在叶腋处继续为害。蛀茎早的可咬食生长点，使高粱形成枯心。高粱条螟蛀茎的部位多在节间的中部（玉米螟在茎节附近）。幼虫在茎内呈环状取食茎髓，茎秆被咬空一段，遇风折断如刀割，被害茎秆内常见几条至十几条幼虫在同一孔道内为害。为害甘蔗则形成花叶、枯心、枯梢或虫害节，虫害节易导致赤腐病等病菌入侵，蔗茎在蛀孔处凹陷，节间缩短，横切口处仅留表皮，极易被大风折断（风折蔗）。幼虫期 30~50d。幼虫个体间差异很大，5~9 龄不等，一般为 6~7 个龄期。幼虫老熟后在为害的茎秆内化蛹，蛹期 10d 左右。

三、发生与环境的关系

1. 越冬基数　　一般越冬基数大，越冬死亡率低，第 1 代有可能大发生。

2. 气候条件　　越冬代盛发高峰与早春气温有关。如果早春气温较高，盛发高峰早；倒春寒的年份，则越冬代推迟发生。气温的高低可以使每代发生提早或延迟 4~10d。春季降雨较多、湿度大，有利于越冬代化蛹、羽化；田间作物生长茂盛、湿度偏高也有利于发生。

3. 高粱品种　　高粱条螟一般在杂交高粱上为害较重，而本地大高粱受害轻。

4. 天敌　　高粱条螟的寄生性天敌主要有赤眼蜂、黑卵蜂、绒茧蜂、螟黑钝唇姬蜂、寄蝇等，捕食性天敌有瓢虫、草蛉、步甲、红蚂蚁、蜘蛛等，都对高粱条螟的发生有一定抑制作用。

四、防治方法

1. 农业防治　　及时处理高粱、玉米秸秆，减少越冬虫源。在收割高粱时应采取长掐穗的方法，用石碾轧高粱穗，以消灭潜藏在里面的幼虫。甘蔗区应清洁蔗园，处理蔗头，低斩收获。

2. 物理防治　　设置黑光灯、高压汞灯或频振灯，诱杀从残存秸秆内羽化出来的成虫，减少田间虫源。

3. 生物防治　　释放赤眼蜂、使用白僵菌等可参照玉米螟的生物防治。在南方甘蔗区也可释放红蚂蚁以捕食高粱条螟。使用性诱剂诱杀。

4. 化学防治　　应在卵盛期施药防治。华北地区防治第1代在6月中下旬，第2代在8月上中旬。药剂种类和施药方法同玉米螟，但在高粱田用药时要注意两个问题：一是高粱留苗密度一般较大，单位面积株数多，颗粒剂用量应大；二是高粱容易发生药害，应注意农药品种，严格按照比例配药，并注意搅拌均匀，单株用药量也不能过多。敌百虫、敌敌畏等农药严禁用于高粱，辛硫磷浓度也不能高于0.3%。

第五节　其他常见杂谷类害虫

一、玉米蚜

玉米蚜（corn leaf aphid）[*Rhopalosiphum maidis*（Fitch）]，又名玉米缢管蚜、玉米叶蚜，属半翅目蚜科，是一种世界性害虫。分布遍及全国各主要玉米产区。玉米蚜主要为害玉米，也为害高粱、小麦、大麦、燕麦、谷子等作物，以及芦苇、狗尾草、马唐、稗草、鹅观草、看麦娘、牛筋草、狗牙根李氏禾等禾本科植物。

玉米蚜以成蚜、若蚜刺吸汁液，玉米苗期开始受害，至扬花期蚜量猛增，此后叶片、叶鞘甚至雌穗、蓼均布满蚜虫，常导致叶面生霉变黑，影响光合作用，并能传播玉米花叶条纹病毒病（MMSV）和玉米叶斑病毒病（MLSV）等，为害极大。

（一）形态特征

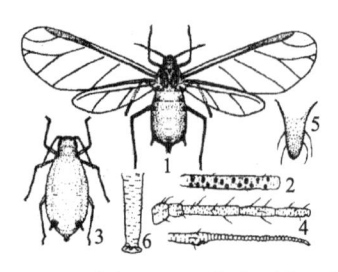

图19-5　玉米蚜（1、2仿中国农业科学院，1996；3~6仿张广学，1983）
有翅孤雌蚜：1.成虫；2.触角第3节。无翅孤雌蚜：3.成虫；4.触角；5.尾片；6.腹管

有翅孤雌蚜：体长1.8~2.0mm，长卵形，深绿色或黑绿色。头部黑色稍亮，复眼暗红褐色。触角6节，长度为体长的1/2，第3节有圆形感觉圈12~19个；第4节1~5个；第5节0~2个。前翅中脉3叉。腹部第3、第4节两侧各有1个小黑点。尾片两侧各着生刚毛2根。触角、喙、足、腹节间、腹管及尾片黑色（图19-5）。

无翅孤雌蚜：体长1.8~2.2mm，长椭圆形，头、胸黑色发亮，腹部黄红色至深绿色。复眼红褐色。触角较短，为体长的2/5。腹管长圆筒形，基部周围有黑色的晕纹，端部收缩。尾片圆锥形，中部微收缩，具毛4或5根。

(二)生活史与习性

1. 生活史 玉米蚜在我国从北到南年发生 8~20 多代,如辽宁年发生 9~11 代,浙江嘉兴每年可发生 26 代。冬季一般以无翅胎生雌蚜在小麦、狗尾草、马唐、李氏禾、芦苇等禾本科杂草的心叶和叶鞘内越冬。春季气温回升后在越冬寄主上繁殖为害,待小麦近成熟时产生有翅蚜,迁飞到春玉米、夏玉米上为害,秋季再迁回越冬寄主。

2. 主要习性 高温干旱是玉米蚜大发生的重要气候条件。玉米蚜在 7~28℃时均能繁殖后代,适宜温度为 22~24℃,在 7℃以上时发育 1 代需 18~21d,23~28℃时仅 4~5d。适宜玉米蚜发生的相对湿度为 85%。由于玉米蚜多在寄主心叶内为害,在干旱年份,心叶中仍能保持较高的湿度,有利于其发生为害;而多雨年份心叶中容易积水,不利于其发生。杂草发生较重的田块,玉米蚜也偏重发生。

(三)防治方法

1. 农业防治 加强田间管理,及时清除田间地头杂草,消灭玉米蚜的滋生基地,减少虫源。拔除中心蚜株的雄穗,减少虫量。减少春播禾本科旱粮作物面积;选育抗虫品种,如'掖单 2 号'发生蚜虫少,'西玉 3 号''掖单 13 号'等品种比较感虫。

2. 物理防治 玉米苗期田间设置黄板,可降低虫源基数;也可小面积范围内在田间覆盖灰白色薄膜或挂银灰膜避蚜,防治越冬代蚜虫效果明显。

3. 生物防治 玉米蚜天敌种类很多,如蚜茧蜂、瓢虫、草蛉、食蚜蝇、小花蝽、蜘蛛及蚜霉菌等,应适时施药,保护利用自然天敌。

4. 化学防治 玉米心叶期出蓼 5%、有蚜株率 10% 以上时为最佳防治时机,应及时防治,把蚜虫控制在盛发期以前。可用抗蚜威、氧化乐果、丁硫克百威、乙酰甲胺磷、吡虫啉、噻虫嗪、杀虫单等喷雾,也可用上述药液灌心;还可用氧化乐果或乐果涂茎,将药液涂在雌穗上节。

二、粟茎跳甲

粟茎跳甲(millet stem flea beetle)(*Chaetocnema ingenua* Baly),又名粟凹胫跳甲、谷跳甲,俗称谷子钻心虫、土跳蚤、地蹦子、麻壳子、麦跳甲等,属鞘翅目叶甲科。分布于日本、朝鲜和我国的东北、华北、西北、华东部分地区,为我国北方谷子的苗期害虫。

粟茎跳甲主要以幼虫蛀食出土不久的幼苗,造成枯心苗;成虫取食谷叶表皮组织,形成条纹,严重时叶片纵裂或枯萎。除为害谷子外,也为害糜子、玉米、高粱、小麦和水稻及狗尾草、稗子等禾本科作物或杂草,常与粟灰螟、玉米螟混合发生。

(一)形态特征

成虫:体长 2.6~3.0mm,卵圆形。背面隆起,紫铜色或青蓝色,具金属光泽。触角丝状,11 节,基部 4 节黄褐色,其余各节为黑褐色。鞘翅上有由刻点整齐排列而成的纵线。各足基节及后足腿节黑褐色,其余部分黄褐色;后足腿节膨大,胫节外侧有 1 突起(图 19-6)。

卵:长 0.5~1.0mm,椭圆形,淡黄色至深黄色。

幼虫：老熟幼虫体长 4.0~6.5mm，长筒形。头部黑色，前胸背板及臀板褐色，其余各节污白色，每节背面、侧面散生大小不等、排列不整齐的暗褐色斑。胸足淡黑色。

蛹：长 3.0~4.0mm，乳白色略带灰黄色。腹部末端有 1 叉状赤褐色突起。

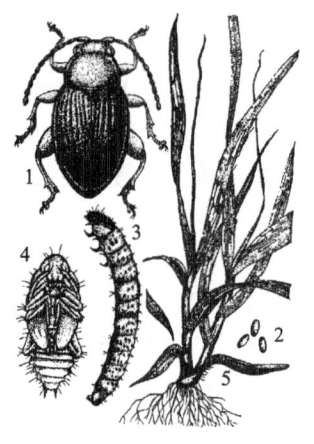

图 19-6 粟茎跳甲（仿西北农学院，1981）
1. 成虫；2. 卵；3. 幼虫；4. 蛹；5. 为害状

（二）生活史与习性

1. **生活史** 粟茎跳甲在黑龙江年发生 1 代，吉林 1~2 代，陕北、宁夏及山西中北部和内蒙古黄灌区 2 代，河北中部 3 代。

各地均以成虫在地埂土块下、土缝中或杂草根际 5~6cm 土中越冬。翌年春季 5cm 土层日均温回升到 10~11℃以上时，越冬成虫陆续恢复活动，14~15℃以上时为其出蛰盛期。各地世代均不整齐，但均以第 1 代幼虫蛀苗为害最重。为害盛期分别为：黑龙江、吉林在 6 月下旬至 7 月上旬；山西、内蒙古、陕西在 6 月中旬至 7 月上旬；河北在 5 月中下旬。在宁夏，翌年 4 月中旬活动，为害小麦；5 月下旬为害糜子；6 月上旬产卵；第 1 代成虫发生在 6 月中旬至 7 月中旬，第 2 代成虫发生在 8~9 月，然后逐步越冬。

2. **主要习性** 成虫能飞善跳，白天活动，喜取食谷子、小麦等作物的叶肉。成虫寿命长约 1 年，多次交配，每隔 1~4d 间断产卵。卵散产，有时 2~4 粒相连，多产于谷子根际深 0.5~1.0cm 的土中，少数产在谷茎或叶鞘上。每雌产卵 100 粒左右，多的可达 200 粒。卵期 7~11d。此虫一般发生于干旱地区和干旱年份；早播春谷田、重茬谷田为害重；耕作粗放，杂草多的田块发生严重。

第 1 代幼虫孵化后立即从谷子近地面的基部蛀入，少数自心叶蛀入，约 3d 谷苗出现枯心。1 头幼虫可转株为害 2~7 株，以株高 4~9cm 的幼苗受害最重。对于 40cm 以上的谷苗，幼虫多潜入心叶为害。侵入早的谷苗矮化，叶片丛生，不能抽穗；侵入晚的叶片破烂，或谷穗畸形。第 2、第 3 代幼虫发生期多处于谷子抽穗期，幼虫多潜入心叶或叶鞘为害。幼虫共 3 龄，幼虫期 10~15d。幼虫老熟后在植株附近 2~5cm 深的土中筑室化蛹。前蛹期 3~9d，蛹期 8~12d。

（三）防治方法

1. **农业防治** 秋季深翻土地，冬灌垡田，破坏越冬环境。秋后或早春清除杂草、残茬等越冬潜藏物，减少翌春虫源。轮作倒茬，避免谷子连作、重茬，适当推迟播期，加强栽培管理，拔除被害苗并及时深埋处理等，可减轻粟茎跳甲的为害。

2. **物理防治** 在成虫盛发期，利用成虫的假死性，进行人工捕杀成虫。点片发生时，可于每日早晚人工捕捉。

3. **化学防治**

1）种子处理：播种前用 70%吡虫啉可湿性粉剂或 70%噻虫嗪拌种剂 15~20g 兑水 250mL，拌种 5kg，拌匀后堆闷，阴干后播种。

2）土壤处理：结合整地，在播种前可用甲基异柳磷撒在细土地面上，然后耙地。

3）喷药防治：当谷苗长到 3 叶期时，一般为成虫为害及产卵期，及时喷施灭杀毙或功夫等药剂进行防治。

4）毒土法：防治转株幼虫可用辛硫磷制成毒土，顺垄撒施。

第六节　杂谷类害虫综合防控技术

一、玉米、高粱害虫综合防控技术

应根据本地的耕作制度和作物布局、目标害虫、兼治害虫的种类和需要保护的天敌，在系统预测预报的基础上，抓住关键时期，采取切实可行、经济有效、简单方便的措施，控制害虫为害，保障玉米或高粱丰产丰收。当前，绝大多数地区将地下害虫、黏虫、蝗虫、玉米螟、蚜虫作为防治的主攻对象，兼治桃蛀野螟、棉铃实夜蛾、高粱条螟、蓟马、叶螨等。

1. 越冬期

1）合理布局：合理轮作和间作套种；种植早播诱集田块或早播诱集带；适当调节玉米播期，使玉米、高粱受害敏感期与主要害虫为害盛期错开。

2）精选种子，培育、选用抗虫品种：玉米、高粱品种之间对玉米螟、蚜虫、蓟马等的抗性有较大差异，应培育、选用适合当地的高产、优质、抗虫品种。

3）深翻冬灌，清除田间杂草：春播玉米、高粱地必须在冬前进行深翻，破坏害虫的越冬场所，并清除田块周围的寄主杂草，压低越冬虫源基数。

4）处理秸秆，消灭越冬虫源：玉米和高粱秸秆是蛀茎螟蛾和多种害虫的主要越冬场所，要及时处理，综合利用，或用白僵菌封垛。

2. 播种期和苗期

1）土壤处理：参照地下害虫的防治方法，用药剂处理土壤，防治蛴螬、金针虫、蝼蛄等地下害虫。

2）种子处理：用种衣剂处理种子，或直接播种包衣种子。

3）苗期施药：根据各地害虫发生的实际情况，施药防治，兼治其他害虫。对苗期害虫蓟马、玉米螟、玉米旋心虫、玉米蛀茎夜蛾等，按常量喷洒辛硫磷、氧乐果等有机磷农药或拟除虫菊酯类农药。

3. 心叶期至穗期　　以防治玉米螟为重点。在系统调查，做好预测预报的基础上，可采取下列防治技术。

1）投施颗粒剂：在心叶中撒放细菌颗粒剂或化学农药颗粒剂，具体用药量参照玉米螟的防治方法。

2）药液灌心：参照玉米螟的防治方法。

3）药液滴穗：在玉米雌穗花丝抽出后，卵孵化盛期，药液滴穗防治初孵幼虫。

4）释放赤眼蜂：防治玉米螟和高粱条螟。

5）诱杀防治：利用黑光灯或性诱剂诱杀成虫。

二、谷子害虫综合防控技术

1. 越冬期 谷子收获后至播种前的冬春阶段，为综合防治的重要阶段，是压低发生基数、控制来年为害的有利时机。防治对象有蛴螬、粟灰螟、玉米螟、粟茎跳甲、秆蝇、粟穗螟等害虫。应以农业防治为主，配合其他防治措施。

1）做好农田建设：结合农田基本建设，彻底铲除害虫越冬寄主和场所。粟灰螟、玉米螟、粟茎跳甲、粟秆蝇、网目拟地甲、粟叶甲、粟穗螟等均在植株被害残体、杂草、土块、草根、根茬内越冬。可结合积肥、饲畜、燃料、造纸、酿酒、制醋等秸秆综合利用措施，采取封、碾、铡、压、沤、喂、烧、储、蒸等办法，彻底处理越冬寄主。冬季平整土地、深翻深刨改土和铲除杂草寄主等，灭杀越冬害虫。结合秋耕、春耕和冬、春灌溉等措施，改变害虫生存条件，消灭越冬虫源。

2）施行轮作倒茬：有计划地施行轮作，降低粟灰螟等害虫的为害。

3）加强植物检疫：防止随谷种传播谷象、谷斑皮蠹等检疫性储粮害虫。

2. 播种期和苗期 从谷子播种、出苗到拔节，防治害虫的主要目的是保苗，争取苗全、苗壮。防治对象包括地下害虫、蛀茎害虫和食叶害虫等。一般以药剂防治为主，并配合其他农业措施。

1）种子处理：一般用温汤浸种、药剂拌种，能防治多种谷子病、虫害。

2）土壤处理：在地下害虫为害严重的地块，结合秋、春季耕地，在地面均匀撒施毒土，然后耕翻。

3）农业防治：主要措施有调整播种期和播种方法、种植诱虫田等，减轻粟灰螟的为害。

4）药剂防治：苗期施用毒饵防治地下害虫。间苗至定苗前后可撒施毒土以防治粟茎跳甲、粟灰螟、粟叶甲等，还可兼治其他害虫。

3. 拔节期至抽穗期 谷子拔节期到抽穗期防治害虫的主要目的是保叶、保株、促进植株茂盛健壮。防治对象有黏虫、玉米螟、粟灰螟、粟秆蝇、粟叶甲等。

这一时期应特别加强对上述主要害虫的系统测报，明确防治关键时期。由于此阶段也是多种天敌活动的盛期，必须注意协调药剂防治与保护天敌的矛盾。因此，在进行药剂防治时，应根据虫情确定防治田和防治适期，并尽可能采用施毒土等隐蔽施药方式，减轻对天敌的直接毒害；在湿度较大或雨水较充沛的地区，尽量采用人工释放赤眼蜂、喷洒微生物农药等方法防治玉米螟、粟灰螟等。

4. 灌浆期至收获期 从谷子抽穗、灌浆到收获，是夺取丰产、丰收的最后环节。防治害虫的目的是保穗、保粒、保丰收。防治对象有黏虫、蛀茎害虫、粟缘蝽、粟穗螟等。

这一阶段和前一阶段的情况相同，重点是加强测报，并在进行药剂防治时，尽量协调好药剂防治与保护天敌的矛盾。此外，应做好选种工作，选择病虫为害轻的品种，选留无病虫株和种子，单收单存，以防止病虫随种子传播蔓延。

★ 复习思考题 ★

1. 玉米螟、高粱条螟的形态特征有何区别？为害症状有何异同？应采取哪些防治措施？

2. 玉米螟的发生与环境有何关系?
3. 玉米蚜在我国东北部分地区发生为害严重,应如何防治?
4. 黏虫主要为害症状是什么? 如何防治?
5. 如何区别草地贪夜蛾、甜菜夜蛾、斜纹夜蛾和黏虫的幼虫? 如何防治草地贪夜蛾?
6. 了解当地杂粮作物上主要害虫的种类。选择2~3种重要害虫,简述其形态特征、生活史和习性,并拟定综合治理措施。

第二十章 薯类害虫

薯类作物包括马铃薯、甘薯、薯蓣、芋头和魔芋等，以块根或块茎为主要收获物。这类作物粮菜兼用，也是重要的食品、轻工、能源和医药等原料，近年来种植面积迅速扩大，已成为许多地区的特色经济作物。其中，马铃薯种植遍及全国各地，主产区集中在西南山区、西北、内蒙古和东北地区。甘薯在华北、华中、华东和华南均有种植，以黄淮海平原、长江流域和东南沿海各省最多。薯蓣又称为山药，主产于河南北部，河北、山西、山东和中南、西南等地也有种植。芋头以珠江流域和台湾种植最多，长江流域次之，其他地区也有种植。魔芋主要种植于甘肃、陕西、四川、云南、贵州、湖南、湖北和重庆等海拔900~1600m的高山地区。

文献记载马铃薯害虫有66种，甘薯害虫有106种，主要以地下害虫和食叶害虫为害最重。由于薯类作物的主要收获物为块根或块茎，蛴螬、蝼蛄和金针虫等地下害虫发生为害普遍严重，特别是蛴螬和蝼蛄咬食块根、块茎，造成缺刻或孔洞，对薯类的产量和品质影响较大。多食性害虫如斜纹夜蛾、甜菜夜蛾、蝗虫和地老虎等可取食为害多种薯类叶片，常在局部地区暴发成灾。马铃薯块茎蛾、马铃薯甲虫和植食性瓢虫主要取食马铃薯叶片，甘薯麦蛾和甘薯叶甲主要取食甘薯叶片，甘薯天蛾和山药叶蜂取食甘薯和薯蓣叶片，芋单线天蛾取食芋头叶片，这些都影响薯类的光合作用。此外，甘薯蚁象、甘薯长足象和甘薯蠹野螟在我国南方为害甘薯，桃蚜在这些地区为害马铃薯，棉蚜在一些地区为害芋头。

第一节 马铃薯块茎蛾

马铃薯块茎蛾 [*Phthorimaea operculella*（Zeller）] 又名马铃薯麦蛾、烟草潜叶蛾，俗称马铃薯蛀虫、洋芋绣虫、串皮虫等，属鳞翅目麦蛾科。马铃薯块茎蛾原产于中美洲和南美洲的北部，现分布于世界90多个国家。我国对该害虫的记载始于1937年的广西柳州地区，现已扩展到云南、贵州、四川、广东、福建、台湾、安徽、江西、湖南、湖北、河南、山东、陕西和甘肃等地。

马铃薯块茎蛾以幼虫为害马铃薯、烟草和茄子等寄主的茎、叶片、嫩尖和叶芽。幼虫为害块茎时，先在表皮下蛀食，形成弯曲的潜道，蛀孔外堆有褐色或白色虫粪，受害薯块易腐烂变质。为害叶片时，幼虫常沿叶脉潜入，在叶片表皮间蛀食叶肉，初期呈弯曲隧道状，后期扩大呈透明的大斑，斑内有黑绿色虫粪。为害嫩茎和叶芽时，多从顶芽蛀入，造成嫩茎和叶芽枯死，为害严重时导致幼株死亡。马铃薯块茎蛾是马铃薯的重要经济害虫，在马铃薯生长期和储藏期均可发生为害。受害严重的薯块，外形皱缩、畸形，甚至只剩空壳，还能引起霉烂，完全失去食用价值。

一、形态特征

成虫：体长 5.0~6.2mm，灰褐色略具银灰色光泽。触角丝状。下唇须 3 节，向上弯曲超过头顶。前翅狭长，呈尖叶状，黄褐色或灰褐色，翅尖略向下弯，臀角钝圆，前缘及翅尖色较深，翅中央有 4~5 个黑褐色斑点，缘毛长。雌蛾翅疆 3 根，雄蛾 1 根（图 20-1）。

卵：卵长约 0.5mm，宽约 0.4mm，椭圆形。初产时乳白色，孵化前为黑褐色，具紫色光泽。

幼虫：老熟幼虫体长 11.0~14.0mm，头部棕褐色，每侧各有单眼 6 个。体白色或淡黄色，取食叶片后呈绿色。前胸背板及胸足黑褐色，臀板淡黄色。腹足趾钩双序环式，臀足趾钩双序横带式。

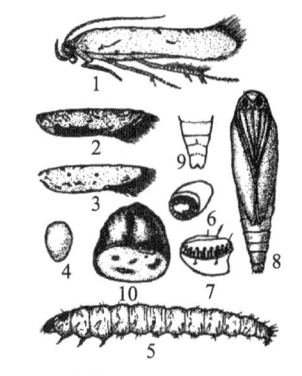

图 20-1 马铃薯块茎蛾（仿华南农业大学）
1.成虫；2.雌成虫前翅；3.雄成虫前翅；4.卵；
5.幼虫；6.幼虫腹足趾钩；7.幼虫臀足趾钩；
8.雄蛹；9.雄蛹腹部末端；10.马铃薯薯块被害状

蛹：长 6.0~7.0mm，圆锥形，初期淡绿色，渐变为棕色，表面光滑。茧灰白色，常被泥土或黄色排泄物。臀棘短小而尖，向上弯曲，周围有刚毛 8 根。

二、生活史与习性

1. 生活史 马铃薯块茎蛾的发生期及发生世代数因地区、海拔及气候条件不同而存在明显差异。我国年发生 9~11 代，在四川年发生 6~9 代，湖南、湖北年发生 6~7 代，贵州福泉年发生 5 代，云南、河南和陕西年发生 4~5 代。该虫无严格滞育现象，只要有适当食料和温度、湿度条件，冬季也可正常发育。在我国南方各虫态均能越冬，但主要以幼虫在田间残留薯块、残枝落叶、烟茬、茄茬、烟秆堆和挂晒烟叶的墙壁缝隙、室内储藏的薯块中越冬。在河南和陕西等北方地区幼虫不能越冬，只有少量蛹可越冬，1 月 0℃等温线可能为其越冬北界。也有研究认为，该虫分布北界为 10℃以上平均温度持续 200d 的等日线。

在我国南方，春季越冬代成虫先在露土薯块或烟苗上产卵，幼虫孵化后蛀食块茎或烟苗；6 月春薯收获时随薯块进入仓库或地窖，部分个体则在烟草上继续为害；6~9 月因温度高、湿度大、繁殖快且种群数量较大，常造成储藏的春薯和烟田受害严重；10 月成虫自仓储薯块或烟田转移到秋薯田产卵为害，并随秋薯收获再次进仓为害，部分个体则留在田间残薯上越冬。在北方，一般前期发生数量较少，7~8 月时种群数量迅速增加，以第 3~4 代发生为害最重。

2. 主要习性 成虫昼伏夜出，有趋光性，羽化当日或次日交尾，交配后 2d 开始产卵，7d 后产卵量明显下降。雌蛾也可孤雌生殖。在马铃薯仓库或地窖，成虫喜产卵于薯块芽眼、破皮、裂缝或附有泥土的粗糙表皮处，以芽眼处最多。在马铃薯田，卵多产于茎基部与泥土间，少量产于叶柄、茎部和叶面中央。在烟田，卵多产于下部叶片背面和茎基部。单雌产卵量 150~200 粒，最多达 1000 多粒。卵期 4~20d，幼虫期 7~11d。成虫寿命 10~14d。

幼虫孵化后四处爬散，或吐丝下垂。幼虫有转移为害习性，耐饥力强，初孵幼虫耐饥力可达 8d，3 龄幼虫则可长达 46d，因此幼虫可随调运材料、工具等远距离传播。田间幼虫老熟后由薯块或叶内爬出转移至地面，吐丝后在土层表面或植株残体上化蛹，有些个体则入土结茧化蛹，化蛹深度为1～3cm。仓库内的幼虫大多在薯堆间或薯块凹陷处、仓库地面、墙缝和土缝间结茧化蛹，少数在隧道内化蛹。蛹期6～20d。

三、发生与环境的关系

1. 气候条件　　马铃薯块茎蛾喜温暖干燥的气候环境，夏季干旱往往发生较严重，而多雨高湿则发生相对较轻。生长、繁殖的最适温度为20～25℃，29℃时发育历期最短，22℃时产卵量最大，26℃时世代存活率最高，温度低于10℃时幼虫和蛹均不能存活。

2. 寄主植物　　马铃薯块茎蛾主要寄主植物为烟草、马铃薯和茄子，其中烟草为嗜食寄主，当3种作物同时种植时，则只为害烟草。在马铃薯与烟草混栽区，由于薯田与烟田连片种植的情况较为常见，因此可为害虫提供连续的食料供应和良好的越冬场所，进而造成严重为害。

3. 自然天敌　　在自然界，马铃薯块茎蛾幼虫和蛹有多种天敌，其中寄生性天敌有茧蜂、绒茧蜂、大腿小蜂和姬蜂等30余种；捕食性天敌有瓢虫、步甲、蜘蛛等；病原微生物有细菌、球孢白僵菌、金龟子绿僵菌和线虫等，对其发生有一定抑制作用。

四、防治方法

1. 农业防治

1）合理作物布局：避免马铃薯和烟草及其他茄科作物邻作或间作。

2）加强田间管理：剔除虫苗，摘除虫叶，结合中耕培土、冬季翻耕，减少成虫产卵，消灭幼虫和蛹。寄主植物收获后，及时清除田间的残株败叶及杂草，减少田间越冬虫源。

3）实施保护地育苗：在烟草主产区应大力推广保护地育苗，结合移栽前剔除有虫烟苗，可有效降低马铃薯块茎蛾在烟田的发生为害程度。

4）分类采收储藏：马铃薯收获后1～3d，应先采收露土薯块集中处理。已采收的薯块应避免在田间堆放过夜，防止幼虫转移。入库后应在薯堆上用麦糠、稻壳或细土严密覆盖10～25cm厚，阻止成虫产卵或堆内羽化的成虫向外逃逸。

2. 物理防治　　利用诱虫灯、糖醋液和性诱剂等诱杀。

3. 生物防治

1）天敌的保护和利用：推广马铃薯与非茄科作物间作套种，丰富自然天敌的食料，有利于发挥天敌的自然控制能力。绒茧蜂和半闭弯尾姬蜂已被国外用于马铃薯块茎蛾幼虫的防治，有条件的地方可选择释放应用。

2）昆虫病原微生物的利用：苏云金杆菌、球孢白僵菌、金龟子绿僵菌和斯氏线虫等对马铃薯块茎蛾均有一定防治效果，可选择使用。

3）植物挥发物的利用：植物挥发物如α-蒎烯、α-石竹烯、β-石竹烯、柠檬烯、月桂烯、烟碱、水杨酸甲酯等对马铃薯块茎蛾产卵有引诱作用，丁香酚对成虫产卵有驱避作用，乙醇和二氯甲烷浸提的核桃叶粗提物对成虫产卵及幼虫钻蛀有强烈的抑制作用，山胡椒果实正己烷提取物对成虫产卵有明显驱避效果，可选择性使用。

4. 药剂防治

1）田间防治：成虫盛发期可用敌敌畏、辛硫磷、敌百虫、溴氰菊酯、氰戊菊酯等喷雾防治。幼虫在始花期及薯块形成期为害重，可交替使用辛硫磷、马拉硫磷等喷雾防治。

2）薯块储存期防治：种薯入库后，使用福尔马林、次氯酸钠进行熏蒸消毒，杀死残存的马铃薯块茎蛾。储存期间若发生为害应及时用具有熏蒸作用的药剂如二硫化碳、磷化铝等熏蒸。

第二节　马铃薯瓢虫

马铃薯瓢虫 [*Henosepilachna vigintioctomaculata*（Motschulsky）]，又名二十八星瓢虫，属鞘翅目瓢甲科，我国各地均有发生，但主要分布在东北、华北和西北等北方地区，国外分布于俄罗斯、日本和朝鲜半岛。

马铃薯瓢虫主要为害茄科植物，是马铃薯和茄子的重要害虫，此外还可为害豆科、葫芦科、菊科、十字花科、藜科和禾本科等 20 多种作物和杂草。成虫、幼虫均可为害，主要取食叶片，也可为害果实和嫩茎。取食叶肉时，残留表皮，形成透明密集的条痕，状如箩底，受害叶片常枯干皱缩，严重时植株生长受阻或枯萎。茄果受害，被害组织变硬而粗糙、味苦，失去食用价值。

一、形态特征

成虫：体长 6.0~8.3mm，半球形，黄褐至红褐色，体背密被黄褐色短细毛。触角球杆状，11 节，末端 3 节膨大。前胸背板前缘凹入，前角凸出，中央有 1 个较大的剑状黑斑，两侧各有 2 个黑色小斑（有时合并成 1 个）。每鞘翅上各有 14 个黑色斑，两鞘翅合缝处有 1~2 对黑斑相连（图 20-2）。

卵：长 1.3~1.5mm，纺锤形，炮弹状，初产时鲜黄色，后变黄褐色。常 20~30 粒排列于叶背，卵粒间有明显的间隙。

幼虫：老熟幼虫体长 9.0~10.0mm，纺锤形，头部淡黄色，口器和单眼黑色。体黄褐色或黄色，体背各节有黑色粗大的枝刺，枝刺基部有淡黑色环状纹。前胸和腹部第 8、第 9 节背面各有枝状突 4 个，其他各节 6 个。

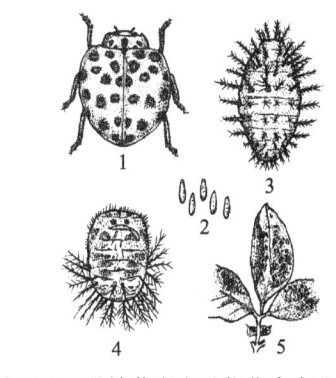

图 20-2　马铃薯瓢虫（仿华南农业大学）
1. 成虫；2. 卵；3. 幼虫；4. 蛹；5. 为害状

蛹：长 6.0~8.0mm，椭圆形，淡黄色，体背隆起，体表被有稀疏细毛及黑色斑纹，尾端包被着末龄幼虫的蜕。

二、生活史与习性

1. 生活史　马铃薯瓢虫在东北、华北等地年发生 1~2 代，江苏年发生 3 代。以成虫在背风向阳、较为温暖、湿度适中的各种缝隙或隐蔽处群集越冬，树缝、树洞、石洞、篱笆下也都是良好的越冬场所。

在北方地区，越冬成虫于 5 月先后出蛰活动，出蛰时期与气温密切相关，一般当日均温达16℃以上时即开始活动，达到20℃则进入活动盛期。刚开始活动时，成虫一般不飞翔，只在附近杂草上栖息、取食，5~6d后才开始飞翔到周围马铃薯、枸杞、龙葵等茄科植物上取食。当马铃薯苗高16cm左右时，多数成虫转移到马铃薯上为害。6月上中旬为第1代卵发生盛期，6月下旬至7月上旬为第1代幼虫为害盛期，7月下旬至8月上旬为第1代成虫发生期。8月中旬为第2代幼虫为害盛期，9月中旬出现第2代成虫并开始迁移越冬，10月上旬进入越冬虫态。成虫寿命较长，越冬代成虫可达250d左右，第1代成虫寿命为45d左右。

2. 主要习性　　成虫有假死性，受惊扰时常假死坠地，并分泌有臭味的黄色黏液，用于自身防卫。成虫一生可交配多次，交配后2~3d开始产卵，卵多产于寄主叶片背面，单雌产卵量26~931粒，平均产卵量300粒。卵期5~7d。成虫、幼虫都有残食同种卵的习性。

初孵幼虫群集于寄主叶片背面取食，2龄后分散为害。幼虫共4龄，幼虫期13~30d，1~2龄幼虫食量较小，3~4龄食量大增。老熟幼虫在原为害处或附近的杂草上化蛹，化蛹时先将腹部末端黏附于叶片上，然后蜕皮化蛹。蛹期5~7d。

三、发生与环境的关系

1. 气候条件　　马铃薯瓢虫喜欢温暖湿润的气候。初冬干燥寒冷，能导致越冬成虫大量死亡。早春气温回升快，温度偏高，降雨量偏多，第1代往往发生较重。成虫、卵和幼虫发生的最适宜温度为22~28℃，低于16℃成虫不能产卵。夏季高温也限制其发生，28℃以上幼虫不能发育到成虫，30℃以上卵不能孵化，35℃以上成虫不能正常产卵。天气干旱对成虫产卵、孵化和幼虫存活也有影响，暴雨能显著压低虫口基数。

2. 寄主植物　　马铃薯瓢虫的寄主植物至少有13科29种，其中马铃薯、茄子、龙葵、曼陀罗、枸杞等植物为其适宜寄主，成虫取食后均可正常产卵繁殖。尽管马铃薯瓢虫取食菜豆、南瓜、番茄、白菜、玉米花丝、泡桐等植物时导致产卵量下降，但这些植物为马铃薯收获后成虫越冬前提供了食物。

3. 自然天敌　　马铃薯瓢虫的捕食性天敌有草蛉、胡蜂和蜘蛛等，寄生性天敌主要有瓢虫双脊姬小峰，据报道田间寄生率在6.7%~72.3%。此外，成虫可被白僵菌和绿僵菌感染。

四、防治方法

1. 农业防治

1）加强田外管理，压低越冬虫源基数。茄科作物收获后及时清除田间的残枝落叶；对山洞、房舍、屋檐等固定越冬场所，应在冬季专门清除越冬成虫；玉米秸秆堆放应远离大田，最好在收获后立即清除或堆沤，以减少人为的越冬场所。

2）调整作物布局，切断食物桥梁。减少在马铃薯田附近种植其他茄科和瓜类蔬菜，实行与非茄科蔬菜或大豆、玉米、小麦等作物轮作倒茬。

3）适时提前收获，做好秋翻冬灌。在马铃薯瓢虫化蛹高峰前7~10d收获，及时沤秧灭虫。在寄主植物收获后进行秋翻冬灌，破坏越冬场所，可显著降低成虫的越冬虫口基数。

4）结合农事操作，进行人工捕杀。利用成虫的假死性拍打植株捕杀成虫；结合农事活动，人工摘除卵块。

5）种植诱集带。春季有计划地提前种植小面积诱集田，将越冬代成虫诱集到田内集中防治。

2. 生物防治　　在湿度条件好的地区，可用绿僵菌、白僵菌和苏云金杆菌等微生物杀虫剂防治幼虫，也可用小卷蛾线虫防治马铃薯瓢虫。

3. 物理防治　　设置黑光灯诱杀。

4. 药剂防治　　成虫盛发期至卵孵化盛期是化学防治的最佳适期，同时应注意对田间周边其他寄主植物上马铃薯瓢虫的防治，把成虫和幼虫消灭在分散为害前。可选用氯氟氰菊酯、印楝素、敌敌畏、敌百虫、氰戊菊酯、辛硫磷等喷雾。

第三节　甘薯麦蛾

甘薯麦蛾 [*Helcystogramma triannulella*（Herrich～Schäffer）]，又名甘薯小蛾、甘薯卷叶蛾、甘薯花虫或红芋卷叶蛾，属鳞翅目麦蛾科。国外分布于日本、朝鲜、菲律宾、印度及非洲，国内各地均有发生，以南方发生较重。

甘薯麦蛾主要为害甘薯、蕹菜、月光花和牵牛花等旋花科植物，以幼虫吐丝卷叶，在卷叶内取食叶肉，留下白色表皮，状似薄膜，也可为害嫩茎和嫩梢。发生严重时，整片呈现"火烧状"，严重影响甘薯产量。

一、形态特征

成虫：体长 4.0～8.0mm，灰褐色。复眼黑色；触角细长，丝状；前翅狭长，深褐色，近中室中部和端部各有 1 条淡黄色眼状斑纹，前小后大，斑纹外部灰白色，内部深褐色且中间有 1 个深褐色小点，翅外缘有 5～7 个成排的小黑点；后翅宽，淡灰色，菜刀状，缘毛较长（图 20-3）。

卵：长 0.45～0.60mm，椭圆形，表面具细纵横脊纹。初产时灰白色，后变为淡黄褐色。近孵化时，端部具 1 小黑点。

幼虫：老熟幼虫体长 18.0～20.0mm，细长，纺锤形。头稍扁，黑褐色。前胸背板褐色，两侧具有暗色倒"八"字形纹。中胸至第 2 腹节背面黑色，第 3 腹节及以后各节乳白色，亚背线黑色，第 3～6 腹节每节两侧各有 1 条黑色斜纹。

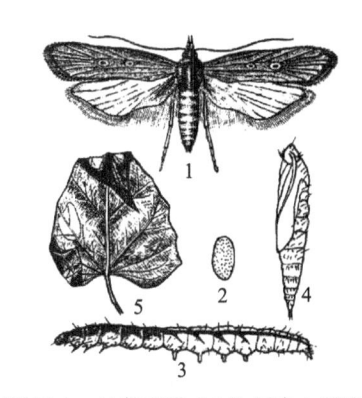

图 20-3　甘薯麦蛾（1 仿福建农学院；余仿浙江农业大学）
1. 成虫；2. 卵；3. 幼虫；4. 蛹；5. 为害状

蛹：体长 7.0～9.0mm，纺锤形，头钝尾尖。初期乳白色，后期黄褐色，全体散布细长毛。腹部背面第 1～4 节各节间的中央有深黄褐色的胶状物相连，第 4～6 节背面近后缘中央有深黄褐色短毛。臀棘末端有钩刺 8 个，呈圆形排列。

二、生活史与习性

1. 生活史　甘薯麦蛾年发生世代数和发生时期因地区而异，从北到南年发生 2～9 代，在辽宁年发生 2 代，陕西年发生 2～3 代，华北年发生 3～4 代，湖北年发生 4～5 代，江西年发生 5～7 代，福建年发生 8～9 代。在北方地区以蛹在田间残株和落叶中越冬；在南方地区多以成虫在田间杂草丛中或室内阴暗处越冬，也有少数以蛹在残株落叶下越冬。

在北京地区，越冬蛹在 6 月上中旬开始羽化，第 1～3 代幼虫的发生期分别在 7 月、8 月和 9 月，以 9 月发生数量最多。在湖北武昌，第 1～4 代幼虫的为害期分别在 5 月中旬、6 月中旬至 7 月中旬、7 月下旬至 8 月中旬、9 月上旬至 10 月，全年以第 3 代发生数量最多，为害最重。在浙江，以 8～9 月发生为害最重。在福建平潭，以 7～9 月发生为害最重。

2. 主要习性　成虫行动活泼，喜食花蜜，趋光性强。白天潜伏在甘薯叶片背面或茎蔓基部隐蔽处，夜间飞出交配或产卵。成虫羽化当晚即可交配，次日晚可产卵。卵散产，多产于嫩叶背面叶脉间，少数产于新芽和嫩茎上，单雌产卵量 14～128 粒，多数 50～100 粒。在福建南部，产卵期 7～11d。雌成虫寿命为 13～18d，雄成虫寿命为 11～15d。卵期在气温 18℃左右时为 6～7d，29℃时为 4～5d。

幼虫共 6 龄，初孵幼虫仅啃食叶片背面的下表皮和叶肉，2 龄开始吐丝卷叶，性活泼，受惊扰后即刻跳跃逃逸、吐丝下坠或迅速倒退。此后，随虫龄增加，幼虫食量和卷叶量迅速增加，且常卷叶为害，可转叶为害，1 头幼虫可取食 12 片叶。在平均气温 21.3℃时幼虫期为 21～24d，28～29℃时为 10～15d。幼虫老熟后在卷叶或土缝内化蛹。蛹期在气温 21.7℃时为 7～12d，29℃时为 5～8d。

三、发生与环境的关系

1. 气候条件　甘薯麦蛾喜欢高温中湿的气候条件。在气温 25～28℃，相对湿度 60%～65% 的条件下，甘薯麦蛾生长发育最快，繁殖量最大。6～7 月雨后的干旱季节，最容易暴发成灾。当气温上升到 30℃以上时，繁殖率显著下降，甚至有停止繁殖的趋势，36℃时卵则不能孵化。

2. 寄主植物　甘薯受害程度与品种关系密切，如品种叶片肥厚，形似洋梨，受害较重；品种叶片较薄，形似掌状，缺刻较深，不利于幼虫卷叶，受害就轻。此外，甘薯不同生育期耐害程度也不相同，生长前期需要充足的营养供应，若受卷叶为害，对产量影响较大；而在生长中后期，薯块开始膨大，已累积一定营养，此时受害，则对产量影响较小。

3. 自然天敌　甘薯麦蛾的天敌种类较多，据报道寄生性天敌有 28 种，捕食性天敌有 42 种。主要的天敌有捕食幼虫的步甲，寄生幼虫的绒茧蜂、齿腿姬蜂、狭姬小蜂等，蛹期天敌有白僵菌等，以上天敌对其发生有一定的抑制作用。

四、防治方法

1. 农业防治

1）清洁田园：甘薯收获后应及时处理残株落叶，清除田间杂草，进行深翻整地，消灭越冬虫态。

2）捕杀幼虫：结合薯田栽培管理，随手捕杀卷叶中的幼虫。

2. 物理防治 利用频振式杀虫灯或甘薯麦蛾性诱剂进行诱杀。

3. 生物防治 每年 6 月上中旬至 7 月中旬的雨季，即甘薯麦蛾年内虫口繁殖的关键时期，使用白僵菌喷雾防治。

4. 药剂防治 在幼虫发生初期，当虫口密度达到 10 头/百叶以上时，应及时喷药防治。可选用阿维·高氯氟、毒死蜱、氟啶脲、氯虫苯甲酰胺、多杀霉素、甲氧虫酰肼等喷雾防治，5～7d 喷 1 次，连续 3 次。

第四节　甘薯蚁象

甘薯蚁象 [*Cylas formicarius*（Fabricius）]，又名甘薯锥象甲、甘薯小象甲和甘薯象甲，俗称甘薯蛆，属鞘翅目科锥象科，主要分布于热带、亚热带地区，并逐渐向温带地区扩展，在国内的分布北限为 31°07′N。

甘薯蚁象可为害甘薯、砂藤、登瓜薯、蕹菜、月光花、牵牛花、小旋花、三裂叶藤等旋花科植物，但只能在甘薯、砂藤和登瓜薯上完成其生活史。成虫、幼虫均能取食为害。幼虫钻蛀甘薯、砂藤的粗茎和块根；成虫嗜食薯块，其次为藤头、茎皮、叶柄皮层及叶片背面的粗脉和嫩梢、嫩芽。田间和储藏窖内均可发生为害，薯块被害后潜道内充满大量虫体和排泄物，造成腐烂霉坏，变黑发臭，失去食用价值。甘薯受害后，一般造成产量损失 5%～20%，严重地块 20%～50%，甚至绝收。

一、形态特征

成虫：体长 5.0～8.0mm，体形似蚂蚁。全身除触角末节、前胸和足呈橘红色或红褐色外，其余均为蓝黑色且具金属光泽。头部延伸呈喙状；触角 10 节，棍棒状，雄虫触角末节长度为触角总长的 3/5，雌虫触角末节长度为总长的 1/3。前胸长为宽的 2 倍，基部 1/3 处缢缩成颈状；两鞘翅合起呈长卵形，显著隆起，表面具不明显的小刻点。足细长，腿节末端膨大（图 20-4）。

卵：长 0.62～0.70mm，椭圆形。初产时乳白色，后变淡黄色，表面散布许多小凹点。

幼虫：老熟幼虫体长 7.0～8.0mm，近长筒形，背面微隆起，两端略小，向腹面稍弯曲。头部淡褐色，胸、腹部乳白色。足退化。

蛹：体长 4.7～5.8mm，长卵形，乳白色。复眼褐色，腹部各节背面有 1 对小突起，末节具尖而弯曲的刺突 1 对。

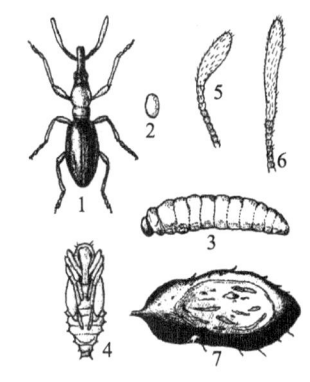

图 20-4　甘薯蚁象（仿浙江农业大学）
1. 成虫；2. 卵；3. 幼虫；4. 蛹；5. 雌成虫触角；6. 雄成虫触角；7. 为害状

二、生活史与习性

1. 生活史　甘薯蚁象年发生世代数因地而异,由北向南发生代数逐渐增加。在重庆年发生3~4代,福建、广西年发生4~6代,广东年发生5~7代,台湾、海南年发生6~8代。成虫、幼虫和蛹均可越冬,成虫在薯田或附近的岩石、瓦砾、枯叶和杂草下、土缝及被害的薯块和藤蔓中越冬,幼虫和蛹则在被害的薯块内越冬。在福建、海南和广东等地,无明显越冬现象。

在重庆各代成虫分别出现于6月下旬、8月上旬、9月上旬和10月中旬,全年以7~9月为害最重;在福建各代成虫盛发期为6月上旬至中旬、7月中旬至下旬、8月中旬至下旬、9月中旬至下旬和10月至11月中旬,全年以4~6月与7月下旬至9月上旬为害最重;在广西全年以7月中旬至8月中旬为成虫出现高峰期。第一、第二代主要为害苗床甘薯,以后主要在大田为害。

2. 主要习性　成虫善爬行,不善飞翔,有假死性,趋光性较弱。成虫畏阳光,多于清晨或黄昏活动,白天栖息于茎叶茂密处或土缝和残叶下。成虫羽化后7d开始交配,交配后2~10d产卵。雌虫受精次数越多,产卵量越多。卵主要产于块根和主茎基部。雌虫产卵时,先将皮层咬一小孔,而后产卵于其中,大多一孔产1粒卵,约95%的卵量产在外露薯块上。单雌产卵50~100粒,产卵期15~115d。

幼虫孵化后即向块根和主茎基部内蛀食,造成弯曲隧道。整个幼虫期均生活在其中。隧道内充满虫粪。蛀食藤头可造成较直的隧道,隧道中也有虫粪。幼虫发生量大时,被害茎逐渐肿大呈不规则的膨胀。幼虫蛀食能诱导薯块产生萜类和酚类物质,使薯块变苦,降低食用价值。老熟幼虫在蛀道末端或向外蛀食至皮层处咬一近圆形羽化孔,然后于羽化孔内侧化蛹。

三、发生与环境的关系

1. 气候条件　干旱炎热是甘薯蚁象大发生的主导因子。一方面,干旱可造成地表龟裂薯块外露,而有利于成虫产卵和为害;另一方面,高温干旱不利于甘薯蚁象寄生菌的流行与侵染。在自然条件下白僵菌是甘薯蚁象的重要寄生真菌,干燥的高温天气不利于白僵菌的侵染和流行,导致甘薯蚁象为害加重。

2. 耕作制度　连作地发生严重,轮作地发生轻。水旱轮作或甘薯与甘蔗或花生轮作均可抑制甘薯蚁象的发生为害。

3. 甘薯品种　薯块组织疏松、含水量多、淀粉少的品种受害较重,薯块质地坚实、含水量少、淀粉多的品种受害较轻;薯蒂较长、薯块着生部位较深的品种受害较轻,薯蒂较短、薯块着生较浅的品种受害较重。

4. 自然天敌　甘薯蚁象的自然天敌有捕食性的蚂蚁、步甲和蜘蛛等,寄生性天敌有寄生蜂等。此外,昆虫病原线虫如斯氏线虫、异小杆线虫,昆虫病原真菌如球孢白僵菌、绿僵菌等均对甘薯蚁象的发生有一定的抑制作用。

四、防治方法

1. 农业防治

1) 清洁田园:甘薯收获后应及时处理田间的残株、茎蔓、断藤、落叶等,清除田间杂草，对臭薯、坏蔓和有虫薯块应进行深埋或沤肥处理。

2）合理轮作倒茬：因地制宜推行甘薯与花生、甘蔗、黄麻、烟草、玉米、高粱、大豆等非寄主作物轮作或水旱轮作，避免与旋花科作物连作。

3）选栽抗虫品种：若种植的甘薯主要作为淀粉原料，可选择粗淀粉含量高的品种。

4）适时中耕培土：加强栽培管理，适时多锄和中耕，防止畦面龟裂和薯块外露，可减少成虫在薯块上产卵和幼虫蛀入的机会。

2. 诱杀成虫

1）毒饵诱杀：甘薯收获后 10d 内或春季越冬成虫活动时，用药剂浸泡薯蔓或薯块制成毒饵，放入田间 10cm 深、20cm 见方的穴内，穴上用杂草或瓦片、土块遮盖，诱杀成虫。

2）性诱剂诱杀：在成虫发生期用性诱剂诱捕成虫，按 30 个 /hm² 设置诱捕器。

3. 生物防治 在雨季，用白僵菌拌细砂制成菌土撒施，或斯氏线虫与白僵菌混用。

4. 化学防治

1）薯窖熏蒸：将薯窖密闭，磷化铝 10g/m² 熏蒸，1～2d 后通风。

2）苗床处理：每平方米苗床在种薯上均匀撒施 10% 二嗪磷颗粒剂 3～5g 或 10% 毒死蜱颗粒剂 8～9g 后覆土，可有效控制早春甘薯蚁象的为害。

3）药液浸苗：扦插前将薯苗浸泡在 50% 二嗪磷或 40% 毒死蜱乳油 400～500 倍液 15min，取出晾干后立即扦插。

4）生长期用药：当苗期 2% 薯苗受害或膨大期 30% 薯头受害时，应及时选用甲维盐、高效氯氟氰菊酯、高效氯氰菊酯、阿维菌素、吡虫啉、烯啶虫胺、氟铃脲等喷雾防治。

第五节　其他常见薯类害虫

一、甘薯天蛾

甘薯天蛾 [*Agrius convolvuli*（Linnaeus）]，又名甘薯叶天蛾、白薯天蛾、旋花天蛾和虾壳天蛾，属鳞翅目天蛾科。国外分布于日本、朝鲜、韩国、印度和俄罗斯，国内广泛分布于各甘薯产区。

甘薯天蛾除以幼虫为害甘薯外，也取食蕹菜、牵牛花和月光花等旋花科植物和魔芋、葡萄、扁豆、楸树、柑橘等植物。幼虫食量很大，严重时能把甘薯叶片吃光，成为光蔓，对产量影响很大。

（一）形态特征

成虫：体长 43.0～52.0mm。体、翅暗灰色，中胸有钟状的灰白色斑块。腹部背面灰色，两侧各节有白色、红色、黑色横带 3 条。前翅内、中、外横线各为 2 条黑褐色波状线，顶角有黑色斜纹；后翅有 4 条黑褐色横带，缘毛白色，混杂暗褐色。雄蛾触角栉齿状，雌蛾触角棍棒状，末端膨大具钩（图 20-5）。

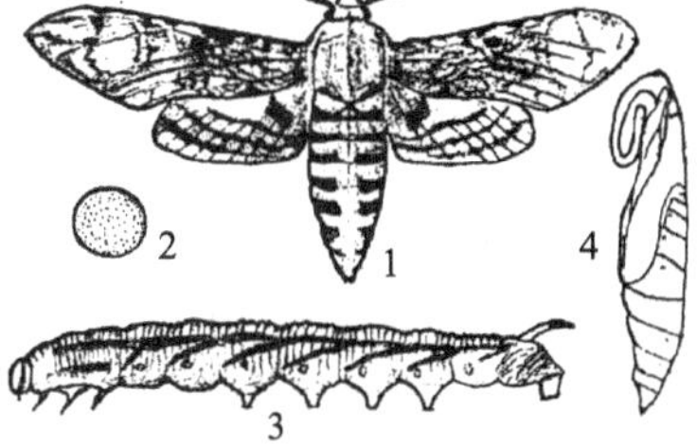

图 20-5　甘薯天蛾（1 仿福建农学院；余仿浙江农业大学）
1. 成虫；2. 卵；3. 幼虫；4. 蛹

卵：直径约 1.5mm，球形，卵壳有网纹。初产时深绿色，孵化前黄白色。

幼虫：老熟幼虫体长 83.0～100.0mm，头顶圆。体两侧各有 2 条黑纹。中、后胸和腹部第 1～8 节背面有许多横皱，形成若干小环。第 8 腹节背面具光滑而末端下垂的弧形尾角。幼虫体色因龄期不同而有差异，至少有 20 种，常见体色为绿色型和褐色型。绿色型虫体绿色，头部黄绿色，腹部第 1～8 节两侧的斜纹深褐色，气门杏黄色，中央和外围深褐色，尾角杏黄色，端部黑色。褐色型体暗褐色，密布黑点，头黄褐色，腹部第 1～8 节两侧的斜纹黑褐色，气门黄色。

蛹：体长约 56.0mm，褐色至暗红色。喙长，弯曲呈象鼻状。后胸背面有粗糙刻纹 1 对，腹部前 8 节背面近前缘处也有刻纹。臀棘三角形，表面有颗粒状突起。

（二）生活史与习性

甘薯天蛾年发生代数因地而异。在辽宁、河北北部、山西和北京年发生 2 代；山东、河北南部、河南北部年发生 2～3 代；安徽年发生 3～4 代；湖北、湖南、江西、四川和浙江等地年发生 4 代；福建年发生 4～5 代。各地均以蛹在 10cm 深的土中越冬。

在北京，越冬代成虫和第 1 代成虫分别出现在 5 月和 9 月。在安徽，越冬代成虫发生期在 5 月上旬至 6 月中旬，第 1 代成虫出现在 6 月下旬至 7 月下旬，第 2 代成虫在 8 月上旬至 9 月上旬，第 3 代成虫出现在 9 月下旬至 10 月下旬；第 1～4 代幼虫的发生期分别在 5 月中旬至 7 月上旬、6 月下旬至 8 月中旬、8 月上旬至 10 月上旬、10 月上旬至 11 月中旬。在华南地区，5 月底田间可见幼虫为害。各地均以 8～9 月发生的幼虫数量最多，为害最重。

成虫昼伏夜出，白天潜伏在草堆或薯田附近建筑物的屋檐和墙壁上，以及作物田、矮树丛等隐蔽处，晚上取食花蜜、交配和产卵。成虫趋光性强，尤其下半夜扑灯最多。成虫飞翔力强，能远距离迁飞繁殖为害，一生只交配 1 次。雌蛾产卵前期 1～2d，卵多散产于叶片背面的边缘，喜欢在叶色浓绿、生长茂盛的薯田产卵。单雌产卵量 45～665 粒。成虫寿命 3～5d。

幼虫共 5 龄。初孵幼虫先取食卵壳，然后爬到叶片背面取食叶肉，1～2d 后形成小孔洞，2～4 龄幼虫将叶片吃成缺刻。当幼虫数量达到 15 头 /m² 以上，3d 能将薯田叶片全部吃光，严重影响产量。当食物缺乏时，幼虫常成群迁移到邻近薯田为害，迁移距离可达 200m 以上。幼虫期 14～22d。老熟幼虫入土化蛹。

（三）防治方法

1. 农业防治　　冬、春季对薯田多犁多耙，能促使越冬蛹的死亡。幼虫发生早期，可结合甘薯提蔓除草，人工捕杀幼虫。

2. 诱杀成虫　　利用成虫的趋光和喜食花蜜的习性，可设黑光灯或用糖浆毒饵诱杀，或到蜜源多的地方捕杀。

3. 药剂防治　　当 3 龄前幼虫达 3～5 头 /m²，或 2 头 / 百叶时，应及时用药防治。可选用甲氨基阿维菌素苯甲酸盐、虫螨腈、氯虫苯甲酰胺、阿维菌素、氟铃脲、毒死蜱等喷雾。

二、甘薯叶甲

甘薯叶甲（*Colasposoma dauricum* Mannerheim），又名甘薯蓝黑叶甲、甘薯肖叶甲，俗

称甘薯猿叶虫、甘薯金花虫或甘薯华叶虫，属鞘翅目肖叶甲科，国内有指名亚种（*Colasposoma dauricum dauricum* Mannerheim）和丽鞘亚种（*Colasposoma dauricum auripenne* Motschulsky）两个亚种。国外分布于北美洲、大洋洲、东亚与东南亚各国和非洲的马达加斯加；国内指名亚种除西藏未见报道外，遍布各地，丽鞘亚种只分布在华南、西南和华东地区。

甘薯叶甲除为害甘薯外，还为害蕹菜、棉花、小旋花和五爪金龙等植物。成虫喜食薯苗顶端嫩叶，是甘薯苗期的重要害虫。在北方地区，成虫还啃食小麦无叶鞘包被的穗柄，并产卵于其中，造成白穗、秕粒，故该虫以前称为麦茎叶甲。幼虫啃食土中的薯块，形成弯曲隧道，影响薯块膨大，被害薯变黑发苦，不耐储藏，且伤口处易诱发细菌侵染。

（一）形态特征

成虫：体长 5.0～7.0mm，短椭圆形，体色有蓝紫色、蓝绿色、绿色、黑色、紫铜色、青铜色和蓝色等，具金属光泽。丽鞘亚种多具紫铜色带蓝色三角形斑。头部弯向下方，有较大刻点。触角丝状，11节，基部6节有蓝色金属光泽，端部5节稍膨大，黑色。前胸背板隆起，密布刻点。鞘翅上的刻点较前胸背板上的大而稀疏。雌虫鞘翅外侧的肩胛后方直达鞘翅中部，有短脊状横皱褶；雄虫无明显皱褶，较光滑（图20-6）。

卵：长约1.5mm，长圆形，初产时淡黄色，孵化前黄绿色。

幼虫：老熟幼虫体长 8.5～10.0mm，黄白色，短圆筒形，常弯曲呈"C"形，体多横皱纹，密被细毛。头部淡黄褐色，胸、腹部黄白色，腹部各节被棕红色短刚毛。

蛹：体长 5.0～7.0mm，短椭圆形。初化蛹时乳白色，后渐变为黄白色。后足腿节末端有黄褐色大小刺各1个，腹末有刺6个。

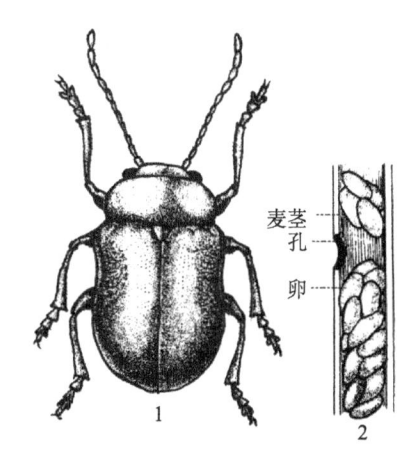

图20-6 甘薯叶甲（1仿福建农学院；2仿中国科学院动物研究所）
1.成虫；2.卵

（二）生活史与习性

甘薯叶甲在福建、浙江、江西、湖南、四川、重庆和云南等地年发生1代。多以幼虫在寄主作物田 15～26cm 深的土中做土室越冬，少数在薯块中越冬，个别以成虫在岩石缝隙中和枯枝落叶下越冬。

成虫多在雨后羽化出土，出土后立即觅食，在 8:00～10:00 和 16:00～18:00 取食薯苗顶端嫩叶及嫩茎，被害茎上有条状伤痕，叶片呈现缺刻或小孔，受害严重时薯苗顶端折断，幼苗枯死。成虫有假死性，耐饥力强，飞翔力弱。成虫在小麦开花灌浆期盛发，在湿润的土表和麦穗下部无叶鞘包围的颈部、残留的麦茬及枯薯藤等处咬孔产卵。产卵期21～23d，卵堆产，产卵后尾部分泌黑绿色胶状物将孔口封闭。单雌产卵量 35～698 粒，平均产卵 231 粒。成虫寿命 17～123d，产卵期21d，卵期7～11d。

幼虫孵化后潜入土中啃食薯块表皮，造成不规则凹陷，或蛀食薯块内部，形成弯曲隧道，一般只影响薯块外观，为害不大。相对湿度在50%以下时，幼虫停止活动，故干燥薯田发生较轻。土温降至20℃以下时，幼虫钻入土层深处越冬。幼虫期10个月左右。翌年越冬幼虫在土室内化蛹，蛹期8~17d。

(三) 防治技术

1. 农业防治　稻薯轮作、铲除杂草、清洁田园、冬季翻耕土地。
2. 捕杀成虫　利用成虫假死性，在清晨露水未干前，趁其在叶片上活动较弱时，利用各种器具盛黏土浆、石灰等承接被击落的成虫。
3. 药剂防治　在整地施肥时，撒施毒土。在扦插前，用药液浸泡薯苗。在成虫盛发期，喷洒药剂防治成虫。

三、甘薯长足象

甘薯长足象 [*Alcidodes waltoni*（Boheman）]，又名甘薯长足象甲、甘薯大象甲，俗称薯猴、空心虫、大肚虫或蛀节虫，属鞘翅目象甲科。国外分布于日本、越南、斯里兰卡、缅甸，国内分布于长江以南地区。

甘薯长足象为多食性害虫，成虫可为害甘薯、马铃薯、柑橘、桃、蕹菜、大豆、向日葵和桑等植物，幼虫仅能在甘薯和蕹菜等部分旋花科植物上为害。成虫咬食薯株，造成嫩薯蔓呈凹陷沟槽状而萎蔫枯死，发生严重时，薯株被害率可达50%~97%。幼虫在茎内钻蛀为害，薯茎被害率可达55%~70%。

(一) 形态特征

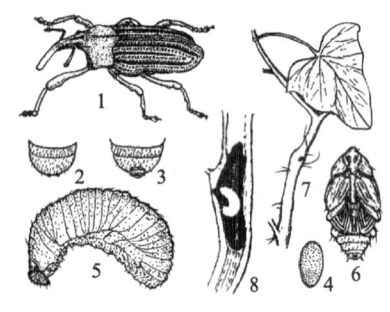

图20-7　甘薯长足象（仿林伯欣）
1.雌成虫；2.雌成虫腹末端腹面；3.雄成虫腹末端腹面；4.卵；5.幼虫；6.蛹；7.幼虫为害状；8.幼虫为害状剖面

成虫：体长12.0~14.0mm，近长卵形，黑色或黑褐色，体表有灰褐色、灰色、土黄色或红棕色鳞毛。头小，喙略弯曲。触角膝状。前胸背板前狭后宽，表面密布粒状突起，中央具1条由鳞毛组成的纵纹。每鞘翅上有纵沟10条，构成11条纵隆线，纵沟内刻点大而明显，鞘翅上第3隆线、第8隆线及第5纵沟的鳞毛不易脱落。腿节各有1个弯齿，其前端无小齿（图20-7）。

卵：长1.5~2.0mm，卵圆形，淡黄色，卵壳较柔软，表面光滑。

幼虫：老熟幼虫体长14.5~16.5mm，体肥壮，多皱褶，体前端较小而后端较大，向腹面弯曲。头部红褐色有光泽，胸、腹部乳白色。胸足退化成小突起。

蛹：体长8.0~11.0mm，近长卵形，淡黄色或淡黄褐色。头顶具褐色乳状突1对。腹部第1~7节背侧后缘各具小疣突1列，每个疣突顶端着生小刚毛1个，末节端部具1对发达的刺突。

(二) 生活史与习性

甘薯长足象在福建年发生1~3代，广东年发生2~3代。主要以成虫在岩石、土缝和树皮缝中越冬，少数以高龄幼虫在越冬薯的虫瘿内越冬。

成虫善爬行，少飞翔，具假死性。成虫进食后即可交配，交配时多3~5只聚集在一起，一生可交配多次。雌虫经 2~3 次交配才能产卵，卵主要产在甘薯上，其次是蕹菜，极少数产在野牵牛、砂藤或月光花上。产在甘薯上的卵多位于茎部或粗大叶柄上，尤其是茎粗的品种上产卵较多。成虫畏阳光，白天多潜藏在茎叶隐蔽处。成虫寿命 50~85d，长的可达 273~370d。卵期在 6~8 月时为 3.5~4.5d，在 9~11 月为 5~7d。

幼虫共 4 龄。幼虫孵化后 3~5h 开始蛀入茎内或叶柄，随幼虫生长虫道不断延长，最后达茎节中心。被害部位受刺激形成虫瘿，影响水分和养料的运输，削弱甘薯生长势。幼虫期 23~35d，越冬代幼虫期长达 157~177d。幼虫老熟后在虫瘿内化蛹。预蛹期 2~4d，蛹期 4~15d。

（三）防治技术

1. 农业防治　　在 3 月底前，清除薯田内的遗株和残株。铲除薯田及其附近的野生寄主植物，可有效降低虫源。

2. 诱捕成虫　　在薯田或附近种植春大豆或白背野桐招引成虫，集中捕杀。或在 5~6 月成虫集结在薯茎上时，于清晨日出前后或黄昏日落前后进行人工捕杀。

3. 药剂防治　　参照甘薯蚁象。

第六节　薯类害虫综合防控技术

在制定综合防治计划时，应充分考虑马铃薯、甘薯等作为粮食、蔬菜和食品、医药等工业原料的特殊性，坚持以农业防治为基础，以调控成虫种群数量、压低基数为重点，科学合理使用化学农药，确保薯类产品质量和农田环境安全。

（一）越冬期

1. 清洁田园　　马铃薯、甘薯等收获后，应彻底清除田间的残株和落叶，以及其他茄科植物的残枝和落叶，集中进行深埋或沤肥处理，可减少甘薯蚁象、甘薯麦蛾、甘薯叶甲和甘薯蠹野螟等多种害虫的越冬基数。

2. 深翻整地　　冬、春季深翻整地，结合冬、春灌水和药剂处理土壤，杀灭土壤中越冬的害虫。

3. 精选种薯　　选择品种特征明显、薯形规整、薯皮光滑、皮色鲜艳的块茎作为种薯，奠定培育壮苗基础，增强田间耐害能力。

4. 安排茬口　　在马铃薯主产区严禁种植烟草等茄科作物，前茬作物以谷子、麦类和玉米等最好，其次是高粱和大豆。在蔬菜区，前茬最好是葱、蒜、芹菜、胡萝卜和萝卜等。

5. 实行轮作　　实行大面积轮作，在南方不种冬薯，对蛴螬等地下害虫和甘薯蚁象、甘薯叶甲和甘薯蠹野螟等均有较好的控制作用。

（二）播种期和苗期

1. 土壤处理　　参照地下害虫的防治方法，整地时撒施生物农药或持效期长的化学农药，可控制苗期和生长期地下害虫为害。

2. 调整播期　　在蚜虫发生严重地区，适当提前或推后播种，使作物苗期与蚜虫迁入高峰期错开，可减轻蚜虫为害及其传播的病毒病。

3. 苗床施药和药剂浸苗　　在准备采苗的甘薯田，若害虫较多，应在采苗前进行药剂防治，避免种苗携带害虫进入大田。在甘薯扦插前，用有机磷类、拟除虫菊酯类等药剂浸苗，可防治甘薯蚁象、甘薯长足象和甘薯蠹野螟等多种害虫。

4. 诱杀成虫　　适当早播部分马铃薯作为诱虫田，可引诱马铃薯瓢虫等多种害虫，进行集中防治。也可在田间设置黄色黏虫板，诱杀蚜虫、粉虱和斑潜蝇，用蓝色黏虫板诱杀蓟马。

5. 药剂防治　　马铃薯苗期如蚜虫、蓟马等发生严重，应及时喷洒高效、低毒、低残留化学农药或植物源农药，兼防其他害虫。

（三）生长期和结薯期

1. 栽培控虫　　高温干旱季节应及时灌溉和加强培土，避免马铃薯薯块外露；结合田间管理，清除有虫枝叶，人工捕杀害虫。甘薯膨大期施用过磷酸钙、硫酸镁等肥料，不仅可以提高甘薯的耐害能力，而且可以驱避地下害虫。

2. 诱杀成虫　　有条件的地方可设置大面积诱虫灯阵，或利用性诱剂、糖醋液、毒饵等诱杀地下害虫、马铃薯麦蛾和象甲等害虫。

3. 药剂防治　　在地下害虫为害严重的地区，可在金龟甲成虫产卵盛期用有机磷类或苯基吡唑类农药顺垄浇灌，防治低龄蛴螬。马铃薯瓢虫严重发生时，可在田间喷施有机磷类、拟除虫菊酯类、新烟碱类、苯基吡唑类或杂环类等农药。

★ 复习思考题 ★

1. 薯类害虫综合防治中多次强调收获后及时清洁田园，试思考其原因。
2. 以害虫世代发生时期表的形式总结常见薯类害虫的生活史。
3. 为什么烟草、马铃薯邻作有利于马铃薯麦蛾的发生为害？
4. 试述马铃薯瓢虫综合防治的理论依据。
5. 试述甘薯麦蛾的发生及其与防治的关系。
6. 试述甘薯蚁象的习性及发生与环境的关系。
7. 薯类害虫中常见的各类天敌有哪些？根据害虫发生与为害特点和环境因子，如何开展生物防治？
8. 结合本地区薯类作物种植栽培特点，制定符合农产品质量和农业生态环境安全要求的害虫综合防治方案。

第二十一章 棉花害虫

植棉业在我国国民经济中占有十分重要的地位，每年棉花产量占世界总量的25%左右。我国棉花的适宜种植区大致为18°N～46°N，76°E～124°E，即南起海南岛，北到新疆的博尔塔拉，东起长江三角洲沿海地带及辽河流域，西至塔里木盆地西缘，常年播种面积为530万～570万 hm²。我国棉花害虫已知有300余种，其中常见的棉花害虫有30余种，但各棉区常年发生的种类仅为少数几种，如棉蚜、棉铃实夜蛾、棉叶螨和棉蓟马等。

第一节 棉花蚜虫

棉田常发生的棉花蚜虫（cotton aphid）主要有棉蚜 [*Aphis gossypii*（Glover）]、棉黑蚜 [*Aphis craccivora*（Koch）] 和棉长管蚜 [*Acyrthosiphon gossypii*（Mordvilko）]，均属半翅目蚜科。

棉蚜又称瓜蚜，是世界性大害虫，分布广泛，寄主植物达116科900余种，主要有棉花、瓜类、黄麻、红麻、大豆、甘薯、马铃薯、花卉、蔬菜和石榴、梓树、花椒、木槿，以及野西瓜苗、马齿苋、田旋花、锦葵、车前草、夏至草、益母草等杂草。棉蚜以成蚜和若蚜群集在棉株及其他寄主植物的嫩头、嫩茎、叶背、蕾和花上刺吸汁液，被害叶片向背面卷曲或皱缩，使棉株生长缓慢，推迟现蕾和开花，严重时蕾铃脱落。棉蚜聚集在叶片背面，分泌大量蜜露，滴落在下部叶片正面，使茎、叶一片油光，招致霉菌寄生；遇风尘土又污染叶面，阻碍棉花叶片的光合作用，减少干物质的积累。在棉花吐絮期"秋蚜"的蜜露污染棉絮，使棉纤维含糖量增加，品质下降，不利纺纱。棉蚜还是传播60余种植物病毒的媒介，造成更大的危害和损失。

棉黑蚜（cotton black aphid）又名紫团蚜，分布于西北内陆棉区的新疆、宁夏和甘肃。寄主植物有棉花、苦豆和苜蓿。常群集在棉苗嫩头、子叶、真叶反面吸食汁液，幼叶弯曲皱缩。顶芽生长受阻，造成腋芽丛生，形成粗短畸形、多枝丛生的棉株，致使棉苗发育迟缓甚至停滞，产量下降。

棉长管蚜（big cotton aphid）又名棉无网长管蚜、大棉蚜，国外分布于印度、土耳其、埃及、苏丹、俄罗斯，国内仅分布于新疆和甘肃。寄主植物有棉花、苦豆、骆驼刺等。此蚜无群集现象，分散于棉株叶背、嫩枝和花蕾上取食，受害部位出现淡黄色失绿的小斑点，叶片不发生卷缩，当虫口密度大时，造成不结铃或落蕾。

一、形态特征

有翅胎生雌蚜：体长1.2～1.9mm，黄色、浅绿色或深绿色。复眼黑紫色或暗红色。触角6节。前胸背板黑色。腹部背面两侧有3～4对黑斑。腹管暗黑色，圆筒形（图21-1）。

无翅胎生雌蚜：体长 1.5～1.9mm，体色夏季黄绿色或黄色，春秋季蓝黑色、深绿色或棕色。腹管短，色暗；尾片青绿色，乳头状，两侧有刚毛 3 对。

无翅若蚜：共 4 龄，体色夏季为黄色或黄绿色，春秋季为蓝灰色；复眼红色。

有翅若蚜：共 4 龄，夏季体淡红色，秋季灰黄色；2 龄后现翅芽。腹部第 1、第 6 节的中侧和第 2～4 节的两侧各具白色圆斑 1 个。

干母：体长 1.6mm，宽卵圆形，茶褐色。触角 5 节，约为体长之半。无翅。尾片常有毛 7 根。

有翅性母蚜：体背骨化斑纹明显。触角第 3 节有次生感觉圈 7～14 个，一般为 9 个；第 4 节有 0～4 个；第 5 节偶有 1 个。

无翅卵生雌蚜：触角 5 节。后足胫节膨大，有多数小圆形的性外激素分泌腺。尾片常有毛 6 根。

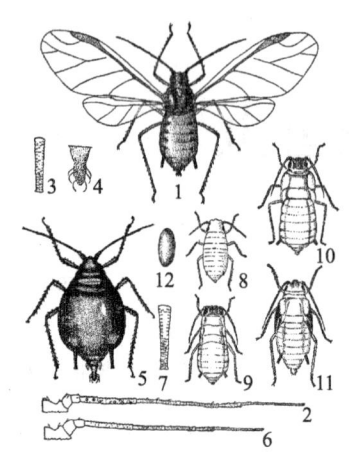

图 21-1　棉蚜（仿浙江农业大学，1963）
有翅孤雌蚜：1. 成蚜；2. 触角；3. 腹管；4. 尾片
无翅孤雌蚜：5. 成蚜；6. 触角；7. 腹管
有翅胎生雌蚜：8～11. 1～4 龄若蚜；12. 越冬卵

有翅雄蚜：体长卵形，较小，腹部背片各节中央均有 1 条黑色横带。触角 6 节，第 3～5 节依次有次生感觉圈 33 个、25 个、14 个。尾片常有毛 5 根。

卵：长 0.5～0.7mm，椭圆形，初产时橙黄色，后变漆黑色，有光泽。

三种棉花蚜虫的主要形态特征见表 21-1。

表 21-1　三种棉花蚜虫的主要形态特征

种类特征	棉蚜	棉黑蚜	棉长管蚜
体色	淡黄色至淡绿色、深绿色、黑绿色	黑褐色至黑色，有光泽，略被蜡粉	草绿色，被有明显蜡粉
额瘤	不显著	不显著	显著，外倾
触角长度	为体长的 3/5～3/4	为体长的 3/5～3/4	为体长的 1.1 倍
前翅中脉	分三叉	分三叉	分三叉
腹管	黑色，为体长的 1/5	黑色，为体长的 1/5	绿色或淡红褐色，为体长的 1/3～1/2

二、生活史与习性

1. 棉蚜　年发生 20～30 代，以成蚜或若蚜在温室、大棚和住宅楼等室内的蔬菜和花卉上越冬或继续繁殖，或者以卵在室外石榴、梓树、花椒、木槿等植物上越冬。4 月越冬卵开始孵化，在越冬寄主上繁殖 2～3 代后，于 4 月底产生有翅蚜迁飞到露地棉花、瓜和蔬菜上繁殖为害，至秋末、冬初又产生有翅蚜迁回到木本寄主上，产生雄蚜，与雌蚜交配产卵越冬，此谓全周期型，即 1 年内孤雌生殖与两性生殖交替发生。在亚热带南部、热带地区及温室中，棉蚜全年营孤雌生殖，不发生雌性卵生蚜和雄蚜，称为不全周期型。在 20～25℃时，棉蚜完成一代历期为 5～7d；在 20～28℃时为 3～5d；室内饲养棉蚜 1 月内可完成 8 代。

棉蚜的繁殖能力很强，成蚜羽化后当天可产仔，产仔历期在 10d 以内，多数 4～6d。雌成蚜一生最少可产仔 9 头，最多产 210 头。80% 的雌成蚜产仔量在 60 头以内。每日产仔一般在5~6头。棉蚜对黄色有较强的趋性，对银灰色有忌避性，且有较强的迁飞和扩散能力，在寄主营养条件恶化时产生大量有翅蚜转移，并迅速扩散。

棉蚜一般5月下旬至6月初迁入棉田，称为苗蚜。6月中下旬点片发生，形成中心株，2~3d后可产生"油光"叶。7月上旬至中旬是有翅成蚜大量发生的时期；如得不到有效控制，外加天气条件比较适宜（如高温、刮风），棉田将会普遍发生和严重为害，数日之内迅速形成"油光"株，可发展成全田大发生，此时为伏蚜。8月以后棉蚜在棉田的数量逐渐减少，棉花生长茂密。此时发生的棉蚜称为秋蚜，对棉花产量影响较小，但棉蚜分泌的蜜露可污染棉纤维。

2. 棉黑蚜 年发生10~20代。以受精卵在土表4~5cm的苦豆或苜蓿嫩茎及根茎部越冬。翌春气温达10℃以上时，越冬卵孵化为干母，继续在土表根茎上生活，繁殖2~3代后，在4月下旬至5月上旬产生有翅迁移蚜，迁到刚出土的棉苗上为害，5月下旬至6月上旬进入为害盛期，6月底至7月初气温达23~25℃时，种群数量急剧下降，部分在苜蓿上越夏。9月中旬后在苜蓿上产生雌蚜和雄蚜，交配后产卵越冬。

3. 棉长管蚜 以卵在骆驼刺、甘草上越冬。春季当气温上升到10℃时越冬卵开始孵化，在越冬寄主上繁殖数代。5月间迁入棉田为害，为害盛期在6月下旬至7月上旬，8月上旬数量下降，之后又稍有回升。秋末随着棉株衰老，迁回越冬寄主产卵越冬。

三、发生与环境的关系

1. 温度与湿度 苗蚜大量繁殖的适宜气温为22~27℃，伏蚜大量繁殖的适宜气温为23~29℃。凡春季气温较稳定，气温回升后，无倒春寒出现，无暴雨，则苗蚜繁殖时间长，发生重，反之则轻。中至大雨，可机械性地抑制棉蚜的发生，压低棉蚜虫口数量。棉蚜对湿度的适应范围广，苗蚜在相对湿度47%~81%，最适湿度58%，虫口数量急剧增长；伏蚜适宜的相对湿度为69%~89%，最适湿度76%。

2. 天敌 天敌有近100多种。捕食性天敌种类主要有瓢虫、草蛉、食蚜蝇、食虫蝽、食蚜瘿蚊、隐翅甲，以及各种蜘蛛、绒螨等；寄生性天敌主要有蚜茧蜂、蚜小蜂等。天敌对棉蚜种群的抑制作用十分明显。

3. 寄主植物 棉田四周多棉蚜越冬寄主者，常发生早而较重。靠近村庄、树林的背风棉田棉蚜发生量大。棉株氮素含量高时，棉蚜增殖率高，施底肥少，追施化肥多的棉田，棉蚜多。植株生长过旺发生重。施肥正常，棉株健壮的棉蚜发生轻。麦棉间作，为害轻。

4. 品种抗蚜性 棉花不同品种、生育期的抗蚜性差异明显。棉花的绒毛密度大及红叶性状是较为公认的抗蚜性特殊外部形态。无蜜腺性状也使棉花具有一定抗蚜性。生化抗蚜性主要表现在游离氨基酸、可溶性糖和蛋白质、棉酚、单宁等物质的含量方面。

四、虫情调查与测报

棉蚜虫情调查按《GB/T 15799—2011 棉蚜测报技术规范》进行。

1. 虫情调查

（1）越冬基数调查 以木本寄主为主的地区，在4月中旬选择向阳背风的花椒、黄金树、石榴等越冬寄主树30株，每株调查东、西、南、北、中5个方向，各选2个15cm长的枝条，记载有蚜枝率，并目测记载有翅蚜、若蚜和无翅蚜，求出平均每枝蚜数。

以草本寄主为主的地区，在 4 月下旬到 5 月上旬，当棉苗出土前，调查 100 株；计算有蚜株率，并目测其上的蚜虫数，算出平均每株蚜量。

（2）棉田棉蚜系统调查　　棉苗出土至苗期棉蚜为害末期，5d 调查一次。选择有代表性的不同类型田 3～4 块，采用 5 点取样法，每点顺棉行连查 20 株，记载有蚜株数，卷叶株数，有翅成蚜、若蚜和无翅蚜数，记载 5d 内气象要素，以预测棉蚜发生情况。

棉花现蕾以后，每点取样 10 株，每株查上、中、下 3 片叶，检查其上蚜虫数量（10 头以内，按个数计；10 头以上，百头以内，一般按 10 个计数方法；百头以上按 50 个计数方法）。天敌调查与苗期相同。

2. 预测方法

1）根据早春越冬寄主植物上的蚜虫基数，比较历年资料，参考田间发生初期的气象预报情况，做出棉田早期棉蚜发生程度的预测。

2）7～8 月棉蚜种群波动期间，棉田天敌（天敌单位）与棉蚜数量比为 1：200 时，天敌可有效抑制棉蚜种群；当天敌与棉蚜比达 1：250 以上时，棉蚜种群数量增长较快，综合温度、降雨情况可预测棉蚜种群消长趋势。

3）当有蚜株率达 30% 以上，百株蚜量为 500～1000 头，卷叶株率达 5%～10% 时，及时发出预报，控制蚜害。

五、防治方法

1. 越冬期防治

1）在 12 月底和翌年 3 月中旬，对室内花卉和温室大棚进行彻底灭蚜。对室内花卉采用吡虫啉、噻虫嗪等内吸性强的药剂灌根。温室内的瓜菜用敌敌畏、异丙威烟剂熏杀，也可用啶虫脒、氟啶虫胺腈、溴氰虫酰胺喷雾。

2）室外防治。对于石榴、梓树和木槿等越冬寄主，在秋季棉蚜尚未产卵和 4 月中下旬棉蚜卵孵化盛期，用噻虫嗪、啶虫脒或吡虫啉喷药防治。

2. 合理作物布局　　优化作物布局，合理灌水，科学施肥。实行麦棉邻作、套作或棉田周围种红花、油菜、苜蓿等诱集作物，诱集天敌栖息繁殖，控制蚜害。

3. 种子处理　　选用克百威种衣剂、噻虫嗪种衣剂等进行种子处理，可同时防治棉黑蚜和苗期棉蚜及蓟马。

4. 棉田点片挑治　　棉田棉蚜点片发生阶段有明显的为害中心株时，在中心株及四周 1m 范围内用吡虫啉、噻虫嗪等新烟碱类内吸剂按 1：（5～10）配成溶液涂茎，或者按 1：200 倍液滴心挑治。

5. 生物防治　　在棉蚜点片发生时，及时把麦地、苜蓿地的瓢虫迁到棉田。百株蚜数在 1000 头以上，放瓢虫和蚜虫比是 1：100；百株蚜数在 500～1000 头的，放瓢虫和蚜虫比是 1：150；百株蚜数在 500 头以下的，放瓢虫和蚜虫比是 1：200。

6. 化学农药应急防控　　棉蚜在棉田扩散为害面积大，益蚜比在 1：250 以上的棉田，可选用吡蚜酮、噻虫嗪、吡虫啉、氟啶虫胺腈等喷雾。

第二节 棉铃实夜蛾

棉铃实夜蛾（cotton bollworm）[*Helicoverpa armigera*（Hübner）]属鳞翅目夜蛾科，别名棉铃虫。广泛分布于世界各地，我国棉区和蔬菜种植区均有发生，尤以黄河流域、长江流域受害重。该虫是我国棉花种植区蕾铃期害虫的优势种，近年为害十分猖獗。棉铃实夜蛾的寄主植物很多，在我国有棉花、玉米、向日葵、番茄、高粱、小麦、胡麻、豌豆、蚕豆、鹰嘴豆、烟草、辣椒、苜蓿和瓜类等30多科200多种。其他寄主有苹果、苘麻、马齿苋、灰藜、曼陀罗、天仙子、旋花等。

棉铃实夜蛾幼虫取食棉花嫩叶，但主要为害棉花的蕾铃。嫩叶被害常出现孔洞和缺刻，幼蕾被害后苞叶张开变黄，不久就干枯脱落。棉铃受害后常留下一孔洞。棉铃内棉絮被污染，易引起病菌的侵染从而导致棉铃腐烂。除为害棉花外，棉铃实夜蛾还咬食胡麻和番茄的蕾和花，蛀食胡麻的蒴果和番茄的果实。在禾谷类作物中以玉米受害最重，其次是高粱、小麦。在玉米拔节前后第1代棉铃实夜蛾幼虫咬食玉米心叶，待心叶展开后形成一排孔洞；第2代幼虫咬食花丝，随即潜入果穗内蛀食，造成玉米籽粒不孕或缺粒，并发生霉烂。

一、形态特征

成虫：体长15~20mm，翅展27~38mm。体色多变，黄褐色、灰黄色、赤褐色、灰绿色；前翅有黑色的环状纹和肾状纹。后翅灰白色，沿外缘有黑色宽带，宽带中央有两个相连的白斑；后翅中部的横脉纹呈新月状，黑色（图21-2）。

卵：馒头状，直径0.45mm；表面有纵棱26~29根；纵棱之间有横棱18~20根。初产卵乳白色，逐渐变黄色，近孵化时变为紫褐色。

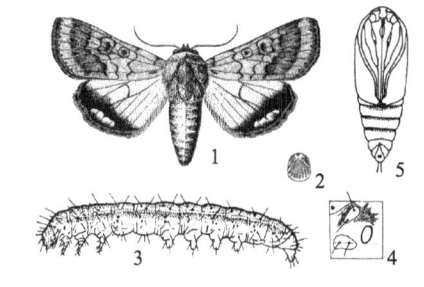

图21-2 棉铃实夜蛾（仿西北农学院，1981）
1.成虫；2.卵；3.幼虫；4.幼虫前胸侧面（示气门前2根毛连线与气门相切）；5.蛹

幼虫：老熟幼虫体长32~42mm；体色变化较大，大致可分为5个类型，即绿色、淡绿色、黄白色、淡红色和黄绿色。前胸侧气门前下方的一对毛的后连线与气门下缘相遇；体表布满褐色或灰色小刺，长而尖，腹面有黑褐色小刺。

蛹：长17~20mm，初蛹为灰绿色，绿黑色或褐色，复眼淡红色。近羽化时呈深褐色，有光泽，复眼黑色。腹部末端圆形，有1对小凸起，两凸起基部分开，每个凸起上有1根长而直的刺。

二、生活史与习性

棉铃实夜蛾在西北地区年发生3~4代。以蛹在秋季作物田地下3~5cm深处的土室内越冬。翌年5月上中旬成虫羽化。各代历期随气温的升高而缩短，一般为1个月左右。棉铃实夜蛾的蛹各代都有滞育现象，第2代起每代有部分个体进入滞育状态。

棉铃实夜蛾多在夜间羽化，成虫交配、产卵和取食等活动主要在夜间进行。成虫有趋光性，并对杨树和柳树枝叶有较强的趋性。雌蛾比雄蛾早羽化1~2d。雌蛾羽化后2~4d开始产卵，单雌可产卵1000粒，最高可达3000粒。雌蛾寿命约半月，雄蛾寿命仅1周。第2代棉铃实夜蛾主要产卵于玉米植株上。在棉田，成虫更喜欢在生长茂盛、花蕾多的棉株上产卵，集中产在植株上部的顶尖、嫩叶正面、叶柄、蕾、苞叶及嫩茎上。棉铃实夜蛾进入棉田均在棉花现蕾期，这是因为棉花开花现蕾时，毛腺分泌草酸和蚁酸，对成虫有较强的吸引作用。

初孵幼虫通常先吃掉卵壳，然后取食附近的嫩叶、嫩梢、幼蕾等器官，多数初孵幼虫吃过卵壳后转移到叶背栖息，当天不食不动。翌日幼虫爬到棉花生长点和果枝嫩头处取食嫩叶。第3天幼虫蜕皮长成2龄幼虫，除继续取食棉株生长点外，并开始蛀食棉花幼蕾。3龄以后幼虫多钻入棉花蕾、花和铃内为害。幼虫在1~2龄时常吐丝下坠，3~4龄幼虫在上午9时前后钻出蕾铃爬到叶面上活动。幼虫有转株为害的习性，在一天中以早上和傍晚爬迁转移活动较为频繁。老熟幼虫多在上午9时至中午12时吐丝下坠入土、筑土室、化蛹，土室一般在离棉株25~50cm的疏松的土壤中。蛹期10~14d。

三、发生与环境的关系

1. 气候条件

（1）温度　　棉铃实夜蛾发育的最适温度为25~28℃，相对湿度在70%以上。在春季，当5日平均气温达到20℃以上时，适于成虫产卵活动。8~10月气温变化可影响末代棉铃实夜蛾的种群数量和越冬基数，若秋季气温下降缓慢，部分末代蛹能继续羽化，则下一代幼虫多在发育过程中被冻死而不能形成蛹，越冬虫口基数减少。

（2）湿度　　湿度过高蛹的死亡率高，成虫羽化率显著降低。大阵雨和暴雨能冲刷掉棉铃实夜蛾卵和部分低龄幼虫，使当时棉田的卵量显著降低。

2. 作物布局和种植结构　　棉铃实夜蛾属于多食性害虫，幼虫取食为害多种农作物。间作套种是粮棉增产的重要措施，但由于几种作物相连种植形成连续性食物连锁，为棉铃实夜蛾发生繁殖提供了充分的食物条件。一般棉花玉米、棉花豆类间作，使本来对棉花为害轻的1代棉铃实夜蛾，在间作后虫源基数增大，夏熟收割又不能及时耕翻，留在原地的蛹羽化出成虫继续在棉田产卵，加重棉株受害。

3. 天敌　　棉田捕食和寄生棉铃实夜蛾的天敌种类十分丰富，有120余种。寄生棉铃实夜蛾卵的主要天敌有广赤眼卵蜂；寄生幼虫的有中红侧沟茧蜂、棉铃实夜蛾齿唇姬蜂等；捕食棉铃实夜蛾卵和幼虫的天敌有大草蛉、丽草蛉、普通草蛉、小花蝽、姬蝽、盲蝽、长蝽、瓢虫和各种蜘蛛。捕食大龄棉铃实夜蛾幼虫的有胡蜂类、螳螂类、麻雀和燕子等。

四、虫情调查与测报

棉铃实夜蛾虫情调查测报按《GB/T 15880—2009 棉铃虫测报调查规范》进行。

1. 越冬基数调查　　每年于11月间棉花拔秆后和翌年3月下旬，选择棉铃实夜蛾的主要寄主作物如棉花、玉米、高粱和蔬菜田等，每种作物选择发生重、一般和轻的三种类型田块，随机取样，每种寄主田取样不少于30m²，调查越冬蛹基数，然后折合为单位面积虫口密度。将调查结果与历年资料进行比较，结合冬季和春季的气象预报，做出翌年第1代棉铃实夜蛾的发生趋势预报。

2. 第 2 代幼虫的发生预测　　用杨树枝把、黑光灯和性诱剂诱集棉铃实夜蛾成虫,得到第 1 代成虫的发生初期、盛期、末期,从而预测第 2 代幼虫的发生期。

3. 田间调查　　每年在当地第 1 代棉铃实夜蛾主要寄主植物上调查幼虫数量和发育进度,将调查的幼虫分龄统计和分析,根据当地历年各虫态、各龄幼虫历期资料,推算第 2 代棉铃实夜蛾的发生时期和在棉田的发生为害程度。

棉田查卵和幼虫。在各代棉铃实夜蛾发生时期选择有代表性的一类、二类棉田各一块,5 点取样,每点调查 20 株,每块田采用定点定株方式调查,卵分白色、黄色、黑色,幼虫分龄期进行记载。每 3d 调查 1 次,查后将卵抹掉。根据当日所调查的卵量、累计百株卵量及幼虫数,及时发出虫情预报,指导棉田防治。百株卵量 20 粒左右或低龄幼虫 8~10 头时,需进行防治。

五、防治方法

1. 农业防治

1) 实行秋耕冬灌,压低棉铃实夜蛾越冬基数。在秋收后至封冻前对棉铃实夜蛾为害较重的各类作物田如棉花、玉米、高粱、向日葵等实行秋耕冬灌,减少越冬虫量。

2) 种植玉米诱集带。在棉花播种的同时,选择早熟玉米品种,在棉田的地边、垄沟,每亩点播 200 株左右。每天早晨拍打玉米心叶,消灭诱集到的棉铃实夜蛾成虫,可减少虫口数量和药剂防治。还可在田边种植鹰嘴豆诱集棉铃实夜蛾产卵,集中诱杀。

3) 加强棉田管理。结合棉花整枝打叉,把打下的棉花枝叶、嫩头、无效蕾等带出棉田,集中处理;控制棉田后期灌水,防治棉株贪青徒长,以减少棉铃实夜蛾产卵;及时用缩节胺化控,根据棉花生长需要控制氮肥,增加磷肥和钾肥;注意棉田内外中耕锄草。

4) 喷磷驱蛾,减少产卵。在棉铃实夜蛾产卵盛期,喷施 1% 过磷酸钙液,与棉叶分泌出的草酸化合生成沉淀,诱集棉铃实夜蛾成虫失去产卵的作用。

5) 种植抗虫品种。近几年,国内外已推广 Bt 转基因棉花品种近 10 种,如'中棉 29''中棉 30''新棉 33B'和'晋棉 26'等。这类棉花品种不仅抗棉铃实夜蛾,而且对烟草夜蛾等其他鳞翅目害虫也有抗性。

2. 诱杀成虫　　利用棉铃实夜蛾成虫对杨树树枝的趋性,以 120 把 /hm^2 的密度诱杀成虫。也可采用黑光灯、频振式杀虫灯、高压汞灯、性诱剂等进行诱杀。

3. 生物防治　　在棉铃实夜蛾产卵始盛期连续释放赤眼蜂 2~3 次,每次 22 万~30 万头 /hm^2。草蛉对棉铃实夜蛾卵和低龄幼虫有很强的捕食能力,是棉田害虫防治比较理想的益虫。在初龄虫期喷 Bt 乳剂或棉铃实夜蛾多角体病毒液。

4. 化学防治　　防治时间掌握在产卵高峰期,在半数卵变黑色时喷药效果更好。第 2 代棉铃实夜蛾卵多产在棉株顶部嫩叶上,喷药时可"点点划圈",保护棉株顶尖;第 3~4 代棉铃实夜蛾卵多产在棉株边心上,着卵部位分散,采取"四面打透"的方法,要求均匀喷透。可选用阿维菌素、甲维盐、虱螨脲、氯虫苯甲酰胺、茚虫威、虫酰肼、乙基多杀菌素等进行防治。

第三节　棉叶螨

棉叶螨（cotton spider mite）俗称棉红蜘蛛，在我国为害棉花的叶螨主要有土耳其斯坦叶螨（*Tetranychus turkestani* Ugarov et Nikolski）、敦煌叶螨（*T. dunhuangensis* Wang）、截形叶螨（*T. truncatus* Ehara）和朱砂叶螨 [*T. cinnabarinus*（Boisduval）]，属蛛形纲蜱螨目叶螨科。

朱砂叶螨和截形叶螨在南北方棉区都有发生，土耳其斯坦叶螨国内仅分布于新疆、甘肃和陕西，敦煌叶螨主要分布于新疆的南疆棉区和甘肃。棉叶螨寄主植物有43科146种，其中主要寄主有棉花、玉米、高粱、谷子、豆类、油菜、向日葵、亚麻、红花、甜菜、啤酒花、烟草、苜蓿、瓜类、蔬菜等。

棉叶螨一方面以口针刺吸植株汁液，对寄主组织造成机械伤害，另一方面分泌的有害物质进入寄主体内，对植物组织产生毒害作用。成螨、幼螨、若螨均在叶片为害。当叶背有虫1～2头，正面出现黄白色斑点；5头以上时，正面出现红色斑点。随着虫口的增加红叶面积逐渐扩大，最后全部变为红色，继而导致落叶。棉叶螨不仅为害叶片，还为害棉蕾、棉花和棉铃。

一、形态特征

图21-3　朱砂叶螨（仿刘绍友，1990）
1.雌螨；2.雄螨；3.卵；4.幼螨；5.若螨；6.棉花被害状

成螨：雌螨体椭圆形，长0.48～0.52mm，宽0.28～0.32mm，锈红色或深红色。雄螨体较小，长0.26～0.36mm，宽0.19mm，呈菱形，色较浅（图21-3）。

卵：圆球形，初产时光亮透明，呈珍珠状，近孵化时颜色加深，呈灰黄色。

幼螨：体圆形，乳白色，长0.16～0.22mm，浅红色，足3对。

若螨：体椭圆形，长0.30～0.50mm，体灰黄或黄褐色，背面具黑斑，足4对。

其他常见棉叶螨，可根据雌成螨的体色和雄成螨的阳茎端锤特征加以区分（表21-2）。

表21-2　棉田6种叶螨分类检索表

```
1 雌成螨体红色、锈红色或红褐色 ···················································································· 2
  雌成螨体绿色或黄绿色 ································································································ 4
2 阳茎端锤背缘呈平截状，近端部1/3处有一浅凹 ······················································· 截形叶螨
  阳茎端锤背缘突出，无浅凹 ························································································· 3
3 阳茎端锤较大，近侧突圆钝，远侧突尖利 ································································ 神泽氏叶螨
  阳茎端锤较小，近侧突稍尖，远侧突长度约等于近侧突 ··············································· 朱砂叶螨
4 阳茎端锤与柄部呈一角度；远侧突较长 ···································································· 敦煌叶螨
  阳茎端锤与柄部平行；两侧突近乎等长 ··········································································· 5
5 阳茎端锤较大，近侧突圆钝，远侧突尖利；背缘近端侧1/3处有一角度 ······················ 土耳其斯坦叶螨
  阳茎端锤较小，两侧突均尖利，端锤背缘近中部凸出形成一角度 ···································· 二斑叶螨
```

二、生活史与习性

棉叶螨年发生 9~11 代,世代重叠。以雌螨在杂草根际疏松土壤、土缝中,枯枝落叶下或在蔬菜地菜架裂缝处越冬。翌年春季气温升到 8℃左右时出蛰,4 月初先在刺儿菜、独行菜、旋花等杂草上取食繁殖;待田间棉花现行、菜园现绿时,便向田间菜园转移,5 月上中旬开始点片出现,6 月底至 7 月初在棉花、黄豆、刀豆田内出现第一个发生高峰,7 月下旬到 8 月上旬出现第二个发生高峰。8 月下旬后该螨数量在棉田开始下降,9 月下旬后随温度的下降,棉株枯萎,叶螨逐渐转移到秋播作物或杂草上,然后越冬。在 23~25℃时棉叶螨发育一代需要 10~13d,28℃以上时需要 7~8d。在棉田为害期间,雄成螨的寿命一般在 18d 以上,雌成螨的寿命更长。

棉叶螨可营两性繁殖和单性生殖。雌、雄成螨交配后,产下受精卵,发育成下一代。这种生殖方式产生的后代以雌性为主,雌、雄比约为 4.45∶1。雌成螨不经交配,产下未受精卵,全部是雄性,发育至雄成螨后可与母体回交,进行两性生殖。1 头雌成螨每天平均产卵 6~8 粒,一生可产卵 113~206 粒,平均 120 粒左右。

棉叶螨的扩散和迁移方式,主要靠爬行;或吐丝下垂,借风力传播;也可随水流扩散或借农事操作人为传播;在食料不足时,常有成群迁移的习性。

三、发生与环境的关系

1. 气候 高温、干旱、少雨的年份发生重。在棉叶螨发生扩散期,尤其 6 月气温波动小,降雨量小,棉叶螨扩散蔓延快;反之,气温波动大,降雨量大,棉叶螨则扩散蔓延慢。

2. 耕作方式 连作田棉叶螨发生早、为害重;前茬或邻作为豆类、瓜类作物的棉田发生重。冬灌地发生晚、受害轻,而带茬灌或抢墒播的棉田发生早而重。在棉叶螨发生严重的棉田,及时灌水或喷灌,改变田间小气候可抑制叶螨发生。长势弱的棉田发生早、受害重。

3. 棉花品种 棉叶表面绒毛多较无毛或毛少的抗螨性强;叶片组织厚,细胞排列紧密的品种抗螨性强。叶片中核酸、类黄酮素等次生物质含量高的抗螨性强。具有窄叶基因型的品系抗螨性强。

4. 棉田环境 杂草是棉叶螨的滋生地,又是其越冬和过渡寄主的场所。杂草多的棉田棉叶螨发生早,为害时间长。凡靠近村庄、菜园及玉米、豆类等处的棉田棉叶螨发生早、为害重。果棉间作叶螨为害重。

5. 天敌 棉叶螨的天敌种类很多,已知 60 余种,捕食性种类有食螨蓟马、瓢虫、小花蝽、草蛉、食螨瘿蚊、蜘蛛和多种捕食螨。

四、虫情调查与测报

棉叶螨虫情调查测报按《GB/T 15802—2011 棉花叶螨测报技术规范》进行。

1. 春季虫源基数调查 选择不同前茬作物如豆、麦、油菜、绿肥等连、间、套作的棉田或冬闲地棉田各一块,在棉苗出土前,每 7d 调查 1 次,共 2~3 次。调查棉花前作和棉田内外主要杂草寄主 50~100 株,计算有螨株率。在第 1 次调查时每块田固定 10~20 株寄主植物,检查株上成螨、若螨及卵的数量,分析它们的比例和变化,当螨量显著上升时,发出防治预报。

2. 棉田棉叶螨调查　　选择有代表性的棉田 2 块，从棉苗出土开始，每 5d 查 1 次，每块田固定 10~30 株，苗期全株检查，现蕾后抽查上、中、下 3 个叶片，折算每株螨数，分别记载成螨、若螨和卵数，计算出每株螨口数，结合气象情况，做出发生和防治预报。

五、防治方法

1. 秋耕冬灌　　秋季作物收获后清洁田园，及时深耕冬灌，可压低棉叶螨的越冬基数，减轻为害。

2. 轮作倒茬　　合理安排棉田的轮作倒茬，避免棉叶螨在寄主间的相互转移。实行棉麦倒茬，避免在村镇附近的地块种棉花。

3. 加强田间管理　　铲除田边杂草，清除残株败叶，可消灭部分虫源和早春寄主。合理施肥，促进棉苗健壮生长；适时灌水或喷灌，增加棉田小气候湿度，提高棉叶细胞渗透压，减轻叶螨的发生。

4. 化学防治　　加强棉花生长前期棉叶螨的监测和防治。5 月中旬以后，要随时注意棉叶螨的发生情况，在点片发生时应及时采取措施进行点片挑治，主要措施如下。

1)"抹"：结合农事操作，在叶片背面发现少量红蜘蛛时，用手抹掉。

2)"摘"：发现红蜘蛛较多的叶片摘下，集中带出田外销毁。

3)"打"：对有螨点片实行药剂挑治，"发现一株打一圈，发现一窝打一片"。苗期有螨株率达 10%、打顶后有螨株率达 5% 时，就需要使用化学药剂进行全田普治。可选用联苯肼酯、螺螨酯、阿维菌素、乙螨唑等。

第四节　棉盲蝽

我国为害棉花的盲蝽（cotton mirid bug）有 30 余种，主要有绿盲蝽（*Apolygus lucorum* Meyer-Dür）、牧草盲蝽 [*Lygus pratensis*（L.）]、苜蓿盲蝽 [*Adelphocoris lineolatus*（Goeze）] 和三点盲蝽（*Adelphocoris fasciaticollis* Reuter）等，均属半翅目盲蝽科。

绿盲蝽分布最广，全国各棉区普遍发生和为害。牧草盲蝽为新疆等西北内陆棉区的优势种。苜蓿盲蝽在国内各棉区都有分布，特别是种植苜蓿较多的地方为害严重。三点盲蝽是黄河流域棉区的重要种类。近几年，随着转 *Bt* 基因抗虫棉的大面积推广，棉盲蝽的发生为害逐年加重。棉盲蝽寄主广泛，重要的寄主植物涉及锦葵科、蝶形花科、十字花科、菊科、茄科、禾本科等 30 多科的 100 多种植物。

棉盲蝽以成虫、若虫刺吸棉株汁液。棉株不同生育期被害后呈现不同的被害状：子叶期被害，顶芽焦枯变黑，长不出主干，表现为枯顶；真叶期顶芽被刺伤而枯死，不定芽丛生而形成多头棉，或顶芽展开后成为破烂叶，出现破头疯；幼叶被害后展开的叶片破烂，形成破叶疯；幼蕾被害后由黄变黑，形似荞麦粒，2~3d 后脱落；中型蕾被害后，苞叶张开形成张口蕾，不久即脱落；幼铃被刺后，轻则伤口呈水渍状斑点，重则僵化脱落；顶心或旁心被害，枝叶丛生疯长，形成扫帚棉。

一、形态特征

棉田常见的4种盲蝽的形态特征见表21-3和图21-4。

表21-3 4种棉盲蝽的形态识别特征

虫态	绿盲蝽	牧草盲蝽	苜蓿盲蝽	三点盲蝽
成虫	体长5mm左右，绿色。触角比体短。前胸背板上有黑色小刻点；前翅绿色，膜质部分暗灰色	体长5.5～6.0mm，黄绿色。触角比体短。前胸背板上有橘皮刻点，侧缘黑色，后缘有2条黑纹，中部有4条纵纹。小盾片黄色，中央黑褐色下陷	体长7.5mm左右，黄褐色。触角比体长。前胸背板后缘有2个黑色圆点。小盾片中央有"]["形黑纹	体长7mm左右，黄褐色。触角与体等长。前胸背板后缘有黑色横纹，前缘有2个黑斑。小盾片和前翅的2个楔片黄绿色，呈3个明显的三角形斑
卵	长约1mm。卵盖奶黄色，中央凹陷，两端突起，无附属物	长约1.1mm。卵盖中央稍凹陷，边缘有1个向内弯曲的柄状物	长约1.3mm。卵盖平坦，黄褐色，边缘有1个指状突起	长约1.2mm。卵盖上有1个杆状体
若虫	初孵时全体为绿色，复眼红色。5龄若虫体鲜绿色，复眼灰色，身上有许多黑色绒毛。翅芽尖端蓝色，达腹部第4节。腺囊口为1个黑色横纹	初孵时黄绿色。5龄若虫体绿色。前胸背板两侧、小盾片中央两侧和第3、第4腹节间各有1个圆形黑斑	初孵时全体绿色。5龄若虫黄绿色，复眼紫色。翅芽超过腹部第3节。腺囊口为"八"字形	5龄若虫体黄绿色，密被黑色绒毛。翅芽末端黑色，达腹部第4节。腺囊口横扁圆形，前缘黑色，后缘色淡

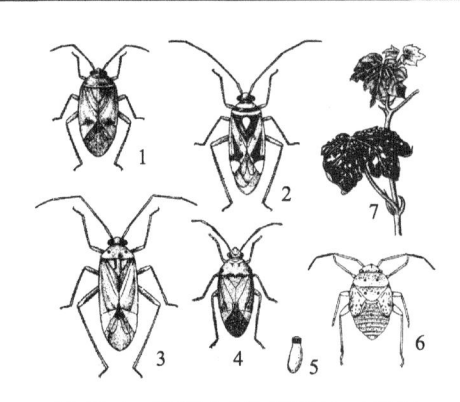

图21-4 棉盲蝽（仿刘绍友，1990）
1.绿盲蝽；2.三点盲蝽；3.苜蓿盲蝽；4.牧草盲蝽；5.牧草盲蝽的卵；6.牧草盲蝽的若虫；7.为害状

二、生活史与习性

棉盲蝽年发生代数因种类和地区而异。绿盲蝽年发生3～5代，以卵在残茬、枯铃壳和土中越冬，7月上中旬发生的第2～4代为主害代；牧草盲蝽年发生3～4代，以成虫在杂草、树皮缝中越冬，6月中旬至8月中旬发生的第2～3代为主害代；中黑盲蝽和苜蓿盲蝽年均发生4代，以卵在杂草茎秆内越冬，5月中下旬发生的第2～3代为主害代；三点盲蝽年发生3代，以卵在刺槐、杨、柳、桃、杏等树皮内越冬，4月下旬至5月上旬发生的3个世代均在棉田为害。

成虫昼夜均可活动，飞翔力强，行动活泼。夜间有趋光性，在黑光灯下可诱到大量成虫。日间怕阳光照射，喜在较阴湿处活动取食。产卵部位因寄主种类而异，在苜蓿上多产在蕾间隙内；在棉花上多产在幼叶主脉、叶柄、幼蕾或苞叶的表皮下。产卵方式为聚产，排列呈"一"字形。各种盲蝽均以第1代产卵最多，绿盲蝽平均单雌产卵302粒，苜蓿盲蝽和中黑盲蝽为70~80粒，三点盲蝽为60粒左右，以后各代产卵量逐渐减少。

三、发生与环境的关系

1. 气候　　适宜发生温度为20~35℃，春季低温常使越冬卵延期孵化，夏季高温达45℃以上时引起大量死亡。棉盲蝽喜欢潮湿环境，相对湿度80%以上最适于繁殖为害。在25℃条件下，植物体内含水量达78%~85%时卵的孵化率最高，当含水量低于50%时卵不能完成发育。一般6~8月降雨多的年份发生为害严重。

2. 寄主植物与栽培管理　　棉田周围越冬寄主和早春繁殖寄主植物多，棉盲蝽食料充足且连续供应，棉花受害重。密植棉田，棉株高大茂密、生长嫩绿、含氮量高的棉花，受害严重。地膜棉田生长发育快，植株生长旺盛，较常规棉田发生早，数量多。

3. 天敌　　已报道盲蝽寄生性天敌有20多种，主要有缨翅缨小蜂、盲蝽黑卵蜂和柄缨小蜂等；捕食性天敌主要有瓢虫、姬蝽、小花蝽、草蛉及蜘蛛等，对盲蝽有一定的抑制作用。

四、虫情调查与测报

棉盲蝽虫情调查测报按《NY/T 2163.1—2016 棉盲蝽测报技术规范》进行。

1. 早春发生基数调查　　早春气温达10℃以上时调查1次。选择当地主要寄主植物数种或树林附近的早播棉田，棉田5点取样，每点20株；绿肥田、杂草田用网捕法调查，每次50~100网复次；每5d调查1次，记载各虫态数量。当若虫数不再增加时，表示孵化已经结束，应在成虫迁飞前进行早春寄主防治。

2. 棉田虫量系统调查　　从棉花出苗后开始，到盲蝽为害结束，每5d调查1次。选择不同类型棉田各1块，每块田5点取样，定苗前每点40株，定苗后每点20株，记载虫害株及各虫态发生数量。当发现新被害株为2%~3%时，或百株有虫达5头时，及时进行防治。

五、防治方法

1. 农业防治　　棉花收获后及时深翻灭茬，早春清除田边、沟边的杂草等可减少虫源。忌过量施氮肥，搞好化控，可减轻棉盲蝽为害。及时做好受害棉株的整枝工作，去掉细弱枝，保留1~2枝作主干，可减轻为害损失。

2. 诱杀成虫　　在棉田周围有目的地种植一些棉盲蝽喜欢的胡萝卜、豌豆、苜蓿等植物，诱集成虫，集中消灭。

3. 化学防治　　棉盲蝽的防治时期是2~3龄若虫发生高峰期。防治参考指标为成虫、若虫5头/百株，或果枝、顶尖叶片被害株率达5%或新被害株率3%，以棉尖和果枝尖为施药重点。常用药剂有吡虫啉、高效氯氰菊酯、氟啶虫胺腈、毒死蜱等。

第五节 烟粉虱

烟粉虱（cotton whitefly）[*Bemisia tabaci*（Gennadius）]又称棉粉虱、甘薯粉虱、银叶粉虱，属半翅目粉虱科。最早发生于亚洲、非洲及中东等热带、亚热带和温带边缘地区，近年来已扩散至欧洲、地中海盆地、非洲、亚洲、美洲和加勒比海等100多个国家和地区，并暴发成灾，对全球农业生产造成极大的经济损失。20世纪90年代中后期以来，该虫逐渐成为我国重要农业害虫，对棉花、蔬菜及花卉生产造成严重威胁。烟粉虱被认为是一种包括多种生物型或隐种的复合种，其中B烟粉虱（即Middle East Asia Minor 1，MEAM1隐种）和Q烟粉虱（即Mediterranean，MED隐种）是为害最严重的两种生物型。

烟粉虱寄主众多，全世界报道74科600余种，我国已知57科245余种，包括十字花科、葫芦科、茄科、锦葵科、豆科、菊科、旋花科、戟科、杜鹃科等。以成虫、若虫通过刺吸植物汁液，分泌蜜露诱发煤污病，传播番茄黄化曲叶病毒（*Tomato yellow leaf curl virus*，TYLCV）和番茄褪绿病毒（*Tomato chlorosis virus*，ToCV）等，对农作物造成严重损失。

一、形态特征

成虫：体淡黄白色，雌虫体长约0.91mm，雄虫体长约0.85mm。翅白色，无斑点，被蜡粉。前翅脉1条不分叉，静止时左右翅合拢呈屋脊状（图21-5）。

卵：长梨形，有小柄，与叶面垂直，大多散产于叶片背面。初产时淡黄绿色，孵化前颜色呈深褐色。

若虫：共4龄，淡绿至黄色。1龄若虫有触角和足，能爬行迁移。第1次蜕皮后，触角及足退化，固定在植株上取食。通常将第3龄若虫蜕皮后形成的4龄若虫，称为伪蛹。伪蛹淡黄白色，背面显著隆起。瓶形孔长三角形，舌状突长匙状，顶部三角形，具有1对刚毛。

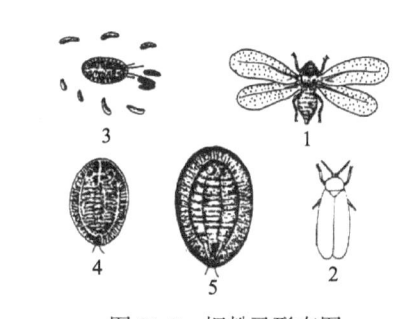

图21-5 烟粉虱形态图
1. 成虫；2. 成虫静止状；3. 卵及若虫；4. 伪蛹；5. 蛹壳

二、生活史与习性

烟粉虱在热带和亚热带地区年发生11～15代，且世代重叠。烟粉虱在北方地区不能在室外越冬，通过设施蔬菜和大田作物交替，终年繁殖为害。在不同寄主植物上的发育时间各不相同。在26～28℃最佳发育温度下，卵期约5d，若虫期15d，成虫寿命30～60d，完成1个世代仅需19～27d。9月初棉田烟粉虱开始迁入温室大棚。次年5～6月，温室大棚放风、掀棚之际，烟粉虱随风迁移至大田，为害甜瓜、各种大田蔬菜及杂草，6月底甜瓜收获，转移至棉花继续为害。8月是棉田烟粉虱的发生为害高峰期，至9月初烟粉虱再次回迁到温室越冬，完成一年的生活史循环。

成虫喜欢群集于植株上部嫩叶背面吸食汁液，随着新叶长出，成虫不断向上部新叶转移。成虫喜群集，不善飞翔，对黄色有强烈的趋性。

三、发生与环境的关系

1. 气候　　烟粉虱耐高温与低温的能力均比较强，能忍受40℃以上高温，5℃时成虫、若虫仍可以存活。发育的最高和最低极限温度为32.2℃和10℃，最适发育温度为26～28℃。田间小气候中相对湿度对烟粉虱的生长发育影响较大，低湿干燥有利于烟粉虱种群的发生。降雨对烟粉虱种群有直接影响，降雨强度越大、降雨时间越长，对烟粉虱成虫的冲刷和杀伤作用越大。

2. 迁移与扩散　　烟粉虱可以通过短距离飞行和被动的长距离飞行进行扩散，短距离飞行发生在植株的冠层之间和相邻地块之间（距离不超过5m）；长距离飞行主要随气流飞行，但其飞行方向和距离受风力和风向的影响，最长可飞行7km。飞行过程中被地面黄绿色的植物吸引而降落、为害。

3. 作物布局和耕作栽培措施　　农业产业结构调整丰富了烟粉虱的食物链和越冬场所。我国经济作物和蔬菜、花卉等园艺作物的播种面积大大增加，特别是黄瓜、番茄、西瓜等烟粉虱的嗜好寄主丰富，为烟粉虱的周年繁殖为害提供了丰富的食料和栖息、繁殖场所，加重了烟粉虱的发生。另外，近年来我国农业设施栽培面积不断增加，特别是北方日光温室和大棚的数量与面积大幅度上升，极大地增加了烟粉虱的越冬场所，保证了烟粉虱的暴发虫源。此外，棉花种植结构的调整对烟粉虱种群数量动态也有较大影响。单作棉田烟粉虱的发生量大于麦套棉田，而菜棉套种、瓜棉套种棉田烟粉虱的发生量又明显高于单作棉田。

4. 天敌　　烟粉虱的天敌资源非常丰富，据不完全统计寄生性天敌有56种，捕食性天敌有114种，虫生真菌7种。其中，丽蚜小蜂、桨角蚜小蜂、日本刀角瓢虫、小花蝽和大草蛉等天敌对烟粉虱的控制作用较强。

四、虫情调查与测报

1. 黄板监测调查　　利用烟粉虱的趋黄性监测成虫发生动态，可与黄板诱杀烟粉虱的防治技术相结合。自悬挂黄板起每3～5d分别调查黄板正、反两面烟粉虱成虫的数量，计算每平方厘米的成虫数量。黄板监测成虫≤1头/cm^2，或作物上烟粉虱成虫≤3头/叶，发出预报进行防治。若成虫的数量达到2～3头/cm^{2}时就应采用农药防治。

2. 烟粉虱数量和霉污株数调查方法　　小区采用5点取样法，定株定叶调查。每点取3株，分上、中、下各定1片叶，分别统计烟粉虱成虫和若虫的数量。分别计算有虫株率、平均成虫量、若虫量和卵量。调查时先轻轻转动叶片计数成虫数量，然后用手持放大镜统计若虫、卵的数量。同时每点取连续10株，调查霉污株数，计算霉污株率。田间有虫株率达10%～15%，或者成虫的数量达到5～6头/叶时需进行防治。

五、防治方法

（一）农业防治

1. 切断越冬虫源　　冬季在温室或大棚尽量避免种植黄瓜、番茄、茄子等烟粉虱喜食作物，改种辣椒、韭菜、芹菜等烟粉虱非嗜好作物，可以有效降低烟粉虱越冬虫口密度。温室或大棚种植耐低温的作物，冬季适当降低室内温度可以使烟粉虱种群密度迅速下降。另外，初夏在温室或棚内作物换茬时利用晴天闷棚也可以大量杀死粉虱。

2. 清除田园杂草及残枝落叶　　温室当茬蔬菜收获后，大棚周围的杂草是烟粉虱迁出后的第一寄主，应及时清除温室内带虫的残枝败叶，集中深埋或沤肥，并用除草剂杀灭田间及大棚周围的杂草，使其迁出后无寄主可寄生和繁殖，减少虫源基数和虫口增殖，可有效防止烟粉虱的为害和蔓延。

3. 培育无虫苗　　把苗床和生产大田分开，育苗前清除杂草和残留株，彻底熏蒸杀死残留虫源，培育无虫苗；避免黄瓜、番茄、豆类混栽或换茬；田间作业时，结合整枝打杈，摘除植株下部枯黄老叶，减少虫源。

4. 选用抗虫品种　　多毛的棉花品种上烟粉虱种群数量明显多于少毛的品种，秋葵叶形的棉花品种上烟粉虱为害轻等。种植棉花时选用烟粉虱嗜好性差的品种，以减轻损失。

5. 合理栽培，科学管理　　尽量避免棉花与瓜菜等作物大面积插花种植，也不要在棉田内套种或在田边种植瓜菜。清除棉田内外杂草，减少烟粉虱的寄主源，以压缩棉田虫口数量。

烟粉虱为害与作物的嫩绿长势密切相关。要大量施用有机肥和生物菌肥，配合施用氮肥、磷肥、钾肥，促进作物健康生长；补施硅肥、钙肥，增加作物表皮细胞壁厚度及角质化程度，提高作物抗逆性，减轻为害。

（二）物理防治

1. 诱杀成虫　　利用黄板诱杀；利用烟粉虱嗜食苘麻的习性，种植苘麻诱集带，诱集烟粉虱成虫后集中用药防治；在烟粉虱成虫发生盛期，使用背负式电动吸虫机防治烟粉虱，以吸虫机捕虫罩触碰植株，吸捕飞动的烟粉虱成虫，每 3～5d 吸 1 次。

2. 设置植物屏障　　利用绝大多数烟粉虱成虫的飞行高度不超过 2m 的特点，在大田周围种植一圈禾本科作物如高粱、玉米和大象草等，能阻止或延缓烟粉虱迁入大田。

3. 高温闷棚法　　将温室或大棚温度控制在 45～48℃，相对湿度 90% 以上，闭棚 24h，可以杀死 80% 以上的烟粉虱成虫。此外，也可在天气晴朗、气温较高的时间，将具有熏蒸作用的农药和触杀作用的农药混配喷雾，同时将温室密闭数小时，明显增强防治效果。

4. 利用驱避剂　　烟粉虱对印楝素油敏感，一旦嗅其气味将逃离植物，不交配、不产卵、不取食；可将 0.3% 印楝素（绿晶）喷施于农田四周或作物上，可明显减轻为害。

（三）生物防治

在保护地内每株烟粉虱成虫低于 50 头时释放丽蚜小蜂，一般丽蚜小蜂与烟粉虱的比例为 3:1，每株 3～5 头，7～10d 放蜂 1 次，连续释放 3～5 次，寄生率可达 75% 以上。如果棚内烟粉虱基数过大，在放蜂期间可施用灭螨猛喷雾。在棉田，当每株棉花有烟粉虱 0.5～1 头时，每株放蜂 3～5 头，10d 放 1 次，连续释放 3～4 次，可基本控制为害。

选用生物农药防控烟粉虱。选用阿维菌素、绿莱宝、烟百素、印楝素、苦参碱、蛇床子、噻嗪酮等。

（四）化学防治

据 Naranjo 等（1996）的研究结果，烟粉虱不同虫态的防治指标为卵 11.4～13.5 粒/cm²、若虫 2.5~3.1 头 /cm² 和成虫 7.7~9.5 头 / 叶。可选用异丙威、熏虱定（DDV）、高效氯氰菊酯等熏蒸；阿维菌素、扑虱灵、啶虫脒、氟啶虫胺腈、溴氰虫酰胺等与吡丙醚混用喷雾。以上药剂每个生长季使用不超过 2 次，以减轻和延缓抗药性产生。

第六节　其他棉花害虫

一、棉红铃虫

棉红铃虫（pink bollworm）[*Pectinophora gossypiella*（Saunders）] 属鳞翅目麦蛾科，是世界性棉花害虫，国内除新疆、宁夏、青海和甘肃的河西走廊外，其他棉区都有发生。棉红铃虫的寄主植物有 8 科 77 种，其中以锦葵科为主。以幼虫蛀食棉花的蕾、花、铃等繁殖器官，幼蕾被害后苞叶发黄，向外张开后脱落；中、大型蕾被害后仍能开花，但因幼虫吐丝缠绕花瓣，被害花冠扭曲，花瓣不能正常展开，形成风车花；青铃受害，造成烂铃或僵瓣；棉籽被害后，种仁被食空，造成空壳或双连子。

（一）形态特征

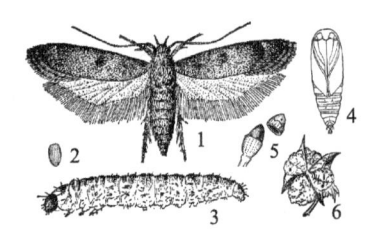

图 21-6　棉红铃虫（仿浙江农业大学，1963）
1. 成虫；2. 卵；3. 幼虫；4. 蛹；5. 花蕾被害状；6. 僵瓣铃

成虫：体长 6~10mm，翅展 15~20mm。棕黑色。头顶鳞片光滑。下唇须长而弯曲如镰刀状，超过头顶。触角棕色，基节有栉毛 5~6 根。前翅尖叶形，暗褐色，沿前缘有不明显的暗色斑，翅面夹有不均匀的暗色鳞片，并由此组成 4 条不规则的黑褐色横带，外缘有黄色缘毛。后翅菜刀形，银白色，缘毛较长（图 21-6）。

卵：长 0.4~0.6mm，宽 0.2~0.3mm，椭圆形。初产时乳白色，孵化前变为粉红色。

幼虫：老熟幼虫体长 11~13mm。体白色，体背各节有 4 个浅黑色毛片，毛片周围红色，粗看好像全体红色。前胸及腹部末节硬皮板黑色。腹足趾钩为单序缺环。

蛹：体长 5~8mm，宽 2~3mm，纺锤形。淡红褐色。尾端尖，末端有短而向上弯曲的钩状臀棘，周围有钩状细刺 8 根。

（二）生活史与习性

年发生 2~7 代，由北向南逐渐增加。北纬 40° 以北的辽宁和河北北部棉区为 2 代区，北纬 34°~40° 的黄河流域大部分棉区为 2~3 代区。各地均以老熟幼虫在仓库的墙缝、屋顶、棉籽堆、晒花工具和田间的棉柴、枯铃中结茧越冬，其中以棉花仓库中的越冬虫量最多。翌年 5 月平均温度达 20℃以上时越冬幼虫开始化蛹，成虫出现的时间与各地棉花的现蕾期相吻合。

成虫白天潜伏，夜间活动和交配产卵。飞翔力不强，对黑光灯有趋性。成虫具多次交配习性。交配后第 2 天开始产卵，单雌产卵量 10~100 粒，最多可达 500 多粒。卵散产，第 1 代卵集中产于棉株顶芽及上部果枝嫩芽、嫩叶和幼蕾苞叶上；第 2 代多产在下部的青铃萼片内；第 3 代多产在中上部的青铃萼片内。幼虫孵化后 2h 内蛀入蕾铃取食为害，很少转移取食。一般每蕾只能存活 1 头幼虫。非越冬幼虫老熟后在花蕾、棉铃等处吐丝结茧化蛹。

棉红铃虫发生的适宜温度为 20~35℃，相对湿度为 60% 以上。对低温比较敏感，在冬季最低温度 -16℃，1 月平均气温在 -5℃ 的地区不能越冬；越冬滞育幼虫的冰点为 -8.7℃。凡多毛、萼片紧合、棉毒素含量高、铃壳厚的品种，均具有抗虫性。棉红铃虫的主要天敌有拟澳洲赤眼蜂、棉红铃虫金小蜂、红铃虫甲腹茧蜂、黑青小蜂、黄腹茧蜂、食卵赤螨、草蛉、小花蝽、隐翅虫等。

（三）防治方法

1. **农业防治** 种植抗虫品种。目前推广应用的转 Bt 基因抗虫棉对棉红铃虫有较好的抗性。调整棉花播期。控制棉花生长发育进度，可有效地控制棉红铃虫的为害。帘架晒花除虫。利用幼虫背光、怕热习性，结合收花、晒花，驱出潜藏其中的幼虫到帘架下面，集中杀灭或作为鸡鸭饲料。

2. **诱蛾灭卵** 种植诱集植物。在棉仓、村庄附近种植苘麻、蜀葵等，诱集成虫产卵，集中消灭。在仓库内安放黑光灯，或在田间按每 6.7 hm² 设 20W 黑光灯 1 盏，诱杀成虫，减少产卵。按 45 盆 /hm² 的密度设置性诱捕器，诱杀雄成虫。

3. **生物防治** 春季 4 月日平均温度达 14℃ 以上时，在棉花仓库内释放棉红铃虫金小蜂等，释放量 30~50 头 /m³，或每 5000kg 籽花释放 1000 头。

4. **化学防治**

1）仓库药剂处理：在棉花仓库内墙面喷洒菊酯类或有机磷农药可防治越冬幼虫。

2）田间喷雾防治：田间药剂防治参考指标是第 2 代为 68 粒卵 / 百株或 20~30 头幼虫 / 百铃，第 3 代为 200 粒卵 / 百株或 40~60 头幼虫 / 百铃；防治适期和常用喷雾药剂见棉铃实夜蛾。

二、棉蓟马

棉蓟马（onion thrip）（*Thrips tabaci* Lindeman）又称葱蓟马、烟蓟马，属缨翅目蓟马科。

棉蓟马国内分布广。寄主很多，达数百种以上，以棉花、大葱、大蒜、瓜类、烟草受害严重。蓟马成虫、若虫以锉吸式口器锉破植物组织吸取汁液。棉田受害的关键时期在苗期。棉苗子叶受害，在叶片背面出现银白色斑点，严重时出现黄褐色斑；子叶期生长点被食后，主茎不能向上生长，形成"无头棉"或称"公棉花"。真叶受害除产生银白色斑外，还造成畸形叶、烂叶和瓢状叶。此期生长点被害后，可由腋芽抽出 2~4 个侧枝，形成无主茎的"多头棉"。

（一）形态特征

成虫：体很小，长 1.1~1.5mm，体浅黄色至淡褐色，复眼红色，腹部末端锥形。前翅前半部有上脉端鬃 4~6 根。雌虫腹部第 8 节腹面有 1 个向下弯曲的锯齿状产卵器（图 21-7）。

卵：肾形，乳白色，长 0.3mm。

若虫：似成虫，黄色。共4龄，3龄开始出现翅芽。

（二）生活史与习性

棉蓟马年发生6～10代，以若虫和成虫在棉花、大葱、苜蓿及杂草的枯枝落叶或土表、土缝、土块下越冬。翌年3月下旬开始出蛰活动。日平均气温达10℃时，越冬若虫或伪蛹相继羽化，成虫飞到萌发较早的植物嫩头栖息、活动和取食。棉花出苗之后，棉蓟马成虫开始迁入棉田。雌虫寿命8～10d，羽化后1～2d开始产卵，一生产卵20～100粒。产卵时用锯齿状产卵器刺入寄主叶背及嫩茎内，产卵于其中。卵期一般5～7d。1龄若虫活动能力不强，多在叶片背面取食；2龄较活泼，常在叶脉两侧和靠叶柄处聚集为害。1～2龄若虫期一般5～8d，前蛹期1～3d，伪蛹期4～6d。春、秋季完成一代需20～30d，夏季需15～18d。

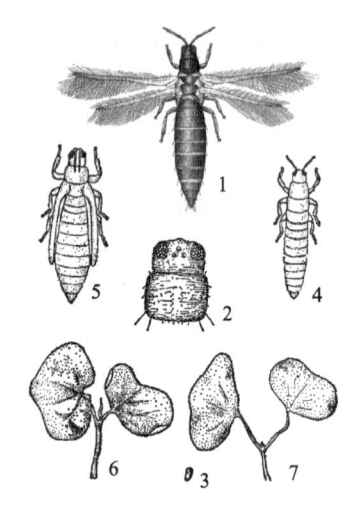

图21-7 棉蓟马（1仿周尧，1964；余仿华南农学院，1981）
1.成虫；2.头及前胸背板；3.卵；4.若虫；5.伪蛹；6, 7.棉苗被害状

棉蓟马耐低温的能力较强，不耐高湿，在多雨季节种群密度显著下降。棉田前作为苜蓿，或邻作葱、蒜或红花、向日葵、苜蓿则受害严重。砂质土壤较黏质土壤的棉田棉蓟马发生重。

（三）防治方法

1. **农业防治** 棉田及时进行秋耕和冬灌；冬、春及时清除田间及四周杂草，减少虫源。加强棉田管理，尽量不与大葱、瓜类等作物邻作、轮作；结合间、定苗拔除无头棉、多头棉。

2. **包衣与拌种** 选用噻虫嗪、吡虫啉、克百威、呋·福等种衣剂进行包衣处理。

3. **物理防治** 利用蓟马对蓝色和白色的趋性，田间悬挂蓝板或白板进行诱集监测和防治。

4. **棉苗期喷药** 当田间80%的棉株子叶展开时，结合田间苗期蚜虫的防治喷施乙基多杀菌素、阿维菌素、甲氨基阿维菌素苯甲酸盐、吡虫啉、烯啶虫胺等。

三、棉金刚钻

我国为害棉花的金刚钻（spiny bollworm）主要有鼎点金刚钻（*Earias cupreoviridis* Walker）、翠纹金刚钻（*E. fabia* Stoll）和埃及金刚钻（*E. insulana* Boisduval），均属鳞翅目夜蛾科。

金刚钻除为害棉花外，还可为害多种锦葵科植物，如木棉、苘麻、向日葵、蜀葵、锦葵、木芙蓉、木槿、野棉花等。以幼虫蛀食棉花嫩头、蕾、花和青铃，造成断头，侧枝丛生和蕾、花、铃脱落或腐烂。

（一）形态特征

棉田常见的3种金刚钻的形态特征见表21-4。

表 21-4　3种金刚钻各虫态的区别特征

虫态	特征	鼎点金刚钻	翠纹金刚钻	埃及金刚钻
卵	直径 /mm	0.4	0.5	0.49
	高 /mm	0.32	0.38	0.38
	形状	鱼篓形	鱼篓形	扁球形
老熟幼虫	体长 /mm	10～15	12～15	10～15
	体节上毛突	各节隆起且粗大，第2、第5、第8节黑色，其余灰白色	仅第8节隆起，粗短小、白色	各节隆起但细长，第2节黑色，其余各节白色
蛹	体长 /mm	7.9～9.5	8～10.5	8～10.5
	触角比中足	长	短或同长	短
	尾部角突数	3～4	2～3	5～8
成虫	体长 /mm	6～8	9～13	7～12
	头、前胸颜色	头青白色或青黄色，胸青黄色	头白色，胸翠绿色，中央有粉白色	绿色，微间白色
	前翅	青黄色，前缘有红褐色和橘黄色条，翅中央有3个鼎足排列的褐色小点	粉白色，中间有1条翠绿色条纹，三角形	淡绿色、草黄色或淡褐色，有3条深色条纹

（二）生活史与习性

金刚钻每年发生代数因地而异。黄河流域棉区年发生3～4代。各地均以结茧化蛹越冬，越冬场所比较分散，多在比较干燥的地方或距地面40～100cm的附着物上，主要有棉秆、枯铃和铃壳、苞叶、枯枝落叶、棉仓棚壁及树上。越冬蛹在春季平均温度达22℃时开始羽化，26℃时达羽化高峰。幼虫孵化多在上午7～10时，先食卵壳，然后在卵壳周围爬行2～3h，或吐丝借助风力分散。成虫昼伏夜出，飞翔力弱，对黑光灯有一定趋性。产卵历期8～12d，卵散产于棉花嫩叶背面和嫩茎、嫩蕾及幼铃苞叶上，单雌平均产卵量222粒。

金刚钻卵的孵化最适相对湿度为75%；温度23～30℃，相对湿度80%以上适于幼虫发育。通常高温干旱和暴雨对金刚钻发生有抑制作用。不同棉花的抗虫性也不相同，棉花果枝紧凑、茎叶绒毛多的品种容易吸引成虫产卵，受害往往严重。

（三）防治方法

1. 农业防治　棉花收获后及时翻耕，处理棉秆、枯铃和枯枝落叶，消灭越冬蛹。结合棉田管理将去掉的顶尖、嫩头等及时带出田外处理。成虫产卵期喷施2%过磷酸钙浸出液可减少田间落卵量。

2. 物理防治　利用黑光灯、频振式杀虫灯诱杀成虫；在棉田周围种植蜀葵、黄秋葵、冬葵等植物诱集带，引诱成虫产卵并及时用药防除或在成虫产卵结束后将诱集带铲除，减轻棉田落卵量和幼虫的为害。

3. 化学防治　以当日百株卵量10粒以上或嫩头受害率达1%作为防治指标。防治适期和常用喷雾药剂参考棉铃实夜蛾的防治方法。

四、棉大卷叶螟

棉大卷叶螟（cotton leaf roller）[*Haritalodes derogata*（Fabricius），异名 *Sylepta derogata*（Fabricius）]，又称棉褐环野螟、棉大卷叶野螟、棉卷叶虫、包叶虫等，属鳞翅目螟蛾科。国外分布于日本、朝鲜、菲律宾、印度、澳大利亚、俄罗斯等。国内除新疆、青海、宁夏及甘肃西部外，其他各棉区均有分布。棉大卷叶螟寄主植物有棉花、苘麻、红麻、木槿、木芙蓉、蜀葵、黄蜀葵、梧桐、冬葵、扶桑等。以幼虫卷叶为害，将叶片卷成筒状，造成棉叶残缺不全。受害轻的棉花过早吐絮，棉籽和纤维不能完全成熟；发生严重时可将叶片吃光，棉花不能开花结铃。

（一）形态特征

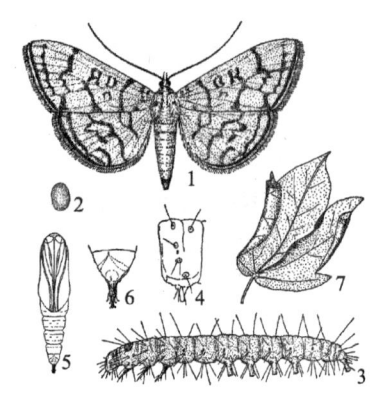

图 21-8　棉大卷叶螟（仿浙江农业大学，1963）
1. 成虫；2. 卵；3、4. 幼虫及第 3 腹节；5、6. 蛹及其腹末端；7. 棉叶被害状

成虫：体长 10~14mm，翅展 22~30mm，全体黄白色，有闪光。复眼黑色，半球形。前、后翅外缘线、亚缘线、外横线、内横线均为褐色波状纹。前翅中央接近前缘处有似"OR"形的褐色斑纹，在"R"纹下有中线 1 段。雌蛾第 8 腹节后缘有黑色横纹，雄蛾腹部末节基部有黑色横纹（图 21-8）。

卵：长约 0.12mm，宽约 0.09mm，椭圆形，略扁。初产时乳白色，后变为淡绿色，孵化前为灰白色。

幼虫：老熟幼虫体长约 25mm，青绿色，具闪光，化蛹前变为桃红色。头部扁平，灰色，有不规则的深紫色斑点。前胸背板褐色。胸足黑色。背线暗绿色，气门线稍淡。除前胸及腹部末节外，每体节两侧各有毛片 5 个。腹足趾钩多序缺环。

蛹：雌蛹长约 14mm，雄蛹长约 12mm，体棕红色。臀棘末端有钩刺 4 对，中央 1 对最长。

（二）生活史与习性

年发生代数因地而异。辽宁年发生 3 代，黄河流域 4 代。以老熟幼虫在棉秆或地面枯卷叶中越冬，少数在田间杂草根际或靠近棉田的建筑物内越冬。田间世代重叠，越冬代成虫发生盛期多在 4 月下旬。第 1 代幼虫主要为害木槿、蜀葵、秋葵等，第 1 代成虫有少量迁入棉田产卵，通常 8 月中旬至 9 月上旬棉田发生的世代是主害代。成虫白天不大活动，受惊扰才稍稍移动，多藏于叶片背面和附近的杂草丛中，夜晚活动，有趋光性。雌蛾羽化后 1d 交尾，2d 开始产卵。卵散产于主茎中上部的叶片背面，靠近叶脉基部最多。单雌产卵量 70~200 粒。幼虫 5 龄，少数 6 龄或 7 龄。幼虫老熟后在卷叶内化蛹。化蛹前老熟幼虫吐丝，将尾端黏在叶片上。

春、夏季干旱、秋季多雨的年份发生严重。幼虫天敌有卷叶虫绒茧蜂、小造桥虫绒茧蜂、日本黄茧蜂、广大腿小蜂等寄生性天敌和螳螂、蚂蚁、草蛉、蜘蛛等捕食性天敌。

(三) 防治方法

棉大卷叶螟的防治要以压低发生基数和在防治其他棉花害虫时兼治为主，人工防治为辅，达到防治指标时及时用药防治。

1. 农业防治　　种植转 *Bt* 基因抗虫棉；初冬清除田间枯枝落叶，铲除田边杂草，并结合堆肥集中处理；棉田初见卷叶时，结合整枝人工捏杀卷叶内的幼虫。

2. 化学防治　　可结合防治其他棉花害虫兼治。若达到 30～50 头/百株的指标，应及时进行单独防治，防治适期掌握在 1～2 龄幼虫未卷叶前。常用药剂参考棉铃实夜蛾。

第七节　棉花害虫综合防治

一、综合防治策略

综合防治是棉花害虫防治必须遵循的基本策略。要坚持"预防为主，综合防治"的植保方针；以农业措施为基础，保益增益为重点，生态控害为中心，实施生物防治为主导，化学防治为辅助，实施挑治，科学用药，减施增效。

二、防治方案设计

要依据生态学的原理和经济学的原则设计棉花害虫的综合防治方案，选取最优的技术组配方案，把害虫的种群数量较长时间地稳定在经济损失水平以下，以获得最佳的经济效益、生态效益和社会效益。实践证明，要设计出科学合理的综合防治方案，了解当地棉田生态系统的群落组成结构，明确关键性害虫是前提；探明不同栽培制度条件下棉花的生长发育特点，把握容易受害的敏感生育期是基础；发挥各单项措施的累加与兼治作用，简化防治技术方案是关键。

三、综合防治技术

1. 改善农区生态环境，保护利用害虫天敌　　棉区生态系统中的生物多样性十分有利于棉花虫害的控制，因此建设有利于天敌越冬、生长、繁殖、栖息、迁移的生态环境，是防治棉花害虫的重中之重。在各棉区建设和完善窄行小网格的混交护田林带和乔、灌、草相结合的绿洲防护林体系。利用绿洲防护林中各种植物和农田外植物上的大量植食性昆虫，招引和繁殖大量天敌，控制棉田害虫。

2. 合理作物布局　　大力提倡棉麦邻作，通过棉麦邻作可明显提高早期棉田的天敌数量。在棉田附近有计划种植一定比例的春播玉米和夏播玉米，以减轻第 2、第 3 代棉铃实夜蛾对棉田的危害。

3. 利用害虫的薄弱环节，减少害虫虫源

1) 秋耕冬灌：秋耕冬灌是有效减少棉铃实夜蛾、棉叶螨和棉蓟马等害虫越冬基数的措施之一。

2）狠抓越冬防治：秋、冬季节对室内外蚜源、烟粉虱等统一防治，可大大减轻越冬蚜源、烟粉虱向棉田迁移的数量。

3）在棉叶螨历年发生比较严重的棉田，于早春选用对天敌杀伤力小的专用杀螨剂，在棉田四周喷洒 2~3m 的保护带，以减少棉叶螨向棉田迁入的数量。结合苗期蚜虫防治，兼治蓟马。

4. 采取控害栽培措施，减轻病虫为害　　引进种植优质抗虫品种。用缩节胺全程化控，并在棉花生长期用磷酸二氢钾、过磷酸钙等叶面追肥，喷磷驱虫。

5. 诱集害虫，引益入田，以益控害

1）棉田种植诱集带：棉田四周种植玉米诱集带，诱集棉铃实夜蛾产卵。在地头和林内种植苜蓿、油菜或红花等植物。起到"以草养害（非靶标害虫），以害养益（天敌昆虫）的作用"，招引天敌向棉田扩散，以减轻棉田内害虫的为害。

2）采用多种诱杀措施，减少棉田棉铃实夜蛾成虫数量。一是杨树枝把诱蛾，二是灯光诱杀，三是性诱剂和食诱剂诱杀。

6. 科学合理隐蔽使用药剂

1）种子处理：对棉花苗期的病虫害多采用种子包衣措施，既可控制棉花苗期的病虫为害，又可保护棉田早期天敌。

2）点片施药：在棉蚜和棉叶螨点片发生阶段，采用内吸性杀虫剂涂茎、滴心的措施。当个别棉田发生严重时，结合灌头茬水，滴灌杀虫剂。

★ 复习思考题 ★

1. 简述棉蚜的为害特点（寄主和为害状）及在棉田的发生特点。
2. 棉蚜的生活周期有哪些类型？怎样防治棉蚜？
3. 为害棉花的叶螨有哪些种类？其分布及为害有何特点？
4. 影响棉叶螨大发生的主要因素有哪些？
5. 简述棉铃实夜蛾的发生为害特点。棉铃实夜蛾防治有哪些技术措施？分析这些措施之间的协调性。
6. 棉铃实夜蛾综合防治方案的设计应注意哪些问题？提出一套适合当地棉区棉铃实夜蛾综合防治方案。
7. 简述棉红铃虫的为害特点及防治关键技术措施。
8. 为害棉花的金刚钻有哪些？它们具有哪些为害特点？简述棉金刚钻的防治关键技术措施。
9. 为害棉花的盲蝽有哪些种类？简述其为害特点？
10. 为什么棉大卷叶螟的发生程度与棉田周围环境密切相关？

第二十二章　油料作物害虫

我国油料作物主要包括大豆、油菜、花生、向日葵、芝麻和胡麻等。大豆主要产于北方，以东北、内蒙古、河北、河南、陕西等地种植面积最大，其中东北部地区的大豆种植面积和产量占全国总量的50%以上。大豆害虫有400余种，以大豆食心虫、豆荚斑螟、大豆蚜、豆秆黑潜蝇等发生严重。春油菜主要分布在西北部的高原地区，以内蒙古、甘肃、青海、新疆等地为主，播种面积占油菜总播种面积的10%左右；冬油菜主产于长江流域及云贵高原地区，以湖北、湖南、四川、安徽、江西等地种植面积最大，播种面积约占总面积的90%。油菜害虫120余种，主要有蚜虫、小菜蛾、菜粉蝶、黄条跳甲类、豌豆彩潜蝇等。花生南北方均有种植，花生害虫130余种，主要害虫有花生蚜、花生麦蛾、斜纹夜蛾、棉铃虫、甜菜夜蛾和金龟甲等多食性害虫。向日葵主产于内蒙古、新疆、辽宁、吉林、黑龙江、甘肃、河北、宁夏、陕西等地，其中内蒙古种植面积最大，占全国向日葵总面积的50%左右。向日葵的主要害虫有向日葵斑螟、蒙古灰象甲、桃蛀螟和地下害虫等。芝麻主产于黄河及长江中下游地区，以河南、湖北、安徽、江西、河北等地种植面积最大。芝麻害虫30余种，主要害虫有斜纹夜蛾、桃蚜和花生蚜等。

第一节　大豆食心虫

大豆食心虫 [*Leguminivora glycinivorella*（Matsumura）] 又名大豆蛀荚蛾、豆荚虫、小红虫等，属鳞翅目卷蛾科。大豆食心虫在国外分布于朝鲜、日本、蒙古及俄罗斯等国，在国内主要分布于东北、华北、西北、华东等地，以黑龙江、吉林、辽宁、山东、安徽、河南、河北等地为害严重，是我国北方大豆产区的重要害虫。

大豆食心虫食性单一，主要为害大豆，也取食野生大豆和苦参，以幼虫驻入豆荚，咬食豆粒，被害豆粒形成虫孔、破瓣或豆粒被食光，常年虫食率为10%～20%，严重时达30%～40%，严重影响大豆的产量和品质。

一、形态特征

成虫：体长5～6mm，翅展12～14mm，黄褐色至暗褐色。前翅前缘有10条左右黑紫色短斜纹，外缘内侧中央银灰色，有3条紫褐色小横斑。雄蛾前翅色较淡，腹部末端较钝；雌蛾前翅色较深，腹部末端较尖；雌蛾后翅中室下缘肘脉基部有栉毛，雄蛾无（图22-1）。

卵：长约0.5mm，扁椭圆形，初产时乳白色，后变为黄色或橘红色，孵化前变为紫黑色。

幼虫：初孵幼虫黄白色，渐变橙黄色，老熟时变为橙红色。老熟幼虫体长8～10mm，

图 22-1　大豆食心虫（1 仿徐庆丰等；
余仿河南农学院）
1. 成虫；2. 卵；3. 幼虫；4. 蛹；5. 蛹末端背面；
6. 雄蛹腹部末端；7. 土茧；8. 幼虫脱出孔；
9. 为害状

腹足趾钩单序全环。腹部第 7~8 节背面有 1 对紫色小斑者为雄性。

蛹：长 5~7mm，长纺锤形，红褐或黄褐色。腹部第 2~7 节背面前缘和后缘均有小刺，第 8~10 节各有 1 列较大的刺。腹部末端有 8~10 根粗大的短刺。

土茧：长 7~9mm，白色，长椭圆形，由幼虫吐丝缀合土粒而成。

二、生活史与习性

大豆食心虫是专性滞育昆虫，我国各地均 1 年发生 1 代，以老熟幼虫在土内作茧越冬。东北地区越冬幼虫 7 月上旬开始向表土迁移并陆续化蛹，7 月底为化蛹盛期。7 月下旬至 8 月下旬为成虫羽化期；8 月中下旬为产卵盛期。幼虫蛀荚盛期为 8 月中下旬，9 月上中旬老熟幼虫开始脱荚入土越冬，9 月下旬为脱荚盛期。山东、安徽、河南发生较东北晚约 10d。

成虫多在午前羽化，飞翔力弱，一次飞行不超过 5~6m，飞翔高度约在植株上方 0.5m，雌雄交配时在田间可见到成团飞舞的现象。成虫上午多潜伏在大豆叶背面或茎秆上，午后 3~4 时开始活动，5~7 时或日落前 2h 左右最活跃，对黑光性有较强趋性。雌蛾在交配后的次日开始产卵，卵多产在嫩绿的豆荚上，少数产在叶柄、侧枝和主茎上。成虫产卵有明显选择性，3.1~4.6cm 长的豆荚上着卵量最多，短于 2.6cm 和长于 5cm 的豆荚上产卵很少；荚毛多的品种着卵多，无荚毛的着卵少；毛多毛直的着卵多，毛少毛弯的着卵少；豆株距离地面 25~32cm 高度的豆荚上着卵多，离地面 20cm 以下、60cm 以上高度的豆荚上着卵少。单雌产卵量 80~100 粒，产卵期 5~8d。成虫寿命 8~10d。卵期 6~7d。

幼虫共 4 龄。初孵幼虫行动敏捷，先在豆荚上爬行一段时间（一般不超过 8h，个别可达 24h），然后选择豆荚边缘合缝处蛀入。蛀入前先吐丝结成细长形薄白丝网，在网中咬食豆荚表皮并穿孔进入荚内。幼虫入荚后先蛀食豆荚组织，后蛀食豆粒，1 头幼虫可咬食 1~3 粒大豆粒。取食为害 20~30d 后，在豆荚边缘咬孔脱出，脱荚时间以 10~14 时最多。一般早熟品种脱荚早，晚熟品种脱荚迟。幼虫脱荚后入土 3~8cm 作茧越冬。大豆收割前是幼虫脱荚高峰，少数幼虫在大豆收割时仍留在豆荚内，如收割后放置田间，仍能继续脱荚，故随割随运可减少田间越冬虫量。越冬幼虫翌年化蛹前，咬破土茧上升到土表 3cm 以内重新作茧化蛹，在 3cm 以下的土层中幼虫化蛹极少，如化蛹也不能正常羽化出土，蛹期 10~15d。

三、发生与环境的关系

（一）气候条件

大豆食心虫的发生与温度、湿度和降雨等气候因子关系密切。成虫产卵最适温度为 20~25℃，相对湿度为 95%，高温干燥和低温多雨不利于成虫产卵。卵在温度 20~30℃、相对湿度大于70%时均能正常发育，若相对湿度低于40%，则卵的孵化受到抑制。温度能影响荚内幼虫的发育。例如，东北地区8~9月气温低，大豆贪青晚熟，常造成幼虫发育迟缓，幼虫脱荚延迟，越冬死亡率增高。土壤湿度影响化蛹和羽化。土壤含水量10%~30%能正常化蛹和羽化，20%最为适宜，低于10%有不良影响。土壤干旱、地面板结对化蛹不利，化蛹后死亡率高，甚至不能羽化。降雨和大豆食心虫发生关系密切。幼虫脱荚期（9月中下旬）若雨量较多、土壤湿润，有利于幼虫入土及越冬，翌年发生重。7月上中旬若雨量偏多，土壤湿度大，有利于幼虫的转移、化蛹等活动，死亡率较低。干旱少雨则对其发生不利。在成虫发生盛期若连降大雨或暴雨，则影响成虫活动，蛾量和卵量均减少。光照影响大豆食心虫的滞育，在25℃、相对湿度80%左右时，光照时间大于16h可抑制大豆食心虫滞育，光照时间小于15h则全部滞育。

（二）自然天敌

大豆食心虫天敌有步甲、猎蝽、花蝽和农田蜘蛛等捕食性天敌和赤眼蜂、姬蜂、茧蜂等寄生性天敌以及白僵菌等昆虫病原微生物。东北地区寄生性天敌拟澳洲赤眼蜂、中华齿腿姬蜂和东方愈腹白茧蜂对大豆食心虫的寄生率较高，常年达17.9%~42.3%，白僵菌感染率一般达5%~10%，对压低其种群密度起重要作用。

（三）寄主植物

大豆不同品种抗虫性差异明显。豆荚有毛的品种着卵量较多，裸生型无荚毛大豆着卵量极少，荚毛直立的比弯曲的品种着卵量多。大豆荚皮硬、隔离层细胞横向紧密排列的品种，幼虫蛀入困难，死亡率较高；而隔离层细胞纵向稀疏排列的品种，幼虫入荚死亡率低。不同品种结荚期早晚、结荚期是否集中等也与受害轻重有密切关系。豆荚硅元素含量高的品种一般具有抗虫性。大豆荚皮的纤维素含量与大豆品种的抗虫性具有正相关性。大豆植株分枝少、株形收敛、直立形、无限结荚习性的品种，成虫产卵少，表现为一定的抗虫性。

（四）耕作栽培制度

大豆重茬、邻茬发生重，实行远距离轮作（1km以上）可降低虫食率10%~40%，能明显减轻大豆食心虫的为害。适当调整播种期，使大豆结荚盛期与成虫产卵盛期错开，大豆受害减轻。秋季耕翻豆茬地，增加虫源地中耕次数，可破坏大豆食心虫越冬环境，消灭部分幼虫和蛹，减少羽化率，可减轻大豆食心虫的为害。

四、虫情调查方法

大豆食心虫虫情调查按《GB/T 19562—2004 大豆食心虫测报调查规范》进行。

（一）虫源基数调查

大豆收获前，在当地主栽品种防治田和未防治田中随机各划出1000m²，对角线5点取样，每点割取1m²大豆植株，逐荚剥查被害荚数和脱荚孔数；然后分别从防治田和未防治田的大豆混样中取出1000粒豆粒，调查虫食率。

(二)冬后存活率调查

1. 调查圃准备　　冬前选择一块条件接近大田且易看管的场所,将70cm×70cm×20cm的木框埋入土中10cm。选取代表当地土壤类型的豆田,取0~10cm表层土壤填入木框内,稍微拍实,表面与地表等高。

2. 冬前接虫　　在秋季幼虫脱荚入土前,选主栽品种未防治田,参照虫源基数调查方法割取大豆植株,堆放在塑料布上晾晒3~5d,收集脱荚幼虫,取100头幼虫接入调查圃的木框内。

3. 冬后调查　　翌年越冬幼虫上移化蛹前,将调查圃木框内的土壤按0~2cm、2~4cm、4~6cm和6~10cm分层过孔径1mm的筛,记载死亡虫茧数和空虫茧数,计算越冬幼虫存活率。

(三)化蛹羽化进度调查

1. 调查圃准备　　制作50cm×36cm×30cm的化蛹箱和羽化箱各1个,上、下用0.2mm孔径的纱网罩住。参照冬后存活率调查的方法埋入调查圃,并接入50头幼虫。翌年春季大豆播种后,将化蛹箱和羽化箱移到大田,埋入土中10cm处并去掉上部纱网,加盖拱形纱罩。

2. 化蛹进度调查　　从幼虫上移化蛹开始,每5d调查1次。调查时将化蛹箱内湿土层以上的表土轻轻铲入孔径1mm的筛中,用水冲洗检查记载茧数和上移幼虫数。当连续2次筛不到虫茧时,将箱内所有土壤过筛,记载活虫数、活茧数、死虫数和死茧数。

3. 羽化进度调查　　从发现成虫时开始,每天观察记载1次羽化箱纱罩内的成虫数量,并将纱罩内的成虫取出。

(四)田间成虫消长调查

1. 调查取样　　固定2块种植当地主栽大豆品种、邻近上年豆茬田,每块田面积不少于0.5hm^2,每块田5点取样,每隔20垄设1样点,每点长100m、宽两垄,做好标记。

2. 调查方法　　在成虫发生期,每天16~18时调查1次。用1m长的棍棒轻轻拨动样点内的豆株,目测被惊动起飞的成虫数量,并用捕虫网采集成虫20头,记载雌、雄虫数量,计算性比。

五、防治方法

防治大豆食心虫应以农业防治为基础,采取农业防治与化学防治、生物防治相结合的综合防治措施。

(一)农业防治

1. 选用抗虫品种　　种植抗虫或耐虫品种是控制大豆食心虫为害最经济的方法,但抗虫品种有一定地域性,各地可因地制宜选用虫食率低、丰产性好的品种。

2. 科学轮作倒茬　　避免大豆重茬、迎茬,并注意新种豆田与上年豆茬田间隔1000~1500m以上,受害显著减轻。水利条件好的地区可进行水旱轮作。

3. 大豆收割后随割随运　　大豆收割后仍有少量幼虫留在豆荚内,若收割后放置田间仍可继续脱荚，故随割随运可减少田间越冬虫量。

4. 耕翻整地灭虫　　大豆收获后及时清理田间落荚和枯叶，进行秋翻整地。化蛹和羽化期进行中耕，破坏越冬场所，可机械杀伤土中的幼虫和蛹。

（二）生物防治

1. 释放赤眼蜂　　在成虫产卵盛期释放拟澳洲赤眼蜂、螟黄赤眼蜂等，每公顷释放30万～45万头。

2. 以菌治虫　　秋季幼虫脱荚前，按 22.5kg/hm² 的白僵菌粉用量，兑细土或草木灰 67.5kg，均匀撒在豆田垄台上和垄沟内，可使脱荚落地幼虫患病死亡。

3. 性诱剂诱杀　　采用水盆式诱捕器，设置密度为 4 个 /667m²，直线排列，间距 12m。田间防治效果可达 45.9%～50%，诱捕器中加入少量杀虫剂防效可达 62.7%。

（三）化学防治

大豆食心虫化学防治的关键期是成虫盛发期和卵孵化盛期。

1. 防治成虫　　在成虫盛发期，连续 3d 累计百米双行垄长蛾量达 100 头时，应及时进行药剂防治。可选用熏蒸药剂拌麦麸 225～375kg/hm²，撒施于垄沟内；也可用常规农药喷雾防治。喷药时，将喷头朝上，从大豆根部向上喷，注意结荚部位要着药，边喷边向后退。

2. 防治幼虫　　成虫产卵高峰期百荚卵量达 20 粒时，需及时喷洒具有触杀作用的药剂防治卵和初孵幼虫，重点喷洒大豆的结荚部位。

第二节　豆荚斑螟

豆荚斑螟 [*Etiella zinckenella*（Treitschke）] 又称豆荚螟、大豆荚螟、豆蛀虫、豆荚蛀虫、红虫、红瓣虫等，属鳞翅目螟蛾科。豆荚斑螟为世界性分布的豆类害虫，我国各省（自治区、直辖市）均有分布，以黄河、淮河和长江流域大豆产区发生为害最重。

豆荚斑螟为寡食性害虫，除为害大豆外，还为害豌豆、扁豆、绿豆、豇豆、菜豆、猪屎豆、小叶金鸡儿、刺槐、苕子和紫云英等 20 余种豆科植物。以幼虫蛀入荚内取食籽粒，荚内及蛀孔外常堆积粪便，轻者把豆粒蛀成缺刻、孔洞，重者把整个豆荚蛀空，受害豆荚味苦，造成落荚和枯梢。幼虫有转荚为害习性。一般年份豆荚蛀害率 15%～30%，个别干旱年份可达 80% 以上，严重影响大豆产量和品质。

一、形态特征

成虫：体长 10～12mm，翅展 20～24cm，体灰褐色。前翅窄长，混生黑褐、黄褐及灰白色鳞片，前缘自肩角到翅尖有 1 条白色纵带，近翅基部 1/3 处有 1 条金黄色横带。后翅黄白色，沿外缘褐色。雄蛾触角基部内侧着生有 1 圈暗褐色鳞片，外侧覆有 1 丛灰白色鳞片（图 22-2）。

卵：椭圆形，长 0.5～0.8mm，表面密布网状纹，初产时乳白色，渐变红色，孵化前暗红色。

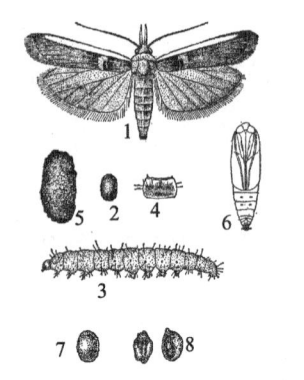

图 22-2 豆荚斑螟（1和6仿西北农学院；余仿河南农学院）
1. 成虫；2. 卵；3. 幼虫；4. 幼虫前胸背板；5. 土茧；6. 蛹；7. 健康豆；8. 被害豆粒

幼虫：老熟幼虫体长 14～18mm，背面紫红色，两侧与腹面青绿色。1～3 龄幼虫前胸背板有黑色"山"字形纹，4 和 5 龄幼虫前胸背板近前缘中央有"人"字形纹，两侧各有 1 个黑斑，后缘中央有 2 个小黑斑。背线、亚背线、气门线、气门下线明显。腹足趾钩双序全环。

蛹：体长 10mm，纺锤形，初化蛹时淡绿色，后变为黄褐色。触角和翅芽长达第 5 腹节后缘，腹部末端有钩刺 6 个。

二、生活史与习性

豆荚斑螟每年发生代数因地而异，广东、广西等地年发生 7～8 代，湖北、湖南、江苏、安徽、浙江和江西等地年发生 4～5 代，山东年发生 3 代，陕西和辽宁南部年发生 2 代。各地多以老熟幼虫在寄主作物田或晒场周围 5～6cm 深的土壤中结茧越冬。

在 2 代区，第 1 代幼虫为害豌豆和小麦，第 2 代为害大豆。在 3 代区，第 1 代幼虫为害刺槐，第 2 代为害春大豆，第 3 代为害夏大豆。在 4～5 代区，4 月上中旬化蛹最多，4 月下旬至 5 月中旬陆续羽化出土，在豌豆、绿豆或冬种豆科绿肥作物上产卵发育为害，第 2 代为害春大豆最重，第 3 代为害晚播春大豆、早播夏大豆及夏播豆科绿肥，第 4 代为害夏播大豆和早播秋大豆，第 5 代为害晚播夏大豆和秋大豆，10～11 月大部分老熟幼虫脱荚入土越冬；有少部分继续在豆科绿肥如水豆等植物上终年繁殖，完成第 6 代。在 7～8 代区，越冬幼虫于 3 月下旬至 4 月上旬化蛹，1～3 代在豆科绿肥及豌豆上发育繁殖，7 月下旬第 4 代开始为害大豆，至 10 月下旬大豆收获，幼虫入土越冬，但仍有少部分在绿肥植物及木豆上继续繁殖，11 月至翌年 3 月仍有成虫发生。

成虫昼伏夜出，白天多栖息于豆株叶背或杂草丛中，傍晚开始活动，趋光性弱，可短距离飞翔。成虫羽化当日即可交配，2～3d 后开始产卵。卵单粒散产，大豆结荚前卵多产于幼嫩叶柄、花柄、嫩芽及嫩叶背面，结荚后多产在中上部豆荚上；在豆科绿肥植物或豌豆上，卵多产在花苞或残留的雄蕊里。单雌平均产卵量 88 粒，最多 226 粒，产卵期 4～5d，最长 8d。卵期 4～6d，多在早晨 6～9 时孵化。雌蛾寿命平均 7.3d，最长 12d，雄蛾寿命仅 1～5d，一般交尾后即死亡。

幼虫共 5 龄。初孵幼虫先在豆荚表面爬行 1～3h，或吐丝悬垂到其他枝荚上，然后在荚上结一个约 1mm 的白色丝囊藏于其中，经 6～8h 蛀入荚内。幼虫入荚后蛀入豆粒为害，1 头幼虫可取食豆粒 3～5 粒，并可转荚为害 1～3 次。幼虫老熟后在豆荚上咬孔，脱荚入土，在土面 3.3cm 深处结茧。幼虫期 9～12d。豆荚斑螟的为害状与大豆食心虫相似，但蛀入孔和脱荚孔多在豆荚中部，脱荚孔圆而大，而大豆食心虫的蛀入孔和脱荚孔多在豆荚的侧边近合缝处，脱荚孔长椭圆形，较小。幼虫脱荚入土后，吐丝结茧化蛹其中，蛹期 20d 左右。若为当年末代幼虫则结茧后停止发育，以幼虫在茧内越冬。

三、发生与环境的关系

（一）气候条件

豆荚斑螟对温度的适应范围广，7~35℃都能生长发育，最适温度26~30℃。在适温条件下，湿度对雌蛾产卵影响显著，适宜产卵的相对湿度为70%，低于60%或过高，产卵量显著减少。降雨影响土壤湿度，进而影响豆荚斑螟的发生。当土壤处于饱和湿度或绝对含水量大于30.5%时，越冬幼虫不能存活；土壤湿度25%或绝对含水量12.7%时，化蛹率和羽化率均较高。因此，壤土地发生重，黏土地发生轻；高岗地发生重，低洼地发生轻。冬季低温经常造成越冬幼虫大量死亡。

（二）寄主植物

豆荚斑螟早期世代常在比大豆开花结荚早的豆科植物上发生，而后转入豆田。若中间寄主面积大、种植期长、距离大豆田近，则发生严重。同一地区，春、夏、秋不同播期的大豆和其他豆科作物插花种植，有利于不同世代转移为害。大豆不同品种之间受害程度差异很大，结荚期长的品种比结荚期短的受害重，荚毛多的品种比荚毛少的受害重。此外，大豆幼荚期如与成虫产卵期吻合则受害重。

（三）自然天敌

豆荚斑螟卵期天敌有多种赤眼蜂，幼虫期和蛹期天敌有黑胸茧蜂、绒茧蜂、甲腹茧蜂和鸟类等，另外豆荚斑螟幼虫和蛹也常遭受细菌、真菌等病原微生物侵染。天敌对豆荚斑螟的发生有一定抑制作用。

四、防治方法

应遵循"防重于治、防治结合"的原则，突出农业防治的基础地位，压低害虫发生基数，采用生物防治或药剂防治把幼虫控制在蛀荚为害之前。

（一）农业防治

1. 合理轮作倒茬　　避免大豆与豇豆、绿豆等豆科作物或紫云英、苕子等豆科绿肥连作或邻作。有条件的地区积极发展水旱轮作，或在大豆开花期灌水，提高土壤湿度。
2. 选种抗虫品种　　选种早熟丰产、结荚期短、少毛或无毛品种，降低螟害程度。
3. 适当调整播期　　适当调整播种期，使大豆结荚期避开成虫产卵盛期。
4. 深翻土壤　　大豆收获后立即翻耕土地，消灭越冬幼虫，降低翌年虫源基数。

（二）物理防治

利用豆荚斑螟的趋绿性，采用绿色板诱杀成虫。将18cm×9cm的硬纸板（三合板或纤维板）两面分别用绿色油漆涂成绿色，晾干后刷10号机油，田间顺行每平方米插放绿色板1~2块，7~10d补涂机油1次，能有效减少虫源基数。

（三）生物防治

1. 释放赤眼蜂　　成虫产卵始盛期，参照大豆食心虫的防治技术，田间释放赤眼蜂。
2. 以菌治虫　　老熟幼虫脱荚入土前，当田间湿度较高时，可施用白僵菌粉剂 45kg/hm^2（每 7.5kg 菌粉混合 6.75kg 细土或草木灰），均匀撒于地表，防治落地入土幼虫。

（四）化学防治

成虫盛发期和卵孵化初期是药剂防治的关键时期。首先，当预测大豆初荚期幼虫蛀荚率达 6% 以上时，应及时用药防治，喷药时间以上午 6～9 时最好。其次，老熟幼虫出荚入土前对土表施药，毒杀落地入土幼虫。

第三节　小菜蛾

小菜蛾 [*Plutella xylostella*（L.）] 又名菜蛾、方块蛾，俗称小青虫、吊丝虫和两头尖等，属鳞翅目菜蛾科。小菜蛾分布于世界 84 个国家和地区，为世界性重要害虫。我国各地均有分布，但以长江中下游地区发生为害最重。

小菜蛾主要为害十字花科植物，以甘蓝、花椰菜、芥菜、芜菁、白菜、萝卜和油菜等受害最重，也能为害马铃薯、番茄、洋葱等蔬菜和紫罗兰、桂竹香等观赏植物，以及板蓝根等药用植物。以幼虫取食叶片，初孵幼虫潜入叶片组织内取食叶肉，2 龄后啃食下表皮和叶肉，留存上表皮，形成许多透明斑点，俗称"开天窗"；3～4 龄食叶成孔洞或缺刻，严重时可将叶片吃光，仅留主脉，对叶菜类蔬菜的产量和品质影响很大，常在局部地区造成毁灭性灾害。油菜苗期常集中在心叶为害，抽薹后为害嫩茎、幼荚和籽粒，油菜受害一般减产 10%～50%，严重时减产 90% 以上，甚至绝收。

一、形态特征

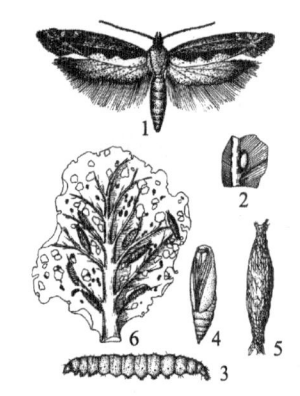

图 22-3　小菜蛾（仿中国农业科学院）
1. 成虫；2. 卵；3. 幼虫；4. 蛹；5. 茧；6. 被害状

成虫：体长 6～7mm，翅展 12～15mm。体灰黑色，头、胸部背面灰白色。触角丝状，褐色，上有白纹。前、后翅狭长，缘毛很长；前翅中央有 3 度曲折的黄白色波纹，静止时两翅覆盖体背呈屋脊状，黄白色波纹合并成 3 个连串的斜方块；后翅银灰色。雄蛾腹部末节腹面左右分裂，雌蛾腹部末节腹面呈管状（图 22-3）。

卵：长约 0.5mm，宽约 0.3mm，椭圆形，扁平。初产时乳白色，后变淡黄绿色，表面光滑，有光泽。

幼虫：老熟幼虫体长 10～12mm，体纺锤形，淡绿色，头部黄褐色。前胸背板上有 2 个由淡褐色小点组成的"U"形纹。腹足趾钩单序缺环，臀足后伸超过腹端。

蛹：体长 5～8mm，有黄白色、粉红色、黄绿色和灰黑色等变化。无臀棘，腹末有钩状臀刺 4 对，肛门附近有钩刺 3 对。蛹外有稀疏的白色丝茧。

二、生活史与习性

小菜蛾年发生代数自北向南逐渐递增，在东北、华北、西北大部分地区年发生3~4代，河北年发生4~5代，新疆年发生4代，河南年发生6代，湖北武汉年发生11~13代，广东、广西年发生17代，台湾地区年发生18~19代。在黄河流域及其以北地区，主要以蛹在菜田残枝落叶下越冬。在长江中下游及其以南地区，终年可见各种虫态，无滞育现象。全年发生为害盛期因地而异。北方除新疆7~8月发生严重外，均以4~6月发生为害严重，主要为害春油菜；南方则春、秋两季发生为害较重，但以秋季虫口密度最大，夏季发生较轻。

成虫昼伏夜出，有趋光性。白天栖息于植株的隐蔽处或杂草丛中，日落后开始活动，以19~23时活动最盛。成虫羽化后即可交配，有多次交配习性。雌蛾交配后当天即可产卵，卵多散产于叶片背面近叶脉的凹陷处，少数产于叶片正面或叶柄上。成虫产卵对寄主有选择性，一般选择含有异硫氰酸酯类化合物的植物产卵，芥菜汁液对其产卵有吸引作用。在20~30℃时，产卵量最大，20℃时产卵期11d左右，28℃时仅5~6d。单雌平均产卵量248粒，最高可达589粒。雄蛾寿命10~16d，雌蛾6~14d，越冬代成虫寿命可长达3个月以上。卵期3~11d。

幼虫共4龄。初孵幼虫多钻入叶片上下表皮中取食叶肉，形成隧道。2龄幼虫从隧道退出，在叶背或叶心取食。幼虫性活泼，受惊时扭动身体，倒退或吐丝下垂逃逸。幼虫期6~27d。幼虫老熟后在叶片背面或地面枯叶下结薄茧化蛹，蛹期6~14d。

三、发生与环境的关系

（一）气候条件

小菜蛾对温度的适应范围较广，在10~40℃均可生存繁殖，但其最适温度为20~30℃，当温度高于30℃或低于8℃，相对湿度高于90%时，发生数量下降。夏季暴雨和雷阵雨对卵和幼虫杀伤力极大。在多雨年份，旬降雨量大于90mm对小菜蛾种群数量抑制作用明显。因此，在我国大部分地区，小菜蛾主要在春末夏初和秋季发生为害严重。

（二）寄主植物

小菜蛾以十字花科植物为寄主，幼虫最嗜食甘蓝型油菜和蔬菜。不同品种抗虫性不同，与叶片表面蜡质和化学成分有关。十字花科植物连作，早、中、晚熟品种插花种植，常常使寄主植物周年不断，有利于发生危害。

（三）自然天敌

小菜蛾天敌种类丰富，仅寄生蜂就有100余种，卵期寄生蜂主要是赤眼蜂，幼虫期寄生蜂主要是菜蛾绒茧蜂、半闭弯尾姬蜂和菜蛾啮小蜂等，田间菜蛾绒茧蜂寄生率可达59%，菜蛾啮小蜂最高寄生率可达84.5%。捕食性天敌有蜘蛛、草蛉、瓢虫、步甲等。此外，小菜蛾颗粒体病毒对幼虫的感染率也较高。

四、防治方法

小菜蛾防治应以构建种群生态调控体系为主线，强化农业防治，积极开展生物防治和物理防治。必须进行药剂防治时，应注意选择农药品种和轮换用药，加强抗药性治理。

（一）农业防治

1. 合理布局作物　　实行十字花科作物与禾本科作物3年轮作；避免十字花科蔬菜周年连作或邻作；在十字花科作物田间作套种适量的茄科作物，有趋避成虫产卵的作用。

2. 及时清洁田园　　蔬菜收获后及时清洁田园，扫除残枝败叶，翻耕田块；秋季油菜播种前应铲除田间路边的十字花科植物，压低虫口基数。

（二）生物防治

1. 释放天敌昆虫　　在小菜蛾卵50~150粒/百株时释放拟澳洲赤眼蜂，每667m²设7~15个放蜂点，每点放蜂2000头。

2. 保护天敌　　在自然寄生率高的田块，应注意合理用药，保护利用蜘蛛、绒茧蜂、啮小蜂等天敌种群。

3. 微生物治虫　　目前应用于小菜蛾防治的微生物菌剂主要有苏云金杆菌（Bt）、白僵菌、小菜蛾颗粒体病毒和异小杆线虫等。

（三）物理防治

1. 灯光诱杀　　田间设置频振式杀虫灯、黑光灯、高压汞灯等，大量诱杀成虫，可压低发生基数。

2. 性诱剂诱杀　　应用人工合成的小菜蛾性诱剂诱杀成虫，诱捕器间距10~15m。也可在成虫求偶交配期设置性诱芯进行迷向干扰，性诱芯间距5m左右。

（四）化学防治

小菜蛾世代多，发育周期短，世代重叠严重，已对多种农药产生抗性。因此，应根据当地抗药性情况选择合适药剂，注意轮换用药，避免一种农药连续使用。用药适期为卵孵化盛期至2龄幼虫期，重点在叶片背面和心叶施药，以提高防治效果。可选用高效氯氰菊酯、氰戊菊酯、阿维菌素、啶虫脒、氯铃脲、印楝素等药剂喷雾。

第四节　菜粉蝶

我国为害油菜和十字花科蔬菜的粉蝶主要有菜粉蝶[*Pieris rapae*（L.）]、大菜粉蝶[*P. brassicae*（L.）]、东方菜粉蝶[*P. canidia*（Sparrman）]、黑纹粉蝶[*P. melete*（Menetries）]和云斑粉蝶[*Pontia daplidice*（L.）]5种，均属鳞翅目粉蝶科。其中，菜粉蝶是为害最重的种类，又名菜白蝶、白粉蝶，其幼虫称为菜青虫，为世界性害虫，我国各地均有分布，以华东、华中和华南等地受害较重。

菜粉蝶的寄主植物包括十字花科和百合科等9科35种,但主要寄主是十字花科植物,最喜取食甘蓝型油菜和蔬菜。以幼虫取食寄主叶片,咬成孔洞或缺刻,严重时叶片被吃光,只残留叶柄和叶脉;幼虫也可蛀入甘蓝叶球内暴食菜心,造成粪便污染和腐烂,严重影响产量和品质。

一、形态特征

成虫:体长10~22mm,翅展45~55mm。体灰黑色,翅面白色,前翅基部和前缘灰黑色,翅顶角黑斑呈三角形,中央有2个黑色圆斑;后翅前缘有1个黑斑(图22-4)。

卵:长约1mm,竖立,炮弹状,表面有纵隆起纹12~15条。初产时淡黄色,后变为橙黄色。

幼虫:老熟幼虫体长28~35mm,体背青绿色,腹面淡绿色,背中线黄色,密被细毛。各腹节有4~5条横皱纹;气门线上有2个黄斑,气门淡褐色,围气门片黑褐色。

蛹:体长18~21mm,纺锤形,体色因化蛹环境而异,有灰黄、灰绿、灰褐及青绿等色。头部前端中央有1管状突起,短而直。雄蛹仅在第9腹节有1个生殖孔。

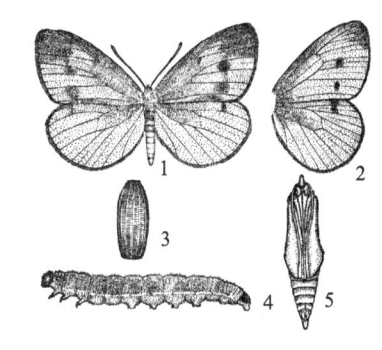

图22-4 菜粉蝶(仿浙江农业大学)
1.雌成虫;2.雄成虫前后翅;3.卵;4.幼虫;5.蛹

二、生活史与习性

菜粉蝶年发生代数由北向南逐渐递增。东北、北京及宁夏年发生3~4代,河北、河南和陕西等地年发生4~5代,山东年发生5~6代,华东年发生7~8代,湖南年发生8~9代,广东年发生12代左右。除华南地区各虫态均可越冬外,其他地区均以蛹在菜田附近的墙壁、篱笆、树干、杂草或落叶间越冬。

各世代及其不同虫态的发育期地区间差异较大。江南各地越冬蛹春节羽化时间在2~4月,华北在4~5月,东北在5~6月。幼虫发生为害盛期也因地而异,长江以南在4~6月和9~11月发生为害较重,华北在5~6月和8~9月为害严重,东北以7月和9月为害较重,江西在7~8月发生为害较重。

成虫白天活动和取食花蜜,交配后2~3d开始产卵,卵期4~8d。卵散产于叶背(夏季)或叶面(秋季)。成虫产卵具有明显的选择性,喜欢在含有芥子油糖苷的十字花科植物上产卵。单雌产卵量20~500粒,平均120粒。成虫寿命15~35d。

幼虫共5龄。多在清晨孵化,初孵幼虫先取食卵壳,再聚集取食叶肉。2龄后分散食害叶片,1~3龄食量占幼虫总取食量的10%,4~5龄幼虫占90%。幼虫行动迟缓,不活泼。幼虫老熟后,常在植株下部老叶背面或叶柄处化蛹;末代幼虫则四处爬行寻找化蛹越冬场所,多选择干燥处化蛹越冬。

三、发生与环境的关系

（一）气候条件

菜粉蝶喜欢阴凉的气候条件，不耐高温。生长发育的最适温度为 20~25℃，相对湿度为 68%~86%。当温度低于 -9℃ 或高于 32℃，相对湿度在 68% 以下时，幼虫大量死亡。最适降水量每周为 7.5~12.5mm，暴雨袭击会造成低龄幼虫大量死亡。因此，各地在高温多雨的夏季发生较轻，而在春、秋季发生为害严重。

（二）寄主植物

菜粉蝶主要取食十字花科植物，最嗜食甘蓝型油菜和蔬菜。菜粉蝶春、秋季为害严重，与春秋季大量种植十字花科作物有关。此外，菜粉蝶有取食花蜜作为补充营养的习性，在蜜源植物较多的地区，常有利于其发生。

（三）自然天敌

菜粉蝶的天敌已报道 70 多种，其中卵期重要天敌有广赤眼蜂，幼虫期重要天敌有粉蝶绒茧蜂、微红盘绒茧蜂等，蛹期重要天敌有蝶蛹金小蜂；捕食性天敌有胡蜂、步甲、捕食蝽等；病原微生物有颗粒体病毒等。

四、防治方法

菜粉蝶防治应在农业防治和保护利用天敌的基础上，积极提倡使用生物农药，必须用药时应抓住防治关键期，使用高效、低毒、低残留农药。

（一）农业防治

1. 清洁田园　　十字花科作物收获后，及时清除田间残枝、枯叶和杂草，消灭幼虫和蛹。
2. 间作套种　　避免油菜与十字花科作物连作。在甘蓝田周围种植茴香和万寿菊等植物，或甘蓝与番茄、薄荷等间作套种，可显著减少菜粉蝶在甘蓝上产卵。
3. 喷施过磷酸钙　　在成虫产卵始盛期，用 1%~3% 过磷酸钙溶液喷施油菜叶片，可使植物上着卵量减少 50%~70%，并且有叶面施肥效果。

（二）生物防治

1. 保护天敌　　春季油菜开花结荚期往往吸引大量天敌取食和栖息，应尽量避免在油菜田使用广谱性杀虫剂，并采取隔行施药、错时施药等措施，减轻对天敌的杀伤。
2. 选用微生物杀虫剂　　在幼虫 3 龄前喷施苏云金杆菌、青虫菌、菜粉蝶颗粒体病毒等。

（三）化学防治

化学防治适期为 1~3 龄幼虫盛发期，一般在产卵高峰期后 7d 左右喷药。因其发生世代不整齐，每代高峰期需连续用药 2~3 次。常用药剂有氟啶脲、氟虫脲、灭幼脲、啶虫脒、醚菊酯、联苯菊酯、印楝素、阿维菌素等。

第五节　花生蚜

花生蚜（*Aphis craccivora* Koch）又名菜豆蚜、豆蚜、黑豆蚜、苜蓿蚜和槐蚜等，属半翅目蚜科，在世界各花生产区普遍发生，我国各地均有分布，以山东、河南和河北等花生主产区发生为害最重。

花生蚜食性较广，除为害花生外，还为害豌豆、菜豆、豇豆、扁豆等豆类作物，苜蓿、紫云英等绿肥植物，刺槐、紫穗槐、国槐等豆科林木，以及荠菜、地丁、野豌豆等 200 余种植物。成蚜、若蚜多集中在嫩茎、幼芽、顶端心叶、嫩叶背面和花蕾、花瓣、花萼管及果针上为害，并可传播花生花叶病毒病。花生受害严重时叶片卷曲，生长停滞，影响光合作用和开花结实，荚少果秕，甚至枯萎死亡。受害花生一般减产 20%～30%，严重的达 60% 以上。

一、形态特征

有翅孤雌胎生雌蚜：体长 1.6～1.8mm，黑色或黑绿色，有光泽。触角 6 节，长度约为体长的 0.7 倍，橙黄色，第 3 节有感觉圈 4～7 个，多数 5～6 个，排列成行，第 5 节末端及第 6 节呈暗褐色。足的各节末端和跗节暗黑色，其余黄白色。腹部第 1～6 节背面有硬化条斑，第 1～7 节两侧有 1 对侧突。腹管圆筒状，黑色，具瓦状纹，约为尾片的 3 倍。尾片细长，黑色，明显上翘，基部缢缩，两侧各有刚毛 3 根（图 22-5）。

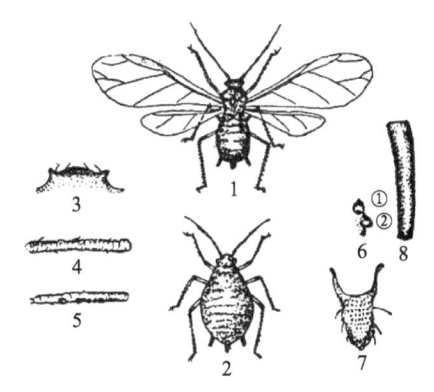

图 22-5　花生蚜（仿西北农学院）
1. 有翅成蚜；2. 无翅成蚜；3. 额；4. 无翅蚜触角第 3 节；5. 有翅蚜触角第 3 节；6. 腹部第 1 节局部（①边缘突起，②气门）；7. 尾片；8. 腹管

无翅孤雌胎生雌蚜：体长 1.8～2.0mm，黑色或紫黑色，有光泽，体被甚薄的蜡粉。触角 6 节，约为体长的 2/3，第 3 节无感觉孔，第 1～2 节和第 5 节末端及第 6 节黑色，其余黄白色。腹部第 1～6 节背面隆起，有一块灰色斑，分节界限不清，各节侧缘有明显的凹陷。尾片和腹管与有翅蚜相似。

卵：长椭圆形，初产淡黄色，后变草绿色至黑色。

二、生活史与习性

花生蚜在山东、河北年发生 20 代，在广东、福建等地年发生 30 多代。以无翅胎生雌蚜和若蚜在背风向阳的山坡、沟边、路旁的十字花科和豆科杂草上越冬，少数以卵越冬。

在北方，3 月上中旬气温回升到 10℃时，越冬蚜虫开始在越冬寄主上活动繁殖，4 月下旬产生有翅蚜，迁飞到附近的豌豆、刺槐、紫穗槐和杂草上繁殖，出现第1次迁飞扩散高峰；5月中下旬出现第2次迁飞扩散高峰，迁入花生田繁殖取食；5～7月在花生、蚕豆、菜豆和豆科绿肥上发生数量较多，特别是花生开花结荚期达到发生为害高峰；7月下旬田间蚜量迅速下降；9月花生收割前出现迁飞高峰，产生有翅蚜迁飞到其他豆科植物上越冬；9月底至10月初，少数蚜虫产生性蚜，交配产卵越冬。在南方，4～5月为害春花生，9～10月为害秋花生。

三、发生与环境的关系

（一）气候条件

花生蚜发生为害与温度和湿度关系密切。春末、夏初气候温暖，温度在16～25℃，雨量适中，相对湿度在50%～80%，有利于花生蚜发生。4～5月气温低于16℃，花生蚜发生高峰期推迟。7～8月气温高于28℃或相对湿度在80%以上，则发生数量较少。此外，在花生蚜发生期，若遇大风、暴雨能将蚜虫击落，引起大量死亡。

（二）寄主植物

邻近刺槐、紫穗槐、国槐和豌豆等桥梁寄主的花生田，花生蚜往往发生较重。不同花生品种的抗蚜性也不同，蔓生大花生一般受害较重，而茎叶多毛的品种一般抗蚜性较强。

（三）自然天敌

对田间花生蚜数量消长影响较大的天敌有瓢虫、食蚜蝇、草蛉和蚜茧蜂等。此外，在高湿度条件下，蚜霉菌、白僵菌等对蚜虫的侵染率较高，对花生蚜发生也有一定抑制作用。

（四）栽培措施

一般露地早播，长势好，靠近刺槐、紫穗槐和国槐的花生田要比长势差的上坡花生田虫口密度大，受害重。地膜覆盖的花生田比不覆盖地膜的花生田受害轻。南方春花生田比秋花生田受害严重，旱地花生田比水地花生田发生早且严重。

四、防治方法

花生蚜防治应以压低发生基数为前提，以控制在点片发生阶段为重点，选择有效的农业防治、物理防治或药剂防治措施，把蚜害控制在经济损害水平以下。

（一）农业防治

1. 清除越冬寄主　　花生播种前，清除田间及其周围的杂草，可减少迁入花生田的虫源。

2. 调整播期　　根据当地蚜虫发生情况，在满足丰产优质的前提下，选择不同生育期的花生品种，适当早播或晚播，使花生的开花结荚期与蚜虫发生高峰期错开。

（二）物理防治

1. 黄板诱杀　　利用花生蚜对黄色的趋性，按 300 片/hm² 的密度在田间悬挂黏虫黄板，诱杀有翅蚜。

2. 银灰薄膜避蚜　　在进行地膜花生栽培时，有目的地选用银灰色地膜覆盖地表，可抑制有翅蚜的着落和定居。也可在田间挂银灰色塑料膜条，驱避蚜虫。

（三）生物防治

花生蚜的天敌种类很多，重要的有瓢虫、草蛉、食蚜蝇等。田间瓢虫和蚜虫比例为 1：100 时，蚜虫为害可以得到有效控制。麦田与花生田插花种植可以增加瓢虫的数量，有利于减轻蚜虫造成的危害。

（四）化学防治

花生开花期平均每穴花生蚜量达 20~30 头或有蚜株率达 20%~30% 时，应及时进行药剂防治。在麦茬花生田用药时，应注意选择对天敌安全的药剂。

第六节　其他常见油料作物害虫

一、豆秆黑潜蝇

豆秆黑潜蝇 [*Melanagromyza sojae*（Zehntner）] 又名豆秆蝇、豆秆穿心虫，属双翅目潜蝇科，世界性分布，是热带、亚热带地区豆科作物上的重要害虫。国外分布于日本、印度、埃及和大洋洲等地，国内分布于各大豆和豆科蔬菜产区，是黄淮流域、长江流域以南及西南等地大豆产区重要害虫之一。除大豆外，还为害赤豆、绿豆、菜豆、豇豆、蚕豆、木豆、苜蓿、野生大豆、田皂角、草木樨、千斤拔等多种豆科植物。

豆秆黑潜蝇从苗期开始为害，幼虫钻蛀潜食豆类的叶柄、分枝和主茎，影响植株水分和养分运输。苗期受害，根茎部肿大，全株铁锈色，植株矮化，分枝极少，受害严重者茎中空，叶片脱落，豆株死亡。成株期受害，造成花、叶、荚过早脱落，豆荚显著减少，秕荚、秕粒增多，对产量影响较大。

（一）形态特征

成虫：体长 2.4~2.6mm，黑色，腹部有金绿色光泽。复眼暗红色；触角黑色，第 3 节钝圆，触角芒长度为触角长度的 3~4 倍。前翅膜质透明，有淡紫色金属闪光，亚前缘脉在到达前缘脉之前与第 1 径脉靠拢而弯向前缘；径中横脉位于第 2 中室中央。腋瓣具黄白色缘缨。平衡棒黑色。中足胫节后鬃 1~3 根（图 22-6）。

卵：长 0.31~0.35mm，椭圆形，乳白色，稍透明。

幼虫：老熟幼虫体长 3~4mm，淡黄色。口钩黑色，下缘具 1 齿。前气门呈冠状突起，具 6～9 个椭圆形气门裂；后气门深灰棕色，中央有深灰色的柱状突起，边缘有 6～9 个气门裂。体表生有很多棘刺，尾部有 2 个明显的黑刺。

蛹：体长 1.6～3.4mm，长椭圆形，淡黄褐色，稍透明。前气门呈黑褐色三角状突起，相距较远；后气门相距较近，中央柱状突黑色。尾部有 2 个黑色短刺。

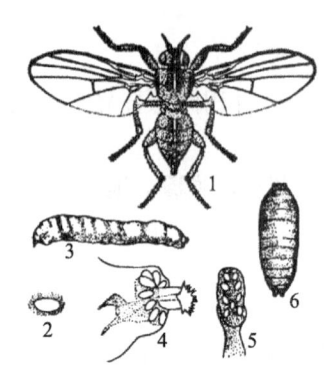

图 22-6 豆秆黑潜蝇（仿钱庭玉等）
1. 成虫；2. 卵；3. 幼虫；4. 幼虫后气门；
5. 幼虫前气门；6. 蛹

（二）生活史与习性

年发生 2～13 代，从北向南世代递增，黄淮及长江流域以蛹在大豆和其他寄主植物的根茬、秸秆中越冬。豆秆黑潜蝇飞翔能力较弱，每天 6～8 时，17～18 时为活动盛期。成虫除喜食花蜜外，常以腹部末端刺破豆叶表皮，以口器吮吸汁液，被害嫩叶正面边缘常出现密集的小白点和伤孔，严重时叶片枯黄凋萎。成虫可多次交配，交配 1d 后开始产卵。卵多产于植株中上部叶片背面主脉附近的表皮下，产卵时雌蝇用腹末刺破表皮，产卵于伤口内，并用黑褐色黏液封闭伤口，使产卵处呈现黑褐色斑点。一头雌虫最多可产卵 13 粒，多为 7～9 粒，产卵期 2～3d。

初孵幼虫先在叶背表皮下潜食叶肉，形成小隧道，后经主脉蛀入叶柄，再向下蛀入分枝和主茎，最后蛀食髓部和木质部。蛀道蜿蜒曲折如蛇形状，1 头幼虫蛀食的蛀道长达 17～35mm。每株豆秆有幼虫 2～7 头，多的达 13 头以上。豆秆黑潜蝇在大豆播后 30～40d 首先蛀入大豆主茎，播后 50～60d 才钻入叶柄和分枝，豆株受害程度表现为主茎＞叶柄＞分枝。幼虫主要在豆秆中下部蛀食，以距地面 20～30cm 的主茎内最多。幼虫期 17～21d。幼虫老熟后先在为害处向外咬 1 个圆形羽化孔，然后在孔的内部上方化蛹。

（三）防治方法

豆秆黑潜蝇防治应贯彻"控前压后"的策略，以压低发生基数为基础，以控制主害代为害为重点，采用农业防治与化学防治相结合的措施，持续控制其发生为害。

1. 农业防治

1）选种抗虫品种：选用高产早熟、有限结荚习性、分枝少、节间短、主茎粗、前期生长快和封顶快的大豆品种，可以有效防治豆秆黑潜蝇的为害。

2）处理越冬寄主：大豆收获后，及时清除田间的豆秆和根茬；越冬代成虫羽化前，进行深翻整地，消灭越冬寄主，减少越冬虫源。

3）合理作物布局：合理布局豆科作物，避免春、夏、秋不同熟期的豆科作物混杂种植；注意轮作换茬，可与玉米、谷子、甘薯和花生等非寄主作物轮作。

2. 物理防治　　在成虫盛发期，用糖醋液诱杀，每 1～2hm² 放 1 盆，6～9 时和 17～19 时诱杀，可减轻为害。

3. 化学防治　　大豆营养期和开花期是防治豆秆黑潜蝇的最佳适期。当成虫发生数量达到 10～15 头 /50 网次时，应用药防治。选用杀螟硫磷、马拉硫磷、辛硫磷、乐果等喷雾。

二、黄曲条跳甲

黄曲条跳甲 [*Phyllotreta striolata* (Fabricius)] 又名黄条跳甲，俗称狗虱虫、跳虱等，属鞘翅目叶甲科，国外分布于亚洲、欧洲、北美洲和南非等 50 多个国家和地区，国内各地都有分布，以秦岭、淮河以北冬油菜区及青海、内蒙古等春油菜区发生严重。在田间常与黄宽条跳甲 [*P. humilis* (Weise)]、黄窄条跳甲 (*P. vittula* Redtenbacher) 和黄直条跳甲 (*P. rectilineata* Chen) 混合发生，统称为黄条跳甲类。

黄曲条跳甲为寡食性害虫，成虫、幼虫主要为害油菜、甘蓝、花椰菜、白菜、菜薹、萝卜、芜菁等十字花科作物，也为害茄果类、瓜类、豆类等作物。成虫啃食叶片，造成细密的小孔，使叶片枯萎，并可取食嫩茎，影响结实；幼虫蛀食地下部分，蛀害根皮成弯曲虫道，使植株生长不良，影响产量和品质。

（一）形态特征

成虫：体长 1.8～2.4mm，椭圆形，头、胸部黑色光亮，有光泽。鞭状触角约为体长之半，其中第 5 节最长，雄虫第 4～5 节特别粗壮膨大。前胸背板和鞘翅密布刻点，其中鞘翅上的刻点排成纵行。鞘翅中央具黄色条纹，条纹外侧中部凹陷较深，内侧中部平直。后足腿节膨大（图 22-7）。

卵：长约 0.3mm，椭圆形，初产时淡黄色，后变为乳白色，半透明。

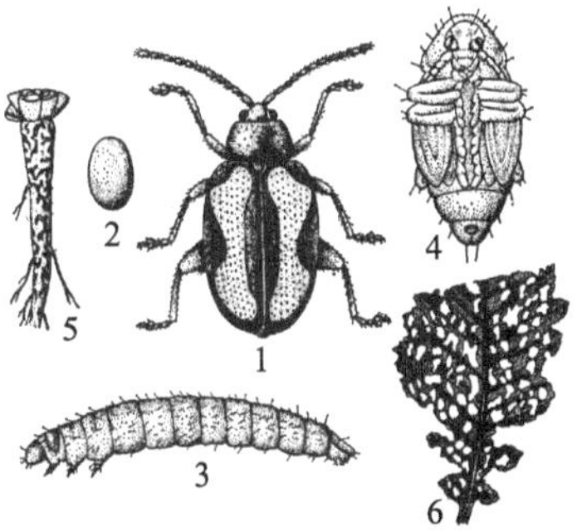

幼虫：老熟幼虫体长 4mm 左右，近圆筒形，尾部稍细。头和前胸背板淡褐色，胸、腹部淡黄色，各节上疏生黑色短刚毛。末节臀板椭圆形，淡褐色，末节腹面有 1 个乳状突起。

图 22-7 黄曲条跳甲（仿浙江农业大学）
1. 成虫；2. 卵；3. 幼虫；4. 蛹；5. 被害菜根；6. 被害叶

蛹：体长约 2mm，长椭圆形，乳白色。胸、腹部背面有稀疏的褐色刚毛。腹部末端有 1 对叉状突，末端褐色。

（二）生活史与习性

黄曲条跳甲在东北和西北年发生 2～3 代，华北年发生 4～5 代，华东年发生 4～6 代，华中年发生 5～7 代，华南年发生 7～8 代。在长江流域以北地区，以成虫在枯枝、落叶、杂草丛或土缝里越冬；在长江流域以南地区，全年可发生为害。越冬成虫在春季温度回升到 10℃以上时恢复活动，在越冬寄主、油菜或春季蔬菜上取食。4 月上旬开始产卵，以后世代重叠。10～11 月气温下降，成虫开始越冬。全年以春末夏初和秋季发生为害较重，北方秋季重于夏季。

成虫性活泼，善跳跃，遇惊动时即跳走。高温季节多在早晚活动取食，中午躲在叶片背面或土缝中潜伏。有趋光性和明显的趋黄、趋嫩绿习性。成虫多产卵于植株根部周围的土缝中或细根上，卵聚产，每块卵数粒至 20 余粒。卵期 5～7d，卵必须在高湿条件下才能孵化，土壤干旱常造成卵大量死亡。幼虫共 3 龄，生活在土中。幼虫期 11～16d，幼虫老熟后在 3～7cm 深的土壤中筑土室化蛹，蛹期 3～17d。油菜的栽培情况与受害程度有关，一般春播油菜受害重，冬播和夏播油菜受害轻；靠近山地、杂草多的油菜田、蔬菜田附近，或与十字花科蔬菜连作的油菜田发生较重；油菜种植密度大的田块一般重于密度小的田块。

（三）防治方法

1. 农业防治

1）合理轮作：避免油菜和其他十字花科作物轮作，选择与非十字花科作物如水稻、葱、蒜、胡萝卜等轮作，可切断寄主食物链，减轻为害。

2）清洁田园：彻底铲除田地周边杂草，清除残株败叶，消灭越冬成虫，减少田间虫源。

3）深耕晒土：播种前和收获后进行深翻晒土，可减轻虫口发生基数。

2. 生物防治　按 70×10^9 条 $/hm^2$ 的用量，于傍晚将斯氏线虫或异小杆线虫喷施于根部周围土壤，对黄曲条跳甲幼虫有较好的控制效果。芽孢杆菌、球孢白僵菌可侵染成虫和幼虫，对其发生有一定抑制作用。

3. 物理防治　成虫发生期在田间设置频振式杀虫灯、高压汞灯，或按 750 张 $/hm^2$ 的密度悬挂黏虫黄板，可大量诱杀成虫。

4. 化学防治　油菜播种期可用药剂拌种，移栽时若发现根部有幼虫可用药液浸根 15min。防治成虫的用药适期为成虫开始活动而尚未产卵时。可选用敌敌畏、敌百虫、印楝素、毒死蜱、氯氰菊酯、马拉硫磷、杀虫双等喷雾。

三、向日葵螟

向日葵螟（*Homoeosoma nebulella* Denis et Schiffermüller）又名欧洲向日葵同斑螟、葵螟，属鳞翅目螟蛾科，国外分布于法国、伊朗、西班牙和俄罗斯等地，国内分布于黑龙江、吉林、新疆和内蒙古等向日葵产区。

向日葵螟主要为害向日葵，也为害茼蒿、丝路蓟等菊科植物。以幼虫在花盘内蛀食为害，可将种仁部分或全部吃掉，形成空壳或蛀花盘，花盘上布满与丝网粘连的虫粪和碎屑，状似丝毡。被害花盘多腐烂发霉，影响产量和质量。

（一）形态特征

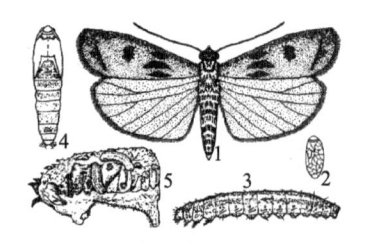

图 22-8　向日葵螟（仿中国农业科学院）
1. 成虫；2. 卵；3. 幼虫；4. 蛹；5. 种子和花盘被害状

成虫：体长 8～12mm，翅展 20～27mm，灰褐色。触角丝状，基部环节粗大，较其他节长 3～4 倍。前翅长形，灰褐色，近中央有 4 个黑斑，外缘有 1 条黑色斜纹。后翅浅灰褐色，脉纹和外缘暗褐色。成虫静止时，前后翅紧贴于身体两侧，酷似向日葵种子（图 22-8）。

卵：长 0.8mm，宽 0.4mm 左右，乳白色，长椭圆形。卵壳具不规则的浅网状纹，有光泽，有的卵粒端部有 1 圈褐色的胶膜。

幼虫：老熟幼虫体长 16～18mm，淡灰黄色。头部黄褐色，前胸背板淡褐色，胸足和气门黑色。背部有 3 条褐色或棕色的纵线。腹足趾钩双序全环。

蛹：体长 8～12mm，褐色，羽化前变为暗褐色。腹部第 2～7 节背面和第 5～7 节腹面有明显的圆形刻点。腹部末端有钩毛8根。蛹外有丝质的茧。

（二）生活史与习性

向日葵螟在东北和内蒙古年发生1~2代，新疆年发生2~3代。以老熟幼虫在土壤中结茧越冬。在吉林和黑龙江，7月上旬越冬幼虫破茧化蛹，7月中旬至下旬成虫开始羽化，7月下旬至8月上旬为成虫羽化高峰期，8月中旬为幼虫为害盛期，8月下旬老熟幼虫入土越冬。少数幼虫可在9月上旬化蛹和羽化出成虫，并出现第2代幼虫，但为害不重，也不能安全越冬。在新疆，越冬代成虫5月中旬开始羽化，第1代幼虫发生于7月上旬，第2代幼虫发生于8月中旬；幼虫老熟后少部分入土越冬，大部分幼虫继续发育，化蛹和羽化，出现第3代幼虫，为害至9月中旬，老熟后入土结茧越冬。

成虫昼伏夜出，飞翔力较强，趋光性较弱。白天潜伏在杂草丛中或向日葵叶片背面，傍晚开始在花盘上取食花蜜和交配产卵。雌虫在交配当天即可产卵，卵多散产于花盘上的开花区内，以花药圈内壁、花柱和花冠内壁着卵最多。单雌产卵量200~300粒。成虫寿命15d左右。卵期3~4d。

幼虫共4龄。1~2龄幼虫先取食筒状花，然后取食种子边缘和萼片边缘。3龄后沿葵花籽排列缝隙蛀食花盘和种子，并在花盘上吐丝结网，粘连虫粪和碎屑。幼虫有转粒为害习性，一生可食害7~12粒葵花籽，多的达20粒以上。幼虫期19~22d。幼虫老熟后脱盘落地，入土化蛹或吐丝结茧越冬。蛹期12~16d。

春季干旱常造成越冬幼虫大量死亡。夏季高温少雨、土壤含水量低于20%时，不利于幼虫化蛹和成虫羽化。成虫发生期降雨较多或遇到暴雨，不利于成虫产卵。葵花品种与受害程度密切相关，皮壳中碳素层形成快的品种抗虫性强，油用型小粒品种比食用型大粒品种抗虫性强。向日葵盛花期与成虫产卵盛期吻合时间长，则受害较重。

（三）防治方法

向日葵螟的防治应以农业防治为主，生物防治、物理防治为辅，尽量不使用化学农药，减少或避免对授粉昆虫和环境的影响。

1. 农业防治

（1）清理虫源，降低虫口基数　　深秋翻地并结合冬灌，可杀伤大量幼虫；向日葵采收后及时收集并处理在葵花粗加工过程中筛选出来的杂质，消灭其中的越冬幼虫；在生长季，及时清除田边的刺儿菜、苣荬菜、沙旋覆花、多头麻花头等杂草，消灭野生虫源。

（2）种植抗虫品种　　一般情况下，品种间抗螟性表现为油葵＞杂交花葵＞常规花葵，油葵对向日葵螟基本表现高抗，多数食葵对向日葵螟不表现抗性。因此，在向日葵螟虫口基数较大的地区可以种植油葵品种或种植相对较耐向日葵螟且商品性状相对较好的杂交食葵，以减少损失。

（3）调整播种时间　　各地应根据向日葵螟主要为害代和成虫动态调整播期，使向日葵花期与向日葵螟成虫发生期尽量错开，达到避害效果。

2. 生物防治

（1）释放赤眼蜂　　分别在向日葵开花量达到20%、50%和80%时释放赤眼蜂，放蜂量分别为36万头/hm²、48万头/hm²和36万头/hm²，将蜂卡均匀放置于田间，放置位置为葵盘下面 1~2 片叶的背面。

（2）施用 Bt 制剂　　在 50% 的向日葵开花后，按 45~60kg/hm² 喷施 Bt 可湿性粉剂，可有效防治向日葵螟幼虫。

3. 物理防治

（1）灯光诱杀　　每 4hm² 向日葵田悬挂 1 盏频振式杀虫灯进行诱杀。

（2）性诱剂诱杀　　在向日葵螟成虫大发生前，田间放置性诱剂诱捕器 25~30 枚/hm²，诱杀雄蛾。

（3）植物诱杀　　在向日葵田周围种植茼蒿等菊科植物，引诱成虫产卵，进行集中防治。

4. 化学防治　　成虫产卵高峰期为农药防治适期。选用敌百虫、氰戊菊酯、溴氰菊酯、高效氯氰菊酯等喷雾，间隔 4~5d 再用药 1 次。

★ 复习思考题 ★

1. 为什么大豆食心虫药剂防治的最佳时期是成虫盛发期和卵孵化盛期？
2. 简述豆荚斑螟的综合防治技术。
3. 为什么小菜蛾、菜粉蝶的发生为害盛期均在春、秋季？
4. 简述大豆抗虫育种的新进展。
5. 结合当地油料作物特点，制定不同油料作物害虫的防治方案。

第二十三章 烟草害虫

烟草是烟草工业的主要原料，从苗期到叶片烤制储存都会受到害虫的为害。我国为害烟草的害虫有200余种，其中分布广泛、为害较重的害虫有烟蚜、烟夜蛾、棉铃虫、斜纹夜蛾、甘蓝夜蛾、烟草麦蛾、烟蛀茎蛾、斑须蝽、稻绿蝽、地下害虫等。

第一节 烟蚜

烟蚜 [*Myzus persicae*（Sulzer）] 又称桃蚜，俗称腻虫、蜜虫、油汗等，属半翅目蚜科，是世界上分布最广泛的蚜虫之一。亚洲、北美洲、欧洲和非洲均有分布，国内分布遍及各省区。

烟蚜是多食性害虫，世界记载的寄主植物有50科400余种，我国记载170余种，主要包括茄科、十字花科、菊科、豆科、藜科、旋花科、锦葵科、毛茛科、蔷薇科等植物。以成蚜、若蚜吸食烟株汁液，烟叶被食害后卷缩、变薄，严重被害的植株生长缓慢，易发生煤污病。此外，烟蚜还能传播黄瓜花叶病毒（SMV）、烟草蚀纹病毒（TEV）、马铃薯Y病毒（PVY）、烟草线条病毒（TSV）、烟草丛矮病毒（TBSV）、烟草黄瓜花叶病毒（CMV）等115种植物病毒，导致烟株严重矮化，或叶片出现褪绿斑点或环纹，形成坏死斑，对叶片产量和品质影响很大，造成严重的经济损失。在果树中主要为害桃、李、杏、樱桃等蔷薇科果树。

一、形态特征

有翅胎生雌蚜：体长1.8～2.2mm，头、胸部黑色，腹部淡暗绿色。额瘤显著，向内倾斜。复眼赤褐色。触角黑色，共6节，第3节上有9～17个次生感觉圈排成一列，第5节端部及第6节基部各有感觉圈1个。胸部黑色；腹部绿色、黄绿色、褐色或赤褐色，背面中央有一黑褐色近方形斑纹，两侧有小斑。腹管细长，圆筒形，中后部略膨大，末端有明显缢缩。尾片圆锥形，有侧毛3对（图23-1）。

无翅胎生雌蚜：体长1.9～2.0mm，体较肥大，近卵圆形。体色有绿色、黄绿色、橘红色或褐色。触角黑色，6节，第3节无感觉圈，仅第5节末端及第6节基部各有1个感觉圈。额瘤、腹管与有翅型相似，体侧有较明显的乳突。尾片较尖，中部不缢缩。

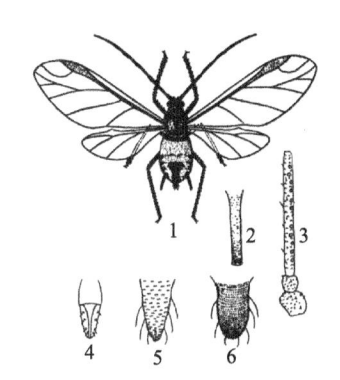

图23-1 烟蚜（仿张广学）
有翅胎生雌蚜：1.成蚜；2.腹管；3.触角第1～3节；4.喙；5.尾片
无翅胎生雌蚜：6.尾片

无翅有性雌蚜：体长1.5~2.0mm。体色赤褐色、灰褐色、暗绿色或橘红色。头部额瘤向外倾斜。触角较短，末端色较暗，第5、第6节各有一个感觉孔。足跗节黑色，后足胫节宽大。腹管端部有明显的缢缩。

有翅雄蚜：有翅雄蚜与有翅胎生雌蚜相似，但体形较小，腹部黑斑较大。触角第3~5节都有数量较多的感觉圈。

卵：长椭圆形，长径约0.44mm，短径约0.33mm，初产时淡绿色，后变黑色，有光泽。

若蚜：共4龄，体长0.8~2.0mm。1龄若蚜体色淡黄绿色，头胸颜色略深，复眼暗红，头胸腹几乎等宽。2龄腹部较头胸部膨大，3龄腹部明显大于头胸部。4龄体色淡红色、淡绿色、红绿色、黄绿色、红褐色或橘红色，复眼暗红色至黑色，腹部大于胸部、胸部大于头部。

二、生活史与习性

烟蚜年发生代数因地而异，在黄淮地区年发生24~30代，云南省玉溪地区年发生19~23代，东北和京津地区年发生10~20代，台湾年发生30~40代。在河南许昌地区，烟蚜春季在桃树上年发生3代，在烟草上年发生15~17代，在秋季十字花科作物上年发生5~6代。

烟蚜年生活史有全周期型、不全周期型和兼性周期型。全周期型是原始的年生活史类型，一年中行多次孤雌生殖和一次有性生殖。秋末性雌蚜和雄蚜在原生寄主（越冬寄主）上交配、产卵，以卵越冬。翌年卵孵化为干母，干母行孤雌生殖产生干雌，干雌行孤雌生殖产生有翅蚜，迁移到次生寄主（夏寄主）上行孤雌生殖若干代，至秋末形成性母迁回原生寄主上。不全周期型为全年孤雌生殖，不发生有性阶段，冬季以孤雌生殖个体在寄主植物上越冬。不全周期型的个体仍具有性生殖的潜能，一定条件下可以转化为全周期型。这种类型在热带、亚热带和温带地区均可见。兼性周期型是全周期型向不全周期型过渡的中间类型，产生的个体有孤雌生殖蚜和雄蚜，但不产生性雌蚜。兼性周期型仅见于热带和亚热带的某些地区。全周期型烟蚜分布于我国东北和西北地区；在华北至南岭以北，全周期型和不全周期型混合发生，以卵在原生寄主（主要为桃树）和孤雌生殖蚜在十字花科蔬菜等寄主上越冬。在西南和南方地区主要为非全周期型，终年营孤雌生殖。

烟蚜具有明显的趋嫩性，有翅孤雌蚜对黄色呈正趋性，对铝光、银灰色等金属光泽及白色呈负趋性。传播方式为迁飞和扩散。烟蚜一天内飞行有两个高峰，在早晨光强达到一定程度时出现第一个飞行高峰，下午光强减弱后出现第二个飞行高峰。阳光的入射角度可决定蚜虫起飞的方向。烟蚜在烟田均呈以个体群为单位的聚集分布，聚集强度随种群密度的上升而增大。有翅蚜的聚集往往由环境引起，无翅成蚜、若蚜聚集是其本身的习性和行为所致，一般低密度下的聚集受环境影响大，而在较高密度下的聚集是由自身习性和行为引起的。

烟蚜有翅个体的产生受遗传和环境因素制约，环境因素主要是温度、寄主植物营养状况、个体拥挤度和光周期等。高温会抑制有翅个体的形成。寄主植物营养状况不利于烟蚜生长发育时，有翅个体出现得早。个体密度即拥挤度显著影响有翅个体的产生。短光照和长光照均适于有翅蚜的产生。光周期与温度的不同组合会产生不同的效应。寄生蜂也是影响烟蚜翅型分化的重要因素之一，烟蚜被寄生蜂寄生后，寄生蜂会干扰甚至完全抑制烟蚜翅的发育，致使发育成潜在的有翅蚜或无翅个体，或发育成介于有翅和无翅之间的中间类型。

烟蚜对寄主的选择主要是在飞行降落后通过口器试探取食实现。试探取食一般在10~15s内完成。无翅和有翅烟蚜个体的唾液中均含有果胶酶，口针经植物的表皮细胞到达韧皮部。是否取食某种植物，由其口针尖端插入这种植物细胞内，在吸取其表皮细胞汁液而感受原生质内化学物质的刺激后决定。

三、发生与环境的关系

1. 气候条件　　温度对烟蚜的存活、生长发育及繁殖影响很大。烟蚜存活的温度为2~32℃，最适发育温度为24.9℃。在10~25℃，随温度升高，发育历期和世代历期缩短，存活率和繁殖力增大。湿度过高或过低均抑制烟蚜繁殖。大田中烟蚜适宜发生的温度范围为6.2~28.6℃，湿度为40%~80%，超出此范围，种群数量受到抑制。

2. 天敌　　烟蚜的天敌种类较多，国内外报道烟蚜的天敌昆虫有180余种，其中捕食性天敌130余种，寄生性天敌50余种。常见重要捕食性天敌昆虫有七星瓢虫、龟纹瓢虫、中华草蛉、大草蛉等，寄生蜂主要有烟蚜茧蜂、短翅蚜小蜂等。烟蚜茧蜂对烟蚜种群的自然控制力较强。在烟田，烟蚜茧蜂对烟蚜的寄生率通常为20%~60%，高的可达89.2%。山东、河南中部烟区，烟蚜茧蜂一般年份可有效控制烟草生长前期烟蚜的种群数量。

烟蚜的致病微生物主要是昆虫病原真菌，比较重要的有球孢白僵菌、新蚜虫疠霉、近藤虫疫霉、冠耳霉、玫烟色拟青霉、蚜虫枝孢霉、粉拟青霉和绿僵菌等。另外，Bt和放线菌对烟蚜也有较好的致病作用。

四、防治方法

1. 农业防治　　育苗时，苗床应远离菜地及桃园，育苗棚的门窗和周围通风口用40目尼龙网覆盖，阻隔烟蚜进入苗床；由于烟蚜具有趋嫩性，喜在心叶上取食，因此适时打顶抹杈，集中处理打下的顶和抹去的杈，以消灭嫩尖嫩叶上的烟蚜。

2. 物理防治　　利用烟蚜对银灰色有较强的负趋性以及对黄色有较强的正趋性的习性，在烟草苗床及移栽后采用覆盖银灰色地膜趋避烟蚜。移栽后，在田间悬挂黄色粘虫板、放置黄皿等诱捕烟蚜。

3. 生物防治　　烟蚜的天敌种类众多，如瓢虫、寄生蜂、蜘蛛等数量较大，对蚜虫的控制作用显著。目前烟蚜茧蜂规模化繁殖与释放技术已广泛用于烟蚜的生物防治。烟蚜茧蜂的释放方法包括挂僵蚜叶片散放法、成蜂散放法和小蜂棚散放法。在烟草生长期，一般需在烟株摆盘期、团棵期、旺长期及现蕾期释放烟蚜茧蜂3~4批（次），可明显控制烟蚜为害。烟蚜种群数量较大时，可选择使用阿维菌素、印楝素、苦参碱、藜芦碱等生物制剂。

4. 化学防治　　可选择使用高效氯氟氰菊酯、吡虫啉、毒死蜱、噻虫酮等药剂。

第二节　烟夜蛾

烟夜蛾（*Helicoverpa assulta* Guenée），又名烟实夜蛾，幼虫俗称烟青虫，属鳞翅目夜蛾科。在亚洲、非洲和大洋洲等地均有分布，我国除西藏外各省（自治区、直辖市）均有发生。烟夜蛾食性较杂，可为害烟草、辣椒、番茄、大豆、玉米、扁豆、豌豆、棉、麻、秋葵、向日葵和曼陀罗等70余种植物，但以烟草和辣椒受害最重。烟夜蛾主要是以幼虫为害嫩茎、叶片、芽、蕾和果实，引起落花、落蕾、烂果落果。

一、形态特征

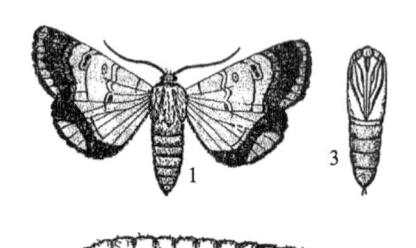

图23-2 烟夜蛾
1.成虫；2.幼虫；3.蛹

成虫：体长15~18mm，翅展27~35mm，雌虫前翅黄褐色，雄虫灰绿色，前翅上有几条黑褐色的细横线、肾状纹和环状纹；后翅黄褐色，斑纹明显（雌蛾比雄蛾更明显），外横线近于垂直翅内缘，末端不斜伸至肾形斑下方，外缘的黑色宽带稍窄。烟夜蛾外部形态与棉铃虫极为相似，可从外生殖器和翅面斑纹进行区别，烟夜蛾雄成虫腹末抱器瓣窄长，长宽比在6.1左右，阳端囊有8~9个弯折，阳茎端部刺丛不分叉（图23-2）。

卵：半球形，底部平，表面有20多条长短相间呈双序式排列的纵棱，中部纵棱21~26条，多数为22~24条，纵棱不伸达底，纵棱间有横纹。卵壳上有网状花纹。卵孔明显。卵通过胶质黏附在叶片上，初产时乳白色，后逐渐转为黄色，以后出现紫红色晕圈，孵化前变为黑色。

幼虫：老熟幼虫体长31~41mm，体色变化很大，有绿色、淡绿色、黄白色以至淡红色、黑紫色。在云南1龄幼虫均为红褐色，2~6龄体色都较浅，老熟后逐渐转为浅黄绿色、暗红绿色、灰黑色；在河南则以黄绿色和绿褐色幼虫为主。两根前胸侧毛连线不与前胸气门下端相切或远离前胸气门下端。幼虫有9对椭圆形或近圆形气门，前胸和腹部第1~8腹节各1对，气门上下两端较圆，故气门片的宽度也较均匀，气门片的颜色一般为褐色。气门腔口密生细毛刷状具有过滤作用的二唇形筛板。气门上线内的白色斑纹分散成白点。

蛹：赤褐色，纺锤形，长17~21mm，腹部第5~7节的刻点小而密，腹末1对细刺基部靠拢，末端略弯。初蛹嫩黄色或嫩绿色，后转为红褐色，臀棘由透明白色变为黑色。

二、生活史与习性

烟夜蛾年发生世代数随地理纬度、海拔等的不同而异，年发生代数由北向南逐渐增加。东北地区年发生2代，河北2~3代，黄淮地区3~4代，湖北、安徽、浙江、上海、四川、云南、贵州、广西等地年发生4~6代。世代重叠明显。各地均以蛹在7~13cm深处土中越冬。

成虫羽化后半小时左右开始飞翔，羽化后经2~3d补充营养后开始求偶和交尾，1~3d内交配产卵，交配时间多在夜晚20:00~23:00。烟夜蛾具有多次交配和产卵习性。成虫白天多隐藏在作物叶背或杂草丛中，夜晚或阴天活动。成虫主要集中在晚22:00~24:00产卵，卵期4~6d。前期将卵多产在寄主作物上部叶片正反面的叶脉处，后期多产在果、萼片或花瓣上，卵多数散产，一般每处产1粒卵，也有3~4粒聚产。产卵量受补充营养影响，如饲喂多维葡萄糖时单雌平均产卵量达526.2粒，最高可达916粒。

初孵幼虫先取食卵壳，然后取食嫩叶表皮组织，形成孔洞或缺刻；也可蛀食蕾、嫩果等。初龄幼虫昼夜取食，3龄后食量增大，能转株、转果为害，白天多潜伏于寄主叶下或土缝间，夜间活动危害。

幼虫一般 5 龄，少数 6 龄，偶有 7 龄。6 龄幼虫对光照敏感。老龄幼虫有自相残杀和假死习性。幼虫期一般 12～50d。幼虫体色因环境、食料和龄期等不同而多变。老熟幼虫不食不动，经过 1～2d 后入土作土茧化蛹，入土深度一般为 3～5cm，越冬蛹稍深（7～13cm）。越冬场所多为留种烟地、辣椒等蔬菜地及晚秋寄主植物地。烟夜蛾为兼性滞育，以蛹滞育。

三、发生与环境的关系

1. 温度　　温度是影响烟夜蛾生长发育的重要因素，各虫态的发育起点温度如表 23-1 所示。在 20～36℃时，烟夜蛾卵、幼虫和蛹的发育历期及雌蛾寿命随温度升高而缩短。20℃时雌蛾寿命最长，为 17.1d，36℃时仅为 4.4d。24℃和 28℃时产卵量最高，36℃时不产卵。在 23～25℃下，卵期 3d，幼虫期 16d，蛹期 11～13d，成虫寿命 8d。

表 23-1　烟夜蛾各虫态的发育起点温度和有效积温（何隆甲和石万成，1982）

虫态	卵	幼虫	蛹	成虫产卵前期	全世代
发育起点温度 /℃	13.7±0.3	13.9±0.9	11.2±1.8	16.7±1.6	14.4±0.4
有效积温 /（d·℃）	33.3	178.3	141.8	24.7	393.3

2. 湿度和降水　　湿度和降水能影响烟夜蛾的发生期和发生量。湿度也是影响烟夜蛾卵和幼虫存活的重要因素之一。一般在高湿与高温组合（32℃，RH94%）条件下，卵的存活率较低，而高温与低湿组合条件下，烟夜蛾末龄幼虫的存活率低。

3. 光照　　光照长度、光质与烟夜蛾的滞育、趋光性密切相关。在安徽凤阳，当温度为 24℃和 26℃时，烟夜蛾种群滞育的临界光周期分别为 13.18h 和 12.07h。当每天光照 9～13h（温度 22℃）时，大部分个体进入滞育，而光照时间大于 13h 时滞育明显下降。

温度和光照是导致烟夜蛾冬滞育的主要因素，而解除滞育的快慢则主要取决于温度，适当低温有明显的促进作用，6 龄幼虫是冬滞育敏感期。在 24～26℃时，烟夜蛾的滞育临界光周期分别为 13h11min 和 12h4min。

4. 食物　　烟夜蛾的寄主植物有 70 多种，对烟草和辣椒的经济危害性最大。烟夜蛾取食不同寄主对其生长发育有一定影响。以烟叶为食的烟夜蛾的卵孵化率高于以辣椒为食的卵孵化率；取食烟草的幼虫和蛹的死亡率分别为 21.4%～35.2% 和 4.5%～11.1%，但取食辣椒的幼虫和蛹的死亡率仅为 2.8%～11.3% 和 1.4%～15.3%。烟夜蛾成虫产卵对烟草、辣椒、番茄、玉米、紫苏和茄子等无明显的偏好性，但其幼虫对寄主植物表现出明显的选择性，即辣椒＞烟草＞番茄、玉米、茄子＞紫苏。

5. 天敌　　烟夜蛾的天敌较多，比较重要的寄生蜂有赤眼蜂、齿唇姬蜂、悬茧姬蜂、黄足茧蜂、中华卵索线虫、侧沟绿茧蜂等，捕食性天敌有红彩真猎蝽、大草蛉、中华广肩步甲、黄边步甲、华姬猎蝽、泽蛙和蜘蛛等。红彩真猎蝽（*Harpactor fuscipes*）是烟田的优势天敌种群，对烟夜蛾具有较强的攻击能力、搜索能力和寻找能力，能捕食烟夜蛾的卵及幼虫，且对烟夜蛾有较强的跟随现象，捕食量与烟夜蛾的密度呈正相关。

6. 栽培制度与栽培方式　　烟夜蛾的发生为害程度与栽培方式有关，当烟草与辣椒、小麦、花生等间作套种时，发生程度都高于单作烟田。

四、防治方法

(一) 预测预报

烟夜蛾预测预报多采用系统调查的方式进行，即设立系统观测田，定期调查发生为害情况。同时，在大田放置性诱剂诱集成虫，并定期调查发生量，结合该虫的活动积温进行中、短期预测，以及时指导防治。越冬代烟夜蛾可利用活动积温（2600±60）℃的期距预测第1代发生期；此后，用上一代预测下一代，则可采用（877±40）℃活动积温的期距进行预测。

(二) 农业防治

适当调整栽培和管理措施，恶化烟夜蛾营养环境，以减少危害，降低损失，如适时早栽烟草，不仅可以减轻一代烟夜蛾的为害，还可避免二代的为害。及时打顶、换茬翻耕和人工捕捉等措施，也能取得良好的防治效果。

(三) 物理防治

利用诱虫灯、性信息素和诱集植物诱集烟夜蛾成虫及其卵块，可对烟夜蛾有大面积的诱杀作用。

(四) 生物防治

保护和利用自然天敌是防治烟夜蛾的重要手段。另外，苦皮素、苦参碱、印楝素和除虫菊素、阿维菌素、*Bt*、多杀菌素、棉铃虫核型多角体病毒等对烟夜蛾均具有较好防效。

(五) 化学防治

烟夜蛾发生较严重时可选择使用毒死蜱、灭多威、溴氰菊酯、茚虫威、氟虫双酰胺、氯虫苯甲酰胺、高效氯氟氰菊酯、甲维盐等农药。

第三节 烟蛀茎蛾

烟蛀茎蛾 [*Scrobipalpa heliopa*（Lower）]，属鳞翅目麦蛾科，又名烟草麦蛾、番茄麦蛾、烟草蛾、烟草瘿蛾等，俗称"大脖子虫"。在广西、湖南、江西、云南、贵州、安徽、陕西、广东、台湾等地均有分布。以幼虫为害烟草，初孵幼虫在烟叶上蛀食叶肉，受害叶片上、下表皮间形成潜痕。侵害叶脉，使叶片皱缩、扭曲。幼虫钻蛀烟茎时能到达髓部，被害处肿大成虫瘿，故俗称大脖子虫、大肚子虫。受害烟株生长缓慢，新叶簇生，植株矮小，严重影响烟叶产量和重量。

一、形态特征

成虫：体长7~8mm，翅展13~15mm。体灰褐色或黄褐色；复眼黑褐色，圆形；头顶有毛簇；触角丝状，灰色；下唇须3节，向上弯曲高过头部，端节尖锐；前翅披针形，铜红色、棕褐色或灰棕色，无斑，翅上被有黑褐色鳞片，翅外缘和后缘均有长缘毛。后翅菜刀状，灰褐色，较前翅宽大，顶角突出，翅缘也有长毛；足的胫节以下黑白相间，较明显，跗节5节，具2爪。雌蛾腹部较肥硕，末端毛丛排列整齐（图23-3）。

卵：长椭圆形，长0.5mm，宽0.3mm，表面有粗糙的皱纹。初产时乳白色微带青色，后变为黄色，孵化前可见一黑点。

幼虫：末龄幼虫体长10~13mm，幼虫体色因虫龄不同而异。初龄幼虫多为灰绿色，后变为白色或黄白色。成长幼虫多为乳白色，头部棕褐色，前胸背板及胸足黄褐色，腹部体壁多皱纹，臀板褐色或黄褐色；腹足趾钩单序环形，趾钩15~16个，臀足趾钩单序横带，趾钩8~9个。

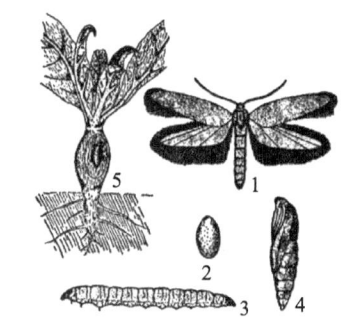

图23-3 烟蚜茎蛾
1.成虫；2.卵；3.幼虫；4.蛹；5.烟草被害状

蛹：纺锤形，棕色，长5~8mm，宽约2mm。额唇基线明显，中央向前突出成圆形，下颚长约超过翅芽的一半；臀棘小，钩齿状，两侧生有尖端弯曲的刚毛。雄蛹尾端尖锐。

二、生活史与习性

烟蚜茎蛾初羽化成虫多栖息于烟株下部的叶片背面、烟茎上或田边杂草等隐蔽处，夜间活动。成虫具有弱趋光性。多数在羽化次日清晨交尾。成虫寿命4~16d，主要在18:00~22:00时产卵，产卵前期2~3d，产卵历期1~18d，一般为3~5d。卵期5~18d，幼虫期19~50d，预蛹期2~3d，蛹期9~15d。越冬代幼虫和蛹的历期长达200d左右。一般将卵产在低矮烟株及烟株下部叶片或杈芽处，绝大多数卵散产于叶片正面主脉处。

烟蚜茎蛾初孵幼虫一般从烟叶的表皮蛀入叶片后蛀食叶肉，残留上下表皮；蛀入后沿支脉进入主脉，再沿主脉蛀入叶基，后蛀入烟茎。蛀食叶脉后，使叶片出现畸形、肥厚、皱缩或扭曲状；蛀食嫩茎或侧芽，受害处肿大形成虫瘿，俗称"大脖子"。烟株受害后生长停滞，植株矮小、顶叶簇生、叶片小而肥厚，严重受害时则造成整个植株枯死。幼虫活动能力较弱，烟株死亡后仍在烟株残体内继续蛀食，老熟幼虫即在取食处结白色薄茧化蛹。

烟蚜茎蛾在不同地区的年发生代数不同，在贵州中部及云南南部年发生4~5代，广东粤西和广西柳州地区年发生6~7代，江西烟区年发生5代，湖南烟区年发生4~5代。多以幼虫或蛹在田间的烟茬、烟秆和烟草残株内越冬，成虫和卵均可越冬。无滞育现象，当冬季天气温暖时，幼虫仍会在未腐烂的烟秆髓部及皮层处活动、取食。冬季也有一些老熟幼虫化蛹并羽化，但当遇到低温霜冻时，羽化的成虫即会被冻死。

三、发生与环境的关系

1. 温度和湿度　　烟蚜茎蛾性喜温暖，卵的发育起点温度和有效积温分别为14.17℃和65.12 d·℃，幼虫、预蛹、蛹的发育起点温度与有效积温分别为16.26℃和172.24 d·℃、12.54℃和23.89 d·℃、11.75℃和142.69 d·℃。因此，当1月气温低于（0.4±0.9）℃时，会造成越冬虫态的大量死亡；当夏季温度高于27.0℃、相对湿度低于51%时，烟蚜茎蛾成虫则不能正常羽化。

2. 海拔　　在海拔1000m以上的高海拔地区，由于冬季气温低，对越冬幼虫的存活不利，造成越冬幼虫的死亡，因此在高海拔地区烟蛀茎蛾的种群数量较低，危害也较轻。而在低海拔（800～1000m）地区，气温相对较高，烟蛀茎蛾的种群数量也较大，其发生和危害也相对较高海拔地区严重。

3. 耕作制度　　烟蛀茎蛾是一种单食性害虫，只取食为害烟草，不为害其他植物。因此，烟草的种植与否是决定烟蛀茎蛾分布和发生的关键因素。此外，由于烟蛀茎蛾在田间烟草残株、烟秆内越冬，所以田间烟秆和残株是影响其越冬虫口基数的重要因素，从而也是影响翌年第1代虫口数量及发生程度的重要因素。

四、防治方法

1. 植物检疫　　严禁从有烟蛀茎蛾分布的地区调运烟苗、马铃薯和茄子等，防止通过其寄主的调运而传播。

2. 农业防治

1）加强苗期管理，培育壮苗，提高对烟蛀茎蛾的抵抗能力。苗期采用网罩或漂浮育苗阻隔烟蛀茎蛾的为害，或拔除苗床有虫苗。

2）加强田间管理。烟草移栽后加强田间虫情监测，及时清除受害烟苗、茎、叶，及时捕杀幼虫。烟株生长期间，结合中耕、除草、施肥和培土，及时打杈，均有助于控制该虫发生为害。

3）秋末烟叶采收完毕后，彻底清理烟茎秆，集中处理，消灭越冬虫源。或冬季处理田间残余的烟茎和残株，以消灭在烟茎和残株中越冬的幼虫和蛹。另外，也可将烟茎浸泡于水中、粪坑、堰塘及烂水田中，以消灭越冬虫源。

3. 化学防治

1）成虫期和卵期防治：在成虫发生高峰期和产卵盛期喷施农药，杀灭成虫和卵，降低田间虫口数。可选用敌敌畏、高效氯氰菊酯、水胺硫磷、毒死蜱等药剂。

2）幼虫期防治：以还苗期—团棵期为防治重点，选用毒死蜱、氯氰菊酯等叶面喷雾，杀灭幼虫。幼虫蛀入烟茎造成茎秆"肿大"时，可用注射器向肿大茎秆内注射敌敌畏药液，毒杀肿大处的幼虫。

第四节　斑须蝽

斑须蝽 [*Dolycoris baccarum*（Linnaeus）]，属半翅目蝽科，别名细毛蝽。国外分布于朝鲜半岛、日本、蒙古、俄罗斯、挪威、土耳其、巴基斯坦、印度及北美洲，我国各地均有分布。寄主植物有烟草、水稻、麦类、棉花、玉米、豆类、花生、黄麻、芝麻、马铃薯等作物，以及桃、梨、苹果、柑橘等果树。以成虫、若虫刺吸植物的幼嫩叶、嫩茎及果实汁液。在烟草上，成虫、若虫在嫩茎、嫩叶、蕾、花、果等处刺吸汁液，密度较高时被食嫩茎凋萎，叶片卷曲，生长发育受阻。据报道，黑龙江省2011年发生重的烟田中，有虫株率和有卵株率达30%～40%，为害株率在10%以上，2013年和2015年达到了中等发生，对烟叶生产造成一定的经济损失。

一、形态特征

成虫：体长 8~13.5mm，宽 5.5~6.5mm。黄褐色或黑褐色，体色变化较大，全体密布白色绒毛和黑色小刻点；触角黑色，5 节，第 1 节粗短，第 2 节最长，触角 1~4 节基部及末端和第 5 节基部为黄色，形成黄黑相间，故称"斑须蝽"。小盾片长，呈三角形，淡黄色，末端钝而光滑（图 23-4）。

卵：长 1~1.1mm，宽 0.75~0.80mm。圆筒形，排列成块，每块卵有 7~28 粒。初产时橘黄色，卵壳有网状纹，密被白色短绒毛。

若虫：共 5 龄，有假死性。若虫孵出后一般停留于卵壳上不食不动，偶有刺吸未孵化卵粒。2 龄若虫开始扩散，3 龄若虫开始分泌臭液。5 龄若虫体长 7.9mm，宽 5~6.5mm，椭圆形，黄褐色至暗褐色。

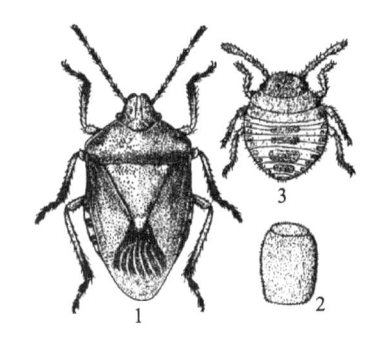

图 23-4 斑须蝽
1. 成虫；2. 卵；3.1 龄若虫

二、生活史与习性

斑须蝽年发生代数因纬度而异，在河南、陕西、山东、安徽及江苏北部年发生 3 代，在南京、江西、湖南、福建年发生 3~4 代，在黑龙江年发生 1 代，吉林年发生 1~2 代，内蒙古、宁夏年发生 2 代。斑须蝽以成虫在农田、林木的树皮裂缝、杂草丛中、房舍墙缝内、檐下等场所越冬。

在我国不同烟区，斑须蝽的发生世代及发生时期不同。在吉林长春烟区，越冬代成虫多数于 4 月末 5 月初开始活动，也有部分个体在 5 月末或 6 月初才复苏，第 1 代成虫于 6 月下旬至 7 月上旬羽化后，即迁入烟田取食烟草，8 月下旬至 9 月上旬出现第 2 代成虫。在河南许昌烟区，越冬代成虫于 4 月初开始活动，此时主要在小麦上取食为害。第 1 代成虫于 6 月中旬达发生盛期，6 月中旬和 7 月中旬为第 2 代和 3 代卵盛期。在陕西渭北烟区，斑须蝽年发生 3 代，其中以第 2、第 3 代成虫取食为害烟草。在江西南昌烟区，越冬成虫 3 月中旬开始活动，5 月下旬至 6 月下旬见第 1 代成虫，7 月上旬至 8 月中旬见 2 代成虫，8 月下旬至 9 月上旬和 10 月上中旬见第 3、第 4 代成虫，第 4 代成虫于 10 月下旬逐渐开始越冬。

斑须蝽成虫具有明显的喜温性，在春季阳光充足、温度较高时，成虫活动频繁。早春在麦田内，成虫仅在晴天无风和中午前后活动，早晨或傍晚即潜藏在麦株下部。成虫有群聚性，在小麦长势好的麦田内虫量较多。

在烟田，斑须蝽呈聚集分布，成虫羽化后多聚集在烟株的顶尖、嫩茎、叶主脉和嫩果等处刺吸汁液，早晨和傍晚阳光较弱时成虫即较活跃，而中午阳光较强时则多聚集在背阴处栖息和取食。雌、雄虫具多次交尾习性，交尾后 2~4d 即开始产卵。卵产于叶片正面、嫩茎、花序枝梗、花冠、花萼和蒴果表面。产出的卵聚集成块，平均每块有卵 14 粒左右。单雌产卵量可达 115 粒左右。

三、发生与环境的关系

1. 湿度和降雨　　斑须蝽成虫较喜干燥，若虫喜欢较高的湿度环境。降雨对斑须蝽若虫存活的影响较大，中等强度降雨能使 93.6% 的 1 龄和 78.2% 的 3 龄若虫死亡。卵发育起点温度为 (12.1 ± 0.4) ℃，有效积温为 (72.1 ± 4.0) d·℃。

2. 寄主植物　　食物对斑须蝽的生长及存活影响较大。寄主植物或同种寄主植物的不同器官均对斑须蝽存活率、产卵量、产卵前期等产生明显影响。斑须蝽取食烟草花、果后，若虫的存活率为 21.6%，而取食茎、叶后存活率不到 7%。雌虫在烟草上取食花、果后，平均单雌产卵达 116.6 粒，而取食茎、叶后单雌产卵量仅有 5.6 粒。

3. 天敌　　斑须蝽的天敌主要有蜘蛛类和寄生蜂类，烟田常见有稻蝽小黑卵蜂和斑须蝽沟卵蜂，以及蜘蛛、华姬蝽、隐翅虫、中华步甲等。

四、防治方法

1. 农业防治　　尽量避免与小麦、油菜邻作，以减少斑须蝽由冬作小麦、油菜田迁入烟田。冬季清除田间残株落叶和杂草，减少越冬虫源。成虫集中越冬或出蛰后集中为害时，利用假死性，振动植株使其落地，迅速收集并杀死。

2. 生物防治　　斑须蝽卵期注意保护利用斑须蝽沟卵蜂和稻蝽小黑卵蜂以及蜘蛛等。

3. 化学防治　　斑须蝽发生严重时，选择喷施溴氰菊酯、高效氯氟氰菊酯、哒嗪菊酯、啶虫脒等农药，对斑须蝽均具有良好防效。

第五节　烟草害虫综合防控技术

危害烟草的害虫种类较多，不同种类的害虫往往在不同地区的发生时期和危害程度也不尽相同。因此，对烟草害虫的防治，应根据当地的耕作制度和作物布局、目标害虫种类及需要保护的天敌种类，在系统测报的基础上，协调应用各种防治方法，控制害虫的发生为害。

一、消灭越冬虫源，减少虫口基数

1）植烟田冬前深耕灌溉，可杀死烟夜蛾、棉铃虫、斜纹夜蛾等越冬虫态。
2）及时处理烟田烟秆，毁除烟蛀茎蛾、烟潜叶蛾等主要越冬场所和早春食物来源。

二、创造不利于害虫滋生的环境条件

1）合理轮作。在有条件的地区实行烟草与水稻轮作，可有效减轻烟草害虫的为害。
2）适当调整烟草的移栽期，错开害虫发生为害的关键时期，减少某些食烟害虫对烟草的危害。
3）合理施肥，适时灌溉，改善烟草的营养、水分条件，提高烟草的抗虫能力。
4）及时采摘烟株下部叶片，可抑制烟潜叶蛾当代的为害和减少老熟幼虫脱叶化蛹的数量，从而降低下代发生数量。

5）烤烟及时打顶、抹杈，杀灭烟夜蛾、棉铃虫、烟蚜等。

三、烟草不同生育期害虫的综合防治方法

（一）幼苗（苗床）期

烟草幼苗（苗床）期主要害虫有蝼蛄、蛞蝓、地老虎和烟蚜等。对蝼蛄等地下害虫的防治方法参考本书地下害虫章节。在烟田周围撒施草木灰或松针，由于松针的气味对蛞蝓有驱避作用，可阻止蛞蝓进入烟田；或在烟田放置加放少许啤酒的白菜叶诱杀蛞蝓；或施用四聚乙醛（蜗牛敌）、贝螺杀、乙酸三苯基锡、甲硫威等杀螺剂杀灭蛞蝓和蜗牛。

（二）移栽至伸根期

烟草该生育期以小地老虎、蛞蝓、蟋蟀、蝼蛄、金针虫、拟步甲、烟蚜、烟蛀茎蛾和烟潜叶蛾、烟夜蛾等为主。具体防治方法参考本书相关章节。

（三）旺长至采收期

烟草旺长期的主要害虫有烟蚜、烟夜蛾和棉铃虫及斑须蝽和稻绿蝽、斜纹夜蛾、负蝗等，局部地区烟蛀茎蛾和烟潜叶蛾也发生为害。具体防治方法参考本书相关章节。

★ 复习思考题 ★

1. 试述烟蚜的发生与环境条件的关系。
2. 试述影响烟夜蛾发生的主要因素及综合防治措施。
3. 影响烟蛀茎蛾的主要因素有哪些？
4. 试述烟蛀茎蛾发生与环境条件的关系。
5. 简述烟草害虫的综合防控技术。

第二十四章 地下害虫

地下害虫是指生活史的全部或大部分时间在土壤中生活，为害植物的地下部分（种子、根茎）和地面部分的一类害虫，也称土壤害虫。

地下害虫长期生活在土壤中，受环境条件的影响和制约，是农业害虫中的一个特殊生态类群。在长期适应进化的过程中，形成了一些不同于其他害虫的发生为害特点：①寄主范围广。各种农作物、蔬菜、果树、林木、牧草的幼苗及种子均可受害。②生活周期长。少数种类年发生1代，如金龟甲、叩头甲等；多数种类则多年发生1代，如蝼蛄。③与土壤关系密切。土壤作为地下害虫主要栖息和取食生活的场所，其理化性质对地下害虫的分布和生活有直接影响。④为害时间长，防治困难。地下害虫从春季到秋季，从播种到收获，作物生长季节均可受害，加上在土中潜伏为害不易被发现，因而增加了防治难度。

地下害虫的发生遍及全国各地，是我国一大类重要的农业害虫。从全国发生为害的情况来看，北方重于南方，旱地重于水地，优势种群则因地而异，主要有蛴螬、金针虫、蝼蛄、地老虎、叶甲、根蛆等。其中以蛴螬为害最重，全国各地均较突出。金针虫主要分布于华北、西北、东北及内蒙古、新疆等地。蝼蛄则主要以南方为主，且近年来为害已基本得到控制，地老虎在许多地区仍发生严重，且有上升的趋势。

第一节 蛴螬类

一、种类、分布与为害

1. 种类　　蛴螬是鞘翅目金龟甲幼虫的总称，种类多、分布广、为害重。全世界已知35 000多种，我国有1800多种，其中为害农、林、牧草的蛴螬有110多种，主要种类有大黑鳃金龟、暗黑鳃金龟（*Holotrichia parallela* Motschulsky）、铜绿丽金龟（*Anomala corpulenta* Motschulsky）。另外，黑皱鳃金龟（*Trematodes tenebrioides* Pallas）、棕色鳃金龟（*Holotrichia titanis* Reitter）、云斑鳃金龟（*Polyphylla laticollis* Lewis）、黑绒鳃金龟（*Maladera orientalis* Motschulsky）、黄褐丽金龟（*Anomala exoleta* Faldermann）、阔胸犀金龟（*Pentodon patruelis* Frivaldszky）、苹毛丽金龟[*Proagopertha lucidula*（Faldermann）]、白星花金龟[*Potosia brevitarsis*（Lewis）]、小青花金龟（*Oxycetonia jucunda* Faldermann）、中华弧丽金龟[*Popillia quadriguttata*（Fabricius）]等种类在我国北方也有分布，常在局部地区猖獗为害。

2. 分布

（1）大黑鳃金龟　　国外分布于蒙古国、苏联（远东）、朝鲜、日本；国内除西藏尚未报道外，其余各省（自治区、直辖市）均有分布。本种有几个近缘种：东北大黑鳃金龟（*Holotrichia diomphalia* Bates）、华北大黑鳃金龟（*H. oblita* Faldermann）、华南大黑鳃金龟（*H. sauteri* Moser）、江南大黑鳃金龟 [*H. gebleri*（Faldermann）] 及四川大黑鳃金龟（*H. szechuanensis* Chang）。

（2）暗黑鳃金龟和铜绿丽金龟　其分布同大黑鳃金龟，为长江流域及其以北旱作地区、黄淮海平原粮棉区的重要地下害虫。

3. 为害　蛴螬类食性颇杂，可以为害多种农作物、牧草及果树和林木的幼苗。例如，大黑鳃金龟为害豆科、禾本科、薯类、麻类、蔬菜和野生植物等达 31 科 78 种。取食萌发的种子，咬断幼苗的根、茎，轻则缺苗断垄，重则毁种绝收。蛴螬为害幼苗的根茎，断口整齐平截。许多成虫还喜食作物、果树等的叶片、花蕾。

二、形态特征

1. 大黑鳃金龟　成虫：体长 16~22mm，宽 8~11mm。黑色或黑褐色，具光泽，鞘翅长椭圆形，其长度为前胸背板宽的 2 倍，每侧有 4 条纵肋。前足胫节外齿 3 个，内方距 1 根；中后足胫节末端距 2 根。臀节外露，背板向下包卷，与腹板会合于腹面。雄虫前臀节腹板中间具明显的三角形凹坑，雌虫则无三角形凹坑，但具 1 横向的枣红色棱形隆起骨片（图 24-1）。

卵：初产时长椭圆形，长约 2.5mm，宽约 1.5mm，白色略带黄绿色光泽；发育后期近圆球形，长约 2.7mm，宽约 2.2mm，洁白色有光泽。

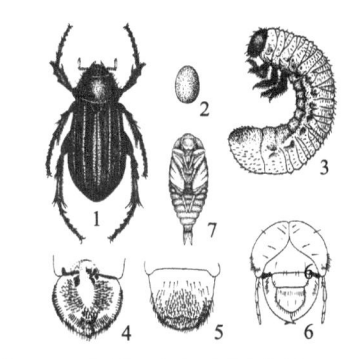

图 24-1　大黑鳃金龟（仿刘绍友，1990）
1. 成虫；2. 卵；3. 幼虫；4. 幼虫内唇；
5. 幼虫肛腹板；6. 幼虫头部；7. 蛹

幼虫：老熟幼虫体长 35~45mm，头宽 4.9~5.3mm，头部前顶刚毛每侧 3 根，其中冠缝每侧各 2 根，额缝上方近中部各 1 根。内唇端感区刺多为 14~16 根，在感区刺与感前片之间除具 6 个较大的圆形感觉器外，还有 6 个小圆形感觉器。肛门孔呈三射裂缝状。肛腹板后覆毛区无刺毛列，钩状毛散乱排列，多为 70~80 根。

蛹：长 21~23mm，宽 11~12mm。化蛹初期为白色，以后变为黄褐色至红褐色。尾节瘦长三角形，端部具 1 对尾角，呈钝角向后岔开。

2. 暗黑鳃金龟　成虫：体长 17~22mm，宽 9.0~11.5mm。暗黑色或红褐色，无光泽。前胸背板前缘有成列的褐色长毛。鞘翅两侧缘几乎平行，每侧 4 条纵肋不明显。前足胫节外齿 3 个，中齿明显靠近顶齿。腹部臀板不向下包卷，与肛腹板会合于腹末（图 24-2）。

卵：初产时长椭圆形，长 2.5mm，宽 1.5mm，发育后期近圆球形，长 2.7mm，宽 2.2mm。

幼虫：老熟幼虫体长 35~45mm，头宽 5.6~6.1mm。头部前顶刚毛每侧 1 根，位于冠缝侧。内唇端感区刺多为 12~14 根，在感区刺与感前片之间除具 6 个较大的圆形感觉器外，还有 9~11 个小圆形感觉器。肛门孔呈三射裂

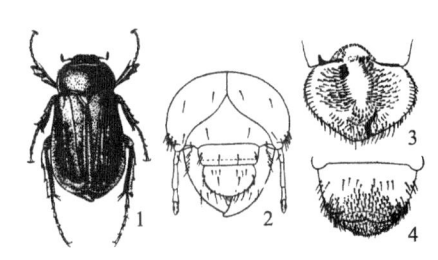

图 24-2　暗黑鳃金龟（仿刘绍友，1990）
1. 成虫；2. 幼虫头部；3. 幼虫内唇；4. 幼虫肛腹板

缝状。肛腹板后覆毛区无刺毛列，只有70～80根钩状毛散乱排列。

蛹：长20～25mm，宽10～12mm。腹部背面具发音器2对，分别位于腹部第4、第5节和第5、第6节交界处的背面中央。尾节三角形，2尾角呈钝角岔开。

3. 铜绿丽金龟　　成虫：体长19～21mm，宽10～11.3mm。体有金属光泽，背面铜绿色，前胸背板两侧缘、鞘翅的侧缘、胸及腹部腹面为褐色或黄褐色。鞘翅两侧具不明显的纵肋4条，肩部具疣突。前足胫节具2齿，较钝。前、中足大爪分叉，后足大爪不分叉。臀板三角形，基部有一倒三角形大黑板，两侧各有一小椭圆形黑斑（图24-3）。

卵：初产时乳白色，椭圆形，长1.6～1.9mm，宽1.3～1.5mm。孵化前几乎呈圆球形，长2.3～2.6mm，宽2.0～2.3mm。

幼虫：老熟幼虫体长30～33mm，头宽4.9～5.3mm。头顶刚毛每侧6～8根，排成1纵列。内唇端感区刺多为3～4根，在感区刺与感前片之间有9～11个圆形感觉器，其中3～5个较大。肛门孔呈横裂状。肛腹板后覆毛区刺毛列长针状，每侧多为15～18根，两列刺毛尖端大多彼此相遇或交叉，仅后端稍许岔开些，刺毛列的前端远没有达到钩状刚毛群的前部边缘。

蛹：长18～22mm，宽9～11mm。体稍弯曲，腹部背面具发音器6对。

常见的其他金龟甲成虫、幼虫特征及区别见图24-4和表24-1。

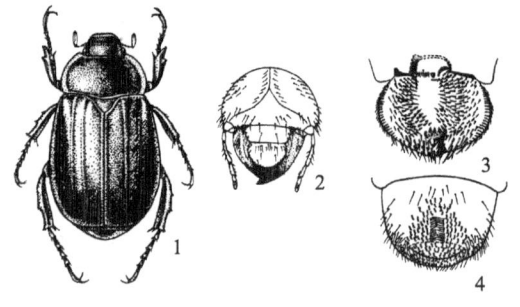

图24-3　铜绿丽金龟（仿刘绍友，1990）
1. 成虫；2. 幼虫头部；3. 幼虫内唇；4. 幼虫肛腹板

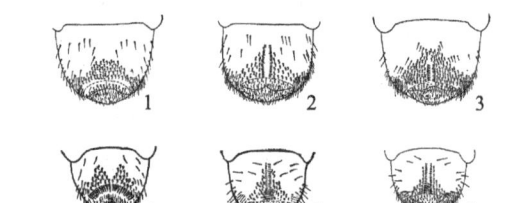

图24-4　几种金龟甲幼虫腹部末端毛列的比较
（仿西北农学院，1977）
1. 黑皱鳃金龟；2. 棕色鳃金龟；3. 云斑鳃金龟；
4. 黑绒鳃金龟；5. 黄褐丽金龟；6. 苹毛丽金龟

表24-1　其他常见金龟甲成虫、幼虫的形态区别

虫名	成虫			幼虫			
	体长/mm	体色	主要特征	体长/mm	前顶刚毛	肛侧板刺毛列	肛背板骨化环
黑皱鳃金龟	13～16	黑色无光泽	鞘翅有粗大刻点，形成皱纹，后翅退化成三角形翅芽状	24～32	6根，冠缝两侧4根，额缝上方2根	钩状毛38根左右，粗壮，刚毛群的后端与肛门孔有明显的无毛裸区	无
棕色鳃金龟	21～26	棕褐色至茶褐色	前胸背板有一光滑纵脊线，侧缘中部各有一小黑点	45～50	每侧3～5根，排成一纵列	短锥刺排成2纵行，每行20～24根，排列不整齐，常具副列，刺毛列突出毛区前缘之外	无

续表

虫名	成虫 体长/mm	体色	主要特征	幼虫 体长/mm	前顶刚毛	肛侧板刺毛列	肛背板骨化环
云斑鳃金龟	31~41	棕色，体被短毛	前胸背板无毛，前足胫节外缘雄2齿，雌3齿。鞘翅具由白短毛构成的白色斑，触角鳃叶部7节，雄虫鳃片特大呈波状弯曲	60~65	每侧6~8根，排成纵列或不规则排列	2行，几乎平行，每行由10~12根短刺组成，前后端略靠近或接近而略呈椭圆形	无
黑绒鳃金龟	6~9	黑色、栗褐色、棕褐色，有天鹅绒般光泽	唇基中央有一微凸的小丘突，两鞘翅各具3条纵沟纹；触角9节，后足胫节狭厚	14~16	2根，额侧毛2根，棕褐色伪单眼	位于近后缘处，由18~20根锥状刺毛组成弧状横带，带中央处明显断开	无
黄褐丽金龟	15~18	淡黄褐色，有光泽	前胸背板隆起，最宽处在小盾片前，侧缘中段外扩，其前是直的，中段后则微呈弧形。前、中足大爪分叉，足和腹部密生细毛	25~31	每侧5~6根，呈1纵列	纵列两行，前段(3/4)由17~18根短锥状刺平行排列，后段(1/4)由11~13根长针状刺向后呈"八"字形岔开	有
阔胸禾犀金龟	21~25	黑色有强光泽	头顶中央有2个小突起，前胸背板发达，长约为鞘翅长度之半，宽10~11.4mm	50~60	每侧13~15根，排列散乱，头部有粗大刻点	散乱，钩状刚毛群分布呈三角形	骨化环的两端向肛门孔边角延伸

三、生活史与习性

1. **生活史** 金龟甲的生活史，因种类和地区差异很大，世代历期最长达6年，最短的一年可发生2代，多数种类则1~2年完成1代。以成虫、幼虫在土中越冬。

（1）大黑鳃金龟 我国仅华南地区年发生1代，以成虫在土中越冬，其他地区2年1代，成虫、幼虫均可越冬，但存在局部世代现象，即部分个体1年可完成1代。

我国北方属2年1代区，越冬成虫春季10cm土温上升到14~15℃时开始出土，土温达17℃时成虫盛发，5月中下旬日均温达21.7℃时田间见卵。6月上旬至7月上旬日均温24~27℃时为产卵盛期，6月上中旬开始孵化，孵化后幼虫除极少数当年化蛹羽化，1年完成1代外，大部分当秋季10cm土温低于10℃时，即向深土层移动，低于5℃时全部进入越冬状态。

大黑鳃金龟种群以幼虫越冬为主的年份，次年春季麦田和作物受害重，而夏秋作物受害轻；以成虫越冬为主的年份，次年春季作物受害轻，夏秋作物受害重。

（2）暗黑鳃金龟 我国大部分地区1年1代，多数以3龄幼虫筑土室越冬，少数以成虫越冬。以成虫越冬的，成为第二年5月出土的虫源。以幼虫越冬的，一般春季不为害，于4月初至5月初开始化蛹，5月中旬为化蛹盛期。蛹期15~20d，6月上旬成虫开始羽化出土，7月中旬至8月上旬为成虫活动盛期。7月初田间见卵，卵期8~10d，7月中旬开始孵化，下旬为孵化盛期。初孵幼虫即可为害，8月中下旬为为害盛期。

（3）铜绿丽金龟　　1年1代。以幼虫越冬。越冬幼虫10cm土温高于6℃时开始活动，并造成短时间为害。5月中旬至6月下旬化蛹，5月下旬成虫出现。6月下旬至7月上旬为产卵盛期，7月中旬卵开始孵化。幼虫为害至10月中旬，进入2～3龄期，10cm土温低于10℃时开始下潜越冬。

2. 习性

（1）成虫　　绝大多数金龟甲昼伏夜出，白天潜伏在土中或作物根际、杂草丛中，傍晚出来活动，21时是出土、取食、交尾高峰，22时以后活动减弱，午夜以后相继入土潜伏。夜出种类多具趋光性，对黑光灯的趋性尤其强，但不同种类及雌雄间差异较大。金龟甲有假死性。牲畜粪、腐烂的有机物有招引成虫产卵的作用。成虫大多需补充营养，喜食榆、杨、桑、胡桃、苹果、梨等林木、果树及大豆、豌豆、花生等作物叶片。

（2）幼虫　　幼虫共3龄，在土壤中度过，一年四季随土壤温度变化而上下迁移，其中以第3龄历期最长，为害最重。

第二节　金针虫类

一、种类、分布与为害

1. 种类　　金针虫是鞘翅目叩头甲科幼虫的统称，世界各地均有分布。全世界已知约8000种。我国有600～700种，主要种类有4种：沟金针虫[*Pleonomus canaliculatus*（Faldermann）]、细胸金针虫（*Agriotes fuscicollis* Miwa）、褐纹金针虫（*Melanotus caudex* Lewis）、宽背金针虫（*Selatosomus latus* Fabricius）。

2. 分布　　沟金针虫国外仅分布于蒙古国，国内自北纬32°～44°，东经106°～123°的广大地区均有分布。其中以旱作区域中有机质较为缺乏而土质较为疏松的砂壤土和砂黏壤土发生较重，是我国中部、北部旱区重要地下害虫。

细胸金针虫国内分布于北纬33°～50°，东经98°～134°的广大地区，其中以水浇地，较湿的低洼水地，黄河沿岸的淤地及有机质丰富的黏土地区为害较重。

3. 为害　　金针虫食性杂，成虫在地面上的活动时间不长，只取食一些禾谷类或豆类作物的嫩叶，为害不严重。幼虫在土中生活，为害各种农作物、蔬菜和林木，咬食播下的种子，食害胚乳使之不能发芽，咬食幼苗根部和地下茎，使之不能正常生长而死亡。一般受害主根很少被咬断，被害部位不整齐，呈丝状。

二、形态特征

1. 沟金针虫　　成虫：体栗褐色，密被褐色细毛。雌虫体长14～17mm，宽4～5mm；雄虫体长14～18mm，宽3.5～5mm。雌虫触角11节，黑色、锯齿形，长约为前胸的2倍，前胸发达，背面为半球形隆起，密布刻点，中央有微细纵沟；鞘翅长约为前胸长度的4倍，后翅退化。雄虫触角12节，丝状，长达鞘翅末端；鞘翅长约为前胸长度的5倍，有后翅（图24-5）。

卵：椭圆形，长约 0.7mm，宽约 0.6mm，乳白色。

幼虫：老熟幼虫体长 20~30mm，宽约 4mm，金黄色，宽而扁平。体节宽大于长，从头部至第 9 腹节渐宽，胸背至第 10 腹节背面中央有一长略凹纵沟。尾节两侧缘隆起，各有 3 个小齿突，尾端二分叉，并稍向上翘弯，各叉内侧有 1 小齿。

蛹：纺锤形，长 15~20mm，宽 3.5~4.5mm。前胸背板隆起呈圆形，尾端自中间裂开，有刺状突起。化蛹初期体淡绿色，后渐变深色。

2. 细胸金针虫 成虫：体长 8~9mm，宽 2.5mm。体细长，暗褐色，略具光泽。触角红褐色，第二节球形。前胸背板略呈圆形，长大于宽，后缘角伸向后方。鞘翅长约为前胸长度的 2 倍，上有 9 条纵列的点刻。足红褐色。

卵：圆形，直径 0.5~1.0mm，乳白色。

幼虫：老熟幼虫体长约 23mm，宽约 1.3mm，体细长，圆筒形，淡黄色，有光泽。体节长大于宽，尾节圆锥形，背面近基部两侧各有 1 褐色圆斑，并有 4 条褐色纵向细纹（图 24-6）。

蛹：纺锤形，长 8~9mm。化蛹初期乳白色，后渐变黄色，羽化前复眼黑色，口器淡褐色，翅芽灰黑色。

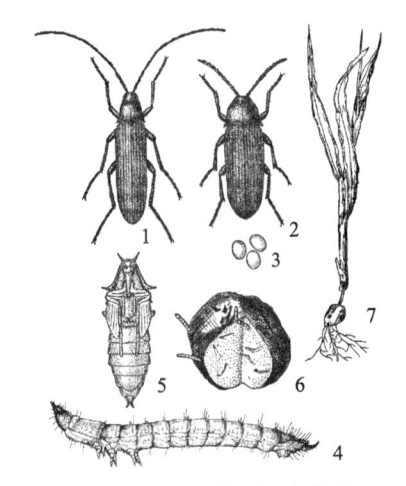

图 24-5　沟金针虫（4 仿西北农学院，1977；余仿浙江农业大学，1963）
1.雄成虫；2.雌成虫；3.卵；4.幼虫；5.蛹；6，7.马铃薯、玉米被害状

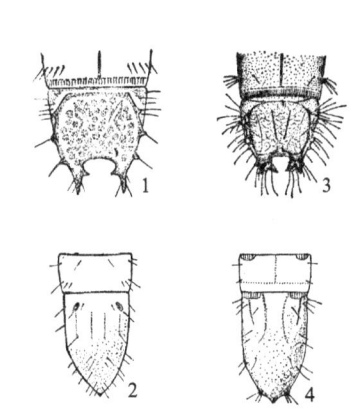

图 24-6　4 种金针虫尾节特征比较（3 仿张履鸿和谭贵忠，1960；余仿西北农学院，1972）
1.沟金针虫；2.细胸金针虫；3.宽背金针虫；4.褐纹金针虫

几种金针虫成虫、幼虫形态区别参见表 24-2。

表 24-2　4 种金针虫成虫、幼虫形态区别

虫名	成虫		幼虫			
	体色	鞘翅/前胸长	体色	体形	体节	尾节
沟金针虫	栗褐色，密被褐色刚毛	5 倍(♂) 4 倍(♀)	金黄	宽而扁	宽大于长，中央有 1 细纵沟	末端二分叉，端部上翘，各叉内侧有 1 小齿，外侧 3 齿突
细胸金针虫	暗褐色，具光泽，密背灰色短毛，爪简单	2 倍	淡黄	细而长，圆筒形，锥状	长大于宽	弹头状，背面近基部两侧各有 1 圆斑，只有 1 个突起

续表

虫名	成虫			幼虫			
	体色	鞘翅/前胸长	体色	体形	体节	尾节	
褐纹金针虫	黑褐色，具光泽，有点刻及稀疏的灰色短毛，爪梳状	2.5倍	茶褐	细长略扁，第2胸节至第8腹节有半月形褐斑	长大于宽	近圆锥形，末端有3个齿突，基部两侧各有1半月形褐斑	
宽背金针虫	黑色，前胸和鞘翅有时略带青铜色或蓝色	2倍	棕褐	宽而扁	宽大于长	端部窄，每侧有3个齿状结，末端二分叉，缺口深，左右二分叉大，每叉下方各有大结，内肢向上弯，外肢向上钩	

三、生活史与习性

1. 生活史　金针虫的生活史很长，一般需2~5年完成1代。以各龄幼虫或成虫在地下越冬。越冬深度因地区和虫态而异，一般15~40cm，最深可达100cm左右。

（1）沟金针虫　一般3年1代，少数2年1代。越冬成虫春季10cm土温10℃左右时开始出土活动。3月中旬至4月上旬，10cm土温稳定在10~15℃时为出土活动高峰。3月下旬至6月上旬为产卵期，卵经35~42d孵化为幼虫，为害作物至6月底，之后下潜越夏。从9月中下旬至11月上中旬为害秋作物，之后在土壤深层越冬。第二年3月初又活动为害，3月下旬至5月上旬为害最重，随后越夏，秋季为害，越冬。第三年8~9月，老熟幼虫在15~20cm土中作土室化蛹。幼虫期长达1150d左右，蛹期12~20d，9月初开始羽化为成虫，当年不出土，在土室中栖息越冬。第4年春季出土交配、产卵，寿命约200d。

（2）细胸金针虫　大多2年1代，甘肃、内蒙古、黑龙江等地大多3年1代，以成虫越冬。在陕西，越冬成虫于3月上中旬10cm土温7.6~11.6℃时开始出蛰活动，15.6℃时达活动高峰。4月下旬开始产卵，5月上旬为产卵盛期。卵期26~32d，5月中旬幼虫出现，并开始为害夏、秋播作物。当平均气温降至1.3℃，10cm地温3.5℃时，下移越冬。次年春季3~5月活动为害，6月下旬幼虫陆续老熟并化蛹，7月中下旬为化蛹盛期，8月是成虫羽化盛期，羽化成虫在土室中潜伏、越冬，至第3年春季出土活动。

2. 习性　成虫昼伏夜出，白天潜伏在杂草或土缝中，晚上出来活动。喜食小麦叶片，尤其喜欢吮吸折断麦茎或其他禾本科杂草茎秆中的汁液。沟金针虫雄虫有趋光性，雌虫后翅退化，不能飞翔，无趋光性。细胸金针虫有假死性，弱趋光性，并对新鲜而略带萎蔫的杂草及作物枯枝落叶等腐烂发酵气味有极强趋性，常群集于草堆下，可利用此习性进行诱杀。宽背金针虫有趣糖、蜜的习性。

第三节　蝼蛄类

一、种类、分布与为害

1. 种类　蝼蛄属直翅目蝼蛄科。全世界约40种，我国记载有8种。为害严重的主要有 2 种：华北蝼蛄（*Gryllotalpa unispina* Saussure）和东方蝼蛄（*Gryllotalpa orientalis* Burmeister）。另外，普通蝼蛄（*Gryllotalpa gryllotalpa* Linnaeus）和台湾蝼蛄（*Gryllotalpa formosana* Shiraki）分别在新疆局部地区和台湾、广东、广西发生。

2. 分布　　华北蝼蛄国外主要分布于俄罗斯、土耳其等。国内分布于北纬 32° 以北地区，北方各省受害较重。东方蝼蛄则是世界性害虫，在亚洲、非洲、欧洲普遍发生，在我国属全国性害虫，各省（自治区、直辖市）均有分布。以前在南方发生较重，近年来也成为北方水浇地的优势种群。

3. 为害　　蝼蛄是最活跃的地下害虫，成虫、若虫均可取食为害，咬食各种作物种子和幼苗，特别喜食刚发芽的种子，造成严重断垄缺苗。也咬食根、嫩茎，扒成乱麻状或丝状，使幼苗生长不良，甚至死亡。蝼蛄在表土层活动时，来往穿梭造成纵横隧道，种子架空，幼苗掉根，导致种子不能发芽，幼苗失水枯死。故有俗言"不怕蝼蛄咬，就怕蝼蛄跑"。

二、形态特征

1. 华北蝼蛄　　成虫：体长 40~50mm，黑褐色，密被细毛，腹部近圆筒形，前足腿节下缘呈"S"形弯曲，后足胫节内上方有刺 1~2 根（或无刺）（图 24-7）。

卵：椭圆形，初产时长 1.6~1.8mm，宽 1.3~1.8mm，以后逐渐膨大，孵化前长 2.4~3mm，宽 1.5~1.7mm。初产时黄白色，后变为黄褐色，孵化前呈深灰色。

若虫：初孵若虫头、胸特别细，腹部肥大，全身乳白色，只复眼淡红色，以后颜色逐渐加深，5~6 龄后基本与成虫体色相似。若虫共 13 龄，初龄体长 3.6~4.0mm，末龄体长 36~40mm。

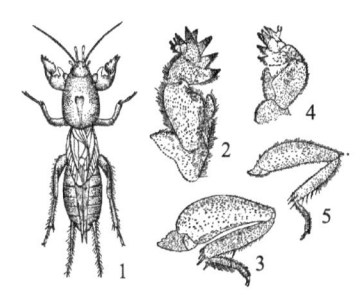

图 24-7　华北蝼蛄和东方蝼蛄
（仿南京农学院，1984）
华北蝼蛄：1. 成虫；2. 前足；3. 后足
东方蝼蛄：4. 前足；5. 后足

2. 东方蝼蛄　　成虫：体长 30~35mm，黄褐色，密被细毛，腹部近纺锤形，前足腿节下缘平直，后足胫节内上方有刺 3~4 个（图 24-7）。

卵：椭圆形，初产时长约 2.8mm，宽约 1.5mm，孵化前长约 4mm，宽约 2.3mm。初产时乳白色，渐变为黄褐色，孵化前为暗紫色。

若虫：初孵若虫头、胸特别细，腹部肥大，全身乳白色，复眼淡红色，腹部红色或棕色，半天后头、胸、足逐渐变为灰褐色，腹部淡黄色。2~3 龄后与成虫体色相似。共 8~9 龄，初龄体长 4.0mm，末龄体长 25mm。

三、生活史与习性

1. 生活史　　蝼蛄类生活史较长，一般 1~3 年 1 代，以成虫、若虫在土中越冬。

（1）华北蝼蛄　　各地均是 3 年 1 代，越冬成虫于 6 月上中旬开始产卵，7 月初孵化，到秋季达 8~9 龄入土中越冬；次年越冬若虫恢复活动，继续为害，秋季以 12~13 龄若虫越冬；直到第 3 年 8 月以后若虫陆续羽化为成虫，新羽化成虫当年不交配，为害一段时间后，进入越冬状态，第 4 年 5 月才交配产卵。室内饲养观察，华北蝼蛄完成 1 代需 1131d，其中，卵期、若虫期及成虫期平均分别为 17d、736d、378d。

（2）东方蝼蛄　　华中、长江流域及其以南各地 1 年 1 代，华北、东北及西北 2 年 1 代。

在黄淮地区，越冬成虫5月开始产卵，盛期为6~7月，卵期15~28d。当年孵化的若虫发育至4~7龄后，在40~60cm的深土中越冬。次年春季恢复活动，为害至8月化蛹，羽化为成虫。若虫期长达400d以上。当年羽化的成虫少数可产卵，大部分越冬后，至第3年才产卵。

两种蝼蛄一年中有两次在土中上升或下移过程，出现两次为害高峰，一次为5月上旬（旬平均气温16.5℃，20cm土温15.4℃）至6月中旬（旬平均气温19.8℃，20cm土温19.6℃），此时正值春播作物苗期和冬小麦返青期；第二次在9月上旬（旬平均气温18℃，20cm土温19.9℃）至下旬（旬平均气温12.5℃，20cm土温15.2℃），此时正值秋作物播种和幼苗阶段。其上下移动主要受温度影响，一般来说，春季气温达8℃时，开始为害活动；秋季气温低于8℃时，停止活动。秋末或冬季温度过低及夏季温度过高时，均潜入深土层，春秋气温适宜，则在地表取食为害。

2. 习性　　蝼蛄喜欢昼伏夜出，晚上21~23时活动取食达高峰。蝼蛄对产卵地点有严格选择性。单刺蝼蛄多在轻盐碱地内无植被覆盖的干燥向阳地埂畦堰附近或路边、渠边和松软的油渍状土中产卵，而在禾苗茂密、郁蔽之处产卵少。在山坡干旱地区，多集中在水沟旁、过水道和雨后积水处。适宜于产卵的土壤pH约为7.5，10~15cm深处土壤湿度18%左右。产卵前先作卵窝，呈螺旋形向下，内分三室，上部距地表8~16cm处为运动室或耍室，中间距地表9~25cm处为圆形卵室，下部距地表13~63cm处为隐蔽室，一般约24cm。1头雌虫通常挖1~2个卵室。产卵量少则数十粒，多则上千粒，平均300~400粒。而东方蝼蛄则喜欢在潮湿的河岸边、地塘和沟渠附近产卵。适于产卵的土壤pH为6.8~8.1，10~15cm深处土壤湿度22%左右。产卵前先在5~20cm深处作卵窝，窝中仅有1个长椭圆形卵室，雌虫在卵室30cm左右处另作窝隐蔽，单雌产卵60~80粒。

初孵若虫有群集性。单刺蝼蛄3龄后才散开，东方蝼蛄在孵化后3~6d分散为害。蝼蛄对光、马粪和香甜味等有较强的趋性。

第四节　种蝇类

一、种类、分布与为害

1. 种类　　为害农作物地下部的双翅目花蝇科幼虫统称为地蛆，也叫根蛆。主要种类有：灰地种蝇，又名种蝇 [*Delia platura*（Meigen）]；葱地种蝇，又名葱蝇 [*Delia antiqua*（Meigen）]；萝卜地种蝇，又名萝卜蝇 [*Delia floralis*（Fallen）]；毛尾地种蝇，又名小萝卜蝇 [*Delia pilipyga*（Villeneuva）]，其中以灰地种蝇分布最广，为害最重。

2. 分布　　灰地种蝇是世界性分布的种类，国内各地都有分布。葱地种蝇和萝卜地种蝇在国内分布很广，但以北方地区如东北、内蒙古、河北、甘肃等地发生较多。毛尾地种蝇主要分布于东北、内蒙古。

3. 为害　　灰地种蝇为多食性，几乎能为害所有的农作物。可为害豆类、瓜类幼苗、菠菜、葱、蒜及十字花科蔬菜、玉米等。主要以幼虫为害播种后的种子和幼茎，使种子不能发芽，幼苗死亡。为害大白菜主要钻蛀根部。

葱地种蝇是寡食性害虫，只为害圆葱、大葱、大蒜、韭菜等百合科蔬菜。幼虫为害时蛀入葱、蒜的鳞茎或幼苗，引起腐烂，叶片枯黄、萎蔫，造成缺苗断垄，甚至成片死亡。

萝卜地种蝇和毛尾地种蝇主要为害十字花科蔬菜，尤其是萝卜、白菜受害最重。

由于根蛆的为害，常给北方白菜、萝卜、葱、蒜等造成巨大损失，黄河及长江流域棉区在棉花播种季节，也常遭到种蝇为害，造成缺苗断垄。

二、形态特征

以灰地种蝇为代表，形态特征如图24-8所示。

雌成虫：体长4～6mm，灰色或灰黄色，复眼间距离约等于头宽的1/3。胸背面有3条褐色纵线，中刺毛显著2列。前翅基背毛极短小，尚不及盾间沟后背中毛的1/2长。中足胫节外上方有1根刚毛。

雄成虫：体长4～6mm。复眼暗褐色，在单眼三角区的前方几乎相接。头部银灰色，触角黑色，触角芒较触角全长为长。胸部灰褐色或黄褐色，胸背稍后方有3条纵线。腹部背中央有1条黑色纵纹，各腹节均有1条黑色横纹。后足胫节内下方生有1列稠密约等长、末端弯曲的短毛。

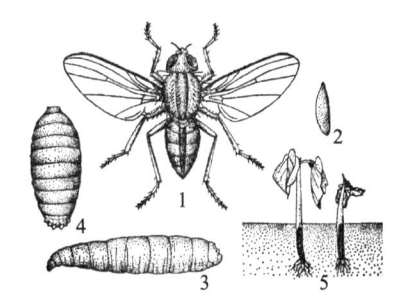

图24-8 灰地种蝇（仿华南农学院，1981）
1.成虫；2.卵；3.幼虫；4.蛹；5.被害状

卵：长椭圆形，长约1.6mm，白色透明。

幼虫：老熟幼虫体长8～10mm，蛆状，乳白色略带淡黄色，头尖尾钝，似截断状。腹部末端有7对肉质突起，均匀不分叉，第1、第2对的位置等高，第5、第6对突起等长，第7对很小。

蛹：长椭圆形，长4～5mm，红褐色或黄褐色，尾端可见7对突起。

几种花蝇科根蛆成虫、幼虫主要特征及区别参见图24-9和表24-3。

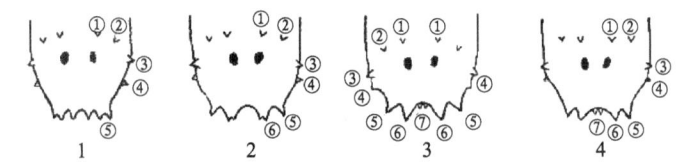

图24-9 4种花蝇科根蛆幼虫腹端形态区别（仿沈阳农学院，1980）
1.萝卜地种蝇；2.毛尾地种蝇；3.葱地种蝇；4.灰地种蝇（①～⑦表示各肉质突起的所在位置和形态）

表24-3 4种种蝇的主要形态特征比较

	主要特征	灰地种蝇	葱地种蝇	萝卜地种蝇	毛尾地种蝇
雄成虫	前翅基背毛	极短，不到盾间沟后的背中毛长的1/2		很长，几乎与盾间沟后的背中毛等长	
	复眼间额带的最狭部分	不明显，因两复眼几乎相接	存在，但较中单眼宽度为狭	等于中单眼宽度的2倍或更大	小于中单眼宽度的2倍
	后足刚毛	胫节的内下方密生成列的等长短毛，末端稍向下弯	胫节内下方中央1/3～1/2处疏生约等长的短毛	腿节的外下方全生有一列稀疏的长毛	腿节的外下方只在近末端处有显著的长毛
	中足胫节	外上方有1根刚毛	外上方有2根刚毛		

续表

	主要特征	灰地种蝇	葱地种蝇	萝卜地种蝇	毛尾地种蝇
雌成虫	体长/mm	3 左右	6 左右	6.5	5.5 左右
	前翅基背毛	很短	很短	很长	很长
卵	长度/mm	1.6	1.2	1	2
老熟幼虫	体长/mm	7	8	9	7.5
	腹部突起数（对）	7	7	6	6
	第1对突起	高于第2对	与第2对等高		
	第5对突起	不分叉	不分叉	特大，分为2叉	不分叉
	第6对突起	与第5对等长，不分叉	比第5对稍长，不分叉	短小，不分叉	分成很小的2叉
	长及宽/mm	长4~5，宽约1.6	长约6.5，宽约2.1	长约7，宽约2.3	长约6，宽约2

三、生活史与习性

1. 生活史 灰地种蝇在辽宁年发生3~4代，越往南世代数越多。在北方一般以蛹在土壤中越冬，在温室内各虫态都可越冬并能连续为害。在山西，越冬代成虫于4月下旬至5月上旬羽化、交配产卵。第1代幼虫发生于5月上旬至6月中旬，主要为害甘蓝、白菜等十字花科蔬菜的留种株、苗床的瓜类幼苗和豆类发芽的种子等。第2代幼虫发生于6月下旬至7月中旬，主要为害洋葱、韭菜、蒜等。第3代幼虫发生于9月下旬至10月中旬，主要为害洋葱、韭菜、大白菜、秋萝卜等。在25℃下，卵期1.5d，幼虫期7d，蛹期10d。

葱地种蝇在东北、内蒙古等地年发生2~3代，华北地区3~4代，在北方地区均以滞育蛹在韭菜、葱、蒜根际附近5~10cm深的土壤中越冬。在山东，5月上中旬、6月上中旬、10月上中旬分别为第1、第2、第3代幼虫盛发期，至11月上旬以第3代幼虫化蛹越冬。有明显的世代重叠现象。卵期4~6d，幼虫期11~27d，非越冬蛹历期9~70d，成虫期8~15d。

2. 习性 成虫多在晴天活动，对腐败物、糖醋和葱蒜味有趋性。产卵趋向未腐熟的粪肥、发酵的饼肥以及植株根部附近的潮湿土壤。地蛆喜潮湿，故新翻耕的潮湿土壤易招引成虫产卵。葱地种蝇成虫对葱、蒜气味有强烈的趋性，因而在大蒜烂母子期受害最为严重。

第五节　地老虎类

一、种类、分布与为害

1. 种类 地老虎是为害农作物的重要地下害虫之一，也是世界性大害虫，属鳞翅目夜蛾科切根夜蛾亚科。全国已发现170余种，已知为害农作物的大约有20种，其中以小地老虎 [*Agrotis ypsilon*（Rottemberg）] 和黄地老虎 [*Agrotis segetum*（Denis et Schiffermüller）]

分布最广，为害最重，在全国各地普遍发生。除此以外，白边地老虎 [*Euxoa oberthuri* (Leech)]、警纹地老虎 [*Agrotis exclamationis* (Linnaeus)]、大地老虎 (*Agrotis tokionis* Butler)、显纹地老虎 (*Euxoa conspicua* Hübner) 和八字地老虎 [*Xestia c-nigrum* (Linnaeus)] 常在局部地区猖獗成灾。

2. 分布

（1）小地老虎　　世界性害虫，国内各省（自治区、直辖市）均有分布。尤以雨量充沛、气候湿润的长江流域及东南沿海各省发生最多，特别是沿海、沿湖、沿河及低洼内涝、土壤湿润、杂草多的杂谷区和粮棉夹种地区发生最重。

（2）黄地老虎　　国外分布于欧洲、亚洲、非洲各地；国内除云南、广东、广西、海南、福建等省（自治区、直辖市）外都有分布。过去以西北高原年降雨量 250mm 以下的干旱地区发生严重，但近年来，在河南、山东、北京和江苏等地发生也日趋严重。

3. 为害　　地老虎是多食性害虫，寄主范围十分广泛，不仅为害各种栽培作物和蔬菜，而且还为害多种野生杂草。例如，小地老虎寄主植物多达 106 种，其中北方主要为害玉米、高粱、棉花、烟草、马铃薯和蔬菜；长江流域主要为害棉花和蔬菜；南方主要为害玉米、马铃薯和蔬菜。1 龄、2 龄幼虫为害作物的心叶或嫩叶，3 龄以后幼虫切断作物的幼茎、叶柄，严重时造成缺苗断垄，甚至毁种重播。

二、形态特征

1. 小地老虎　　成虫：体长 16～23mm，翅展 42～52mm，暗褐色。触角雌蛾丝状，雄蛾双栉齿状，栉齿仅达触角之半，端半部为丝状。前翅暗褐色，前缘颜色较深，亚基线、内横线与外横线均为暗色双线夹一白线所成的双波线，前端部白线特别明显；肾状纹与环状纹暗褐色，有黑色轮廓线，肾形纹外侧凹陷处有 1 尖端向外的楔状纹；亚缘线白色，锯齿状，其内侧有 2 个尖端向内的黑色楔形纹，与前 1 楔形纹尖端相对。后翅背面灰白色，前缘附近黄褐色（图 24-10）。

卵：半球形，高 0.5mm，宽 0.61mm。表面有纵横交叉的隆起脊。初产时乳白色，孵化前灰褐色。

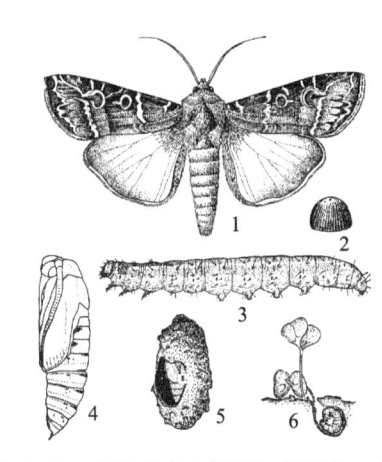

图 24-10　小地老虎（仿西北农学院，1981）
1. 成虫；2. 卵；3. 幼虫；4. 蛹；
5. 土室；6. 棉苗被害状

幼虫：老熟幼虫体长 37～47mm，头宽 3.0～3.5mm，体形稍扁平，黄褐色至黑褐色。体表粗糙，密布大小颗粒，腹部第 1～8 节背面各有 4 个毛片，后 2 个比前 2 个大 1 倍以上。腹末臀板黄褐色，有对称的 2 条深褐色纵带。

蛹：体长 18～24mm，宽 9mm。红褐色或暗褐色，腹部第 4～7 节基部有 1 圈刻点，背面的大而深，腹端具臀棘 1 对。

2. 黄地老虎　　成虫：体长 14～19mm，翅展 32～43mm。淡灰褐色。触角雌蛾丝状，雄蛾双栉齿状，栉齿基部长端部渐短，仅达触角的 2/3 处，端部为丝状。前翅黄褐色，散布小黑点，横线不明显，肾状纹、环状纹及楔状纹很明显，各具黑褐色边而充以暗褐色。后翅灰白色，外缘淡褐色。

卵：半球形，宽 0.5mm。表面有纵脊纹 16～20 条。

幼虫：老熟幼虫体长 33～43mm，头宽 2.8～3.0mm，黄褐色，表皮多皱纹，但无明显颗粒。腹部背面毛片 4 个，前后 2 个大小相似。腹末臀板中央有一黄色纵纹，将臀板划分为两块黄褐色大斑（图 24-11）。

蛹：体长 15～20mm。腹部第 4 节背面中央有稀少不明显的颗粒，第 5～7 节点刻小而多，背面和侧面的刻点大小相同，腹端具臀棘 1 对。

其余常见地老虎成虫、幼虫特征区别见图 24-11、表 24-4 和表 24-5。

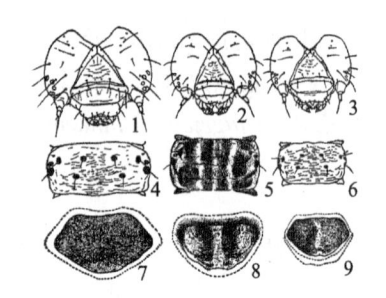

图 24-11 三种地老虎幼虫的鉴定特征
（仿西北农学院，1963）
头部、第 4 腹节背面和臀板：1,4,7. 大地老虎；2,5,8. 小地老虎；3,6,9. 黄地老虎

表 24-4 其他几种地老虎成虫特征区别

虫名	体长/mm	翅展/mm	体色	前翅	后翅	触角
警纹地老虎	16～20	33～37	黄褐	灰色至灰褐色，亚缘线淡褐色不明显，肾状纹黑色很大。楔状纹与剑状纹、肾状纹配置似一惊叹号	淡灰白色	双栉状，分枝甚短
大地老虎	20～23	52～62	暗褐	暗褐，前缘自基部至 2/3 处呈黑褐色，肾、环状纹明显且各围以黑边。肾状纹外侧有一不规则黑斑，亚缘线上无剑状纹；亚基线、内、外横线都是双曲线，有时不太明显，中横线、亚外缘线极不明显	灰褐，外缘浓黑，翅脉不明显	双栉状，分枝向端部渐短小，几乎达顶端
白边地老虎	16～20	34～43	灰褐至暗红	①白边型：灰褐色至红褐色，前缘有明显灰白色宽边，楔状纹黑色，环、肾状纹灰白色，中室在环状纹两侧，全为黑色。②暗化型：黑褐至暗红褐色，前缘无黑白边，楔状纹不明显，环、肾状纹黑褐至暗红，周围环绕白边。③淡色型：灰褐色，楔状纹灰褐色，有黑边，肾、环状纹边缘环绕黑黄相间的线条，环状纹灰色，肾状纹上半部灰色，下半部黑褐色	淡灰白色	纤毛状
八字地老虎	16～20	40～49	灰褐至紫褐	前翅灰褐色至紫褐色，肾状纹青紫色，内有紫褐色细长的环，环纹向前开展，在前缘线形成一倒三角形的淡褐色斑，斑后的中室为黑色；内横线为双曲线，外线为一列黑点，亚缘线较宽，色暗，前端有一黑斑，亚端线外方色较暗	灰白色，外缘带褐色	丝状

表 24-5 其他几种地老虎幼虫形态特征区别

虫名	体长/mm	色泽	体表	腹部第 1～3 节背面中部毛片	臀板	额区	唇基
警纹地老虎	38～42	灰褐，无光泽	密布大小颗粒，头部有一对呈"八"字形的黑褐色条纹	4 个毛片，后 2 个比前 2 个大 1 倍	有明显的皱纹		

续表

虫名	体长/mm	色泽	体表	腹部第1~3节背面中部毛片	臀板	额区	唇基
大地老虎	40~60	黄褐色	多皱纹，光滑，颗粒不明显	4个毛片，前2个稍小	几乎全部是深褐色，密被龟裂状皱纹	顶端为双峰，相连	底边>斜边，不达颅顶
白边地老虎	35~40	灰褐色至淡褐色	体表光滑，无微小颗粒	4个毛片，前2个稍小	黄褐色，前缘及两侧深褐色，有形斑		
八字地老虎	40	灰黄带红，有时为灰绿色	背线、亚背线黄色	腹部第5~9节有倒"八"字形黑色斑，以第9节上的最大			

三、生活史与习性

1. 生活史

（1）小地老虎　无滞育现象，年发生世代数和发生期因地区、气候条件而异。在我国从北到南年发生1~7代，黑龙江年发生2代，山西及内蒙古3代，甘肃、宁夏、陕西、北京等地4代，江苏5代。越冬情况因各地冬季气温不同而异，在南岭以南，1月平均气温高于8℃的地区，冬季也能持续繁殖为害；南岭以北，北纬33°以南地区，有少量幼虫和蛹越冬；在北纬33°以北，1月平均气温0℃以下的地区不能越冬，春季虫源系由南方迁飞而来。小地老虎在25℃条件下卵期5d，幼虫期20d，蛹期13d，成虫期12d，全世代历期约50d。

（2）黄地老虎　黑龙江年发生2代，新疆、陕西关中地区3代，山东、江苏、北京等地4代。越冬虫态因地而异，我国西部地区，多以老熟幼虫越冬，少数以3龄、4龄幼虫越冬；在东部地区则无严格的越冬虫态，常随各年气候和幼虫的发育进度而异。越冬场所主要是麦田、绿肥田、菜田及杂草等地的土中。大多数地区均以第1代幼虫为害棉花、玉米、高粱、烟草、麻、蔬菜等春播作物幼苗，其他世代发生较少。

2. 习性

地老虎成虫白天潜伏于土缝、杂草丛、屋檐下或其他隐蔽处，夜晚出来取食、交配和产卵，对黑光灯和糖醋液有强烈的趋性。晚间有3个活动高峰：天黑前后、午夜和凌晨前，有的一直延续到上午，其中以第3次高峰期活动虫量最多。一般交配1~2次，少数交配3~4次，如大地老虎交配1~2次的占90%以上。有滞育习性的种类如显纹地老虎，越夏以后才进行交配。

地老虎雌蛾在交配后即可产卵，产卵历期一般4~6d，产卵量数百粒甚至上千粒，如小地老虎越冬代、第1代、第2代的单雌平均产卵量分别为1024粒、2088粒和2113粒；黄地老虎越冬代、第1代、第2代、第3代的单雌平均产卵量分别为608粒、478粒、460粒和308粒。卵一般散产，极少数数粒聚在一起。产卵场所因季节或地貌不同而异。例如，小地老虎在杂草或作物未出苗前，很大一部分卵产在土块或枯草茎上；在新疆地区，由于地面杂草少，黄地老虎往往将卵产在潮湿的土面上；在别的地方，则喜在芝麻叶或野麻叶的背面产卵。卵的孵化率与交配次数有密切关系，未经交配产下的卵一般都不能孵化。

小地老虎在我国存在季节性迁飞现象，我国北方小地老虎的越冬代蛾都是由南方迁飞而来。小地老虎不仅存在南北方向或东西方向的水平迁飞，还存在垂直迁飞。

地老虎幼虫一般 6 龄，个别种类或少数个体 7～8 龄。在活动时受惊或被触动，立即卷缩呈"C"形假死。各种地老虎幼虫 1～2 龄时都对光不敏感，栖息在表土或寄主的叶背和心叶里，昼夜活动；4～6 龄幼虫表现出明显的负趋光性，白天潜入土中，晚上出来为害。小地老虎以晚上 9 时、12 时及清晨 5 时活动最盛。地老虎幼虫对泡桐叶或花有一定的趋性。在田间放置新鲜潮湿的泡桐叶，可以诱集到幼虫，而取食泡桐叶的小地老虎幼虫表现出生长不良，羽化不正常和存活率下降等趋势。

地老虎幼虫具有较强的耐饥饿能力，小地老虎 3 龄以前可耐饥饿 3～4d，3 龄以后可达 15d；黄地老虎幼虫可饿 4～5d；白边地老虎幼虫在无饲料时可存活 6～21d。受饥饿而濒死的幼虫一旦获得食料，仍可恢复活动，但饥饿时间稍长或种群密度过大时，常出现同种个体间的自残现象。

地老虎幼虫老熟后常迁移到田埂、田边、杂草根际等较干燥的土内深 6～10cm 处筑土室化蛹。蛹有一定的耐淹能力，在前期即使被水浸数日，也不窒息而死，但进入预成虫期，则易因水淹而死亡。

第六节　地下害虫的发生与环境的关系

地下害虫的发生为害受寄主、气候、天敌、地势、栽培管理措施等多种环境因素的影响。

一、寄主植被

1）非耕地的虫口密度明显高于耕地。由于非耕地长期未经耕种，杂草丛生，有机质丰富，受农事活动影响小，有利于地下害虫的栖息与为害。

2）在耕地中，大豆、花生、甘薯等作物田，有利于金龟甲隐蔽、补充营养、交配和卵的孵化，蛴螬密度大；小麦等禾本科作物田，金针虫发生数量多；苗床、蔬菜田土壤湿润、疏松，适合蝼蛄栖息取食。

3）植树造林，农田林网化，给金龟甲提供了丰富的食料，利于其大发生。

4）蜜源植物的多少对地老虎的产卵量影响很大。研究表明，小地老虎在蜜源植物丰富的情况下，每雌产卵量达 1000～4000 粒，在蜜源植物稀少或缺的情况下，只产卵几十粒甚至不产卵。

二、气候条件

主要影响地下害虫成虫的出土活动。高温不利于小地老虎的生长发育和繁殖。在 30℃、相对湿度 100% 时，1～3 龄幼虫会大量死亡；当平均温度高于 30℃时，成虫寿命缩短，不能产卵。故在各地猖獗为害的多为第 1 代幼虫，其后各代数量骤减，为害很轻。在南方高温过后，秋季种群数量尚可回升。小地老虎冬季也不耐低温，5℃时，幼虫经 2h 即全部死亡。

三、土壤因素

1. 土壤温度　　主要影响地下害虫的垂直分布，从而影响地下害虫的为害程度。例如，蝼蛄、蛴螬、金针虫大多喜欢中等偏低的温度环境，在土中为害活动的最适温度为 10～20cm 土温 15～20℃。因此，地下害虫 1 年中分别在春、秋两季出现两次发生高峰，为害严重，而夏季则为害轻。

2. 土壤湿度　　不仅影响地下害虫的活动，而且影响其分布。从全国来看，地下害虫发生种类北方多于南方，为害程度旱地重于水地，多数地下害虫活动的最适土壤含水量为 15%～18%。小地老虎在我国西部年降雨量小于 250mm 的地区，种群数量极低；而在东部，凡地势低湿、内涝或沿河、邻湖及雨量充沛的地方，发生较多；长江流域各省雨量较多，常年土壤湿度较大，为害偏重。在北方各地，则以沿江、沿湖的河川、滩地、内涝区及常年灌溉区发生严重，丘陵旱地发生少。但黄地老虎则在年降雨少、气候干燥的地区发生重。

土壤含水量的多少与地老虎的发生也有密切关系。据测定，小地老虎在土壤含水量 15%～20% 的地区为害较重，但土壤含水量过大，会增加小地老虎病原菌的流行。在成虫发生期，凡灌水时间与成虫产卵盛期相吻合或接近的田块，着卵量大，幼虫发生为害重。

3. 地势、地貌及土壤类型　　蛴螬类的发生在背风向阳地高于迎风背阳地，坡岗地高于平地，淤泥地高于壤土地，沙土地最少；沟金针虫喜生于有机质较为缺乏而土质较为疏松的粉砂壤土和粉砂黏土中，而细胸金针虫则以有机质丰富的黏土为害严重；蝼蛄类以盐碱地虫口密度最大，壤土次之，黏土地最小。一般地势高、地下水位低、土壤板结、碱性大的地区，小地老虎发生轻，重黏土或沙土对小地老虎也不利。地势低洼、地下水位高（夜潮地）、土壤比较疏松的沙质土，易透水，排水快，适于小地老虎的繁殖。

四、栽培管理和农田环境

1. 轮作和间作套种　　禾本科作物是地下害虫嗜食的作物，其连作田的虫口密度明显高于轮作田（尤以小麦、玉米、高粱为重）。而前茬为棉花、油菜、豌豆、水稻等作物的田地，虫口密度小。凡水旱轮作地区，地老虎发生较轻，旱作地区较重。许多杂草是地老虎适宜的食料，杂草丛生有利于地老虎的发生。作物茎秆硬化后，地老虎的为害明显减轻，故可以通过调节作物播种期来减轻或避免地老虎的为害。此外，前茬是绿肥或套作绿肥的棉田、玉米田，小地老虎虫口密度大，为害重；前茬是小麦的棉田受害轻，麦套棉的棉田比一般棉田受害也轻。

2. 精耕细作，深翻改土　　深耕（翻）土壤，一方面对地下害虫有机械杀伤作用，另一方面可将土中害虫翻至地表晒死或因其他因素致死。

3. 施肥　　凡施用未经腐熟的有机肥料的田块，地下害虫发生较重。所以，施用有机肥料要注意腐熟和深施，既有利于作物吸收，又限制害虫生存。

4. 农田环境　　农作物田周围多邻果园、菜田及村庄，受灯光、树木的招引，地下害虫发生较重。

五、天敌因素

地下害虫天敌种类较多，捕食性的如蚂蚁、步甲、虻、草蛉、鸟类、蜘蛛等；寄生性的如寄生蝇、姬蜂、线虫和多种病原细菌、病毒等。这些天敌对地下害虫的发生具有一定的控制作用。

第七节 地下害虫的调查与测报

一、调查内容和方法

1. 种类和虫口密度调查　　查清当地地下害虫种类、虫量、虫态，为分析发生趋势及为害程度，制定防治措施提供理论依据。

（1）挖土调查法　　最常用的方法，样点面积一般 33.3cm×33.3cm，深度根据调查时间而定，取样方式取决于种类及田间分布型。

（2）灯光诱测法　　对有趋光性的地下害虫，可从越冬成虫出土活动开始到秋末越冬止用黑光灯诱测。

（3）食物诱集法　　利用地下害虫的趋性，采取"穴播食物诱集法"，于冬（春）播前，每隔 50cm 穴播小麦或玉米，发现幼苗受害后挖土检查。

（4）直接目测法　　在蝼蛄活动期（上午 10 时前），查看地表隧道条数，确定虫量，一般地表 2 条隧道，土中有 1 条蝼蛄，隧道宽 3cm 为若虫，3～5.5cm 为成虫。

2. 为害情况调查　　掌握地下害虫的为害情况是实施田间补救的依据，春播作物在苗后和定苗期各查一次，冬小麦在越冬前和返青、拔节期各一次。选择不同土壤类型田块，根据主要地下害虫种类的分布型，每次调查 10～20 个点。条播小麦每点 1 行，长 1～2m；撒播小麦每点调查 1m^2。

二、地下害虫的预测预报

（1）剖查雌虫卵巢发育进度，预测成虫防治适期　　从成虫出土活动开始，隔日 1 次，每次剖查 20～30 头雌虫，检查卵巢发育进度，将成虫消灭在产卵以前。

（2）观察卵发育历期，预测幼虫防治适期　　根据卵的发育历期，推测幼虫孵化时间，确保在幼虫防治适期进行防治。

（3）查害虫活动情况，预测防治适期　　春季蝼蛄上升到 20cm 土层，蛴螬和金针虫上升到 10cm 土层，田间发现被害苗时，需及时防治。

（4）根据物候预测防治适期　　利用寄主作物或其他植物的物候学特点预测地下害虫的发生期，确定其防治适期，来指导防治。在山东，当大豆即将开花时，暗黑鳃金龟进入 2 龄期，是防治的最佳时期。

第八节　地下害虫综合防治

一、防治原则

地下害虫的防治应贯彻"预防为主，综合防治"的植保方针，根据虫情因地因时制宜，在"三查三定"（查大小、密度、深浅、确定防治面积、时间、方法）的基础上，协调应用各种措施，做到地上防治与地下防治相结合，防治成虫和防治幼虫相结合，田内防治和田外防治相结合，把地下害虫的为害控制在经济允许水平以下。

二、防治指标

地下害虫的防治指标，因种类、地区不同而异。一般来说，蝼蛄 1200 头 /hm²，蛴螬 30 000 头 /hm²，金针虫 45 000 头 /hm²，地老虎 7500 头 /hm²；混合发生以 22 500～30 000 头 / hm² 为宜。

三、综合防治措施

1. 农业防治

（1）改造农田环境　　结合农田基本建设，平整土地，深翻改土，铲平沟坎荒坡，植树种草等，杜绝滋生地下害虫的虫源地，创造不利于地下害虫发生的环境。实践证明，改造环境是消灭蝼蛄的基本方法。

（2）合理轮作、间作套种　　地下害虫最喜食禾谷类和块茎、块根类大田作物，对棉花、芝麻、油菜、麻类等直根系作物不喜取食，因此，合理轮作或间作可以减轻其为害。

（3）耕翻土壤　　深耕土壤和夏闲地伏耕，通过机械杀伤、曝晒、鸟类啄食等，一般可消灭蛴螬、金针虫 50%～70%；秋播前机耕翻地后，只多 1 次圆盘耙耙地，即可消灭蛴螬 40% 左右。

（4）合理施肥　　猪粪厩肥等农家有机肥料，必须充分腐熟后方可施用，否则易招引金龟甲、蝼蛄等取食产卵。碳酸氢铵、氨水等化学肥料应深施土中，既能提高肥效，又能因腐蚀、熏蒸起到一定的杀伤地下害虫的作用。

（5）适时灌水　　春季和夏季作物生长期间适时灌水，因表土层湿度太大，不适宜地下害虫活动，迫使其下潜或死亡，可以减轻为害。

2. 生物防治　　地下害虫的天敌种类很多，目前生产上常用甲型日本金龟甲乳状菌、乙型日本金龟甲乳状菌 22.5kg/hm² 菌粉，防效可达 60%～80%。卵孢白僵菌在花生田 150 万亿孢子 /hm² 加甲基异柳磷制成毒土撒施，对蛴螬防治效果达 80%。另据报道，用线虫、寄生蜂等天敌，均可有效控制地下害虫的发生与为害。

3. 物理防治

（1）灯光诱杀　　根据多种地下害虫具有趋光性的特点，利用黑光灯诱杀，效果显著。

（2）鲜草诱杀　　在田间堆积 3～5 寸[①] 厚的鲜草堆，每公顷 300～700 堆，于清晨翻草

---

① 1 寸 =1/30m

捕杀。

（3）人工捕捉　　利用金龟甲的假死性，振动树干，将坠地的成虫捡拾杀死。或在蝼蛄产卵盛期，结合夏锄挖窝毁卵，防治蝼蛄。

4. 化学防治

（1）种子处理　　种子处理方法简便，用药量低，对环境安全，是保护种子和幼苗免遭地下害虫为害的理想方法。药剂以辛硫磷和甲基异柳磷为主，其次是辛硫磷微胶囊剂，也可选用乐果。处理方法是将药剂用水稀释后，均匀喷拌于待处理的种子上，堆闷12～24h，使药液充分渗吸到种子内即可播种。

（2）土壤处理　　土壤处理方法有多种：①将药均匀撒施或喷雾于地面，然后犁入土中；②施用颗粒剂；③将药剂与肥料混合施下，即施用农药肥料复合剂；④条施、沟施或穴施等。目前，为减少污染和避免杀伤天敌，提倡局部施药和施用颗粒剂，如甲基异柳磷颗粒剂、乙基异柳磷颗粒剂等，而且药效较长。用辛硫磷或甲基异柳磷结合灌水施入土中或加细土拌成毒土，顺垄条施，施药后随即浅锄或浅耕。

（3）毒饵诱杀　　毒饵诱杀是防治蝼蛄和蟋蟀的理想方法之一。利用适量水将甲基异柳磷或乐果稀释，用药量分别为饵料量的0.5%～1%，然后拌入炒香的谷子、麦麸、豆饼、米糠、玉米碎粒等饵料中，施用量35～50kg/hm^2。当田间发现蝼蛄为害后，于傍晚撒施田间，防效较好。

另外，国内外还对地下害虫的拒食剂、引诱剂、性诱剂等方面进行了研究探讨，并取得了一定的进展。遗传防治、声诱蝼蛄等在国外也有报道。

★ 复习思考题 ★

1. 什么叫地下害虫？
2. 我国地下害虫的种类有哪些？
3. 地下害虫的发生为害特点是什么？
4. 蛴螬类、金针虫类、蝼蛄在小麦、玉米等作物苗期的为害状各有何特征？
5. 保苗的主要措施是什么？
6. 简述鲜草诱杀的理论依据和方法。
7. 小地老虎、黄地老虎和警纹地老虎的区别特征是什么？
8. 如何区分单刺蝼蛄和东方蝼蛄？
9. 4种金针虫幼虫的体节与尾节各有何特征？
10. 小地老虎、黄地老虎的幼虫如何区分？
11. 结合地下害虫的生活史，分析可以利用的薄弱环节，制定综合防治方案（任选一类）。

主要参考文献

白金铠．1997．杂粮作物病害．北京：中国农业出版社．

白金铠，尹志，胡吉成．1988．东北玉米茎腐病病原的研究．植物保护学报，15（2）：93-98．

白旭光．2002．储藏物害虫与防治．北京：科学出版社．

北京农业大学．1981．昆虫学通论．北京：农业出版社．

彩万志，庞雄飞，花保祯，等．2011．普通昆虫学．2 版．北京：中国农业大学出版社．

曹雅忠，李克斌，尹姣，等．2006．小麦主要害虫的发生动态及可持续控制的策略与实践．中国植保导刊，26（8）：11-14．

曹雅忠，尹姣，李克斌，等．2006．小麦蚜虫不断猖獗原因及控制对策的探讨．植物保护，32（5）：72-75．

柴立英，陈荣江，李付军，等．1999．豫北棉区苗蚜发生量预测预报的研究．河南职技师院学报，27（2）：20-22．

陈家骅，官宝斌，张玉珍．1996．烟蚜与烟蚜茧蜂相互关系研究．中国烟草学报，3（1）：8-12．

陈家骅，张玉珍，张章华，等．1990．烟草病虫害及其天敌．福州：福建科学技术出版社．

陈杰林．1988．害虫防治经济学．重庆：重庆大学出版社．

陈杰林．1993．害虫综合治理．北京：农业出版社．

陈捷．1999．玉米病害诊断与防治．北京：金盾出版社．

陈捷．2016．植物保护学概论．北京：中国农业出版社．

陈立杰，王媛媛，朱晓峰，等．2000．大豆孢囊线虫病生物防治研究进展．沈阳农业大学学报，16（3）：136-141．

陈利锋，徐敬友．2007．农业植物病理学．3 版．北京：中国农业出版社．

陈晓娟，邹禹．2015．农田烟夜蛾生物学与生态学特性及防控研究现状．中国植保导刊，12：21-25．

陈雅君，李永刚．2011．园林植物病虫害防治．北京：化学工业出版社．

陈永萱，陆佳云，徐志刚译．1995．植物病理学．北京：中国农业出版社．

程家安，朱金良，祝增荣，等．2008．稻田飞虱灾变与环境调控．环境昆虫学报，30（2）：176-182．

程家安，祝增荣．2006．2005 年长江流域稻区褐飞虱暴发成灾原因分析．植物保护，32（4）：1-4．

崔德文．1990．农业昆虫学．长春：吉林科技出版社．

丁锦华，苏建亚．2002．农业昆虫学（南方本）．北京：中国农业出版社．

丁瑞丰，朱晓华，阿克旦·吾外士，等．2015．人工释放普通草蛉田间防治棉蚜效果研究．植物保护，41（2）：200-204．

丁岩钦．1993．论害虫种群的生态控制．生态学报，13（2）：99-106．

丁岩钦．1994．昆虫数学生态学．北京：科学出版社．

丁岩钦，丁雷．2005．害虫管理学理论与方法．北京：科学出版社．

董金皋．2015．农业植物病理学．3版．北京：中国农业出版社．

董金皋，康振生，周雪平．2016．植物病理学．北京：科学出版社．

段玉玺．2011．植物线虫学．北京：科学出版社．

段玉玺，方红．2017．植物病虫害防治．北京：中国农业出版社．

范国权，白艳菊，高艳玲，等．2013．中国马铃薯病毒病发生情况调查与分析．东北农业大学学报，44（7）：74-79．

范怀忠．1989．植物病理学．2版．北京：农业出版社．

方中达．1996．中国农业百科全书·植物病理学卷．北京：中国农业出版社．

方中达．1997．中国农业植物病害．北京：中国农业出版社．

冯超，张成省，陈雪，等．2012．5%甲氨基阿维菌素苯甲酸盐乳油防治烟田烟青虫药液最佳使用方案研究．植物保护，38（6）：170-173．

高必达．2005．园艺植物病理学．北京：中国农业出版社．

高卫东，戴法超．1993．玉米大斑病研究的新进展．植物病理学报，23（3）：193-195．

高学文，陈孝仁．2018．农业植物病理学．北京：中国农业出版社．

戈锋．1998．害虫生态调控的原理与方法．生态学杂志，17（2）：38-42．

谷星慧，杨硕媛，余砚碧，等．2015．云南省烟蚜茧蜂防治桃蚜技术应用．中国生物防治学报，31（1）：1-7．

郭井菲，何康来，王振营．2019．草地贪夜蛾的生物学特性、发展趋势及防控对策．应用昆虫学报，56（3）：361-369．

郭予元．1998．棉铃虫的研究．北京：中国农业出版社．

国莉玲，左豫虎，柯希望，等．2014．大豆疫霉菌（*Phytophthora sojae*）抗甲霜灵菌株筛选及生物学特性．中国油料作物学报，36（5）：623-629．

韩召军．2012．植物保护学通论．2版．北京：高等教育出版社．

郝伟，路迈，江新林，等．2006．马铃薯瓢虫的生物学特性观察．中国植保导刊，26（12）：22-23．

郝亚楠，张箭，龙治任，等．2014．小麦品种（系）对麦红吸浆虫抗性指标筛选与抗性评价．昆虫学报，57（11）：1321-1327．

何莉梅，葛世帅，陈玉超，等．2019．草地贪夜蛾的发育起点温度、有效积温和发育历期预测模型．植物保护，（5）：18-26．

何隆甲，石万成．1982．烟青虫生活史及其发育与温度的关系．四川农业科技，（4）：20-23．

贺福德，陈谦，孔军．2001．新疆棉花害虫及天敌．乌鲁木齐：新疆大学出版社．

洪健，周雪平．2014．ICTV第九次报告以来的植物病毒分类系统．植物病理学报，44（6）：561-572．

侯明生，黄俊斌．2014．农业植物病理学．2版．北京：科学出版社．

侯月敏，宋显东，王振，等．2018．哈尔滨市郊区亚洲玉米螟发生规律与卵块空间分布研究. 植物保护, 44（4）: 151-157.

花蕾. 2009. 植物保护学. 北京: 科学出版社.

华南农业大学. 1994. 农业昆虫学（上、下册）. 北京: 农业出版社.

华南农业大学, 河北农业大学. 1995. 植物病理学. 2版. 北京: 中国农业出版社.

惠勒. 1979. 植物病程. 沈宗尧译. 北京: 科学出版社.

季良, 阮寿康. 1962. 小麦条锈病的流行预测. 河北农学报, 1（2）: 50-58.

江幸福, 张蕾, 程云霞, 等. 2014. 我国黏虫研究现状及发展趋势. 应用昆虫学报, 51（4）: 881-889.

金子纯, 王爱国, 魏珂, 等. 2017. 烟草黑胫病的发病规律及综合防治技术. 现代农业科技, 17: 122-123.

赖传雅. 2003. 农业植物病理学（华南本）. 北京: 科学出版社.

雷朝亮, 荣秀兰. 2011. 普通昆虫学. 北京: 中国农业出版社.

李国英. 2017. 新疆棉花病虫害及其防治. 北京: 中国农业出版社.

李捷, 杨兆光, 张兴华, 等. 2011. 几种新杀虫剂对棉盲蝽的室内药效试验. 中国棉花, 38（12）: 21-22.

李明立. 2002. 山东农业有害生物. 北京: 中国农业出版社.

李世勇, 关博谦, 韦凤杰. 2010. 现代烟草农业生产技术. 北京: 中国农业出版社.

李淑玲. 2008. 烟草生产实用技术. 广州: 广东科技出版社.

李琬, 李炜, 肖佳雷, 等. 2014. 黑龙江省西部地区大豆孢囊线虫病物理防治技术研究. 黑龙江农业科学, (3): 56-59.

李祥, 张秀歌, 董文霞. 2014. 烟夜蛾化学生态学研究进展. 云南农业大学学报, 29（6）: 925-932.

李英慧, 袁翠平, 张辰, 等. 2009. 基于大豆孢囊线虫病抗性候选基因的SNP位点遗传变异分析. 遗传, 31（12）: 1259-1264.

李玉. 1992. 植物病理学. 吉林: 吉林科学技术出版社.

李云端. 2002. 农业昆虫学（南方本）. 北京: 中国农业出版社.

李照会. 2002. 农业昆虫鉴定. 北京: 中国农业出版社.

李振岐. 1997. 植物免疫学. 北京: 中国农业出版社.

辽宁省科学技术协会. 2007. 烟草栽培新技术. 沈阳: 辽宁科学技术出版社.

刘大群, 董金皋. 2007. 植物病理学导论. 北京: 科学出版社.

刘杰, 姜玉英, 曾娟, 等. 2018. 2017年我国黏虫发生特点分析. 中国植保导刊, 38（5）: 27-31.

刘绍友. 1990. 农业昆虫学（植物保护专业用, 北方本）. 西安: 天则出版社.

刘树生. 1989. 蚜茧蜂的生物学和生态学特性. 生物防治通报, 5（3）: 129-133.

刘婷, 金道超, 郭建军, 等. 2006. 腐食酪螨在不同温度和营养条件下生长发育的比较研究. 昆虫学报, 49（4）: 714-718.

刘万学, 万方浩, 郭建英, 等. 2003. 人工释放赤眼蜂对棉铃虫的防治作用及相关生态效应. 昆虫学报, (3): 311-317.

刘维志. 2000. 植物病原线虫学. 北京: 中国农业出版社.

刘向东. 2016. 昆虫生态及预测预报. 北京: 中国农业出版社.

刘艳，沙爱华，陈海峰，等．2012．大豆霜霉病菌 rDNA ITS 区的分子探针的设计与应用．华北农学报，27（2）：230-233．

龙艳，高兴华，李红祥，等．2012．频振式杀虫灯在水稻害虫防治中的应用与研究．中国农学通报，28（15）：216-220．

娄永根，程家安．2011．稻飞虱灾变机理及可持续治理的基础研究．应用昆虫学报，48（2）：231-238．

鲁武锋，韦忠，罗刚，等．2017．4 种药剂对烟草黑胫病的田间防效研究．农业灾害研究，7（6-7）：30-32．

陆佳云．1997．植物病害诊断．2 版．北京：中国农业出版社．

陆家云．2001．植物病原真菌学．北京：中国农业出版社．

陆明星，陆自强，杜予州．2014．水稻钻蛀性螟虫田间调查及测报技术．应用昆虫学报，51（4）：1125-1129．

罗梅浩，李正跃．2011．烟草昆虫学．北京：中国农业出版社．

罗妹，陈俊贤，郑丽霞，等．2018．温度对亚洲玉米螟生长发育、繁殖和求偶行为的影响．环境昆虫学报，40（3）：579-586．

罗益镇，崔景岳．1994．土壤昆虫学．北京：中国农业出版社．

雒珺瑜，崔金杰，王春义．2014．不同生态调控方式对棉田棉蚜种群消长动态的影响．中国棉花，41（1）：17-19．

雒珺瑜，崔金杰，王春义，等．2014．棉田释放异色瓢虫对棉蚜自然种群的控制效果．中国棉花，41（7）：8-11．

吕利华，陈元生．2004．无公害烟草病虫害诊断与防治．广州：广东科技出版社．

马秉元．1985．我国玉米丝黑穗病的综合防治研究进展．中国农业科学，18（1）：46-51．

马亚杰，马艳，马小艳，等．2013．几种新型杀虫剂对棉盲蝽的防治效果．中国棉花，40（2）：31-33．

马占鸿．2010．植病流行学．北京：科学出版社．

孟宪佐．2000．我国昆虫信息素研究与应用的进展．昆虫知识，37（2）：75-83．

牟吉元，徐洪富．1996．普通昆虫学．北京：中国农业出版社．

牟吉元，徐洪富，李火苟．1997．昆虫生态与农业害虫预测预报．北京：中国农业科技出版社．

农业部农药鉴定所．1989．新编农药手册．北京：农业出版社．

秦文婧，黄水金，黄建华，等．2015．抗二化螟的水稻品种筛选．应用昆虫学报，52（3）：721-727．

秦西云．2004．烟草病虫害图册．北京：中国财政经济出版社．

屈振刚，温树敏，屈赟，等．2011．小麦品种抗麦红吸浆虫鉴定与抗性分析．植物遗传资源学报，12（1）：121-124．

全国农业技术推广服务中心．2004．无公害农产品适用农药品种应用指南．北京：中国农业出版社．

任广伟，秦换菊，史万年，等．2000．我国烟蚜茧蜂的研究进展．中国烟草科学，（1）：27-30．

任海龙，宋恩亮，马启彬，等．2010．南方三省（区）抗大豆疫霉根腐病野生大豆资源的筛选．大豆科学，29（6）：1012-1015．

任琼丽．2007．烟草病虫害防治．昆明：云南大学出版社．

陕西省棉花研究所，西北农学院，陕西省植物保护研究所．1980．棉花害虫与天敌．西安：陕西科学技术出版社．

商鸿生．1997．植物检疫学．北京：中国农业出版社．

沈平，吴建华，刘萍，等．2014．棉蚜防治药剂筛选及对异色瓢虫幼虫的影响．甘肃农业大学学报，（6）：96-101．

盛承发，宣维健，伊伯仁，等．2003．性诱剂监测吉林省水稻二化螟成虫动态及发生世代研究．生态学杂志，22（4）：79-81．

师沛琼，杨茂发，吕召云，等．2014．贵州省烟青虫遗传多样性．中国农业科学，47（9）：1836-1846．

舒占涛，陈高勋，贺庆申，等．2013．赤峰市谷子钻心虫防治技术．内蒙古农业科技，（2）：77-79．

孙红艳，Narayan S T，李正跃．2009．马铃薯块茎蛾的产卵特性．云南农业大学学报，24（3）：354-360．

孙儒泳．2001．动物生态学原理．北京：北京师范大学出版社．

孙智泰．1982．甘肃农作物病虫害．兰州：甘肃人民出版社．

汪承刚，蔡丽，董彩华，等．2011．甘蓝型油菜BnERF104超表达增强了转基因拟南芥对核盘菌的抗性．中国油料作物学报，33（5）：325-330．

王翠花，包云轩，王建强，等．2006．2003年稻纵卷叶螟重大迁入过程的大气动力机制分析．昆虫学报，49（4）：604-612．

王登元．2000．新疆棉区病虫害综合防治技术体系—农作物优质高产研究与实践．哈尔滨：黑龙江人民出版社．

王刚，王凤龙．2004．烟草农药合理使用技术指南．北京：中国农业科学技术出版社．

王桂清，陈捷．2000．玉米灰斑病抗性研究进展．沈阳农业大学学报，31（5）：418-422．

王浩元，张立敏，陈斌，等．2013．马铃薯块茎蛾幼虫对不同寄主植物的取食选择性．中国马铃薯，（4）：226-231．

王佳璐，谭荣荣．2011．温度对甘薯麦蛾发育历期和幼虫取食量的影响．长江蔬菜，（4）：75-77．

王健立，郑长英．2010．8种杀虫剂对烟蓟马的室内毒力测定．青岛农业大学学报，27（4）：300-302．

王金生．1999．植物病理生理学．北京：中国农业出版社．

王金生．2000．植物病原细菌学．北京：中国农业出版社．

王克晶，李向华．2012．国家基因库野生大豆（*Glycine soja*）资源最近十年考察与研究．植物遗传资源学报，13（4）：507-514．

王容燕，马娟，李秀花，等．2016．甘薯蚁象发育起点温度和有效积温的研究．中国农学通报，32（20）：35-39．

王荫长．2004．昆虫生理学．北京：中国农业大学出版社．

王振中，廖金铃．2005．植物保护学通论．北京：中国农业出版社．

王振中，刘大群．2014．植物病理学．3 版．北京：中国农业出版社．

文礼章，龚碧涯，许浩，等．2012．甘薯天蛾幼虫体色分化动态的数值化评价指标及其应用．昆虫学报，55（1）：101-115.

翁祖信．1994．蔬菜病虫害诊断与防治．天津：天津科学技术出版社．

吴孔明．2016．中国农业害虫绿色防控发展战略．北京：科学出版社．

仵均祥．2016．农业昆虫学（北方本）．3 版．北京：中国农业科技出版社．

武霖通，丁伟，余祥文，等．2018．烟草黑胫病防治的关键施药技术研究．植物医生，3：53-56.

武予清，苗进，段云，等．2011．麦红吸浆虫的研究与防治．北京：科学出版社．

西北农学院农业昆虫教研组．1972．农业昆虫学原理．杨凌：西北农学院．

夏开宝，曾嵘，吴德喜．2007．烟草病虫草害的识别与防治．昆明：云南科学技术出版社．

肖悦岩．2005．植物病害流行与预测．北京：中国农业大学出版社．

谢春霞．2014．马铃薯块茎蛾综合防治技术．中国马铃薯，（4）：235-237.

谢联辉．2013．普通植物病理学．2 版．北京：科学出版社．

谢联辉，林奇英．2004．植物病毒学．2 版．北京：中国农业出版社．

辛惠普，台莲梅，范文艳．2009．大豆病虫害防治彩色图谱．北京：中国农业出版社．

忻介六．1988．农业螨类学．北京：农业出版社．

邢来君，李明春．1999．普通真菌学．北京：高等教育出版社．

邢来君，李明春，魏东盛．2010．普通真菌学．2 版．北京：高等教育出版社．

徐秉良，曹克强．2017．植物病理学．2 版．北京：中国林业出版社．

徐洪富．2003．植物保护学．北京：高等教育出版社．

徐汝梅，成新跃．2005．昆虫种群生态学—基础与前沿．北京：科学出版社．

徐晓海．1998．棉花病虫害综合防治技术问答．北京：中国农业出版社．

徐秀德，鲁庆善，赵挺昌，等．1994．高粱丝黑穗病菌生理分化研究．植物病理学报，24（1）：103-108.

徐雪亮，王奋山，刘子荣，等．2018．氮肥施用量对稻飞虱与稻叶蝉及其捕食性天敌种群的影响．中国农学通报，34（5）：107-112.

徐昭焕，罗妹，喻敏，等．2013．江西省烟田主要害虫及其天敌种群动态．生物灾害科学，36（4）：351-354.

徐志德，黄河清，田际榕，等．2002．高粱条螟在湘北地区的发生动态．昆虫知识，39（3）：194-197.

许志刚．2009．普通植物病理学．4 版．北京：高等教育出版社．

鄢洪海，李洪连，薛春生．2017．植物病理学．北京：中国农业大学出版社．

杨建卿，江彤，承河元．2003．烟草病理学．合肥：中国科学技术大学出版社．

杨普云，朱晓明，郭井菲，等．2019．我国草地贪夜蛾的防控对策与建议．植物保护，45（4）：1-6.

杨清坡，刘杰，姜玉英，等．2018．2016 年全国油菜菌核病发生特点、原因分析及治理对策．植物保护，44（1）：147-152.

杨亚军, 徐红星, 郑许松, 等. 2015. 中国水稻纵卷叶螟防控技术进展. 植物保护学报, 42 (5): 691-701.

姚骏, 吴建, 冯晓霞, 等. 2007. 不同药剂防治稻飞虱田间药效试验. 安徽农业科学, 35 (22): 6845-6847.

叶恭银. 2006. 植物保护学. 杭州: 浙江大学出版社.

尹玉琦, 李国英. 1995. 新疆农作物病害. 乌鲁木齐: 新疆科技卫生出版社.

于江南. 2003. 新疆农业昆虫学. 乌鲁木齐: 新疆科学技术出版社.

于江南, 王登元, 曲丽红. 2002. 自然因素对土耳其斯坦叶螨的影响及防治对策. 新疆农业大学学报, 25 (3): 64-67.

于勇谋, 王强, 赵中华, 等. 2017. 近年我国黏虫发生为害原因分析及监测防治对策. 中国植保导刊, 37 (12): 63-65.

袁翠平, 沈波, 董英山. 2009. 中国大豆抗 (耐) 孢囊线虫病品种及其系谱分析. 大豆科学, 28 (6): 1049-1053.

袁翠平, 赵洪锟, 王玉民, 等. 2014. 利用 SSR 标记评价抗孢囊线虫野生大豆种质的遗传多样性. 大豆科学, 33 (2): 147-153.

袁锋. 2004. 小麦吸浆虫成灾规律与控制. 北京: 科学出版社.

袁锋. 2011. 农业昆虫学 (非植物保护专业用). 4 版. 北京: 中国农业出版社.

袁锋, 张雅林, 冯纪年, 等. 2006. 昆虫分类学. 2 版. 北京: 中国农业出版社.

袁辉霞, 李庆, 杨帅, 等. 2012. 不同棉花品种对土耳其斯坦叶螨的种群动态和种群参数的影响. 应用昆虫学报, 49 (4): 923-931.

袁志华, 王文强, 王振营, 等. 2015. 亚洲玉米螟的寄主植物种类. 植物保护学报, 42 (6): 957-964.

曾士迈. 1996. 植保系统工程导论. 北京: 北京农业大学出版社.

曾士迈, 肖悦岩. 1989. 普通植物病理学. 北京: 中央广播电视大学出版社.

曾士迈, 杨演. 1986. 植物病害流行学. 北京: 农业出版社.

翟保平, 程家安. 2006. 2006 年水稻两迁害虫研讨会纪要. 昆虫知识, 43 (4): 585-588.

翟保平, 周国辉, 陶小荣, 等. 2011. 稻飞虱暴发与南方水稻黑条矮缩病流行的宏观规律和微观机制. 应用昆虫学报, 48 (3): 480-487.

张宏瑞, 李正跃. 2001. 媒介昆虫与烟草病毒病关系的研究. 云南农业大学学报, 16 (3): 231-235.

张吉昌, 王清文, 黎钊, 等. 2017. 汉中市小麦条锈病流行的影响因子及预测模型. 麦类作物学报, 37 (12): 1640-1644.

张建忠, 邵兴华, 肖红艳. 2012. 油菜菌核病的发生与防治研究进展. 南方农业学报, 43 (4): 467-471.

张孝羲. 2002. 昆虫生态及预测预报. 北京: 中国农业出版社.

张智, 张云慧, 程登发, 等. 2012. 耕作方式对麦红吸浆虫种群动态的影响. 昆虫学报, 55 (5): 612-617.

赵明富. 2009. 烟草病虫害防治方法. 昆明: 云南科技出版社.

赵善欢. 2000. 植物化学保护. 3 版. 北京: 中国农业出版社.

赵中华．2008．油菜病虫防治分册（中国植保手册）．北京：中国农业出版社．

中国科学院动物研究所．1979．中国主要害虫综合防治．北京：科学出版社．

中国科学院动物研究所．1987．中国农业昆虫（上、下）．北京：中国农业出版社．

中国农业百科全书编委会．1996．中国农业百科全书（昆虫卷）．北京：中国农业出版社．

中国农业科学院植物保护研究所，中国植物保护学会．2015．中国农作物病虫害．3版．北京：中国农业出版社．

中国农业年鉴编辑委员会．2019．中国农业年鉴2018．北京：中国农业出版社．

周国辉，凌炎，龙丽萍．2012．不同杀虫剂对稻纵卷叶螟的毒效研究．中国农学通报，28（6）：202-206．

周志成，肖启明，曾爱平，等．2009．烟草病虫害及其防治．北京：中国农业出版社．

朱荷琴，李志芳，冯自力，等．2017．我国棉花黄萎病研究十年回顾及展望．棉花学报，29（增刊）：37-50．

朱艰，王新中，蒋自立，等．2012．利用蜂蚜同接技术规模饲养烟蚜茧蜂．中国烟草学报，18（3）：74-77．

朱明旗，赵利平，樊璐．2004．玉米弯孢菌叶斑病生物学特性的研究．西北农林科技大学学报，32（3）：44-46．

朱晓华，梅岩，王勇，等．2000．棉蚜迁入棉田始见期的长期预报研究．新疆农业科学，（21）：106-107．

朱英波，史凤玉，李建英，等．2011．抗大豆孢囊线虫病野生大豆种质资源的初步筛选．大豆科学，30(6)：959-963．

祝增荣，程家安．2013．中国水稻害虫治理对策的演变及其展望．植物保护，39（5）：25-32．

庄会德，孙强．2009．马铃薯瓢虫自然种群生命表初步研究．生物灾害科学，32（3）：103-106．

宗兆锋，康振生．2010．植物病理学原理．2版．北京：中国农业出版社．

Agrios G N. 2005. Plant Pathology. 5th ed. New York: Academic Press.

Begon M, Mortimer M, Thompson D J. 1996. Population Ecology. Chicago: Blackwell Scientific Pub.

Byrne D N, Bellows T S. 1991. Whitefly biology. Annual Review of Entomology, 36: 431-457.

Ciancio A, Mukerji K G. 2010. Integrated Management of Arthropod Pests and Insect Borne Diseases. New York: Springer.

Gillott C. 2005. Entomology. 3rd ed. Dordrecht: Springer.

Gullan P J, Cranston P S. 2005. The Insects: An Outline of Entomology.3rd ed Chicago: Blackwell Science.

Hackman R H. 1971. The integument of arthropoda. Chemical Zoology, 6: 1-62.

Hanski I, Gilpin M E. 1997. Metapopulation Biology-Ecology, Genetics and Evotlution. San Diego: Academic Press.

King A M Q, Lefkowitz E, Adams M J, et al.2011. Virus taxonomy:ninth report of the International Committee on taxonomy of Viruses. San Diego: Elsevier/Academic Press.

Klümper W, Qaim M. 2014. A meta-analysis of the impacts of genetically modified crops. PLoS ONE, 9(11): e111629.

Krebs C J. 1999. Ecological Methodology. 6th ed. Toronto: Addison Wesley Longman.

Lee S, Mian M A R, Sneller C H, et al. 2014. Joint linkage QTL analyses for partial resistance to *Phytophthora sojae* in soybean using six nested inbred populations with heterogeneous conditions. Theoretical and Applied Genetics, 127（2）: 429-444.

Lin F, Zhao M X, Ping J Q, et al. 2013. Molecular mapping of two genes conferring resistance to *Phytophthora sojae* in a soybean landrace PI 567139B. Theoretical and Applied Genetics, 126（8）: 2177-2185.

Martin R S, Hunter M D, Watt A D. 1999. Ecology of Insect-Cocepts and Applications. Malden: Blackwell Science Ltd.

National Research Council. 1996. Ecologically Based Pest Management（EBPM）–New Solutions for New Century. Washington: National Academy Press.

Omkar. 2018. Pests and their management. Singapore: Springer Nature Singapore Pte Ltd.

Pcice W. 1996. Insect Ecology. New York: Wiley & Sons.

Peshin R, Dhawan A K. 2009. Integrated Pest Management:Innovation-Development Process. Dordrecht: Springer Science+Business Media B. V.

Richards O W, Davies R G. 1977. Imms General Textbook of Entomology.10th ed. New York: Springer.

Ronald M N, John L P. 1983. Walker's Mammals of the World. Ba Itimore: The Johns Hopkins University Press.

Schowalter T D. 2016. Insect Ecology: An Ecosystem Approach. 4th ed. San Diego:Elsevier/Academic Press.

Smagghe G. 2009. Ecdysone:Structures and Functions. Dordrecht: Springer Science+Business Media B. V.

Snodgrass R E. 1935. Principles of Insect Morphology. New York and London: McGraw-Hill Book Company Inc.

Sun J T, Li L H, Zhao J M, et al. 2014. Genetic analysis and fine mapping of RpsJS, a novel resistance gene to *Phytophthora sojae* in soybean [*Glycine max*（L.）Merr.]. Theoretical and Applied Genetics, 127（4）: 913-919.

Triplehorn C A, Johnson N F. 2005. An Introduction to the Study of Insects.7th ed. Florence: Thomson Brooks/Cole.

Wearing G H. 1988. Evaluating the IPM implementation process. Ann Rev Entomol, 33: 17-38.

Zhang J Q, Xia C J, Wang X M, et al. 2013. Genetic characterization and fine mapping of the novel *Phytophthora* resistance gene in a Chinese soybean cultivar. Theoretical and Applied Genetics, 126（6）: 1555-1561.